최신
고체물리학

SOLID STATE PHYSICS

최신 고체물리학

이종수 지음

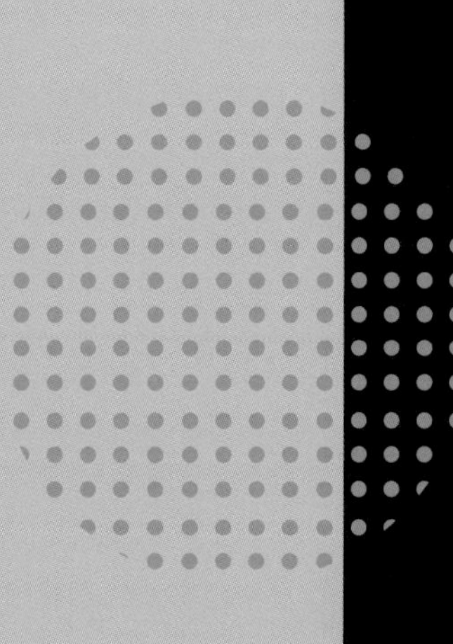

교문사

1900년대 초 양자역학이 탄생한 이후 1950년대까지 물리학은 단일 원자핵과 입자들의 성질을 이해하는 데 집중하면서, 핵물리학과 입자물리학이 큰 발전을 이루었다. 그러나 우리가 일상적으로 경험하는 거시적 물질의 물성은 단일입자들의 성질을 이해하는 것만으로는 불충분하다. 이는 마치 사회의 구성원인 사람들은 저마다 개성이 다르지만, 개별적으로 사람들의 개성을 연구한다고 해서 사회 전체의 특성을 이해할 수 없는 것과 같다. 사회는 사람들의 상호작용으로 복잡하게 흘러간다. 그래서 필자는 고체물리학을 '원자의 사회학'이라고 말한다. 사람들이 만들어내는 여러 활동들은 매우 복잡하지만 정해진 법과 질서의 체계 안에서 거시적인 현상이 발생한다. 마찬가지로 매우 많은 원자들이 모여 고체를 형성하면 원자들 간의 복잡한 상호작용은 물리적 법칙하에서 원자의 기본적 특성과는 전혀 다른 새로운 물리현상이 발현되게 된다. 이렇게 고체 물성에서 발견된 물리현상을 바탕으로 그 안에 숨겨진 물리적 법칙이 어떻게 작동하는지 밝혀내는 것이 고체물리학이다.

원소의 종류는 주기율표상에서 (인공 생성 원소가 아닌 경우) 92개가 있고, 그들이 가질 수 있는 조합의 수는 무궁무진하며, 그 무궁무진한 조합에서도 선택할 수 있는 결정구조의 가짓수도 많아서 사실상 고체에서 발현되는 물성의 종류는 그야말로 무한대에 가깝다고 할 수 있다. 고체 원자들의 조합이 무한대에 가깝다고 하더라도 그것이 실제 물성으로 발현되는 것은 몇 가지 성질로 정리할 수 있다. 바로 구조적 특성, 기계적 특성, 열적 특성, 전기적 특성, 자기적 특성 등이 그것이다.

많은 고체물리학 교과서는 이론적 배경을 중심으로 기술되어 있다. 그렇게 구성되는 이유는 물리학은 수직적 지식체계를 갖고 있기 때문이다. 다른 학문들과는 달리 수학과 물리학은 앞의 것을 알아야 뒤의 것을 알 수 있어서 배우는 데 순서가 필요하다. 그러나 열 및 통계물리학과 양자역학의 지식을 갖추고 있다면 고체물리학은 꼭 이론적 배경을 중심으로 서술되지 않아도 된다. 오히려 이론적 배경을 중심으로 기술될 경우, 학생들은 그 이론이 어디에 어떻게 적용되는지 알기 어렵다. 따라서 필자는 이 책을 이론보다는 물성에 초점을 두어 고체의 물성을 중심으로 구성하였다. 독자는 책을 처음부터 끝까지 순서대로 읽기보다는 공부하고자 하는 물성에 해당하는 파트를 선택하여 공부할 수 있다. 그러나 다른 모든 장을 공부하기에 앞서 'PART 1. 구조적 특성'은 고체의 기본이기 때문에 그것을 반드시 먼저 공부하기 바란다.

고체물리학을 공부하기에 앞서 열 및 통계역학과 양자역학이 선행과목이다. 이 과목들은 물리학과에서는 학부 3학년 때 배운다. 열 및 통계역학과 양자역학을 공부하려면 수리물리를 알아야 한다. 최근 들어 공과대학 학생들, 특히 신소재공학과나 기계공학과 학생들도 고체물리학을 공부하는 분위기가 형성되고 있다. 공과대학 학생들은 공업수학, 열역학, 기초 양자역학 또는 양자역학이 포함되어 있는 물리화학 등의 과목들을 수강해야 고체물리학을 이해할 수 있을 것이다.

'PART 1. 구조적 특성', 'PART 3. 열적 특성', 'PART 4. 전기적 특성'은 두 학기에 걸쳐 강의할 수 있다. 'PART 2. 기계적 특성'은 필요에 따라 건너뛰어도 무방하다. 물론 기계공학과 학생들에게는 반드시 필요한 내용이다. 'PART 5. 반도체'부터 'PART 6. 자기적 특성', 'PART 7. 초전도'는 각 파트별로 한 학기에 걸쳐 따로 강의할 수 있을 것이다.

필자의 경험에 의하면 고체물리를 공부할 때 학생들에게 가장 어려운 점은 수식의 유도가 생략되어 결과 식만 쓰여 있는 경우 그것을 이해하기가 어렵다는 점이다. 책에는 "다음과 같은 결과를 쉽게 얻을 수 있다."고 되어 있는데, 실제로 그 중간을 계산해보면 (필자가 학생 시절) 결코 쉽지 않았던 경험이 많았다. 이 책은 가급적 수식 유도를 상세히 함으로써 학생들이 직접 따라갈 수 있게 친절히 하려고 노력하였다. 물론 수식 유도 없이 결과만 적은 경우도 다소 있는데, 그 부분은 학생들이 굳이 알 필요가 없는 경우이다. 주로 최신 연구에서 사용되는 식이긴 하지만 그 유도과정이 매우 어려운 경우에 해당한다.

학생들이 고체물리뿐만 아니라 물리학을 공부함에 있어서 유의해야 할 것은 너무 수식에 매몰되어 물리적인 의미를 찾지 못하는 우를 범하면 안 된다는 것이다. 사실 고체물리 입문자가 한번 수업 듣고 바로 그 의미를 이해하기는 어려울 수 있다. 대부분의 경우에는 실제 연구를 진행하면서 몰랐던 부분을 깨닫고 그 의미가 다시 다가오는 경우가 많다. 그 경우에라도 이 책은 책상 앞 책꽂이에 꽂아두고 연구할 때 의미를 되새기기 위해서 사전식 참고서로 사용해도 좋을 것이다.

이 책은 학부와 대학원 과정에서 모두 사용 가능하며, 특히 대학원 과정에 해당하는 장 또는 절은 목차에 * 표시를 해놓았는데, 학부생을 대상으로 한다면 * 표시 부분 하위의 장이나 절은 생략하는 것이 좋다.

아무쪼록 이 책이 물리학과, 신소재공학과, 기계공학과 등 고체물리 또는 신소재 연구 분야 학생들과 연구자들에게 보탬이 되는 참고서로 쓰이기를 바란다. 앞으로 정기적인 개정을 통해 최신 고체물리학의 동향을 업데이트하고 오류가 있다면 수정하고자 하니 독자들은 건의 사항이나 제안 사항이 있으면 주저 없이 이메일로 연락 준다면 다음 개정 제작에 도움이 될 것이다(jsrhyee@khu.ac.kr).

끝으로 이 책을 출판할 수 있도록 도와주신 교문사 관계자분들께 감사드린다. 편집 후 수식 및 오류 감수는 경희대 응용물리학과 김진희, 윤재현, 박창수 박사, 대학원생 이관영, 차승훈, 김경훈 군 등이 도와주었다. 집에서 밤늦도록 이 책을 쓸 수 있도록 배려해준 부인과 아이들에게 고마움을 전하며, 늘 내 인생을 인도해주시는 하나님과 주님께 감사드린다.

2022년 6월 연구실에서

이종수

차례

PART 2.

기계적 특성

PART 3.

열적 특성

PART 6.

자기적 특성

PART 7.

초전도

SOLID STATE PHYSICS

PART 1

구조적 특성

CHAPTER 1
결정구조

세계적인 물리학자 리처드 파인만은 "만약 세상이 멸망하고 도서관이 다 파괴되어 지식을 후세에 하나만 남겨야 한다면 나는 〈온 세상은 원자로 되어 있다〉라는 사실을 남길 것이다."라고 하였다. 이는 물질 기본단위의 이해가 원자로부터 시작되어야 한다는 것을 의미한다. 원자는 원자핵과 전자로 구성되고, 양성자 수 또는 전자수에 의해 원소의 성질이 결정되며, 원소의 종류는 원소 주기율표에 잘 정리되어 있다. 전자수에 의해 원소의 성질이 결정된다는 이 놀랍고 단순한 진실에서 자연의 아름다움을 찾을 수 있다. 그러나 그보다 더 아름다운 사실은 원자들이 어떻게 배열하여 물질을 구성하느냐에 따라 물질의 성질이 전혀 달라진다는 것이다. 대표적인 예로, 원자번호 6인 탄소는 전자를 6개 갖고 있는데, 탄소가 그림 1-1의 왼쪽과 같은 결정구조를 가지면 다이아몬드가 되고, 오른쪽과 같이 2차원 층상구조로 켜켜이 쌓인 형태가 되면 연필심의 재료인 흑연이 된다. 탄소의 결정구조는 이 외에도 다양한 형태가 있을 수 있고, 결정구조가 달라질 때마다 물질의 성질이 크게 달라진다. 똑같은 탄소가 어떻게 배열하느냐에 따라 그 성질이 현저히 달라지는 이유는 무엇인가? 어떤 물질은 투명하고, 어떤 물질은 왜 색깔을 갖는가? 왜 어떤 물질은 전기가 통하고, 어떤 물질은 전기가 통하지 않는가? 자석이나 초전도는 어떻게 형성되는가? 이러한 물질의 여러 가지 특성을 원자수준에서 이해하는 것이 고체물리학이다.

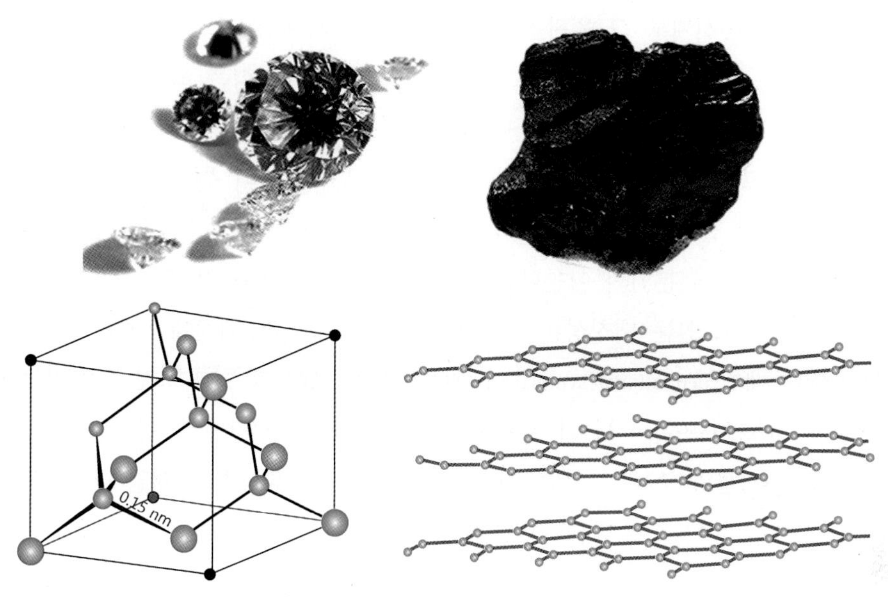

그림 1-1 다이아몬드(좌)와 흑연(우)의 결정구조

1.1 대칭성

고체 내의 원자수는 그 수를 헤아릴 수 없을 정도로 많다. 1몰의 부피에 있는 원자수만 해도 아보가드로 수(6.02×10^{23}개)만큼 있다. 고체의 특성을 이론적으로 계산하기 위해서 이 많은 수의 원자들의 다양한 결합 형태를 모두 고려해야 하는가? 다행히도 고체의 모든 원자들을 고려할 필요가 없다. 그 이유는 고체의 대표적인 특징으로 병진 대칭성(translational symmetry)이 있기 때문이다. 병진 대칭성이란 그림 1-2와 같이 원자들의 결합단위가 앞뒤, 좌우, 위아래 방향으로 계속 이어져 규칙성을 갖는 것을 말한다. 원자의 결합단위를 그것의 정수배만큼 이동시켜도 그 형태를 유지한다. 예를 들어, a방향과 b방

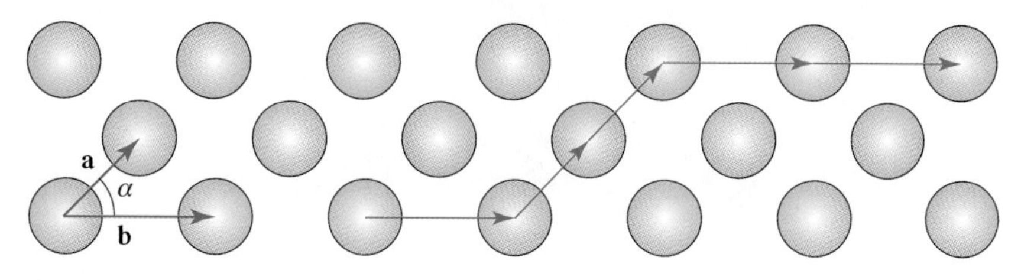

그림 1-2 고체의 병진 대칭성

향으로 원자를 이동시켜도 그 원자는 동일하다. a방향과 b방향으로 임의의 정수배만큼 이동시켜도 같은 원자이다. 이러한 고체 원자들의 병진 대칭성은 고체를 다룰 적에 그 대표적인 결정 격자(crystal lattice)만을 다루어도 됨을 의미한다. 즉 그 수많은 모든 원자들을 다루지 않고 대표적인 원자구조만 가지고도 고체 전체의 특징을 이해할 수 있게 된다는 것이다. 이 얼마나 아름다운 단순성인가! 마치 자연이 그 스스로 단순성을 가짐으로써 인간에게 자연 본연의 아름다움을 보여주고 싶어 하는 것 같다.

사실 고체가 갖고 있는 대칭성은 병진 대칭성뿐만 아니라 회전에 의해 변하지 않는 대칭성인 회전 대칭성(rotational symmetry), 거울반사에 의해 그 형태가 변하지 않는 반전 대칭성(inversion symmetry), 시간의 흐름에 대하여 무관한 시간반전 대칭성(time-reversal symmetry) 등 대칭성의 종류는 다양하지만, 여기에서는 그 중에서도 제일 간단하고 기본적인 병진 대칭성만 다루고, 다른 여러 대칭성은 고체물리 전반에 걸쳐 필요할 때 기술하고자 한다.

1.2 결정 격자

일반적으로 병진 대칭성의 기본단위로 사용되는 단위격자(unit cell)는 단원자(單原子)로 이루어져 있기보다는 다원자(多原子)로 이루어져 있다. 이렇게 단위격자로 정의되는 원자들의 모임을 결정 격자(crystal lattice)라고 한다. 예를 들어 소금은 Na^+ 양이온과 Cl^- 음이온이 그림 1-3과 같이 정육면체 구조로 이루어져 있으며, 정육면체의 한 단위 낟칸을

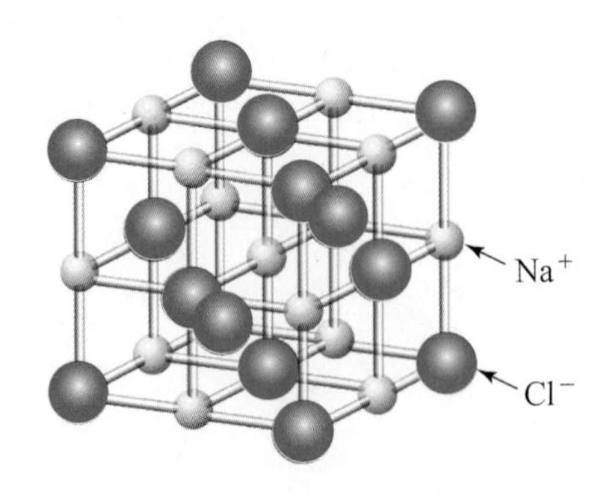

그림 1-3 NaCl 소금결정

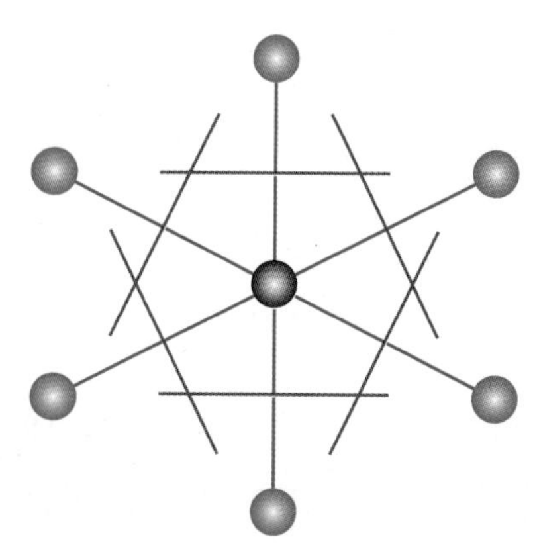

그림 1-4 위그너·자이츠 낱칸을 구성하는 방법

단위격자라고 한다. 단위격자의 양자역학적인 물성을 이해함으로써 소금결정의 거의 모든 것을 이해할 수 있다.

이러한 고체 결정 격자들의 기본 격자(primitive cell)를 어떻게 정의할 것인가? 그 한 가지 방법을 미국의 물리학자인 유진 위그너(Eugene Wigner)와 프레드릭 자이츠(Frederick Seitz)가 정의하여 위그너·자이츠 낱칸(Wigner-Seitz cell)이라고 부른다. 위그너·자이츠 낱칸을 구성하는 방법을 그림 1-4에 간단히 도시하였다.

① 어떤 한 격자점을 선택한다(회색 원자).
② 기준 원자(회색)와 이웃한 원자를 향해 선을 긋는다(파란색 실선).
③ (파란색) 실선을 수직 이등분하여 (회색) 수직선을 긋는다.
④ 회색 수직 이등분선으로 이어진 닫힌 공간이 위그너·자이츠 낱칸이다.

이 위그너·자이츠 낱칸은 전체 격자를 대표하며, 이를 기본 격자라고 한다.

1.3 브라베 격자

이런 식으로 구성된 격자로써, 규칙성과 반복성을 갖는 격자를 브라베 격자(Bravais lattices)라고 한다. 브라베 격자는 1850년 프랑스의 오귀스트 브라베(Auguste Bravais)가 제시하였다. 그림 1-5에 2차원 브라베 격자를 나타냈는데, 2차원 브라베 격자는 다음과 같

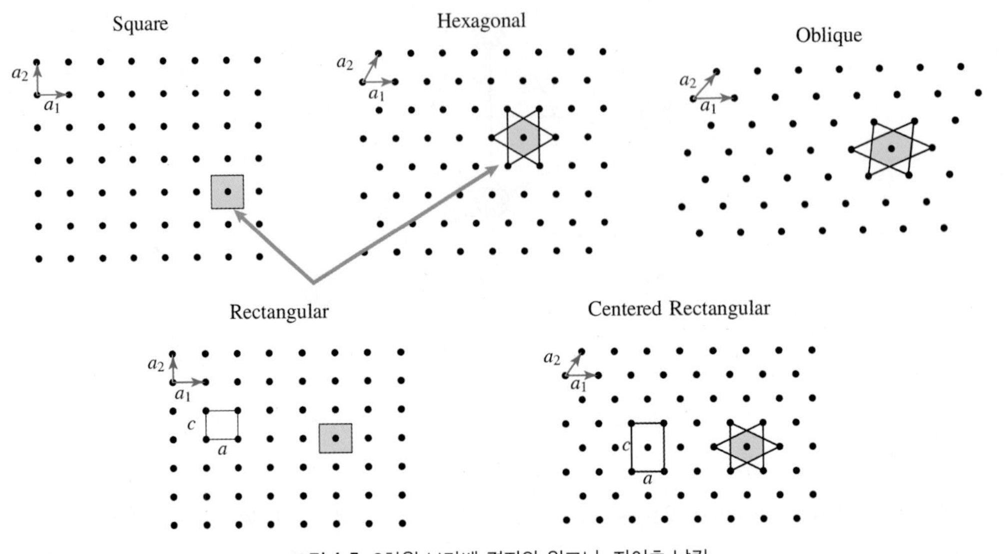

그림 1-5 2차원 브라베 격자와 위그너·자이츠 낱칸

이 정사각정계(square), 육방정계(hexagonal), 이사정계(oblique), 직방정계(rectangular), 사방정계(rhombic) 또는 중심 직방정계(centered rectangular) 5가지 종류가 있다.

① 정사각정계 격자(square lattice)는 한 원자를 중심으로 이웃한 원자를 잇는 방향으로 $\overrightarrow{a_1}$, $\overrightarrow{a_2}$ 벡터로 표시하였을 때, $\overrightarrow{a_1}$, $\overrightarrow{a_2}$ 벡터가 서로 크기가 같고 90도의 각도를 이루는 격자이다($|a_1| = |a_2|$, $\theta = 90°$).

② 육방정계 격자(hexagonal lattice)는 이웃한 원자를 잇는 벡터 $\overrightarrow{a_1}$, $\overrightarrow{a_2}$가 서로 크기는 같고 사잇각은 120도를 이루는 격자이다($|a_1| = |a_2|$, $\theta = 120°$).

③ 이사정계 격자(oblique lattice)는 벡터 $\overrightarrow{a_1}$, $\overrightarrow{a_2}$가 서로 크기가 다르고 사잇각이 수직을 이루지 않는 격자이다($|a_1| \neq |a_2|$, $\theta \neq 90°$).

④ 직방정계 격자(rectangular lattice)는 벡터 $\overrightarrow{a_1}$, $\overrightarrow{a_2}$가 서로 크기가 다르고 사잇각이 수직을 이루는 격자이다($|a_1| \neq |a_2|$, $\theta = 90°$).

⑤ 사방정계(rhombic) 또는 중심 직방정계 격자(centered rectangular lattice)는 직방정계 격자 중심에 원자 하나가 위치해 있는 모양을 갖는 격자이다. 이것은 $\overrightarrow{a_1}$, $\overrightarrow{a_2}$가 서로 크기가 같고 사잇각이 90도가 아닌 경우와 같다($|a_1| = |a_2|$, $\theta \neq 90°$).

각각의 브라베 격자에서 어떤 한 원자를 선택하여 이웃한 원자들을 잇는 선분을 긋고 그것의 수직 이등분선을 그어 형성되는 단위 낱칸이 위그너·자이츠 낱칸이며, 그림 1-5

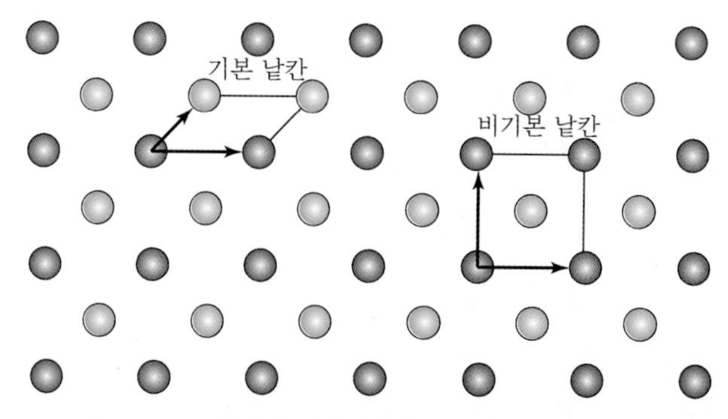

그림 1-6 기본 낱칸과 비기본 낱칸

의 색칠한 부분에 해당한다. 2차원 브라베 격자는 결정의 계면이나 표면에서 전형적인 격자 형태로 나타난다. 이러한 브라베 격자는 당연히 병진 대칭성을 가지며, 한 브라베 격자 안에는 1개의 원자만 포함한다. 이렇게 정의된 브라베 격자 중에서 가장 작은 단위의 격자를 기본 낱칸(primitive unit cell)이라고 한다. 주의해야 할 점은 ⑤번의 사방정계 또는 중심 직방정계 격자에서 사방정계는 기본 낱칸이지만 중심 직방정계 격자는 기본 낱칸이 아니다(그림 1-6 참조).

3차원 브라베 격자는 그림 1-7과 같이 모두 14개의 브라베 격자가 있다. 이것은 7개의 결정계에 다음 4개의 격자점을 추가하여 분류할 수 있다.

① 단순 격자(primitive cell, P): 각 단위격자의 꼭짓점에만 격자점이 위치한다.

② 체심 격자(body centered cell, I): 단위격자 중심에 하나의 격자점이 더 있다.

③ 면심 격자(face centered cell, F): 단위격자에 의해 이루어진 각 면의 중심에 격자점이 하나씩 더 있다.

④ 저심 격자(base centering cell): 마주 보는 2개의 면의 중심에만 격자점이 하나씩 더 있다. A축에 수직한 면의 중심에 격자점이 있으면 A-centering이라고 하고, B축에 수직한 면에 격자점이 있으면 B-centering, C축에 수직한 면에 격자점이 있으면 C-centering이라고 한다. 그림 1-7의 3차원 브라베 격자는 고체물리 전반에 걸쳐 많이 등장하기 때문에 반드시 숙지해 둘 필요가 있다. 여기에서 a, b, c는 원점에 해당하는 격자점을 중심으로 x, y, z축 방향 또는 그림에서 정해진 방향에 대한 격자 벡터이고, α, β, γ는 각 격자 벡터끼리의 사잇각을 말한다.

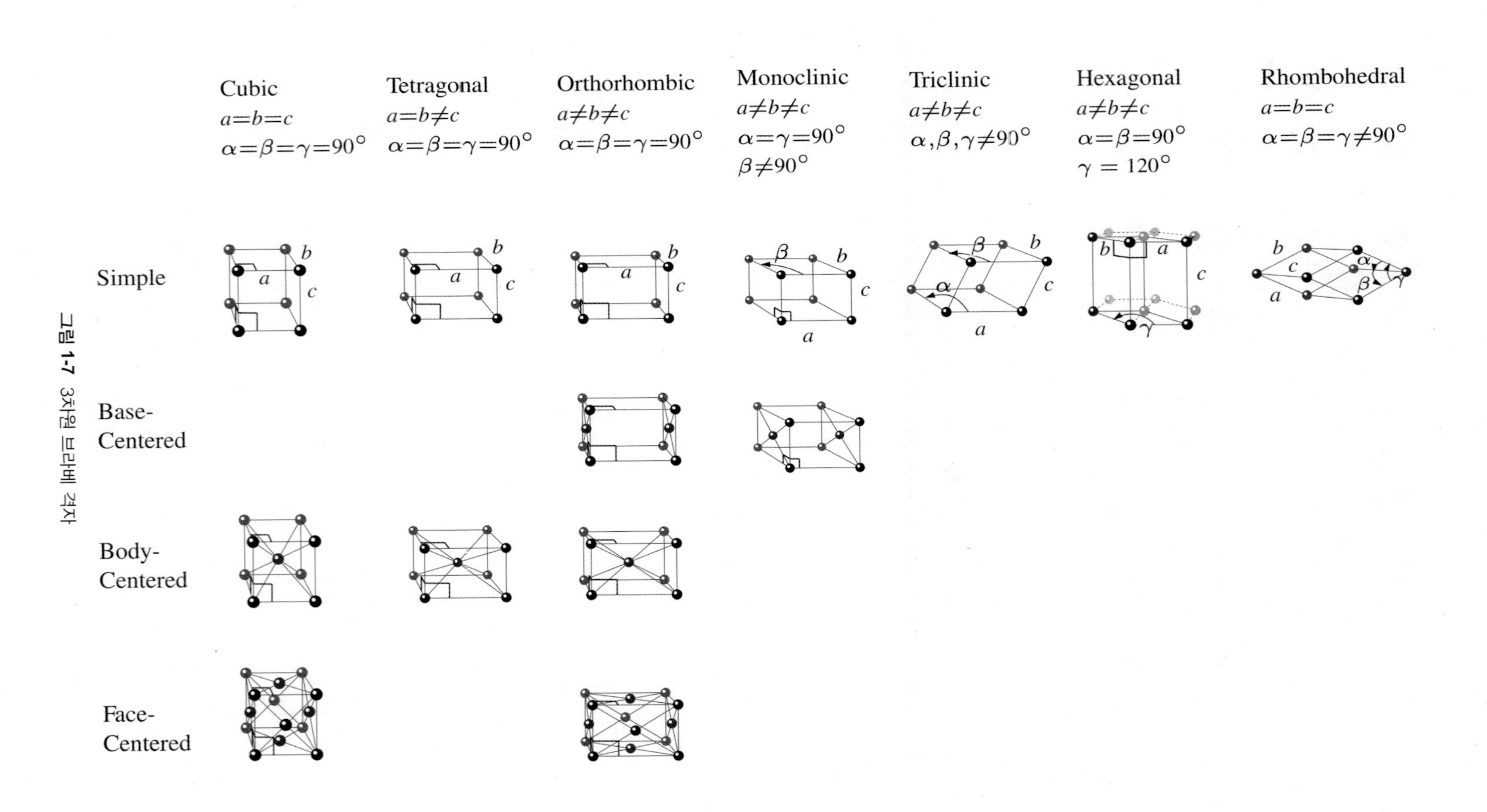

그림 1-7 3차원 브라베 격자

CHAPTER 2
결정 회절

지금까지 논의했던 결정 격자 구조는 실공간(real space)에서 원자들의 구조를 논하였다. 그러나 실제로 원자들 사이의 거리는 수~수십 Å(10^{-8} cm) 정도이고 원자구조를 직접 눈으로 보려면 고해상도 전자현미경을 이용할 수 있지만, 단면 관찰 정도만 가능할 뿐 3차원적 원자구조를 직접 관찰하기는 상당히 어렵다. 그리고 고체의 결정 격자 구조는 고체의 성질을 결정하는 데 있어서 매우 중요한 정보이기 때문에 3차원적 원자구조를 정확히 아는 것은 매우 중요하다. 실공간에서 물체를 파악하는 것은 빛이 표면에서 반사하면서 물질 표면의 정보가 눈으로 들어오기 때문이다. 그렇게 빛의 반사만으로 고체를 관찰하면 표면구조만 알 수 있지 3차원적인 구조는 파악할 수 없다.

고체의 3차원적 구조를 아는 아주 좋은 방법이 있다. 그것은 빛의 산란(scattering)을 이용하는 것이다. 고체물리학에서는 산란실험에 사용하는 광원으로 대표적으로 X선, 전

표 **2-1** X선, 전자, 중성자의 특성

특성 \ 광원	X선	전자	중성자
전하	0	−e	0
질량	0	9.11×10^{-31} kg	1.67×10^{-27} kg
에너지	10 keV	100 keV	0.03 eV
파장	1 Å	0.05 Å	1 Å

자, 중성자를 사용한다. X선, 전자, 중성자를 사용하는 것은 각각의 장단점이 있기 때문에 각 특성에 맞게 사용하게 된다. X선은 파장이 1~2 Å 정도가 되어서 고체 원자구조의 산란에 이용하기에 적합하다. 전하가 없지만 X선은 전자와 상호작용을 하기 때문에 시료에 침투깊이가 깊지 않다. 물질에 따라 다르지만 대략 수 μm 정도를 침투한다. 전자와 중성자의 경우 양자역학적으로 파동으로 생각할 수 있기 때문에 에너지에 따라 파장이 결정된다. 고체물리학에 사용하는 전자와 중성자의 에너지는 전자의 경우 대략 100 keV 정도, 중성자의 경우 0.03 eV 정도의 에너지를 이용한다. 전자의 경우에는 전자기력을 이용한 가속장치를 이용하여 에너지를 증대시킬 수 있지만 중성자는 전자기장에 의해 가속시킬 수 없고, 원자로에서 발생하는 열중성자를 이용하거나 원자를 강한 에너지로 파쇄하여 발생하는 파쇄 중성자를 이용하게 되어 높은 에너지를 갖는 중성자를 얻기가 어렵다. 그래도 중성자의 에너지가 낮아도 중성자는 질량이 전자에 비해 무겁기 때문에 드브로이의 물질파에 의하여 $\lambda = h/p$의 비교적 짧은 파장을 갖게 된다. 전자의 파장은 매우 짧아서 원자구조를 자세하게 볼 수 있는 장점이 있고, 중성자는 전하가 없기 때문에 투과깊이가 매우 깊어서 두꺼운 물질에서의 비파괴검사 등에 용이하다. 중성자의 또다른 장점은 X선이나 전자는 고체 내 전자와 산란을 하기 때문에 전자가 적은 가벼운 원소에 대해서는 산란이 약하여 탄소, 산소 등으로 이루어진 유기물 분석에 취약한 반면, 중성자는 원자핵과 상호작용을 하고, 동위원소 간 산란길이가 달라서 유기물이나 동위원소 분석에 적합하다.

이렇게 X선, 전자, 중성자선을 이용하여 산란실험을 하게 되면 고체 격자의 실공간의 정보가 운동량 공간의 정보로 바뀐다. 이는 수학적으로 산란이 푸리에 변환(Fourier transfor)으로 기술되기 때문인데, 다음과 같이 실공간에 전자밀도가 $\rho(\vec{r})$로 분포되어 있을 때 산란에 의해 실공간의 정보는 운동량 공간의 전자밀도 정보 $S(\vec{q})$로 다음과 같이 변환된다.

$$S(\vec{q}) = \int d\vec{r} \rho(\vec{r}) \exp(i\vec{q} \cdot \vec{r}) \tag{2.1}$$

운동량 공간에서 전자밀도 분포 $S(\vec{q})$를 실공간 정보로 변환시키기 위해서는

$$\rho(\vec{r}) = \int d\vec{q} S(\vec{q}) \exp(-i\vec{q} \cdot \vec{r}) \tag{2.2}$$

로 역변환하면 된다. 여기에서 $\vec{r}$은 (x, y, z)의 좌표로 표시되는 실공간 벡터를, $\vec{q}$는 (q_x, q_y, q_z)로 표시되는 운동량 공간의 벡터를 의미한다.

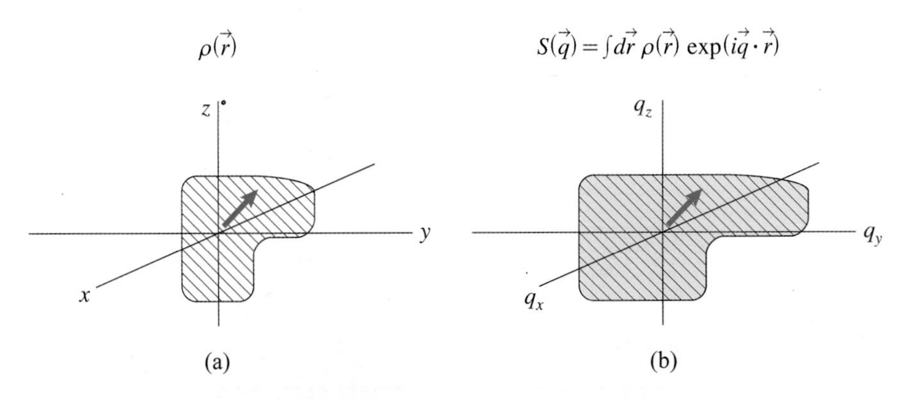

그림 2-1 실공간에서 전자의 분포(a)와 운동량 공간에서 전자의 분포(b)

이러한 푸리에 변환을 우리 실생활에서 직관적으로 이해할 수 있는 것은 그림 2-2에서와 같이 바늘구멍에 통과한 빛이 어떻게 창에 비치는가 생각해보면 알 수 있다. 그림 2-2(a)와 같이 바늘구멍에 구멍을 1개, 2개, 여러 개를 뚫었을 때 바늘구멍을 통과한 빛은 그림 2-2(b)와 같은 모양으로 산란이 일어나게 된다. 구멍이 작을수록 빛의 퍼짐은 더 넓어지고, 구멍이 커질수록 빛의 퍼짐은 좁아진다. 그리고 여러 개의 구멍에서 빛이 입사되면 산란된 빛은 서로 간섭을 일으키게 되고 특정한 패턴을 형성하게 된다.

여기에서 구멍은 고체에서의 원자 하나로 형성된 격자점으로 이해할 수 있으며, X선,

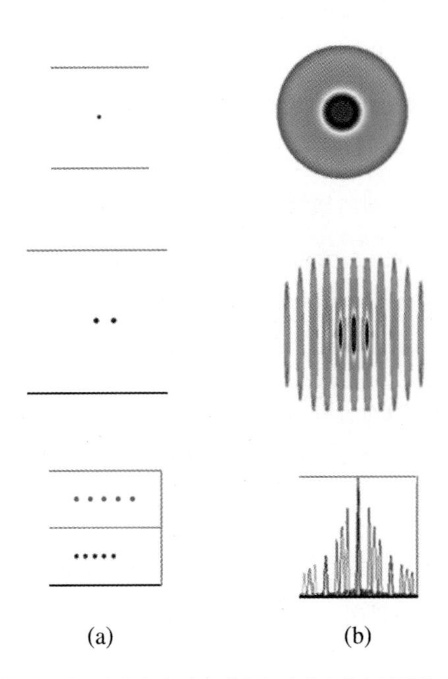

그림 2-2 실공간에서의 격자점(a)과 격자점에서 산란된 파동(b)

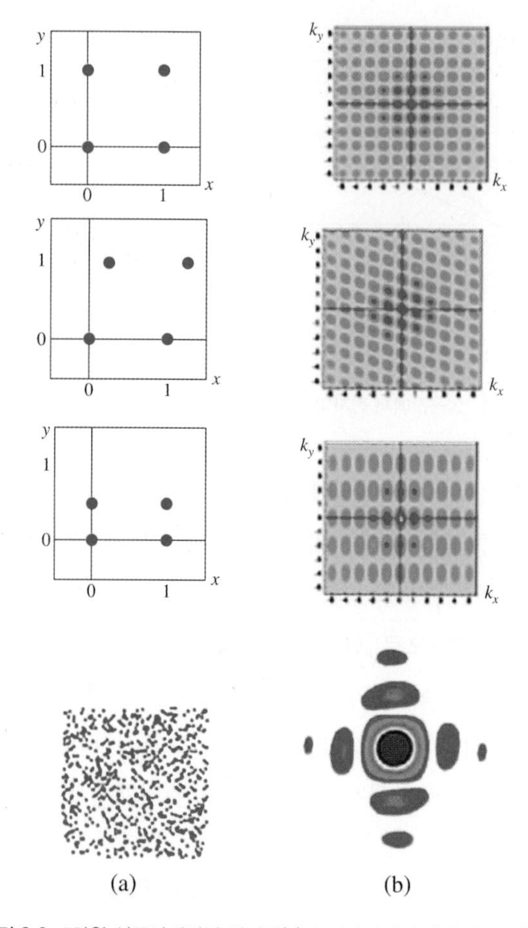

그림 2-3 2차원 실공간에서의 격자점(a)과 격자점에서 산란된 파동(b)

전자, 중성자의 파동이 격자점에 산란되면 특정한 패턴을 형성하게 된다. 그 측정된 산란 패턴을 다시 역푸리에 변환을 통해 실공간에서 어떤 결정구조를 갖게 되었는지 알 수 있다. 그림 2-2의 1차원 격자점과 마찬가지로 2차원 격자점에서도 같은 원리로 산란이 일어나게 되는데, 그림 2-3(a)에서 보면 4개의 특정한 격자점에 의해 파동이 산란되면 산란된 파동은 그림 2-3(b)에서와 같이 전혀 다른 모양으로 산란점(diffraction spot)을 만들게 된다. 그림 2-3(a)의 맨 아래쪽 그림과 같이 불규칙한 원자분포를 갖는 경우에는 산란된 파동의 패턴이 점으로 나타나지 않고 연속적인 분포를 갖게 된다. 3차원에서의 실공간 격자점을 분석하는 연구 분야가 결정학(crystallography)이다. 최근 결정학은 물리학, 화학뿐만 아니라 단백질 구조분석 등 생물학에서도 활발하게 연구되고 있는 분야이다.

2.1 역격자 공간

따라서 앞으로 고체물리학을 기술하는 데 있어서 실제 실공간에서보다도 주로 운동량 공간에서의 정보를 가지고 이야기할 것이다. 사실 고체의 실공간 정보보다는 운동량 공간의 정보가 유용하다. 앞서 기술했듯이, 우리가 관찰하는 실험 데이터는 산란된 정보이기 때문에 실공간이 아닌 운동량 공간의 정보를 얻게 되는데, 이를 굳이 실공간 정보로 역변환을 하려면 노력이 들어간다(그것도 아주 많이). 고체의 결정구조 자체를 운동량 공간에서 다룬다는 것은 사실 우리 인간에게는 매우 큰 행운이다. 왜냐하면 고체 결정 격자의 실공간의 크기는 Å 단위로 매우 작은데, 산란실험을 통해 얻은 운동량 공간의 크기는 그것의 역수가 되기 때문이다. 이는 앞서 그림 2-2, 그림 2-3과 같이 실공간의 크기가 작을수록 운동량 공간의 크기는 커져서 서로 역수 관계에 있기 때문에 작은 스케일의 결정 격자를 큰 스케일로 관찰할 수 있어서 매우 유용하다. 이것도 자연의 아름다움 중에 하나이다. 작은 공간 속에 숨겨진 비밀을 산란을 통해 큰 세계로 드러낼 수 있다니 실로 놀라운 사실이다.

그림 2-4와 같이 간단하게 1차원 결정 격자가 규칙적으로 배열되어 있다고 하자. 고체의 주요 특징 중 하나인 병진 대칭성을 생각하면 이것은 필연적이다. 물론 자연은 대칭성을 깨는 것을 좋아하여 중간 중간 여러 비대칭성을 만들지만 병진 대칭성은 고체물리학의 기본과도 같다. 각 원자들은 전자구름을 갖고 있고 산란은 전자구름이나 원자핵과 산란하는 것이기 때문에 전자밀도를 기준으로 가운데에 $\rho_a(\vec{r})$의 전자밀도가 있다고 하자. $-a$와 a 자리에 같은 전자밀도 $\rho_a(\vec{r}-\vec{a})$와 $\rho_a(\vec{r}+\vec{a})$가 배치되어 있다. 그러면 실공간에서 전자밀도는

$$\rho(\vec{r}) = \sum_{lmn} \rho_a(\vec{r} - l\vec{a_1} - m\vec{a_2} - n\vec{a_3}) \tag{2.1.1}$$

로 주어진다. 여기에서 l, m, n은 정수로써, 결정 격자는 규칙적이어서 3차원으로 확장

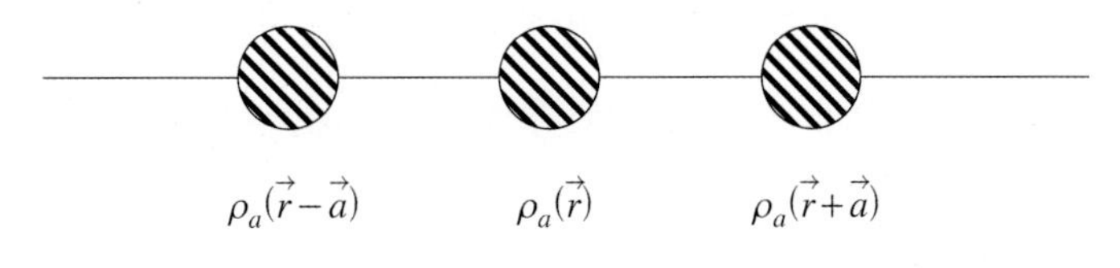

그림 2-4 1차원 격자 배열

할 경우 정수배만큼 원자들이 떨어져 있기 때문에 3차원의 모든 결정 격자들을 나타내기 위해 도입하였다. 이러한 3차원 결정 격자를 산란실험을 통해 운동량 공간으로 변환시킨다고 할 때 그 수학적 관계는 푸리에 변환으로 나타난다고 하였다.

$$S(\vec{q}) = \int d\vec{r}\rho(\vec{r})\exp(i\vec{q}\cdot\vec{r}) = \sum_{lmn}\int d\vec{r}\rho_a(\vec{r}-l\vec{a_1}-m\vec{a_2}-n\vec{a_3})\exp(i\vec{q}\cdot\vec{r}) \quad (2.1.2)$$

여기에서 $\vec{r'}=\vec{r}-l\vec{a_1}-m\vec{a_2}-n\vec{a_3}$로 치환하면 $\vec{r}=\vec{r'}+l\vec{a_1}+m\vec{a_2}+n\vec{a_3}$가 된다. 이를 이용하여 다시 정리하면

$$S(\vec{q}) = \left[\sum_{lmn}\exp\{i\vec{q}\cdot(l\vec{a_1}+m\vec{a_2}+n\vec{a_3})\}\right]\left[\int d\vec{r}\rho_a(\vec{r})\exp(i\vec{q}\cdot\vec{r})\right] \quad (2.1.3)$$

이 된다. 여기에서 합의 기호와 적분은 각각 분리시켜 표현하였다. 사실 합의 기호로 표시된 부분은 각 결정 격자의 모든 정보에 대한 합에 해당하며 적분으로 표시된 부분은 각 원자에서 전자밀도에 의한 산란에 의한 푸리에 변환이다. 결정 격자의 산란에 의한 것은 실공간 $\vec{r}$에 대해 적분하였으니 운동량 공간 $\vec{q}$에 대해서만 남게 되어 이것을 편리하게 $C(\vec{q})$로 표시하자. 사실 $C(\vec{q})$는 산란의 강도(intensity)에 해당한다.

$$C(\vec{q}) = \int d\vec{r}\rho_a(\vec{r})\exp(i\vec{q}\cdot\vec{r}) \quad (2.1.4)$$

그러면

$$S(\vec{q}) = C(\vec{q})\sum_{lmn}\exp\{i\vec{q}\cdot(l\vec{a_1}+m\vec{a_2}+n\vec{a_3})\} \quad (2.1.5)$$

가 된다. 여기에서 모든 격자점에 대한 합에 대한 부분은 허수의 지수함수로 표시되기 때문에 오일러 공식에 의하여 이 부분이 다음 조건을 만족하면 실수의 최댓값이 된다.

$$\vec{q}\cdot(l\vec{a_1}+m\vec{a_2}+n\vec{a_3}) = 2\pi\times(\text{정수}) \quad (2.1.6)$$

이것을 **라우에 조건**(Laue condition)이라고 하며 라우에 조건을 만족하였을 때 산란강도 $S(\vec{q})$가 최대가 된다. 이 라우에 조건을 만족시킨 벡터를 **역격자 벡터**(reciprocal lattice vector)라고 한다. 위 식은 실공간 벡터와 운동량 공간 벡터의 스칼라곱(dot product)이 2π 정수배가 된다는 것을 의미한다.

위의 $\vec{a_i}$ 표기와는 별도로 실공간에서 결정 격자의 벡터를 $\vec{a_i}(i=1, 2, 3)$라고 하고, 운동량 공간에서의 결정 격자의 벡터를 $\vec{b_i}$라고 하면, 운동량 공간의 결정 격자의 벡터는 각 결정 격자 벡터의 정수배로 표시하여

$$\vec{G} = h\vec{b_1} + k\vec{b_2} + l\vec{b_3} \tag{2.1.7}$$

로 놓을 수 있고, 그러면 $\vec{G}$는 역격자 벡터이다. 실공간의 격자 벡터를 $\vec{R}$이라고 하면

$$\exp(i\vec{G} \cdot \vec{R}) = 1 \tag{2.1.8}$$

이 된다.

역격자 벡터와 실격자 벡터의 스칼라곱이 2π가 되는 조건으로 설정하면,

$$\vec{b_i} \cdot \vec{a_j} = 2\pi\delta_{ij} \tag{2.1.9}$$

역격자 벡터 $\vec{b_i}$는 다음과 같이 나타낼 수 있다.

$$\vec{b_1} = 2\pi\frac{\vec{a_2} \times \vec{a_3}}{\vec{a_1} \cdot (\vec{a_2} \times \vec{a_3})}, \quad \vec{b_2} = 2\pi\frac{\vec{a_3} \times \vec{a_1}}{\vec{a_1} \cdot (\vec{a_2} \times \vec{a_3})}, \quad \vec{b_3} = 2\pi\frac{\vec{a_1} \times \vec{a_2}}{\vec{a_1} \cdot (\vec{a_2} \times \vec{a_3})} \tag{2.1.10}$$

분모의 $\vec{a_1} \cdot (\vec{a_2} \times \vec{a_3})$는 실공간에서 결정 격자의 부피에 해당한다. 위 식을 간단하게 표현하면

$$\vec{b_i} = 2\pi\frac{\epsilon_{ijk}\vec{a_j} \times \vec{a_k}}{\vec{a_1} \cdot (\vec{a_2} \times \vec{a_3})} \tag{2.1.11}$$

가 된다. 여기에서 ϵ_{ijk}는 레비치비타 기호(Levi-Civita symbol) 또는 permutation symbol 이라고 하며, $i \to j \to k \to i \cdots$로 회전하여 돌아가는 경우는 $+$, $k \to j \to i \to k \cdots$로 반대방향으로 회전하는 경우는 $-$, (i, j, k) 중 2개 이상 같은 첨자를 갖는 경우는 0이 되는 기호 연산자이다.

개념을 이해하기 위해서 그림 2-5(a)와 같이 단순입방정계 격자를 갖는 결정구조를 역격자 변환을 하는 간단한 예를 들어보자. 단순입방정계의 실공간 격자는 $\vec{a_1} = a\hat{x}$, $\vec{a_2} = a\hat{y}$, $\vec{a_3} = a\hat{z}$로 나타내며, 역격자 벡터는

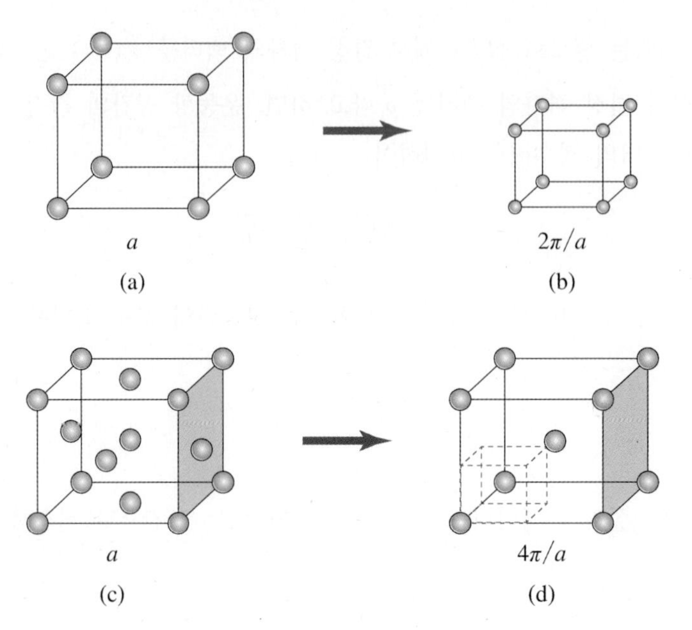

그림 2-5 실공간에서의 단순입방정계(a)와 역격자 공간에서의 단순입방정계(b), 실공간에서의 면심입방정계(c)와 역격자 공간에서의 면심입방정계(d)

$$\vec{b_1} = 2\pi \frac{\vec{a_2} \times \vec{a_3}}{\vec{a_1} \cdot (\vec{a_2} \times \vec{a_3})} = 2\pi \frac{a^2(\hat{y} \times \hat{z})}{a^3 \hat{x} \cdot (\hat{y} \times \hat{z})} = \frac{2\pi}{a} \hat{x} \tag{2.1.12}$$

마찬가지로

$$\vec{b_2} = \frac{2\pi}{a} \hat{y}, \ \vec{b_3} = \frac{2\pi}{a} \hat{z} \tag{2.1.13}$$

가 된다. 이것을 실제로 그리면 그림 2-5(b)와 같이 되는데, 주목해야 할 점은 x, y, z축 상에서 이웃한 원자 간의 거리인 격자상수가 실공간에서 a였는데 역격자 공간에서는 $2\pi/a$로 되었다는 점이다. 이는 실공간 격자상수가 커질수록(작아질수록) 역격자 공간 격자의 크기는 줄어든다(늘어난다)는 것을 의미한다. 실공간의 격자부피 V_{real}와 역격자 공간에서 단순입방정계의 부피 $V_{reciprocal}$는 다음과 같은 관계에 있게 된다.

$$V_{reciprocal} = \frac{(2\pi)^3}{V_{real}} \tag{2.1.14}$$

조금 더 복잡한 면심입방정계(fcc) 격자에 대해서 살펴보자. 그림 2-5(c)와 같이 면심입방정계는 단순입방정계에 비해서 각 면에 원자가 하나씩 위치해 있는 경우이다. 각

면에 위치한 격자상수 a인 면심입방정계 원자의 결정 격자 벡터는 $\overrightarrow{a_1}=\frac{a}{2}(\hat{x}+\hat{y})$, $\overrightarrow{a_2}=\frac{a}{2}(\hat{y}+\hat{z})$, $\overrightarrow{a_3}=\frac{a}{2}(\hat{z}+\hat{x})$로 나타낼 수 있다. 물론 다른 세 점 $\overrightarrow{a_4}=a\hat{x}+\frac{a}{2}(\hat{y}+\hat{z})$, $\overrightarrow{a_5}=a\hat{y}+\frac{a}{2}(\hat{z}+\hat{x})$, $\overrightarrow{a_6}=a\hat{z}+\frac{a}{2}(\hat{x}+\hat{y})$에도 원자가 위치해 있지만, 결정 격자 벡터는 격자를 구성하는 3개의 직교하는(orthogonal) 축을 의미하기 때문에 $(\overrightarrow{a_1}, \overrightarrow{a_2}, \overrightarrow{a_3})$가 결정 격자 벡터가 된다. 이들이 서로 직교하는지는 쉽게 알 수 있다. $\overrightarrow{a_1}\cdot\overrightarrow{a_2}=\overrightarrow{a_2}\cdot\overrightarrow{a_3}=\overrightarrow{a_3}\cdot\overrightarrow{a_1}=0$이기 때문이다. 이를 이용하여 역격자 벡터를 계산해보면

$$\overrightarrow{a_2}\times\overrightarrow{a_3}=\begin{vmatrix}\hat{x} & \hat{y} & \hat{z}\\ 0 & \frac{a}{2} & \frac{a}{2}\\ \frac{a}{2} & 0 & \frac{a}{2}\end{vmatrix}=\frac{a^2}{4}(\hat{x}+\hat{y}-\hat{z})$$

$$\overrightarrow{a_3}\times\overrightarrow{a_1}=\begin{vmatrix}\hat{x} & \hat{y} & \hat{z}\\ \frac{a}{2} & 0 & \frac{a}{2}\\ \frac{a}{2} & \frac{a}{2} & 0\end{vmatrix}=\frac{a^2}{4}(-\hat{x}+\hat{y}+\hat{z})$$

$$\overrightarrow{a_1}\times\overrightarrow{a_2}=\begin{vmatrix}\hat{x} & \hat{y} & \hat{z}\\ \frac{a}{2} & \frac{a}{2} & 0\\ 0 & \frac{a}{2} & \frac{a}{2}\end{vmatrix}=\frac{a^2}{4}(\hat{x}-\hat{y}+\hat{z})$$

$$\vec{a}\cdot\overrightarrow{a_2}\times\overrightarrow{a_3}=\begin{vmatrix}\frac{a}{2} & \frac{a}{2} & 0\\ 0 & \frac{a}{2} & \frac{a}{2}\\ \frac{a}{2} & 0 & \frac{a}{2}\end{vmatrix}=\frac{a^3}{8}\times 2=\frac{a^3}{4}$$

가 되어

$$\overrightarrow{b_1}=2\pi\frac{\overrightarrow{a_2}\times\overrightarrow{a_3}}{\overrightarrow{a_1}\cdot(\overrightarrow{a_2}\times\overrightarrow{a_3})}=\frac{1}{2}\left(\frac{4\pi}{a}\right)(\hat{x}+\hat{y}-\hat{z}),$$

$$\overrightarrow{b_2}=\frac{1}{2}\left(\frac{4\pi}{a}\right)(-\hat{x}+\hat{y}+\hat{z}),\quad \overrightarrow{b_3}=\frac{1}{2}\left(\frac{4\pi}{a}\right)(\hat{x}-\hat{y}+\hat{z})$$

가 된다. 여기에서 $\overrightarrow{b_i}$의 계수를 $2\pi/a$로 쓰지 않고 굳이 $4\pi/2a$로 쓴 이유는 그림

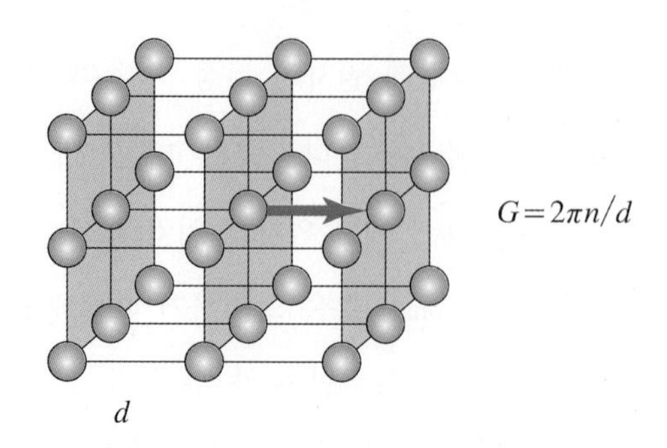

그림 2-6 역격자 벡터 G

2-5(d)를 보면 이해할 수 있다. 이것은 그림 2-5(d)와 같이 파선으로 표시된 역격자 크기 $4\pi/a$인 단순입방정계의 격자 벡터를 의미한다. 따라서 면심입방정계를 역격자 변환을 하면 체심입방정계가 됨을 알 수 있다. 기본적으로 역격자 벡터는 레비치비타 기호에서처럼 격자 벡터에 수직한 방향으로 형성되고, 그 크기는 $2\pi/a$로 나타나기 때문에 역격자 벡터에 대해 다음과 같이 정리할 수 있다.

그림 2-6과 같이 이웃한 원자 사이의 거리가 d만큼 떨어진 결정면에 대해, 역격자 벡터는 그 결정면에 수직이며 크기는 $2\pi/d$가 된다. 결정면은 병진 대칭성이 있으므로 모든 결정면에 대해서 역격자 벡터는 $G = 2\pi n/d$가 된다.

2.2 브릴루앙 영역

이전 절에서 배운 것은 실공간과 역격자 공간은 서로 역수 관계에 있어서 실공간의 격자크기가 증가될수록 운동량 공간은 작아진다는 것이다. 그리고 고체는 병진 대칭성이 있어서 일정한 규칙성을 갖는다는 것을 알고 있다. 그렇다면 기본 단위격자의 2배 크기인 이중격자는 운동량 공간에서 1/2이 된다는 것이다. 즉, 운동량 공간에서 가장 큰 격자는 기본 단위격자이다! 이것은 매우 중요한 점을 시사하는데, 아무리 큰 결정 격자라도 운동량 공간에서는 기본 단위격자가 가장 크기 때문에 역격자 공간에서 기본 단위격자의 정보 안에 모든 결정의 정보가 들어오게 된다.

1.2절에서 결정 격자의 단위인 기본 단위 낱칸을 정의하는 방법으로 위그너·자이츠 낱칸을 구성하는 방법을 배웠다. 위그너·자이츠 낱칸은 한 원자를 중심으로 이웃한 원자들

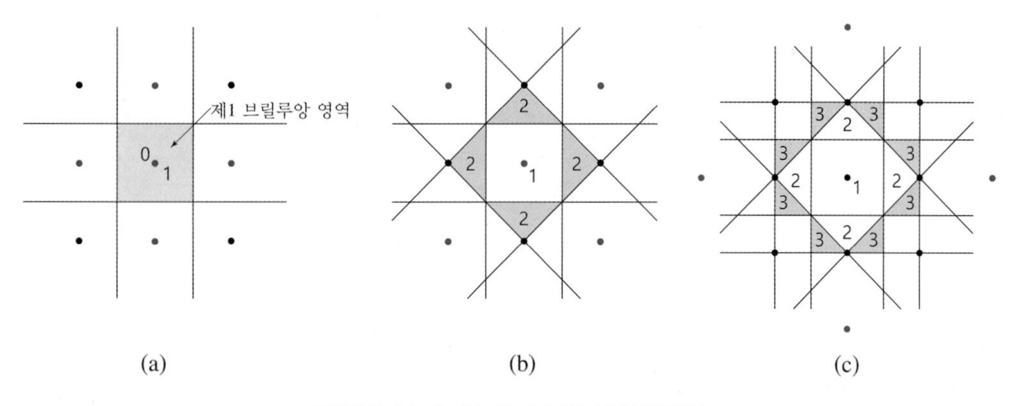

그림 2-7 (a) 제1, (b) 제2, (c) 제3 브릴루앙 영역

에 의해 형성되는 기본 단위 낱칸을 정의하는 방법 중 하나이다. 즉, 이웃한 원자들을 고려할 경우 위그너·자이츠 낱칸은 이웃한 원자들로 구성된 격자 공간을 대표한다. 그러면 두 번째로 이웃한 원자들 사이를 같은 방식으로 위그너·자이츠 낱칸을 구성하면 두 번째로 이웃한 원자들로 이루어진 격자 공간을 정의할 수 있다. 이런 식으로 계속 이어나갈 수 있는데, 이렇게 정의한 격자 공간을 브릴루앙 영역(Brillouin zone)이라고 한다.

그림 2-7(a)를 보면 O점을 중심으로 가장 이웃한 원자들(파란색으로 표시)을 잇고, 그것을 수직 이등분하면 수직 이등분선으로 둘러싸인 영역이 생기는데, 이것이 제1 브릴루앙 영역이다. 두 번째로 이웃한 원자는 그림 2-7(b)와 같이 대각선 방향의 원자들(파란색)인데, 이것도 마찬가지로 원자들을 이은 선을 수직 이등분하면 닫힌 공간이 생긴다. 여기에서 제1 브릴루앙 영역을 제외한 색칠한 부분이 제2 브릴루앙 영역이다. 세 번째 이웃한 원자를 그림 2-7(c)에 파란색으로 표시하였는데, 마찬가지로 이것을 이은 선을 수직 이등분하여 형성된 닫힌 공간에서 제1, 제2 브릴루앙 영역을 제외하면 색칠한 부분이 제3 브릴루앙 영역이 된다. 이런 식으로 브릴루앙 영역을 계속 넓혀갈 수 있는데, 아무리 브릴루앙 영역이 늘어나도 이것들은 모두 제1 브릴루앙 영역 안으로 들어오게 된다. 왜냐하면 고체는 병진 대칭성이 있기 때문에 제2 브릴루앙 영역을 평행이동시켜도 결정 대칭성에 영향이 전혀 없어서 제1 브릴루앙 영역 안으로 이동시켜 포함시킬 수 있다. 제3 브릴루앙 영역도 적절한 병진 대칭이동을 시키면 모두 제1 브릴루앙 영역 안에 들어가게 된다.

브릴루앙 영역의 직관적인 의미를 이해하기 위해서 실공간에서 간단한 면심입방정계를 갖는 격자를 생각해보자. 이것을 산란실험에 의하여 역격자 공간으로 변환시키면 그림 2-5(c)와 (d)에 보인 바와 같이 체심입방정계로 바뀐다. 그림 2-8(c)와 같이 체심입방

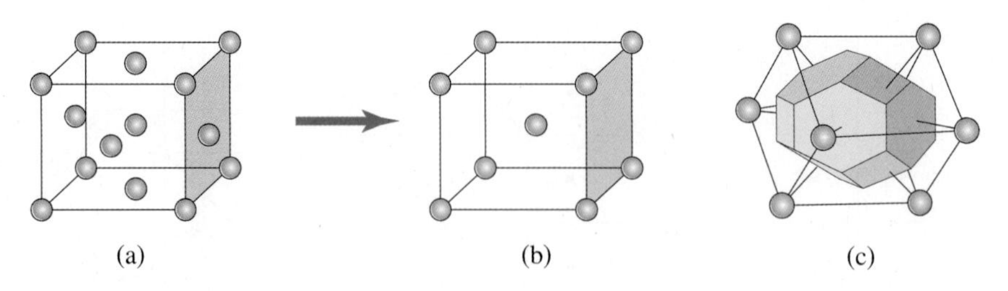

그림 2-8 면심입방정계(a), 역격자 공간으로 변환(b), 제1 브릴루앙 영역(c)

정계의 역격자의 중심점을 선택하여 위에서 설명한 것과 같이 이웃한 원자들에 대하여 위그너·자이츠 낱칸을 구성하면 닫힌 공간이 형성되고 제1 브릴루앙 영역이 정의된다. 브릴루앙 영역이 왜 중요한지는 이후에 에너지 밴드와 페르미 면 등 구체적인 물리량들을 적용할 때 그 진가가 드러나게 되니 잠시 인내를 가지고 기다려주기 바란다.

2.3 회절과 브래그 법칙

회절(diffraction)이란 빛이 좁은 공간에 들어오면 산란 후 빛이 퍼지는 현상을 말한다. 산란(scattering)은 빛이 어떤 물체와 부딪쳐서 빛의 경로가 바뀌는 현상으로, 회절과 비슷한 개념이지만 굳이 구별을 하자면, 산란은 파동이 국부적 불균일성에 의해 흩어지는 현상이라면, 회절은 좁은 틈이나 장애물을 파동이 통과할 때 발생하는 현상으로 구별할 수 있다. 대표적인 회절실험으로는 영(Young)의 이중간섭실험이 있다. 일반물리에서부터 양자역학과 광학에서 빠지지 않고 나오는 영의 이중간섭실험이기 때문에 구체적으로 설명하지는 않겠다. 빛이 좁은 간격으로 떨어진 두 틈을 통과하면 각 틈을 통과한 빛은 산란되어 평면파로 입사한 빛이 구면파를 형성하면서 서로 간섭을 일으켜 스크린에는 회절 간섭이 생긴다.

이러한 회절간섭 현상이 고체의 결정 격자에서도 발생한다. 그림 2-10과 같이 결정 격자의 단면이 있다고 할 때 결정 격자에 비스듬하게 X선이 입사한다고 생각해보자. 입사광원은 X선, 전자빔, 중성자선 모두 가능하다. 단, 고체의 결정 격자 간격 스케일인 Å 단위의 파장을 가져야 한다. 입사각을 그림에서와 같이 θ라고 할 때 반사각도 θ가 되어 파동이 반사된다. 이웃한 두 원자 사이의 간격을 d라고 할 때 그림과 같이 A지점

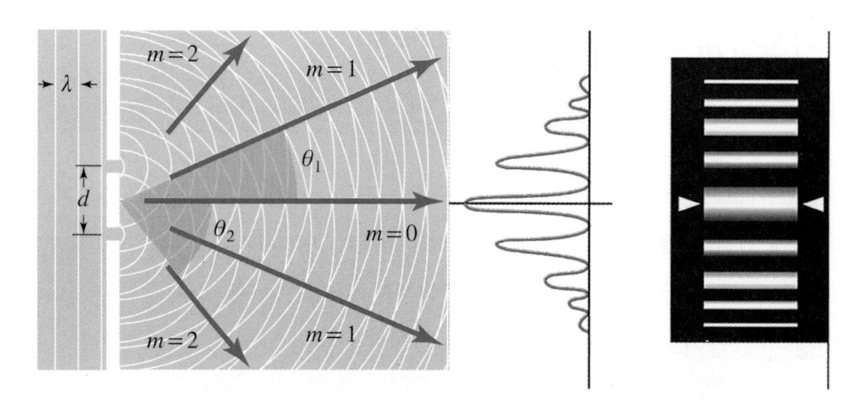

그림 2-9 이중 슬릿에 의해 산란된 파동의 중첩

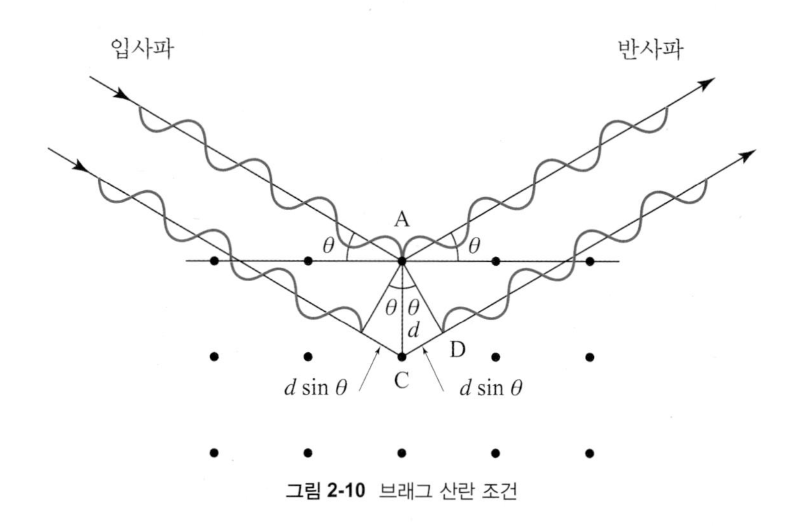

그림 2-10 브래그 산란 조건

에서 반사된 파동과 C지점에서 반사된 파동은 $2d\sin\theta$의 경로차를 가지며, 경로차가 파장의 정수배(n)가 될 때 두 파동은 보강간섭을 일으킨다. 따라서 다음과 같은 관계를 브래그 법칙(Bragg's law)이라고 하며, 결정학의 기본이 되는 식이다.

$$2d\sin\theta = n\lambda \quad \text{(브래그 법칙)} \tag{2.3.1}$$

브래그 법칙을 이용하여 입사각과 반사각을 측정하면 일반적으로 광원의 파장을 알고 있으므로 격자 간격 d를 알 수 있게 된다. 브래그 법칙을 이용하여 결정구조 분석을 하는 방법에 대해서는 이후 절에 상술한다.

2.4 라우에와 브래그 법칙

폰 라우에(von Laue)는 브래그와는 독립적으로 결정분석의 이론적인 식을 계산하였다. 그림 2-11(a)와 같이 이웃한 두 원자에 평면파의 파동이 입사하는 경우를 생각해보자.

두 파동은 각 원자에 산란되어 구면파를 형성하게 되고 이들은 서로 간섭을 일으키게 되어 관측장비에 들어오게 된다. 한 원자는 O점에 있고, 이웃한 다른 원자는 $\vec{S}$만큼 떨어져 있다. 입사파의 운동량은 $\vec{k_i}$이고 산란파의 운동량은 $\vec{k_f}$이다. O점과 S점으로부터 관측지점까지의 변위는 각각 $\vec{r}$과 $\vec{r'}$이다. 그러면 $\vec{r'} = \vec{r} - \vec{s}$가 된다. 이때 O점과 S점에서 원자에 입사되는 파의 전기장을 각각 $\vec{E}_{inc}(0)$, $\vec{E}_{inc}(s)$라고 할 때 O점과 S점에서 산란된 파의 전기장 $\vec{E}_{scat}(0)$과 $\vec{E}_{scat}(s)$는

$$\vec{E}_{scat}(0) = \vec{E}_{inc}(0)\exp(i\vec{k_f} \cdot \vec{r}) \tag{2.4.1}$$

$$\vec{E}_{scat}(\vec{s}) = \vec{E}_{inc}(\vec{s})\exp(i\vec{k_f} \cdot \vec{r'}) = \vec{E}_{inc}(\vec{s})\exp(i\vec{k_f} \cdot \vec{r})\exp(-i\vec{k_f} \cdot \vec{s}) \tag{2.4.2}$$

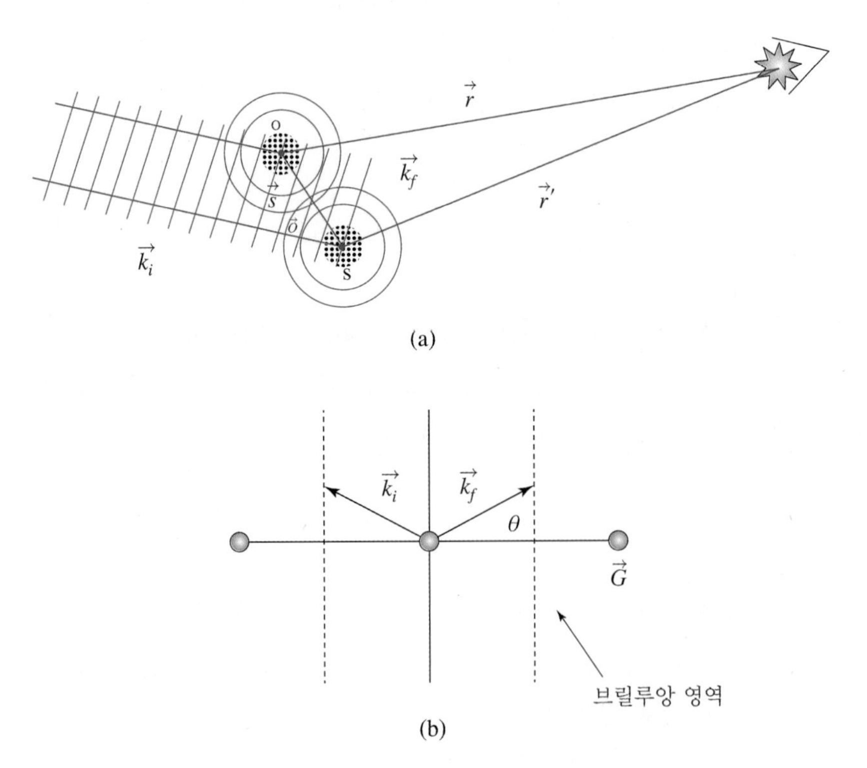

그림 2-11 라우에 산란 조건(a)과 브릴루앙 영역에서 라우에 산란 조건(b)

가 된다. O점에 입사된 파와 S점에 입사된 파가 서로 간섭을 일으키므로

$$\vec{E}_{inc}(\vec{s}) = \vec{E}_{inc}(0)\exp(i\vec{k_i} \cdot \vec{s}) \tag{2.4.3}$$

를 이용해서 산란된 두 파의 간섭이 어떻게 되는지 계산하면

$$\begin{aligned}\vec{E}_{scat}(\vec{s}) &= \vec{E}_{inc}(0)\exp(i\vec{k_i} \cdot \vec{s})\exp(i\vec{k_f} \cdot \vec{r})\exp(-i\vec{k_f} \cdot \vec{s}) \\ &= \vec{E}_{inc}(0)\exp(i\vec{k_f} \cdot \vec{r})\exp\{-i(\vec{k_f} - \vec{k_i}) \cdot \vec{s}\} \\ &= \vec{E}_{scat}(0)\exp(-i\Delta\vec{k} \cdot \vec{s})\end{aligned} \tag{2.4.4}$$

가 된다. 여기에서 $\Delta\vec{k} = \vec{k_f} - \vec{k_i}$이다. 이 식이 의미하는 바는 원자에 의해 산란된 전자기장은 $\Delta\vec{k} \cdot \vec{s}$만큼의 위상차를 갖는다는 것이다.

일반적으로 고체 안에 격자는 무수히 많기 때문에 각각의 격자들 사이의 파동의 중첩을 모두 생각해주어야 하는데, 고체의 간격이 띄엄띄엄하긴 하지만 거시적인 고체의 관점에는 원자들이 연속적으로 분포되었다고 가정해도 무난할 만큼 촘촘하기 때문에 다음과 같이 적분 형태로 표시할 수 있다.

$$\vec{E}_{scat} = \vec{E}_{scat}(0)\sum_i \exp(-i\Delta\vec{k} \cdot \vec{s_i}) = \vec{E}_{scat}(0)\int d^3r\rho(\vec{r})\exp(-i\Delta\vec{k} \cdot \vec{r_i}) \tag{2.4.5}$$

이것은 실공간 전자밀도 함수 $\rho(\vec{r})$에 대한 푸리에 변환에 해당한다. 즉, 산란된 전기장은 전자밀도의 역격자 공간으로 표현된다는 것을 의미한다. 이때 파동의 강도는 $|\vec{E}_{scat}|^2$으로 주어지고 측정 시에는 위상정보가 사라진다. 여기에서 다음을 운동량 전이(momentum transfer)라고 하고 이것이 산란공식에서의 라우에 조건이다.

$$\vec{q} \equiv \Delta\vec{k} = \vec{k_f} - \vec{k_i} \quad \text{(라우에 조건)} \tag{2.4.6}$$

여기에서 운동량 변화 $\Delta\vec{k}$는 입사파와 반사파의 운동량 변화이지만 이것은 역격자 벡터와 같다는 것을 보이겠다. 전자밀도가 n인 격자에 대해 전자밀도 함수는

$$\rho(\vec{r}) = \sum_{\vec{k}} n_{\vec{k}}\exp(i\vec{k} \cdot \vec{r}) \tag{2.4.7}$$

로 주어진다. 전자밀도 함수가 푸리에 급수와 같이 표현되는 이유는 규칙적으로 펼쳐져 있기 때문이다. 결정 격자의 병진 벡터를 다음과 같이 쓸 수 있다.

$$\vec{T} = n\vec{a_1} + m\vec{a_2} + l\vec{a_3} \tag{2.4.8}$$

여기에서 $(n,\ l,\ m)$은 정수이다. 병진 대칭성에 의해 $\rho(\vec{r} + \vec{T}) = \rho(\vec{r})$이므로,

$$\begin{aligned}\rho(\vec{r} + \vec{T}) &= \sum_{\vec{k}} n_{\vec{k}} \exp(i\vec{k} \cdot [\vec{r} + \vec{T}]) = \sum_{\vec{k}} n_{\vec{k}} \exp(i\vec{k} \cdot \vec{r}) \exp(i\vec{k} \cdot \vec{T}) \\ &= \sum_{\vec{k}} n_{\vec{k}} \exp(i\vec{k} \cdot \vec{r}) = \rho(\vec{r})\end{aligned} \tag{2.4.9}$$

이다. 따라서 모든 $\vec{T}$에 대해 $\exp(i\vec{k} \cdot \vec{T}) = 1$이 되어서

$$\vec{k} \cdot (n\vec{a_1} + m\vec{a_2} + l\vec{a_3}) = 2\pi \times (\text{정수}) \tag{2.4.10}$$

가 된다. 우리는 이전에 역격자 벡터가 $G = 2\pi n/d$임을 알고 있는데, 이것은 $\vec{k} = \vec{G}$임을 의미한다. 즉, 격자에 의해 산란된 파동의 운동량은 역격자 벡터와 동일하다. 즉, 전자밀도 함수는 역격자 공간에서 모든 역격자에 대한 합으로 표현된다.

$$\rho(\vec{r}) = \sum_{\vec{G}} n_{\vec{G}} \exp(i\vec{G} \cdot \vec{r}) \tag{2.4.11}$$

이것은 매우 흥미로운데, 우리가 알고 있는 운동량은 고전적으로는 $p = mv$이고, 파동으로는 $k = 2\pi/\lambda$여서 변화하는 양인데, 역격자 벡터는 고체에서 고정된 결정 격자에 대해 역격자 변환으로 정의되는 고정된 양이기 때문이다. 변화하는 운동량이 고정된 역격자 벡터와 동일한 것은 물리적으로는 다른 모든 파동의 운동량 정보는 상쇄간섭이 되어 사라지고 오로지 역격자 벡터와 동일한 조건의 운동량 변화만 보강간섭으로 살아남기 때문에 벌어지는 현상이다.

다시 라우에 조건으로 돌아와서 산란된 파동의 운동량 변화가 역격자 벡터와 동일하다는 사실을 표현하자.

$$\vec{q} = \vec{k_f} - \vec{k_i} = \vec{G} \tag{2.4.12}$$

운동량이 너무 많이 나와서 헷갈릴 텐데, $\vec{k}$는 파동의 운동량, $\vec{q}$는 파동의 운동량 변화, $\vec{G}$는 역격자 벡터이다. 이것을 그림으로 나타내면 그림 2-11(b)와 같이 되는데, $\vec{k_f} = \vec{G} + \vec{k_i}$이므로 양변을 제곱하면

$$k_f^2 = G^2 + k_i^2 + 2\vec{k_i} \cdot \vec{G} \tag{2.4.13}$$

가 되고 $\vec{k_f}$와 $\vec{k_i}$는 사실 크기는 같고 방향만 다른 벡터이기 때문에 서로 상쇄되어

$$G^2 = -2\vec{k_i} \cdot \vec{G} = -2|G|\vec{k_i} \cdot \hat{G} \tag{2.4.14}$$

가 된다. 이는 다시

$$\vec{k_i} \cdot \hat{G} = -\frac{1}{2}|G| \text{ 또는 } \vec{k_f} \cdot \hat{G} = \frac{1}{2}|G| \tag{2.4.15}$$

로 표현된다. 여기에서 음 또는 양의 부호는 그림 2-11(b)에 따른 것이다. 이를 다시 쓰면

$$\frac{2\pi}{\lambda}\sin\theta = \frac{1}{2}\frac{2\pi}{d}$$

가 되고, 이것은 브래그 산란공식 $2d\sin\theta = \lambda$와 같다. 즉, 라우에 조건은 브래그 조건과 완전히 동일하다. 브래그 조건에 맞아 보강간섭을 일으킨다는 것은 파동의 운동량 변화가 결정 격자의 역격자 벡터와 동일할 때만 가능하다는 것이고, 이는 제1 브릴루앙 영역 안에 있게 된다.

2.5 밀러 지수와 에발트 구

결정면의 방향을 기술할 때 매번 결정구조 그림을 그려서 표시할 수는 없는 노릇이다. 결정면을 효과적으로 표현할 수 있는 방법은 없을까? 밀러 지수(Miller index)를 이용하면 아주 간단한 방법으로 결정면을 정의할 수 있다. 결정면이란 같은 평면에 격자들이 놓여 있을 때 그 면을 결정면이라고 한다. 결정면들 사이는 등간격으로 떨어져 있다. 여기에서 간단한 기호를 정의해야 하는데, 보통 그림 2-13과 같이 역격자 공간에서 (x, y, z) 축을 각각 (a_1, a_2, a_3) 또는 $(\mathbf{a}, \mathbf{b}, \mathbf{c})$라고 할 때

① 밀러 지수는 (h, k, l)로 나타낸다.

② 음수 또는 음의 방향을 표시할 때는 각 지수 위에 바(bar)를 긋는다[예, $(\bar{h}, k, l)$].

③ $[h, k, l]$은 방향을 나타낸다.

● 라우에와 브래그 부자의 일화

1900년대 초반은 물리학의 혁명기였다. 물리학의 혁명은 막스 플랑크의 양자론에서부터 시작되었는데, 막스 폰 라우에(Max Theodor Felix von Laue, 1879~1960)는 막스 플랑크의 조수로 일하고 있었다. 당시에는 1895년에 뢴트겐이 X선을 발견하고 1897년 J. J. 톰슨이 전자를 발견하였으며, 톰슨의 아들 G. P. 톰슨이 전자의 파동성을 발견하여 이를 이용한 산란실험이 유행하였다. 라우에는 후에 조머펠트(Arnold Sommerfeld)의 문하로 들어가게 되는데, 거기에서 1912년 에발트(Peter Ewald)를 만나게 된다. 에발트의 연구를 보고 라우에는 결정학 연구에 관심을 갖게 되었는데, 후에 X선을 결정면에 쪼였을 때 그림 2-12와 같은 독특한 산란점이 건판에 생기는 것을 발견하게 된다.

라우에가 어느 학회에 가서 결정면에 쪼인 X선 산란점을 발표하였는데, 그 자리에 영국의 물리학자 윌리엄 헨리 브래그(W. H. Bragg)가 있었다. 브래그는 라우에의 산란점 사진을 가지고 집에 와서 그의 아들 로렌스 브래그(L. Bragg)에게 보여주었다. 로렌스 브래그는 어렸을 때부터 천재였다. 15세에 대학교에 들어가서 3년 만에 졸업한 후에 케임브리지 대학에 박사과정으로 들어가서 어떤 연구를 할지 고민하고 있었다. 1912년 아버지 윌리엄 브래그가 보여준 라우에의 특이한 사진을 본 순간 아들 로렌스 브래그는 그것이 결정의 X선 산란에 의한 것임을 직감하고 X선 산란에 대한 이론을 제시하였고, 아버지는 실험으로 증명하여 아버지와 아들이 함께 1915년 노벨상을 수상하였다. 그의 나이 25세의 일이었고, 역대 노벨 과학상 수상자 중에 최연소로 아직까지 기록되고 있다. 로렌스 브래그는 이후 케임브리지 캐번디시 연구소 소장으로 근무하면서 그가 이룩한 결정학을 이용하여 제임스 왓슨과 프랜시스 크릭이 1953년 DNA를 발견하는 성과를 이루기도 했다.

그림 2-12 라우에 산란점

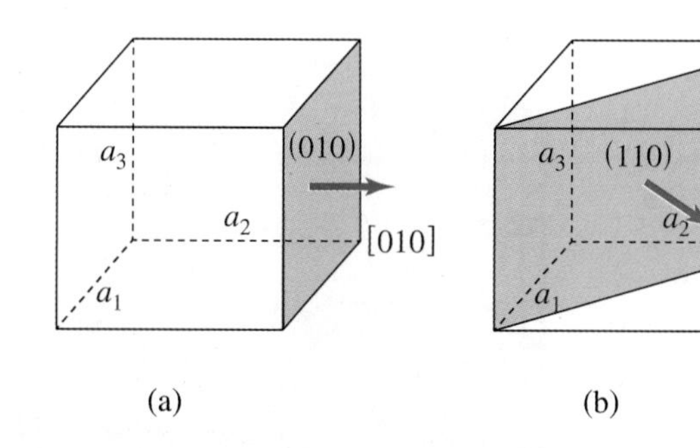

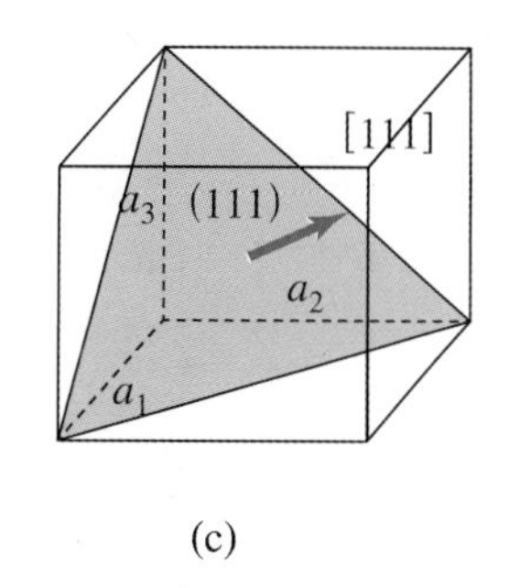

그림 2-13 결정면과 밀러 지수

④ $\langle h,\ k,\ l \rangle$은 방향의 집합을 나타낸다.
⑤ 밀러 지수 $(h,\ k,\ l)$은 수직한 평면을 나타낸다.
⑥ $\{h,\ k,\ l\}$은 평면의 집합을 나타낸다.
⑦ $h,\ k,\ l$을 숫자로 표현할 때는 콤마를 쓰지 않는다.

밀러 지수를 결정하는 방법은 다음과 같다.

ⓐ 각 단위격자의 크기는 1이다. 예를 들어, 그림 2-13(a)와 같이 (010)면은 y축에 수직인 면(파란색 화살표 [010] 방향의 수직인 면)이다. 단위격자의 절반은 1/2이 아니고 2이다. 실공간에서 1/2지점은 역격자 공간에서 2에 해당하기 때문이다.
ⓑ 그림 2-13(b)와 같이 (110)면은 원점에서 [110] 방향으로 향하는 벡터를 그리고 그 벡터에 수직인 결정면이다.

즉, 어떤 격자점의 위치가 $(h,\ k,\ l)$ 지점에 있으면 원점으로부터 그 격자점으로 향하는 벡터는 $\mathbf{r} = h\mathbf{a} + k\mathbf{b} + l\mathbf{c}$ 이며, $[hkl]$은 원점으로부터 그 격자점을 향하는 벡터를, (hkl)은 그 벡터에 수직인 평면을 의미한다. 다음 절에서 설명할 X선 회절실험을 통해 관찰되는 것은 (hkl)로 표현되는 결정면에 대한 정보이고, 이를 통해 원자의 위치를 찾을 수 있다.

결정 회절실험으로부터 관찰된 브래그 피크, 또는 라우에 점이 어떤 격자점 간의 보강간섭으로부터 나왔는지를 도식적으로 알 수 있는 방법이 있다. 그림 2-14(a)와 같이 어떤 O점을 향해 입사된 X선의 파동벡터를 $\overrightarrow{k_i}$라고 하고 산란된 X선의 파동벡터를 $\overrightarrow{k_f}$라고 하면 O점과 $\overrightarrow{k_i}$를 반지름으로 하여 형성된 원을 그릴 수 있다. 이 원의 선분에 맞닿는 격자점은 파동벡터의 크기가 같은 산란 X선의 파동벡터 $\overrightarrow{k_f}$가 될 수 있다. 그러면

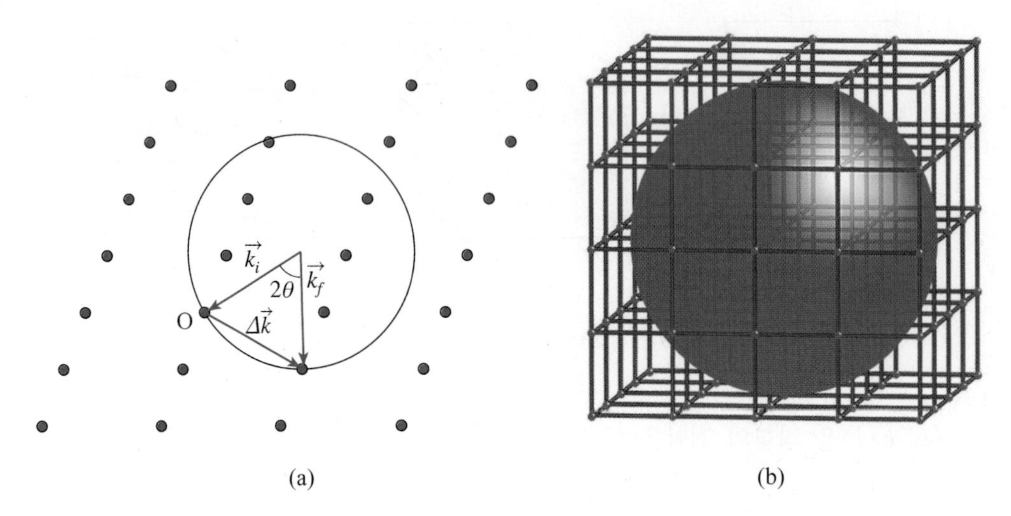

그림 2-14 에발트 면

$\vec{q} = \Delta\vec{k} = \vec{k_f} - \vec{k_i}$이므로 그림과 같이 파동벡터의 두 끝점을 연결하는 $\Delta\vec{k}$를 정의할 수 있는데, 이것이 바로 라우에 조건이다. 3차원적으로 시료를 회전시키거나 광원을 돌려가면서 측정하면 그림 2-14(b)와 같이 구가 형성되는데, 이를 에발트 구(Ewald sphere)라고 한다.

X선, 전자빔, 중성자선 등을 이용한 결정구조 분석은 연구의 한 분야로써, 이 짧은 장에 모두 담을 수 있는 것이 아니다. 이 장에서는 결정구조 분석의 기본적인 원리와 핵심적인 내용만 다루고자 한다. 결정구조 방법은 크게 라우에 방법, 결정회전(rotating crystal) 방법, 분말회절(powder diffraction) 방법이 있다. 라우에 방법은 시료를 고정시켜 놓고 파장을 바꿔가면서 측정하는 방법이고, 결정회전 방법과 분말회절 방법은 X선의 파장을 고정시키고 X선의 입사각을 바꿔가면서 측정하는 방법이다. 중성자 산란의 기본물리는 X선 분석과 크게 다르지 않지만 중성자는 전자와 산란하지 않고 원자와 산란하기 때문에, X선이나 전자빔으로 측정이나 분석이 어려운, 가벼운 원소로 이루어진 유기고분자 화합물 분석이나, 자성체 등의 스핀 구조 등을 분석하는 데 유용하다.

3.1 회절 강도에 관련된 인자

일반적으로 3차원 단위격자의 전자밀도를 다음과 같이 기술하자.

$$\rho(\vec{r}) = \sum_{lmn}\sum_{j}\rho_j(\vec{r} - l\vec{a_1} - m\vec{a_2} - n\vec{a_3} - \vec{r_j}) \quad (3.1.1)$$

여기에서 ρ_j와 $\vec{r_j}$는 각각 j번째 원자의 전자밀도와 변위이고, lmn은 각각 a_1, a_2, a_3축에 대한 정수값이어서 각 결정 격자를 말한다. 회절실험을 통해 이 전자밀도의 푸리에 변환을 하면

$$E(\vec{q}) = \int d\vec{r}\rho(\vec{r})\exp(-i\vec{q}\cdot\vec{r}) = \int d\vec{r}\sum_{lmn}\sum_{j}\rho_j(\vec{r} - l\vec{a_1} - m\vec{a_2} - n\vec{a_3} - \vec{r_j}) \quad (3.1.2)$$

가 된다. $\vec{t} = \vec{r} - l\vec{a_1} - m\vec{a_2} - n\vec{a_3} - \vec{r_j}$로 치환하면 $\vec{r} = \vec{t} + l\vec{a_1} + m\vec{a_2} + n\vec{a_3} + \vec{r_j}$가 되어 이를 대입하여 정리하면

$$E(\vec{q}) = \left\{\sum_{lmn}\exp[-i\vec{q}\cdot(l\vec{a_1} + m\vec{a_2} + n\vec{a_3})]\right\}\left\{\sum_{j}\exp(-i\vec{q}\cdot\vec{r_j})\int d\vec{t}\rho_j(\vec{t})\exp(-i\vec{q}\cdot\vec{t})\right\}$$

$$(3.1.3)$$

가 된다. 여기에서 첫 번째 lmn에 관한 합이 산란 조건(diffraction condition)이며, j에 관한 합이 구조인자(structure factor)이다.

3.1.1 원자 형상인자

여기에서

$$F(\vec{q}) = \int d\vec{r}\rho_a(\vec{r})\exp(i\vec{q}\cdot\vec{r}) \quad (3.1.4)$$

을 원자 형상인자(atomic form factor)라고 한다. 원자 형상인자는 단원자에 의한 파동의 산란강도를 나타내는데, 각 산란광원(X선, 전자빔, 중성자선)에 따라 달라진다. 이는 실공간의 전자밀도의 푸리에 변환의 형태로 역격자 공간의 정보를 갖고 있다. 예를 들어 구면좌표계 (r, θ, ϕ)에서 각도에 따라 대칭적인 전자분포에 대해 $\rho_a(\vec{r}) = \rho(r)$이므로 원자 형상인자를 계산하면

$$\begin{aligned} F(\vec{q}) &= \int r^2\sin\theta dr d\theta d\phi\rho(r)\exp(-iGr\cos\theta) \\ &= 2\pi\int r^2\rho(r)dr\left\{\int_{-1}^{1}d(\cos\theta)\exp(-iGr\cos\theta)\right\} \end{aligned}$$

$$= 4\pi \int r^2 \rho(r) \frac{\sin Gr}{Gr} dr \tag{3.1.5}$$

로 계산할 수 있다. 원자 형상인자는 산란광원의 종류에 따라 각 원소들의 형상인자가 계산과 실험으로 이미 잘 정리되어 있어서 필요한 경우 핸드북을 참고하여 값을 넣으면 된다.

3.1.2 구조인자

구조인자(structure factor)는 격자의 구조와 관련된 인자로써 식 (3.1.3)에서 j에 관한 합이다.

$$S_G = \sum_{j=0}^{s} F_j \exp(-i\vec{G} \cdot \vec{r_j}) \tag{3.1.6}$$

예를 들어, bcc(체심입방격자) 구조의 결정 격자를 산란하는 경우를 생각해보자. 원점과 체심원자를 기저로 잡으면 $\vec{r_0} = 0$, $\vec{r_1} = \frac{a}{2}(\hat{x} + \hat{y} + \hat{z})$이고, 역격자 벡터는 기본 단위격자가 단순입방정계(simple cubic)이므로 $\vec{G} = \frac{2\pi}{a}(h\hat{x} + k\hat{y} + l\hat{z})$이다. 따라서

$$\vec{G} \cdot \vec{r_0} = 0, \quad \vec{G} \cdot \vec{r_1} = (h+k+l)\pi \tag{3.1.7}$$

가 되어 구조인자는

$$S_G = \sum_{j=1}^{s} F_j \exp(-i\vec{G} \cdot \vec{r_j}) = F[1 + \exp\{-i\pi(h+k+l)\}] \tag{3.1.8}$$
$$= \begin{cases} 2F & (h+k+l = \text{짝수}) \\ 0 & (h+k+l = \text{홀수}) \end{cases}$$

가 된다. 즉, $h+k+l$=짝수인 경우에는 산란의 강도가 원자 형상인자의 2배가 되지만 홀수인 경우에는 산란의 강도가 0이 된다.

면심입방정계(fcc)인 경우에는 기저벡터는 $\vec{r_0} = 0$, $\vec{r_1} = \frac{a}{2}(\hat{x} + \hat{y})$, $\vec{r_2} = \frac{a}{2}(\hat{y} + \hat{z})$, $\vec{r_3} = \frac{a}{2}(\hat{z} + \hat{x})$이고, 역격자 벡터는 fcc의 경우에도 기본 단위격자가 단순입방정계이므로 $\vec{G} = \frac{2\pi}{a}(h\hat{x} + k\hat{y} + l\hat{z})$이다. 그러면

$$\vec{G} \cdot \vec{r_0} = 0, \quad \vec{G} \cdot \vec{r_1} = \pi(h+k), \quad \vec{G} \cdot \vec{r_2} = \pi(k+l), \quad \vec{G} \cdot \vec{r_3} = \pi(l+h)$$

가 되어 구조인자는

$$\begin{aligned} S_G &= \sum_{j=1}^{s} F_j \exp(-i\vec{G}\cdot\vec{r_j}) \\ &= F\{1+\exp[-i\pi(h+k)]+\exp[-i\pi(k+l)]+\exp[-i\pi(l+h)]\} \\ &= \begin{cases} 4F & (\text{모두 홀수이거나 모두 짝수인 경우}) \\ 0 & (\text{그 이외의 경우}) \end{cases} \end{aligned}$$

가 된다.

3.1.3 디바이 · 발러 인자(Debye–Waller factor)

사실 격자는 정지해 있지 않고 열적 요동을 하게 된다. 열적 요동을 한다는 것은 구조인자 $S_G = \sum_{j=0}^{s} F_j \exp(-i\vec{G}\cdot\vec{r_j})$에서 $\vec{r_j}(T)$가 온도 T의 함수를 갖는다는 것을 의미한다. 여기에서 그림 3-1과 같이 고정된 격자점을 $\vec{R_j}$라고 하고 제자리에서 열에 의해 진동하는 변위벡터를 $\vec{u}(T)$라고 하면

$$\vec{r_j} = \vec{R_j} + \vec{u}(T) \tag{3.1.9}$$

가 되고, 구조인자에 포함되어 있는 지수함수에 치환하면

$$\exp(-i\vec{G}\cdot\vec{r_j}) = \exp(-i\vec{G}\cdot\vec{R_j})\exp(-i\vec{G}\cdot\vec{u}) \tag{3.1.10}$$

가 되는데, 온도의 의존성을 갖는 부분을 테일러 전개하면

$$\exp(-i\vec{G}\cdot\vec{u}) = 1 - i\langle\vec{G}\cdot\vec{u}\rangle - \frac{1}{2}\langle(\vec{G}\cdot\vec{u})^2\rangle + \cdots \tag{3.1.11}$$

이 된다. 사실 $\vec{u}$는 제자리에서 요동하는 것이기 때문에 $\langle\vec{G}\cdot\vec{u}\rangle \approx 0$으로 근사할 수 있지만 $\langle(\vec{G}\cdot\vec{u})^2\rangle$항 및 짝수 지수를 갖는 고차항은 영이 되지 않는다. 따라서

$$\exp(-i\vec{G}\cdot\vec{u}) \approx \exp\left(-\frac{1}{2}\langle\vec{G}\cdot\vec{u}\rangle^2\right) \tag{3.1.12}$$

이 된다. 열적 요동에 의한 원자의 운동에너지는 에너지 등분배 법칙(equipartition theorem)에 의해

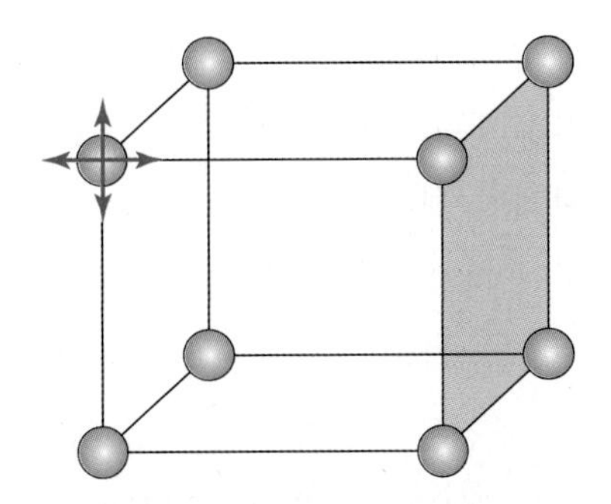

그림 3-1 온도에 의한 격자 진동

$$\frac{1}{2}Mu^2 = \frac{3}{2}k_BT, \quad u^2 = 3k_BT/M \tag{3.1.13}$$

이기 때문에

$$\exp(-i\vec{G}\cdot\vec{u}) = \exp\left(-\frac{1}{6}G^2u^2\right) \tag{3.1.14}$$

이 되어 구조인자는

$$S_G = \sum_j F_j \exp(-i\vec{G}\cdot\vec{R_j})\exp\left(-\frac{1}{6}G^2u^2\right) \tag{3.1.15}$$

이 된다. 따라서 열적 요동에 의해 산란강도는

$$I \propto F^2 \propto \exp\left(-\frac{1}{3}G^2u^2\right) \tag{3.1.16}$$

으로 표현된다. 열적 요동이 클수록(u가 클수록) 산란강도는 크게 감소하는 것을 볼 수 있다.

3.2 산란 실험

우리가 물체를 볼 수 있는 것은 빛이 물체에서 반사되어 우리 눈에 들어오기 때문이다. 우리 눈에 보이지 않는 세균 등을 보기 위해서는 현미경을 사용해야 하는데, 이는 빛의 굴절을 이용하여 상의 배율을 크게 한 것이다. 그러나 그보다 더 작은 바이러스 등을 관찰하려면 어떻게 해야 할까? 우리는 바이러스보다 더 작은 원자구조를 보려고 한다. 관측하려는 대상을 정확하게 보려면 해상도가 높은 현미경을 사용해야 한다. 해상도의 한계는 빛의 파장 정도이다. 빛의 파장보다 더 작은 물체는 온전히 구별할 수 없게 된다.

일반물리에서 배운 영의 이중간섭실험에서 슬릿의 간격을 d라고 하고, 빛의 파장을 λ라고 하면, 간섭무늬가 생기는 조건은 $d\sin\theta = n\lambda$이기 때문에, 파장이 슬릿의 간격보다 크면($d < \lambda$), $\sin\theta = n\lambda/d > 1$로 무의미한 결과가 되기 때문에 간섭무늬를 관찰할 수 없게 된다. 반면, 슬릿 간격이 파장에 비해 너무 크면($d \gg \lambda$), $\sin\theta = n\lambda/d \approx 0$이 되어 역시 간섭무늬를 분간할 수 없게 된다. 원자는 크기가 보통 수~수십 Å(10^{-8} cm)이기 때문에 원자를 관찰하기 위해서는 그 정도의 파장을 갖는 광원을 사용해야 한다. 따라서 고체물리학에서는 파장이 1 Å 정도인 X선을 주로 사용한다.

3.2.1 X선 브래그 산란

앞서 브래그 법칙을 배웠는데, 어떤 결정면에 X선이 입사되면 브래그 법칙을 만족하지 않는 광원들은 위상이 무작위적이기 때문에 그들 간의 위상차에 의해서 모든 입사광은 상쇄간섭을 일으켜서 산란되지 않는다. 예를 들어, 간단한 입방 구조를 갖는 소금결정을 생각해보자. 그림 3-2(a)와 같이 소금결정의 (111) 방향으로 X선이 입사한다고 할 때, 결맞는(coherent) 입사광원에 대해 산란광원은 원자와 결정 격자에 따라 위상이 달라진다. 그림에서 $1'$과 $3'$은 결맞는 위상을 갖고, $2'$과 $4'$도 결맞는 위상을 갖기 때문에 이들은 각각 서로 보강간섭을 일으킨다. 그러나 $1'$과 $2'$, $3'$과 $4'$은 위상이 서로 π만큼 차이가

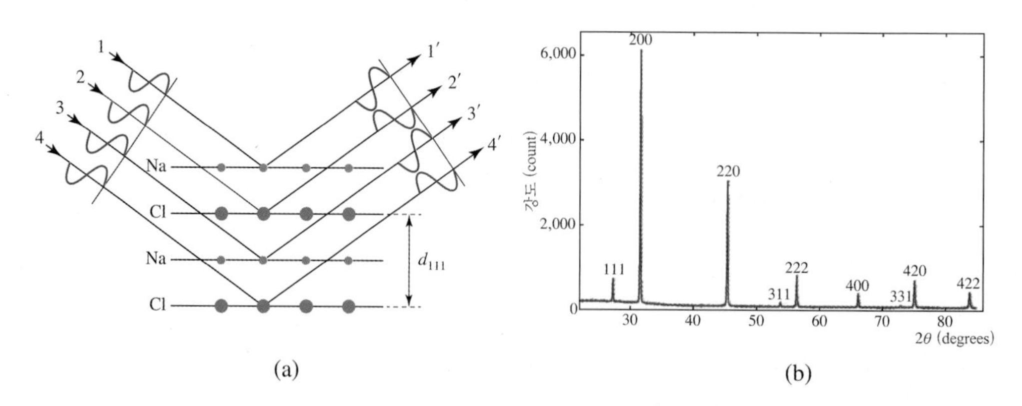

그림 3-2 (a) NaCl 결정의 (111) 방향으로 입사하는 광원, (b) NaCl의 분말 X-ray 회절

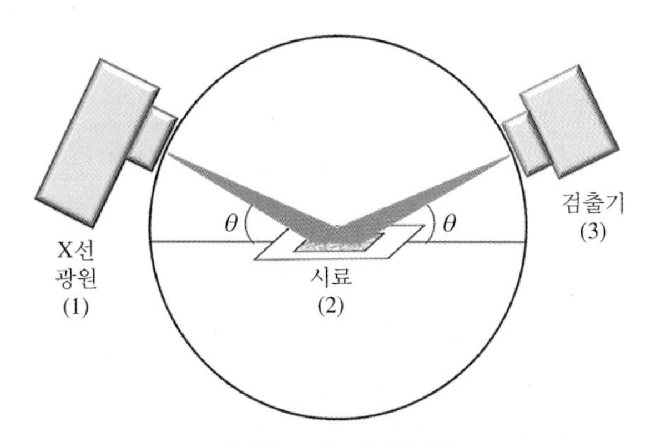

그림 3-3 분말 X선 회절실험

있기 때문에 이들은 서로 상쇄간섭을 한다. 따라서 d_{111}으로 표시된 두 면에서 산란된 X선이 보강간섭을 일으키기 때문에 (111)에 대응하는 X선 피크가 관찰된다. (111)면의 정수배 단위로 떨어져 있는 (222), (333), (444)면도 같은 이유로 피크가 형성된다. 분말 X선 회절인 경우에는 낱알들이 무작위로 흩어져 있기 때문에 다양한 면에서 모든 피크가 나오게 된다. 따라서 NaCl로 형성될 수 있는 브래그 회절조건을 만족하는 면이 그림 3-2(b)와 같이 관찰된다.

X선 회절실험은 그림 3-3과 같이 (2)에 시료를 놓고 X선 광원은 θ의 입사각으로 입사되어 같은 각도로 회절되기 때문에 측정된 각도는 2θ가 된다. X선 광원과 검출기가 동시에 움직이면서 회절된 X선을 측정하게 된다. 이 경우는 분말 X선 회절실험의 전형적인 장치이고, 단결정 X선 회절장치는 시료가 역학의 오일러 각도로 돌리면서 전방위적으로 측정하게 된다. 단결정은 결정면이 배향된 소재이기 때문에 결정면의 모든 방위에 대해 조사하기 위해서이다.

파장 λ인 X선이 시료에 $\vec{S}_0$로 입사되어 $\vec{S}$ 방향으로 회절된 경우를 생각해보자. 그림 3-4와 같이 입사된 광원의 파수 벡터(wave vector) $\overrightarrow{S_0}/\lambda$와 회절된 광원의 파수 벡터 $\vec{S}/\lambda$의 차에 해당하는 벡터 $\vec{Q}=(\vec{S}-\vec{S_0})/\lambda$가 생기는데, 이는 앞서 브래그 회절에서 논

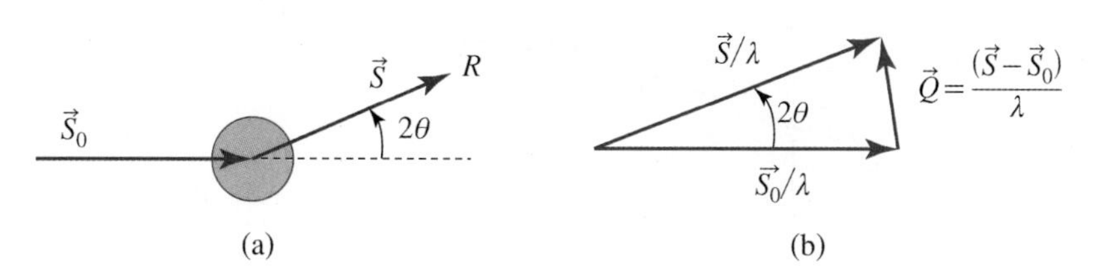

그림 3-4 시료에 입사 및 회절된 X선의 파수 벡터의 변화

의한 바와 같이 역격자 벡터와 일치할 때 보강간섭 조건이 된다.

어떤 결정의 단위격자에 다른 종의 원자들을 포함하여 모두 N개의 원자가 있다고 하자. a, b, c축으로 각각 M_1, M_2, M_3개의 단위격자가 있다면 결정이 가지고 있는 단위격자의 수는 $M = M_1M_2M_3$개가 된다. 이때 결정이 갖는 총 원자수는 MN개다. 단위격자에서 각 원자들의 위치를 벡터 $\vec{r}_n$으로 특징지을 수 있고, 단위격자의 원점을 임의의 지점을 기준으로 $m_1\vec{a}+m_2\vec{b}+m_3\vec{c}$라고 한다면, 결정 안에 위치한 어떤 원자는 다음과 같은 벡터로 특징지을 수 있다. 이때, m_i는 $0 \le m_i \le M_i - 1$이다.

$$\vec{R}^{n}_{m_1,\, m_2,\, m_3} = m_1\vec{a}+m_2\vec{b}+m_3\vec{c}+\vec{r}_n \tag{3.2.1}$$

입사된 광원의 전기장 E_e에 대비하여 어떤 결정 벡터에 회절된 X선의 상대적 전기장비는

$$\frac{E_{tot}}{E_e} = \sum_{m_1=0}^{M_1-1}\sum_{m_2=0}^{M_2-1}\sum_{m_3=0}^{M_3-1}\sum_{n=0}^{N-1} f_n \exp\left(2\pi i\vec{Q}\cdot\vec{R}^{n}_{m_1,\, m_2,\, m_3}\right) \tag{3.2.2}$$

$$= \sum_{m_1=0}^{M_1-1}\sum_{m_2=0}^{M_2-1}\sum_{m_3=0}^{M_3-1}\sum_{n=0}^{N-1} f_n \exp\left[2\pi i\vec{Q}\cdot(m_1\vec{a}+m_2\vec{b}+m_3\vec{c})\right]e^{2\pi i\vec{Q}\cdot\vec{r}_n}$$

이 된다. 여기에서 구조인자는

$$F = \sum_{n=0}^{N-1} f_n e^{2\pi i\vec{Q}\cdot\vec{r}_n} \tag{3.2.3}$$

로 정의된다. 그러면 단위격자 안에서 N개의 원자에 대하여 다시 정리하면

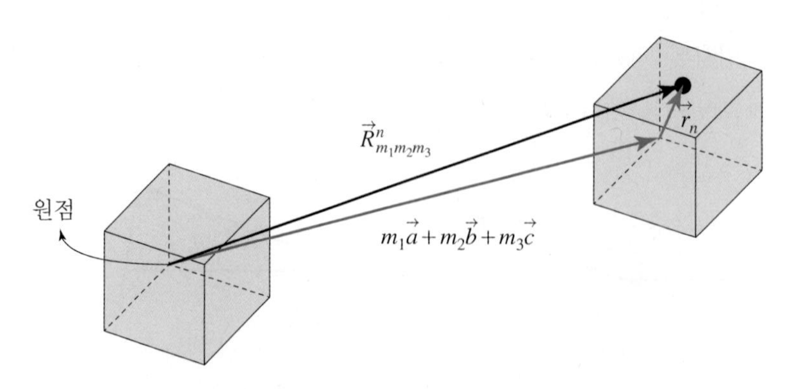

그림 3-5 결정 내에서 결정 격자 벡터의 정의

$$\frac{E_{tot}}{E_e} = F\sum_{m_1=0}^{M_1-1} e^{2\pi i m_1 \vec{Q}\cdot\vec{a}} \sum_{m_2=0}^{M_2-1} e^{2\pi i m_2 \vec{Q}\cdot\vec{b}} \sum_{m_3=0}^{M_3-1} e^{2\pi i m_3 \vec{Q}\cdot\vec{c}} \tag{3.2.4}$$

가 된다. 이 중에서 첫 번째 합의 공식만 고려하자. $\chi = e^{2\pi i \vec{Q}\cdot\vec{a}}$라고 하면,

$$\sum_{m_1=0}^{M_1-1} e^{2\pi i m_1 \vec{Q}\cdot\vec{a}} = \sum_{m_1=0}^{M_1-1} \chi^{m_1} \tag{3.2.5}$$

로 되고, 이것은 기하급수 공식을 써서

$$\begin{aligned}\sum_{m_1=0}^{M_1-1} e^{2\pi i m_1 \vec{Q}\cdot\vec{a}} &= \frac{\chi^{M_1}-1}{\chi-1} = \frac{e^{2\pi i M_1 \vec{Q}\cdot\vec{a}}-1}{e^{2\pi i \vec{Q}\cdot\vec{a}}-1} \\ &= \frac{e^{2i\eta M_1}-1}{e^{2i\eta}-1} = \frac{e^{i\eta M_1}(e^{i\eta M_1}-e^{-i\eta M_1})}{e^{i\eta}(e^{i\eta}-e^{-i\eta})} = \frac{e^{i\eta M_1}\sin\eta M}{e^{i\eta}\sin\eta} \\ &= \frac{\sin(\pi M_1 \vec{Q}\cdot\vec{a})e^{i\pi M_1 \vec{Q}\cdot\vec{a}}}{\sin(\pi \vec{Q}\cdot\vec{a})e^{i\pi\vec{Q}\cdot\vec{a}}} = \frac{\sin(\pi M_1 \vec{Q}\cdot\vec{a})}{\sin(\pi \vec{Q}\cdot\vec{a})} e^{i\pi(M_1-1)\vec{Q}\cdot\vec{a}}\end{aligned} \tag{3.2.6}$$

로 계산된다. 전기장을 제곱한 X선의 회절강도는

$$I = \left|\frac{E_{tot}}{E_e}\right|^2 = |F|^2 \frac{\sin^2(\pi M_1 \vec{Q}\cdot\vec{a})}{\sin^2(\pi\vec{Q}\cdot\vec{a})} \tag{3.2.7}$$

이 되는데, 이것은 1차원 격자에 의해 회절된 X선의 회절강도이다. 3차원 결정 격자에 대해서는 m_2와 m_3에 대한 합도 같은 방식으로 계산하여 X선의 회절강도는

$$I = \left|\frac{E_{tot}}{E_e}\right|^2 = |F|^2 \frac{\sin^2(\pi M_1 \vec{Q}\cdot\vec{a})}{\sin^2(\pi\vec{Q}\cdot\vec{a})} \frac{\sin^2(\pi M_2 \vec{Q}\cdot\vec{b})}{\sin^2(\pi\vec{Q}\cdot\vec{b})} \frac{\sin^2(\pi M_3 \vec{Q}\cdot\vec{c})}{\sin^2(\pi\vec{Q}\cdot\vec{c})} \tag{3.2.8}$$

가 된다.

식 (3.2.7)로부터 $M_1 = 6$인 1차원 결정 격자에 대해서 구조인자 F를 1로 두고 $x = \pi\vec{Q}\cdot\vec{a}$로 그려보면 그림 3-6과 같이 된다. $x = \pm n\pi(n = 0,\ 1,\ 2,\ \cdots)$에서 최대 피크가 생기며 $M-2$개의 작은 무늬가 생긴다. 무늬 간격은 $\sin^2 Mx = 0$이 되는 조건에 따라 $Mx = \pi$, 즉 $x = \pi/M$만큼이 된다.

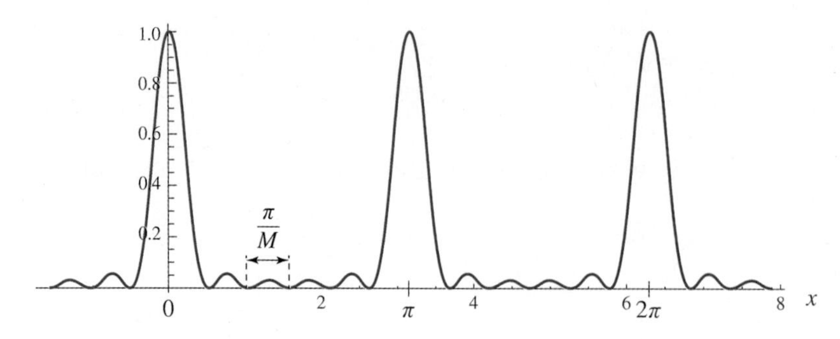

그림 3-6 6개 1차원 단위격자에 대한 X선 회절 간섭무늬

$$x = \pi \vec{Q} \cdot \vec{a} = \pi Qa = \pi \frac{|\vec{S} - \vec{S_0}|}{\lambda} a = \pi \frac{2\sin\theta}{\lambda} a \tag{3.2.9}$$

이므로, 첫 번째 강한 피크에서 회절강도가 0이 되는 지점을 $\theta_{\min}$이라고 하면

$$x = \frac{\pi}{M} = \frac{2\pi \sin\theta_{\min}}{\lambda} a \tag{3.2.10}$$

이므로,

$$\theta_{\min} = \sin^{-1}\left(\frac{\lambda}{2Ma}\right) \tag{3.2.11}$$

이다. 격자 수가 많으면, 즉 M이 매우 클 때 $\sin^{-1}\phi \approx \phi$로 근사할 수 있어서 큰 피크의 폭은

$$\Delta\theta = 2\theta_{\min} = \frac{\lambda}{Ma} \tag{3.2.12}$$

이다. M이 매우 크면, $\Delta\theta \approx 0$이어서 거의 델타함수와 같은 피크를 갖게 된다. 식 (3.2.10)을 살펴보면, 브래그 법칙이 $\lambda = 2d\sin\theta$인 것을 생각하면 $x = n\pi$인 지점에서 피크가 생기게 된다.

3차원 결정구조 분석은 결정학(crystallography)이라는 분야로 발전하여 한 학문분야를 형성하고 있다. 결정학은 고체물리, 고체화학이나 무기화학분야뿐만 아니라 단백질 구조 분석 등 생물리학 등에서도 활발히 활용되고 있다. 실제 분말 X선 회절실험에 대한 데이터베이스가 국제 ICDD나 국내 ICSD에서 제공되고 있어서 분말 X선 회절실험으로 얻은 회절 피크들을 기존 데이터베이스와 맞춰 보면서 고체의 상분석을 수행할 수 있다.

JCPDS(Joint committee on powder diffraction standards)라는 파일은 1969년부터 물질의 X선 회절 무늬를 업데이트하여 하나의 카드로 모은 데이터베이스이다. 어떤 연구자가 신물질을 개발하여 X선 회절실험 결과를 얻었다면 일정한 절차를 거쳐 ICDD에 데이터를 올릴 수 있다.

ICDD Database: https://www.icdd.com/pdfsearch/

ICSD Database: http://icsd.kisti.re.kr/first.jsp

3.2.2 라우에 전자산란

브래그 산란과 라우에 산란의 가장 큰 차이점이라고 한다면 브래그 산란은 X선의 파장을 고정시키고 시료를 움직이면서 X선의 입사각도와 산란각도를 변화시켜 가면서 측정하는 방법이라면, 라우에 산란은 시료를 고정시키고 입사광의 파장을 변화시켜 가면서 측정하는 방법이다. 아무래도 X선 광원은 제동복사(bremsstrahlung) 과정을 통해 만들어지는 특성 X선을 사용하기 때문에 파장 변화가 기본적으로 어렵다. 물론 X선도 방사광 가속기를 사용하면 파장 변화가 가능하지만 일반적으로 실험실에서 흔하게 사용하는 방법은 아니다. 따라서 라우에 산란은 주로 전자의 운동에너지를 변화시켰을 때 파장 변화를 이용하는 방식에 유용하기 때문에, 주로 전자산란(Electron Diffraction, ED)에서 많이 사용된다. 최근에는 전자현미경이 발달되어 투과전자현미경(Transmission Electron Microscopy, TEM) 등에 전자산란 기능이 추가되어 있는 경우가 많아서 전자산란을 이용하여 라우에 산란을 수행하게 된다. 라우에 전자산란에서 중요한 점은 라우에 전자산란은 주로 단결정을 사용한다는 점이다. 다결정을 사용할 수도 있지만, 다결정을 사용하면 전자산란 패턴이 단지 원형고리(fringe) 형태로만 나올 뿐이어서 의미가 크게 없을 수 있다.

라우에 산란은 크게 투과방식이 있고, 반사방식이 있다(그림 3-7). 말 그대로 투과방식은 시료에 빔을 조사하여 시료 뒤쪽의 감광필름 또는 검출기에서 산란광을 검출하는 방식이고, 반사방식은 시료 앞쪽에 검출기를 두어서 입사광이 시료를 맞고 반사하여 입사광 입사방향으로 향한 산란광을 검출하는 방식이다. 입사빔의 방향을 기준으로 산란된 빔과의 각도를 2θ라고 할 때 $0 < 2\theta < 90°$이면 투과방식, $90° < 2\theta < 180°$이면 반사방식이다. 라우에 산란에서 입사광의 방향은 $\vec{S}_0$로 일정하다. 다만, 파장은 가변적이나 고체의 결정 격자를 구분하려면 파장이 2 Å 이하가 되어야 한다. 회절 부분에서 공부한

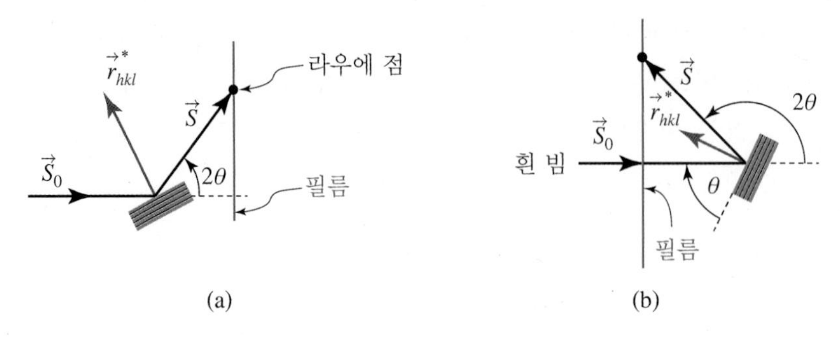

그림 3-7 투과방식(a)과 반사방식(b)의 라우에 산란

바와 마찬가지로 라우에 산란과 브래그 산란은 물리적으로 동등하다.

어떤 직방정계(orthorhombic) 구조를 갖는 시료에 전자빔이 [100] 방향으로 입사한다고 생각해보자[그림 3-8(a)]. 전자빔은 시료에 조사되어 다양한 방향으로 산란될 것이다. 에발트 구에 있는 원자들이 라우에 산란 조건을 맞아서 상쇄간섭을 일으키게 된다. 상쇄간섭으로 인해 생기는 라우에 산란점은 그림 2-12와 같이 나오게 된다. 역격자 공간에서 입사광의 파수 벡터는 $\vec{S}_0/\lambda$가 되는데, 이 파수 벡터의 크기가 그림 3-8(b)에서 파란색 원으로 표시된 에발트 면을 형성한다고 가정하자. AO는 격자크기보다 작은데, 회색으로 표시된 격자크기보다 작은 역격자 공간에서의 반지름으로 구성되는 에발트 면 안쪽의 원자들은 측정되지 못한다. 즉, 라우에 산란실험에서는 그림 3-8(b)에서 AO보다는 크고 BO보다는 작은 에발트 공간 안에 있는 원자들의 산란점이 관측된다.

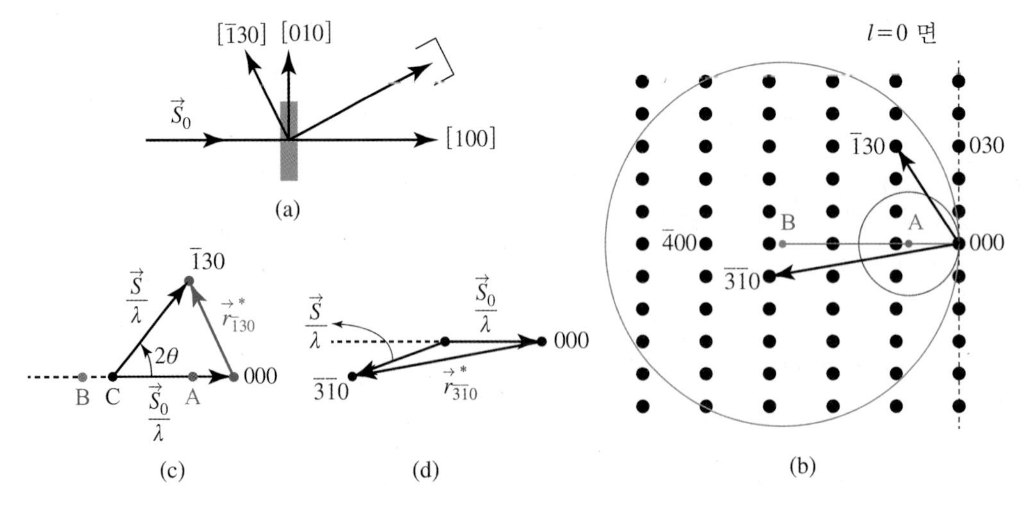

그림 3-8 직방정계 결정에 입사한 빔의 라우에 산란

만약 라우에 산란에 의해 $(\bar{1}30)$점을 관측했다고 하자. 그러면 그림 3-8(c)와 같이 입사 파수 벡터 $\vec{S_0}/\lambda$의 크기는 CO가 되고 입사 파수 벡터의 끝점인 O점으로부터 $(\bar{1}30)$ 점까지의 벡터 $\vec{r}^*_{(\bar{1}30)}$를 표시하면 산란된 전자의 파수 벡터는 $\vec{S}/\lambda$가 되고, 그 사이 각도는 2θ가 된다. 이때 각도 2θ가 90°보다 작으면 이 점은 투과 라우에 점이어서 투과방식으로만 검출된다. 반면 그림 3-8(d)와 같이 $(\bar{3}\bar{1}0)$점인 경우에는 입사빔과 산란빔 사이의 각도 2θ가 90°보다 큰데, 이 경우는 반사면에서 라우에 점이 관측된다. 이런 식으로 산란각도를 측정하면 라우에 점이 어떤 역격자 점에서 나왔는지를 파악할 수 있어서 라우에 산란은 주로 결정의 배향을 알아내는 데 사용된다. 그러나 라우에 산란의 단점은 입사빔의 파장이 고정되지 않기 때문에 격자상수를 구하는 데는 부적합하다. 격자상수는 주로 브래그 X선 산란을 통해 쉽게 계산할 수 있다.

3.2.3 중성자 산란

중성자 산란의 원리는 X-ray 산란의 물리와 기본적으로 같다. 다른 점이라고 하면 X선은 전자기파여서 주로 전자와 상호작용하는 데 반해서, 중성자는 중성의 물질파이기 때문에 원자핵과 직접 상호작용한다는 점에 있다. 원자핵은 원자보다 크기가 10만 배 작아서 1 fermi(10^{-15} m) 정도의 크기를 갖는다. 중성자는 전하가 없기 때문에 물질 내에서 흡수나 산란 없이 먼 길이를 관통한다. X-ray는 알루미늄에 1 mm 정도면 99%가 사라져버리는 데 반해서, 중성자는 1%만 사라진다.

중성자 산란은 크게 탄성 산란과 비탄성 산란으로 나눌 수 있다. 탄성 산란은 중성자의 에너지가 변하지 않고 방향만 변하는 산란이며, 비탄성 산란은 방향과 함께 중성자의 에너지까지 변화하게 된다. 중성자의 에너지가 변하는 것은 중성자가 원자핵과 상호작용하면서 에너지의 흡수, 공명, 감쇠 등이 일어나기 때문인데, 이를 이용하여 원자핵의 격자진동 에너지 등을 직접적으로 관찰할 수 있는 등 다양한 방면으로 이용이 가능하다.

중성자의 입사에 의한 원자핵의 산란 단면적(scattering cross section)은 $\sigma = 4\pi b^2$으로 나타나는데, 여기에서 b는 중성자가 느끼는 원자핵의 반지름이다. 이 b값은 입사하는 중성자의 에너지에 따라 달라지기도 하는데, 이는 산란 과정 중에 원자핵의 들뜬상태가 발생하기 때문이다. 원자핵과 중성자의 공명현상에 의해 중성자가 원자핵에 산란되기도 하고 흡수되기도 한다. b값은 실험으로 결정해야 하며, 아직은 기본물리상수로 정확하게 계산이 되지는 않는다.

중성자 산란의 가장 큰 장점은 중성자가 느끼는 산란강도가 원소마다 매우 다르다는

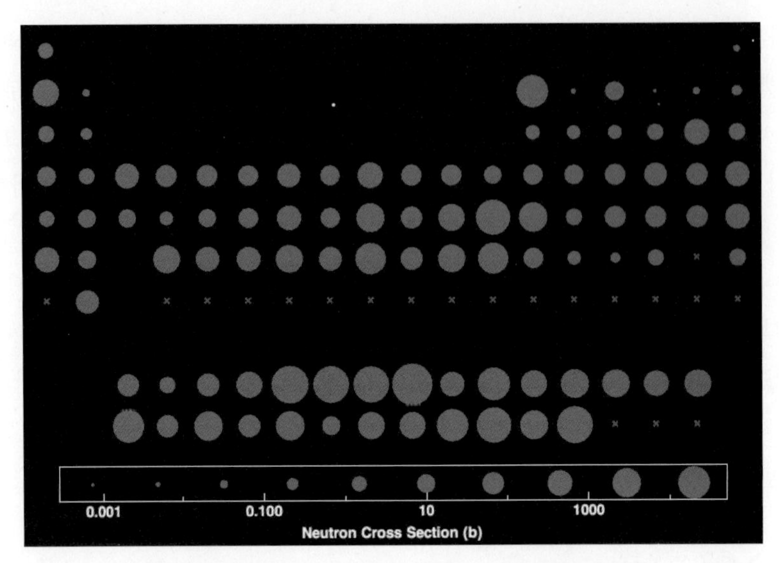

그림 3-9 주기율표상 원소들의 상대적인 중성자 산란단면적

것이다. X선 산란이나 전자빔 산란의 경우에는 광원이나 빔이 전자와 상호작용하기 때문에 전자수가 적은 경우에는 상호작용 세기가 작아서 분석하기가 어렵다. 예를 들면, 유기 고분자는 C-H-N-O 등의 가벼운 원소로 구성되는데, 이들은 전자수가 적어서 X선이나 전자빔으로 산란이 매우 어렵다. 그러나 중성자의 경우에는 이러한 가벼운 원소들과도 충분히 큰 산란을 하기 때문에 고분자 구조분석에 유리하다. 그림 3-9는 주기율표상 원소들의 상대적인 중성자 산란 단면적을 도식화한 것이다. X선의 산란 단면적은 원자번호가 증가할수록 커지지만, 중성자의 경우에는 원소별로 다양한 산란 단면적을 갖기 때문에 X선으로 관측이 어려운 원소인 경우 중성자 산란으로 구조분석을 쉽게 할 수 있다. 또한 동위원소의 경우에도 중성자 산란 단면적의 차이가 크기 때문에 동위원소를 분석하는 데도 중성자는 매우 용이하다.

또한 중성자는 1/2 스핀을 갖고 있다. 따라서 중성자는 원자들과 스핀 상호작용을 하게 된다. 자성체의 경우 스핀들이 정렬하기 때문에 결정구조의 대칭성과 별개로 스핀 구조의 대칭성이 생기게 된다. 중성자는 스핀 구조의 대칭성에 의해서도 브래그 산란과 동일한 물리적 원리로 산란을 일으키게 된다. 그래서 자성체의 경우 일반적인 X선 산란에서는 결정구조만 분석이 가능하지만, 중성자를 이용하면 스핀 구조까지 관측이 가능하다. 물론 X선도 분극된 X선을 이용해서 광자-스핀 상호작용을 기반으로 공명 X선 산란(RXS, resonant X-ray scattering)이나 XMCD(X-ray magnetic circular dichroism) 등의 방법으로 자성체의 스핀 구조를 연구할 수 있다.

이 장에서는 X선과 전자빔, 중성자선 등을 이용한 구조분석에 대해서만 간단히 알아봤는데, 이들은 구조분석뿐만 아니라 양자역학적 들뜬상태 등 다양한 물리적 특성들을 관측할 수 있는 매우 정교한 방법들이 개발되어 있다. 각각의 분석방법은 하나의 학문 분야로써 지금도 활발히 연구되면서 발전되어가고 있다.

연습문제

1. 체심입방, 면심입방, 다이아몬드 구조에서 단위격자당 원자수를 구하시오.

2. 체심입방 구조의 격자상수가 a = 3 Å일 때, 원자의 개수 밀도(atoms/m^3)를 구하시오.

3. 다음의 결정구조에서 질량 밀도(kg/m^3)를 계산하시오.
   (a) 단순입방 구조인 Fe(Iron)의 격자상수가 a = 2.87 Å일 때
   (b) 체심입방 구조인 Li(Lithium)의 격자상수가 a = 3.51 Å일 때

4. 격자상수가 a인 단순입방 구조에서 다음의 면을 그리시오.
   (a) (100), (110), (111) 면
   (b) [100], [110], [111] 방향

5. 격자상수가 a = 4 Å인 단순입방 구조의 (100) 결정면 간의 거리, (110) 결정면 간의 거리, (111) 결정면 간의 거리를 계산하시오.

6. 체심입방 구조의 역격자를 그리시오.

7. 격자상수가 a = 4 Å인 다음의 구조를 갖는 격자에 파장이 1.54 Å(CuK)인 X선이 조사될 때 브래그 회절각을 계산하시오.
   (a) 단순입방 구조
   (b) 체심입방 구조

8. 단순입방 구조의 (100), (110), (111) 면의 라우에 산란 패턴을 그리시오.

9. 다음의 결정구조와 격자상수를 갖는 분말 시료에 파장이 1.54 Å(CuK)인 X선 산란실험을 할 때, 각도 2θ가 증가할 때 순차적으로 나타나는 산란 피크 3개에 대해 각도 2θ와 그때의 밀러 지수(hkl)를 결정하시오.

(a) 단순입방 구조(a = 3 Å)

(b) 단순정방 구조(a = 2 Å, c = 3 Å)

(c) 단순마름모 구조(a = 2 Å, α = 80°)

10. 격자상수가 a = 4 Å, c = 5 Å인 정방 결정구조를 갖는 다결정 물질의 역격자를 그려보시오(3차원 공간의 2차원 단면을 이용하라).

SOLID STATE PHYSICS

PART

2

기계적 특성

CHAPTER 4
결정 결합

고체의 결정구조는 무엇 때문에 생기는가? 알다시피 고체는 원자로 되어 있으며, 원자는 내부의 원자핵을 중심으로 전자가 바깥쪽에 퍼져 있다. 원자들이 고체로 형성되기 위해서는 원자들 간에 결합이 있어야 하는데, 원자 바깥쪽은 전자로 둘러싸여 있으며, 전자들끼리는 강한 척력을 발생시키기 때문에 서로 밀어내야만 한다. 그럼에도 불구하고 원자들이 결합을 형성하는 것은 원자핵의 쿨롱 힘에 의해 상대방 원자의 최외각 전자들이 끌리기 때문이다. 따라서 고체의 결정 결합을 정확히 이해하기 위해서는 최외각 전자들끼리의 상호작용뿐만 아니라 원자핵의 상호작용까지 고려해야 한다. 그러나 원자 각각의 상호작용을 정확히 이해하는 것은 매우 어려울 뿐만 아니라 그것을 계산하는 것 또한 무의미한 과정을 포함하고 있다.

또한 원자들을 양자역학적으로 다루는 것은 다소 복잡미묘한 문제가 있다. 일반적으로 X선 산란실험을 통해 얻은 결정 격자의 정보는 원자들의 시간 평균(time average) 정보에 해당한다. 원자들은 절대영도에서도 절대 정지해 있지 않는데, 그 이유는 하이젠베르크(Heisenberg)의 불확정성 원리 때문이다. 원자 간 거리는 대부분 옹스트롬(Å) 단위로 떨어져 있는데, 이는 10^{-8} cm로 매우 작은 길이이다. 하이젠베르크의 불확정성 원리에 의하면 입자의 위치 불확정도 Δx가 작을수록 운동량의 불확정도 Δp는 $\hbar/\Delta x$보다 커진다. 이는 절대영도의 온도에서도 원자는 얼어붙어서 운동량이 0이 되는 것이 아니라 위치 불확정도에 따라 일정한 운동량을 갖게 됨을 의미한다. 뒤에서 이러한 원자의 격자 진동을 포논(phonon)이라는 들뜬상태(excited state)로 따로 다룰 것이다. 어쨌든 결정 격자를 다룰 때는 원자들의 동역학적인 상태를 다루는 것이 아니라(물론 동역학적 상태를 다루는 실험기법도 존재한다) 정적인 결정구조를 먼저 이해하고자 한다. 따라서 이 장에서 원자들은 양자역학적으로 다루지 않고 고전역학적으로 다룰 수밖에 없다. 고전역학적으로 다루는 가장 쉬운 방법은 원자결합을 적당한 퍼텐셜로 이해하는 것이다. 여기에서는 자세한 퍼텐셜의 유도과정을 다루지는 않고, 퍼텐셜에 따라 원자들의 결정 결합이 어떻게 바뀌며, 결정 결합에 따라 고체의 물리적 성질이 어떻게 변하는지를 개략적으로 이해하고자 한다.

결정 결합 에너지는 원자 간의 결합을 끊는 에너지로 정의된다. 예를 들면, 알칼리 할로겐(alkali halide) 화합물에서 알칼리 원자의 이온화 에너지(ionization energy)와 할로겐 원소의 전자친화도(electron affinity)에 의해 결합 에너지가 결정된다. 결정 결합 에너지가 음인가 양인가에 따라 결정구조가 안정한지 그렇지 않은지가 결정된다. 음의 결정 결합 에너지가 클수록 결정이 안정된 것이며, 양의 결정 결합 에너지가 클수록 원자결합에 에너지가 필요하게 된다. 여기에서 이온화 에너지는 중성의 원자에서 전자 하나를 떼어내어 양이온이 되는 데 필요한 에너지이다. 전자친화도는 이와는 반대로 중성의 원자에서 전자 하나가 더해져서 음이온이 될 때 흡수되는 에너지이며, 에너지가 방출될 때 음의 값을 갖는다. 대부분의 원소들은 음의 전자친화도를 갖는데, 이것은 그들이 전자를 얻는 데 에너지가 필요하지 않다는 것을 의미하며, 전자를 얻을 때 에너지를 방출한다. 전자친화도가 크면 더 많은 전자들을 끌어당기게 된다. 대부분의 원소가 음의 전자친화도를 갖는 데 반해서, 2족 원소와 18족 비활성 기체의 경우에는 양의 전자친화도를 갖는데, 이것은 전자를 얻는 것보다는 주기를 좋아하거나(2족 원소) 더 이상 전자를 받지 않기 때문(비활성 기체)이다.

고체의 결정결합을 이해하는 데 중요한 개념 중에 하나가 전기음성도(electronegativity)이다. 전기음성도는 화학자 라이너스 폴링(1901~1994)이 제창한 개념인데, 원자의 이온화 에너지와 전자친화도의 평균에 의해 정의된다. 이것은 화학결합에서 원자나 분자가 얼마나 강하게 전자를 끌어들일 수 있는 능력이 있는가의 척도로 사용된다. 즉, 전기음성도가 큰 원소일수록 전자를 더 잘 끌어당기게 된다. 그림 4-1에 주기율표상 원소의 전기음성도를 나타내었다.

폴링은 전기음성도를 근거로 해서 화학결합의 이온결합과 공유결합을 구별지었는데,

Electronegativity

Group / Period	1	2	3	4	5	6	7	8	9	10	11	12	13	14	15	16	17	18
1	H 2.20																	He
2	Li 0.98	Be 1.57											B 2.04	C 2.55	N 3.04	O 3.44	F 3.98	Ne
3	Na 0.93	Mg 1.31											Al 1.61	Si 1.90	P 2.19	S 2.58	Cl 3.16	Ar
4	K 0.82	Ca 1.00	Sc 1.36	Ti 1.54	V 1.63	Cr 1.66	Mn 1.55	Fe 1.83	Co 1.88	Ni 1.91	Cu 1.90	Zn 1.65	Ga 1.81	Ge 2.01	As 2.18	Se 2.55	Br 2.96	Kr 3.00
5	Rb 0.82	Sr 0.95	Y 1.22	Zr 1.33	Nb 1.6	Mo 2.16	Tc 1.9	Ru 2.2	Rh 2.28	Pd 2.20	Ag 1.93	Cd 1.69	In 1.78	Sn 1.96	Sb 2.05	Te 2.1	I 2.66	Xe 2.6
6	Cs 0.79	Ba 0.89	Lu 1.27	Hf 1.3	Ta 1.5	W 2.36	Re 1.9	Os 2.2	Ir 2.20	Pt 2.28	Au 2.54	Hg 2.00	Tl 1.62	Pb 2.33	Bi 2.02	Po 2.0	At 2.2	Rn
7	Fr 0.7	Ra 0.9	Lr	Rf	Db	Sg	Bh	Hs	Mt	Ds	Rg	Uub	Uut	Uuq	Uup	Uuh	Uus	Uuo

그림 4-1 주기율표상 원소의 전기음성도

원자 간에 전자의 이동이 이루어지는 결합은 이온결합이며, 원자 간에 전자의 균등한 분배가 이루어지는 것은 공유결합이라고 밝혔다. 전기음성도가 큰 원소들 사이에서는 전자의 이동이 크게 이루어지게 되는데, 예를 들면 NaCl과 같이 소금분자의 경우 Na의 전기음성도는 0.93이며, Cl의 전기음성도는 3.16이어서 이 둘 값의 차이는 2.23으로 꽤 큰 정도이기 때문에 이온결합에 해당한다. 탄소와 산소의 경우는 공유결합인데, 탄소와 산소의 전기음성도가 각각 2.55와 2.44이기 때문에 그 값의 차이는 0.89로 작은 값에 해당하여 공유결합이라 할 수 있다. 물론 같은 원소끼리의 결합은 전기음성도 차이가 0이기 때문에 완벽한 공유결합이다. 수소와 신소의 경우에는 수소 2.2와 산소 3.44로 선기음성도 차이가 1.24로써 이온결합과 공유결합의 중간 정도이며, 이것을 '극성 공유결합'이라고 한다.

고체 결정 결합에서 원자들을 묶는 데 중요한 인자는 전자와 정전기력이다. 고체 결정 격자의 결합은 종류에 따라 ① 이온결합, ② 공유결합, ③ 금속결합, ④ 수소결합, ⑤ 분자결합(반데르발스 결합)으로 나눌 수 있다. 이제 각각의 결합력에 대한 특성에 대해 알아보자.

4.1 분자결합: 반데르발스 결합

비활성 기체와 같이 전자기적 상호작용이 강하지 않은 분자 간의 상호작용은 반데르발스(van der Waals) 결합으로 기술된다. 반데르발스 상호작용은 레나드-존스(Lennard-Jones) 퍼텐셜을 바탕으로 한다.

$$\phi(r) = -4\epsilon\left[\left(\frac{\sigma}{r}\right)^6 - \left(\frac{\sigma}{r}\right)^{12}\right] \tag{4.1.1}$$

위 레나드-존스 퍼텐셜의 첫째 항은 분자들이 멀어지면 서로 인력이 작용하게 되는데, 이를 반데르발스 상호작용이라고 한다. 둘째 항은 서로 가까워지면 강한 척력을 나타내게 되고, 이것은 파울리의 배타원리에 기인한다. 따라서 두 힘의 경쟁상태에서 적당한 위치에서 평형을 유지하게 된다.

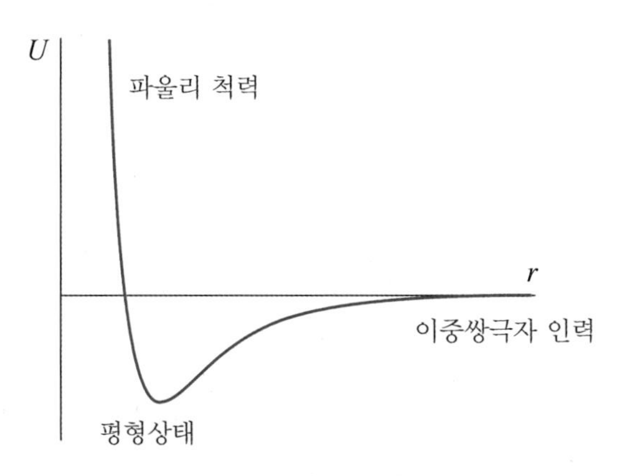

그림 4-2 레나드-존스 퍼텐셜

4.1.1 반데르발스 상호작용

레나드-존스 퍼텐셜의 첫째 항인 반데르발스 상호작용의 근원은 분자들의 쌍극자 상호작용에서 온다. 중성의 분자라도 양의 원자핵과 주변에 전자를 갖고 있고, 이들은 열적으로, 또는 양자역학적으로 진동하고 있기 때문에 미시적으로 보면 전기 분극(electric polarization)을 갖고 있다. 그림 4-3과 같이 2개의 쌍극자 $\overrightarrow{p_1}$과 $\overrightarrow{p_2}$를 생각하자. 둘 사이의 거리를 나타내는 벡터는 $\vec{r} = \vec{x} - \vec{x}_0$이다. 전기적 분극을 갖는 두 입자 사이에는 쿨

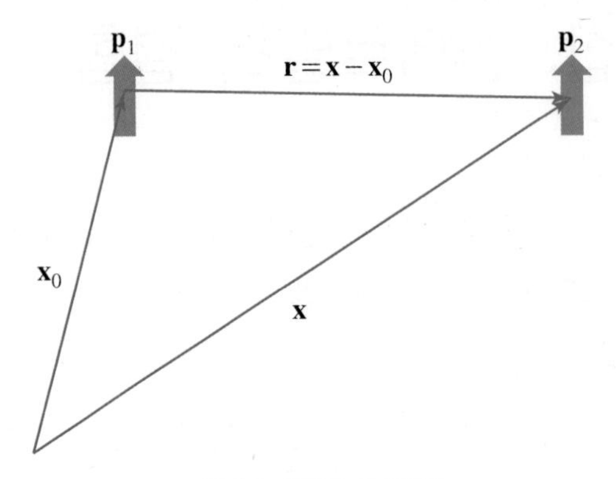

그림 4-3 쌍극자 상호작용

롱 힘이 작용하는데, 전자기학에서 쌍극자에 의해 발생하는 전기력은 다음과 같이 주어진다.

$$\vec{E}(\vec{r})=\frac{3\hat{r}(\vec{p}\cdot\hat{r})-\vec{p}}{4\pi\epsilon_0 r^3} \tag{4.1.2}$$

계산을 쉽게 하기 위해서 쌍극자 $\vec{p}$는 $\vec{r}$과 수직이라고 가정하자. 그러면 $\vec{p_1}$에 의해 $\vec{p_2}$에 작용하는 전기장은

$$\vec{E}=-\frac{\vec{p}}{4\pi\epsilon_0 r^3} \tag{4.1.3}$$

이 된다. 정의에 의하여, 두 번째 쌍극자의 분극률은 $\alpha=\vec{p_2}/E$이기 때문에,

$$\vec{p_2}=\alpha\vec{E}=-\frac{\alpha\vec{p_1}}{4\pi\epsilon_0 r^3} \tag{4.1.4}$$

로 관계가 형성된다. 전자기학에서 두 쌍극자 사이에 작용하는 퍼텐셜 에너지는

$$\Phi=\frac{\vec{p_1}\cdot\vec{p_2}-3(\hat{r}\cdot\vec{p_1})(\hat{r}\cdot\vec{p_2})}{4\pi\epsilon_0 r^3} \tag{4.1.5}$$

로 주어지는데, 계산을 쉽게 하기 위하여 각 전기 쌍극자 모멘트가 $\vec{r}$에 수직이라고 가정하면

$$\Phi(r) = \frac{\overrightarrow{p_1} \cdot \overrightarrow{p_2}}{4\pi\epsilon_0 r^3} = \frac{\overrightarrow{p_1}}{4\pi\epsilon_0 r^3} \cdot \frac{-\alpha\overrightarrow{p_1}}{4\pi\epsilon_0 r^3} = -\frac{\alpha p_1^2}{4\pi\epsilon_0 r^6} \tag{4.1.6}$$

이 된다. 이것이 레나드-존스 퍼텐셜에서 첫째 항인 반데르발스 상호작용이다.

4.1.2 결합력과 부피탄성률

비활성 기체 등의 분자들이 압력 하에서 고체를 형성한다고 할 때 결정의 총에너지는

$$u = U/N = \frac{1}{2} 4\epsilon \sum_{\overrightarrow{R} \neq 0} \left[\left(\frac{\sigma}{R}\right)^{12} - \left(\frac{\sigma}{R}\right)^{6} \right] \tag{4.1.7}$$

이 된다. 여기에서 R은 브라베 결정 격자이며, 모든 결정 격자에 대해 고려해야 하지만 자기 자신은 제외해야 하기 때문에, 또한 수학적으로 R이 0이 되면 안 된다. U는 총에너지이며, N은 결정 안의 원자수로써, u는 에너지 밀도가 된다. 앞에 1/2이 있는 것은 원자들 간에 이중계산을 피하기 위해서 도입되어야만 한다. 만약 d를 최인접 원자 간의 거리라고 한다면,

$$u = 2\epsilon \sum_{\overrightarrow{R}} \left[\left(\frac{\sigma}{d}\right)^{12} \left(\frac{d}{R}\right)^{12} - \left(\frac{\sigma}{d}\right)^{6} \left(\frac{d}{R}\right)^{6} \right] = 2\epsilon \left[A_{12} \left(\frac{\sigma}{d}\right)^{12} - A_6 \left(\frac{\sigma}{d}\right)^{6} \right] \tag{4.1.8}$$

로 표현된다. 여기에서

$$A_l \equiv \sum_{\overrightarrow{R} \neq 0} \left(\frac{d}{R}\right)^{l} \tag{4.1.9}$$

로 주어지는 계수로 취급될 수 있다.

평형상태에서는 $\partial u / \partial d = 0$이 되기 때문에, 이를 이용하여 계산해보면 평형상태에서 최인접 원자 간 거리 d_0는

$$d_0 = \sigma \left(\frac{2A_{12}}{A_6} \right)^{1/6} \tag{4.1.10}$$

이 된다.

따라서 이때의 결합 에너지는

표 4-1 각 결정구조에 대한 계수 A_l의 계산 값

	fcc	bcc	hcp
A_6	14.4539	12.2537	14.4549
A_{12}	12.1319	9.1142	12.1323
$A_6^2/(2A_{12})$	8.6102	8.2373	8.6111

$$u = 2\epsilon\left[A_{12}\left(\frac{\sigma}{d_0}\right)^{12} - A_6\left(\frac{\sigma}{d_0}\right)^6\right] = -\epsilon\frac{A_6^2}{2A_{12}} \tag{4.1.11}$$

가 된다. 식 (4.1.9)에 의하여 면심입방(fcc), 체심입방(bcc), 밀집육방(hcp) 구조에 대해서 계수 A_l를 계산해보면 표 4-1과 같다.

부피탄성률(bulk modulus)은 압력을 등방적으로 가했을 때 고체의 부피가 얼마만큼 변화하는가를 나타내는 물성으로 다음과 같이 정의된다.

$$B = -V\left(\frac{\partial P}{\partial V}\right)_T \tag{4.1.12}$$

여기에서 첨자 T는 일정한 온도 하에서 부피를 변화시킨 것을 의미한다. 열역학적으로 압력은 $P = -dU/dV$로 정의되고, $u = U/N$이기 때문에, 부피탄성률은 다음과 같이 쓸 수 있다.

$$B = V\left(\frac{\partial^2 U}{\partial V^2}\right)_T = v\left(\frac{\partial^2 u}{\partial v^2}\right)_T \tag{4.1.13}$$

헬륨은 아직까지 압력을 가하여 고체가 되었다는 보고는 없으며(고체 헬륨이 2000년대 초반 활발하게 논의되었지만 잘못된 것으로 판명되었다), 헬륨을 제외하고 모든 비활성 기체는 압력을 가하여 고체가 되면 면심입방 구조를 형성한다(그림 4-4). 면심입방 구조에서 가장 이웃한 원자 간 거리를 d라고 하고, 면심입방의 격자상수를 a라고 하면,

$$d = \frac{1}{2}\sqrt{2}\,a = \frac{a}{\sqrt{2}}$$

가 된다. 면심입방 구조 단위격자에 원자는 4개가 있으므로, 원자당 부피는

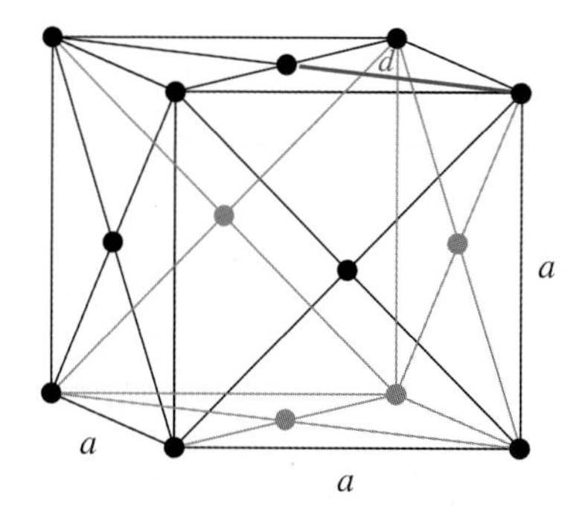

그림 4-4 면심입방 구조

$$v = \frac{a^3}{4} = 2\frac{\sqrt{2}}{4}d^3 = \frac{d^3}{\sqrt{2}}$$

이다.

$$\frac{\partial v}{\partial d} = \frac{3}{\sqrt{2}}d^2, \quad \frac{\partial}{\partial v} = \frac{\partial}{\partial d}\frac{\partial d}{\partial v} = \frac{\sqrt{2}}{3d^2}\frac{\partial}{\partial d}$$

이므로,

$$B = v\frac{\partial}{\partial v}\left(\frac{\partial u}{\partial v}\right) = \frac{d^3}{\sqrt{2}}\frac{\sqrt{2}}{3d^2}\frac{\partial}{\partial d}\left(\frac{\sqrt{2}}{3d^2}\frac{\partial u}{\partial d}\right) = \frac{\sqrt{2}\,r}{9}\left(-\frac{2}{d^3}\frac{\partial u}{\partial d} + \frac{1}{d^2}\frac{\partial^2 u}{\partial d^2}\right)$$

평형상태에서 $\partial u/\partial d = 0$이므로, 평형상태에서의 부피탄성률은

$$B = \frac{\sqrt{2}}{9d_0}\frac{\partial^2 u}{\partial d^2}\bigg|_{d=d_0}$$

가 되고, 이를 계산하면

$$B = \frac{4\epsilon}{\sigma^3}A_{12}\left(\frac{A_6}{A_{12}}\right)^{5/2}$$

로 주어진다. 몇 가지 비활성 기체에서 최인접 원자 간 거리 d_0, 결정 결합 에너지 u, 부피탄성률 B를 표 4-2에 나타내었다.

표 4-2 비활성 기체에서 최인접 원자 간 거리 d_0, 결정결합 에너지 u, 부피탄성률 B의 실험값과 이론값

		Ne	Ar	Kr	Xe
d_0 (Å)	실험	3.13	3.75	3.99	4.33
	이론	2.99	3.71	3.98	4.34
u (eV)	실험	−0.02	−0.08	−0.11	−0.17
	이론	−0.027	−0.089	−0.120	−0.172
B (10^{10} dyne/cm^2)	실험	1.1	2.7	3.5	3.6
	이론	1.81	3.18	3.46	3.81

4.2 이온결합

그림 4-1에서 주기율표상 원소들의 전기음성도를 알아보았다. 전기음성도가 작은 원소는 전자를 받기보다는 주려고 하고, 전기음성도가 큰 원소는 전자를 받으려고 하는 경향이 있다. 전기음성도의 차이가 큰 원소들의 결합을 이온결합이라고 한다. 전자를 주려고 하는 원소와 받으려고 하는 원소가 만나면 서로 간의 이해관계가 잘 맞아서 안정한 결합을 이루게 된다. 당연한 이야기겠지만, 이때 전자는 전기음성도가 낮은 원소에서 전기음성도가 큰 원소로 옮겨가게 된다. 그러면 전자를 준 원소는 양이온이 되고, 전자를 받은 원소는 음이온이 된다. 대표적인 이온결합 원소로는 소금결정(NaCl)과 KCl, CsCl 등이 있다.

이러한 상태에서 양이온과 음이온 사이에는 강한 쿨롱 상호작용이 있기 때문에, 전기적으로 강한 결합을 하게 된다. 앞서 레나드-존스 퍼텐셜에서와 마찬가지로 끌어당기는 힘으로 가까워지면 어느 한계에서는 파울리의 배타원리가 작용하여 반대로 척력이 작용하며, 이것이 원자가 붕괴되지 않고 안정하게 되는 원리이다. 파울리의 배타원리에 의한 척력은 아주 짧은 거리에만 작용하는 근거리 상호작용이어서 가장 가까운 이웃 원자에게만 작용한다. 반면, 쿨롱 상호작용에 의한 인력은 원거리 상호작용이어서 아주 멀리까지 힘이 작용할 수 있다.

R을 이웃 원자 간 거리라고 하면 어떤 임의의 거리 $r_{ij} = p_{ij}R$로 놓을 수 있는데, 여기에서 첨자 ij는 i원자와 j원자 간의 거리를 표시하고, p_{ij}는 최인접 원자 간 거리를 기준으로 한 계수이다. 일반적으로 파울리 배타원리에 의한 최인접 원자 간 척력은 지수

함수로 주어지기 때문에, i원자와 j원자 간에 작용하는 퍼텐셜은

$$U_{ij} = \lambda e^{-r_{ij}/\rho} \pm \frac{1}{4\pi\epsilon_0}\frac{q^2}{r_{ij}} \tag{4.2.1}$$

로 주어진다. 여기에서 λ와 ρ는 각각 에너지와 거리의 단위를 갖는 상수인데, 이것은 격자상수와 압축률(compressibility) 측정을 통해 실험적으로 결정할 수 있다. 원자 간 척력은 근거리 상호작용으로써, 최인접 원자 간에 작용하는 퍼텐셜은

$$U_{ij} = \lambda e^{-R/\rho} - \frac{1}{4\pi\epsilon_0}\frac{q^2}{R} \tag{4.2.2}$$

이다. 최인접 원자 간에는 양이온과 음이온의 상호작용이므로 쿨롱 상호작용은 인력으로 (−)부호가 된다. 반면, 최인접 원자보다 먼 거리에 있는 원자들 사이에는 척력은 고려하지 않아서

$$U_{ij} = \pm \frac{1}{4\pi\epsilon_0}\frac{q^2}{p_{ij}R} \tag{4.2.3}$$

이 된다. 여기에서 같은 전하를 갖는 이온들 사이에는 양의 퍼텐셜을, 다른 전하를 갖는 이온들 사이에는 음의 퍼텐셜을 갖게 된다.

만약 격자당 이온의 개수가 N이고, 최인접 원자들의 개수가 z라면, 결정 격자의 총 에너지는 단일 이온에 작용하는 퍼텐셜 에너지의 N배이므로,

$$U_{tot} = N\sum_{j\neq 0} U_{0j} = N\left\{z\lambda e^{-R/\rho} \pm \frac{q^2}{4\pi\epsilon_0 R}\sum_{j\neq 0}\frac{1}{p_{0j}}\right\} = N\left\{z\lambda e^{-R/\rho} - \frac{q^2\alpha}{4\pi\epsilon_0 R}\right\} \tag{4.2.4}$$

로 쓸 수 있다. 여기에서

$$\alpha = \sum_{j\neq 0} \mp \frac{1}{p_{0j}} \tag{4.2.5}$$

는 원점으로 선택한 어떠한 이온으로부터 j번째에 있는 이온 간의 거리인자의 합으로 정의되며, 이를 **마델룽 상수**(Madelung constant)라고 한다. 마델룽 상수는 결정구조에 따라 달라지고, 결합 배위(coordinates) 수가 많을수록 커진다. 이온결합의 많은 경우 육방정계 결정을 갖는데, 육방정계 결정구조를 갖는 몇몇 구조에서 마델룽 상수를 표 4-3에 정리

표 **4-3** 육방정계 결정구조에서의 마델룽 상수[1]

결정구조	마델룽 상수 α
CsCl	1.76268
NaCl	1.74757
Wurzite	1.63870
Zincblende	1.63806

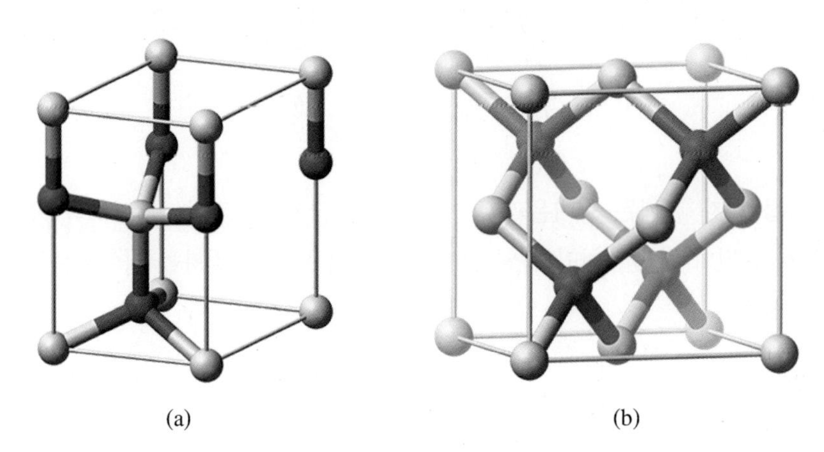

(a) (b)

그림 4-5 (a) Wirzite와 (b) Zincblende 결정구조

하였다.

양이온과 음이온 사이에는 쿨롱 상호작용이 작용하지만, 이온결합에서는 양이온과 음이온의 쌍을 기준으로 생각하는 것이 유용하다. 왜냐하면 양이온과 음이온을 따로 다루게 되면 수학적으로 퍼텐셜이 발산하게 되는데, 양이온과 음이온의 쌍을 기준으로 계산하년 서로 양과 음의 에너지가 상쇄되년서 퍼텐셜의 발산을 막을 수 있다. 양이온과 음이온의 퍼텐셜은 엄밀하게 에발트(Ewald) 합으로 계산할 수 있는데, 계산이 조금 지저분하지만 결과는 간단하다. 각 이온 짝이 받는 퍼텐셜 에너지가

$$U^{coul}(r) = -N_{ion}^{pairs}\alpha\frac{e^2}{R} \tag{4.2.6}$$

이 된다는 것이다. 여기에서 N_{ion}^{pairs}는 양이온과 음이온 짝의 수를 말하며, R은 최인접 원자 간 거리이다. 마델룽 상수는 기본적으로 이온쌍의 결정구조에 관계되는 인자로써,

1 M. P. Marder, *Condensed Matter Physics* 2nd Ed., Ch. 11, p. 304

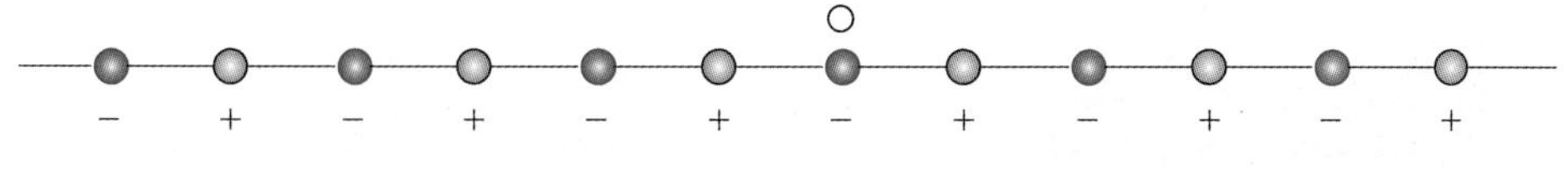

그림 4-6 1차원 이온결합 모델

쿨롱 상호작용을 조절하는 역할을 한다.

간단한 예로써, 1차원 이온격자의 마델룽 상수를 계산해보자. 원점을 중심으로 좌우로 이어져 있는 이온들의 마델룽 상수는

$$\alpha = \mp \sum_{j \neq 0} \frac{1}{p_{0j}} = \cdots + \frac{1}{3} - \frac{1}{2} + \frac{1}{1} + \frac{1}{1} - \frac{1}{2} + \frac{1}{3} + \cdots \qquad (4.2.7)$$
$$= 2\left(1 - \frac{1}{2} + \frac{1}{3} + \cdots\right)$$

가 되는데, $\ln(1+x) = x - \frac{x^2}{2} + \frac{x^3}{3} + \cdots$ 이기 때문에 $\alpha = 2\ln 2$가 된다.

표 4-4는 NaCl 구조를 갖는 알칼리 할로겐 화합물의 결합 에너지의 측정값을 정리한 것이다.

표 4-4 NaCl 구조를 갖는 알칼리 할로겐 화합물의 결합 에너지의 측정값

-10^{-11} erg/ion pairs	Li	Na	K	Rb	Cs
F	1.68	1.49	1.32	1.26	1.20
Cl	1.38	1.27	1.15	1.11	
Br	1.32	1.21	1.10	1.06	
I	1.23	1.13	1.04	1.01	

4.3 공유결합

두 원자 간의 전기음성도 차이가 크지 않을 때의 결합을 공유결합이라고 정의하기 때문에 어떤 경우에는 공유결합과 이온결합을 명확히 나누기 어렵다. 전기음성도 차이가 어느 정도가 크고, 작은지 명확한 기준이 없다. 다만, 상대적으로 전자들의 이동이 큰 결합을 이온결합, 전자들의 이동이 크지 않고 고르게 퍼져 있는 결합을 공유결합이라고 나눌

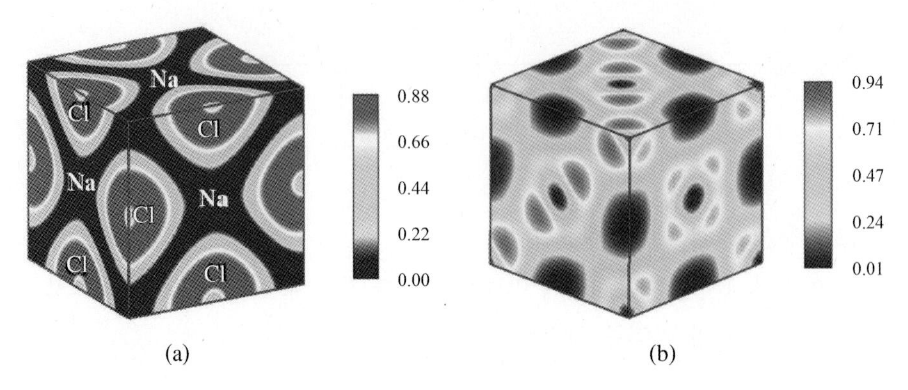

그림 4-7 (a) 이온결합인 NaCl의 전자분포와 (b) 공유결합인 다이아몬드의 전자분포[2]

수 있다.

그림 4-7(a)는 이온결합을 하고 있는 NaCl의 전자분포 그림이다. 전자분포는 이온결합에 따라 형성된다. Na^+이온은 전자를 주었기 때문에 전자가 적고 Cl^-이온은 전자를 받아서 전자가 많아서 색깔차이가 명확하게 나타난다. 반면 그림 4-7(b)의 탄소들의 결합으로 이루어진 대표적인 공유결합으로 형성된 다이아몬드의 전자분포도이다. 전자의 분포가 빈 공간을 제외하면 고르게 분포되고 있는 것을 알 수 있다.

대부분의 원자들은 1개 이상의 공유결합을 형성할 수 있다. 예를 들어, 탄소는 최외각 전자 오비탈이 $2s^2p^2$ 또는 $2sp^3$로써, 4개의 최외각 전자들이 있어서 4개의 공유결합을 할 수 있다. 공유결합은 전자들을 공유하기 때문에 그렇게 이름을 붙였는데, 잘 알다시피 전자들끼리는 강한 척력이 발생하는데 어떻게 전자를 공유할 수 있을까? 그것은 원자는 전자만 있는 것이 아니고 내부에 양의 전하를 갖고 있는 원자핵이 있다는 것을 상기할 필요가 있다. i와 j자리에 위치한 두 원자가 결합할 때 j자리에 있는 원자핵이 i원자의 전자를 끌어당기고 반대로 i자리에 있는 원자핵이 j원자의 전자를 끌어당길 때 전자는 고르게 퍼지면서 공유결합이 형성된다. 공유결합은 결합하는 원자들의 최외각 전자가 비어 있을 때 발생한다. 최외각 전자 오비탈이 모두 차 있을 때는 파울리의 배타원리에 의해 서로 전자를 공유할 여유가 있는 오비탈 자리가 없어서 반데르발스 상호작용처럼 약한 상호작용을 한다. 또한 공유된 전자는 각 원자들 주변에서 비교적 강하게 국소화되어 있어서 움직이지 않게 된다. 만약 공유된 전자가 원자 주변에 묶여 있지 않고 자유롭게 움직일 수 있다면, 이를 금속결합이라고 한다.

---

2 K. Chen, S. Kamran, *Modeling and Numerical Simulation of Material Science*, Vol.3 No.1(2013), Article ID:26900,5 pages DOI:10.4236/mnsms.2013.31002

4.4 금속결합

고체 안의 원자들에 작용하는 쿨롱 상호작용은 크게 3가지로 나눌 수 있다. 첫째는 전자들 간의 척력이고, 둘째는 전자와 이온들 간의 인력이며, 셋째는 이온과 이온들 간의 척력이다. 고체 안에는 셀 수 없이 많은 원자와 이온들이 있고, 이들의 복잡한 상호작용으로 다양한 물성이 나오게 되며, 이것을 연구하는 것이 고체물리학의 목적이다. 따라서 그러한 복잡한 상호작용으로 어떻게 금속결합이 생기는지에 대한 수학적 논의는 이후의 전기적 특성 부분을 논할 때 자세히 논할 것이다. 다만, 이 절에서는 금속결합의 개략에 대해서만 이해하고 가자.

양자역학에서 폭이 a인 양자우물을 다룰 때, 에너지 준위는

$$E_n = \frac{\hbar^2}{2m}\left(\frac{n\pi}{a}\right)^2 \tag{4.4.1}$$

로 주어진다고 배웠다. 원자핵의 양의 퍼텐셜은 전자들 입장에서는 퍼텐셜 우물처럼 작용하게 되는데, 알다시피 고체에서 원자들 결합길이는 옹스트롬 단위로 매우 짧다. 매우 짧은 거리 a에 대해 에너지 준위는 커지게 되고, 그러면 각 준위들 간의 거리는 상대적으로 매우 가깝게 된다. 에너지 준위가 가까워진다는 것은 더 높은 준위로 천이(transition)가 쉽게 된다는 의미인데, 높은 에너지를 갖는 전자들은 $k_n = n\pi/a$만큼의 운동량을 갖게 된다.

금속결합을 하는 대표적인 원소들은 알칼리 및 알칼리 토금속이다. 그들은 전자를 갖고 있기보다는 내보내려고 하기 때문에, 그들끼리 모이면 전자들은 쉽사리 에너지를 얻어 돌아다니게 된다. 또한 전이금속 같은 경우에는 일부분은 공유결합으로 묶이는데, 최외각 전자들은 원자핵의 영향권을 벗어나 자유롭게 돌아다니게 된다. 공유결합이 원자 주변에 전자가 강하게 묶여 있는 데 반해서, 금속결합을 하게 되면 전자는 양이온의 바다에서 자유롭게 움직일 수 있게 된다. 사실 양이온은 헤엄쳐 다니는 전자에 의해 모두 가려져서 돌아다니는 전자는 양이온의 존재를 느끼지 못한다. 이렇게 돌아다니는 전자를 전도 전자(conduction electron)라고 한다. 금속결합은 결정을 돌아다니는 전도 전자와 이온 간의 상호작용에 의한 결합이다.

텅스텐(W), 티타늄(Ti), 몰리브덴(Mo) 등의 전이금속과 같이 공유결합과 금속결합을

같이 하는 경우에는 결합력이 매우 크고, 따라서 높은 녹는점을 갖는다. 반면, 갈륨(Ga)과 같이 녹는점이 매우 낮은 금속도 있다. 금속의 또 다른 기계적 특징은 변형이 쉽다는 것이다. 첫 번째 이유는 공유결합이나 이온결합은 결합의 방향성이 있는 데 반해서, 금속결합은 결합의 방향성이 없고 균일한 결합력을 갖기 때문이다. 두 번째 이유는 전도전자는 자유롭게 움직이면서 이온 결정과 전방위로 상호작용하기 때문에 원자들의 쓸림에 대해서도 결합이 끊어지지 않고 유지할 수 있다.

4.5 수소결합

이온화된 수소는 양성자로써, 크기는 10^{-13} cm 정도로 다른 이온들보다 10만 배 정도 작다. 수소의 이온화 에너지는 13.6 eV 정도로 커서 수소는 이온결합을 하지 않는다. 1s 오비탈에 전자는 2개 들어갈 수 있지만, 수소원자는 전자가 1개 있어서 수소원자의 전자 1개로 공유결합을 이루면 다른 이온들과는 결합할 수 없어서 고체 결정을 이룰 수 없다. 그러나 수소원자의 전자 1개가 다른 전기음성도가 더 큰 원자와 공유결합을 하게 되면 수소 자체가 양이온으로써 다른 원자와 결합하게 된다. 이렇게 양성자에 의한 결합을 수소결합이라고 한다. 수소결합을 하면 전자를 준 쪽은 음의 전하를, 수소(양성자) 쪽은 양의 전하를 갖기 때문에 내부적으로 분극된 형태를 갖는다. 이렇게 분극된 분자는 쌍극자 상호작용에 의해서 다른 분자들과 결합하게 된다. 그림 4-8(a)에는 물 분자의 결

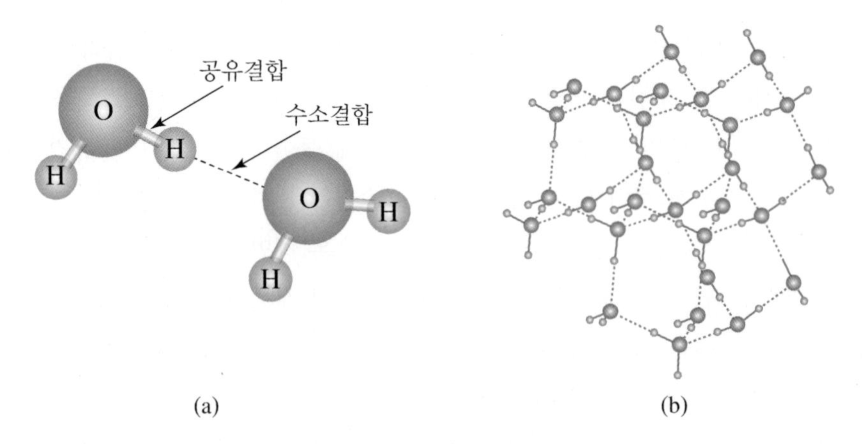

그림 4-8 (a) 물(H_2O)의 공유결합과 수소결합, (b) 물의 구조

합을 나타냈다. 물 분자 내에서 수소와 산소는 공유결합을 하게 되고, 물 분자 간 수소와 산소는 수소결합을 하게 된다.

수소결합은 원자 간 결합이 아니고 분자 간 결합이기 때문에 원자 간 결합인 이온결합, 공유결합보다는 힘이 약하지만, 반데르발스 결합과 같이 다른 분자 간 결합력에 비해서는 상당히 강하기 때문에 분자량이 비슷한 다른 분자들에 비해 녹는점과 끓는점이 높고, 융화열과 기화열도 크다. 수소결합을 하는 대표적인 물질들은 물(H_2O), 플루오린화수소(HF), 암모니아(NH_3), 에탄올(C_2H_5OH), DNA의 염기 간 결합, 메탄올(CH_3OH), 아세트산(CH_3COOH) 등 -OH, -COOH, $-NH_2$와 결합하는 경우 등이다. 주로 고체를 형성하기보다는 유기화합물을 형성하게 된다. 수소결합을 표기할 때는 …과 같이 점선으로 나타낸다. 예를 들어, 플루오린화 수소의 수소결합은 H-F…H-F처럼 표시한다.

기계적 물성은 주로 기계공학의 주된 관심사지만 물리학에서는 상대적으로 중요하게 다루어지지 않고 있다. 거시적 기계적 물성은 공학적 관점에서 중요한 문제임에도, 새로운 물리는 이제 없기 때문에 물리학자들의 관심에서 벗어나 있는 것이다. 그러나 기계적 특성을 결정짓는 중요한 인자인 결함이나 어긋나기, 무질서 등은 실제 실험결과에 밀접히 연관되어 있다. 이들은 고체의 기계적 특성뿐만 아니라 전기적 특성에도 영향을 미치는데, 그 복잡성으로 인해 물리학자들의 관심에서도 먼 것이 사실이다. 물리학자들은 대부분 단순성을 추구하며, 지저분한 대상을 멀리한다. 그러나 실제 세상은 지저분한 것이며, 그것이 진실에 더 가깝다.

5.1 변형

변형(strain)은 물체에 힘을 가해 특정한 방향으로 물체의 모양이 변화하는 것을 말한다. 변형을 기술하는 데 있어서 한국어와 영어에서 약간의 혼란이 있을 수 있다. 영어로는 deformation과 strain이 다르게 쓰이지만, 한국물리학회 용어표준을 기반으로는 모두 변형이라고 번역하기 때문이다. Deformation은 우리가 생각하는 외력, 또는 온도와 습도 등에 의한 고체의 변형을 의미한다. 원래의 형태가 변화하는 것이다. Deformation 변형은 크게 가역적인 변형과 비가역적인 변형이 있다. 가역적인 변형은 외력이나 온도, 습도 등이 초깃값으로 되돌아올 때, 물체의 모양도 처음의 것으로 돌아오는 것을 말한다. 비가역적인 변형은 물체의 모양이 되돌아오지 않는 것인데, 크게는 소성변형(plastic deformation)과 점성변형(viscous deformation)이 있다. 소성변형의 대표적인 것이 플라스틱이다. 한번 구부러지면 돌아오지 않는다. 점성변형으로는 젤리 같은 것이 있는데, 물체가 흐르듯이 변형된다. 이 장에서 다루는 strain은 가역적인 변형에 대해 정의되는 양으로써, 이제 그 의미에 대해 알아보자.

그림 5-1과 같이 어떤 정육면체 또는 직육면체를 생각해보자. 물체가 변형되기 전에 어떤 임의의 점 $(x,\ y,\ z)$에 있는 P가 어떤 변형에 의해 변위벡터 $\vec{u}$만큼 변위가 움직여 $(x+u_x,\ y+u_y,\ z+u_z)$에 있는 P'으로 이동했다. 물체의 변형은 O점이 고정되어 있다고 할 때 원점으로부터 거리에 비례하여 변위가 커지게 된다. 군인들이 연병장에 모여서 어떤 기준을 기점으로 한 팔 거리로 멀어질 때 가까운 사람은 한 발짝만 움직이면 되지만 먼 곳에 있는 사람은 뛰어야 되는 것과 같은 이유이다. 따라서 변위의 거리에 대한 비는 일정하며, 이를 변형(strain)이라고 정의한다.

$$\epsilon_{ij} = \frac{\partial u_i}{\partial x_j} = \text{상수} \tag{5.1.1}$$

여기에서 어떤 x_j방향에 대해 변위 u_i는 임의의 방향으로 나타날 수 있으므로 변형은 텐서임을 알 수 있다. 변형이 상수인 것은 고체가 선형적이고 균일한 시스템일 때에 한정된다. 이제 이 변형 텐서가 어떤 의미를 갖는지 살펴보자.

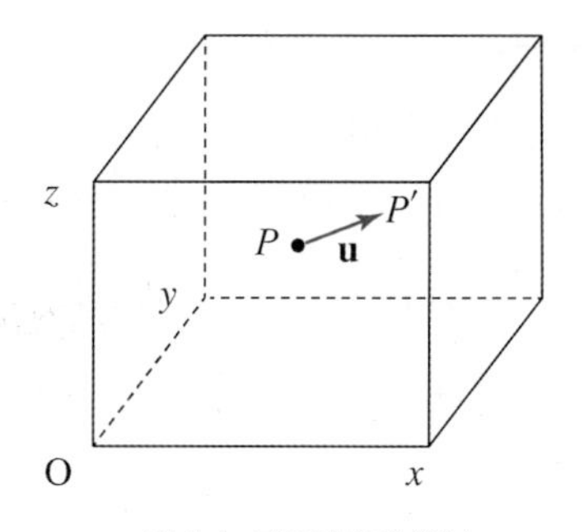

그림 5-1 정육면체의 변형

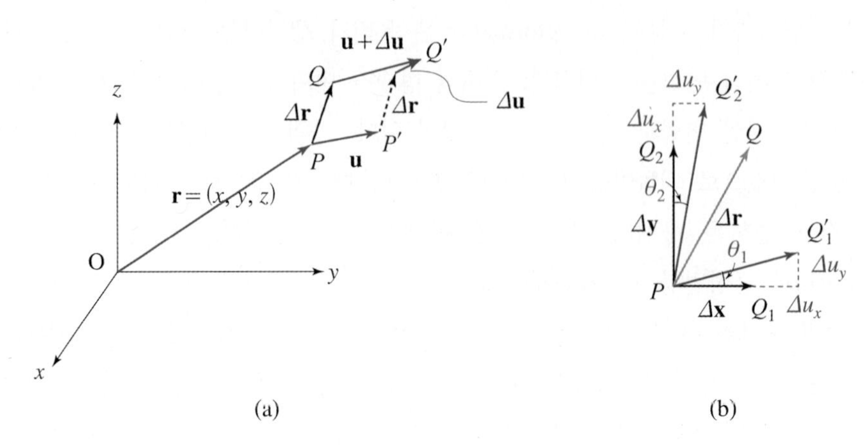

그림 5-2 (a) 변형(strain)에 대한 변위 분석, (b) P점을 중심으로 변형 해석

그림 5-2(a)와 같이 원점으로부터 $\vec{r}=(x,\ y,\ z)$만큼 떨어진 점 P에서 $\Delta\vec{r}=(\Delta x,\ \Delta y,\ \Delta z)$만큼 떨어진 다른 지점 Q를 생각해보자. 변형에 의해 P점은 $\vec{u}$만큼 변위가 변화하여 P'이 되고, Q점은 $\vec{u}+\Delta\vec{u}$만큼 변위가 움직여서 Q'이 된다. Q점은 P점보다는 $\Delta\vec{r}$만큼 떨어져 있기 때문에, 거리에 따라 변형도 크게 일어나서 $\Delta\vec{u}$만큼 변위가 더 움직였다. 이때 더 움직인 변위차 $\Delta\vec{u}$를 변형의 정의에 따라 표현해보자. 변위차 $\Delta\vec{u}=(\Delta u_x,\ \Delta u_y,\ \Delta u_z)$로 성분을 분해할 수 있는 만큼 각 성분에 대한 변위차는

$$\begin{aligned}
\Delta u_x(x,\ y,\ z) &= \frac{\partial u_x}{\partial x}\Delta x + \frac{\partial u_x}{\partial y}\Delta y + \frac{\partial u_x}{\partial z}\Delta z = \epsilon_{xx}\Delta x + \epsilon_{xy}\Delta y + \epsilon_{xz}\Delta z \\
\Delta u_y(x,\ y,\ z) &= \frac{\partial u_y}{\partial x}\Delta x + \frac{\partial u_y}{\partial y}\Delta y + \frac{\partial u_y}{\partial z}\Delta z = \epsilon_{yx}\Delta x + \epsilon_{yy}\Delta y + \epsilon_{yz}\Delta z \qquad (5.1.2) \\
\Delta u_z(x,\ y,\ z) &= \frac{\partial u_z}{\partial x}\Delta x + \frac{\partial u_z}{\partial y}\Delta y + \frac{\partial u_z}{\partial z}\Delta z = \epsilon_{zx}\Delta x + \epsilon_{zy}\Delta y + \epsilon_{zz}\Delta z
\end{aligned}$$

로 텐서의 행렬식으로 표현된다.

그림 5-2(b)에서 P점을 기준으로 변형을 다시 생각해보자. $\Delta\vec{r}$만큼 떨어진 Q점을 x축과 y축으로 사영시켜서 각각 Q_1과 Q_2라고 하자. 그림 5-2(a)를 보면 Q'은 Q로부터 $\Delta\vec{u}$만큼 떨어져 있다. 논의를 간단하게 하기 위해 2차원 평면에서 변형이 일어났다고 생각해보면 Q_1과 Q_2로부터 각각 $\Delta\vec{u}=(\Delta u_x,\ \Delta u_y)$만큼 움직여서 $Q_1{}'$과 $Q_2{}'$이 된다. PQ_1에 대해 살펴보면 $\Delta y=\Delta z=0$이므로

$$\Delta u_x = \frac{\partial u_x}{\partial x}\Delta x = \epsilon_{xx}\Delta x \tag{5.1.3}$$

가 된다. 이것은 ϵ_{xx}가 x방향으로 단위길이당 변형된 변위임을 의미한다. 같은 이유로

$$\Delta u_y = \frac{\partial u_y}{\partial x}\Delta x = \epsilon_{yx}\Delta x \tag{5.1.4}$$

이다. 이때, Q와 Q' 사이의 이동변위에 대한 각도는

$$\theta_1 \approx \tan\theta_1 = \frac{\Delta u_y}{\Delta x + \Delta u_x} \approx \frac{\Delta u_y}{\Delta x} = \epsilon_{yx} \tag{5.1.5}$$

이다. 따라서 ϵ_{yx}는 x방향에 대한 y방향으로의 변위에 대한 각도를 의미한다.

마찬가지로 PQ_2에 대해서는 $\Delta x = \Delta z = 0$이므로

$$\Delta u_x = \frac{\partial u_x}{\partial y}\Delta y = \epsilon_{xy}\Delta x$$

$$\Delta u_y = \frac{\partial u_y}{\partial y}\Delta y = \epsilon_{yy}\Delta x$$

$$\theta_2 \approx \tan\theta_2 = \frac{\Delta u_x}{\Delta y + \Delta u_y} \approx \frac{\Delta u_x}{\Delta y} = \epsilon_{xy} \tag{5.1.6}$$

로써, ϵ_{ij}는 j축에 대해 i방향으로의 변위에 대한 각도를 의미한다($i \neq j$). ϵ_{ii}는 i방향으로 단위길이당 늘어난(또는 줄어든) 길이이다.

변형에 대해 보다 일반적인 수학적 논의로 이어나가도록 하자. 변형이 시간에 대한 함수인 경우도 포함하자. 처음에 시간 $t=0$일 때 P점은 $\vec{r}(t=0) = x_i\hat{e_i}$로 쓸 수 있는데, 이는 일반적인 벡터 표현으로써, $\hat{e_i}$는 방향을 표시하는 단위벡터이다. 일정 시간이 지나서 $\vec{u}$만큼 변형이 발생했다면, P가 P'으로 움직이면서 $\vec{r}(t) = \vec{r}(0) + \vec{u}(x_1, x_2, x_3, t)$만큼 변위가 달라진다. P점으로부터 $\Delta\vec{r}$만큼 떨어져 있는 점 Q는 $t=0$일 때 $\vec{r'}(0) = \vec{r}(0) + \Delta\vec{r} = (x_i + \Delta x_i)\hat{e_i}$로 표시할 수 있는데, 일정 시간 후에 $\vec{u}$만큼 변형이 발생했다면, Q의 위치가 $\vec{r'}(t) = \vec{r}(0) + \Delta\vec{r} + \vec{u}(x_1 + \Delta x_1, x_2 + \Delta x_2, x_3 + \Delta x_3)$가 된다. 그림 5-2(a)에서는 Q가 변화하여 Q'으로 위치가 변하여 $\vec{u} + \Delta\vec{u}$로 된다고 하였는데, 이는 물체의 변형에 대한 변위는 거리에 비례하여 달라지기 때문에 $\Delta\vec{u}$를 넣은 것이다. 여기에서는 $\Delta\vec{u}$가

생기는 것을 미리 고려하지 않음으로써, 물리적인 경험을 배제하고 수학적인 논의만으로도 $\Delta\vec{u}$를 고려해야 함을 간단히 보일 것이다. P점이 변형에 의해 변위벡터 $\vec{u}$만큼 움직인 것과 마찬가지로 바로 옆에 있는 Q점도 변위벡터 $\vec{u}$만큼 움직였다고 가정한 것이다. 그럼 그 시간에 P점과 Q점이 움직인 변위의 차이는

$$\vec{r'}(t)-\vec{r}(t)=\Delta\vec{r}+\vec{u}(x_1+\Delta x_1,\ x_2+\Delta x_2,\ x_3+\Delta x_3,\ t)-\vec{u}(x_1,\ x_2,\ x_3,\ t) \quad (5.1.7)$$
$$\approx \Delta\vec{r}+\frac{\partial\vec{u}(x_j,\ t)}{\partial x_i}\Delta x_i=\mathbf{T}\cdot\Delta\vec{r}$$

이 된다. 여기에서

$$\mathbf{T}=\mathbf{1}+(\nabla\vec{u})^t \quad (5.1.8)$$

로 주어지는 텐서인데, 이것은 변형에 대한 동역학적 변화를 나타낸다. 여기에서 $\nabla\vec{u}$는 변형 기울기 텐서(deformation gradient tensor)라고 하며, 윗첨자 t를 쓴 것은 텐서의 첨자 자리바꿈(transpose)을 의미하는 것으로써, 텐서 첨자로 쓰면 $\partial u_j/\partial x_i$임을 나타낸다. 참고로 첨자 자리바꿈을 하지 않으면 $\partial u_i/\partial x_j$가 된다. 시간 t 후에 움직인 지점은 각각 P'과 Q'이므로 그림 5-2(a)에서 그 차이는 $\Delta\vec{r}+\Delta\vec{u}$이므로 자세히 살펴보면 $\mathbf{T}\cdot\Delta\vec{r}$과 동등하다는 것을 알 수 있다.

식 (5.1.8)을 풀어서 써보면

$$\begin{aligned}\mathbf{T}\cdot\hat{e}_x&=(1+\epsilon_{xx})\hat{e}_x+\epsilon_{yx}\hat{e}_y+\epsilon_{zx}\hat{e}_z\\ \mathbf{T}\cdot\hat{e}_y&=\epsilon_{xy}\hat{e}_x+(1+\epsilon_{yy})\hat{e}_y+\epsilon_{zy}\hat{e}_z\\ \mathbf{T}\cdot\hat{e}_z&=\epsilon_{xz}\hat{e}_x+\epsilon_{yz}\hat{e}_y+(1+\epsilon_{zz})\hat{e}_z\end{aligned} \quad (5.1.9)$$

가 되는데, 변형에 의해 부피변화는

$$|(\mathbf{T}\cdot\hat{e}_x)\times(\mathbf{T}\cdot\hat{e}_y)\cdot(\mathbf{T}\cdot\hat{e}_z)|=|\det\mathbf{T}|=\begin{vmatrix}(1+\epsilon_{xx}) & \epsilon_{yx} & \epsilon_{zx}\\ \epsilon_{xy} & (1+\epsilon_{yy}) & \epsilon_{zy}\\ \epsilon_{xz} & \epsilon_{yz} & (1+\epsilon_{zz})\end{vmatrix} \quad (5.1.10)$$
$$=(1+\epsilon_{xx})\begin{vmatrix}1+\epsilon_{yy} & \epsilon_{zy}\\ \epsilon_{yz} & 1+\epsilon_{zz}\end{vmatrix}-\epsilon_{yz}\begin{vmatrix}\epsilon_{xy} & \epsilon_{zy}\\ \epsilon_{xz} & 1+\epsilon_{zz}\end{vmatrix}+\epsilon_{zx}\begin{vmatrix}\epsilon_{xy} & 1+\epsilon_{yy}\\ \epsilon_{xz} & \epsilon_{yz}\end{vmatrix}$$
$$\approx 1+\epsilon_{xx}+\epsilon_{yy}+\epsilon_{zz}$$

가 된다. 여기에서 ϵ_{ij}의 고차항은 모두 무시하고 1차항만 남겨둔 근사를 취하였다. $\epsilon_{ii} = \partial u_i / \partial x_i = \nabla \cdot \vec{u}$이므로, 이것을 다시 텐서형으로 고쳐 쓰면 다음과 같다.

$$\det \mathbf{T} = 1 + \nabla \cdot \vec{u} \tag{5.1.11}$$

$\det \mathbf{T}$는 원래의 고체의 부피에서 변형된 고체의 부피비를 의미한다. 따라서 $\nabla \cdot \vec{u}$는 원래의 부피 1에서 늘어난(줄어든) 고체의 부피를 의미한다. 이를 팽창(dilation)이라고 한다.

식 (5.1.8)을 대칭 항(symmetric term)과 반대칭 항(antisymmetric term)의 합으로 다시 표현해보면

$$\mathbf{T} = 1 + \frac{1}{2}\left[(\nabla \vec{u})^t + \nabla \vec{u}\right] + \frac{1}{2}\left[(\nabla \vec{u})^t - \nabla \vec{u}\right] \tag{5.1.12}$$

로 쓸 수 있는데, 둘째 항이 대칭 항이고, 셋째 항은 반대칭 항이다. 이 중에서 대칭 항을 주목하여 다시 쓰면

$$\Gamma = \frac{1}{2}\left[\nabla \vec{u} + (\nabla \vec{u})^t\right]$$

$$\Gamma_{ij} = \frac{1}{2}\left(\frac{\partial u_i}{\partial x_j} + \frac{\partial u_j}{\partial x_i}\right) \tag{5.1.13}$$

인데, 이것을 연속체의 변형이라고 한다. 여기에서 새롭게 정의된 변형(strain) 텐서 Γ는 고체 변형(transformation)의 정도를 나타내는 양으로 정의된다.

5.2 응력

변형(strain)은 고체의 모양 변화 자체를 기술하는 것이고, 응력(stress)은 고체에 단위면적당 작용하는 힘이다. 응력도 2계 텐서로 표현되는데, σ_{ij}는 j축에 수직한 면에 작용하는 힘의 i번째 성분을 표현한다. 그림 5-3(a)를 보면 응력 텐서의 의미를 더 잘 이해할 수 있다. σ_{xz}, σ_{yz}, σ_{zz}는 각각 z축 면에서 x, y, z방향으로 가해지는 힘을 나타낸다. σ_{ii}는 면과 가해지는 힘의 방향이 같아서 팽창에 해당하고, $\sigma_{ij}(i \neq j)$는 층밀림 응력(shear stress)이라고 한다. 물체가 힘을 받으면 움직이게 되는데, 옆으로 층밀림 응력을 받으면

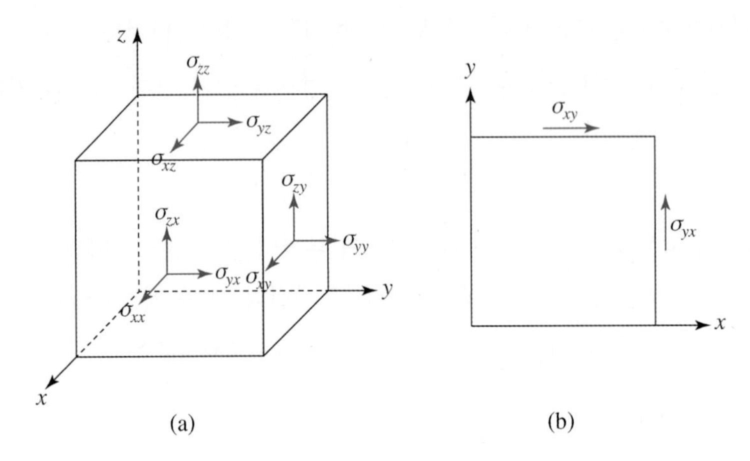

그림 5-3 (a) 각 면에서 응력(stress) 텐서와 (b) xy평면에서의 응력 평형

고체는 찌그러지게 되며, 일반적으로 평형상태에서는 그림 5-3(b)에서와 같이 $\sigma_{xy}=\sigma_{yx}$가 되어 3차원 면에 대하여 $\sigma_{ij}=\sigma_{ji}$가 되어서 응력은 대칭 텐서이다. 따라서 텐서 성분은 σ_{xz}, σ_{yz}, σ_{zz}의 대각선 요소 3개와 σ_{xy}, σ_{yz}, σ_{zx}의 비대각화 요소 3개로 6개의 독립된 성분으로 구성된다.

그림 5-3(a)의 가운데를 중심점으로 잡고 x축 양쪽으로 잡아당기는 경우를 생각해보자. x축으로 잡아당겨서 길이변화는 Δx만큼 생긴다. 물론 부피변화는 $\Delta V=\Delta x\Delta y\Delta z$이다. 뉴턴의 법칙을 고체응력에 적용하면 질량에 해당하는 것은 $\rho\Delta x\Delta y\Delta z$이며, ρ는 고체의 밀도이다. 가속도에 해당하는 것은 변위를 시간적 변화율로 두 번 미분하는 것이 되어서 $\partial^2 u_x/\partial t^2$이 된다. 고체에 작용하는 힘은 응력에 면적을 곱한 것으로 표현할 수 있는데, 고체의 앞면, 옆면, 윗면 중에서 x방향에 해당하는 응력만을 고려하면 된다.

$$\begin{aligned}&\left[\sigma_{xx}\left(x+\frac{\Delta x}{2},\ y,\ z,\ t\right)-\sigma_{xx}\left(x-\frac{\Delta x}{2},\ y,\ z,\ t\right)\right]\Delta y\Delta z \\ &\quad+\left[\sigma_{xy}\left(x,\ y+\frac{\Delta y}{2},\ z,\ t\right)-\sigma_{xy}\left(x,\ y-\frac{\Delta y}{2},\ z,\ t\right)\right]\Delta x\Delta z \\ &\quad+\left[\sigma_{xz}\left(x,\ y,\ z+\frac{\Delta z}{2},\ t\right)-\sigma_{xz}\left(x,\ y,\ z-\frac{\Delta z}{2},\ t\right)\right]\Delta y\Delta y \\ &\quad+f_1(x,\ y,\ z,\ t)\Delta x\Delta y\Delta z=\rho\frac{\partial^2 u_x(x,\ y,\ z,\ t)}{\partial t^2}\Delta x\Delta y\Delta z\end{aligned} \tag{5.2.1}$$

여기에서 f_1은 실제로 가한 외력이다. 테일러 급수의 첫째 항만 고려하여 정리하면

$$\frac{\partial \sigma_{xj}(x,\ y,\ z,\ t)}{x_j} = \rho \frac{\partial^2 u_x(x,\ y,\ z,\ t)}{\partial t^2} \tag{5.2.2}$$

이 된다. 이를 일반화하여 임의의 방향으로 가한 힘에 대하여 3차원적인 응력을 같은 방식으로 계산할 수 있어서

$$\nabla \cdot \vec{\sigma} = \rho \frac{\partial^2 \vec{u}}{\partial t^2} \tag{5.2.3}$$

으로 정리할 수 있다. 텐서 형태로는

$$\frac{\partial \sigma_{ij}}{\partial x_j} = \rho \frac{\partial^2 u_i}{\partial t^2} \tag{5.2.4}$$

이다. 이것을 변형-응력 법칙이라고 한다.

고체에서 응력은 다양한 원인에 기인할 수 있는데, 크게 변형 Γ, 전기장 $\vec{E}$, 온도 T 등이 그것이다. 응력은 2계 텐서이고, 변형은 2계 텐서이기 때문에 응력과 변형 간의 계수는 4계 텐서(4th rank tensor)가 된다. 전기장은 벡터, 즉 1계 텐서이기 때문에 그 계수는 3계 텐서, 온도는 스칼라이기 때문에 계수 자체가 2계 텐서가 된다. 텐서의 기본에서는 n계 텐서와 m계 텐서가 곱해지면 m계가 축약되어 $(n-m)$계 텐서가 되기 때문이다. 그 계수를 각각 탄성계수 텐서 C_{ijkl}, 압전 텐서 B_{ijk}, 온도 텐서 A_{ij}로 놓으면, 응력 텐서는

$$\sigma_{ij} = C_{ijkl}\Gamma_{kl} - B_{ijk}E_k - A_{ij}T \tag{5.2.5}$$

로 쓸 수 있다. 응력 텐서와 변형 텐서는 대칭적이기 때문에, 그 계수들도 대칭성을 가져야 한다. 즉,

$$\begin{aligned} A_{ij} &= A_{ji} \\ B_{ijk} &= B_{jik} \\ C_{ijkl} &= C_{jikl} = C_{ijlk} = C_{jilk} \end{aligned} \tag{5.2.6}$$

의 관계가 있다.

일반적인 응력 텐서 식 (5.2.5)에서 간단히 생각하기 위하여 전기장과 온도에 대한 영

향은 무시할 수 있다고 가정하자. 그러면 식 (5.2.5)는

$$\sigma_{ij} = C_{ijkl}\Gamma_{kl} \tag{5.2.7}$$

가 되는데, 이것은 우리가 알고 있는 훅의 법칙을 3차원 고체에서 일반화시킨 것이다. 여기에서 변형은 충분히 작게 일어나고, 변형과 응력은 선형적으로 의존한다고 가정하자. 이러한 물질을 선형적인 탄성을 가졌다고 말한다. 여기에서 탄성계수 텐서는 용수철 상수에 해당하기 때문에 뻣뻣함 텐서(stiffness tensor)라고도 한다.

이것을 다르게 쓰면 변형과 응력의 관계를 역의 관계로써

$$\Gamma_{ij} = S_{ijkl}\sigma_{kl} \tag{5.2.8}$$

로 바꾸어 쓸 수 있다. 여기에서 S_{ijkl}은 탄성 순응 텐서(elastic compliance tensor)라고 하고, 줄여서 순응 텐서(compliances)라고도 한다. 위 두 식을 결합하면

$$\sigma_{ij} = C_{ijkl}S_{klmn}\sigma_{mn} \tag{5.2.9}$$

이 되고, $C_{ijkl}S_{klmn} = I_{ijmn}$은 단위요소가 된다. 탄성계수 텐서 C_{ijkl}의 성분은 모두 3^4 =81개지만, 대칭성 관계에 의해서 텐서의 성분은 21개로 줄어든다.

5.2.1 육방정계 구조

한 예로써, 소금결정의 대칭성에 대해 고려해보자. 소금은 NaCl 구조로 육방정계(cubic) 구조를 갖고 있다(그림 1-3 참조). 육방정계는 반전 대칭성(inversion symmetry)이 있어서 어떤 2개의 기저벡터를 바꾼다고 하더라도 변하지 않는다. 즉 $(\hat{e_x}, \hat{e_y}, \hat{e_z})$를 $(\hat{e_y}, \hat{e_x}, \hat{e_z})$로 바꾸어도 같은 결과를 갖는다. 직교 텐서(orthogonal tensor)는 어떤 좌표계 e_i를 다른 좌표계 $\overline{e_i}$로 변환한다고 할 때 Q= $\overline{e_i}e_i$로 정의된다. 일반적으로 $\overline{e_j}$좌표계를 $\hat{e}_i$좌표계로 변환할 때 $Q_{ij} = \hat{e}_i \cdot \overline{e_j}$는 두 좌표계 사이의 코사인에 해당된다. 어떤 속도 벡터는 두 좌표계에 대해서 모두 같아야 하므로

$$\vec{v} = v_i\hat{e_i} = \overline{v_i}\overline{e_j} \tag{5.2.10}$$

이다. 이때, v_i를 다른 좌표계에서 관찰할 때 $\overline{v_i}$는 어느 정도로 달라지는데, 그 관계는

$$\overline{v}_i = Q_{ji} v_j, \ v_i = Q_{ij} \overline{v}_j \tag{5.2.11}$$

가 된다. 같은 방식으로, 어떤 텐서량 $\mathbf{T}$는 어떤 좌표계와 변환 좌표계에 대해서

$$\mathbf{T} = T_{ij} \hat{e}_i \hat{e}_j = \overline{T}_{ij} \overline{e}_i \overline{e}_j \tag{5.2.12}$$

가 되며, 두 좌표계에 대해서

$$\overline{T}_{ij} = Q_{ki} Q_{lj} T_{kl}, \ T_{ij} = Q_{ik} Q_{jl} \overline{T}_{kl} \tag{5.2.13}$$

의 관계가 성립한다. 이것을 행렬로 표시하면

$$\overline{T} = Q^t T Q, \ T = Q \overline{T} Q^t \tag{5.2.14}$$

이다.

육방정계 구조는 $e_x \rightarrow \overline{e_y}$, $e_y \rightarrow \overline{e_x}$로 변환하는 변환에 대해서 대칭인데, 이때 직교 텐서는

$$Q_{ij} = \begin{pmatrix} \overline{e_x} e_x & \overline{e_x} e_y & \overline{e_x} e_z \\ \overline{e_y} e_x & \overline{e_y} e_y & \overline{e_y} e_z \\ \overline{e_z} e_x & \overline{e_z} e_y & \overline{e_z} e_z \end{pmatrix} = \begin{pmatrix} 0 & 1 & 0 \\ 1 & 0 & 0 \\ 0 & 0 & 1 \end{pmatrix} \tag{5.2.15}$$

임을 알 수 있다. 식 (5.2.5)에서 온도에 관한 텐서 A_{ij}에 대해 텐서 변환을 적용해보자. 이제부터 편의상 (x, y, z)를 각각 $(1, 2, 3)$으로 써서 나타내보자.

$$\overline{A} = Q^t A Q = \begin{pmatrix} 0 & 1 & 0 \\ 1 & 0 & 0 \\ 0 & 0 & 1 \end{pmatrix} \begin{pmatrix} A_{11} & A_{12} & A_{13} \\ A_{21} & A_{22} & A_{23} \\ A_{31} & A_{32} & A_{33} \end{pmatrix} \begin{pmatrix} 0 & 1 & 0 \\ 1 & 0 & 0 \\ 0 & 0 & 1 \end{pmatrix} = \begin{pmatrix} A_{22} & A_{21} & A_{23} \\ A_{12} & A_{11} & A_{13} \\ A_{32} & A_{31} & A_{33} \end{pmatrix} \tag{5.2.16}$$

결과적으로 텐서 변환은 기존텐서 성분에서 첨자 1과 2를 바꾼 것에 해당한다. 사실 육방정계에서는 2와 3, 3과 1을 같은 방식으로 해도 모두 대칭성이 있으므로 같은 방식의 텐서 변환에 대해서도 같은 값을 가져야 하기 때문에 결과적으로

$$A_{11} = A_{22} = A_{33} \tag{5.2.17}$$

임을 알 수 있다. 또한 $(\hat{e_x}, \hat{e_y}, \hat{e_z})$를 $(-\hat{e_x}, \hat{e_y}, \hat{e_z})$로 바꾸는 x축에 대한 반전 대칭성

에 대해서도 대칭성이 보존되는데, 이 변환에 대한 텐서는

$$Q = \begin{pmatrix} -1 & 0 & 0 \\ 0 & 1 & 0 \\ 0 & 0 & 1 \end{pmatrix} \tag{5.2.18}$$

이어서 온도 텐서에 변환을 적용하면

$$\begin{aligned} \overline{A} = Q^t A Q &= \begin{pmatrix} -1 & 0 & 0 \\ 0 & 1 & 0 \\ 0 & 0 & 1 \end{pmatrix} \begin{pmatrix} A_{11} & A_{12} & A_{13} \\ A_{21} & A_{22} & A_{23} \\ A_{31} & A_{32} & A_{33} \end{pmatrix} \begin{pmatrix} -1 & 0 & 0 \\ 0 & 1 & 0 \\ 0 & 0 & 1 \end{pmatrix} \\ &= \begin{pmatrix} A_{11} & -A_{12} & -A_{13} \\ -A_{21} & A_{22} & A_{23} \\ -A_{31} & A_{32} & A_{33} \end{pmatrix} \end{aligned} \tag{5.2.19}$$

여서 첨자 1이 붙은 항에 음수가 붙는 변환이 됨을 알 수 있다. y축과 z축에 대한 반전 대칭성도 보존되기 때문에, 그러한 변환에 대해 모두 같아야 하므로

$$A_{12} = A_{13} = A_{23} = 0 \tag{5.2.20}$$

이 되고, 이를 종합하면 육방정계에서 온도 텐서는

$$A = \begin{pmatrix} A_{11} & 0 & 0 \\ 0 & A_{11} & 0 \\ 0 & 0 & A_{11} \end{pmatrix} \tag{5.2.21}$$

을 얻는다. 이는 온도 변화에 의해 x, y, z축 방향으로 균일하게 응력이 작용한다는 것을 의미한다.

몇 가지 물리적 고려를 해보면 육방정계에서는 전기장에 대칭적이어서 유전분극이 발생하지 않아 압전 텐서는 $B_{ijk} = 0$이 된다. 압전 텐서는 3계 텐서인데, 3계 텐서는 홀수 첨자의 대칭성으로 인해 수학적으로도 0이 됨을 증명할 수 있다. 이런 식으로 4계 텐서인 탄성계수 텐서 C_{ijkl}도 같은 논의를 할 수 있는데, 계산의 복잡성으로 인해 구체적인 계산과정은 생략한다. 육방정계에서 텐서의 대칭성을 고려하면 결과적으로 다음과 같이 되어 탄성계수 텐서의 성분은 21개에서 3개로 축약된다.

$$
\begin{aligned}
&C_{1111} = C_{2222} = C_{3333} \\
&C_{1122} = C_{2211} = C_{1133} = C_{3311} = C_{2233} = C_{3322} \\
&C_{1212} = C_{1313} = C_{2323}
\end{aligned} \tag{5.2.22}
$$

5.2.2 균일하고 등방적인 물질

육방정계보다 더 높은 대칭성을 갖는 것은 등방적인 물질이다. 사실 철, 나무, 시멘트 등 대부분의 많은 고체는 거시적으로는 등방적이다. 물론 이종의 물질이 섞여 있는 복합체의 경우에는 등방적이지 않을 수도 있다. 거시적으로 등방적인 물질은 회전에 대해서도 대칭적인데, z축으로 $\pi/4$ 돌리는 회전 변환에 대하여 직교 벡터는

$$
Q = \begin{pmatrix} \frac{1}{\sqrt{2}} & -\frac{1}{\sqrt{2}} & 0 \\ \frac{1}{\sqrt{2}} & \frac{1}{\sqrt{2}} & 0 \\ 0 & 0 & 1 \end{pmatrix} \tag{5.2.23}
$$

이 된다. 회전 변환에 대한 논의를 위와 같은 방법으로 계산하면 결과적으로 다음과 같은 관계를 얻는데,

$$
C_{1111} = C_{1122} + 2C_{1212} \tag{5.2.24}
$$

이 결과를 식 (5.2.5)에 넣고 정리하면 균일하고 등방적인 물질에서 응력 텐서는

$$
\mathbf{S} = 2\mu\Gamma + \lambda(\mathrm{tr}\Gamma)\mathbf{1} - A_{11}T\mathbf{1} \tag{5.2.25}
$$

으로 표현된다. 이를 다시 쓰면

$$
\Gamma = \frac{1+\nu}{Y}\mathbf{S} - \frac{\nu}{Y}(\mathrm{tr}\mathbf{S})\mathbf{1} + \frac{(1-2\nu)A_{11}}{Y}T\mathbf{1} \tag{5.2.26}
$$

으로 쓸 수 있다.

여기에서 $\mu = C_{1212} = \dfrac{Y}{2(1+\nu)}$는 층밀림 탄성률(shear modulus)이라고 하며

$\lambda = C_{1122} = \dfrac{Y\nu}{(1+\nu)(1-2\nu)}$는 Lamé 상수

$$Y = \frac{\mu(3\lambda + 2\mu)}{\lambda + \mu}$$는 영률(Young's modulus) (5.2.27)

$$\nu = \frac{\lambda}{2(\lambda + \nu)}$$는 포아송 비(Poisson's ratio)

이다.

층밀림 탄성률의 거시적인 정의는

$$G = \frac{F/A_0}{\Delta x/h} = \frac{Fh}{\Delta x A_0} \tag{5.2.28}$$

로써, F/A_0는 층밀림 응력이고, $\Delta x/h$는 층밀림 변형도이다. 즉, 층밀림 변형에 대한 층밀림 응력의 비가 층밀림 탄성률인데, 층밀림 탄성률이 클수록 같은 힘의 전단변형에 대해서 층밀림 변형이 잘되지 않는 것을 의미한다. 층밀림 탄성률은 영률이 클수록, 포아송 비가 작을수록 큰데, 영률은 고체의 강성을 특정짓는 물리량으로써,

$$Y = \frac{\sigma}{\epsilon} \tag{5.2.29}$$

로 정의된다. 여기에서 σ는 한 방향으로 잡아당길 때 생기는 응력인 단축 응력이고, ϵ은 변형률이다. 영률은 한 방향으로 잡아당기거나 누르는 힘에 대해 얼마나 변형되는가를 정의하는 인자이다. 영률이 크면 같은 힘에 의해 물체가 적게 변형된다. 또한 포아송 비의 거시적인 정의는

$$\nu = -\frac{\epsilon'}{\epsilon} \tag{5.2.30}$$

으로써, ϵ'은 가로방향 변형도, ϵ은 축방향 변형도이다. 음의 부호가 붙은 이유는 가로방향 변형도와 축방향 변형도가 서로 반대의 경향을 갖기 때문이다. 포아송 비(Poisson's ratio)는 인장력에 대해 가로방향 변형도와 세로방향 변형도의 비를 나타낸다.

5.3 결함과 무질서

5.3.1 점결함

고체의 대표적인 특징은 병진 대칭성이 있어서 단위격자를 기본으로 계속 3차원적으로 규칙적인 배열을 이룬다고 배웠다. 그러나 이 세상의 아무리 깨끗한 결정이라고 하더라도 반드시 결함과 무질서를 포함하고 있다. 결함과 무질서는 고체의 엔트로피에 의해 생기는데, 엔트로피가 0인 시스템은 존재하지 않기 때문이다. 이론적인 계산이나 물성의 예측은 결함을 고려하지 않는 경우가 많으나 실제는 결함이나 무질서는 실험에서 피할 수가 없다. 이론적으로 결함이나 무질서를 고려할 수도 있으나 그렇게 되면 무질서나 결함이 규칙적인 상태가 될 때까지 고려해야 되어서 격자의 크기가 단일격자가 아닌 거대 초격자를 고려해야 하므로 계산의 양이 커질 수밖에 없다.

점결함(point defects)은 크게 3가지 종류가 있다. 첫째, 있어야 할 원자 자리에 빈자리가 생긴 경우인데, 이를 공동(void), 또는 빈자리(vacancy)라고 한다. 둘째, A원자가 있어야 할 원자 자리에 다른 불순물 B원자가 침범하여 차지하고 있는 경우, 이를 치환(substitution)이라고 한다. 셋째, 임의의 원자가 원자 사이를 비집고 들어오는 경우인데, 이를 침입형 불순물(interstitial impurity)이라고 한다. 빈자리에 의한 결함은 크게 쇼트키 결함과 프렌켈 결함으로 구분할 수 있다.

첫 번째로, 쇼트키 결함(Schottky defect)은 원자가 있던 자리에서 원자가 빠져나와 표면으로 이동한 것을 말한다. 표면으로 원자가 빠져나왔기 때문에 원자가 있던 자리에 빈자리가 생긴 것으로 이해하면 된다. 원자 하나가 그 자리에서 제거되는 데 드는 에너지를 E_v라고 할 때, 빈자리가 생길 확률은 볼츠만 인자에 의해

$$P = \frac{1}{1 + \exp(E_v / k_B T)} \tag{5.3.1}$$

가 된다. 빈자리 불순물을 만드는 에너지 E_v가 매우 크다고 가정하면 $P \to 0$이 되어 빈자리가 생기지 않고 규칙적인 깨끗한 결정 격자가 된다. 그러나 $E_v = 0$이라면 $P = 1/2$이 되어, 빈자리와 점유한 자리가 반반씩 되게 된다.

만약 N개의 원자 자리에 n개의 빈자리 결함이 생긴다고 가정하면 빈자리가 생길 확

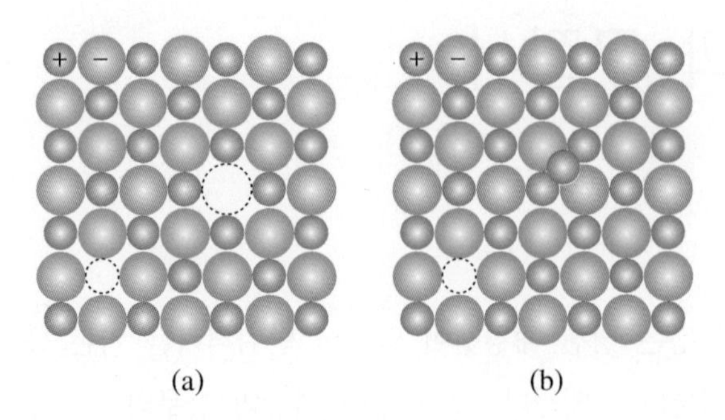

그림 5-4 (a) 쇼트키 결함과 (b) 프렌켈 결함

률은 $P-n/N$이므로

$$\frac{n}{N}=\frac{1}{1+\exp(E_v/k_BT)} \tag{5.3.2}$$

이 되어

$$N=\left[1+\exp(E_v/k_BT)\right]n \tag{5.3.3}$$

이 된다. 이를 정리하면

$$\frac{n}{N-n}=\frac{1}{1+\exp(E_v/k_BT)-1}=\exp\left(-\frac{E_v}{k_BT}\right) \tag{5.3.4}$$

가 되는데, 이것은 차 있는 결정 격자 대비 빈자리 결함의 상대적 비이다. 이 결과에 의하면 온도가 높아질수록 빈자리 결함이 증가한다. 따라서 실험적으로 고온에서 결정이 성장할수록 결정 결함이 많아지게 되고, 특히 고온에서 갑자기 저온으로 급속 냉각할 경우에는 많은 결정 결함이 회복될 시간적 여유가 없이 그대로 고체가 되기 때문에 빈자리 결함이 많아지게 된다. 저온에서 빈자리 결함보다 차 있는 격자가 훨씬 많다고 가정하면($n \ll N-n$)

$$\frac{n}{N}\approx\frac{n}{N-n}=\exp\left(-\frac{E_v}{k_BT}\right) \tag{5.3.5}$$

이다. 예를 들어, 빈자리 불순물을 만드는 데 드는 에너지가 $E_v=1$ eV이고, 온도가 1000 K이라면, 1 K은 0.08 meV이므로

$$\frac{n}{N} \approx = \exp\left(\frac{-1}{0.08}\right) = e^{-12} \approx 10^{-5} \tag{5.3.6}$$

로 계산되어, 10만 개 격자 중에 1개의 불순물이 생기게 된다.

두 번째로, 프렌켈 결함(Frenkel defect)은 원래 원자가 있던 자리에서 빠져나와 고체 결정 격자 내부에 침입형 결함으로 바뀐 것을 말한다. 이는 원자가 빠진 빈자리 결함과 침입형 결함이 동시에 생기는 것을 의미한다. N개의 원자가 있어야 할 자리에 n개의 프렌켈 결함이 생긴다고 가정하자. 이때, N'은 발생할 수 있는 침입형 결함의 숫자이다. 그러면 침입형 원자가 가질 수 있는 경우의 수는

$$\binom{N'}{n} = \frac{N'!}{(N'-n)!n!} \tag{5.3.7}$$

이고, 빈자리 결함이 가질 수 있는 경우의 수는

$$\binom{N}{n} = \frac{N!}{(N-n)!n!} \tag{5.3.8}$$

이어서, 프렌켈 결함의 총 경우의 수는

$$\Omega = \frac{N'!}{(N'-n)!n!}\frac{N!}{(N-n)!n!} \tag{5.3.9}$$

이 된다. 따라서 프렌켈 결함이 발생할 때 생기는 엔트로피는

$$S = k_b \ln\Omega = k_B \ln\frac{N'!}{(N'-n)!n!}\frac{N!}{(N-n)!n!} \tag{5.3.10}$$

$\ln x! \approx x\ln x - x$로 주어지는 스털링(Stirling) 근사를 취하면 다음과 같다.

$$\begin{aligned} S &\approx k_B[(N'\ln N' - N') + (N\ln N - N) - (N'-n)\ln(N'-n) \\ &\quad + (N'-n) - (N-n)\ln(N-n) + (N-n) - 2n\ln n + 2n] \\ &= k_B[N'\ln N' + N\ln N - (N'-n)\ln(N'-n) - (N-n)\ln(N-n) - 2n\ln n] \end{aligned} \tag{5.3.11}$$

하나의 결함이 생기는 데 필요한 에너지를 E_1이라고 하면 헬름홀츠 자유 에너지는

$$\begin{aligned} F = U - TS = nE_1 - k_BT[N'\ln N' + N\ln N - (N'-n)\ln(N'-n) \\ - (N-n)\ln(N-n) - 2n\ln n] \end{aligned} \tag{5.3.12}$$

이고, 헬름홀츠 자유 에너지를 프렌켈 결함 수 n으로 미분하여 안정한 결함 수를 계산할 수 있다.

$$\frac{\partial F}{\partial n}=E_1-k_BT[\ln(N'-n)+1+\ln(N-n)+1-2\ln n-2] \tag{5.3.13}$$
$$=E_1-k_BT\left[\ln\frac{(N'-n)(N-n)}{n^2}\right]=0$$

즉, 하나의 결함이 생기는 데 필요한 에너지는

$$E_1=k_BT\left[\ln\frac{(N'-n)(N-n)}{n^2}\right] \tag{5.3.14}$$

이고, 아주 많은 결정 격자에 대하여 $n \ll N$, N'에 대해

$$E_1 \approx k_BT\ln\left(\frac{N'N}{n^2}\right) \tag{5.3.15}$$

이므로, 결함 수는

$$n=\sqrt{N'N}\exp\left(-\frac{E_1}{2k_BT}\right) \tag{5.3.16}$$

이 된다. 이 결과 또한 높은 온도에서 결함 수가 많아지고, 단일 결함 에너지 E_1이 커지면 결함 수는 줄어든다는 것을 알 수 있다.

프렌켈 결함에서 발생한 침입형 원자는 열에 의해서 확산이 이루어질 수 있다. 특히 이온 전도성 물질에서 전자에 의한 전도가 아닌 이온에 의한 전도는 전기전도도에도 영향을 미치게 되고, 전하의 이동뿐만 아니라 물질의 이동까지 발생하게 된다. 예를 들어 알칼리 할로겐 화합물의 전기전도성은 프렌켈 결함의 확산에 의해 기술할 수 있다. 이온의 확산은 화학적 퍼텐셜(chemical potential)의 차이에 의해 발생하게 되는데, 양이온 결함 수를 N이라고 하면, 결함밀도의 기울기에 비례하여

$$\vec{J}_N=-D\nabla N \tag{5.3.17}$$

과 같이 결함에 의한 전류밀도 $\vec{J}_N$이 발생한다. 여기에서 계수 D를 확산계수라고 하며, 확산계수는 온도의 함수이다. 부호가 마이너스인 이유는 결함이 많은 쪽에서 적은 쪽으

로 이동할 때 양이온은 그 반대로 이동하는 것이므로 전류는 결함의 이동과는 반대방향으로 생기기 때문이다. 확산이 일어나기 위해서는 양이온이 이웃한 원자에 의해 나타나는 퍼텐셜 장벽을 넘어 움직여야 한다. 이때, 그 퍼텐셜 장벽을 활성화 에너지(activation energy)라고 한다. 일반적으로 양이온에 대한 활성화 에너지는 E_+, 음이온에 대한 활성화 에너지는 E_-로 표시한다. 활성화 에너지는 이온을 움직이게 하는 에너지이고, 앞서 나온 결합형성 에너지 E_1은 1개의 결함 이온을 만드는 에너지이므로 혼동하지 말아야 한다.

이 퍼텐셜 장벽을 이온이 극복하는 데는 2가지 방법이 있다. 하나는 열적 들뜸에 의한 것이고, 다른 하나는 양자 터널링에 의한 것이다. 양자 터널링의 경우에는 광자 등은 가능하지만, 일반적으로 이온은 무거워서 양자 터널링이 일어나기 어렵기 때문에, 이온의 이동은 열적 들뜸에 의해서 에너지를 얻는다. 퍼텐셜 장벽을 넘는 이온이 발생할 확률은 $\exp(-E/k_BT)$가 되는데, 열적 들뜸에 의한 확산속도를 v라고 할 때, 단위시간당 이온이 장벽을 넘어 이동할 비율은 $p = v\exp(-E/k_BT)$이다. 격자상수를 a라고 할 때, 확산계수는

$$D = pa^2 = va^2\exp\left(-\frac{E}{k_BT}\right) \tag{5.3.18}$$

로 주어진다.

확산속도 v는 외부 전기장 $\vec{E}$에 비례하는데, 그 비례상수 μ를 이온의 이동도라고 한다.

$$\vec{v} = \mu\vec{E} \tag{5.3.19}$$

이온의 이동에 의한 전류밀도는 $\vec{j} = nq\vec{v}$이고, 옴의 법칙 $\vec{j} = \sigma\vec{E}$과 위 식으로부터(n은 이온밀도, q는 전하, σ는 이온 전도도)

$$\vec{j} = \mu nq\vec{E} = \sigma\vec{E} \tag{5.3.20}$$

이다. 따라서 이온 전도도는

$$\sigma = \mu nq \tag{5.3.21}$$

이다.

12장의 드루드(Drude) 모델에 의하면 전기전도도는 $\sigma = nq^2\tau/m$으로 주어지며, 여기

에서 τ는 전자가 불순물과 부딪히는 데 걸리는 시간으로써, 완화시간(relaxation time)이라고 한다. 이온 전도도와 전기전도도는 기본적으로 전하가 다르다는 점을 제외하면 완전히 같은 개념이다. 위 두 식을 비교하면 $\mu nq = nq^2\tau/m$이 되어서 완화시간은 다음과 같이 계산된다.

$$\tau = \frac{m\mu}{q} \tag{5.3.22}$$

맥스웰-볼츠만 이론의 에너지 등분배 법칙에 의해 $v_{rms}^2 = 3k_BT/m$이고, 통계역학에서

$$D = \frac{1}{3}v_s^2\tau = \frac{k_BT\tau}{m} = \frac{k_BT\mu}{q} \tag{5.3.23}$$

를 얻을 수 있다. 식 (5.3.21)에 의해

$$\mu = \sigma/nq = \frac{Dq}{k_BT} \tag{5.3.24}$$

$$\sigma = \frac{Dnq^2}{k_BT} = \frac{nq^2va^2}{k_BT}\exp\left(-\frac{E}{k_BT}\right) \tag{5.3.25}$$

로 계산된다.

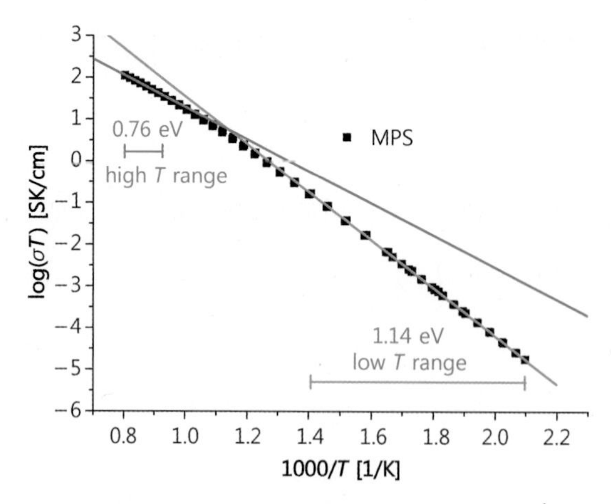

그림 5-5 온도에 따른 이온 전도도의 아레니우스 도표[1]

---

1 C. Ahamer et al., 2017, J. Electrochem. Soc. 164 F790

이것은 이온 전도도의 온도의존성 결과로써, 위 식을 이용하여 온도에 대한 이온 전도도를 측정함으로써, 이온 전도의 활성화 에너지를 구할 수 있다. 그림 5-5는 온도에 따라 이온 전도도를 측정하여 그린 그림으로써, log-$1/T$ 관계로 그린 그림을 아레니우스 도표(Arrhenius' plot)라고 한다. 가로축은 온도의 역수 $1/T$, 세로축은 σT에 로그를 취하면 식 (5.3.25)에 따라 직선의 기울기가 활성화 에너지가 된다. 그림 5-5에서는 낮은 온도와 높은 온도에서 활성화 에너지가 다른 결과를 보여준다.

5.3.2 층밀림과 어긋나기

결함이 원자 하나에 대해 생기는 불균일성이라고 한다면, 어긋나기(dislocation)는 원자 집단의 불균일 현상이다. 그림 5-6에서와 같이 어떤 층밀림 응력 σ에 의해서 원자 집단이 옆으로 밀리는 경우를 생각해보자. 이때 층밀림 변형은 $e = x/d$가 된다. x는 원래 평형 상태로부터 원자들이 층밀림에 의해 어긋난 길이이고, d는 층간 거리이다. 원자 간 격자 거리 a에 의해 규칙적인 원자배열이 있으므로, 층밀림 응력은 사인파와 같이 진동한다고 가정할 수 있다.

$$\sigma = A\sin\left(\frac{2\pi x}{a}\right) \qquad (5.3.26)$$

훅의 법칙에 의하면 $\sigma = Ce$로 될 수 있는데, 이렇게 응력과 변형이 상수 C로 선형적인 관계에 있는 경우는 변형에 의해 이동한 거리 x가 작은 경우이다. 따라서 사인 함수는 $\sigma \approx A2\pi x/a = Cx/d$로 근사할 수 있고, 이것을 다시 정리하면 $C = 2\pi dA/a$여서 $A = Ca/2\pi d$가 된다.

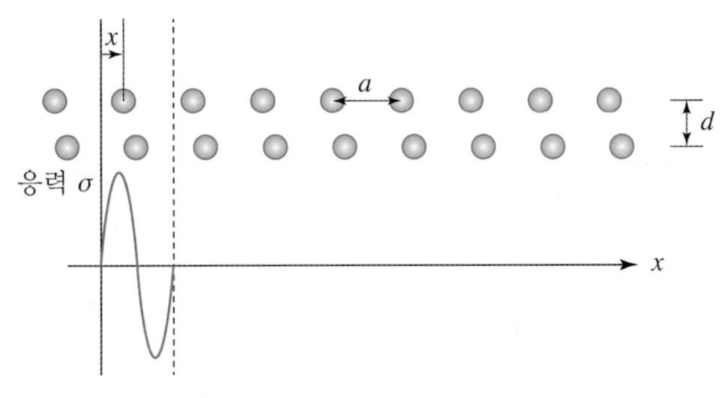

그림 5-6 층밀림 응력에 의한 원자층의 이동

$$\sigma = \frac{Ca}{2\pi d}\sin\left(\frac{2\pi x}{a}\right) \tag{5.3.27}$$

여기에서 층밀림 응력의 크기 $\sigma_c = A = Ca/2\pi d$를 임계 층밀림 응력(critical shear stress)이라고 하는데, 이것은 격자가 불안정하게 되는 임계 응력으로써, 이때 맨 위층은 층밀림에 의해 새로운 평형상태 위치에 있게 된다. 격자상수 a가 층간 간격 d와 비슷한 경우에는 임계 층밀림 응력은 $\sigma_c = C/2\pi$가 되어 층밀림 임계 응력은 층밀림 탄성(shear modulus)의 1/6 정도가 된다. 실제로는 층밀림 임계 응력은 층밀림 탄성보다 몇 % 정도로 훨씬 작은데, 이것은 고체 내부에 층밀림만 있는 것이 아니라 다른 종류의 어긋나기가 있기 때문이다.

아무리 깨끗한 단결정이라도 고체는 반드시 어긋나기를 포함하고 있다. 이는 자연이 대칭성을 추구하지만 완벽한 대칭성보다는 대칭성이 붕괴되는 상태를 선호하기 때문이다. 열역학적으로는 에너지는 낮아지려고 하지만 엔트로피는 높아지려고 하는 자연의 선택적 방향 때문이기도 하다. 고체의 어긋나기는 엔트로피에 의한 결과로 이해할 수 있다. 결함이 많을수록 고체의 엔트로피는 높다. 어긋나기의 종류는 크게 끝머리 어긋나기(edge dislocation)와 나선형 어긋나기(screw dislocation)로 나눌 수 있다. 일반적으로는 이 둘이 혼합되어 존재한다.

끝머리 어긋나기는 그림 5-7(a)와 같이 검은색 실선으로 연결된 고체의 단면을 생각할 때 있어야 할 자리에 원자가 하나 빠져서 원자층에 어긋나기가 생긴 경우이다. 이렇게 어긋나기가 생긴 면을 미끄럼면(slip plane)이라고 하고, 미끄럼면을 둘러싸는 선을 어긋나기 선(line of dislocation)이라고 한다. 끝머리 어긋나기는 방향을 가지고 있는데, 미끄럼면을 $-$로 표시하고 원자층이 추가되는 방향을 $|$으로 표시하여 $\perp$ 또는 $\top$로 표시한다. $\perp$은 그림 5-7(a)와 같이 빠진 원자면이 아래쪽에 있는, 즉 추가적인 원자면이 위쪽에 있을 때를 의미하고, $\top$는 그 반대로 미끄럼면을 기준으로 추가적인 원자층이 아래쪽에 있을 때를 나타낸다.

나선형 어긋나기는 층밀림 방향이 어긋나기 방향과 평행한 경우이다. 장난감 큐브에서 한 층이 살짝 돌아가 있는 형태라고 생각하면 된다. 원자층이 돌아간 방향이 시계방향이냐, 반시계방향이냐에 따라 오른손 방향 또는 왼손 방향으로 표시할 수 있다. 그림 5-7(b)와 같이 검은색 점선으로 된 면에 대해 양옆의 원자층이 약간 뒤틀린 경우를 생각해보자. 그림에서 보듯이 나선형 어긋나기에서는 뒤틀린 지점에서부터 멀어질수록 뒤틀림 정도가 커지게 된다.

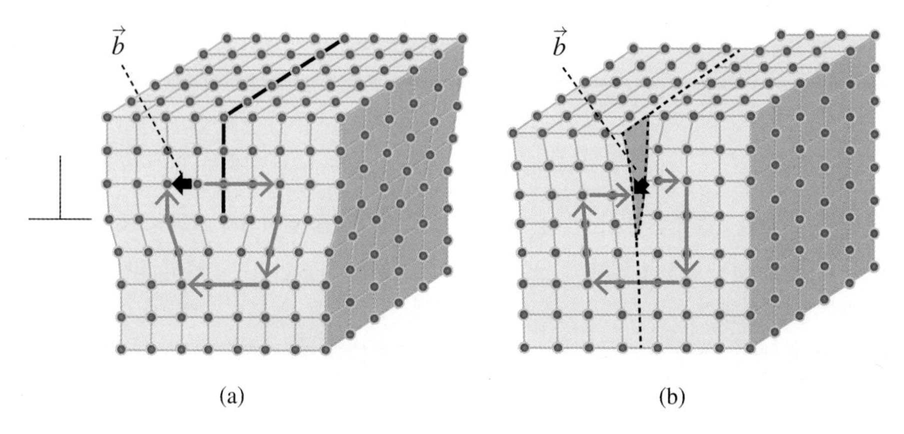

그림 5-7 (a) 끝머리 어긋나기와 (b) 나선형 어긋나기

이때, 뒤틀림의 정도와 방향을 결정할 필요가 생기는데, 그것을 정의하는 것이 버거스 벡터(Burgers vector)이다. 그림 5-7에서 검은색 굵은 화살표로 표시된 것이 버거스 벡터이다. 우선 끝머리 어긋나기에서의 버거스 벡터를 알아보자. 그림 5-7(a)에서 어떤 한 원자에서 시작하여 (버거스 벡터의 꼬리) 오른쪽으로 3칸, 아래쪽으로 3칸, 다시 왼쪽으로 3칸, 위쪽으로 3칸 움직였다. 어긋나기가 없는 경우라면 같은 낱칸만큼 한 바퀴 돌면 제자리로 돌아와야 하는데, 제자리로 돌아오지 못하였다. 이와 같이, 처음 원자로부터 오른쪽 → 아래 → 왼쪽 → 위로 같은 원자의 낱칸 수만큼 한 바퀴 돌아 움직였을 때, 마지막 원자를 벡터의 머리로 하여 표시한 것이 버거스 벡터이다. 끝머리 어긋나기에서 버거스 벡터의 방향은 미끄럼면과 평행하다.

나선형 어긋나기에서도 같은 방식으로 진행해보면 그림 5-7(b)와 같이 오른쪽으로 1칸, 아래쪽으로 3칸, 왼쪽으로 3칸, 위로 3칸, 다시 오른쪽으로 2칸(처음에 오른쪽으로 1칸 이동했으므로) 이동하여 제자리에 오지 않고 차이가 발생하였다. 나선형 어긋나기에서는 원자층에 따라 어긋난 정도가 커지기 때문에 원자면에 따라 버거스 벡터도 커지게 된다.

연습문제

1. 그림 II-E1과 같이 $2N$개의 이온들이 (+)이온과 (−)이온이 r만큼 떨어져서 교차적으로 연결되어 있는 1차원 이온결합 결정 결합이 있다. 이온을 단위로 생각하면 이웃간에는 a/r^n의 퍼텐셜 에너지로 쿨롱 상호작용을 한다.

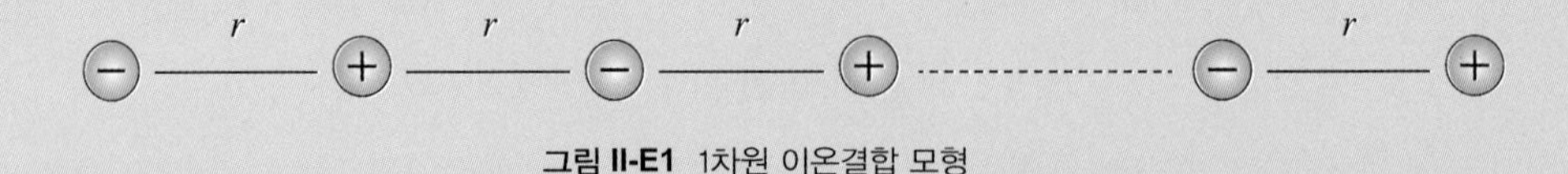

그림 II-E1 1차원 이온결합 모형

(a) 1차원 결정 격자의 응집 에너지를 계산하시오. [힌트: $x=0$ 근처에서 $\ln(1+x)$의 테일러 급수를 이용하여 $\sum_{k=1}^{\infty}(-1)^{k-1}\frac{1}{k}=\ln 2$를 사용하라.]

(b) 평형상태의 원자 간 거리 r_0를 계산하시오.

(c) 평형상태로부터 $1+\eta(\eta \ll 1)$만큼 줄을 잡아당길 때 필요한 일 $W(\eta)$를 구하시오.

2. N개의 원자를 갖고 있는 3차원 단순입방결정을 생각하자. 원자들의 위치는 결정에서 원자 간 거리에 따른 눈금 인자 r을 사용하여 $R(n_x, n_y, n_z)=r(n_x\hat{x}+n_y\hat{y}+n_z\hat{z})$로 나타낼 수 있다. 각각의 원자들은 이웃한 원자들과만 상호작용하며, 상호작용 퍼텐셜은 다음과 같다.

$$U(r)=U_0\left[e^{-2a(r-d)}-2e^{-a(r-d)}\right]$$

여기에서 U_0, a와 d는 실험에서 결정되는 인자이다.

(a) 운동에너지를 0이라고 하면 결정의 에너지를 구하시오.

(b) 평형상태에서 원자 간 거리 r_0를 구하시오.

(c) 부피 탄성률(bulk modulus) B를 계산하시오.

3. 부피 탄성률 B, 영률 Y, 포아송 비 ν를 이용하여 한 면의 길이가 l인 정육면체의 고체에서 영률이 다음과 같은 관계식을 갖는 것을 보이시오.

$$Y=3B(1-2\nu)$$

4. 문제 3에서 강성률(modulus of rigidity)이 $G=\sigma/\alpha$일 때(σ는 층밀림 변형력, α는 층밀림에 의한 각도) $Y=2G(1+\nu)$임을 보이시오.

5. 다음과 같이 레나드-존스 퍼텐셜로 상호작용하는 면심입방 구조의 결정 격자를 생각하자.

$$U(r)=-4\epsilon\left[\left(\frac{\sigma}{r}\right)^6-\left(\frac{\sigma}{r}\right)^{12}\right]$$

r은 이웃한 원자 간의 거리이며, 이웃한 원자와만 상호작용한다고 했을 때, $\epsilon=0.0104$ eV, $\sigma=3.40$ Å이다.

(a) 이웃 원자 간 거리 r을 격자상수 a로 나타내시오.

(b) N개의 원자에 대해서 응집 에너지 E를 구하시오.

(실험적으로 $a=5.3$ Å에 대해 $E/N=-0.84$ eV/atom이다.)

(c) 등방적으로 압력이 가해진다고 했을 때 격자상수 a에서 $a(1-\delta)(\delta\ll 1)$로 부피가 줄어드는 데 필요한 일은 얼마인가?

SOLID STATE PHYSICS

PART

3

열적 특성

CHAPTER 6 포논
CHAPTER 7 비열
CHAPTER 8 열전도도*
CHAPTER 9 열-전기 효과*

앞서 고체의 구조적 및 기계적 특성 부분에서, 고체는 많은 원자들이 규칙적인 배열을 이루고 있고, 원자들 사이에는 다양한 상호작용으로 안정적인 결합을 이루고 있다는 것을 배웠다. 이전에 다루었던 내용들은 주로 원자들의 정적상태(static state)에 대해서 다루었는데, 사실 원자들은 주어진 결정구조에 따라 그대로 멈추어 있는 것이 아니다. 양자역학에서도 알다시피 0 K의 극저온에서도 영점 에너지(zero point energy)는 항상 있어서 양자적 들뜬상태가 존재한다. 더욱이 일반적으로 주어진 열적 환경에서 열역학적 들뜬상태를 반드시 생각해야 한다. 이와 같이 고체 원자의 열역학적 들뜬상태가 포논(phonons)이다. Electr-on, hadr-on, lept-on처럼 영어에서 접미어 -on이 붙으면 물리학에서는 주로 입자를 의미하는데, 고체 원자들의 열적 진동이 어떻게 입자처럼 다루어질 수 있는지는 이 장, 특히 양자역학적 격자진동을 공부하다 보면 자연스럽게 받아들여질 것이다.

포논의 진동 모드는 크게 4가지 종류가 있다. 진동의 방향에 따라 두 종류, 운동량의 전파 여부에 따라 두 종류가 있다. 진동의 방향에 따른 것으로는 수직 포논(transverse phonon)과 평행 포논(longitudinal phonon)이 있다. 그림 6-1(a)의 수직 포논은 진동 방향이 위-아래로 움직이는 포논이다. 줄을 위-아래로 흔드는 경우를 상상해보면 쉽게 이해할 수 있다. 그림 6-1(b)의 평행 포논은 원자들이 좌우로 움직이는 포논이다. 운동량의 전파여부에 따른 것으로는 소리 포논(acoustic phonon)과 광 포논(optical phonon)이 있다. 소

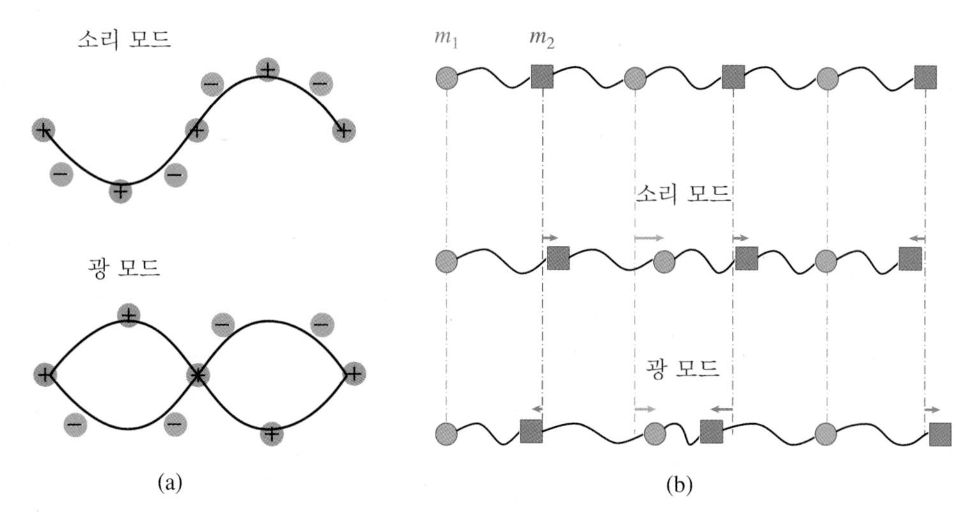

그림 6-1 (a) 수직 포논(위: acoustic mode / 아래: optical mode)과
(b) 평행 포논(위: 정상상태 / 중간: acoustic mode / 아래: optical mode)

리 포논 모드는 포논의 운동량이 한 방향으로 전파된다. 예를 들어 그림 6-1(a) 위쪽의 수직-소리 포논(Transverse-acoustic: TA phonon)은 원자들이 위-아래로 움직이면서 움직임이 한 방향으로 전파된다. 줄의 한 끝을 잡고 위-아래로 흔들면 그 흔들린 파면이 앞으로 움직이는 모습을 상상하면 된다. 그림 6-1(b) 위쪽의 평행-소리 포논(Longitudinal-acoustic: LA phonon)은 원자들이 좌우로 움직이면서 파동의 운동량이 한 방향으로 전파된다. 예를 들어, 용수철의 한쪽 끝을 잡고 좌우로 흔들면 용수철의 진동이 한쪽 방향으로 전파되는 것을 상상하면 된다.

반면, 광 포논은 원자들의 진동에 따른 파동의 총 운동량이 0이다. 그림 6-1(a)의 아래쪽 수직-광 포논(Transverse-optical: TO phonon)은 위-아래로 움직이는 원자들이 서로 교차되어 움직여서 정상파를 형성한다. 파동이 정상파이므로 파동의 총 운동량은 0이 된다. 제자리에서 위-아래로 움직이기 때문이다. 그림 6-1(b) 아래쪽의 평행-광 포논(Longitudinal-optical: LO phonon)은 원자들의 진동이 좌우로 움직이는데, 두 원자가 서로 마주 보면서 멀어졌다 가까워졌다 하는 꼴이어서 제자리에서 진동이 이루어지게 된다. 포논의 진동모드는 TA/TO/LA/LO와 같이 약자를 많이 쓰기 때문에 한국어보다는 영어로 용어를 사용하는 것이 바람직하다.

6.1 고전역학적 격자진동

원자들의 열역학적 격자진동을 생각하지 않고 결정구조만 다룰 때 브라베 격자를 정의했고, 각각의 브라베 격자 원자들은 어떤 위치 $\vec{R}_j^0$에 놓여 있다. 어떤 열적 환경하에서 원자가 열에 의해 격자진동을 하게 된다면 약간의 변위차 $\delta\vec{R}_j$가 생길 것이고, 이렇게 진동하는 원자의 변위는 $\vec{R}=\vec{R}_j^0+\delta\vec{R}_j$가 된다. 열적 요동에 의해 진동만 있다면 변위차 $\delta\vec{R}_j$는 격자상수 a보다 작겠지만, 만약 가해지는 열이 매우 높아서 격자진동이 심해져 결국 진동의 변위차가 격자상수보다 커지게 되면 고체는 결국 녹는다.

열적 진동에 의한 이온의 해밀토니안(Hamiltonian)은 다음과 같이 쓸 수 있는데,

$$H=\sum_j \frac{P_j^2}{2M_j}+V(\delta\vec{R}_j) \tag{6.1.1}$$

이때, 첫항은 이온의 운동에너지이고 $V(\delta\vec{R}_j)$은 격자진동에 의한 퍼텐셜 에너지이다. 결정 결합에서 배운 바와 같이 이온들 사이에 작용하는 힘은 이중쌍극자 인력을 형성하며, 이는 그림 6-2와 같이 레나드-존스 퍼텐셜로 작용한다. 레나드-존스 퍼텐셜의 가장 낮은 에너지 상태인 a지점 근처에서는 조화진동으로 생각할 수 있다. 즉, 열적 에너지에 의한 약한 진동은 레나드-존스 퍼텐셜의 평형점으로부터 약간 흔들리는 정도로 생각할 수 있다. 격자진동에 대한 퍼텐셜 $V(\delta\vec{R}_j)$은 아주 작은 변위차 $\delta\vec{R}_j$에 대해서 테일러 전

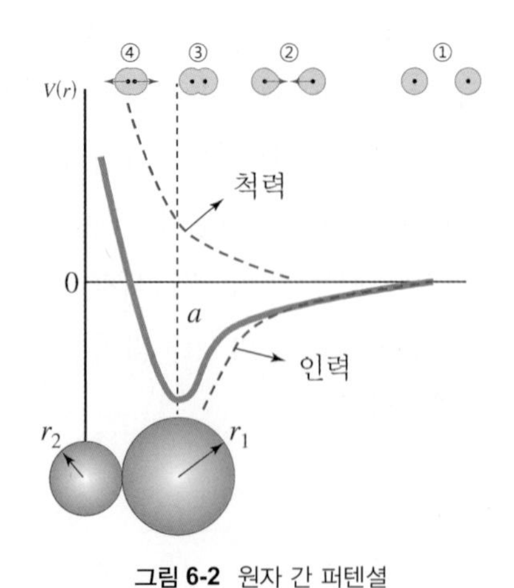

그림 6-2 원자 간 퍼텐셜

개의 둘째 항까지만 생각할 수 있는데, 그 이유는 일차항의 경우에는 에너지의 변위에 대한 미분은 평형점 근처에서 0이 되기 때문이다.

$$V(u+R)=V(R)+\frac{dV}{du}u+\frac{1}{2}\frac{d^2V}{du^2}u^2+\frac{1}{3!}\frac{d^3V}{du^3}u^3+\cdots\approx V(R)+\frac{1}{2}\frac{d^2V}{du^2}u^2 \quad (6.1.2)$$

이렇게 이차항까지만 고려하는 것을 조화 근사(harmonic approximation)라고 한다. 조화 근사가 일반적으로는 맞는 근사지만, 특정한 경우에는 조화 근사가 맞지 않을 수 있다. 비조화 근사(anharmonic approximation)는 열팽창률(thermal expansion coefficient)이나 열전도도(thermal conductivity)를 다룰 때 필요하다. 뒤에서 보겠지만 조화 근사에서 선형 열팽창률은 0이 되고, 열전도도는 무한대가 되기 때문이다.

6.1.1 1차원 단원자 격자진동

원자의 결합은 간단하게 용수철 모델로 이해할 수 있다. 가장 간단한 모델로는 단원자로 결합된 1차원 격자 모델인데, 그림 6-3과 같이 같은 종류의 원자들이 서로 용수철 상수 K를 갖는 용수철로 연결되어 있다. 원자 간 거리인 격자상수는 a이다. $F=-Ku=-dV/du$이므로 용수철 상수는 $K=d^2V/du^2$이 된다. n번째 원자의 변위가 평형점으로부터 u_n만큼 움직였다면, n번째 원자의 운동방정식은

$$m\ddot{u}_n=K(u_{n+1}-2u_n+u_{n-1}) \quad (6.1.3)$$

이다. 이것은 오른쪽에 대한 힘 $K(u_{n+1}-u_n)$과 왼쪽에 대한 힘 $K(u_n-u_{n-1})$의 차이로써 알짜힘이다. 모든 원자들의 같은 진동수 ω와 진폭 A를 갖는다고 가정하자. 그러면 u_n의 해는

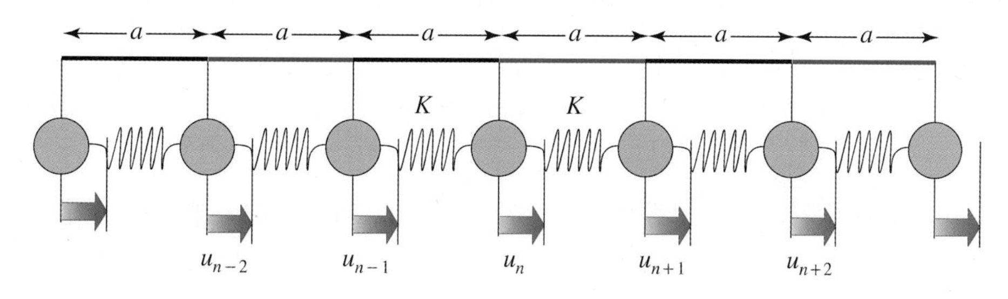

그림 6-3 1차원 단원자 사슬

$$u_n = A\exp[i(kx_n^0 - \omega t)] \tag{6.1.4}$$

로 주어질 것이다. 여기에서 $k = 2\pi/\lambda$는 파수(wave number)이며 x_n^0는 n번째 원자가 정지하고 있었을 때의 변위로써 $x_n^0 = na$로 주어진다. 원자가 u_n만큼 움직이게 된다면 움직일 때 n번째 원자의 변위는 $x_n = na + u_n$이 된다. 위 시험 해를 미분방정식에 넣어보면

$$\dot{u}_n = -i\omega A\exp[i(kx_n^0 - \omega t)]$$
$$\ddot{u}_n = -\omega^2 A\exp[i(kx_n^0 - \omega t)] = -\omega^2 u_n$$

이므로, 뉴턴의 법칙에 대입하여

$$\begin{aligned} &-m\omega^2 A\exp[i(kna - \omega t)] \\ &\quad = K\{A\exp[i(kna + ka - \omega t)] - 2A\exp[i(kna - \omega t)] + A\exp[i(kna - ka - \omega t)]\} \end{aligned}$$

양변에 $A\exp[i(kna - \omega t)]$가 공통적으로 있으므로, 상쇄하면

$$-m\omega^2 = K(e^{ika} - 2 + e^{-ika}) = 2K(\cos ka - 1)$$

가 된다.

$$\cos ka = \cos\left(2\frac{ka}{2}\right) = \cos^2\left(\frac{ka}{2}\right) - \sin^2\left(\frac{ka}{2}\right) = 1 - 2\sin^2\left(\frac{ka}{2}\right)$$

이므로 이를 정리하면

$$m\omega^2 = 4K\sin^2\left(\frac{ka}{2}\right) \tag{6.1.5}$$

가 된다. 이것은 1차원 단원자 결합 진동의 해이다. 이렇게 진동수 ω와 파수 k와의 관계식을 **분산관계**(dispersion relation)라고 한다. 위 해에 의하면 최대 진동수는

$$\omega_{\max} = \sqrt{\frac{4K}{m}} \tag{6.1.6}$$

이다. 이 분산관계를 그리면 그림 6-4와 같이 주어진다. 여기에서는 제1 브릴루앙 영역에 대해서만 그렸는데, 1장에서 배운 것과 같이 고체 결정 격자의 병진 대칭성에 의해서 제1 브릴루앙 영역이 모든 결정 정보를 대표하기 때문이다.

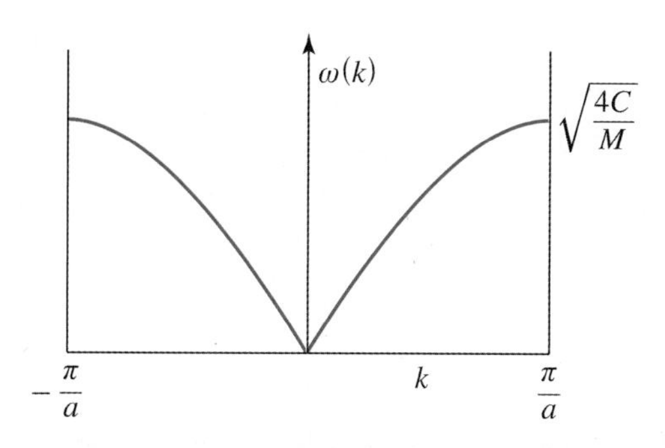

그림 6-4 1차원 단원자 사슬의 분산관계

이 분산관계의 물리적 의미를 생각해보자. n번째 원자가 움직이면 이웃한 원자들은 용수철로 연결되어서 같이 움직이기 시작하는데, 원자들 간에는 서로 긴밀히 결합되어 에너지를 주고받기 때문에 각각 원자의 진동 진폭이 모두 같지는 않다. 그러나 전체적인 관점에서 어떠한 움직임이 있으며, 이를 정규모드(normal mode)라고 한다. 이 정규모드는 단일 입자의 운동이 아니라 시스템 전체의 운동 경향이며, 시스템의 집단 상태에 해당한다. 파수는 일종의 운동량이므로 어떠한 운동량에 대해 원자의 진동수가 특정한 관계식으로 주어진다는 것이다. 이때, 주기적 경계조건(periodic boundary condition)을 사용하면 파수가 특정한 조건으로 제한되게 된다. N개의 원자가 천주교나 불교에서 사용하는 묵주처럼 둥글게 연결되어 있는 경우를 생각해보자. 이것은 처음 원자가 마지막 원자 다음에 있는 것과 같다. 이러한 조건을 Born-von Karmen 경계조건이라고 한다. 이렇게 n번째 원자가 $n+N$번째 원자와 같은 것일 경우 $u_n = u_{n+N}$이다.

$$A\exp[i(kna-\omega t)] = A\exp[i(kna+kNa-\omega t)] \tag{6.1.7}$$

이는 $e^{ikNa}=1$을 의미하므로, $kNa=2\pi p$(여기에서 p는 양의 정수)이고, $Na=p\lambda$가 된다. 이는 다시 쓰면 $\lambda = Na/p = 2\pi/k$이므로,

$$Nk = \frac{2\pi p}{a} \tag{6.1.8}$$

로 쓸 수 있다. 이것은 파수가 특정한 정수조건을 만족하는 경우에만 허용된다는 것을 의미한다. k가 $[-\pi/a, \pi/a]$ 사이에 있는 것을 제1 브릴루앙 영역이라고 하는데, 그림 6-4에서 알 수 있듯이, 브릴루앙 영역 끝에서 최대 주파수가 된다. $k=\pi/a$이므로, 이때 파장은 $\lambda = 2a$가 된다. 이것은 한 파장이 격자상수의 2배가 되어 두 번째 이웃한 원자

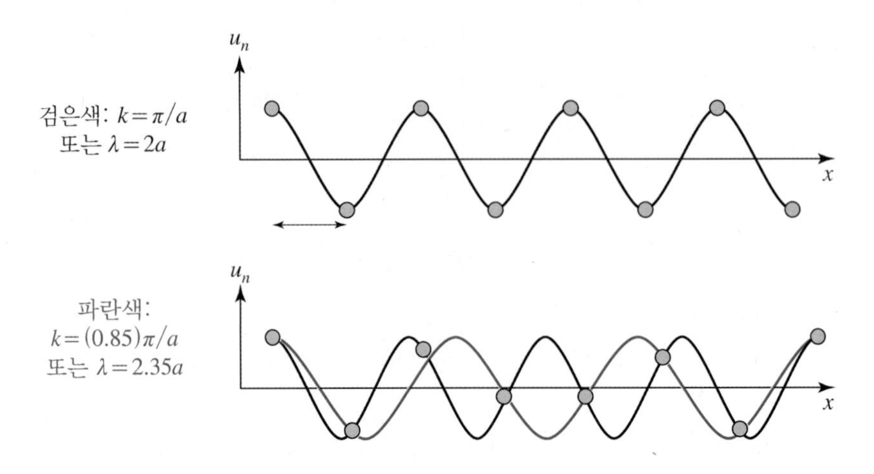

그림 6-5 특정한 파수에서 1차원 단원자 사슬의 진동 모드

와 π만큼 어긋난 위상(out of phase)를 갖는다는 것을 의미한다. π만큼 어긋난 위상은 정상파에 해당한다. 그림 6-5에서 나타낸 바와 같이, 예를 들어 $k=(0.85)\pi/a$이면 $\lambda=2.35a$가 되고, 그만큼 위상이 달라지는 것을 볼 수 있다(파란색). 그림 6-4의 분산관계는 주파수 축에 대해 대칭이므로, $k=(0.85)\pi/a$일 때와 $k=-(0.85)\pi/a$일 때 주파수가 같다. 일반물리의 파동 부분에서 파동의 군속도(group velocity)는 $v_g=d\omega/dk$로 주어짐을 배웠다. 군속도는 파동의 전체적인 속도를 의미한다. 주파수가 같더라도 $k=(0.85)\pi/a$와 $k=-(0.85)\pi/a$에서 군속도의 방향은 다르다. 이는 양의 파수는 양의 방향으로의 파동 운동량을, 음의 파수는 음의 방향으로의 운동량을 나타낸다. 제1 브릴루앙 영역 바깥쪽은 제1 브릴루앙 영역을 $2\pi n/a$만큼 평행이동시킨 것으로 이해할 수 있어서, 제1 브릴루앙 영역으로 축약해서 이해할 수 있다.

식 (6.1.5)로부터 분산관계가

$$\omega=\sqrt{\frac{4K}{m}}\sin\frac{ka}{2} \tag{6.1.9}$$

이므로, 군속도는

$$v_g=\frac{d\omega}{dk}=a\sqrt{\frac{K}{m}}\cos\frac{ka}{2} \tag{6.1.10}$$

가 된다. 브릴루앙 영역 끝쪽에서는 $k=\pm\pi/a$이므로, $v_g=0$이 된다. 즉, 브릴루앙 영역 끝에서는 파동이 전파되지 않고 정상파가 된다.

6.1.2 1차원 2원자 격자진동

단원자 진동이 아니라 두 종류의 원자가 교차적으로 연결되어 있는 2원자 격자진동을 생각해보자. 한 원자의 질량은 M이고, 다른 원자의 질량은 m이며, 이 둘은 용수철 상수 K로 연결되어 있다. a가 병진 대칭성이 있는 격자상수이기 때문에, 이웃한 원자 간 거리는 $a/2$이다. 원래의 격자 위치에서 그림 6-6(b)와 같이 움직였다고 할 때, 2개의 원자에 대한 각각의 운동방정식이 필요하다. 질량 M인 n번째 원자와 질량 m인 $n-1$번째 원자에 대한 운동방정식은 각각

$$M\ddot{u}_n = K(u_{n+1} - u_n) - K(u_n - u_{n-1}) = K(u_{n+1} - 2u_n + u_{n-1}) \tag{6.1.11}$$

$$m\ddot{u}_{n-1} = K(u_n - u_{n-1}) - K(u_{n-1} - u_{n-2}) = K(u_n - 2u_{n-1} + u_{n-2})$$

이다. 단원자 격자진동 모델과 마찬가지로 이것의 해는 조화 해를 갖는다. 질량 M인 원자에 대해서는 $u_n = A\exp[i(kx_n^0 - \omega t)]$의 해를 가지며, 여기에서 정지상태에 있는 원자의 변위는 $x_n^0 = na/2$이다. 질량 m인 원자의 경우에는 질량 M인 경우와 다르게 다른 진폭과 다른 위상을 가질 수 있다. 위상이 다른 경우에는 지수함수의 허수 지수가 달라지기 때문에, 그것도 포함하여 복소수 인자 α만큼 진폭 항에 포함시킬 수 있다. 따라서 질량 m인 원자에 대해서는 $u_n = \alpha A\exp[i(kx_n^0 - \omega t)]$로 주어진다고 할 수 있다. 여기에서 첨자 n은 그림 6-6(a)의 n번째 원자를 뜻하는 것이 아니고, 일반적인 지수로써 정수를 표현한 것이다. 단원자 모델과 마찬가지 방법으로 계산해보면, 질량 M인 원자에 대해서 계산해보면 이웃한 원자 m에 대해서는 복소수 진폭인자를 포함한 식을 써주어야 한다.

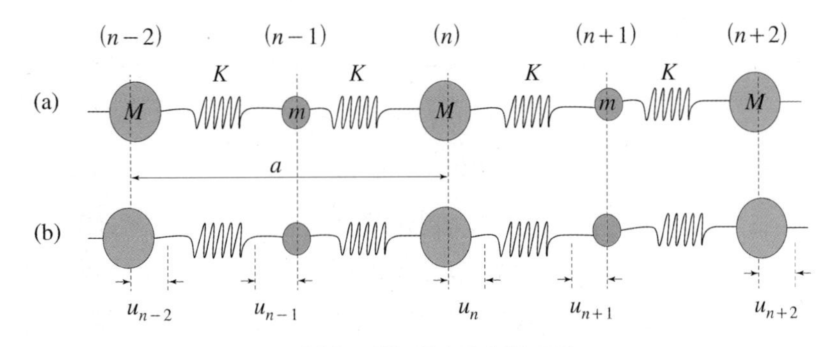

그림 6-6 1차원 2원자 격자진동 모델

$$-\omega^2 MA\exp\left[i\left(\frac{kna}{2}-\omega t\right)\right]=K\left\{\alpha A\exp\left[i\left(\frac{k(n+1)a}{2}-\omega t\right)\right]\right.$$
$$\left.-2A\exp\left[i\left(\frac{kna}{2}-\omega t\right)\right]+\alpha A\exp\left[i\left(\frac{k(n-1)a}{2}-\omega t\right)\right]\right\} \tag{6.1.12}$$

여기에서도 $A\exp[i(kna/2-\omega t)]$가 공통적으로 있으므로, 양변에 나누면

$$-\omega^2 M=K\left(\alpha e^{i\frac{ka}{2}}-2+\alpha e^{-i\frac{ka}{2}}\right) \tag{6.1.13}$$

이 되고, $e^{ix}+e^{-ix}=2\cos x$이므로,

$$\omega^2=\frac{2K}{M}\left(1-\alpha\cos\frac{ka}{2}\right) \tag{6.1.14}$$

이 된다.

질량 m인 원자에 대해서도 같은 방식을 적용해보자.

$$m\ddot{u}_{n-1}=K(u_n-2u_{n-1}+u_{n-2}) \tag{6.1.15}$$
$$-\alpha A\omega^2 m\exp\left[i\left(\frac{k(n-1)a}{2}-\omega t\right)\right]=K\left\{A\exp\left[i\left(\frac{kna}{2}-\omega t\right)\right]\right.$$
$$\left.-2\alpha A\exp\left[i\left(\frac{k(n-1)a}{2}-\omega t\right)\right]+A\exp\left[i\left(\frac{k(n-2)a}{2}-\omega t\right)\right]\right\}$$

마찬가지로 공통인수 $A\exp[i(kna/2-\omega t)]$로 나누어주면 다음을 얻는다.

$$-\alpha\omega^2 m e^{-i\frac{ka}{2}}=K\left(1-2\alpha e^{-i\frac{ka}{2}}+e^{-ika}\right)$$
$$-\alpha\omega^2 m=K\left(e^{i\frac{ka}{2}}-2\alpha+e^{-i\frac{ka}{2}}\right)=2K\left(\cos\frac{ka}{2}-\alpha\right)$$
$$\omega^2=\frac{2K}{\alpha m}\left(\alpha-\cos\frac{ka}{2}\right) \tag{6.1.16}$$

식 (6.1.14)와 (6.1.16)으로부터 α로 정리하면

$$\alpha=\frac{2K-\omega^2 M}{2K\cos(ka/2)}=\frac{2K\cos(ka/2)}{2K-\omega^2 m} \tag{6.1.17}$$

이고, 위 식의 분자 분모를 서로 곱하여 정리하면

$$4K^2\cos^2\left(\frac{ka}{2}\right) = (2K - \omega^2 M)(2K - \omega^2 m) = 4K^2 - 2K\omega^2(M+m) + \omega^4 Mm \quad (6.1.18)$$

이 된다. 이는 다시 ω^2의 이차방정식으로 정리하면 다음과 같다.

$$4K^2\left[1 - \cos^2\left(\frac{ka}{2}\right)\right] - 2K\omega^2(m+M) + \omega^4 Mm = 0$$

$$\omega^4 - 2K\left(\frac{M+m}{Mm}\right)\omega^2 + 4K^2\frac{\sin^2(ka/2)}{Mm} = 0$$

이차방정식의 근의 공식에 의하여

$$\omega_\pm^2 = \frac{K(M+m)}{Mm} \pm K\left[\left(\frac{M+m}{Mm}\right)^2 - \frac{4\sin^2(ka/2)}{Mm}\right]^{1/2} \quad (6.1.19)$$

를 얻을 수 있다. 1차원 2원자 사슬에서는 N개의 단위격자에 $2N$개의 원자가 있기 때문에, $2N$개의 운동방정식을 고려하여 해를 얻는다. 따라서 $2N$개의 정규모드 진동이 존재한다. 이 해를 도식화하여 그려보면 분산관계는 그림 6-7과 같이 되는데, $\omega^{(+)}$로 표시한 광 모드(optical mode)와 $\omega^{(-)}$로 표시되는 소리 모드(acoustic mode)가 있다.

분산관계에서 광 모드와 소리 모드를 비교해보면 광 모드가 소리 모드보다 높은 주파수에 있다. 즉, 광 모드의 에너지가 더 높다. $k=0$일 때, 소리 모드의 주파수는 0이지만, 광 모드의 주파수는 $\sqrt{2K(M+m)/Mm}$로 유한한 값을 갖는데, 운동량이 0이면서 일정한 주파수를 갖는다는 것은 서로 위상차가 π만큼 되어서 정상파를 형성한다는 것을 의미한다.

$k \approx 0$ 근처의 브릴루앙 영역 중앙 근처에서는 $\sin(ka/2) \approx ka/2$로 근사할 수 있으므로, 식 (6.1.19)를 정리하면

$$\omega^2 \approx \frac{K(M+m)}{Mm} \pm K\left[\left(\frac{M+m}{Mm}\right)^2 - \frac{4}{Mm}\left(\frac{ka}{2}\right)^2\right]^{1/2} \quad (6.1.20)$$

$$= \frac{K(M+m)}{Mm}\left[1 \pm \left(1 - \frac{Mm}{(M+m)^2}k^2a^2\right)^{1/2}\right]$$

여기에서 테일러 전개에 의해 x가 작을 때, $(1-x)^{1/2} \approx 1 - x/2$이므로,

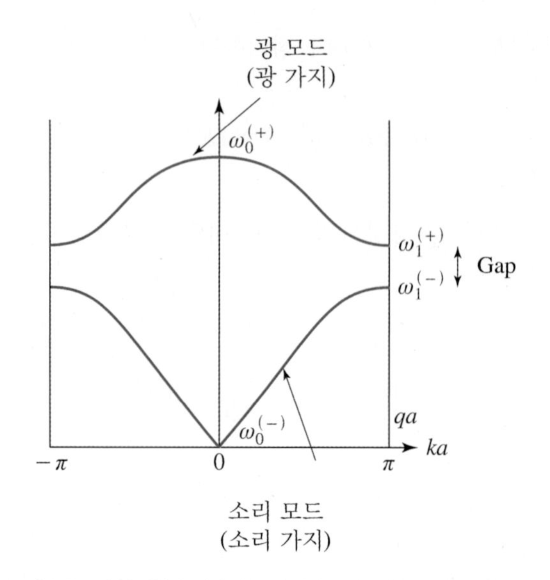

그림 6-7 1차원 2원자 격자진동 모델의 분산: 광 모드와 소리 모드

$$\omega^2 \approx \frac{K(M+m)}{Mm}\left[1 \pm \left(1 - \frac{Mm}{2(M+m)^2}k^2a^2\right)\right] \tag{6.1.21}$$

가 된다. 이는 브릴루앙 영역 중앙($k \approx 0$ 근처)에서 광 모드는

$$\omega_{0,+}^2 \approx \frac{2K(M+m)}{Mm} \tag{6.1.22}$$

이 되고, 소리 모드는

$$\omega_{0,-}^2 \approx \frac{Kk^2a^2}{2(M+m)} \tag{6.1.23}$$

이 되어, 브릴루앙 영역 중앙 근처에서 소리 모드는 $\omega_{0,-} \approx \pm ka\sqrt{K/2(M+m)}$ 으로 근사할 수 있어서 파수에 대해 주파수가 선형관계에 있다. 이때, 군속도는 $d\omega_{0,-}/dk = v_s = \pm a\sqrt{K/2(M+m)}$ 로써 결정 내에서 소리의 속도가 된다.

앞서 질량 m인 원자에 대해서 진동의 해는 $u_n = \alpha A \exp[i(kx_n^0 - \omega t)]$로써 인자 α를 고려하였는데, 이는 식 (6.1.17)로 주어진다. 브릴루앙 존 중앙에서 $\cos(ka/2) \approx 1$이므로,

$$\alpha = \frac{2K - \omega^2 M}{2K} = \frac{2K}{2K - \omega^2 m} \tag{6.1.24}$$

이 되어, 소리 모드의 식 (6.1.23)을 이용하면 $\alpha \approx 1$이 된다. 이것은 질량 M과 m이 서로 같은 진폭과 위상으로 진동하는 것을 의미한다. 광 모드의 식 (6.1.22)를 대입하면,

$$\alpha = 1 - \frac{M}{2K}\frac{2K(M+m)}{Mm} = -\frac{M}{m} \tag{6.1.25}$$

이 된다. α의 부호가 음수인 것은, 질량 M인 원자와 m인 원자의 진동 방향이 서로 180도의 위상차를 갖고 있다는 것을 의미하고, 질량 m인 원자의 진폭도 M/m만큼 달라짐을 나타낸다.

브릴루앙 영역 경계에서($k = \pm\pi/a$) $M > m$이라고 가정할 때, 광 모드와 소리 모드는 각각 $\omega_{1,+} = \pm\sqrt{2K/m}$, $\omega_{1,-} = \pm\sqrt{2K/M}$으로 근사된다. 브릴루앙 영역 끝에서 광 모드와 소리 모드의 군속도는 0이며, 용수철로 연결되어 있지만 서로 무관한 것과 같은 진동을 하게 된다. 식 (6.1.19)에서 $ka = \pi$라면

$$\begin{aligned} \omega_\pm^2 &= \frac{K(M+m)}{Mm} \pm K\left[\left(\frac{M+m}{Mm}\right)^2 - \frac{4}{Mm}\right]^{1/2} \\ &= \frac{K(M+m)}{Mm} \pm K\left[\frac{(M+m)^2 - 4Mm}{M^2m^2}\right]^{1/2} \\ &= \frac{K(M+m)}{Mm} \pm \frac{K(M-m)}{Mm} \end{aligned} \tag{6.1.26}$$

브릴루앙 경계에서 광 모드는

$$\omega_{1,+}^2 = \frac{2K}{M} \tag{6.1.27}$$

이 되고, 소리 모드는

$$\omega_{1,-}^2 = \frac{2K}{m} \tag{6.1.28}$$

이 된다.

포논 분산관계에서 소리 모드는 낮은 에너지를 형성하고, 광 모드는 높은 에너지를 형성한다. 광 모드는 운동량이 0이기 때문에 일반적으로 고체 내에 열이나 소리의 전파는 소리 모드의 포논이 전달하고, 광 모드는 열이나 소리의 전파에 관여하지 않는 경향이 있다.

지금까지 포논 분산관계에 대해 간단한 1차원 모델을 통해 알아보았는데, 실제 포논 밴드로부터 기계적, 열적 특성 등 많은 정보를 알 수 있다.

6.2 양자역학적 격자진동: 포논*

고전역학적으로 격자진동을 논의할 때, 포논은 나타나지 않는다. 포논은 양자역학적으로 논의할 때 실체를 드러낸다. 원래 양자화(quantization)라는 말은 하나둘 셀 수 있다는 것을 의미하는데, 양자역학에서 격자진동은 양자화되어 셀 수 있는 것이 된다. 즉, 포논은 격자진동이 양자화된 들뜸으로써, 스핀이 0이기 때문에 보손(boson) 입자에 해당한다.

6.2.1 보른·오펜하이머 근사

고체 계를 기술하는 해밀토니안 H은 전자 H_e, 이온 H_I, 전자-이온 상호작용 H_{eI} 해밀토니안의 합으로 구성된다.

$$H = H_e + H_I + H_{eI} \tag{6.2.1}$$

전자에 의한 해밀토니안은 전자의 운동에너지와 전자-전자 상호작용 퍼텐셜로 표현된다.

$$H_e = T_e + V_{ee} = \sum_k \frac{p_k^2}{2m} + \frac{1}{2}\sum_{kk'}{}' \frac{e^2}{|\overrightarrow{r_k} - \overrightarrow{r_{k'}}|} \tag{6.2.2}$$

퍼텐셜의 계수로 1/2이 있는 것은 전자는 구분이 안 되기 때문에 서로 두 번의 상호작용이 두 번 계산되는 것을 제거하기 위해서 필요하며, 합의 기호에 프라임이 표시된 것은 스스로의 상호작용은 포함하지 않는다는 것을 의미한다. 전자에 의한 해밀토니안은 쿨롱 상호작용으로 작용한다. 이온에 의한 해밀토니안도 마찬가지로 운동에너지와 퍼텐셜에너지로 표시할 수 있는데, 이온 간의 퍼텐셜은 가림 효과(screening effect) 등이 있어서 자세한 퍼텐셜은 계에 따라 다르다.

$$H_I = T_I + V_{II} = \sum_{\mu} \frac{P_\mu^2}{2\mu} + \frac{1}{2} \sum_{\mu\nu}{}' V_{II}(\overrightarrow{R_\mu} - \overrightarrow{R_\nu}) \tag{6.2.3}$$

전자-이온의 상호작용은 상호작용 퍼텐셜만 고려하면 된다. 왜냐하면 운동에너지는 위에서 각각 먼저 포함되어 있기 때문이다.

$$H_{eI} = \sum_{k\mu} V_{eI}(\overrightarrow{r_k} - \overrightarrow{R_\mu}) \tag{6.2.4}$$

기본적으로 해밀토니안을 알고 고윳값 문제를 풀면 계 전체의 정보를 얻을 수 있다.

$$H\Psi(\overrightarrow{r_1},\ \cdots,\ \overrightarrow{r_N};\ \overrightarrow{R_1},\ \cdots,\ \overrightarrow{R_{N'}}) = E\Psi(\overrightarrow{r_1},\ \cdots,\ \overrightarrow{r_N};\ \overrightarrow{R_1},\ \cdots,\ \overrightarrow{R_{N'}}) \tag{6.2.5}$$

그러나 고체 내부에 수많은 전자와 이온들을 모두 일일이 고려하는 것은 불가능하기 때문에 적당한 근사를 사용해야 한다. 이를 보른·오펜하이머 근사(Born-Oppenheimer approximation) 또는 단열 근사(adiabatic approximation)라고 한다. 보른·오펜하이머 근사는 이온의 운동에너지를 무시한다. 왜냐하면 전자는 매우 빠르게 움직이는 데 반해서 이온의 운동량은 거의 무시할 정도로 작기 때문이다. 그리고 파동함수는 전자에 의한 파동함수와 이온에 의한 파동함수를 분리할 수 있다.

$$\Psi = \psi_n(\overrightarrow{r_1},\ \cdots,\ \overrightarrow{r_N};\ \overrightarrow{R})\phi(\overrightarrow{R}) \tag{6.2.6}$$

이때, ψ_n은 다음을 만족한다.

$$[T_e + V_{ee}(\vec{r}) + V_{eI}(\vec{r},\ \overrightarrow{R}) + V_{II}(\overrightarrow{R})]\psi(\vec{r},\ \overrightarrow{R}) = \epsilon(\overrightarrow{R})\psi(\vec{r},\ \overrightarrow{R}) \tag{6.2.7}$$

이온에 대한 고윳값 문제는

$$H\Psi = (H_e + V_{II} + T_I)\psi(\vec{r},\ \overrightarrow{R})\phi_I(\overrightarrow{R}) = E\psi(\vec{r},\ \overrightarrow{R})\phi_I(\overrightarrow{R}) \tag{6.2.8}$$

$$[T_I + \epsilon(\overrightarrow{R})]\psi(\vec{r},\ \overrightarrow{R})\phi_I(\overrightarrow{R}) = E\psi(\vec{r},\ \overrightarrow{R})\phi_I(\overrightarrow{R}) \tag{6.2.9}$$

전자와 전자-이온의 상호작용을 제외하고 이온에 대한 고윳값은

$$[T_I + \epsilon(\overrightarrow{R})]\phi_I(\overrightarrow{R}) = E\phi_I(\overrightarrow{R}) \tag{6.2.10}$$

을 풀면 이온의 운동을 기술할 수 있다. 이때, $\psi(\vec{r}, \vec{R})$은 전자와 이온 간의 거리에만 의존한다고 가정한다[$\psi(\vec{r}, \vec{R}) = \psi(\vec{r}-\vec{R})$].

6.2.2 조화 근사

이온이 진동할 때 평균 위치가 $\vec{R}$이라면, 이온-이온 상호작용 에너지는

$$U = \frac{1}{2}\sum_{RR'}\phi[\vec{r}(\vec{R}) - \vec{r}(\vec{R'})] = \frac{1}{2}\sum_{RR'}\phi[\vec{R} - \vec{R'} + \vec{u}(\vec{R}) - \vec{u}(\vec{R'})] \tag{6.2.11}$$

이다. 여기에서 $\vec{r}(\vec{R}) = \vec{R} + \vec{u}(\vec{R})$를 이용하였다. $\vec{r} = \vec{R} - \vec{R}'$, $\vec{a} = \vec{u}(\vec{R}) - \vec{u}(\vec{R}')$이라고 하면,

$$U = \frac{1}{2}\sum_{RR'}\phi(\vec{R}) + \frac{1}{2}\sum_{RR'}\{\vec{u}(\vec{R}) - \vec{u}(\vec{R}')\} \cdot \nabla\phi(\vec{R} - \vec{R}') \tag{6.2.12}$$
$$+ \frac{1}{4}\sum_{RR'}\left\{[\vec{u}(\vec{R}) - \vec{u}(\vec{R}')] \cdot \nabla\right\}^2 \phi(\vec{R} - \vec{R}') + O(u^3)$$

위의 둘째 항은 0이 되는데, 왜냐하면 평형상태에서 모든 원자에 의해 $\vec{R}$에 있는 어떤 원자에 작용하는 힘은 서로 상쇄되기 때문에 $\sum_{R'}\nabla\phi(\vec{R} - \vec{R}') = 0$이기 때문이다. 따라서 퍼텐셜 에너지는 첫항의 평형 에너지와 함께 셋째 항의 조화 퍼텐셜을 고려할 수 있다. 조화 퍼텐셜을 다시 쓰면

$$U_{harm} = \frac{1}{4}\sum_{RR'}\sum_{\mu\nu}[u_\nu(\vec{R}) - u_\mu(\vec{R}')]\phi_{\mu\nu}[u_\nu(\vec{R}) - u_\nu(\vec{R}')] \tag{6.2.13}$$

로 쓸 수 있는데,

$$\phi_{\mu\nu} = \frac{\partial^2\phi(\vec{r})}{\partial r_\nu \partial r_\nu} \tag{6.2.14}$$

이다. 자세히 살펴보면 이 조화 퍼텐셜은 2차항의 다른 표현이다. 합의 첨자 R, R'은 브라베 격자의 위치를 나타내며, μ, ν는 각각의 위치에서 진동 변위의 양자상태를 나타낸다. u의 3차, 4차항까지 고려하면 비조화 문제가 되는데, 비조화 항에 의한 대표적인 현상으로는 열팽창을 들 수 있다. 조화 근사에서는 열팽창이 발생하지 않고 약간 움직이

는 정도이다. 조화 퍼텐셜의 일반적인 모양은

$$U_{harm} = \frac{1}{2}\sum_{RR'}\sum_{\mu\nu} u_{\nu}(\vec{R}) D_{\mu\nu}(\vec{R} - \vec{R}') u_{\nu}(\vec{R}') \tag{6.2.15}$$

로 표시할 수 있고,

$$D_{\mu\nu}(\vec{R} - \vec{R}') = \delta_{RR'}\sum_{R''}\phi_{\mu\nu}(\vec{R} - \vec{R}'') - \phi_{\mu\nu}(\vec{R} - \vec{R}') \tag{6.2.16}$$

이 된다. 이는 다음과 같이 증명할 수 있다.

〈증명〉

$$U_{harm}$$

$$= \frac{1}{4}\sum_{RR'}\sum_{\mu\nu}[u_{\mu}(\vec{R}) - u_{\nu}(\vec{R}')]\phi_{\mu\nu}(\vec{R} - \vec{R}')[u_{\nu}(\vec{R}) - u_{\nu}(\vec{R}')]$$

$$= \frac{1}{4}\sum_{RR'}\sum_{\mu\nu}\{u_{\nu}(\vec{R})\phi_{\mu\nu}u_{\nu}(\vec{R}) - u_{\mu}(\vec{R})\phi_{\mu\nu}u_{\nu}(\vec{R}') - u_{\mu}(\vec{R}')\phi_{\mu\nu}u_{\nu}(\vec{R}) + u_{\mu}(\vec{R}')\phi_{\mu\nu}u_{\nu}(\vec{R}')\}$$

$$= \frac{1}{2}\sum_{R}u_{\mu}(\vec{R})u_{\nu}(\vec{R})\sum_{R'}\phi_{\mu\nu}(\vec{R} - \vec{R}') - \frac{1}{2}\sum_{RR'}u_{\mu}(\vec{R})\phi_{\mu\nu}u_{\nu}(\vec{R}')$$

$$= \frac{1}{2}\sum_{RR'}\left\{u_{\nu}(\vec{R})\left[\delta_{RR'}\sum_{R''}\phi_{\mu\nu}(\vec{R} - \vec{R}'') - \phi_{\mu\nu}(\vec{R} - \vec{R}')\right]u_{\nu}(\vec{R}')\right\}$$

편의상 세 번째 수식부터 $\mu\nu$에 대한 합은 생략했다. ■

조화 퍼텐셜을 살펴보면 $D_{\mu\nu}(\vec{R} - \vec{R}')$은 일종의 용수철 상수로 생각할 수 있다. 따라서 $\vec{R}$ 위치에 있는 질량 M을 갖는 원자의 운동방정식은

$$M\ddot{u}_{\mu,\, l} = -\sum_{l'}\sum_{\nu}D_{\mu\nu}(\vec{R_l} - \vec{R_{l'}})u_{\nu,\, l'} \tag{6.2.17}$$

으로 쓸 수 있다. 여기에서 첨자 l은 $\vec{R}$ 자리를, l'은 $\vec{R}'$ 자리를 의미한다. 이 운동방정식의 시험 해(trial solution)로

$$u_l = \frac{1}{\sqrt{MN}}\hat{\epsilon}_q a_q \exp(i\vec{q} \cdot \vec{l}) \tag{6.2.18}$$

라 하자. 여기에서 q는 파수이고, M은 이온의 질량, N은 단위격자의 총 수, $\hat{\epsilon}_q$는 단위 벡터의 편향(polarization)이다. a_q는 u_l의 진폭으로써, $a_q = a_q^0 e^{i\omega(q)t}$를 갖는다. 이 시험 해를 운동방정식에 넣으면 고윳값 문제가 되고, 그것을 정리하면

$$(\Phi - \omega^2 I)\hat{\epsilon}_q = 0 \tag{6.2.19}$$

으로 나타낼 수 있는데, Φ는 동적 행렬(dynamical matrix)로써 허미션이고, 자세히 표시하면

$$\Phi_{\mu\nu}(\vec{q}) = \frac{1}{M}\sum_{l'} D_{\mu\nu}(\vec{l}' - \vec{l})\exp[-i\vec{q}\cdot(\vec{l} - \vec{l}')] \tag{6.2.20}$$

로 쓸 수 있다. 이 고윳값 문제는 행렬식이 0이라는 조건으로부터 얻어낼 수 있으며,

$$\det |\Phi - \omega^2 I| = 0 \tag{6.2.21}$$

그 결과는

$$\omega_\lambda^2(\vec{q}) = \sum_{\mu\nu} \Phi_{\mu\nu}(\vec{q})\hat{\epsilon}_{qp\mu}\cdot\hat{\epsilon}_{qp\nu} \tag{6.2.22}$$

가 된다. 원리적으로 이것은 포논 분산관계이며, $D_{\mu\nu}$를 구하여 고윳값 문제를 풀면 얻는다. 그러나 실제 계에 맞는 용수철 상수 $D_{\mu\nu}$를 구하는 것은 어려운 일이며, 이 문제를 풀려면 컴퓨터로 계산하기 위한 전문적인 훈련이 필요하다.

6.2.3 조화 진동자

포논의 양자역학적인 기술은 조화 진동자(harmonic oscillator) 문제와 완전히 동일하다. 다만, 격자와 원자를 고려해주는 것만 다르다. 양자역학에서 배웠듯이 단일 조화 진동자의 해밀토니안은

$$H = \frac{P^2}{2m} + \frac{1}{2}m\omega^2 q^2 \tag{6.2.23}$$

으로 주어지며, 오름 연산자(raising operator) $a^\dagger$와 내림 연산자(lowering operator) a를 다음과 같이 정의하면

$$a^\dagger = \sqrt{\frac{m\omega}{2\hbar}}\, q - i\frac{p}{\sqrt{2m\hbar\omega}}$$
$$a = \sqrt{\frac{m\omega}{2\hbar}}\, q + i\frac{p}{\sqrt{2m\hbar\omega}} \tag{6.2.24}$$

위치 q와 운동량 p는 다음과 같이 정리된다.

$$q = \sqrt{\frac{\hbar}{2m\omega}}\,(a^\dagger + a)$$
$$p = \sqrt{\frac{\hbar}{2m\omega}}\,(a^\dagger - a) \tag{6.2.25}$$

$[a,\ a^\dagger] = 1$로부터 교환 연산자는 $[q,\ p] = i\hbar$로 정의된다. 제2 양자화의 표현으로 단일 조화 진동자 해밀토니안은

$$H = \hbar\omega\left(a^\dagger a + \frac{1}{2}\right) \tag{6.2.26}$$

이고, 이때의 양자상태 $|n>$는

$$|n> = \frac{1}{\sqrt{n!}}(a^\dagger)^n|0> \tag{6.2.27}$$

이다. 이것은 내림 연산자와 오름 연산자의 특징으로부터 쉽게 이해할 수 있다.

$$a|n> = \sqrt{n}\,|n-1>$$
$$a^\dagger|n> = \sqrt{n+1}\,|n+1> \tag{6.2.28}$$

이상은 양자역학에서 배운 내용들을 간략히 정리한 것이다. 고체 결정에 대한 조화 진동자 모델 해밀토니안은

$$H = \frac{1}{2}\sum_{i\alpha\kappa} M_\kappa \dot{u}_{\alpha,i\kappa}^2 + \frac{1}{2}\sum_{i\alpha\kappa}\sum_{j\beta\nu} D_{\alpha i\kappa,\beta j\nu} u_{\alpha i\kappa} u_{\beta j\nu} \tag{6.2.29}$$

로 쓸 수 있다. 이것은 고전적으로 $H = mv^2/2 + kx^2/2$로 주어지는 조화 진동자 해밀토니안과 같은 모양이다. 첨자 $i,\ j$는 단위격자를 나타내며, N개의 단위격자가 있을 경우 1부터 N까지 정수 값을 갖는다. $\alpha,\ \beta$는 $(x,\ y,\ z)$축을 나타내는 인자로써 1, 2, 3을 갖

는다. κ는 단위격자 안에서 κ번째 원자를 의미한다. 격자의 변위는 동적 행렬에 대한 고유벡터의 결합으로 나타낼 수 있는데, 이 고유벡터를 편향 벡터(polarization vector)라고 한다. 단일 편향 벡터는

$$\frac{1}{\sqrt{M_\kappa}}\hat{\epsilon}_{\alpha,\kappa}e^{i(\kappa R_i - \omega_s(k))} \tag{6.2.30}$$

로 나타낼 수 있는데, 실제 결정 격자의 편향 벡터는

$$u_{\alpha i\kappa} = \frac{1}{\sqrt{M_\kappa N}}\sum_{sik}\epsilon_{\alpha k}^{(s)}(k)Q_s(k,\ t)e^{i\vec{k}\cdot\vec{R_i}} \tag{6.2.31}$$

로 주어진다. 여기에서 첨자 s는 편향 벡터의 방향에 대한 것을 표시하며, $Q_s(k,\ t)$는 정규 좌표의 계수이다. u는 허미션으로써, 실수여야 하기 때문에 $u^* = u$이며, 따라서 $Q_s^*(k,\ t) = Q_s(k,\ t)$이다.

운동에너지를 이 편향 벡터로 기술하면,

$$\begin{aligned} T &= \frac{1}{2}\sum_{\alpha i\kappa}M_\kappa \dot{u}_{\alpha i\kappa}^2 \\ &= \frac{1}{2N}\sum_{\alpha i\kappa}\sum_{ss'}\sum_{kq}\epsilon_{\alpha\kappa}^{(s)}(k)\epsilon_{\alpha\kappa}^{(s')}(q)\exp[i(\vec{k}+\vec{q})\cdot\vec{R_i}]\dot{Q}_s(k,\ t)\dot{Q}_{s'}(q,\ t) \end{aligned} \tag{6.2.32}$$

파수 $(k,\ q)$가 브릴루앙 영역 안에 있다고 할 때, $\sum_i e^{i(k+q)R_i} = N\sum_G \delta(k+g-G)$가 된다. 이것은 역격자 벡터 G에 대해 $k+g=G$인 라우에 조건에 대해서만 브래그 산란이 일어나기 때문이다. $G=0$인 역격자의 원점에 대해서 $k=-q$이므로

$$\begin{aligned} T &= \frac{1}{2N}\sum_{\alpha i\kappa}\sum_{ss'}\sum_{k}\epsilon_{\alpha\kappa}^{(s)}(k)\epsilon_{\alpha\kappa}^{(s')}(-k)\dot{Q}_s(k,\ t)\dot{Q}_{s'}(-k,\ t) \\ &= \frac{1}{2}\sum_s\sum_k|\dot{Q}_s(k,\ t)|^2 \end{aligned} \tag{6.2.33}$$

여기에서 직교 조건(orthogonality condition)이 사용되었다.

$$\sum_{\alpha i\kappa}\epsilon_{\alpha\kappa}^{s}(k)\epsilon_{\alpha\kappa}^{s'}(-k) = \sum_{\alpha\kappa}\epsilon_{\alpha\kappa}^{s}(k)\epsilon_{\alpha\kappa}^{*s'}(k) = \delta_{ss'} \tag{6.2.34}$$

퍼텐셜 에너지는

$$\Phi = \frac{1}{2}\sum_{\alpha i\kappa}\sum_{\beta j\nu} D_{\alpha i\kappa\,;\,\beta j\nu} u_{\alpha i\kappa} u_{\beta j\nu} \tag{6.2.35}$$

$$= \frac{1}{2}\sum_{\alpha i\kappa}\sum_{\beta j\nu} \frac{D_{\alpha i\kappa\,;\,\beta j\nu}}{N\sqrt{M_\kappa M_\nu}} \sum_{ss'}\sum_{kq} \epsilon_{\alpha\kappa}^{(s)}(k)\epsilon_{\beta\nu}^{(s')}(q) Q_s(k,\ t) Q_s(q,\ t) e^{i(kR_i + qR_j)}$$

로 쓸 수 있는데, D는 $(R_i - R_j)$만의 함수이다. $kR_i = k(R_i - R_j) + kR_j$로 다시 쓰면, 위 퍼텐셜 항에서 포함하고 있는

$$\sum_i \frac{D_{\alpha i\kappa\,;\,\beta j\nu}}{\sqrt{M_\kappa M_\nu}} e^{ik(R_i - R_j)} \tag{6.2.36}$$

를 $\widetilde{D}_{\alpha\kappa\,;\,\beta\nu}(k)$로 표시하고, $\sum_j e^{i(k+q)R_j} = N\delta(k+q)$를 이용하면,

$$\Phi = \frac{1}{2}\sum_{\alpha\kappa}\sum_{\beta\nu}\sum_{ss'}\sum_{k} \widetilde{D}_{\alpha\kappa\,;\,\beta\nu} \epsilon_{\alpha\kappa}^{s}(k)\epsilon_{\beta\nu}^{s'}(-k) Q_s(k,\ t) Q_{s'}(-k,\ t) \tag{6.2.37}$$

가 된다. 여기에서 증명은 하지 않겠지만, 다음의 2가지 정리를 이용하자. 두 번째는 규격화 조건이다.

$$\sum_{\beta\nu} \widetilde{D}_{\alpha\kappa\,;\,\beta\nu}(k)\epsilon_{\beta\nu}^{s}(-k) = \omega_{s'}^2(k)\epsilon_{\alpha\kappa}^{s'}(-k) \tag{6.2.38}$$

$$\sum_{\alpha\kappa} \epsilon_{\alpha\kappa}^{s}(k)\epsilon_{\alpha\kappa}^{s'}(-k) = \delta_{ss'} \tag{6.2.39}$$

그러면 최종적으로 퍼텐셜은

$$\Phi = \frac{1}{2}\sum_s\sum_k \omega_s^2(k)|Q_s(k,\ t)|^2 \tag{6.2.40}$$

과 같이 얻어진다.

격자의 운동에너지와 퍼텐셜 에너지를 얻었으므로, 격자의 라그랑지안은

$$L = T - V = \frac{1}{2}\sum_s\sum_k \left(|\dot{Q}_s(k,\ t)|^2 - \omega_s^2(k)|Q_s(k)|^2\right) \tag{6.2.41}$$

이다. Q_s는 정준 좌표(canonical coordinate)이며, 정준 운동량은 라그랑지안을 속도 미분함으로써 얻어진다.

$$P_s(k) = \frac{\partial L}{\partial \dot{Q}_s^*(k)} = \dot{Q}_s(k) \tag{6.2.42}$$

정준 운동량의 함수로 해밀토니안을 구하면

$$H = \sum_{s,\ k} P_s \dot{Q}_s - L = \frac{1}{2}\sum_{k,\ s}\left(|P_s(k,\ t)|^2 + \omega_s^2(k)|Q_s(k)|^2\right) \tag{6.2.43}$$

이 되고, 이것은 연결되지 않은 단순 조화 진동자의 해밀토니안의 합이다. 따라서 역학에서 알고 있듯이, 이 해밀토니안의 운동방정식은 정준 좌표로 나타낸 단순 조화 진동자의 운동방정식이 된다.

$$\ddot{Q}_s(k) + \omega_s^2(k) Q_s(k) = 0 \tag{6.2.44}$$

양자역학에서는 정준 좌표와 정준 운동량이 모두 양자화되어야 하므로, 다음의 양자화 조건을 만족하게 된다.

$$\begin{aligned} [Q_s^*(k),\ P_{s'}(q)] &= i\hbar\delta(k-q)\delta_{ss'} \\ [Q_s(k),\ P_{s'}^*(q)] &= -i\hbar\delta(k-q)\delta_{ss'} \end{aligned} \tag{6.2.45}$$

다른 교환 연산자는 모두 0이다. 생성 연산자(creation operator) $a_s^\dagger$와 소멸 연산자(annihilation operator) a_s를 다음과 같이 정의하면

$$\begin{aligned} a_s^\dagger(k) &= \sqrt{\frac{\omega_s(k)}{2\hbar}}\, Q_s^*(k) - i\frac{P_s(k)}{\sqrt{2\hbar\omega_s(k)}} \\ a_s(k) &= \sqrt{\frac{\omega_s(k)}{2\hbar}}\, Q_s(k) + i\frac{P_s(k)}{\sqrt{2\hbar\omega_s(k)}} \end{aligned} \tag{6.2.46}$$

정준 좌표와 정준 운동량은 다음과 같이 생성, 소멸 연산자로 표현된다.

$$\begin{aligned} Q_s(k) &= \sqrt{\frac{\hbar}{2\omega_s(k)}}\,[a_s(k) + a_s^\dagger(-k)] \\ P_s(k) &= -i\sqrt{\frac{2\omega_s(k)}{\hbar}}\,[a_s(k) - a_s^\dagger(-k)] \end{aligned} \tag{6.2.47}$$

생성, 소멸 연산자의 교환 연산자 관계는

$$[a_s(k),\ a_{s'}^{\dagger}(q)] = \delta_{ss'}\delta(k-q) \tag{6.2.48}$$

이며, 나머지는 모두 0이다. 생성, 소멸 연산자로 표현된 해밀토니안은 정준 조화 진동자의 모양으로써,

$$H = \sum_{k,} s\hbar\omega_s(k)\left[a_s^{\dagger}(k)a_s(k) + \frac{1}{2}\right] \tag{6.2.49}$$

가 된다.

일반적으로 포논의 운동량은 고전역학적인 운동량과는 다르다. 포논의 운동량은 결정 운동량(crystal momentum)으로써 $\vec{P}_{crystal} = \hbar\vec{k}$로 주어진다. 여기에서 파수 벡터 $\vec{k}$는 운동상수(constant of motion)이다. 고전역학적 운동량은 언제나 항상 보존되지만, 포논 운동량은 역격자 벡터 $\vec{K}$와 $\vec{k'} = \vec{k} + \vec{K}$의 조건이 맞을 때만 보존된다. 이것은 라우에 조건과 일치하며, 결정 격자가 연속적이지 않고 격자 벡터만큼 떨어져서 결정의 병진 대칭성에 의한 결과이다.

6.3 포논 밴드 구조와 측정*

포논의 밴드 구조를 측정하는 직접적인 방법은 X선과 중성자의 비탄성 산란실험으로 가능하다. 앞서 포논의 결정 운동량은 $\vec{P}_{crystal} = \hbar\vec{k}$으로 주어짐을 배웠는데, 외부에서 입사되는 X선이나 중성자가 결정에 부딪히면 산란을 일으키게 되는데, 이때 산란빔은 결정의 운동량과 에너지 정보를 받아 산란하게 된다. 그림 6-8과 같이 입사빔의 에너지와 운동량을 각각 $h\nu$와 $\vec{k}_i$라고 하고, 산란빔의 에너지와 운동량을 각각 $h\nu'$과 $\vec{k}_f$라고 하면, 입사빔의 에너지와 운동량은 결정 원자에 전해져서 이들의 에너지와 운동량 보존 법칙 관계가 성립한다.

에너지 보존 법칙으로는 입사빔의 에너지 $E_i = h\nu = \hbar\omega$에 의해 포논이 에너지를 흡수하거나 방출할 수 있으며, 이때의 포논 에너지를 $\hbar\Omega$라고 할 때 산란빔의 에너지 $E_f = h\nu' = \hbar\omega'$는 $E_f = E_i \pm \hbar\Omega$로 주어진다. 여기에서 (+)부호는 포논 에너지의 흡수를 의미하며, 이를 반-스토크스(anti-stokes) 과정이라고 한다. 반면, (−)부호는 포논 에너

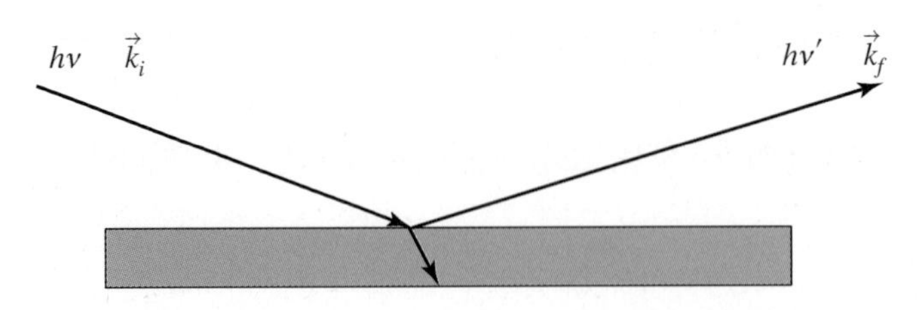

그림 6-8 결정면에 입사되는 빔에 의한 입사빔과 산란빔의 운동량과 에너지 변화

지의 방출을 의미하며, 스토크스(Stokes) 과정이라고 한다.

운동량 보존 법칙에 따라 산란빔의 운동량 $\vec{k}_f$는 입사빔의 운동량 $\vec{k}_i$에 대해

$$\vec{k}_f = \vec{k}_i + \vec{G} \pm \vec{q}$$

관계가 성립하는데, 여기에서 $\vec{G}$는 역격자 벡터이고, $\vec{q}$는 포논의 파수 벡터이다. 앞서 X선, 전자빔, 중성자선 등의 산란과정에서 운동량의 관계식은 $\vec{k}_f = \vec{k}_i + \vec{G}$로 되어, 입사빔과 산란빔의 관계식으로부터 역격자 공간의 정보를 알 수 있다고 배웠는데, 그 경우는 포논 에너지가 고려되지 않는 경우로써 탄성 산란(elastic scattering)에 해당한다. 여기에서와 같이 포논 에너지가 관여되는 산란을 비탄성 산란(inelastic scattering)이라고 한다. X선의 에너지 영역이 보통 10 keV 정도인 데 반해, 포논 에너지는 10~100 meV 정도로 매우 작아서 X선 산란에서는 거의 탄성 산란에 가깝다. 즉, X선 비탄성 산란으로 포논 에너지를 정확하게 측정하기는 매우 어려운 편이다. 반면, 중성자는 중성자의 속도에 따라 에너지를 조절할 수 있기 때문에 중성자 비탄성 산란으로는 포논 에너지 정도의 영역을 맞추면 X선에 비해 포논 에너지를 더 정확하게 측정할 수 있다. 포논을 측정하는 데 X선의 장점은 ① 작은 영역에 빔을 조사할 수 있어서 작은 시료도 측정할 수 있다는 점, ② 방사광가속기를 사용하면 중성자보다는 빔의 세기가 강해서 측정이 용이하다는 점, ③ X선의 편광을 제어하여 특수한 목적의 실험이 가능한 점을 들 수 있고, 단점으로는 ① 분자량이 낮은 시료의 측정이 어려운 점, ② 포논 에너지보다 에너지가 높아 신호분리가 어려운 점을 들 수 있다. 반면, 중성자 빔의 장점은 ① 분자량이 낮은 시료의 측정이 가능한 점, ② 에너지 조절을 통해 포논 에너지와 비슷한 에너지 조사가 가능하여 신호분리가 명확한 점, ③ 자성체와의 스핀 상호작용이 커서 스핀과 포논을 모두 측정할 수 있다는 점을 들 수 있으며, 단점으로는 ① 1 cm 이상의 시료 크기를 요구하여 작은 크기의 시료 측정이 어려운 점, ② 몇 중성자를 흡수하는 시료의 경우 측정이

어려운 점, ③ 중성자 빔원이 세계적으로 많지 않아 실험 여건이 충분하지 않은 점을 들 수 있다.

6.3.1 X선 열적 확산 산란(X-ray thermal diffuse scattering; TDS)

최근에는 2차원 CCD 카메라가 발달해서 2차원 X선 CCD 카메라를 이용하여 산란된 X선을 관측해 포논의 정보를 알아내는 방법이 많이 쓰이고 있다. 방사광 X선을 이용하여 CCD 카메라를 라우에 산란과 같이 배열해 놓고 X선 투과실험을 하면 그림 6-9(a), (b)와 같은 패턴이 나타난다. 여기에서 (a)는 Si(111) 방향이고, (b)는 Si(100) 방향이다.

X선의 에너지는 브래그 조건이 만족하지 않도록 선택하는 것이 중요하고, 각 밝은 점들은 역격자 점에 가까운 에발트 구면에 있는 격자점들인데, 이것은 소리 포논 진동이 강한 것들이다. 1차 TDS 이미지들은 아래와 같은 식으로 실험값과 피팅을 해서 얻게 되는데, 그것이 그림 6-9(c)와 (d)이다.

$$I_1(\vec{q}) = \frac{\hbar N I_e}{2}\sum_j \frac{1}{\omega_{\vec{q},j}} \coth\left(\frac{\hbar\omega_{\vec{q},j}}{2k_B T}\right)|F_j(\vec{q})|^2 \tag{6.3.1}$$

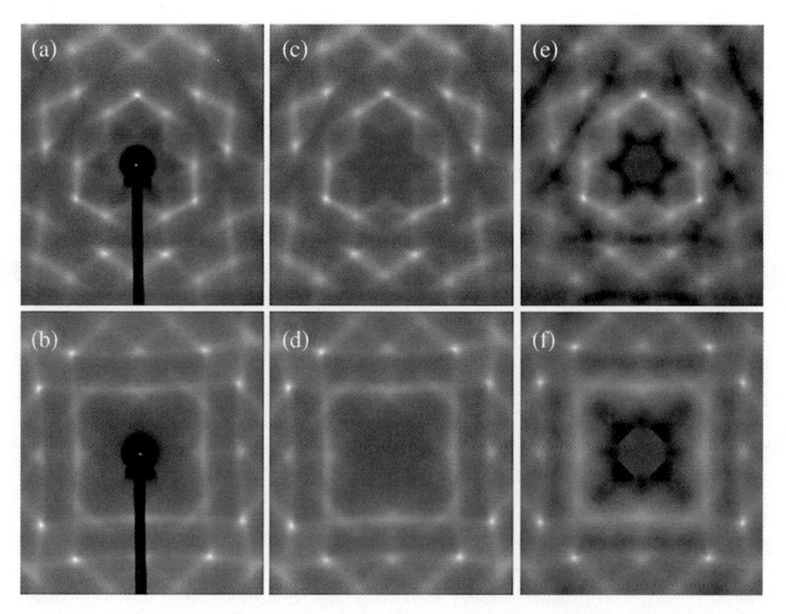

그림 6-9 (a)와 (b)는 각각 Si(111)과 Si(100)의 X선 TDS 측정, (c)와 (d)는 이론적으로 계산한 1차 TDS 이미지, (e)와 (f)는 광 가지를 제거한 이론계산 이미지[1]

1 R. Xu, T. C. Chiang, Z. Kristallogr. 220 (2005) 1009–1016.

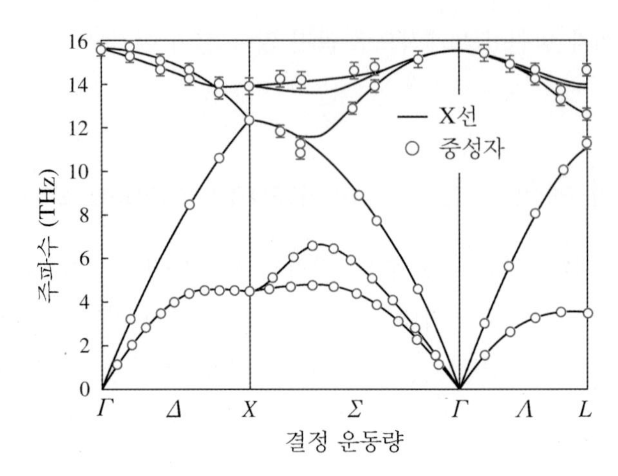

그림 6-10 X선 TDS(실선)와 중성자 산란(빈 원) 결과 비교

여기에서 N은 결정이 갖는 단위격자 수, $\omega_{\vec{q},j}$는 포논 주파수, F_j는 구조상수, I_e는 단일 전자로부터 계산된 산란강도인데, 산란각 2θ에 대해서 다음과 같이 주어진다.

$$I_e = I_{inc}\frac{e^4}{m_e^2c^4d^2}\frac{1+\cos^2(2\theta)}{2} \tag{6.3.2}$$

여기에서 d는 산란지점으로부터 검출기까지의 거리이다. 1차 TDS 이미지 피팅으로부터 포논 에너지와 운동량을 얻어낼 수 있으며, 운동량 전이에 따른 포논 주파수를 그리면 그림 6-10과 같은 결과를 얻을 수 있다.

6.3.2 비탄성 중성자 산란(inelastic neutron scattering; INS)

중성자의 에너지 영역은 크게 냉중성자(cold neutron), 열중성자(thermal neutron), 고온중성자(hot neutron)로 나눌 수 있다. 각각 중성자 에너지 영역에서 에너지, 온도, 파장의 범위는 표 6-1에 정리하였다.

표 6-1 중성자의 종류에 따른 에너지, 온도, 파장

종류	에너지(meV)	온도(K)	파장(Å)
냉중성자	0.1~10	1~120	4~30
열중성자	5~100	60~1000	1~4
고온중성자	100~500	1000~6000	0.4~1

비탄성 중성자 산란실험으로 포논 분산관계를 측정하기 위해서는 단결정 시료가 필요하며, 중성자 산란실험의 특성상 1 cm 정도 크기의 큰 시료가 필요하다. 사실 많은 경우에 그렇게 큰 단결정을 구하기는 만만치 않은 일이다. 단결정의 각 방향에 따라 3축 산란을 수행하게 되는데, 이는 시료의 결정방위를 오일러각으로 돌려가면서 측정하는 방법이다. 각 방향에 대해 중성자의 에너지를 변화시켜 가면서 중성자 산란을 수행하면 일정한 결정벡터 $\overrightarrow{Q}$ 방향에 대해서 산란 중성자의 에너지 적분 강도 I_E는 다음과 같이 주어진다.

$$I_E \propto F(k_f)[n(\omega)+1]\frac{|\overrightarrow{Q}\cdot\overrightarrow{\xi_j}|^2}{\hbar\omega}e^{-2W(\overrightarrow{Q})} \tag{6.3.3}$$

여기에서 ξ_j는 j 포논 가지의 고유벡터이고, $e^{-2W(Q)}$는 온도에 의한 디바이·발러(Debye-Waller) 인자이다. $F(k_f)$는 다음과 같이 주어지는데,

$$F(k_f) = \frac{R_A(k_f)k_f^3}{\tan\theta_A} \tag{6.3.4}$$

여기에서 R_A는 분광기의 반사도이고, θ_A는 분광기의 산란각으로써, $F(k_f)$은 k_f함수로써 분해능과 분광기 반응도의 변화를 나타내는 인자이다. $n(\omega)$는 보스(Bose) 인자로써,

$$n(\omega) = \frac{1}{\exp(\hbar\omega/k_BT)-1} \tag{6.3.5}$$

인데, 고온과 저온 극한에서

$$n(\omega)+1 = \begin{cases} 1 & (\hbar\omega \gg k_BT) \\ k_BT/\hbar\omega & (\hbar\omega \ll k_BT) \end{cases} \tag{6.3.6}$$

로 근사할 수 있다. 따라서 주어진 포논 에너지에서 역격자 공간에서 적분 강도의 변화는 $|\overrightarrow{Q}\cdot\overrightarrow{\xi_j}|^2$으로 결정되는데, 고유벡터 ξ_j의 크기를 1이라고 한다면, 역격자의 대칭성이 높을 때 고유벡터는 전파 파수(propagating wave vector)에 대해 수평이거나 수직으로 되기 때문에 $I_E \propto Q^2$에 비례한다. 각각의 방향에 따라 시료를 회전시켜 가면서 I_E를 측정하면 각 에너지에 대해 결정벡터 Q를 알 수 있기 때문에 그림 6-10과 같은 중성자 산란에 의한 포논 분산관계를 얻을 수 있다.

일반적으로 비탄성 X선 산란이나 중성자 산란은 해당 전문영역에 속해서 X선이나 중성자 전문가와 공동연구를 통해 수행하는 경우가 많다. 이 외에도 비탄성 빛 산란, 즉 비탄성 라만 산란(inelastic Raman scattering)이나 방사선에 의한 뫼스바우어(Moessbauer) 실험 등으로 포논 에너지를 얻을 수 있는데, 이 실험들에서 브릴루앙 영역의 중앙에 대한 포논 값을 얻을 수 있다.

비열은 어떤 물질 1몰 또는 1 g의 온도를 1°C 올리는 데 필요한 열량이다. 그래서 cal g^{-1} K^{-1}, J mol^{-1} K^{-1}, J g^{-1} K^{-1}, J g^{-1} °C^{-1} 등의 단위가 쓰인다. 열역학적으로 비열은 $C_v = (\partial U/\partial \tau)_v$로 정의되는데, 여기에서 첨자 v는 온도 $\tau = k_B T$를 가할 때 부피를 일정하게 했다는 의미이다. 물질의 내부 에너지 U는 직접적으로 측정할 방법이 없기 때문에 비열 측정으로부터 물질의 내부 에너지 정보를 얻을 수 있다. 물질의 내부 에너지는 물질의 많은 정보들을 포함하고 있기 때문에 비열의 측정이 중요하다. 열역학의 맥스웰 관계에 의해서 비열 측정을 통해 많은 정보들을 알아낼 수 있다. 이론물리학자들은 주로 원자단위의 양자역학적 계산을 통해 물질의 정보를 예측한다. 반면, 실험물리학자들은 물질의 거시적 측정을 통해 물질의 특성을 조사하는데, 실험으로부터 측정한 물질의 거시적 물성이 내재적인 양자역학적 상태와 어떤 연관성이 있는지 알아내는 것이 고체물리학의 주요 연구 방향이다. 열역학적 퍼텐셜은 내부 에너지 U, 엔탈피 $H = U + PV$, 헬름홀츠 자유 에너지(Helmholtz free energy) $F = U - TS$, 깁스 자유 에너지(Gibbs free energy) $G = U - TS + PV$가 있는데, 수식으로 알 수 있듯이 엔탈피는 압력과 부피가 주요 외부 변수일 때, 헬름홀츠 자유 에너지는 온도와 엔트로피가 외부 변수일 때, 깁스 자유 에너지는 온도와 엔트로피, 압력과 부피 모두가 외부 변수일 때 사용하는 에너지이다. 이때, 연구하는 대상의 주요 독립변수가 무엇인지에 따라 열역학적 퍼텐셜의 변화식

이 달라지고, 그로부터 얻어지는 관계식이 맥스웰 관계식이다. 예를 들면, 엔트로피와 부피가 변화하는 독립변수일 때 내부 에너지 변화는 $dU = TdS - PdV$이다. 엔트로피와 압력이 변화하는 독립변수일 때 엔탈피의 변화는 $dH = TdS + VdP$를 고려한다. 온도와 부피가 독립변수이면 헬름홀츠 자유 에너지 변화는 $dF = -SdT - PdV$를, 온도와 압력이 독립변수이면 깁스 자유 에너지 변화는 $dG = -SdT + VdP$를 고려할 수 있다. 엔트로피는 실험적으로 측정할 수 없지만, $TdS = dU + PdV$로부터 고체와 액체에서 부피의 변화가 작을 때 $dS \approx dU/T = (C/T)dT$가 되고, 따라서 비열을 측정함으로써

$$S = \int_{T_i}^{T_f} \frac{C}{T} dT \tag{7.1}$$

로 얻을 수 있다.

비열은 내부 에너지와 연관되어 있기 때문에, 물질의 내부 에너지를 어떻게 계산할 수 있는지 열역학에서 배운 내용을 상기해보자. ϵ이라는 에너지를 갖고 있는 어떤 계가 열 저수지(heat reservoir)에 열적으로 접촉되어 있다고 생각해보자. 전체 에너지를 U_0라고 한다면, 열 저수지의 에너지는 $U_0 - \epsilon$이다. 이때 열 저수지가 가질 수 있는 상태 수를 $g_R(U_0 - \epsilon)$이라고 하면, 계가 ϵ_1에너지를 갖는 상태 1과 ϵ_2에너지를 갖는 상태 2에 있을 확률의 비는

$$\frac{P(\epsilon_1)}{P(\epsilon_2)} = \frac{g_R(U_0 - \epsilon_1)}{g_R(U_0 - \epsilon_2)} \tag{7.2}$$

이고, 엔트로피 $\sigma = S/k_B = \ln g$이므로, $g = e^\sigma$여서

$$\frac{P(\epsilon_1)}{P(\epsilon_2)} = \frac{\exp[\sigma_R(U_0 - \epsilon_1)]}{\exp[\sigma_R(U_0 - \epsilon_2)]} = \exp[\sigma_R(U_0 - \epsilon_1) - \sigma_R(U_0 - \epsilon_2)] = \exp(\Delta\sigma_R) \tag{7.3}$$

로 쓸 수 있다. 계의 에너지는 전체 에너지에 비해 매우 작으므로($\epsilon_s \ll U_0$)

$$\sigma_R(U_0 - \epsilon_s) = \sigma_R(U_0) - \epsilon_s \left(\frac{\partial \sigma_R}{\partial U}\right)_{v,} N + H.O.T. \simeq \sigma_R(U_0) - \frac{\epsilon_s}{\tau} \tag{7.4}$$

가 된다. 여기에서 온도의 정의 $1/\tau = (\partial\sigma/\partial U)$를 사용했다. 이 온도의 정의는 같은 에너지를 주었을 때 엔트로피의 변화가 작은 계의 온도가 크다는 의미를 갖는다. 온도가 높아서 이미 엔트로피가 큰 물질의 경우 에너지를 조금 더 준다고 해서 엔트로피의 변

화가 급격히 달라지지 않는 것을 생각하면 이해가 쉬울 것이다. 이를 이용하여 계의 확률의 비에 적용하면

$$\frac{P(\epsilon_1)}{P(\epsilon_2)} = \exp[(\sigma_R(U_0) - \epsilon_1/\tau) - (\sigma_R(U_0) - \epsilon_2/\tau)] = \frac{\exp(-\epsilon_1/\tau)}{\exp(-\epsilon_2/\tau)} \tag{7.5}$$

가 된다. 여기에서 계와 작은 에너지 교환이 있다고 하더라도 열 저수지의 온도 τ는 변하지 않는다.

그리하여, 계 에너지의 단위 인자인 볼츠만 인자(Boltzmann factor) $e^{-\epsilon/\tau}$를 정의할 수 있는데, 이것은 어떤 양자상태에 있는 계가 가질 수 있는 확률을 의미한다. 모든 양자상태에 대하여 모두 합한 것을 분배함수(partition function)라고 한다.

$$Z = \sum_s \exp\left(-\frac{\epsilon_s}{\tau}\right) \tag{7.6}$$

분배함수 Z는 모든 계의 양자상태 s에 대한 볼츠만 인자의 합이다. 분배함수를 정의하면 어떤 계가 에너지 ϵ_s를 가질 확률은

$$P(\epsilon_s) = \frac{e^{-\epsilon_s/\tau}}{Z} \tag{7.7}$$

가 되고, $\sum_s P(\epsilon_s) = 1$이다.

정의에 의하여 에너지를 계산해보면

$$U = <\epsilon> = \sum_s \epsilon_s P(\epsilon_s) = \frac{1}{Z}\sum_s \epsilon_s \exp\left(-\frac{\epsilon_s}{\tau}\right) \tag{7.8}$$

가 되는데, 간단한 수학적 기교를 부려보면

$$\frac{\partial}{\partial\tau}\ln Z = \frac{1}{Z}\frac{\partial Z}{\partial\tau} = \frac{1}{Z}\frac{\partial}{\partial\tau}\sum_s e^{-\epsilon_s/\tau} = \frac{1}{Z}\frac{1}{\tau^2}\sum_s \epsilon_s e^{-\epsilon_s/\tau} \tag{7.9}$$

가 되어, 에너지를 다음과 같이 표현할 수 있다.

$$U = \tau^2 \frac{\partial}{\partial\tau}\ln Z \tag{7.10}$$

이것은 계의 분배함수 Z만 알면 에너지를 구할 수 있다는 것을 의미한다.

1819년 뒬롱(Dulong)과 프티(Petit)는 원소들의 비열이 6.2 cal/molK으로 비슷하다는 것을 발견했다. 즉, 모든 결정의 몰 비열용량이 온도와 관계없이 기체상수의 3배가 된다는 법칙이다. 기체상수의 3배가 되는 고전적인 이유는 원자의 자유도가 3차원에서는 3이 되기 때문이다. 에너지 등분배 법칙에 의하면 열적 평형상태에서 단원자가 갖는 자유도의 에너지는 각각 $\frac{1}{2}k_BT$만큼 동등하게 배분된다. 3차원 조화 진동자의 경우 $(x,\ y,\ z)$ 3개의 병진운동 자유도와 $(\theta,\ \phi,\ \psi)$ 3개의 회전 자유도가 있어서 총 6개의 자유도가 있다. 따라서 단원자 진동의 내부 에너지는

$$U = 6 \times \frac{1}{2}k_BT = 3k_BT \tag{7.11}$$

가 되고, N개의 원자에 대해서는 $U = 3Nk_BT = 3RT$가 된다. 이에 대한 비열은

$$C_v = \frac{dU}{dT} = 3R \approx 5.96 \ \text{cal/molK} \tag{7.12}$$

이 된다. 이를 뒬롱·프티 법칙(Dulong-Petit's law)이라고 한다.

비열은 열역학적 내부 변수와 밀접히 연관되어 있고, 실험적으로 측정할 수 있는 양이기 때문에 비열의 측정으로부터 물질의 많은 내부 정보를 알아낼 수 있는 것이다. 비열에 영향을 미치는 것은 크게 고체의 결정 격자, 전자, 그리고 스핀이다. 따라서 이 장에서 각각의 비열의 영향에 대해 살펴보고자 한다.

7.1 격자 비열

7.1.1 흑체복사 문제: 상자 안에 갇힌 광자

양자역학적으로 포논은 보손 입자인데, 보손 입자의 대표적인 것이 광자이다. 광자가 어떤 상자 안에 갇혀 있는 경우를 생각하자. 이 문제는 양자역학을 탄생시켰던 흑체복사 문제이다. 왜 포논 문제를 다루기에 앞서서 빛을 다루는가 하면, 역사적으로 흑체복사 문제가 나오고, 이를 이용하여 디바이가 포논의 문제에 적용시켰기 때문이다. 흑체복사

의 양자역학 문제에서부터 시작하여 포논에 그대로 적용시키고자 한다. 빛은 전자기파이므로 고전 전자기학을 이용해 문제를 풀어보자. 광자의 전기, 자기장은 각각 $\overrightarrow{E}(\overrightarrow{r},\ t)=\overrightarrow{E_0}(\overrightarrow{r})e^{-\omega t}$와 $\overrightarrow{B}(\overrightarrow{r},\ t)=\overrightarrow{B_0}(\overrightarrow{r})e^{-\omega t}$로 주어진다. 맥스웰 방정식을 이용하면 전기장은 3차원적 파동방정식을 따르고,

$$\nabla^2\overrightarrow{E}=\frac{1}{c^2}\frac{\partial^2\overrightarrow{E}}{\partial t^2} \tag{7.1.1}$$

시간 항은 서로 상쇄되어

$$\nabla^2\overrightarrow{E_0}=-\frac{\omega^2}{c^2}\frac{\partial^2\overrightarrow{E_0}}{\partial t^2} \tag{7.1.2}$$

가 된다. 편미분방정식을 풀기 위해

$$\overrightarrow{E}_{0,i}(x,\ y,\ z)=X_i(x)Y_i(y)Z_i(z)\ \ (i=x,\ y,\ z) \tag{7.1.3}$$

로 하면 다음과 같이 미분방정식은 변수분리된다.

$$\frac{1}{X_i}\frac{\partial^2 X_i}{\partial x^2}+\frac{1}{Y_i}\frac{\partial^2 Y_i}{\partial y^2}+\frac{1}{Z_i}\frac{\partial^2 Z_i}{\partial z^2}=-\left(\frac{\omega}{c}\right)^2 \tag{7.1.4}$$

각각의 항을

$$\begin{cases}\dfrac{1}{X_i}\dfrac{\partial^2 X_i}{\partial x^2}=-k_x^2\\ \dfrac{1}{Y_i}\dfrac{\partial^2 Y_i}{\partial y^2}=-k_y^2\\ \dfrac{1}{Z_i}\dfrac{\partial^2 Z_i}{\partial z^2}=-k_z^2\end{cases},\qquad \begin{cases}\dfrac{\partial^2 X_i}{\partial x^2}+k_x^2X_i=0\\ \dfrac{\partial^2 Y_i}{\partial y^2}+k_y^2Y_i=0\\ \dfrac{\partial^2 Z_i}{\partial z^2}+k_z^2Z_i=0\end{cases} \tag{7.1.5}$$

으로 나누어 쓸 수 있다. 이때의 조건을 특성방정식이라고 한다.

$$k^2=k_x^2+k_y^2+k_z^2=\left(\frac{\omega}{c}\right)^2 \tag{7.1.6}$$

편미분방정식의 일반해는

$$\vec{E}_0(x,\ y,\ z)$$
$$= [A_i\cos(k_x x) + B_i\sin(k_x x)][C_i\cos(k_y y) + D_i\sin(k_y y)][E_i\cos(k_z z) + F_i\sin(k_z z)] \tag{7.1.7}$$

로 주어지는데, 상자 안에 갇혀 있으므로 경계조건을 사용해야 한다. 스토크스 정리를 이용하면,

$$\int_S \nabla \times \vec{E} \cdot d\vec{S} = \oint_l \vec{E} \cdot d\vec{l} = -\frac{\partial}{\partial t}\int_S \vec{B} \cdot d\vec{S} = -\frac{\partial}{\partial t}\int_v \nabla \cdot \vec{B} dv = 0 \tag{7.1.8}$$

이므로 상자의 표면에서 전기장의 수평성분은 $E_t = 0$이다. 즉,

$$E_{0,x} = 0 \quad (y = 0,\ L/z = 0,\ L) \tag{7.1.9}$$
$$E_{0,y} = 0 \quad (x = 0,\ L/z = 0,\ L)$$
$$E_{0,z} = 0 \quad (x = 0,\ L/y = 0,\ L)$$

이다. 이 조건을 이용하면 $C_x = E_x = 0$이고,

$$\vec{E}_{0,x}(x,\ y = L,\ z) = f_{0,x}(x) D_x \sin(k_y L) f_{0,z}(z) = 0 \tag{7.1.10}$$
$$\vec{E}_{0,x}(x,\ y,\ z = L) = f_{0,x}(x) f_{0,y}(y) F_x \sin(k_z L) = 0$$

으로부터 $k_y L = n_y \pi$, $k_z L = n_z \pi$가 된다. 이를 정리하면,

$$\vec{E}_{0,x} = \alpha[A_x\cos(k_x x) + B_x\sin(k_x x)]\sin\left(\frac{n_y\pi}{L}y\right)\sin\left(\frac{n_z\pi}{L}z\right) \tag{7.1.11}$$

가 되는데, 주기적 경계조건 $\vec{E}_{0,x}(x = 0) = \vec{E}_{0,x}(x = L)$에 의하면

$$\alpha A_x\sin\left(\frac{n_y\pi}{L}y\right)\sin\left(\frac{n_z\pi}{L}z\right) = \alpha\sin\left(\frac{n_y\pi}{L}y\right)\sin\left(\frac{n_z\pi}{L}z\right)[A_x\cos(k_x L) + B_x\sin(k_x L)] \tag{7.1.12}$$

이므로, $B_x = 0$이고, $k_x L = n_x \pi$가 된다. 여기에서 $(n_x,\ n_y,\ n_z)$는 0을 포함한 양의 정수이다. 이를 정리하면 전자기장의 해는 다음과 같고,

$$\begin{aligned}\vec{E}_x &= E_{0,x}\cos\left(\frac{n_x\pi}{L}x\right)\sin\left(\frac{n_y\pi}{L}y\right)\sin\left(\frac{n_z\pi}{L}z\right)e^{-i\omega t}\\ \vec{E}_y &= E_{0,y}\sin\left(\frac{n_x\pi}{L}x\right)\cos\left(\frac{n_y\pi}{L}y\right)\sin\left(\frac{n_z\pi}{L}z\right)e^{-i\omega t}\\ \vec{E}_x &= E_{0,z}\sin\left(\frac{n_x\pi}{L}x\right)\sin\left(\frac{n_y\pi}{L}y\right)\cos\left(\frac{n_z\pi}{L}z\right)e^{-i\omega t}\end{aligned} \tag{7.1.13}$$

$\nabla \cdot \vec{E}=0$에 의해 $n_x E_{0,x}+n_y E_{0,y}+n_z E_{0,z}=0$이 된다. 이는 $\vec{E}\cdot\hat{n}=0$으로써, 전기장이 수평방향으로 편극(polarize)되어 있음을 나타낸다. 파동방정식에 의하여

$$\left(\frac{\pi}{L}\right)^2(n_x^2+n_y^2+n_z^2)=\left(\frac{\omega}{c}\right)^2 \tag{7.1.14}$$

조건이 나오고 $n^2=n_x^2+n_y^2+n_z^2$라고 하면

$$\omega_n=\frac{c\pi}{L}n \tag{7.1.15}$$

이 된다.

빛을 양자화된 에너지 단위로 보면 상자 안에서 전자기파는 $\epsilon_s=s\hbar\omega$(s는 0과 양의 정수)로 양자화된다(영점에너지는 무시했다). 이때 분배함수는

$$Z=\sum_{s=0}^{\infty}\exp\left(-\frac{s\hbar\omega}{\tau}\right)=\frac{1}{1-e^{-\hbar\omega/\tau}} \tag{7.1.16}$$

이고, 광자 에너지 $\epsilon_s=s\hbar\omega$에 대한 확률은

$$P(s)=\frac{\exp(-s\hbar\omega/\tau)}{Z} \tag{7.1.17}$$

이며, 각 상태에 대한 열적 평균은

$$\langle s\rangle=\sum_{s=0}^{\infty}sP(s)=\frac{1}{Z}\sum_{s=0}^{\infty}s\exp\left(-\frac{s\hbar\omega}{\tau}\right) \tag{7.1.18}$$

이다. $\hbar\omega/\tau=y$라 하고

$$\sum_s se^{-sy}=-\frac{d}{dy}\sum_s e^{-sy}=-\frac{d}{dy}\left(\frac{1}{1-e^{-y}}\right)=\frac{e^{-y}}{[1-e^{-y}]^2} \tag{7.1.19}$$

을 이용하면,

$$\langle s \rangle = \frac{1}{Z}\frac{\exp(-\hbar\omega/\tau)}{[1-\exp(-\hbar\omega/\tau)]^2} = \frac{\exp(-\hbar\omega/\tau)}{1-\exp(-\hbar\omega/\tau)} = \frac{1}{\exp(\hbar\omega/\tau)-1} \tag{7.1.20}$$

을 얻는다. 이를 플랑크 분포함수(Plank distribution function)라고 한다. 뒤에서 설명하겠지만, 이 플랑크 분포함수는 화학적 퍼텐셜이 0인 보스·아인슈타인 분포함수(Bose-Einstein distribution function) $f(\epsilon)$와 동일하다.

$$f(\epsilon) = \frac{1}{e^{\epsilon/\tau}-1} \tag{7.1.21}$$

7.1.2 디바이 모형

디바이 모형(Debye model)은 플랑크의 흑체복사 문제에서 영감을 얻어 고체물리학에 적용하였다. 포논은 L^3의 부피를 갖는 정육면체 단위격자 안에서 갇혀 있다고 가정하였다. 즉, 상자 안에 갇힌 광자의 문제에서 빛의 주파수 대신 포논의 주파수를, 빛의 속도 대신 포논의 속도로 대치하여 생각하면 된다. 포논이 한 면의 길이가 L인 상자에 갇혀 있다고 생각하면 상자 안에서 포논의 파동은 정상파를 형성한다고 가정할 수 있다. 이 때, 포논의 파장과 에너지는 각각 $\lambda_n = 2L/n$과 $\epsilon_n = \hbar\omega_n$이다. 위에서 파수 벡터 k와 각 주파수 ω 사이의 특성방정식은

$$k^2 = k_x^2 + k_y^2 + k_z^2 = \left(\frac{\omega}{v_s}\right)^2 \tag{7.1.22}$$

으로 주어졌다. 여기에서 v_s는 소리의 속도이다. 이렇게 파수 벡터와 각 주파수 사이의 관계식이 $\omega = kv_s$로 선형적인 관계에 있을 때 포논에 의한 비열 모형을 디바이 모형이라고 한다.

고체 안에 N개의 원자들이 있다고 하면 각 원자들은 x, y방향으로 2개의 횡적 포논과 z축으로 1개의 종적 포논 모드를 갖는다. 즉 $3N$개의 포논 모드 자유도를 갖는다.

포논이 가질 수 있는 양자상태를 그림 7-1과 같이 나타내보면 구면의 부피를 $\frac{4\pi}{3}n^3$이라고 하면 구 껍질은 $4\pi n^2 dn$이다. 3차원 공간은 8분면으로 쪼개질 수 있고, 1개의 포논은 3개의 자유도를 가졌다. 또한 각각의 양자상태는 쪼개져서 셀 수 있지만(discrete) 양자수가 많으면 이것도 연속적인 것으로 취급할 수 있기 때문에 양자상태의 합은 적분

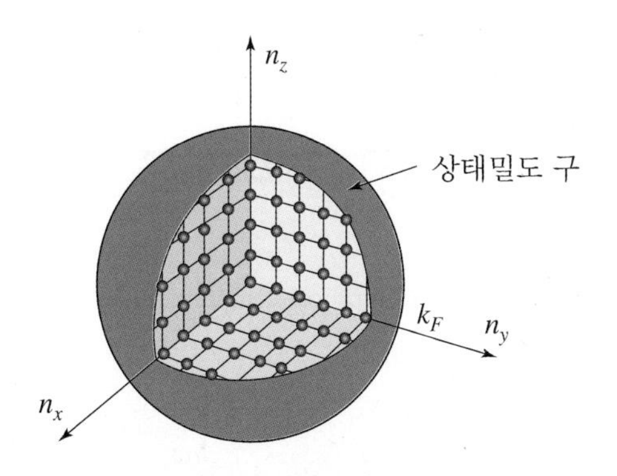

그림 7-1 에너지 양자상태를 나타낸 구면

으로 표현할 수 있다.

$$\sum_s(\cdots) = \frac{3}{8}\int 4\pi n^2 dn(\cdots) \tag{7.1.23}$$

포논이 가질 수 있는 모든 양자상태를 다 합하면 $3N$이 되어야 하므로,

$$\frac{3}{8}\int_0^{n_{\max}} 4\pi n^2 dn = 3N \tag{7.1.24}$$

이다. 포논은 보손 입자이기 때문에 모든 입자가 한 에너지 상태로 축퇴될 수 있으며, 이를 보스·아인슈타인 응축(Bose-Einstein condensation, BEC)이라고 한다.

$$\frac{3\pi}{2}\left[\frac{n^3}{3}\right]_0^{n_D} = \frac{\pi}{2}n_D^3 = 3N \tag{7.1.25}$$

즉, 보스·아인슈타인 응축이 될 때 응축도 n_D는

$$n_D = \left(\frac{6N}{\pi}\right)^{1/3} \tag{7.1.26}$$

이 된다.

단일 포논의 에너지는 조화 진동자처럼 취급되어

$$\epsilon_n = \left(n + \frac{1}{2}\right)\hbar\omega \tag{7.1.27}$$

로 쓸 수 있는데, 영점 에너지는 상수로써 분모 분자에서 상쇄될 수 있어서 무시하면

$\epsilon_n = \hbar\omega_n$으로 고려할 수 있다. 따라서 포논의 열적 에너지는 다음과 같이 계산된다.

$$U = \sum_n \langle \epsilon_n \rangle = \sum_n \langle s_n \rangle \hbar\omega_n = \sum_n \frac{\hbar\omega_n}{e^{\beta\hbar\omega_n} - 1} \tag{7.1.28}$$

여기에서 $\beta = 1/\tau$로써, 온도의 역수(reciprocal temperature)이다. 위에서 언급했듯이 양자 상태의 합은 적분으로 고려할 수 있어서,

$$U = \frac{3\pi}{2} \int_0^{n_D} dn n^2 \frac{\hbar\omega_n}{e^{\beta\hbar\omega_n} - 1} \tag{7.1.29}$$

이다.

규칙적 경계조건(periodic boundary condition)에 의하면 $k_i = \dfrac{\pi n_i}{L}$이어서

$$\left(\frac{\omega}{c}\right)^2 = \left(\frac{\pi}{L}\right)^2 (n_x^2 + n_y^2 + n_z^2) = \left(\frac{\pi n}{L}\right)^2 \tag{7.1.30}$$

이 된다. 따라서 $\omega_n = \dfrac{v_s \pi}{L} n$으로 주어지고,

$$x_n = \beta\hbar\omega_n = \beta\hbar v_s \frac{\pi}{L} n \tag{7.1.31}$$

로 하면

$$x_D = \beta\hbar\omega_D = \frac{\beta\hbar\pi v_s}{L} n_D = \frac{\beta\hbar\pi v_s}{L} \left(\frac{6N}{\pi}\right)^{1/3} = \beta\hbar v_s \left(\frac{6N\pi^2}{V}\right)^{1/3} \tag{7.1.32}$$

가 된다. 이때

$$n^2 dn = \left(\frac{L}{\pi v_s}\right)^3 d\omega_n \omega_n^2 = \left(\frac{L}{\beta\hbar\pi v_s}\right)^3 dx x^2 \tag{7.1.33}$$

이 되는데, 여기에서 $\omega_n = x/\beta\hbar$와 $d\omega_n = dx/\beta\hbar$를 이용하였다. 이 결과를 적분에 넣으면

$$U = \frac{3\pi}{2} \int_0^{x_D} \left(\frac{1}{\beta\hbar\pi v_s}\right)^3 V dx \frac{x^3 \tau}{e^x - 1} \tag{7.1.34}$$

이다.

일반적인 경우에 $x_D = \hbar\omega_D/\tau = \Theta_D/T = k_B\Theta_D/\tau$로 정의하여 사용하는데, 이때 θ_D를 디바이 온도(Debye temperature)라고 한다.

$$\Theta_D = \frac{x_D}{\beta k_B} = \frac{\hbar v_s}{k_B}\left(\frac{6N\pi^2}{V}\right)^{1/3} \tag{7.1.35}$$

이 디바이 온도의 물리적 의미는 일종의 포논의 차단 에너지(cutoff energy)로써 포논 에너지의 영향이 충분히 큰 온도에 해당한다. 식 (7.1.34)를 디바이 온도를 써서 다시 표현하면

$$U = 9Nk_BT\left(\frac{T}{\Theta_D}\right)^3 \int_0^{\Theta_D/T} \frac{x^3}{e^x - 1}dx \tag{7.1.36}$$

이 된다.

이 디바이 이론의 유도는 몇 가지 다른 방법으로 유도될 수 있는데, 여기서는 포논의 에너지 $\hbar\omega$와 포논의 상태밀도 $D(\omega)$, 볼츠만 분포함수의 곱을 모든 포논의 주파수에 대해 적분한 것으로 구한 것이다.

$$U = \int_0^{\omega_D} d\omega D(\omega)\frac{\hbar\omega}{\exp(\hbar\omega/k_BT) - 1} \tag{7.1.37}$$

비열을 구하기 위해서 에너지를 온도로 미분하면

$$\begin{aligned} C_v = \frac{\partial U}{\partial T} &= \frac{d}{dT}\int_0^{\omega_D} d\omega D(\omega)\frac{\hbar\omega}{\exp(\hbar\omega/k_BT) - 1} \\ &= \int_0^{\omega_D} D(\omega)\hbar\omega\frac{d}{dT}\left(\frac{1}{\exp(\hbar\omega/k_BT) - 1}\right)d\omega \\ &= \int_0^{\omega_D} D(\omega)\hbar\omega\left(-\frac{1}{[\exp(\hbar\omega/k_BT) - 1]^2}\right)\frac{d}{dT}\left[\exp(\hbar\omega/k_BT) - 1\right]d\omega \\ &= \int_0^{\omega_D} D(\omega)\hbar\omega\left(-\frac{1}{[\exp(\hbar\omega/k_BT) - 1]^2}\right)\exp(\hbar\omega/k_BT)\frac{\hbar\omega}{k_B}\left(-\frac{1}{T^2}\right)d\omega \\ &= \int_0^{\omega_D} D(\omega)\frac{(\hbar\omega)^2\exp(\hbar\omega/k_BT)}{k_BT^2[\exp(\hbar\omega/k_BT) - 1]^2}d\omega \\ &= k_B\int_0^{\omega_D} D(\omega)\frac{x^2e^x}{[e^x - 1]^2}d\omega \end{aligned} \tag{7.1.38}$$

이 된다.

이제 상태밀도 $D(\omega)$를 계산해야 된다. 3차원 역격자 공간에서 단위 역격자의 부피는 $\left(\frac{2\pi}{L}\right)^3 = \frac{8\pi^3}{V}$이고, 포논의 모드 수는

$$N = \left(\frac{4}{3}\pi k_D^3\right) / \left(\frac{8\pi^3}{V}\right) \tag{7.1.39}$$

이다. 이때, $\omega_D = v_s k_D = v_s (6\pi^2 N/V)^{1/3}$이므로

$$N(\omega) = \frac{V\omega^3}{6\pi^2 v_s^3} \tag{7.1.40}$$

이고,

$$D(\omega) = \frac{dN}{d\omega} = \frac{V\omega^2}{2\pi^2 v_s^3} = \frac{V}{2\pi^2 v_s^3}\left(\frac{k_B T}{\hbar}x\right)^2 \tag{7.1.41}$$

이므로 이를 대입하면,

$$C_v = 9Nk_B \left(\frac{T}{\Theta_D}\right)^3 \int_0^{\Theta_D/T} \frac{x^4 e^x}{(e^x - 1)^2} dx \tag{7.1.42}$$

이 된다. 이것이 디바이 모형의 결과이다. 보통의 경우 이 디바이 모형의 비열식은 해석적으로 계산하지 않고, 컴퓨터를 써서 수치적으로 계산한다.

디바이 모형의 극한을 살펴보면, 낮은 온도에서 x_D를 무한대로 보낼 수가 있어서 이 경우에 에너지의 적분을 계산하면

$$\int_0^\infty \frac{x^3}{e^x - 1} dx = \int_0^\infty \frac{x^3 e^{-x}}{1 - e^{-x}} dx \tag{7.1.43}$$

를 계산해야 하는데, 적분 안에 있는 항을 테일러 전개하면

$$(1 - e^{-x})^{-1} = 1 + e^{-x} + e^{-2x} + e^{-3x} + \cdots \tag{7.1.44}$$

이어서 식 (7.1.43)은

$$\int_0^\infty dx x^3 (1 + e^{-x} + e^{-2x} + e^{-3x} + \cdots) \tag{7.1.45}$$

가 된다. 이것을 계산하기 위해 $\alpha > 0$에 대해 다음을 정의하자.

$$\int_0^\infty dx x^n e^{-\alpha x} = \left(-\frac{\partial}{\partial \alpha}\right)^n \int_0^\infty dx e^{-\alpha x} = \left(-\frac{\partial}{\partial \alpha}\right)^n \left[-\frac{e^{-\alpha x}}{\alpha}\right]_0^\infty$$
$$= \left(-\frac{\partial}{\partial \alpha}\right)^n \frac{1}{\alpha} = \frac{n!}{\alpha^{n+1}} \tag{7.1.46}$$

따라서

$$\int_0^\infty dx x^3 (1 + e^{-x} + e^{-2x} + e^{-3x} + \cdots) = 3! + \frac{3!}{2^4} + \frac{3!}{3^4} + \cdots = 3!\left(1 + \frac{1}{2^4} + \frac{1}{3^4} + \cdots\right)$$
$$= 3!\zeta(4) = 6\frac{\pi^4}{90} = \frac{\pi^4}{15} \tag{7.1.47}$$

가 된다. $\Theta_D \gg T$, $x_D \gg 1$로 충분히 커서

$$U = \frac{\pi^2 V}{10\hbar^3 c^3}\tau^4 \tag{7.1.48}$$

이고, $(k_B\Theta_D)^3 = (\hbar c)^3 6N\pi^2/V$를 이용하면 $V/(\hbar c)^3 = 6N\pi^2/(k_B\Theta_D)^3$이므로,

$$U = \frac{3\pi^4 N}{5(k_B\Theta_D)^3}\tau^4 = \frac{3\pi^4 N k_B}{5\Theta_D^3} T^4 \tag{7.1.49}$$

가 된다. 따라서 저온에서의 비열은

$$C_v = \left(\frac{\partial U}{\partial \tau}\right)_v = \frac{12\pi^4 N}{5}\left(\frac{\tau}{k_B\Theta_D}\right)^3 = \frac{12\pi^4 N k_B}{5}\left(\frac{T}{\Theta_D}\right)^3 \tag{7.1.50}$$

이 된다. 이를 디바이 T^3법칙이라고 한다.

$$C_v = \beta' T^3 \ \text{(포논에 의한 비열)} \tag{7.1.51}$$

여기에서 $\beta' = \dfrac{12\pi^4 N k_B}{5\Theta_D^3}$이다. 온도의 역수로 사용한 $\beta(\beta = 1/k_B T)$ 표기와 헷갈리지 않기 위해서 프라임을 붙였는데 뒤에서는 그냥 β로 쓰기도 하니 혼동하지 말아야 한다. 실험적으로 βT^3에 맞게 이론값과 실험값을 맞추면 시료의 디바이 온도를 구할 수 있다.

고온에서는 식 (7.1.37)에서 $\beta \to 0$으로 작은 경우이므로, $e^{\beta\hbar\omega_n} \simeq 1+\beta\hbar\omega_n$으로 근사할 수 있다. 따라서

$$U=\frac{3\pi}{2}\int_0^{n_D} dn n^2\tau=\frac{3\pi}{2}\tau\frac{n_D^3}{3}=\frac{\pi}{2}\tau\left(\frac{6N}{\pi}\right)=3N\tau=3k_BTN \qquad (7.1.52)$$

이 된다. 따라서 고온에서의 비열은

$$C_v=\left(\frac{\partial U}{\partial T}\right)_v=3Nk_B \qquad (7.1.53)$$

로 일정한 값이 된다. 이는 고전적으로 뒬롱·프티 법칙에 해당한다. 위에서 계산한 결과는 양자역학의 결과를 바탕으로 두고 있는데, 결과적으로 고온에서는 고전 열역학의 결과와 일치함으로써 모순 없는 결과를 준다.

7.1.3 아인슈타인 모형

앞서 디바이 모형의 기본 가정은 포논의 주파수와 파수 벡터의 관계가 $\omega=kc$로 선형적인 관계가 있다는 것이다. 반면 아인슈타인은 모든 원자는 각각 독립된 조화 진동자로 취급하고, 단일 주파수를 갖는다고 가정하였다. 역사적으로 보면 아인슈타인 모형이 1906년으로 먼저 발표되었고, 6년 후인 1912년에 디바이가 모형을 더 발전시킨 것이다. 아인슈타인 모형의 역사적 의의는 당시 양자역학이 태동하고 있던 시절에 양자역학의 개념을 처음으로 고체에 적용하여 성공시킨 사례라고 할 수 있다.

디바이 모형과 아인슈타인 모형의 차이점은 포논 분산관계를 살펴보면 금방 이해할 수 있다. 그림 7-2는 제1 브릴루앙 영역에서의 포논 가지(phonon branch)이다. 포논은 크

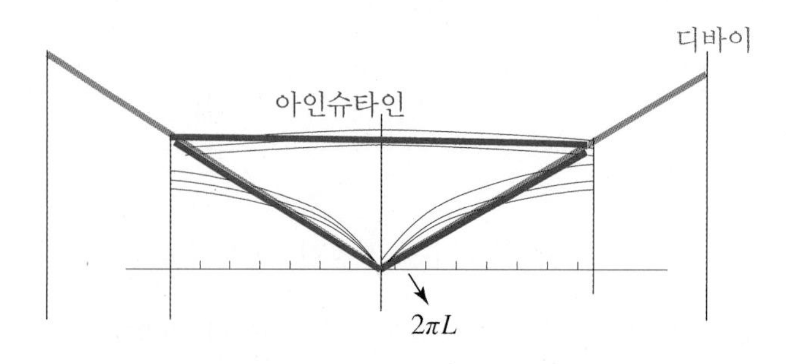

그림 7-2 제1 브릴루앙 영역에서 포논 분산에 대한 디바이 모형과 아인슈타인 모형

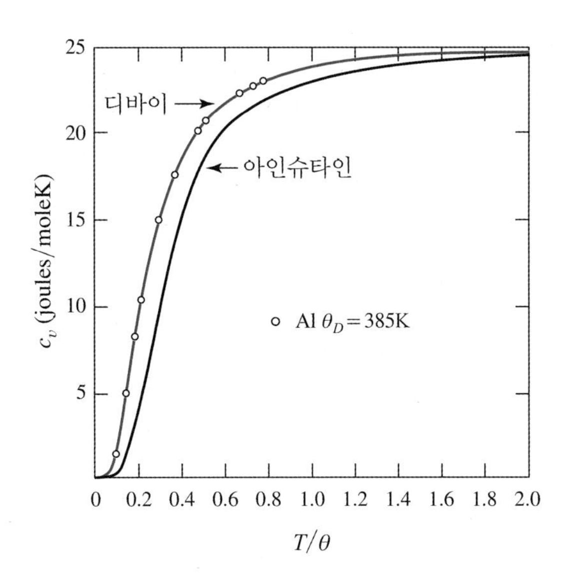

그림 7-3 디바이 모형과 아인슈타인 모형의 온도에 따른 비열 곡선

게 음향 포논과 광 포논으로 나눌 수 있다고 앞서 언급했듯이, 낮은 에너지에서 소리 포논 가지가 있고, 높은 에너지 영역에서 광 포논 가지가 있다. 당연히 포논 가지는 물질에 따라 다르게 갖지만, 소리 포논 가지는 파란색 실선과 같이 선형적으로 근사하여 다룰 수 있고, 이것이 디바이 모형이다. 반면, 아인슈타인 모형은 포논 주파수가 일정하다고 가정했는데, 포논 에너지가 운동량에 의해 크게 변화하지 않는 광 포논 가지에 해당한다고 할 수 있다. 즉, 디바이 모형은 소리 포논을, 아인슈타인 모형은 광 포논을 기술하는 것으로 이해할 수 있는데, 실험적으로는 디바이 모형이 더 잘 맞는다. 그것은 아인슈타인 모형의 가정이 너무 단순한 가정이고, 일반적으로는 비열과 열전도도 등 열적 현상에 광 포논의 영향은 미미하여 무시할 수 있기 때문이다. 그림 7-3은 온도에 따른 알루미늄의 비열 측정 결과를 디바이 모형과 아인슈타인 모형에 비교한 것이다. 실제로 디바이 모형과 잘 맞고, 아인슈타인 모형은 약간 작은 값을 예측한다. 아인슈타인 모형이 유효한 경우는 고온에서의 비열일 때이다. 아인슈타인 모형이 비록 실험적 결과와는 잘 맞지 않지만 양자역학의 첫 고체물리학 적용이라는 점에서 매우 큰 의의가 있다. 이제 구체적으로 아인슈타인 모형에 대해 살펴보자.

양자역학에서 조화 진동자의 해는 $\epsilon_n = \left(n + \frac{1}{2}\right)\hbar\omega$이고, 열역학적 평형상태에서 조화 진동자가 에너지 상태 ϵ_n을 가질 확률은 볼츠만 인자 $\exp(-\epsilon_n/k_B T)$에 비례한다. 따라서 조화 진동자의 평균 에너지는

$$\epsilon = \langle \epsilon_n \rangle = \frac{\sum_n \epsilon_n \exp(-\epsilon_n/k_B T)}{\sum_n \exp(-\epsilon_n/k_B T)} = \frac{1}{2}\hbar\omega + \hbar\omega \frac{\sum_n e^{-nx}}{\sum_n e^{-nx}} \tag{7.1.54}$$

여기에서 $x = \hbar\omega/k_B T$이다.

$$\frac{\sum_n e^{-nx}}{\sum_n e^{-nx}} = -\frac{d}{dx}\ln\left(\sum_n e^{-nx}\right) = -\frac{d}{dx}\ln\left(\frac{1}{1-e^{-x}}\right) = \frac{e^{-x}}{1-e^{-x}} = \frac{1}{e^x - 1} \tag{7.1.55}$$

이므로,

$$\epsilon = \frac{1}{2}\hbar\omega + \frac{\hbar\omega}{\exp(\hbar\omega/k_B T) - 1} \tag{7.1.56}$$

이 된다. 아인슈타인 모형은 조화 진동자가 같은 진동수 ω_E를 갖고, N개의 원자를 갖는 경우 $3rN$개의 독립된 진동 모드를 갖는다고 가정했기 때문에 모든 조화 진동자의 에너지는

$$E = 3N\left[\frac{1}{2}\hbar\omega + \frac{\hbar\omega}{e^{x_E} - 1}\right] \tag{7.1.57}$$

이 된다. 여기에서 $x_E = \hbar\omega_E/k_B T$이다.

비열은 에너지를 온도로 미분한 것이기 때문에

$$C_v = \frac{\partial E}{\partial T} = \frac{\partial E}{\partial x_E}\frac{\partial x_E}{\partial T} = 3Nk_B \frac{x_E^2 e^{x_E}}{(e^{x_E} - 1)^2} = 3R\left(\frac{x_E}{2}\right)^2 \operatorname{csch}^2\left(\frac{x_E}{2}\right) \tag{7.1.58}$$

가 된다. x_E에서 $\hbar\omega_E/k_B$는 온도의 단위가 되고 온도의 척도인자로 사용할 수 있게 되어 이를 아인슈타인 온도라고 한다($T_E = \hbar\omega_E/k_B$). 아인슈타인 온도로 축적을 바꾸어 비열을 표현하면

$$C_v = \frac{3R}{4}\left(\frac{T_E}{T}\right)^2 \operatorname{csch}^2\left(\frac{T_E}{2T}\right) \tag{7.1.59}$$

가 된다. 이 비열의 낮은 온도에서의 극한은

$$C_v = 3R\left(\frac{T_E}{T}\right)^2 \exp\left(-\frac{T_E}{T}\right) + \cdots \quad (T \ll T_E) \tag{7.1.60}$$

이고, 높은 온도에서의 극한은

$$C_v = 3R\left[1 - \frac{1}{12}\left(\frac{T_E}{T}\right)^2\right] + \cdots \quad (T \gg T_E) \tag{7.1.61}$$

이다. 고온의 극한에서 $C_v = 3R$인데, 이는 뒬롱·프티 법칙과 일치한다.

7.2 전자 비열: 페르미 기체

7.2.1 3차원 페르미 기체의 전자 상태밀도

전자에 의한 비열을 계산하기 위해서는 포논에 의한 비열 계산과 마찬가지로 전자의 상태밀도(density of states, DOS)를 알아야 한다. 상태밀도란 단위 부피 및 단위 에너지당 특정 에너지를 갖는 양자역학적 전자상태의 수를 말한다. 단위로는 $\text{eV}^{-1}\text{cm}^{-3}$를 쓴다. 저온, 특히 $T=0$ K에서 전자는 가장 낮은 에너지 상태를 유지하려고 한다. 전자는 스핀이 1/2인 페르미온(Fermion)이기 때문에 한 에너지 상태에서 $+1/2$과 $-1/2$의 2가지 스핀 상태만 존재할 수 있다. 즉, 전자의 에너지는 운동량 공간에서 낮은 에너지 상태에서 높은 에너지 상태로 각 에너지 상태를 점유해 들어가면서 그림 7-1과 같은 구를 형성하게 된다. 이때, $T=0$ K에서 전자가 가질 수 있는 가장 높은 에너지를 페르미 에너지(Fermi energy) ϵ_F라고 한다. 앞서 격자에 의한 비열의 문제에서 포논이 한 변의 길이가 L인 정육면체 격자에 갇혀 있다고 가정하고 문제를 풀었는데, 이번에도 전자도 마찬가지로 정육면체 격자에 갇혀 있다고 가정하자. 이때 슈뢰딩거 방정식은

$$-\frac{\hbar^2}{2m}\left(\frac{\partial^2}{\partial x^2} + \frac{\partial^2}{\partial y^2} + \frac{\partial^2}{\partial z^2}\right)\psi_{\vec{k}}(\vec{r}) = \epsilon_{\vec{k}}\psi_{\vec{k}}(\vec{r}) \tag{7.2.1}$$

이다. 이것의 해인 파동함수는

$$\psi_{\vec{k}}(\vec{r}) = \frac{1}{\sqrt{V}}\exp(i\vec{k}\cdot\vec{r}) \tag{7.2.2}$$

로 주어지고, 전 공간에서 전자의 확률이 1이므로 규격화 조건에 의하여

$$\int d\vec{r}\,|\psi_{\vec{k}}(\vec{r})|^2 = 1 \tag{7.2.3}$$

이다. 주기적 경계조건을 사용하면

$$\psi(x+L,\ y,\ z) = \psi(x,\ y,\ z) = \psi(x,\ y+L,\ z) = \psi(x,\ y,\ z+L) \tag{7.2.4}$$

$\exp(ik_xL) = 1$이어서

$$k_x = \frac{2\pi}{L}n_x,\ k_y = \frac{2\pi}{L}n_y,\ k_z = \frac{2\pi}{L}n_z \quad (n_x,\ n_y,\ n_z\text{는 양의 정수}) \tag{7.2.5}$$

를 얻을 수 있고, 에너지 고윳값은

$$\epsilon_{\vec{k}} = \frac{\hbar^2k^2}{2m} = \frac{\hbar^2}{2m}(k_x^2+k_y^2+k_z^2) = \frac{\hbar^2}{2m}\left(\frac{2\pi}{L}\right)^2(n_x^2+n_y^2+n_z^2) \tag{7.2.6}$$

이 된다. $T=0$ K에서 N개의 전자들은 가장 낮은 에너지 상태에서부터 차곡차곡 쌓아 올라가게 되는데, $(k_x,\ k_y,\ k_z)$ 운동량 공간에서 그림 7-1과 같이 등방적인 구 형태가 되고, 이를 페르미 구(Fermi sphere)라고 한다. 이때, 단위격자의 부피는 n_x, n_y, n_z가 모두 1인 경우에 해당되므로 $(2\pi/L)^3 = 8\pi^3/V$가 된다. 가장 높은 에너지를 갖는 전자의 운동량을 k_F(페르미 운동량)라고 하면 페르미 구의 부피는 $4\pi k_F^3/3$이므로, 페르미 구에서 전자상태의 개수는 한 양자상태에서 스핀 업/다운 전자 2개가 점유될 수 있으므로,

$$N = 2\frac{(\Delta k)^3}{(2\pi/L)^3} = 2\frac{V}{8\pi^3}\left(\frac{4}{3}\pi k_F^3\right) = \frac{V}{3\pi^2}k_F^3 \tag{7.2.7}$$

이 된다. 따라서 페르미 파수 벡터(Fermi wave vector)는

$$k_F = (3\pi^2 n)^{1/3} \tag{7.2.8}$$

이고, 전자가 갖는 가장 높은 에너지인 페르미 에너지는

표 7-1 대표적 금속 원소들의 페르미 속도 v_F, 페르미 에너지 E_F, 페르미 파수 벡터 k_F

	v_F (10^7 cm/s)	E_F (eV)	k_F (10^5 cm^{-1})
Li	4.9	0.68	0.42
Na	10.1	2.90	0.87
K	9.3	2.43	0.80
Rb	7.2	1.49	0.63
Cs	5.6	0.88	0.48
Cu	13.0	4.81	1.12
Ag	16.7	7.92	1.44
Au	13.4	5.11	1.16
Be	15.8	7.08	1.36
Mg	8.4	2.01	0.73
Ca	8.4	2.00	0.73
Sr	3.5	0.35	0.30
Ba	3.2	0.29	0.28
Zn	8.3	1.94	0.71
Cd	8.6	2.09	0.74
Al	8.7	2.17	0.76
Ga	6.1	1.06	0.53
In	5.5	0.85	0.47
Tl	4.5	0.57	0.39
Sn	4.9	0.67	0.42
Pb	2.9	0.24	0.25

$$\epsilon_F = \frac{\hbar^2 k_F^2}{2m} = \frac{\hbar^2}{2m}(3\pi^2 n)^{2/3} \tag{7.2.9}$$

이다. 운동량의 관계 $p = mv_F = \hbar k_F$로부터 페르미 속도(Fermi velocity)는 $v_F = \hbar k_F/m$, 페르미 온도 T_F는 $\epsilon_F = k_B T_F$로 구할 수 있다. 표 7-1에 몇몇 금속에서의 페르미 속도 v_F, 페르미 에너지 E_F, 페르미 파수 벡터 k_F를 나타내었다. 금속의 페르미 속도가 거의 10^7 cm/s 정도가 되는데 0 K에서도 전자의 속도는 매우 큰 것을 알 수 있다. 이것은 전자가 페르미온이기 때문이다. 낮은 에너지 상태에서부터 높은 에너지 상태로 차기 때문에 최외각 전자의 속도는 0 K이어서 얼어붙는 것이 아니라 매우 빠른 속도로 움직인다. 이에 따라 페르미 에너지는 수 eV 정도의 에너지를 갖는데, 이것은 온도로 따지면 1만 K 정도로 높은 온도에 해당한다. 주변 온도가 0 K으로 매우 낮더라도 전자의 에너지는 이미 매우 높은 상태에 있게 되기 때문에 상온 300 K 정도는 1만 K에 비해 낮은 온도 수준이어서 페르미 에너지에 비하면 미미한 정도이다. 즉, 일상생활에서의 물리현상은 페르미 에너지 수준에서 이루어지기 때문에 물질의 바닥상태(ground state)를 이해하는 것이 중요하다.

그림 7-4(a)와 같이 페르미 면 근처에서 ϵ과 $\epsilon + d\epsilon$ 사이 작은 에너지 사이에 양자상태 수는 그 에너지 사이의 껍질의 부피를 단위격자 부피로 나누고 2를 곱하면 된다. 2를 곱하는 이유는 스핀 업/다운의 자유도가 2개 있기 때문이다.

$$D(\epsilon)d\epsilon = 2\frac{V}{(2\pi)^3}\int_{shell} d^3k = 2\frac{V}{(2\pi)^3}4\pi k^2 dk \tag{7.2.10}$$

에너지와 운동량의 관계로부터

$$\epsilon = \frac{\hbar^2 k^2}{2m}, \quad k = \frac{\sqrt{2m\epsilon}}{\hbar} \tag{7.2.11}$$

$$d\epsilon = \frac{\hbar^2}{m}kdk, \quad dk = \frac{m}{\hbar^2}\frac{\hbar}{\sqrt{2m\epsilon}}d\epsilon$$

을 대입하면 상태밀도는

$$D(\epsilon) = \frac{V}{\pi^2}k^2\frac{dk}{d\epsilon} = \frac{V}{\pi^2}\frac{2m\epsilon}{\hbar^2}\frac{m}{\hbar^2}\frac{\hbar}{\sqrt{2m\epsilon}} = \frac{mV}{\pi^2\hbar^3}\sqrt{2m\epsilon} = \frac{V}{2\pi^2}\left(\frac{2m}{\hbar^2}\right)^{3/2}\sqrt{\epsilon} \tag{7.2.12}$$

로 되어서 그림 7-4(b)에서와 같이 상태밀도는 $\sqrt{\epsilon}$에 비례한다.

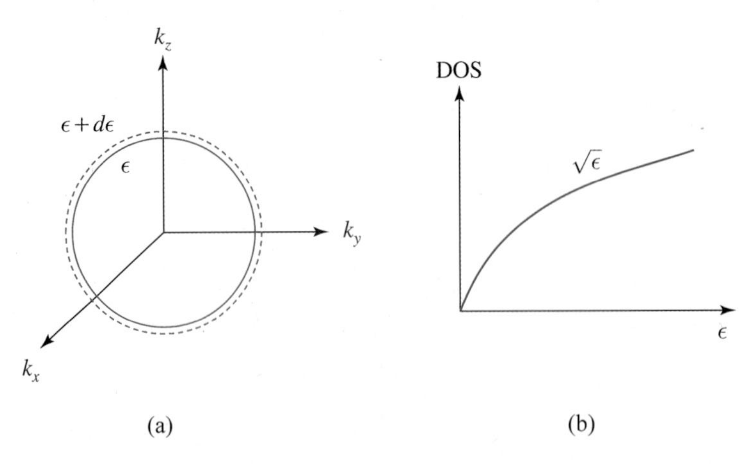

그림 7-4 페르미 면 근처에서 ϵ과 $\epsilon + d\epsilon$ 사이 에너지 껍질(a)과 3차원 상태밀도(b)

앞서 언급했듯이 일상생활에서의 물리학은 페르미 에너지 수준에서 일어나기 때문에 페르미 에너지에서의 상태밀도는 매우 중요하다. 사실 페르미 면의 깊은 아래쪽의 상태밀도는 실제 물리현상에 발현되지 않는다. 페르미 에너지는

$$\epsilon_F = \frac{\hbar^2}{2m}(3\pi^2 n)^{2/3} \tag{7.2.13}$$

이므로, 페르미 준위에서의 상태밀도는

$$D(\epsilon_F) = \frac{V}{2\pi^2}\left(\frac{2m}{\hbar^2}\right)^{3/2}\sqrt{\epsilon_F} = \frac{V}{2\pi^2}\left(\frac{2m}{\hbar^2}\right)^{3/2}\frac{\epsilon_F^{3/2}}{\epsilon_F} = \frac{V}{2\pi^2}\frac{3\pi^2 N}{\epsilon_F V} = \frac{3}{2}\frac{N}{\epsilon_F} \tag{7.2.14}$$

가 된다.

이것은 다음과 같은 방법으로도 얻을 수 있다. 총 전자수는

$$N = 2\frac{V}{(2\pi)^3}\left(\frac{4}{3}\pi k_F^3\right) = \frac{V}{3\pi^2}k_F^3 = \frac{V}{3\pi^2}\left(\frac{2m}{\hbar^2}\right)^{3/2}\epsilon_F^{3/2} \tag{7.2.15}$$

여서, 이것을 미분하면

$$dN = \frac{3}{2}\frac{V}{3\pi^2}\left(\frac{2m}{\hbar^2}\right)^{3/2}\epsilon_F^{-1}d\epsilon_F$$

이고, 상태밀도의 정의에 의하여

$$D(\epsilon_F) = \left.\frac{dN}{d\epsilon}\right|_{\epsilon_F} = \frac{3}{2}\frac{N}{\epsilon_F} \tag{7.2.16}$$

을 얻을 수 있다.

7.2.2 전자의 비열

위에서 얻은 상태밀도는 0 K의 바닥상태에서의 상태밀도이고, 비열을 계산하기 위해서는 온도의 영향을 고려해야만 한다. 페르미온 입자의 온도에 대한 영향은 페르미·디랙 분포를 따른다. 이때, 모든 양자상태에 대한 합은 총 전자수가 되며, 분포함수에 상태밀도를 곱하고 이를 모든 에너지에 대해 적분한 값과 같다.

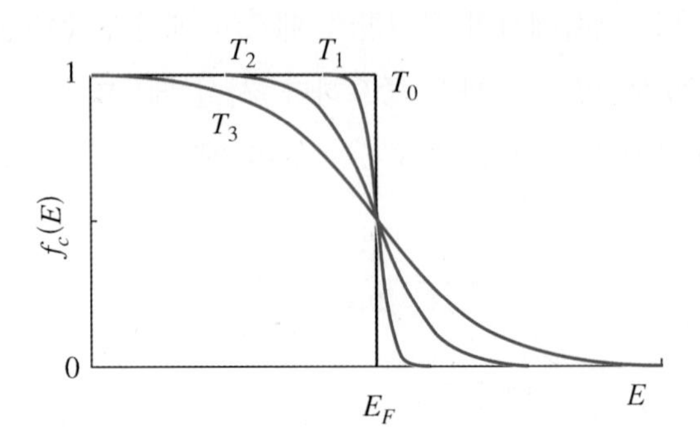

그림 7-5 페르미 · 디랙 분포

$$f(\epsilon)=\frac{1}{\exp[\beta(\epsilon-\mu)]+1}$$

$$N=\sum_s\frac{1}{\exp[\beta(\epsilon_s-\mu)]+1}=\int_0^\infty d\epsilon D(\epsilon)f(\epsilon) \tag{7.2.17}$$

여기에서 μ는 화학적 퍼텐셜이다. 그림 7-5는 페르미 · 디랙 분포의 그래프를 그린 그림인데, $T=0$ K(T_0)에서 페르미 에너지 아래쪽에서는 전자의 확률이 1이며, 페르미 에너지 위쪽에서는 전자의 확률이 0이다. 온도가 높아질수록($T_1<T_2<T_3$) 계단 모양의 페르미 · 디랙 함수는 열적 퍼짐이 발생하고, 페르미 에너지보다 위쪽으로 전자의 확률밀도가 생긴다. 이때, 페르미 에너지 위쪽의 전자의 확률밀도는 페르미 에너지보다 아래쪽에서 온 것으로, 페르미 에너지 아래쪽에서는 정공(hole)이 발생한다. 온도가 0 K이 아닐 때 전자가 갖는 가장 높은 에너지는 화학적 퍼텐셜에 해당하는데, 따라서 페르미 에너지는 0 K일 때의 화학적 퍼텐셜로 정의할 수 있다.

열역학적 평형 에너지는

$$U=\langle\epsilon\rangle=\int_0^\infty d\epsilon\epsilon D(\epsilon)f(\epsilon) \tag{7.2.18}$$

으로 얻을 수 있다. 바닥상태에서 모든 입자는 페르미 에너지 아래쪽에 있기 때문에 페르미 함수는 1이 되어서

$$N=\int_0^{\epsilon_F}d\epsilon D(\epsilon),\quad U_0=\int_0^{\epsilon_F}d\epsilon D(\epsilon) \tag{7.2.19}$$

이 된다.

페르미 함수를 넣어 에너지를 다시 쓰면,

$$U = \int_0^\infty d\epsilon D(\epsilon)\frac{\epsilon}{e^{\beta(\epsilon-\mu)}+1} \tag{7.2.20}$$

이고, 비열은 에너지의 온도에 대한 미분인데,

$$C_v = \frac{\partial U}{\partial \tau} = \frac{\partial}{\partial \beta}\frac{\partial \beta}{\partial \tau}U \tag{7.2.21}$$

에서 $\partial\beta/\partial\tau = -1/\tau^2$을 이용하자. 그러면

$$C_v = -\frac{1}{\tau^2}\frac{\partial}{\partial\beta}\int_0^\infty d\epsilon D(\epsilon)\frac{\epsilon}{e^{\beta(\epsilon-\mu)}+1} = \frac{1}{\tau^2}\int_0^\infty d\epsilon D(\epsilon)\frac{\epsilon(\epsilon-\mu)e^{\beta(\epsilon-\mu)}}{[e^{\beta(\epsilon-\mu)}+1]^2} \tag{7.2.22}$$

$$= \frac{1}{\tau^2}\int_{-\infty}^\infty d\epsilon D(\epsilon)\frac{(\epsilon-\epsilon_F)^2 e^{\beta(\epsilon-\epsilon_F)}}{[e^{\beta(\epsilon-\epsilon_F)}+1]^2} + \frac{1}{\tau^2}\int_{-\infty}^\infty d\epsilon D(\epsilon)\frac{\epsilon_F(\epsilon-\epsilon_F)e^{\beta(\epsilon-\epsilon_F)}}{[e^{\beta(\epsilon-\epsilon_F)}+1]^2}$$

으로 쓸 수 있다. 적분구간이 $-\infty$이 된 이유는 음의 에너지는 의미가 없지만 적분의 계산을 쉽게 하기 위해 도입하였다. 마지막 항에서 적분 안의 $(\epsilon-\epsilon_F)$가 기함수이기 때문에, $-\infty$부터 ∞까지 적분에 대해서는 0으로 사라진다.

$$x = \beta(\epsilon - \epsilon_F) \tag{7.2.23}$$

라고 하면 $dx = \beta d\epsilon$, $d\epsilon = \tau dx$, $\epsilon - \epsilon_F = \tau x$가 되어서, 페르미 에너지 근처에서 비열 식을 다시 쓰면 비열의 첫째 항이 다음과 같이 변환된다.

$$C_v \simeq \frac{D(\epsilon_F)}{\tau^2}\tau^3\int_{-\infty}^\infty dx\frac{x^2e^x}{(e^x+1)^2} = \frac{\pi^2}{3}D(\epsilon_F)\tau = \frac{\pi^2}{3}D(\epsilon_F)k_B^2T \tag{7.2.24}$$

참고로 적분의 계산을 자세히 정리하였다.

$$\int_{-\infty}^\infty dx\frac{x^2e^x}{(e^x+1)^2} = 2\int_0^\infty dx\frac{x^2e^x}{(e^x+1)^2} \tag{7.2.25}$$

이것은 x의 차수가 짝수로써 우함수이기 때문에 가능하다. 기함수인 경우는 0이 된다. 위 식의 적분대상 중 다음을 먼저 계산해보자.

$$\frac{e^x}{(e^x+1)^2} = \frac{e^{-x}}{(1+e^{-x})^2} \tag{7.2.26}$$

수열의 공식에 의하여

$$\frac{1}{1+e^{-x}} = \sum_{n=0}^{\infty}(-1)^n e^{-nx} \tag{7.2.27}$$

이고, 양변을 x에 대해 미분하면

$$\frac{e^{-x}}{(1+e^{-x})^2} = \sum_{n=1}^{\infty}(-1)^{n+1} n e^{-nx}$$

이다. 따라서

$$\int_0^{\infty} dx \frac{x^2 e^x}{(e^x+1)^2} = \sum_{n=1}^{\infty}(-1)^{n+1} n \int_0^{\infty} dx x^2 e^{-nx} \tag{7.2.28}$$

이다. 적분을 계산하기 위해 다음을 고려하자.

$$\int_0^{\infty} dx x^2 e^{-nx} = \frac{\partial^2}{\partial n^2}\int_0^{\infty} e^{-nx} dx = \frac{\partial^2}{\partial n^2}\left[-\frac{e^{-nx}}{n}\right]_0^{\infty} = \frac{\partial^2}{\partial n^2}\left(\frac{1}{n}\right) = \frac{2}{n^3} \tag{7.2.29}$$

즉,

$$\int_0^{\infty} dx \frac{x^2 e^x}{(e^x+1)^2} = \sum_{n=1}^{\infty}(-1)^{n+1} n \frac{2}{n^3} = \sum_{n=1}^{\infty} 2\frac{(-1)^{n+1}}{n^2} = \frac{\pi^2}{6} \tag{7.2.30}$$

마지막 결과는 디리클레 에타 함수(Dirichlet Eta function)를 이용하였다.

$$\eta(s) \equiv \sum_{n=1}^{\infty}\frac{(-1)^{n-1}}{n^s} = (1-2^{1-s})\zeta(s) \tag{7.2.31}$$

$\zeta(s)$는 리만 제타 함수(Riemann Zeta function)로써,

$$\zeta(s) = \sum_{n=1}^{\infty}\frac{1}{n^s} \tag{7.2.32}$$

이다. 따라서 식 (7.2.25)는 다음과 같이 쓸 수 있다.

$$\int_{-\infty}^{\infty} dx \frac{x^2 e^x}{(e^x+1)^2} = \frac{\pi}{3} \tag{7.2.33}$$

페르미 기체(Fermi gas)의 상태밀도를 대입하면

$$C_v = \frac{1}{2}\pi^2 N\left(\frac{\tau}{\tau_F}\right) = \frac{1}{2}\pi^2 N \frac{k_B T}{T_F} = \gamma T \tag{7.2.34}$$

$$\gamma = \frac{\pi^2}{3} D(\epsilon_F) k_B^2 \tag{7.2.35}$$

의 결과를 얻을 수 있다. 이것은 저온에서 전자에 의한 비열은 온도에 비례하는 것을 나타낸다. 여기에서 γ를 조머펠트 계수(Sommerfeld coefficient)라고 하며, 조머펠트 계수를 측정하면 물질의 페르미 준위에서의 상태밀도를 얻을 수 있다. 저온에서 전자의 비열은 온도에 선형적으로 비례하고, 디바이 모형에서는 격자에 의해 온도의 세제곱에 비례하기 때문에 저온에서의 비열은 다음과 같이 나타난다.

$$C_v = \gamma T + \beta T^3 \tag{7.2.36}$$

저온에서의 비열 측정을 분석할 때, 일반적으로는 가로축을 온도의 제곱으로, 세로축을 C/T로 나타내면 비열 데이터가 직선의 식으로 변환되어 기울기로 β값을, y축 절편값으로 γ를 구할 수 있다. 그림 7-6은 초전도체의 비열 데이터인데, 파란색 직선이

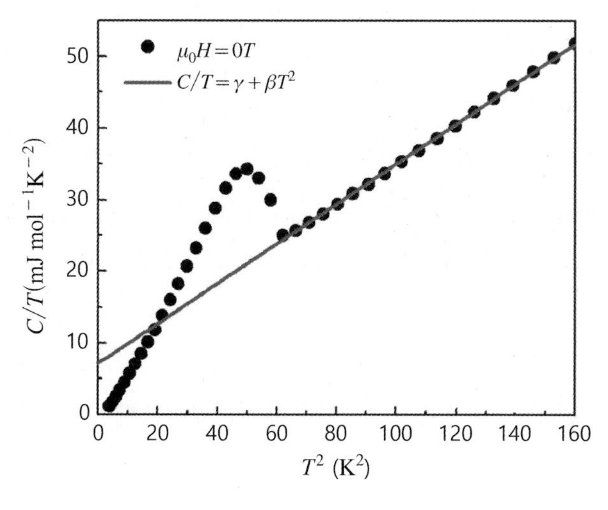

그림 7-6 비열 측정 곡선

$C/T = \gamma + \beta T^2$의 직선이다. 초전도나 자성체와 같이 장거리 질서에 의한 상호작용이 있는 경우에는 조머펠트와 디바이 이론에서 벗어나서 봉우리(peak)가 생기는데, 이에 대해서는 다음 절에서 논의하도록 하자.

7.3 비열에 대한 스핀의 영향*

고체에는 전자와 이온 외에도 스핀의 영향이 중요할 때가 있다. 특히 자성체와 초전도체 등 스핀이 주 상호작용의 원인으로 작용하는 경우에는 스핀의 물성을 반드시 이해해야 한다. 특히, 스핀이 장거리 상호작용을 하는 경우에는 상전이(phase transition)를 일으키는데, 상전이는 어떤 물리적 상(phase)이 갑작스럽게 또는 천천히 변화하는 것을 말한다. 상이 갑작스럽게 변하는 경우를 1차 상전이라고 하고, 천천히 변하는 것을 2차 상전이라고 한다. 물리적으로는 자유 에너지 또는 어떤 내재적 물리량을 1번 미분했을 때 전이(transition)가 생기면 1차 상전이이고, 자유 에너지를 2번 미분했을 때 전이가 생기면 2차 상전이라고 한다. 여기에서 전이는 봉우리로 나타나고, 미분 불가능한 봉우리가 상전이 지점이다. 예를 들어, 비열은 $C_v = \partial U/\partial T$로 에너지를 온도에 대해 1번 미분한 양이므로, 비열에서 봉우리가 발생하여 상전이가 발생했다면 그것은 1차 상전이에 해당한다. 반면, 자기 감수율은 $\chi = \partial M/\partial H$로 주어지는데, 자기 감수율을 외부 자기장에 대해 미분해서 미분 불가능한 변화가 생긴다면 $\partial\chi/\partial H = \partial^2 M/\partial H^2$이므로, 그것은 2번 미분한 값이어서 2차 상전이에 해당한다. 1차 상전이는 잠열(latent heat)을 포함하고 있고, 잠열은 상전이 시 갑작스럽게 방출되거나 흡수된다. 2차 상전이는 다른 말로 연속적 상전이라고도 해서 갑작스런 상의 변화가 아니라 천천히 상이 변화되면서 지수함수를 따른다. 이를 임계 지수(critical exponent)라고 한다. 상전이의 대표적인 현상은 자기적 상전이와 초전도 상전이인데 모두 장거리 질서에 의한 상전이일 경우에 비열의 급격한 변화를 동반한다. 초전도체에서의 비열 연구는 이 장에서 다루지 않고 7부 초전도 부분에서 다룬다. 이 절에서는 자기적 상호작용에 의한 비열의 영향에 한정하여 살펴보자.

외부 자기장 $\vec{H}$에 대해 자기화 $\vec{M}$이 반응할 때 열역학적 관계식은

$$TdS = dE + PdV + MdH \tag{7.3.1}$$

가 된다. $E' = E + MH$라고 하면

$$TdS = dE' + PdV - HdM \tag{7.3.2}$$

로 쓸 수 있다. E'은 자기화 에너지를 포함한 내부 에너지이다. 일반적으로 고체물리학에서 역학적 에너지 PdV는 무시할 수 있다. 물론 외부에서 압력을 가하는 실험을 하는 경우가 있지만, 그런 압력실험인 경우에만 역학적 에너지를 무시할 수 있다. 자기 에너지에 의한 비열은 다음과 같이 자기장을 일정하게 가한 상태에서의 비열 C_H와 자기화를 일정하게 하는 비열 C_M로 표시할 수 있다.

$$C_H = \left(\frac{dQ}{dT}\right)_H = T\left(\frac{\partial S}{\partial T}\right)_H, \quad C_M = \left(\frac{dQ}{dT}\right)_M = T\left(\frac{\partial S}{\partial T}\right)_M \tag{7.3.3}$$

일반적으로 자기화를 일정하게 하기는 어렵고, 자기장을 일정하게 하는 것은 쉽기 때문에 자기장이 일정한 상태에서의 비열을 실험에서 주로 다룬다.

7.3.1 스핀파의 비열

자기모멘트가 열에 의해 들뜨거나 자기모멘트 간에 상호작용이 약한 경우 자기모멘트, 다른 말로 스핀은 자기장에 대해 세차운동을 하게 된다. 스핀의 자기장 하에서 세차운동은 뒤에 자기적 성질 부분에서 자세히 다루고자 한다. 스핀의 열적 들뜸에 의해서 스핀계의 운동이 사인 함수로 나타나는 것을 스핀파(spin wave)라고 한다. 스핀파는 마그논(Magnon)이라고도 하는데, 연속적인 대칭성을 갖는 스핀 상호작용의 집단적 들뜸(collective excitation) 현상이다. 그림 7-7은 스핀파를 도식적으로 그린 그림이다. 스핀파는 포논과 같이 보손 입자이다. 일반적으로 보손 입자는 실제 입자가 아니라 입자들의 들뜸 현상에 의한 유사입자(quasi-particle)이다. 스핀파는 연속적인 대칭성을 갖는 움직임이기 때문에 에너지는 상온에서 μ eV 정도의 에너지 크기를 갖는다. 스핀파는 강자성, 반강자성과 같이 장거리 상호작용이 있는 것이 아니어서 급격한 상전이를 보이지는 않는다. 다만 사인파와 같이 연속적인 스핀의 움직임이 있고, 그것이 물질 내부 에너지에 영향을 미치기 때문에 스핀파에 의해 비열이 영향을 받는다.

작은 자기장 H_0에 의해 3차원 스핀파가 형성된다고 가정해보자. 자기장이 가해지면 스핀은 세차운동을 하게 된다. 세차운동과 함께 스핀파가 형성된다면 스핀의 회전 주파

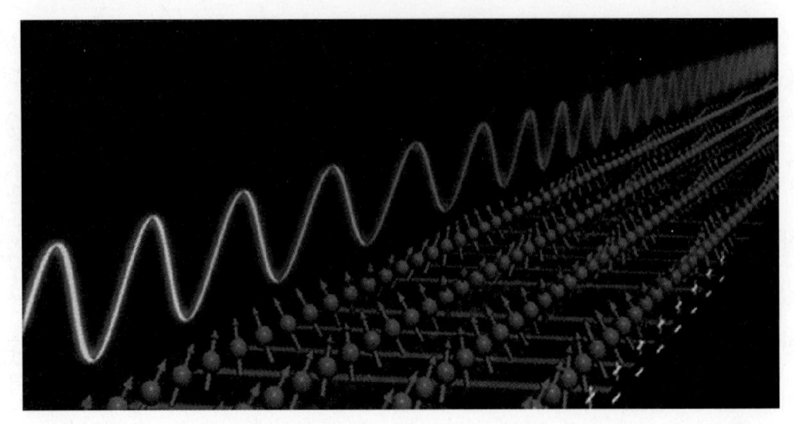

그림 7-7 스핀파의 모식도[1]

수 ω_q 영향이 더 추가되게 된다. 격자상수를 a라고 하고, 변위를 q라고 할 때, 스핀의 방향이 한 방향으로 향해 있는 강자성(ferromagnetic)에서 변위에 대한 스핀의 회전 주파수는

$$\omega_q = \alpha_{FM} \frac{2Jsa^2}{\hbar} q^2 \tag{7.3.4}$$

이 된다. 여기에서 s는 스핀파의 단일 스핀이며, J는 이웃 스핀 간의 교환 상호작용 크기이다. (교환 상호작용에 대해서는 7편에서 다룬다.) 반면, 스핀 방향이 업/다운으로 교차적으로 정렬되어 있는 반강자성(antiferromagnetic) 스핀파에서의 스핀 회전 주파수는 다음과 같이 알려져 있다.[2,3]

$$\omega_q = \alpha_{AF} \frac{2J' sa^2}{\hbar} q \tag{7.3.5}$$

여기에서 α_{FM}과 α_{AF}는 결정구조와 관련되는 강자성과 반강자성의 조절인자 상수(tuning parameter constant)이다.

스핀파는 입자가 아닌 들뜸 현상이므로 페르미온이 아닌 보손 입자이다. 스핀파의 진동을 조화 진동자로 취급하면 보손 입자 진동자의 평균 에너지는

1 Physics 7, s84 (2014)
2 Am. J. Phys. 21, 250 (1953)
3 Rev. Mod. Phys. 30, 1 (1958)

$$\langle \epsilon(\omega) \rangle = \frac{\hbar\omega}{\exp(\hbar\omega/k_B T) - 1} \tag{7.3.6}$$

로 주어진다. 어떤 변위구간 q와 $q+dq$ 사이에서 보손 입자의 에너지 상태 수는

$$n(q)dq = 4\pi V q^2 dq \tag{7.3.7}$$

인데, 이를 에너지 평균값에 곱하여 적분하면 전체 에너지를 계산할 수 있다. 즉, 강자성체 스핀파의 에너지는 식 (7.3.4)를 이용하면

$$\begin{aligned} E &= 4\pi V \int_0 q^2 \frac{\hbar\omega}{\exp(\hbar\omega/k_B T) - 1} dq \\ &= 4\pi V \int_0 q^2 \frac{(2\alpha_{FM} J s a^2 q^2)}{\exp(2\alpha_{FM} J s a^2 q^2/k_B T) - 1} dq \\ &= 4\pi V (2\alpha_{FM} J s a^2) \left(\frac{k_B T}{2\alpha_{FM} J s a^2} \right)^{5/2} \int_0 \frac{x^4}{\exp(x^2) - 1} dx \end{aligned} \tag{7.3.8}$$

가 된다. $x = \hbar\omega/k_B T$이므로 충분히 저온에서는 x의 적분 상한은 무한대로 두어도 무방하다. 이 적분이 어떤 값을 갖는지는 직접 계산을 해봐야 되겠지만 어차피 결정구조에 의해 결정되는 인자 α_{FM}과 뭉뚱그려서 상수 취급을 해도 되기 때문에 굳이 신경쓰지 않아도 된다. 비열은 에너지를 온도에 대해 미분한 것이므로 결과적으로 다음과 같이 강자성에서의 스핀파에 의한 비열을 쓸 수 있다.

$$C_M^{FM} = \frac{dE}{dT} = c_{FM} N_A k_B \left(\frac{k_B T}{2Js} \right)^{3/2} \tag{7.3.9}$$

여기에서 c_{FM}은 결정구조에 대한 상수이다. 즉, 강자성 스핀파를 갖는 자성체의 비열은 전자와 격자의 비열을 포함하여

$$C_v = \gamma T + \beta T^3 + \delta T^{3/2} \tag{7.3.10}$$

를 따르게 된다.

마찬가지 방법으로 스핀이 업/다운으로 교차적으로 정렬되어 있는 반강자성 스핀계에서의 스핀파는 식 (7.3.5)를 이용해서 계산하면

$$
\begin{aligned}
E &= 4\pi V\int_0 q^2\frac{\hbar\omega}{\exp(\hbar\omega/k_BT)-1}dq \\
&= 4\pi V\int_0 q^2\frac{(2\alpha_{AF}J'sa^2q)}{\exp(2\alpha_{AF}J'sa^2q/k_BT)-1}dq \\
&= 4\pi V(2\alpha_{AF}J'sa^2)\left(\frac{k_BT}{2\alpha_{AF}J'sa^2}\right)^4\int_0\frac{x^3}{e^x-1}dx
\end{aligned}
\tag{7.3.11}
$$

가 되고, 여기에서도 적분계산을 할 것도 없이 상수인자에 뭉뚱그려서 결과를 쓰면 반강자성 스핀파에서의 비열은

$$
C_M^{AF} = c_{AF}N_Ak_B\left(\frac{k_BT}{2J's}\right)^3 = \delta T^3 \tag{7.3.12}
$$

이 된다.

실험적으로 강자성 스핀파인지 반강자성 스핀파인지는 먼저 자기적 물성 측정을 통해 1차적으로 스핀의 정렬상태를 판단해야 하고, 비열식으로부터 실험식을 맞춰보아 스핀파(마그논)가 존재하는지를 알 수 있다. 그림 7-8에서는 강자성 스핀파(a)와 반강자성 스핀파(b)에서의 비열을 보여주고 있다. 저온 영역에서 강자성 스핀파는 $C_M \propto T^{3/2}$에 잘 맞고 있고, 반강자성 스핀파의 경우에는 $C_M \propto T^3$을 따르게 된다. 주의해야 될 것은 반

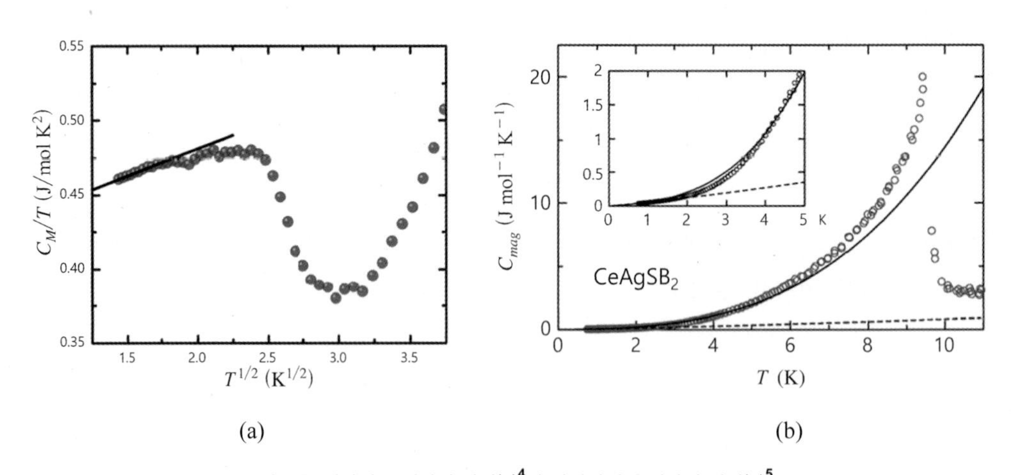

그림 7-8 강자성 스핀파의 비열(a)[4]과 반강자성 스핀파의 비열(b)[5]

4 Phys. Rev. B 98, 174431 (2018)

5 Phys. Rev. B 67, 064403 (2003)

강자성 스핀파의 비열이 T^3에 비례하므로 격자에 의한 비열 항과 구분하기 어렵다는 점이다. 사실 반강자성 스핀파의 존재는 금속에서는 구분이 불가능하고, 부도체인 경우에도 구분하기가 매우 어렵다.

스핀에 의한 비열에서 중요한 논의 중 하나로, 스핀들이 장거리 질서에 의한 상전이, 즉 강자성 또는 반강자성 등의 상전이를 일으키는 경우가 있다. 또한 포논에 의해 전자쌍이 형성되어 발생하는 초전도에서도 비열의 논의는 매우 중요하다. 그러한 장거리 질서나 초전도에 의한 비열에 대한 논의는 자성과 초전도에 대한 장에서 보다 세부적으로 다루기로 한다.

CHAPTER 8

열전도도*

열전도도(thermal conductivity) 또는 열전도율(thermal conductance)은 주어진 온도차에 의해 열이 얼마나 빠르게 흐르는가를 나타내는 척도이다. 쇠막대 끝을 가열하면 열은 막대의 다른 쪽 끝으로 빠르게 전달되어 뜨거움을 느끼게 된다. 반면, 스티로폼 같은 경우에는 열전도도가 낮아 외부의 열 환경으로부터 열전달이 잘되지 않는다. 열전도도 κ의 수학적 정의는 다음과 같으며, 이 식을 푸리에 법칙(Fourier's law)이라고 한다.

$$\kappa -- \dot{Q}\frac{L}{A\nabla T} -- \frac{\overrightarrow{J_Q}}{\nabla T} \qquad (8.1)$$

여기에서 Q는 열유량(heat flow)으로써 단위는 Joule이고, $\dot{Q}$는 단위시간당 열유량으로써 단위가 Joule/sec이므로 Watt[W]가 된다. L은 시료의 길이, A는 시료의 단면, $\nabla T = T_1 - T_2 (T_1 > T_2)$로써 온도차이다. 따라서 열전도도의 단위는 W m^{-1} K^{-1}이다. 열전도도 식에서 음의 부호가 나오는 것은 열은 뜨거운 쪽에서 차가운 쪽으로 흐르기 때문이다. 그림 8-1(a)에서 보면 온도 T_2지점을 $x=0$으로 잡고, 온도 T_1지점을 $x=L$이라 잡으면, 열유량 Q는 음의 방향으로 흐르게 된다. 열전도도는 항상 양의 값만을 갖는다. 음의 열전도도는 열역학 제2법칙을 위배하게 된다. $\overrightarrow{J_Q}$는 열 흐름밀도(heat current density)

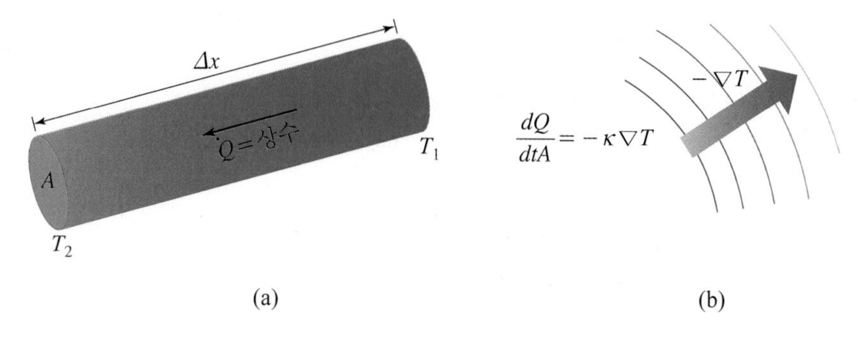

그림 8-1 온도차에 의한 고체의 열전달

로써 벡터량이다. 일반적으로 온도 기울기 방향으로 열이 흐르기 때문에 열전도도는 스칼라량으로 다룰 수 있으나, 포논 홀 효과(Phonon Hall effect) 같은 특수한 경우에서는 열 흐름의 방향과 온도차의 방향이 다를 수 있어서 열전도도가 텐서량으로 주어질 수 있다.

또한 열전도도는 다음과 같이 비열 C_p과 시료의 밀도 ρ_s, 그리고 열확산도(thermal diffusivity) λ의 곱으로 나타낼 수 있다.

$$\kappa = \rho_s C_p \lambda \tag{8.2}$$

단위를 살펴보면 MKS 단위로 시료 밀도는 kg m^{-3}, 비열의 단위는 J kg^{-1} K^{-1}, 열확산도의 단위는 m^2 s^{-1}인데, 이를 조합해보아도 열전도도의 단위는 W m^{-1} K^{-1}가 된다. 열전도도를 측정하는 방법은 매우 다양하지만, 그 중에서 많이 사용하는 방법은 크게 레이저 확산법(Laser flash method)과 정상상태 방법(steady-state method)이다. 레이저 확산법은 얇은 시료에 레이저를 조사하여 열확산도를 측정함으로써 위의 식을 이용하여 열전도도를 얻는다. 정상상태 방법은 시료에 직접적으로 열유량 Q를 가하여 시료의 온도를 측정함으로써, 위 푸리에 법칙을 이용하여 열전도도를 측정한다.

그림 8-2는 다양한 시료의 열전도도를 도식화한 것이다. 알려진 재료 중 가장 높은 열전도도를 갖는 재료는 다이아몬드로써 1000 W m^{-1} K^{-1} 정도이고, 실리카 에어로겔(Silica aerogel)은 0.003 W m^{-1} K^{-1}로 매우 낮은 열전도도를 갖는다.

열전도도는 크게 전자에 의한 열전도도 κ_{el}와 격자에 의한 열전도도 κ_{ph}로 나눌 수 있고, 자성체의 경우에는 스핀에 의한 열전도도 κ_{spin}항이 있을 수 있다. 그렇지만 스핀에 의한 열전도도는 특수한 경우에만 유의미한 값을 갖고 있어서, 일반적인 고체는 전자와 포논이 열전도도의 대부분을 차지한다.

$$\kappa = \kappa_{el} + \kappa_{ph} + \kappa_{spin} + \cdots \tag{8.3}$$

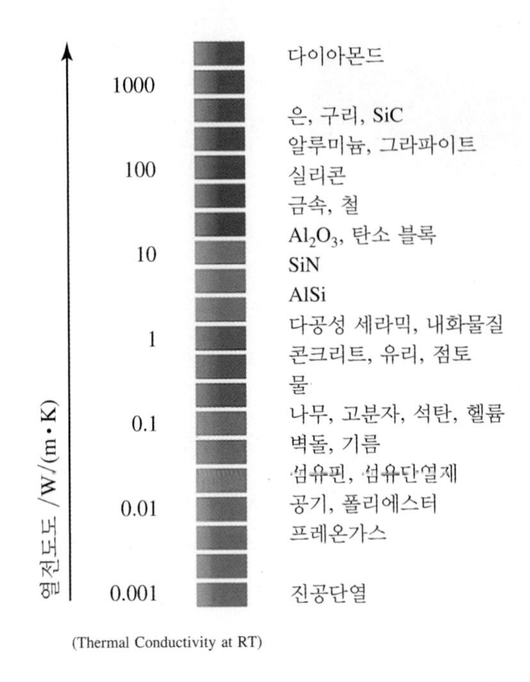

그림 8-2 다양한 시료의 열전도도

8.1 전자에 의한 열전도도: 비데만–프란츠 법칙

고체 안의 전도 전자는 열을 전달한다. 이는 전도 전자의 화학적 퍼텐셜 차이에 따라 에너지의 이동이 생기기 때문인데, 높은 온도에서는 전도 전자의 화학적 퍼텐셜이 높고, 낮은 온도에서는 화학적 퍼텐셜이 낮다. 화학적 퍼텐셜의 기울기에 의해 전자가 확산되게 되는데, 이를 열확산 전자(thermal diffusive electron)라고 한다. 높은 화학적 퍼텐셜은 높은 엔트로피를 의미하기 때문에, 전자의 전도현상은 엔트로피 수송을 동반하게 되고, 열전달 현상이 발생한다. 금속에서의 열전달 현상은 전자의 전도현상과 밀접한 관계가 있기 때문에, 둘 사이에는 특별한 법칙이 있다. 여기에서 전자에 의한 열전도도와 전기전도도와의 관계식을 비데만·프란츠 법칙(Wiedemann-Franz law)이라고 한다. 전자전도에 의한 열전도도에 대해 알아보기 위해서 전자의 운동학적 관점에서부터 시작하기로 하자.

전기장 $\vec{E}$에 의해 금속의 전자가 속도 $\vec{v}$로 움직인다고 할 때, 전기장에 의해 생기는 전자의 에너지는 $E=\vec{F}\cdot\vec{s}=q\vec{E}\cdot(\vec{v}t)$이다. 12.1절 드루드 모델에서 다루겠지만, 전기장 하에서 전자는 계속 가속되지 않고 어느 순간 전자의 속도가 제한되게 되는데, 이를 표류속도(drift velocity)라고 한다. 전자의 표류속도가 형성되는 이유는 전자가 산란을 통해 속도가 제한되기 때문이다. 이때, 산란하는 데 걸리는 시간을 완화시간(relaxation time) τ라고 한다. 시간 dt 동안 전자의 충돌 횟수는 dt/τ가 된다. 시간 t에 전자가 산란되지 않고 지낼 수 있는 확률을 $P(t)$라고 하면 확률의 시간적 변화율은 τ만큼의 비율로 확률이 줄어들게 되기 때문에

$$\frac{\partial P(t)}{\partial t}=-\frac{P}{\tau} \tag{8.1.1}$$

로 쓸 수 있다. 이를 풀어보면

$$\frac{dP(t)}{P}=-\frac{dt}{\tau},\quad \ln P=-\frac{t}{\tau}+c$$

가 되어서 전자가 산란될 확률은 다음과 같이 쓸 수 있다.

$$P(t)=Ae^{-t/\tau} \tag{8.1.2}$$

이를 이용하여 전기장 $\vec{E}$에 의한 전자의 에너지 증대는

$$\begin{aligned}\langle\delta\epsilon\rangle &= \int_0^\infty et\vec{v}\cdot\vec{E}\frac{\partial P}{\partial t}dt = e\vec{v}\cdot\vec{E}\int_0^\infty\left(-\frac{t}{\tau}\right)e^{-t/\tau}dt \\ &=-\frac{e\vec{v}\cdot\vec{E}}{\tau}\left[-\tau te^{-t/\tau}\Big|_0^\infty+\int_0^\infty \tau e^{-t/\tau}dt\right]=-e\vec{v}\cdot\vec{E}\int_0^\infty e^{-t/\tau}dt \\ &= e\tau\vec{v}\cdot\vec{E}\end{aligned} \tag{8.1.3}$$

로 계산된다. 평균 표류속도 $\delta\vec{v}$는

$$\delta\epsilon=\delta\vec{v}\cdot\frac{\partial\epsilon}{\partial\vec{v}} \tag{8.1.4}$$

를 이용하여

$$\langle\delta\vec{v}\rangle=\frac{\delta\epsilon}{\partial\epsilon/\partial v}=\frac{ev\tau}{\partial\epsilon/\partial v}\vec{E} \tag{8.1.5}$$

가 된다. 이를 종합하여 전류밀도를 계산하면

$$\vec{J} = ne\langle \delta\vec{v} \rangle = \frac{ne^2 v\tau}{\partial\epsilon/\partial v}\vec{E} = \sigma\vec{E} \tag{8.1.6}$$

가 된다. 이것은 옴의 법칙(Ohm's law)에 해당하고, 전기전도도 σ는

$$\frac{\partial\epsilon}{\partial v} = \frac{\partial}{\partial v}\left(\frac{1}{2}mv^2\right) = mv \tag{8.1.7}$$

를 대입하면

$$\sigma = \frac{ne^2 v\tau}{\partial\epsilon/\partial v} = \frac{ne^2\tau}{m} \tag{8.1.8}$$

이 된다. 전기전도도는 전자의 표류속도에는 무관하고 전류밀도와 완화시간에 비례하는 것으로 나타난다. 그런데 직관적으로 생각해보면, 전기전도도는 전류의 표류속도와 관계가 있을 것처럼 보인다. 왜냐하면 전류의 속도가 빠를수록 전기전도도는 클 것이기 때문이다. 사실 전류의 속도는 산란 완화시간 τ에 내재적으로 숨어 있다. 산란 완화시간이 크다는 것은 전자의 속도가 작다는 것이고, 완화시간이 작다는 것은 전자의 속도가 커서 같은 시간에 많이 부딪치기 때문이다. 전자가 충돌 없이 이동할 수 있는 평균 자유행로(mean free path) l은

$$l = \tau v = \frac{1}{N_i A} \tag{8.1.9}$$

로 주어진다. 여기에서 N_i는 산란 중심의 밀도이고, A는 산란 단면적이다. 이 식으로 표현하면 전기전도도는 다음과 같이 되어, 전류밀도가 크고 평균 자유행로가 클수록 전기전도도가 커지고, 평균 운동량에는 반비례한다.

$$\sigma = \frac{ne^2 l}{m\bar{v}} \tag{8.1.10}$$

전기전도도는 위와 같이 얻었는데, 전자에 의한 열전도도를 계산해보자. 열구배(thermal gradient) ∇T에 의해 발생하는 열전자의 움직임에 대해 에너지 변화는

$$\frac{\partial \epsilon}{\partial t} = c\vec{v} \cdot \nabla T \tag{8.1.11}$$

로 주어진다. 여기에서 c는 원자의 열용량이다. 이때, 열 흐름밀도 J_Q는

$$J_Q = nl \int \frac{\partial \epsilon}{\partial t} dt = nc\tau \langle \overrightarrow{v}\overrightarrow{v} \rangle \cdot \nabla T \tag{8.1.12}$$

가 된다. 여기에서 $\overrightarrow{v}\overrightarrow{v}$는 속도 텐서이다. 등방적인 공간에서 속도텐서는 $v^2/3$이 되기 때문에

$$J_Q = \frac{1}{3} nc\tau v^2 \nabla T \tag{8.1.13}$$

가 된다. 열전도도의 정의에 의하여 비열을 $C = nc$라고 할 때

$$\kappa = \frac{J_Q}{\nabla T} = \frac{1}{3} C\bar{v}l \tag{8.1.14}$$

이 된다. 위의 전기전도도 식으로 나누어 비를 구하면

$$\frac{\kappa}{\sigma} = \frac{1}{3} \frac{Cm\overline{v^2}}{ne^2} \tag{8.1.15}$$

이다. 에너지 등분배 법칙으로부터

$$\frac{1}{2} m\overline{v^2} = \frac{3}{2} k_B T \tag{8.1.16}$$

이므로, 비열은 $C = 3nk_B/2$이므로

$$\frac{\kappa}{\sigma} = \frac{1}{3} \frac{3k_B T}{ne^2} \left(\frac{3}{2} nk_B \right) = \frac{3}{2} \left(\frac{k_B}{e} \right)^2 T \tag{8.1.17}$$

를 얻을 수 있다. 정리하면

$$\frac{\kappa}{\sigma T} = \frac{3}{2} \left(\frac{k_B}{e} \right)^2 = L_0 = 1.12 \times 10^{-8} \ \mathrm{W\,\Omega\,K^{-2}} \tag{8.1.18}$$

이 되는데, 이를 비데만·프란츠 법칙이라고 하며, L_0를 로렌츠 수(Lorenz number)라고 한다. 로렌츠 수는 전자의 완화시간 근사에 근거하고 있으며, 전자를 독립적인 입자로 가정하여 얻어진 값이다. 표 8-1에 주요 금속에 대한 로렌츠 수를 정리하였다. 그런데 그 값이 대략 $2.4\times10^{-8}\ \mathrm{W\,\Omega\,K^{-2}}$ 정도로써, 위의 값과 2배 정도 차이가 난다. 그것은 위 식이 드루드 모델을 기본 가정으로 하기 때문인데, 실제로 금속에서 전자는 입자가 아니라 파동이다. 따라서 양자역학적인 고려를 해주어야 한다. 다른 문제로는 반금속에서는 전자만 있는 것이 아니라 정공(홀)이 존재하기 때문에 이 로렌츠 수의 2배가 되어야 한다.

위의 비데만·프란츠 법칙에서 비열을 단순한 에너지 등분배 법칙의 결과를 이용했는데, 7.2절의 식 (7.2.34)에서 전자의 양자역학적인 비열 공식을 이미 얻었다.

$$C_v = \frac{1}{2}\pi^2 N \frac{k_B T}{T_F} \tag{8.1.19}$$

양자역학적 페르미 금속에서 열전도도는

$$\kappa = \frac{1}{3}v_F l C_{el} = \frac{1}{3}v_F^2 \tau \left(\frac{1}{2}\pi^2 N k_B \frac{T}{T_F}\right) \tag{8.1.20}$$

가 되고, 이를 이용하여 비데만·프란츠 법칙을 다시 계산해보면

표 **8-1** 주요 금속에서의 로렌츠 수($\kappa/\sigma T$) [$\times10^{-8}$ W Ω K^{-2}]

금속	273 K	373 K
Ag	2.31	2.37
Au	2.35	2.40
Cd	2.42	2.43
Cu	2.23	2.33
Ir	2.49	2.49
Mo	2.61	2.79
Pb	2.47	2.56
Pt	2.51	2.60
Sn	2.52	2.49
W	3.04	3.20
Zn	2.31	2.33

$$\frac{\kappa}{\sigma T} = \frac{1}{T}\frac{m}{ne^2\tau}\frac{1}{3}v_F^2\tau\left(\frac{1}{2}\pi^2 nk_B\frac{T}{T_F}\right) = \frac{1}{3}(2\epsilon_F)\left(\frac{\pi k_B}{e}\right)^2\frac{1}{2\epsilon_F} = \frac{\pi^2}{3}\left(\frac{k_B}{e}\right)^2$$

$$\frac{\kappa}{\sigma T} = \frac{\pi^2}{3}\left(\frac{k_B}{e}\right)^2 = L_0 = 2.72\times 10^{-13}\,\mathrm{erg\,cm^{-1}K^{-2}} = 2.43\times 10^{-8}\,\mathrm{W\,\Omega\,K^{-2}} \tag{8.1.21}$$

가 된다. 이 비데만·프란츠 법칙은 300 K 근처 금속에서 잘 맞는다. 그러나 그 온도 아래에서는 잘 맞지 않게 되는데, 이는 저온에서 완화시간 근사(relaxation time approximation)가 적용되지 않고 다양한 상호작용에 의해 완화시간이 온도에 따라 달라지기 때문이다.

만약 전자-포논 상호작용 등 다양한 상호작용이 있는 경우에도 이 로렌츠 수는 정확하지 않고 전자의 운동학적 논의로 계산된 값보다 작은 값을 갖는다. 그림 8-3은 은-나노선의 온도에 따른 열전도도이다. 고온과 극저온에서는 금속의 로렌츠 수 L_0에 비슷해지지만 중간 온도에서는 L_0와 큰 차이가 있다. 그것은 전자-포논 상호작용 때문인데, 전자-포논 상호작용이 강할수록(R_0/R_{e-ph}값이 작을수록) 금속의 L_0값보다 크게 작은 것을 확인할 수 있다.

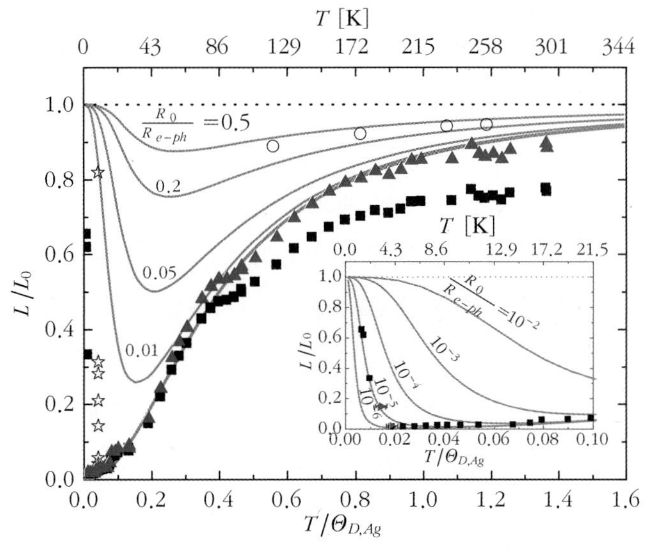

그림 8-3 은-나노선의 온도에 따른 열전도도[1]

1 Phys. Rev. B 91, 024302 (2015)

8.2 온도에 대한 열전도도와 포논 열전도도

열전도도는 온도의 함수이다. 열전도도를 구성하고 있는 전자와 포논의 전도특성이 온도에 영향을 받기 때문이다. 앞서 살펴보았듯이 전자에 의한 열전도도는 비데만·프란츠 법칙에 의해서 전기전도도와 밀접하게 관련되어 있다. 전자에 의한 열전도도는 물질의 전기적 성질에 따라 결정되지만, 격자에 의한 포논 열전도도는 몇 가지 포논 산란 원리에 의해 결정된다. 포논에 의한 열전달은 원자들이 용수철로 결합되어 있는 결정 격자의 진동이 전달되는 것으로 이해할 수 있다. 앞서 포논에 대해 배웠듯이 포논은 광 포논과 소리 포논으로 나눌 수 있는데, 광 포논은 진동 모드가 제자리에서 진동하는 것이어서 열전달에 크게 영향을 미치지 않는다. 반면, 소리 포논은 포논의 진동 모드가 전파되는 것이어서 운동량 전달 방향으로 열이 전달된다.

포논 산란 원인 중 첫째는 고체 내에 있는 낱알 경계(grain boundary)에서의 포논 산란이다. 여기에서 같은 결정 배향을 갖는 구역(domain)을 낱알이라고 하는데, 낱알 경계란 각각의 다른 결정 배향을 갖는 낱알들이 만났을 때 그 경계를 말한다. 포논의 용수철 진동이 전파되다가 끊어졌을 때 포논 모드가 산란되는 경우를 상상하면 된다. 계면 포논 산란은 이종접합을 하고 있는 초격자나 낱알 경계를 갖는 복합체에서 관찰된다. 이때, 계면에서 포논은 입사된 파동에 대해 반사와 투과를 하게 되는데, 포논 산란의 형태에 따라 거울산란(specular scattering)과 확산산란(diffusive scattering)으로 나눌 수 있다.

둘째로 포논-불순물 산란이 있다. 불순물은 고체 내부에 있는 결함이나 이물질을 말한다. 불순물은 일종에 낱알 경계산란으로 생각할 수도 있지만 낱알 경계산란은 계면이 넓게 퍼져 있는 대신에, 불순물 산란은 구형이나 점으로 되어 있어서 포논은 평면파에서 입사했을 때 산란 후 구형파가 된다. 불순물의 반지름을 R이라고 하고, 포논의 파장을 λ라고 하면, 불순물과 포논의 크기 비는 $\chi = 2\pi R/\lambda$로 주어지고 산란 단면적은 $\sigma = \pi R^2 \chi^4/(\chi^4+1)$이 된다. 불순물의 크기가 작아서 $\chi \rightarrow 0$으로 근사할 수 있다면 산란 단면적은 $\sigma \propto \chi^4$이 되어 레일리 산란(Rayleigh scattering)과 같이 된다. 그러나 불순물의 크기가 충분히 크면 $\chi \rightarrow \infty$로 근사하여 산란 단면적은 $\sigma \propto \pi R^2$이 되고 보른·오펜하이머 근사에 의한 구형파 산란을 하게 된다.

셋째는 포논-포논 산란이 있다. 포논-포논 산란은 일반과정(normal process) 산란과 움클랍 산란(umklapp scattering)이 있다. 산란에 의해 2개의 포논은 1개로 합쳐질 수도 있고, 1개의 포논이 2개로 쪼개질 수도 있다. 일반과정 포논 산란은 비선형적인 용수철 결합에 의해 생긴다. 운동량이 각각 $\hbar K_1$과 $\hbar K_2$인 포논이 합해져서 $\hbar K_3$인 운동량이 되었을 때, 운동량 보존 법칙에 의하여 $\hbar K_3 = \hbar K_1 + \hbar K_2$가 된다. 이때 에너지는 각각 $\hbar\omega_i (i = 1, 2, 3)$라고 할 때 에너지 보존은 $\hbar\omega_3 = \hbar\omega_1 + \hbar\omega_2$가 된다.

만약 합쳐진 포논의 운동량 $\hbar K_3$에서 $|K_3|$가 역격자 결정벡터 크기 π/a보다 크게 되면 어떻게 될까? 결정벡터 크기가 브릴루앙 영역을 넘어서면 결정 격자의 대칭성으로 인해 역격자 벡터 $\overrightarrow{G} = 2\pi/a$만큼 평행이동시켜서 제1 브릴루앙 영역으로 넘길 수 있고, 이를 환산영역 방식(reduced zone scheme) 표현이라고 한다. 즉, $\overrightarrow{K_3}$ 벡터는 역격자 벡터 $\overrightarrow{G}$만큼 평행이동시켜서

$$\overrightarrow{K_3} = \overrightarrow{K_3}' + \overrightarrow{G} = \overrightarrow{K_1} + \overrightarrow{K_2} \tag{8.2.1}$$

가 된다. 따라서 역격자 벡터만큼 이동시켜서 생긴 새로운 벡터 $\overrightarrow{K_3}'$은

$$\overrightarrow{K_3}' = \overrightarrow{K_1} + \overrightarrow{K_2} - \overrightarrow{G} \tag{8.2.2}$$

가 되고, 에너지는 $\hbar\omega_3' = \hbar\omega_1 + \hbar\omega_2$로 달라지게 된다. 이러한 과정을 움클랍 과정(umklapp process)이라고 하는데, 이를 벡터도식화하여 그림 8-4(b)에 나타냈다. 일반과정을 통해 두 포논이 합해졌을 때 운동량 보존 법칙에 의하여 벡터합 $\overrightarrow{K_3}$는 벡터 $\overrightarrow{K_1}$을 시작점으로, 벡터 $\overrightarrow{K_2}$를 끝점으로 하여 표시된다. $\overrightarrow{K_3}$ 벡터가 역격자 벡터보다 크게 되면 제1 브릴루앙 영역을 벗어나게 되므로 제1 브릴루앙 영역으로 환산시키기 위하여 역격자 벡터 $\overrightarrow{G}$만큼 빼야 한다. 그러면 새로운 벡터 $\overrightarrow{K_3}'$은 기존의 $\overrightarrow{K_1}$, $\overrightarrow{K_2}$ 벡터와 반대방향을 향하게 된다. 즉, 포논의 산란이 역방향으로 전달된다는 것이다. 포논의 방향이 반대방향을 향하기 때문에 움클랍 포논 산란은 열전달을 방해하여 열전도도를 저감시킨다.

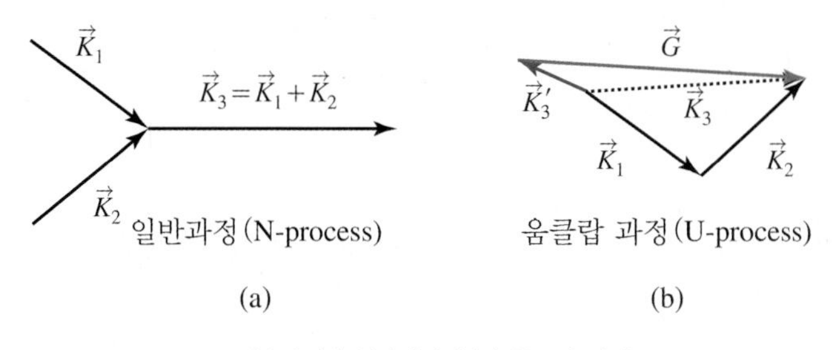

그림 8-4 (a) 일반과정과 (b) 움클랍 과정

포논 열전도도의 온도의존성은 주로 포논의 평균 자유행로 l의 온도의존성에서 시작된다. 움클랍 과정에서 포논 완화시간의 역수는

$$\tau_U^{-1} \approx \frac{\hbar\gamma^2}{Mv_s^2\Theta_D}\omega^2 T\exp\left(-\frac{\Theta_D}{3T}\right) \tag{8.2.3}$$

과 같은 온도의존성을 갖게 되는데, 여기에서 γ는 격자진동의 비조화성(anharmonicity)을 나타내는 그루나이젠 인자(Gruneisen parameter)이고, M은 평균 원자질량, v_s는 음향속도, Θ_D는 드바이 온도, ω는 포논의 주파수이다. 불순물을 포함하고 있는 고체의 경우에 불순물(석출물)이 충분히 커서 $kR \geq 1$(k는 포논의 파수, R은 석출물의 반지름)이라면 포논 산란은 기하 산란이라 하며, 작은 주파수, 긴 파장에 대해 산란을 하게 되고, 석출물에 의한 포논 완화시간의 역수는 다음과 같이 나타난다.[2]

$$\tau_{P,G}^{-1} = n_p v_s (2\pi R^2)\left[1 - \frac{\sin(2\zeta)}{\zeta} + \frac{\sin^2\zeta}{\zeta^2}\right] \tag{8.2.4}$$

여기에서 n_p는 석출물의 밀도, $\zeta = kR(v_s/v_s^{'} - 1)$로써, v_s와 $v_s^{'}$은 각각 모재(matrix)와 석출물에서 음향속도이다. v_s와 $v_s^{'}$의 차이가 충분히 커서 $(1 - v_s/v_s^{'}) > 20$ 정도가 되면 이 식은

$$\tau_P^{-1} \approx n_p v_s (2\pi R^2) = \frac{3v_f}{2R}v_s \tag{8.2.5}$$

로 간단해진다. 여기에서 v_f는 석출물의 부피비이다. 석출물의 크기가 충분히 작아서 $kR \ll 1$이 되면 포논 산란은 레일리 산란 영역이 되어

$$\tau_{P,R}^{-1} = \frac{4}{9}n_p v_s \pi R^2\left(\frac{\Delta\rho}{\rho}\right)^2\left(\frac{\omega R}{v_s}\right)^4 \tag{8.2.6}$$

로 표현된다. 여기에서 ρ는 모재의 밀도, $\Delta\rho$는 모재와 석출물의 밀도 차이이다. 두 경우를 모두 고려하면 석출물이 있는 경우에 포논 산란의 완화시간은 $\tau_P = \tau_{P,G} + \tau_{P,R}$을 고려해야 한다.

마티센의 규칙(Matthiessen's rule)은 여러 포논 또는 전자 산란과정이 있을 때, 총 산란

2 Materials **2017**, 10, 386; doi:10.3390/ma10040386

완화시간의 역수는 모든 산란과정의 완화시간의 역수의 합으로 주어진다.

$$\frac{1}{\tau_t} = \sum_i \frac{1}{\tau_i} \tag{8.2.7}$$

여기에서 i는 여러 산란 인자를 말하는데, 예를 들어, 일반과정 N, 움클랍 과정 U, 경계 산란(boundary scattering) B, 변위 산란(dislocation scattering) D, 응력장 산란(strain field scattering) S, 석출물 산란(precipitation scattering) P 등을 포함할 수 있다. 마티센의 규칙에 따라 움클랍 산란과 석출물 산란을 고려하면

$$\frac{1}{\tau_t} = \frac{1}{\tau_P} + \frac{1}{\tau_U} \tag{8.2.8}$$

을 이용하면 된다.

격자 열전도도에 대한 식은 칼라웨이 방정식(Callaway's equation)을 많이 사용하는데, 유도과정은 생략하고 결과만 쓰면 아래와 같다.[3]

$$\kappa_{ph} = \frac{k_B}{2\pi^2 v_s}\left(\frac{k_B T}{\hbar}\right)^3 \int_0^{\Theta_D/T} \tau_t(x) \frac{x^4 e^x}{(e^x - 1)^2} dx \tag{8.2.9}$$

여기에서 $x \equiv \hbar\omega / k_B T$이다. 고온에서($T > \Theta_D$) 칼라웨이 방정식은 다음과 같이 근사할 수 있다.

$$\kappa_{ph} \approx \frac{k_B}{2\pi^2 v_s \hbar^3} \int_0^{k_B \Theta_D} \tau_t(\omega)(\hbar\omega)^2 d(\hbar\omega) \tag{8.2.10}$$

여기에서 산란 완화시간은 ω의 함수로써 모든 주파수에 대한 적분이 필요하다. 이를 적분 완화시간(integral relaxation time)이라고 하는데, 이것은 다음과 같이 무게함수로써 포논 상태밀도 $g_p(\omega)$를 곱해주어 계산해야 한다.

$$\tau_{int}^{-1} = \frac{\int_0^{\omega_D} g_p(\omega) \tau_t^{-1}(\omega) d\omega}{\int_0^{\infty} g_p(\omega) d\omega} \tag{8.2.11}$$

---

3 Callaway, J. Phys. Rev. **1959**, 113.
Callaway, J.; Von Baeyer, H.C. Phys. Rev. **1960**, 120

여기에서 $\tau_t^{-1}(\omega)$는 다음과 같이 주파수의 함수로써 움클랍 과정과 석출물 산란과정을 포함해야 한다.

$$\tau_t^{-1}(\omega) = \frac{\int_0^\infty \phi(R)\tau_P^{-1}(\omega,\ R)dR}{\int_0^\infty \phi(R)dR} + \tau_U^{-1}(\omega) \tag{8.2.12}$$

여기에서 또한 $\phi(R)$은 다양한 석출물의 크기에 대한 내재적 함수이다. $\phi(R)$과 $g_p(\omega)$는 다음과 같은 규격화 조건을 갖는다.

$$\frac{1}{\omega_D}\int_0^{\omega_D} g_p'(\omega)d\omega = 1, \quad \lim_{R_0\to\infty}\frac{1}{R_0}\int_0^{R_0}\phi_p'(R)dR = 1 \tag{8.2.13}$$

식 (8.2.12)를 식 (8.2.11)에 대입하여 정리하면

$$\tau_{int}^{-1} = \int_0^{\omega_D} g_p(\omega)\left[\tau_U^{-1}(\omega) + \int_0^\infty \phi(R)\tau_P^{-1}(\omega,\ R)dR\right]d\omega \tag{8.2.14}$$

가 되고, 이것을 이용하여

$$\kappa_{ph} = \frac{1}{3}C_v v_s l = \frac{1}{3}C_v v_s^2 \tau_{int} \tag{8.2.15}$$

에 대입하면

$$\kappa_{ph}(T) = \frac{1}{3}C_v(T)v_s^2\left(\int_0^{\omega_D} g_p(\omega)\left[\tau_U^{-1}(\omega) + \int_0^\infty \phi(R)\tau_P^{-1}(\omega,\ R)dR\right]d\omega\right) \tag{8.2.16}$$

를 얻는다. 이 식을 실제로 계산하려면 온도에 대한 비열을 측정하고, 제일원리 계산을 통해 포논 상태밀도 $g_p(\omega)$와 음향속도 $v_s = [d\omega/dk]_{k\to 0}$를 계산하여 직접 적분을 통해 얻을 수 있다. 여기에서 $\phi(R)$ 함수는 실제 주어진 상황에 따라 다른데, 실험과 이론을 맞추기 위하여 적당한 함수를 경험적으로 선택해야 한다.

포논 열전도도의 온도의존성은 그림 8-5에 개략적으로 나타냈는데, 포논의 평균 자유행로는 그림 8-5(b)와 같이 고온에서는 포논 산란이, 저온에서는 경계산란이, 중온에서는 결함 산란이 크게 작용한다. 포논의 움클랍 산란은 고온에서 $1/T$ 의존성으로 나타

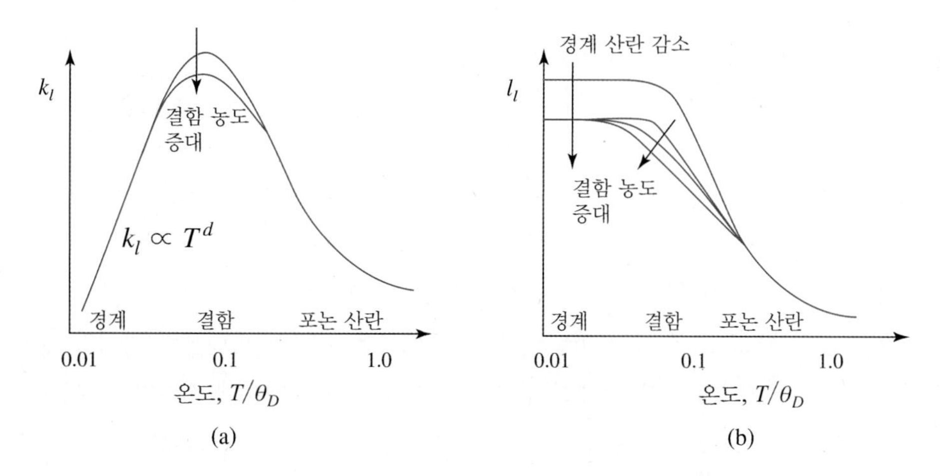

그림 8-5 온도에 따른 격자 열전도도(a)와 평균 자유행로(b)

나고, 낱알 계면이 적어질수록(낱알의 크기가 커질수록), 불순물 농도가 많아질수록 평균 자유행로 길이는 줄어들게 된다. 포논 열전도도는 비열에 비례하고, 비열은 저온에서는 작은 값이었다가 고온으로 갈수록 커지게 된다. 반면, 고온에서는 평균 자유행로의 길이가 $1/T$로 줄어들게 되어서 고온에서의 격자 열전도도는 움클랍 산란과정을 따라 $1/T$ 의존성을 갖게 된다. 저온에서는 경계산란이 큰 영향을 미치는데, 경계산란은 움클랍 산란에 비해 온도의존성이 적어서 비열의 크기에 영향을 크게 받아 온도가 증가할수록 포논 열전도도도 증가하게 된다. 일반적으로 포논에 의한 비열은 T^3에 비례하므로, 열전도도도 T^3에 비례하는 경우가 많다.

불순물이 포논 산란에 주요 인자로 등장하게 되는 중온 영역에서는 포논의 운동량도 줄어들게 되면서 포논 산란의 운동량 변화가 제1 브릴루앙 영역 안쪽으로 들어오게 되어 움클랍 산란이 사라지게 된다. 따라서 이때는 움클랍 산란 영향은 사라지고 불순물 산란 영향이 커지면서 급격히 열전도도가 감소하는 저온구간으로 전이가 생기게 되어 열전도도의 피크가 관찰되게 된다.

8.3 온사거 관계식

앞서 고체에 전기장을 가했을 때 전류밀도가 발생하여 $\vec{J}=\sigma\vec{E}$의 관계가 성립하고 이를 옴의 법칙이라고 하였다. 그러나 전기장 말고도 온도차에 의해서도 시료에 전류가 흐르게 된다. 이는 그림 8-6에서와 같이 뜨거운 쪽에서는 전자의 화학적 퍼텐셜이 높고 차가운 쪽에서는 상대적으로 화학적 퍼텐셜이 낮기 때문에 화학적 퍼텐셜의 차이가 생긴다. 전자는 화학적 퍼텐셜이 높은 쪽에서 낮은 쪽으로 이동하기 때문에 전류가 흐르는데, 이를 열전류라고 한다. 즉, 전류밀도는 전기장에 의해서도 발생하지만 온도차에 의해서도 발생하게 된다.

열류(heat current) $\overrightarrow{J_Q}$도 마찬가지여서 온도차 ∇T에 의해 열류가 흐를 때 $\overrightarrow{J_Q}=-\kappa\nabla T$에 의해 그 계수를 열전도도 κ라고 정의하였다. 반면, 전기장에 의해서 전류가 흐르게 되면 전기만 흐르는 것이 아니라 전류에 의해 엔트로피도 수송되게 되어 열류 흐름이 발생하게 된다. 따라서 열류도 온도차뿐만 아니라 전기장에 의해서도 발생하게 된다. 사실 전기장에 의해 발생하는 열류는 앞서 공부한 비데만·프란츠 법칙과 관련이 있다.

전기장과 온도차에 의해 발생하는 전류밀도와 열류밀도를 다음과 같이 정의할 수 있다.

$$\vec{J}=L_{EE}\vec{E}+L_{ET}\nabla T \tag{8.3.1}$$

$$\overrightarrow{J_Q}=L_{TE}\vec{E}+L_{TT}\nabla T \tag{8.3.2}$$

여기에서 $L_{ij}(i,\ j=\mathrm{E},\ \mathrm{T})$는 전기장과 온도차를 구동력으로 하는 전류밀도와 열류밀도에

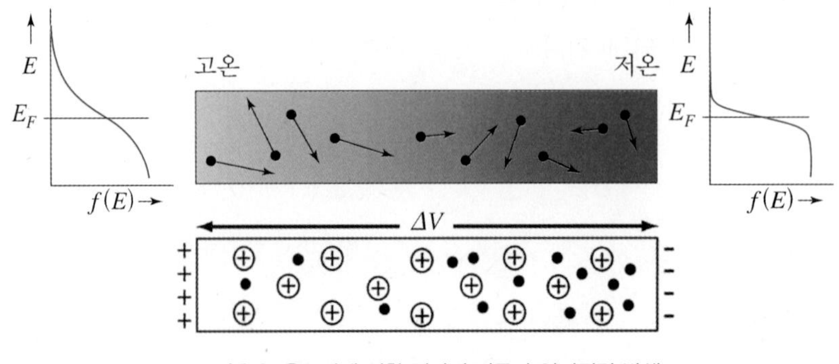

그림 8-6 온도차에 의한 전자의 이동과 열기전력 발생

대한 계수이다. 예를 들어, 온도차 $\nabla T = 0$일 때, $\vec{J} = L_{EE}\vec{E}$가 되어서 $L_{EE} = \sigma$로 전기 전도도이다. 또한 전류가 흐르지 않는 경우 $\vec{J} = 0$에서

$$\vec{E} = -\frac{L_{ET}}{L_{EE}}\nabla T \tag{8.3.3}$$

가 된다. 이는 알짜 전류밀도를 0으로 만들기 위해서는 시료 내부에서 열구배 방향의 반대로 전기장이 가해져야 함을 의미한다. 이를 식 (8.3.2)에 대입하면

$$\vec{J_Q} = -L_{TE}\frac{L_{ET}}{L_{EE}}\nabla T + L_{TT}\nabla T = \left(L_{TT} - L_{TE}\frac{L_{ET}}{L_{EE}}\right)\nabla T \tag{8.3.4}$$

가 된다. 열전도도의 정의에 의하여 $\vec{J_Q} = -\kappa\nabla T$와 비교하면 열전도도는

$$\kappa = -\left(L_{TT} - L_{TE}\frac{L_{ET}}{L_{EE}}\right) \tag{8.3.5}$$

로 표현할 수 있다.

온도차가 없고 $\nabla T = 0$ 전류가 가해진 경우를 생각해보자. 그러면 식 (8.3.1)과 (8.3.2)는 다음과 같이 된다.

$$\vec{J} = L_{EE}\vec{E} \tag{8.3.6}$$

$$\vec{J_Q} = L_{TE}\vec{E} = \frac{L_{TE}}{L_{EE}}\vec{J} \tag{8.3.7}$$

여기에서 열류와 전류의 비를 펠티에 계수(Peltier coefficient) Π라고 한다.

$$\Pi = \frac{\vec{J_Q}}{\vec{J}} = \frac{L_{TE}}{L_{EE}} \tag{8.3.8}$$

펠티에 계수는 전류가 흐를 때 열류도 함께 흐른다는 것을 의미하고, 이는 다시 말해 전류에 의해 고체의 엔트로피를 수송할 수 있음을 보여준다. 이 펠티에 효과를 이용해서 고체냉각 기술에 활용할 수 있다. 자세한 내용은 9장 열전기 효과에서 다룬다.

그림 8-6에서는 온도차에 의해 전류의 흐름이 생긴다는 것을 표현하였다. 이는 온도차에 의해 전위차가 생긴다는 것을 의미한다.

$$\Delta V = \alpha \Delta T \tag{8.3.9}$$

온도차와 전위차는 비례관계에 있는데, 그 비례상수를 제벡 계수(Seebeck coefficient) 또는 열기전력(thermo-power) α라고 한다. 많은 책에서는 제벡 계수를 S로 쓰는데, 엔트로피와의 구별은 내용으로 파악해야 한다. 온사거 관계식(Onsager's relation)은 열 및 전기전도에 따른 열, 전기 물성 인자들 간의 관계를 잘 나타내준다.

앞서 온사거 관계식으로부터 살펴볼 수 있는 것처럼 온도차와 전기장에 의해 발생하는 전자의 흐름으로 인해 몇 가지 물리량이 정의되는 것을 알았다. 이는 다시 말해 전기전도도, 열전도도, 제벡 계수, 펠티에 계수 등은 서로 연관이 있다는 것을 의미한다. 일반적으로 이러한 열전기 물성들은 서로 온사거 관계식으로 연결되어 있어서, 각각의 물성 인자를 독립적으로 제어하기 어렵다. 하지만 오히려 열전기 물성이 연결되어 있다는 것은 어떠한 특수한 조건에서 열과 전기 중에서 하나의 전도특성을 제어하면 연결된 다른 물성을 제어하거나 활용할 수 있다는 것으로도 생각할 수 있다. 예를 들면, 온도차가 있는 상황에서 제벡 효과에 의해 전위차가 발생하게 되면, 이를 발전(power generation)으로 활용할 수 있다. 반대로, 전류의 움직임은 펠티에 효과에 의해 엔트로피 수송을 일으키기 때문에 이를 활용해 고체냉각 기술에 이용할 수 있다.

열전 효과(thermoelectric effect)는 1821년에 제벡(T. J. Seebeck)에 의해 처음으로 발견되었다. 제벡은 그림 9-1(a)와 같이 이종의 금속을 연결하고, 그 연결 부위에 열을 가했을 때 금속 양단에 전류가 흘러서 도선 주변에 놓인 나침반의 바늘이 움직이는 것을 발견하였다. 이 현상은 앞서 그림 8-6에서 설명했듯이 온도차가 발생할 때 고체 안에서 화학적 퍼텐셜 차이가 발생하고, 그로 인해 전위차가 발생하기 때문이다. 제벡은 처음에 이것이 전류에 의해 생긴 것임을 모르고 자기장이 발생하기 때문이라고 생각하여 처음에

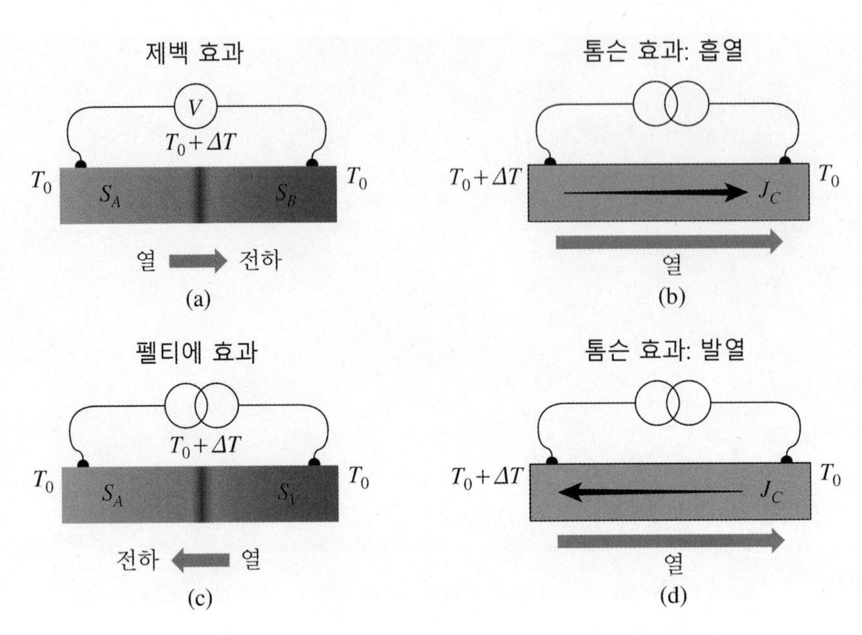

그림 9-1 다양한 열전기 효과. (a) 제벡 효과, (b) 펠티에 효과, (c, d) 톰슨 효과

는 열자기 현상(thermomagnetic effect)이라고 불렀는데, 후에 외르스테드(H. C. Ørsted)가 전류에 의해 생기는 자기장에 의한 것임을 깨닫고 열전 효과라고 이름을 바꾸었다. 이 대표적인 열전 효과를 제벡 효과(Seebeck effect)라고 한다.

13년 후에 펠티에(J. Peltier)는 제벡 효과의 다른 버전을 발견하였는데, 이번에는 이종의 금속이 연결된 상태에서 금속 양 끝단에 전위차를 가하면 전류가 흐르게 되고, 전류의 흐름이 시료 내부에 온도차를 만들어내는 것을 발견하였다. 이를 펠티에 효과(Peltier effect)라고 한다. 사실 펠티에 효과는 그것을 측정하기가 매우 어렵다. 왜냐하면 금속에 전류를 흘려주면 펠티에 효과보다 줄열(Joule heating)이 더 크게 발생하기 때문이다. 때로는 그림 9-1(c), (d)와 같은 톰슨 효과도 발생한다. 펠티에가 발견한 것은 금속 접합부와 시료 양단의 온도차를 측정한 것이 아니고, 전류를 정방향으로 흘렸을 때와 역방향으로 흘렸을 때 발생하는 온도차를 측정하였다. 금속 A와 금속 B에 전류를 흘리면 두 금속의 이종계면에서 A금속에서 발열이 일어난다면 B금속에서는 흡열이 일어나게 된다. 이를 식으로 쓰면,

$$\dot{Q} = (\Pi_A - \Pi_B)I \tag{9.1}$$

로 되며, 여기에서 $\dot{Q}$는 열류, $\Pi_{A(B)}$는 A(B)물질의 펠티에 계수, I는 전류이다.

그 당시에는 제벡 효과와 펠티에 효과가 별개의 독립된 현상으로 받아들여졌지만 후에 1855년 톰슨(W. Thomson) 경에 의해서 이 두 현상이 별개의 것이 아닌 하나의 현상이라는 것이 밝혀졌다. (톰슨 경은 후에 켈빈 온도로 우리에게 알려져 있는 켈빈 경으로 이름이 바뀐다.) 톰슨은 톰슨 효과(Thomson effect)라는 새로운 열전기 현상을 발견하였는데, 이는 그림 9-1(c)에서처럼 전류의 방향과 열류의 방향이 서로 평행하면 시료 전체적으로 흡열이 일어나고, (d)에서와 같이 전류의 방향과 열류의 방향이 서로 반대이면 발열이 일어나는 현상을 말한다. 이것은 제벡 계수가 물질 내에 항상 일정한 것이 아니라 온도에 따라 다른 값을 갖기 때문에 나타나는 현상이다. 물질 내에 온도차가 생기면 다른 온도차만큼 제벡 계수의 값도 달라지게 된다. 균일한 금속에 전류 $\vec{J}$를 흘리면, 톰슨 효과는

$$\dot{q} = -\tau \vec{J} \cdot \nabla T \tag{9.2}$$

로 정의된다. 여기에서 $\dot{q}$는 단위부피당 열 생성률(heat production rate)이고, τ는 톰슨 계수이다. 부호가 음인 이유는 온도차와 전류의 방향이 평행이면 흡열반응이 일어나기 때문이다. 톰슨 효과는 제벡 계수와 연관이 있어서

$$\tau = T\frac{d\alpha}{dT} \tag{9.3}$$

으로 표현될 수 있는데, 사실 톰슨 효과의 첫 번째 관계식은

$$\tau \equiv \frac{d\Pi}{dT} - \alpha \tag{9.4}$$

로 주어진다. 톰슨의 두 번째 관계식은

$$\Pi = T\alpha \tag{9.5}$$

가 되어 식 (9.1.4)와 (9.1.5)로부터 식 (9.1.3)을 얻는다. 즉, 시료 내에 제벡 계수의 온도의존성이 크고 시료 양 끝단에서 온도차가 클 때 톰슨 효과가 나타나게 된다. 일반적으로 측정시료가 충분히 크지 않고 온도에 따라 제벡 계수가 크게 변화하지 않는다면 톰슨 효과는 매우 작기 때문에 대부분의 경우에는 무시할 수 있다.

단순한 자유전자 모델을 사용하면 전자가 고체 내에 흐를 때 전류밀도 $\vec{J}$와 열류밀도 $\overrightarrow{J_Q}$는 각각

$$\vec{J} = ne\vec{v} \tag{9.6}$$

$$\overrightarrow{J_Q} = nk_B T\vec{v} \tag{9.7}$$

로 나타난다. 여기에서 단위 전하 e에 해당하는 열적 단위 인자는 $k_B T$에 해당한다. 펠티에 계수의 정의에 의하면

$$\Pi = \frac{J_Q}{J} = \frac{k_B T}{e} \tag{9.8}$$

이 되고, 제벡 계수는 톰슨 관계식에 의해

$$\alpha = \frac{\Pi}{T} = \frac{k_B}{e} = 86\ \mu\ \text{V/K} \tag{9.9}$$

가 된다. 그러나 실제로 금속에서 제벡 계수는 86 μ V/K보다 훨씬 작다. 이는 금속 내부에 전자만 있는 것이 아니고 정공도 있기 때문이다. 전자는 음의 제벡 계수를 주고, 정공은 양의 제벡 계수를 주는데, 전자와 정공이 대칭적으로 섞여 있으면 양과 음의 제벡 계수가 보상되어 매우 작은 값이 된다.

열전 현상을 이용하여 에너지 회수 및 고체냉각에 이용할 수 있다. 열전 모듈은 그림 9-2(c)와 같이 p-type과 n-type 열전 반도체가 전기적으로 직렬, 열적으로는 병렬로 연결되어 있다. p-/n-type 열전소재가 고차로 전기적 직렬로 연결되어 있는데, 그 모양이 그리스문자 파이(π)와 비슷하다고 하여 π-접합이라고도 한다. 열전 발전은 그림 9-2(a)와

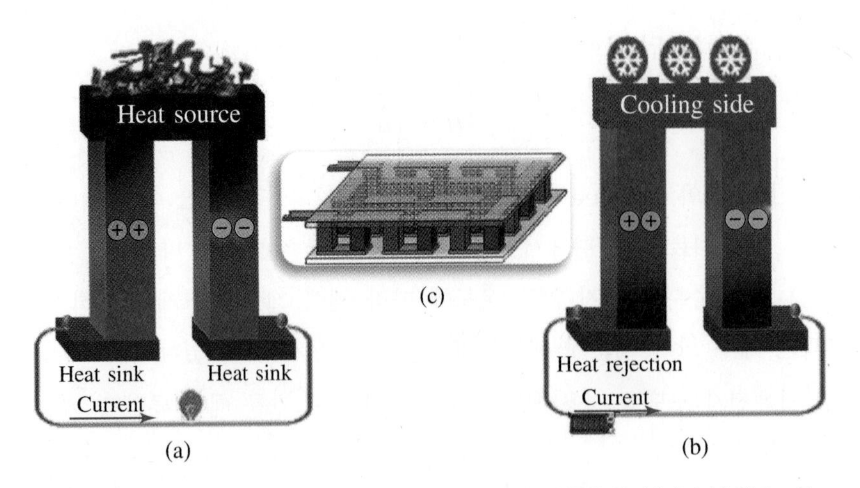

그림 9-2 (a) 제벡 효과를 이용한 열전 발전, (b) 펠티에 효과를 이용한 열전냉각과 (c) 열전 모듈

같이 어떤 뜨거운 열원에 열전 모듈을 부착하면 열전소재에는 온도차가 생기고 온도차에 의해 p-type에서는 정공이, n-type에서는 전자가 이동하면서 회로가 형성되어 전기가 발생한다. 열원의 반대편에는 heat sink를 부착하여 열을 지속적으로 외부로 빼주어야 온도차가 유지된다. 열전 발전은 열에너지의 전기 에너지 변환으로써, 다양한 열원에서 열전기 변환 소자로 이용할 수 있다.

펠티에 효과에 의한 열전냉각은 그림 9-2(b)와 같이 외부에서 전원을 연결하면 p-type에서 정공과 n-type에서 전자가 이동하면서 엔트로피를 수송한다. 그리하여 열을 흡수하는 쪽이 냉각 면이 되고, 열을 방출하는 쪽이 발열 면이 되어 발열 면의 heat sink나 fan으로 밖으로 빼주면 냉각이 지속된다. 열전냉각은 반도체식 고체냉각으로 이용되고 있다.

9.1 열전냉각

열전냉각(thermoelectric cooling)의 성능은 냉각성능지수(coefficient of performance, COP)로 나타낼 수 있다. 냉각성능지수는 가해진 전기 에너지 대비 냉각 에너지로 정의된다. 열이 낮은 온도 T_C에서 높은 온도 T_H로 수송된다고 하면 냉각이 진행되고 있다고 말할 수 있다. 펠티에 효과에 의해 T_C에서 열 펌핑 비는 $\Pi_{np}I$로 주어진다. 여기에서 Π_{np}는 n-type 물질과 p-type 물질의 접합에서 오는 펠티에 계수이다. 톰슨 관계식으로부터

$$\alpha_{np} = \Pi_{np}/T_C \tag{9.1.1}$$

이고, α_{np}는 n-type 물질과 p-type 물질의 접합에서 오는 제벡 계수이다. T_M을 모듈 양단 온도의 평균이라고 한다면 $T_M = (T_H + T_C)/2$이고, $\Delta T = T_H - T_C$ 온도차에 대해서

$$T_C = T_M - \frac{\Delta T}{2} \tag{9.1.2}$$

로 쓸 수 있다. 그리하여 열 펌핑 비는

$$\Pi_{np}I = \alpha_{np}\left(T_M - \frac{\Delta T}{2}\right)I \tag{9.1.3}$$

가 된다. 이로부터 열원으로부터 흡열량은

$$Q_{np} = \alpha_{np} T_C I - \frac{1}{2} I^2 R - \kappa (T_H - T_C) \tag{9.1.4}$$

가 되는데, 첫째 항은 펠티에 효과에 의한 흡열이고, 둘째 항은 줄열에 의한 항인데, 발생한 줄열은 열원과 열흡수 부위로 나눠지기 때문에 1/2이 곱해졌다. 셋째 항은 온도차에 비례하여 열전도도에 의해 흡열을 방해받는 항이다. 음의 부호를 갖는 것은 흡열을 방해하는 것으로써 발열을 의미한다.

위 냉각성능을 조금 더 명확히 쓰면

$$Q_C = (\alpha_p - \alpha_n) I T_C - (T_H - T_C)(\kappa_p + \kappa_n) - \frac{1}{2} I^2 (R_p + R_n) \tag{9.1.5}$$

이다. 이에 대해 가해진 전기 에너지는

$$w = (\alpha_p - \alpha_n) I (T_H - T_C) + I^2 (R_p + R_n) \tag{9.1.6}$$

로써, 첫째 항은 열기전력을 극복하는 데 드는 에너지이고, 둘째 항은 줄열에 의한 에너지 손실이다. 따라서 냉각성능지수(COP) ϕ는 다음과 같다.

$$\phi = \frac{Q_C}{w} \tag{9.1.7}$$

그림 9-3은 식 (9.1.7)을 바탕으로 열전도도, 모듈 양단의 온도, 전기저항 등이 주어졌을 때, 열전냉각 모듈에서 전류에 대한 냉각능을 나타낸다. 전류가 작을 때 냉각능은 음

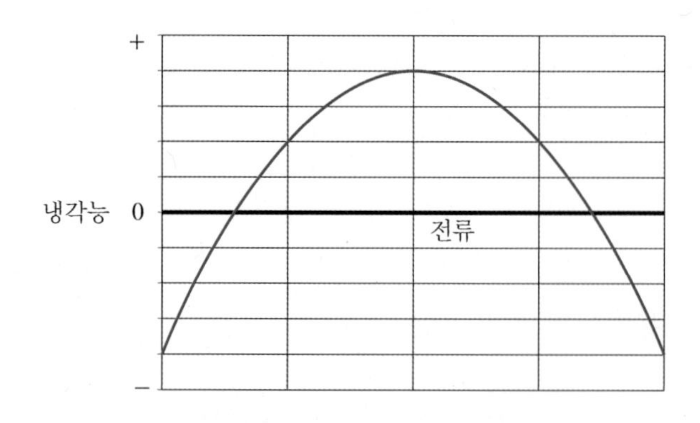

그림 9-3 열전냉각 모듈에서 전류에 대한 냉각능

의 값을 갖는데, 그것은 펠티에 효과보다 줄열과 열전달 효과가 크기 때문이다. 어느 정도 이상 전류가 되면 펠티에 효과에 의해서 흡열이 커지게 되고 최대치를 거치면서 매우 큰 전류에서는 줄열의 영향이 I^2으로 더 커지기 때문에 다시 음의 값, 즉 발열이 되게 된다.

여기에서 2가지 중요한 전류상태가 있는데, 첫 번째는 흡열이 최대치가 되는 전류이다. 이때는 식 (9.1.5)에서 $dQ_C/dI=0$으로 계산하면, 최대 냉각능을 보일 때의 전류 $I_Q^{\max}$는

$$I_Q^{\max} = \frac{(\alpha_p - \alpha_n)T_C}{(R_p + R_n)} \tag{9.1.8}$$

이고, 이때의 냉각성능지수(COP) $\phi_Q^{\max}$는

$$\phi_Q^{\max} = \frac{ZT_C^2/2 - (T_H - T_C)}{ZT_H T_C} \tag{9.1.9}$$

가 되는데, 여기에서 Z는

$$Z = \frac{(\alpha_p - \alpha_n)^2}{(\kappa_p + \kappa_n)(R_p + R_n)} \tag{9.1.10}$$

이다. 이것은 최대의 냉각능 $Q_C^{\max}$를 가질 때의 열전 냉각성능지수(COP) $\phi_Q^{\max}$는 Z값이 커지면 커질수록 좋다는 것을 나타낸다. 따라서 여기에서 Z를 열전쌍(thermocouple)의 성능지수(figure-of-merit)라고 하며, 단위는 온도의 역수가 되기 때문에 무차원 열전성능지수로써 ZT를 사용한다. 이것은 열전쌍뿐만 아니라 단일 열전소재에서도 정의될 수 있는데, 단일 열전소재에서 무차원 열전성능지수는

$$ZT = \frac{\alpha^2\sigma}{\kappa}T = \frac{\alpha^2}{\kappa\rho}T \tag{9.1.11}$$

로 정의된다. 이 성능지수를 살펴보면 제벡 계수와 전기전도도가 클수록, 열전도도가 낮을수록 성능지수 ZT값이 커진다. 제벡 계수는 주어진 온도차에서 기전력이 얼마나 많이 발생하는가를 나타내는 인자이기 때문에 시료의 제벡 계수가 클수록, 전기가 잘 흐를수록(높은 전기전도도 σ), 열전도도 κ가 낮을수록 성능이 높다. 열전도도가 낮아야 하는

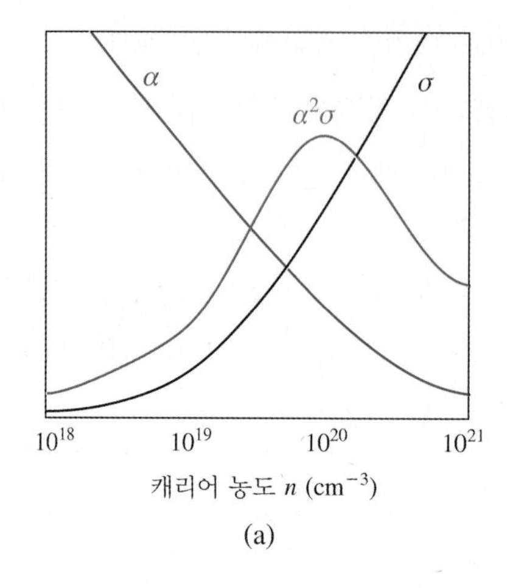

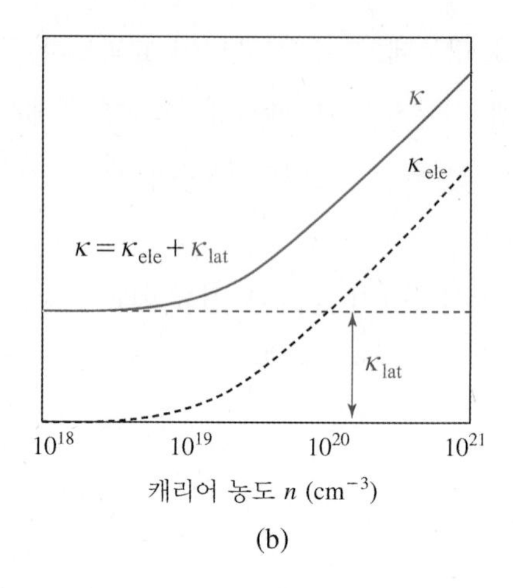

그림 9-4 (a) 열전소재에서 파워팩터 $\alpha^2\sigma$와 (b) 열전도도 κ와의 교환상쇄 효과

이유는 열전소재는 기본적으로 온도차를 이용하는 것이기 때문에 열전도도가 높으면 시료 양단에 온도차가 크게 발생하기 어렵기 때문이다. 여기에서 $\alpha^2\sigma$를 파워팩터(power factor)라고 한다.

열전성능지수 값을 높이기 위해서 전기전도도, 제벡 계수를 동시에 높여서 파워팩터 $\alpha^2\sigma$를 높이고 동시에 열전도도 κ를 낮추면 좋겠지만, 그것은 그리 쉬운 문제는 아니다. 앞서 온사거 관계식에 의해 이들 변수가 서로 연관되어 있기 때문이다. 그림 9-4는 전류밀도에 따른 제벡 계수, 전기전도도, 열전도도의 관계를 보여준다. 전류밀도가 높은 금속의 경우에는 전기전도도 σ는 높겠지만 앞서 언급했듯이 금속은 전자와 정공이 공존하고, 전자는 음의 제벡 계수를, 정공은 양의 제벡 계수를 갖기 때문에 서로 상쇄되어서 매우 작은 제벡 계수를 갖게 된다. 반면, 전류밀도가 작은 부도체의 경우에는 전기전도도가 낮고 제벡 계수는 높다. 이는 제벡 계수는 에너지 밴드 갭에 비례하기 때문이다. 따라서 높은 파워팩터를 갖기 위해서는 적절한 전류밀도의 제어가 필요한데, 그 영역은 높은 성능이 필요한 온도영역을 $T_{\max}$라고 한다면 반도체 에너지 갭이 $10k_BT_{\max}$ 정도되는 것이 적절하다고 알려져 있다. 이 때문에 열전소재를 열전 반도체라고도 한다.

파워팩터는 적절한 도핑을 통한 전류밀도 제어로 최적화를 시킬 수 있는 반면, 열전도도는 최대한 낮추는 것이 좋다. 열전도도는 크게 전자에 의한 열전도도 κ_{el}와 격자진동인 포논에 의한 열전도도 κ_{lat}로 나뉠 수 있으며, 앞서 8.1절의 비데만·프란츠 법칙에서 보았듯이 전자에 의한 열전도도는 비데만·프란츠 법칙 $\kappa_{el}/\sigma = L_0T$로 연결되어 있기 때문에 전자에 의한 열전도도를 낮추면 전기전도도도 같이 낮아져서 적절한 방법이

못된다. 즉, 격자진동에 의한 열전도도를 낮추는 것이 필요하며, 격자 열전도도를 낮추기 위해서 각종 나노구조에 의한 포논 산란에 대한 연구가 진행 중이다.

최대 냉각성능을 갖는 조건으로부터 ZT값이 정의되었는데, 두 번째로 관심있는 전류 영역은 최대 COP 영역이다. 최대 COP는 식 (9.1.7)로부터 $d\phi/dI=0$이 되는 조건으로 찾을 수 있는데, 조금 지저분한 계산을 거쳐 얻을 수 있는 최대 COP에서의 전류 $I_\phi^{\max}$는

$$I_\phi^{\max}=\frac{(\alpha_p-\alpha_n)(T_H-T_C)}{(R_p+R_n)[(1+ZT_M)^{1/2}-1]} \tag{9.1.12}$$

로 주어진다. 이때 최대 COP $\phi_{\max}$는

$$\phi_{\max}=\frac{T_C[(1+ZT_M)^{1/2}-T_H/T_C]}{(T_H-T_C)[(1+ZT_M)^{1/2}+1]} \tag{9.1.13}$$

이 된다. 최대 COP는 사실 실제로 구현되기는 어렵다. 왜냐하면 최대 COP 영역이 최대 흡열량 $Q_C^{\max}$와 너무 다르기 때문이다. 일반적인 경우에 적절한 전류조건은 최대 흡열량과 최대 COP 사이에 존재한다.

9.2 열전 발전

열전 발전(thermoelectric power generation)의 효율은 뜨거운 열원의 에너지 대비 부하(load)에 걸리는 에너지의 비로 정의된다. 소자의 접합저항을 무시한다면 부하에 걸리는 에너지는 I^2R_L이며, R_L은 부하의 저항이다. 뜨거운 열원의 에너지는 $\alpha_{np}IT_H$가 된다. 부하에 걸리는 기전력은 제벡 계수의 정의에 의하여

$$emf=(\alpha_p-\alpha_n)(T_H-T_C) \tag{9.2.1}$$

이 되어서 전류는 다음과 같이 주어진다.

$$I=\frac{(\alpha_p-\alpha_n)(T_H-T_C)}{R_p+R_n+R_L} \tag{9.2.2}$$

따라서 부하에 걸리는 에너지는

$$w = I^2 R_L = \left[\frac{(\alpha_p - \alpha_n)(T_H - T_C)}{R_p + R_n + R_L} \right]^2 R_L \tag{9.2.3}$$

이다. 열원으로부터 오는 에너지는 제벡 계수에 의한 에너지와 온도에 대해 병렬결합으로 되어 있는 모듈의 열전도도를 고려해주어야 한다. 즉, 열원이 모듈에 주는 에너지 q_H는

$$q_H = (\alpha_p - \alpha_n) I T_H + (\kappa_p + \kappa_n)(T_H - T_C) \tag{9.2.4}$$

로 주어지는데, $\kappa_{p(n)}$은 p-(n-)type 소재의 열전도도이다. 열전 모듈의 발전효율은

$$\eta = w / q_H \tag{9.2.5}$$

가 된다.

주어진 물질의 제벡 계수, 열전도도, 소재 비저항이 주어졌을 때 효율은 부하저항 R_L과 관계가 있다. 사실 부하저항이 열전 모듈의 저항과 일치할 때 최고 전력이 생산된다. 부하저항이 증가하면 전력 생산은 감소하지만 효율은 증대된다. 열전냉각에서와 마찬가지로 최대 효율을 계산하기 위해서 발전 모듈의 저항과 부하저항의 비 M을 정의하면,

$$M = \frac{R_L}{R_p + R_n} = (1 + ZT_M)^{1/2} \tag{9.2.6}$$

이고, 이를 이용하여 효율을 다시 쓰면

$$\eta = \frac{(T_H - T_C)(M - 1)}{T_H (M + T_H / T_C)} \tag{9.2.7}$$

이 된다. ZT_M이 매우 커서 M이 매우 크다고 가정하면 효율 $\eta \to (T_H - T_C) / T_H$로 카르노 효율에 접근하게 된다.

그림 9-5는 냉각부 온도를 300 K로 고정시켰을 때 $ZT_M = 0.1$, 1, 3인 경우에 고온부 온도에 따른 열전 모듈의 효율을 나타낸 그림이다. ZT_M이 증가할수록, 고온부와 저온부 온도차가 클수록 발전 효율은 증대된다.

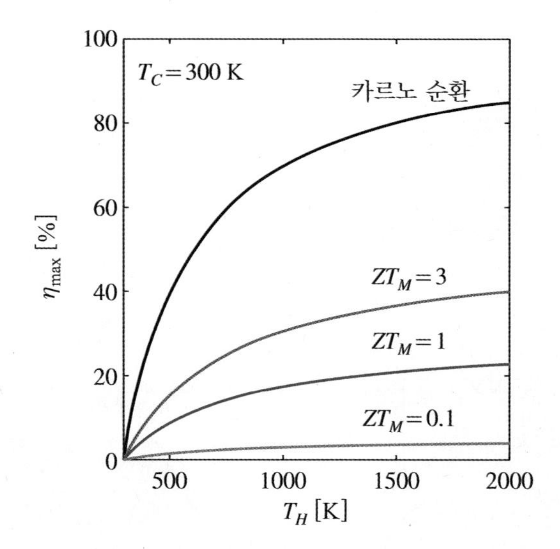

그림 9-5 냉각부 온도 300 K 기준에서 고온부 온도에 따른 열전 발전모듈 효율

9.3 자기장 하에서의 열전 효과

제벡 효과는 그림 9-6(a)에서와 같이 x방향으로 온도차를 주면 열전류가 흐르면서 x방향으로 전압이 발생하는 현상이다. x방향으로 전류를 흘렸을 때 같은 방향으로 전압이 발생하는 것으로 전기저항이 정의되었는데, 제벡 효과는 전기전도가 전압에 의해 발생하는 것이 아니고 온도차에 의해 구동하는 차이가 있다. 이어지는 전기적 물성 부분에서 설명하겠지만, 그림 9-6(b)에서와 같이 전류가 x방향으로 흐르는 상황에서 z방향으로 자기장이 걸리면 전자는 로렌츠 힘을 받아 휘게 된다. 고체 안에는 전자와 정공이 있기 때문에 그림에 따르면 전자는 양의 y방향으로 휘어지고, 정공은 음의 y방향으로 휘어지면서 y축 방향으로 전기장이 발생한다. 이러한 현상을 홀 효과(Hall effect)라고 한다. 홀 효과에서 정의되는 홀 계수 R_H는

$$R_H = \frac{E_y}{j_x B} \tag{9.3.1}$$

로 정의된다. 홀 효과는 발견자 홀(Edwin Hall)의 이름을 따서 명명되었다. 전자가 빠져나간 구멍인 정공(홀)과 완전히 달라서 혼동하지 말아야 한다. 홀 효과는 뒤에 전기적 특

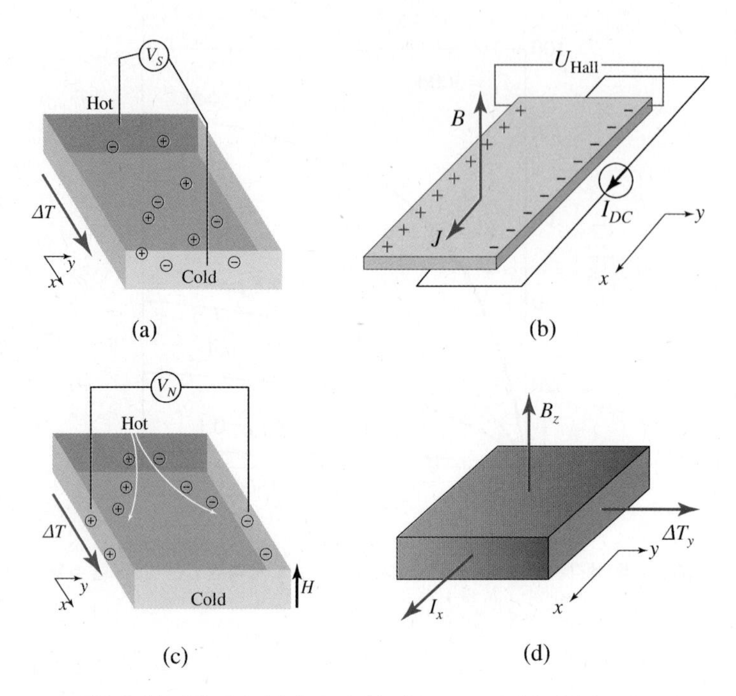

그림 9-6 (a) 제벡 효과, (b) 홀 효과, (c) 네른스트 효과, (d) 에팅하우젠 효과

성에서 자세히 설명할 것이다.

홀 효과와 제벡 효과를 합한 것이 네른스트 효과(Nernst effect)이다. 네른스트 효과는 제벡 효과와 마찬가지로 x방향으로 온도차에 의한 열전류가 흐르는 상황에서 홀 효과와 같이 z축 방향으로 자기장을 가하는 경우이다. 그러면 열전류에 의해서 흐르던 전자와 정공이 홀 효과와 마찬가지로 휘어지면서 y축 방향으로 전압이 발생한다. 네른스트 계수 $|N|$는 다음과 같이 정의된다.

$$|N| = \frac{\nabla V_y}{B_z \nabla T_x} \tag{9.3.2}$$

네른스트 효과와 홀 효과가 다른 점은 홀 현상은 전하가 전자이면 홀 계수가 음의 값이고, 정공이면 양의 값을 갖는 반면, 네른스트 효과는 전하의 종류와는 상관없이 항상 양의 값을 갖는다. 왜냐하면 홀 효과는 전류를 이동시키는 구동력이 전기장이기 때문에 전자와 정공이 다른 방향으로 움직이지만 네른스트 효과에서는 온도차가 구동력이기 때문에 전자와 정공이 한 방향으로 움직이기 때문이다.

에팅하우젠 효과(Ettinghausen effect)는 홀 효과의 또 다른 변형이다. 전류를 x방향으로

흘리면서 z축 방향으로 자기장을 가하는 것은 홀 효과와 같지만 그러한 상황에서 y축으로 전압을 측정하는 것이 아니라 y축으로 온도차가 발생한다는 것을 에팅하우젠이 발견하였다. 에팅하우젠 계수 $|P|$는 다음과 같이 정의된다.

$$|P| = \frac{\nabla T_y}{j_x B_z} \tag{9.3.3}$$

네른스트는 에팅하우젠의 제자인데, Bi 금속의 홀 효과를 연구하다가 네른스트 효과와 에팅하우젠 효과를 발견했다고 알려져 있다. 에팅하우젠 계수와 네른스트 계수와의 관계는 다음과 같다.

$$P\kappa = NT \tag{9.3.4}$$

일반적으로 네른스트 계수와 에팅하우젠 계수는 매우 작은 값이라서 측정이 어려울 정도이지만, 최근 위상적 물성 관련해서 네른스트 계수는 베리 위상의 직접적 측정이라는 것이 알려지면서 그 중요성이 커지고 있다.

연습문제

1. 원자량이 M인 원자들이 격자상수가 a이고 2차원 정사각형 모양으로 배열되어 있다.

(a) 그 때, 상호작용 에너지가 다음과 같이 주어짐을 유도하시오.

$$U=\frac{1}{2a}\sum_{(i,j)}\lambda_{ij}\left[(\overrightarrow{R_i}-\overrightarrow{R_j})\cdot(\overrightarrow{u_i}-\overrightarrow{u_j})\right]^2$$

(여기서, $(i,\ j)$는 원자의 쌍을 나타낸다.)

(b) $\lambda_{(ij)}$가 가장 이웃한 경우에는 λ_1이고, 두 번째로 이웃한 경우에는 λ_2이며, 그 외의 경우에는 전부 0의 값을 가질 때, 고유 진동수와 그에 따른 고유 편광 방향을 구하시오.

2. 3차원에서의 디바이 모형에 대하여 단위 에너지 및 단위 부피당 포논의 상태밀도가 다음과 같음을 유도하시오.

$$D(E)\propto E\theta(k_B\Theta_D-E)$$

(여기서, $\theta(x)$는 헤비사이드 함수로, $x\geq 0$일 때는 1이고, 그 외에는 0의 값을 갖는다.)

3. L_{EE}에 대한 L_{ET}의 비를 모트 공식(Mott formula)이라고 부른다.

(a) 모트 공식이 다음과 같이 표현됨을 확인하시오.

$$\frac{L_{ET}}{L_{EE}}=-\frac{\pi^2}{3}\left(\frac{k_B}{e}\right)k_BT\left(\frac{1}{\sigma}\frac{\partial\sigma}{\partial E}\right)$$

(b) 위의 모트 공식에서 전기전도도에 드루드 식 $\sigma=\dfrac{ne^2\tau}{m_e}$를 대입할 때, 모트 공식이 다음과 같음을 증명하시오.

$$\frac{L_{ET}}{L_{EE}}=-\frac{S}{N_e e}$$

(여기서 N_e, S, n, σ, τ는 각각 전도 전자의 수, 엔트로피, 전자밀도, 전기전도도, 산란시간이다. 단, 산란시간은 에너지에 무관하다.)

4. 디바이 근사를 이용하여 유효 디바이 온도가 1차원에서

$$\Theta_D=\frac{\hbar\omega}{k_B}=\frac{\pi\hbar v_s}{k_Ba}$$

으로 표현될 때, 온도가 디바이 온도보다 매우 작은 경우에 선형 단원자 격자의 열용량이 $\frac{T}{\Theta_D}$에 비례함을 보이시오. (여기서, v_s, a는 각각 소리의 속도와 격자상수이다.)

5. 정적 볼츠만 방정식을 사용하여 고전적 기체에서 전하를 띈 물질의 이동도가 다음과 같이 주어짐을 보이시오.

$$\mu = \frac{e\langle v^2 \tau(\vec{k})\rangle}{m\langle v^2\rangle}$$

6. 아인슈타인 모형과 디바이 모형 둘 다 고온 영역에서의 열용량은 다음과 같다.

$$C = Nk_B\left(1 - \frac{\kappa}{T^2} + \cdots\right)$$

(a) 아인슈타인 모형에 대한 κ를 아인슈타인의 온도(Θ_E)에 대하여 나타내시오.

(b) 디바이 모형에 대한 κ를 디바이의 온도(Θ_D)에 대하여 나타내시오.

7. 특수한 물질에서, 특히 비교적 높은 온도에서 양이온들이 외부에서 걸어준 전기장에 따라 물체의 내부를 움직일 수 있다. 이 현상을 이온 전도라고 한다. 이 전도 방식이 보통 잘 나타나지 않지만, 전류를 만들어내는 자유전자가 없는 물질에서 주로 관측된다. 그러나 때때로 같은 크기의 전자적 전도와 이온 전도가 일어나는 물질이 있는데 이 물질을 이온-전자 혼합 도체라고 부른다. 자유전자의 밀도가 n_e이고, 그에 대한 산란시간이 τ_e일 때, 드루드 이론을 이용하여 (a) 전기 저항과 (b) 열전도도를 구하시오. (단, 전자의 질량, 전자의 전하량, 이온의 질량, 이온의 산란시간, 이온의 밀도, 이온의 전하량을 m_e, $-e$, m_i, τ_i, n_i, $+e$로 둔다.)

8. 단원자로 이루어진 정육면체의 격자상수가 a이다. 종단 및 횡단 포논에 대한 음속이 거의 같아 등방성으로 간주할 수 있다($v_T = v_L = v_s$). 이때 포논의 최고 진동수가 ω일 때, 디바이 진동수를 구하시오.

9. 두 종류의 원자로 구성된 선형의 격자에 대하여, 포논의 분산관계의 식은 다음과 같이 주어진다.

$$\omega_{\pm}^2 = f\left(\frac{1}{M_1} + \frac{1}{M_2}\right) \pm \left[\left(\frac{1}{M_1} + \frac{1}{M_2}\right)^2 - \frac{4}{M_1 M_2}\sin^2\frac{qa}{a}\right]^{\frac{1}{2}}$$

여기서, M_1과 M_2는 원자의 질량이고, f는 이웃한 원자 사이에 작용하는 힘이다.

(a) 포논의 음속을 구하시오.

(b) $M_1 = M_2$일 때, 포논의 분산관계가 단원자 사슬형 격자의 분산관계와 같아짐을 보이시오.

(c) 한 종류의 원자가 다른 종류의 원자보다 매우 커질 때의 분산관계를 구하시오.

10. 어떠한 물질의 밀접 결합 근사를 통하여 전자의 밴드 구조가 다음과 같이 주어진다.

$$E = -(E_1 \cos k_x a + E_2 \cos k_y b + E_3 \cos k_z c)$$

거의 비어 있거나 대부분 가득 차 있는 밴드에 대하여 전자의 비열이 자유전자의 비열과 같음을 보이시오. (단, 전자의 유효질량 $m^* = |\det(M)|$이다. 여기서 M은 유효질량 텐서이다.)

11. 정사면체 결정구조에서 c축에 수직하는 면에 대한 전도도가 등방성임을 증명하시오.

12. 어떤 연구실에서 열전도도 측정을 수행하였다. 실험 시 온도 기울기(∇T)를 형성하여 시편을 가로지르는 열의 흐름(j_q)을 측정하였다. 전류가 0인 조건 대신에, 시편에 전기장이 0이 되도록 설정하였다. 그 때, 열의 흐름으로부터 열전도도($\kappa' = -\frac{j_q'}{\nabla T}$)를 계산하였다.

(a) $\Delta\kappa = \kappa' - \kappa$를 열전도도($\kappa$), 전기전도도($\sigma$) 및 열기전력($S$)으로 나타내시오.

(b) 상온에 놓여 있는 보통 금속에서 $\frac{\Delta\kappa}{\kappa}$의 값은 얼마인가?

13. (a) 금속과 반도체에 대하여 온도에 따른 비저항의 그래프를 그리시오. 비저항의 온도 저항식을 함께 나타내고, 각각의 항에 대하여 물리적인 의미를 서술하시오.

(b) 금속과 절연체의 온도에 따른 열전도도의 그래프를 그리시오.

14. 정사각형 격자 모양을 가지고 격자상수가 a인 2차원 금속을 생각해보자. 밀접 결합 근사를 통하여 전도대가 다음과 같이 기술된다.

$$E = E_0 + E_1(2 - \cos k_x a - \cos k_y a)$$

산란시간이 전자의 운동량과 에너지에 무관하고, 전도대에 전자가 절반 차 있다고 가정하라.

(a) 볼츠만 방정식의 해를 이용하여 전도 텐서를 구하시오.

(b) (a)의 결과와 드루드 모델의 결과를 비교하여 논하시오. (같은 전자 밀도와 산란시간을 사용하라. 유효질량과 관련이 있는가?)

SOLID STATE PHYSICS

PART

4

전기적 특성

CHAPTER 10
에너지 밴드

이 장에서는 고체물리학에서 가장 중요한 부분 중에 하나인 고체의 전기적 특성에 대해 공부한다. 물론 다른 장도 고체물리의 이해에 필수적이지만 전기적 특성에 대한 이해 없이 고체물리학을 공부했다고 할 수 없을 것이다. 물질을 전기적 특성으로 나누면 도체(금속), 반도체, 부도체로 구분지을 수 있다는 것을 초등학교 때부터 배워서 알고 있다. 그럼 무엇이 그런 고체의 전기적 성질을 결정짓는 것인가? 물론 부도체는 대부분의 전자들이 원자핵에 묶여 있고 돌아다닐 수 있는 전자들이 적은 상태이고, 도체는 돌아다니는 전자들이 충분히 많아서 전기가 잘 통하는 상태이다. 전기적 상태에서도 반도체는 매우 흥미로운 현상이다.

양자역학에서 전자가 가질 수 있는 에너지는 연속적인 것이 아니라 불연속적이고, 어떠한 양자상태로 표현할 수 있다는 것을 알았다. 양자상태는 단일상태일 수도 있지만 중첩된 상태일 수도 있고, 불확정성 원리에 의해 전자의 양자상태를 명확히 결정할 수도 없다. 양자역학에서는 단원자, 특히 전자가 하나만 있는 수소 원자를 집중적으로 다루었지만 고체물리학에서 다뤄야 하는 전자는 무수히 많다. 엄청나게 많은 원자와 전자들을 다 고려하여 양자역학적으로 계산하는 것은 불가능하다. 사실 불가능할뿐더러 그렇게 할 필요도 없다. 1부 구조적 특성에서 고체결정에는 수많은 원자가 있지만 고체의 가장 중요한 특성 중 하나인 병진 대칭성에 의해서 단일격자만 고려하면 모든 격자를 고려한다는 것을 알았다. 그와 같은 개념이 전기적 특성 분석에서도 유효하다.

고체의 병진 대칭성으로부터 대표적인 단일격자에 대해 계산하면 고체의 모든 특성을 이해할 수 있다. 또한 구조적 특성에서 배웠듯이 고체의 단위격자 크기는 매우 작기 때문에 고체의 특성을 실험적으로 측정하는 것은 산란 과정(scattering process)으로 얻을 수 밖에 없고, 산란을 통해 알아낸 정보는 실공간이 아닌 운동량 공간 정보라는 것도 알았다. 따라서 고체의 전자구조를 연구하는 데 있어서도 앞으로 실공간이 아닌 운동량 공간으로 다룰 것이다. 운동량 공간에서 고체 결정 격자가 가질 수 있는 에너지 양자상태를 에너지 밴드라고 한다. 사실 에너지 밴드만 알면 고체의 전기적 특성의 많은 것을 알 수 있다고 할 수 있다. 물론 전자와 전자, 전자와 스핀, 전자와 격자 간에 강한 상호작용이 있는 경우 에너지 밴드만 가지고는 파악할 수 없는 물질의 특성이 있지만, 물질의 기본적인 특성을 알고, 그 이후 상호작용을 면밀히 살피는 것이 더 효율적인 방법이다. 이 장에서는 고체의 에너지 밴드가 어떻게 생겨나고 그것을 어떻게 이해해야 하는지를 배울 것이다.

10.1 블로흐 함수

고체 결정 격자가 규칙적으로 배열되어 있는 것은 고체를 공부하는 우리에게 엄청나게 다행스러운 일이다. 결정 격자의 규칙성이 없었다면 고체의 모든 원자구조를 다 고려하면서 연구해야 하기 때문에 미시적 관점에서 연구 자체가 불가능했을지도 모른다. 가장 간단하게 1차원으로 원자가 규칙적으로 배열되어 있다고 가정해보면 원자는 전자를 끌어들이기 때문에 그림 10-1과 같이 규칙적인 음의 퍼텐셜로 다룰 수 있다. 이때 퍼텐셜은

$$V(\vec{r}) = V(\vec{r} + \vec{R}) \tag{10.1.1}$$

로 브라베 격자 벡터(Bravais lattice vector) $\vec{R}$만큼 규칙적 주기를 갖는 퍼텐셜로 다룰 수 있다. 우리는 단일 슈뢰딩거 방정식을 풀 수 있는데, 여기에서 단일전자 근사 또는 독립전자 근사가 유효한 이유는 고체 안의 많은 전자들이 서로 구분되지 않고, 엄청나게 많은 전자들은 그들끼리 상호작용을 하지 않는다고 취급할 수 있기 때문이다. 쉽게 말하자

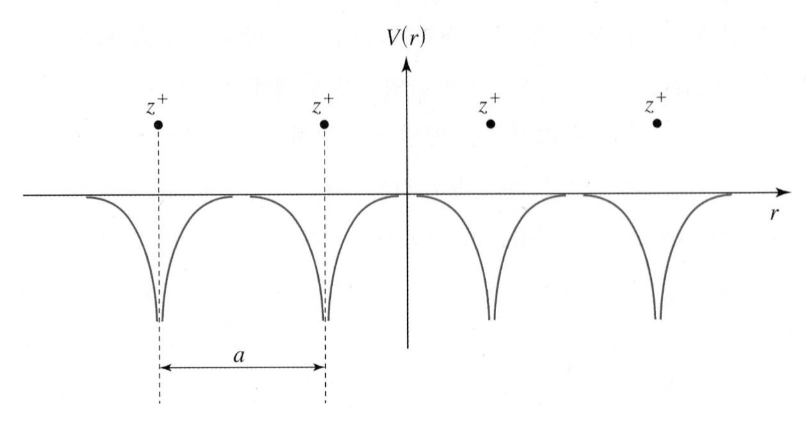

그림 10-1 규칙적으로 배열된 1차원 격자 퍼텐셜

면, 엄청나게 많은 대중이 오고가는 열차 역이나 터미널에서는 사람들 사이의 상호작용이 거의 없는 것과 같다. 단일전자의 슈뢰딩거 방정식은

$$H\psi = \left(-\frac{\hbar^2}{2m}\nabla^2 + V(\vec{r})\right)\psi = \epsilon\psi \tag{10.1.2}$$

로 주어지고, 퍼텐셜은 병진 대칭성에 따른 $V(\vec{r}) = V(\vec{r}+\vec{R})$라는 조건이 있다.

병진 대칭성에 대한 단일전자 슈뢰딩거 방정식의 해밀토니안을 만족시키는 파동함수도 또한 병진 대칭성을 만족해야 한다. 이를 블로흐 함수(Bloch wave function)라고 하는데 다음과 같다.

$$\psi_{n,\vec{k}}(\vec{r}) = e^{i\vec{k}\cdot\vec{r}}u_{n,\vec{k}}(\vec{r}) \tag{10.1.3}$$

여기에서 $u_{n,\vec{k}}(\vec{r})$은 원자 근처에서의 파동함수를 나타내고 $e^{i\vec{k}\cdot\vec{r}}$은 파동함수의 평면파(plane wave)를 나타내는 인자이다. 아래 첨자 n은 양자상태를 나타내며, $\vec{k}$는 파동함수의 파수(wave number)이다. 퍼텐셜의 병진 대칭성과 마찬가지로 파동함수 $u_{n,\vec{k}}(\vec{r})$도 병진 대칭성이 있어서

$$u_{n,\vec{k}}(\vec{r}) = u_{n,\vec{k}}(\vec{r}+\vec{R}) \tag{10.1.4}$$

을 만족한다. 이를 식 (10.1.3)에 대입하면 다음과 같이 된다는 것을 쉽게 알 수 있다.

$$\psi_{n,\vec{k}}(\vec{r}+\vec{R}) = e^{i\vec{k}\cdot\vec{R}}\psi_{n,\vec{k}}(\vec{r}) \tag{10.1.5}$$

블로흐 함수의 물리적 의미는 어떤 파동함수는 역격자 벡터만큼 병진 대칭성이 있어서 3차원 평면파 형태로 표시할 수 있다는 것이다. 블로흐 정리가 중요한 이유는 모든 격자 공간에 대한 파동함수를 구할 필요 없이 하나의 격자에서 파동함수가 정해지면 실공간에서 모든 파동함수는 그것의 평면파 전개로 나타나기 때문에 단일격자가 모든 격자공간을 대표한다는 것이다.

앞서 고체물리학은 실공간에서 논의하는 것이 아니라 운동량 공간에서 논의한다고 1부 구조적 특성에서 충분히 설명하였다. 따라서 고체물리학에서는 슈뢰딩거 방정식도 운동량 공간에서 논의해야 한다. 슈뢰딩거 방정식의 운동량 공간 표현은 이후에도 사용할 것이다. 이를 이용하여 블로흐 함수가 옳은지 살펴보자. 퍼텐셜의 운동량 공간 표현은 푸리에 변환을 하는 것이다.

$$V(\vec{r}) = \sum_{\vec{G}} V_{\vec{G}} e^{i\vec{G}\cdot\vec{r}} \tag{10.1.6}$$

여기 푸리에 변환에서 적분형이 아니라 시그마로 표현한 것은 결정 격자가 연속적인 것이 아니라 불연속적이기 때문이다. 벡터 $\vec{G}$는 역격자 벡터이다. 이때, 파동함수는

$$\psi(\vec{r}) = \sum_{\vec{k}} C_{\vec{k}} e^{i\vec{k}\cdot\vec{r}} \tag{10.1.7}$$

이 되는데, 규칙적 경계조건으로부터 $\psi(\vec{r}) = \psi(\vec{r}+N_i\vec{a_i})$가 된다. 이를 보른-폰 카르멘 경계조건(Born-von Karman boundary condition)이라고 한다. 진주 목걸이를 생각하면 N번째 진주 다음에 $N+1$번째 진주는 다시 첫 번째 원래의 진주인 것으로 이해하면 된다. 식 (10.1.6)과 (10.1.7)을 슈뢰딩거 방정식인 식 (10.1.2)에 대입하면

$$\sum_{\vec{k}} \frac{\hbar^2 k^2}{2m} C_{\vec{k}} e^{i\vec{k}\cdot\vec{r}} + \sum_{\vec{G}} V_{\vec{G}} e^{i\vec{k}\cdot\vec{r}} \sum_{\vec{k}} e^{i\vec{k}\cdot\vec{r}} = E \sum_{\vec{k}} e^{i\vec{k}\cdot\vec{r}} \tag{10.1.8}$$

이고, 여기에서 둘째 항을 다시 쓰면

$$V(\vec{r})\psi = \sum_{\vec{G},\,\vec{k}} V_{\vec{G}} C_{\vec{k}} e^{i(\vec{k}+\vec{G})\cdot\vec{r}} = \sum_{\vec{G},\,\vec{k}} V_{\vec{G}} C_{\vec{k}-\vec{G}} e^{i\vec{k}\cdot\vec{r}} \tag{10.1.9}$$

가 되어

$$\sum_{\vec{k}} e^{i\vec{k}\cdot\vec{r}}\left\{\left(\frac{\hbar^2k^2}{2m}-E\right)C_{\vec{k}}+\sum_{\vec{G}}V_{\vec{G}}C_{\vec{k}-\vec{G}}\right\}=0 \qquad (10.1.10)$$

로 쓸 수 있어서

$$\left(\frac{\hbar^2k^2}{2m}-E\right)C_{\vec{k}}+\sum_{\vec{G}}V_{\vec{G}}C_{\vec{k}-\vec{G}}=0 \qquad (10.1.11)$$

이 된다. 이는 블로흐 함수가 적용된 슈뢰딩거 방정식의 운동량 공간에서의 표현이며, 이를 중심 방정식(central equation)이라고 한다. 대칭성에 의하여 제1 브릴루앙 영역만 고려하면 되기 때문에, $\vec{q}$가 제1 브릴루앙 영역 안에 있는 벡터이고, $\vec{G}'$을 역격자 벡터라고 하면

$$\vec{k}=\vec{q}-\vec{G'} \qquad (10.1.12)$$

을 만족한다. 이를 식 (10.1.11)에 대입하면

$$\left[\frac{\hbar^2(\vec{q}-\vec{G'})^2}{2m}-E\right]C_{\vec{q}-\vec{G'}}+\sum_{\vec{G}}V_{\vec{G}}C_{\vec{q}-\vec{G'}-\vec{G}}=0 \qquad (10.1.13)$$

이다. 여기에서 $\vec{G''}=\vec{G}+\vec{G'}$이라 하면

$$\left[\frac{\hbar^2(\vec{q}-\vec{G'})^2}{2m}-E\right]C_{\vec{q}-\vec{G'}}+\sum_{\vec{G''}}V_{\vec{G''}-\vec{G'}}C_{\vec{q}-\vec{G''}}=0 \qquad (10.1.14)$$

이고, 특별히 $\vec{k}=\vec{q}-\vec{G}$가 되도록 $\vec{q}$를 선택하면

$$\psi_{\vec{q}}(\vec{r})=\sum_{\vec{G}}C_{\vec{q}-\vec{G}}\exp[i(\vec{q}-\vec{G})\cdot\vec{r}]=e^{i\vec{q}\cdot\vec{r}}\sum_{\vec{G}}C_{\vec{q}-\vec{G}}e^{-\vec{G}\cdot\vec{r}}=e^{i\vec{q}\cdot\vec{r}}u_{\vec{q}}(\vec{r}) \qquad (10.1.15)$$

이 되어 블로흐 정리를 만족한다.

10.2 에너지 갭의 형성 원인

금속은 에너지 갭이 없지만 부도체와 반도체는 에너지 갭이 있다. 에너지 갭이란 원자에 묶여 있는 전자의 에너지와 돌아다니는 전자의 에너지 차이를 말한다. 묶여 있는 전자의 에너지대를 가전자대(valence band)라고 하고 돌아다니는 전자의 에너지대를 전도대(conduction band)라고 한다.

그림 10-2는 금속, 반도체, 부도체의 가전자대와 전도대의 에너지 상태를 개략적으로 도시한 그림이다. 금속은 가전자대와 전도대의 에너지 차이가 없어서 원자에 묶여 있는 전자가 쉽게 돌아다니는 전자가 될 수 있다. 반도체의 경우 가전자대와 전도대에 에너지 차이가 있고, 이 에너지 간극에는 전자가 가질 수 있는 양자상태가 없어서 묶여 있는 전자가 돌아다니는 전자가 되려면 열적 에너지 등으로 에너지 갭을 극복해야 한다. 그리하여 반도체의 에너지 갭 Δ은 열적 요동 에너지보다는 작은 정도여서 $0 < \Delta < k_B T$가 된다. 부도체는 에너지 갭이 열적 요동 에너지보다 충분히 커서 $\Delta \geq k_B T$ 측정 온도 대역에서는 전기가 흐르지 않는 상태를 말한다.

그럼 이러한 에너지 갭이 생기는 원인은 무엇인가? 결론부터 말하면 에너지 갭은 전자들이 제1 브릴루앙 경계에서 전자들이 반사하면서 정상파가 생기고, 이들이 서로 간섭현상을 일으키기 때문이다. 한마디로 제1 브릴루앙 경계에서 전자의 브래그 반사(Bragg reflection)로부터 에너지 갭이 생긴다. 1부 2.4절의 폰 라우에와 브래그 법칙에서 브래그 법칙과 폰 라우에 법칙은 동일하고, 그로부터 제1 브릴루앙 영역이 정의되었다.

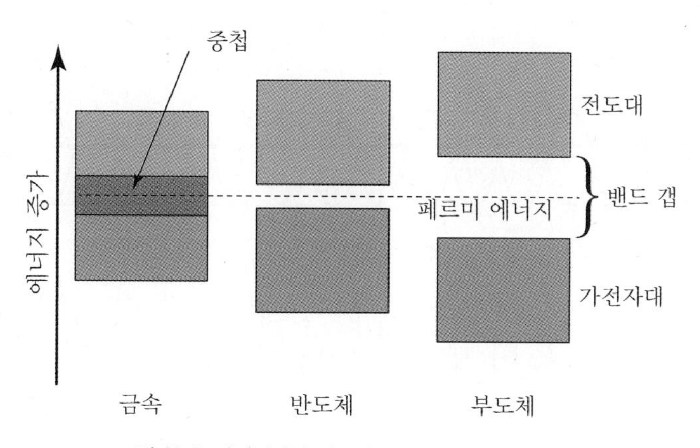

그림 10-2 가전자대와 전도대의 에너지에 따른 밴드 갭

제1 브릴루앙 영역을 $k=\pm\dfrac{n\pi}{a}$ 라고 하고, 파동함수가 제1 브릴루앙 영역에서 브래그 반사를 일으켜서 정상파가 형성된다고 하자. 그러면 파동함수는 오른쪽으로 진행하는 파 $\psi(+)$와 왼쪽으로 진행하는 파 $\psi(-)$가 다음과 같이 주어진다.

$$\psi(+)=e^{i\frac{\pi x}{a}}+e^{-i\frac{\pi x}{a}}=2\cos\left(\frac{\pi x}{a}\right) \tag{10.2.1}$$

$$\psi(-)=e^{i\frac{\pi x}{a}}-e^{-i\frac{\pi x}{a}}=2i\sin\left(\frac{\pi x}{a}\right) \tag{10.2.2}$$

전하밀도는 파동함수를 제곱한 것이기 때문에 각 파동함수에 의한 전하밀도는

$$\rho(+)=|\psi(+)|^2\propto\cos^2\left(\frac{\pi x}{a}\right) \tag{10.2.3}$$

$$\rho(-)=|\psi(-)|^2\propto\sin^2\left(\frac{\pi x}{a}\right) \tag{10.2.4}$$

가 된다. 규칙적인 1차원 격자에서 전자밀도는 그림 10-3과 같이 된다.

결정 내 어떤 임의의 지점 x에서 퍼텐셜 에너지를

$$V(x)=V\cos\left(\frac{2\pi x}{a}\right) \tag{10.2.5}$$

로 가정한다면 오른쪽으로 진행하는 파와 왼쪽으로 진행하는 파에 의해 형성된 2개의 정상파가 갖는 에너지 차이는

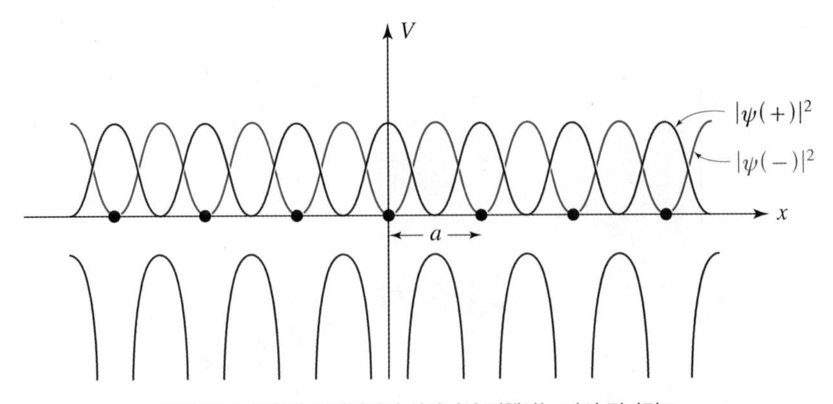

그림 10-3 규칙적 퍼텐셜에서 산란되어 진행하는 파의 전자밀도

$$E_g = \int_0^1 dx\, V(x)\left[|\psi(+)|^2 - |\psi(-)|^2\right] \tag{10.2.6}$$

으로 주어진다. 파동함수의 정규화(normalization)를 고려하기 위하여 다음을 계산하면

$$\int dx|\psi(+)|^2 = \int_0^a dx|A|^2\cos^2\frac{\pi x}{a} = \frac{|A|^2}{2}\int_0^a dx\left(1+\cos\frac{2\pi x}{a}\right)$$
$$= \frac{|A|^2}{2}a = 1 \tag{10.2.7}$$

이므로 파동함수의 진폭은 $|A| = \sqrt{2/a}$가 된다. 따라서 파동함수를 각각 쓰면

$$\psi(+) = \sqrt{\frac{2}{a}}\cos\left(\frac{\pi x}{a}\right) \tag{10.2.8}$$

$$\psi(-) = \sqrt{\frac{2}{a}}\sin\left(\frac{\pi x}{a}\right) \tag{10.2.9}$$

이고, 이를 식 (10.2.6)에 대입하면

$$E_g = \frac{2}{a}\int dx\, V\cos\left(\frac{2\pi x}{a}\right)\left(\cos^2\frac{\pi x}{a} - \sin^2\frac{\pi x}{a}\right) = \frac{2}{a}\int dx\, V\cos^2\left(\frac{2\pi x}{a}\right)$$
$$= \frac{2V}{a}\int_0^a dx\frac{1+\cos\frac{4\pi x}{a}}{2} = \frac{V}{a}a = V \tag{10.2.10}$$

이 되어, 결국 전자의 파동함수가 제1 브릴루앙 영역 경계에서 반사되면서 생기는 2개의 정상파의 에너지 차이가 에너지 갭이 된다.

10.3 크로니그·페니 모델

양자역학에서는 퍼텐셜 장벽 문제를 다룬다. 고체물리학에서는 병진 대칭성에 의해서 규칙적인 배열을 갖는 1차원 퍼텐셜 장벽 문제로 확장할 수 있다. 이것을 크로니그·페니(Kronig-Penney) 모델이라고 한다. 크로니그·페니 모델에서는 그림 10-4와 같이 높이 V_0를 갖는 퍼텐셜 장벽이 서로 a만큼 떨어져 있고, b만큼의 퍼텐셜 장벽 두께를 갖는

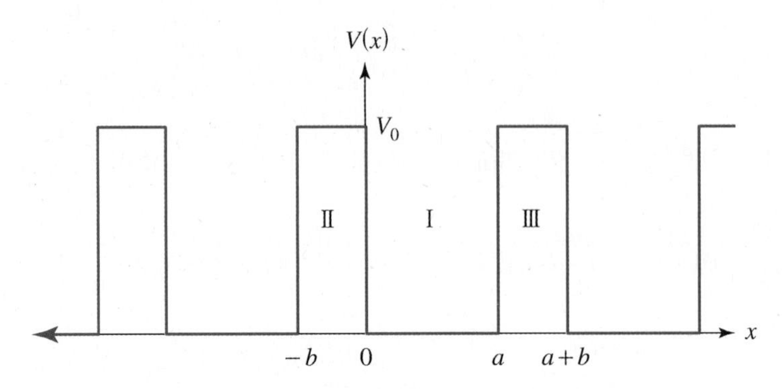

그림 10-4 크로니그·페니 모델의 규칙적 사각 퍼텐셜 장벽

것이 규칙적으로 1차원 배열을 하고 있다고 가정한다.

크로니그·페니 모델을 푸는 2가지 방법이 있는데, 첫 번째는 실공간에서 슈뢰딩거 방정식을 푸는 방법과, 운동량 공간에서 중심 방정식을 푸는 방법이 있다.

10.3.1 실공간에서 슈뢰딩거 방정식에 의한 풀이 방법

먼저 실공간에서 슈뢰딩거 방정식으로 푸는 방법을 알아보자. 파동방정식의 각 영역에서 경계조건을 사용하면 된다.

$$-\frac{\hbar^2}{2m}\frac{d^2\psi}{dx^2}+V(x)\psi=\epsilon\psi \tag{10.3.1}$$

영역 I에서($0 \le x \le a$) 퍼텐셜 $V=0$이므로 파동방정식의 해는 평면파를 갖는다.

$$\psi_{\mathrm{I}}(x)=Ae^{iKx}+Be^{-iKx} \tag{10.3.2}$$

여기에서 고윳값인 에너지는

$$\epsilon=\frac{\hbar^2K^2}{2m} \tag{10.3.3}$$

이다. 영역 II에서($-b \le x < 0$) 퍼텐셜 $V=V_0$이고 간단한 계산으로부터 그 해는

$$\psi_{\mathrm{II}}(x)=Ce^{Qx}+De^{-Qx} \tag{10.3.4}$$

가 되고, 에너지는

$$V_0 - \epsilon = \frac{\hbar^2 Q^2}{2m} \tag{10.3.5}$$

이 된다. 자세한 계산과정은 양자역학을 참고하면 된다. 블로흐 정리로부터 영역 III은 영역 II의 블로흐 함수로 표시할 수 있어서

$$\psi_{\mathrm{III}}(x) = \psi_{\mathrm{II}}(x) e^{ik(a+b)} \tag{10.3.6}$$

이 된다.

경계조건을 사용하면 각 영역의 경계에서 파동함수는 부드럽게 연결되어야 하므로, ψ와 $d\psi/dx$가 연속이어야 한다. $x=0$에서 $\psi_{\mathrm{I}}(x=0) = \psi_{\mathrm{II}}(x=0)$ 조건을 이용하면 식 (10.3.2)와 (10.3.4)로부터

$$A + B = C + D \tag{10.3.7}$$

이 나온다.

$$\left.\frac{d\psi_I}{dx}\right|_{x=0} = \left.\frac{d\psi_{II}}{dx}\right|_{x=0}$$

조건으로부터

$$iK(A - B) = Q(C - D) \tag{10.3.8}$$

을 얻을 수 있다. $x=a$에서 $\psi_{\mathrm{I}}(x=a) = \psi_{\mathrm{III}}(x=a)$ 조건은 식 (10.3.6)을 적용해서 $\psi_{\mathrm{I}}(x=a) = \psi_{\mathrm{II}}(x=-b)e^{ik(a+b)}$ 조건을 적용하게 되어서,

$$Ae^{iKa} + Be^{-iKa} = (Ce^{-Qb} + De^{Qb})e^{ik(a+b)} \tag{10.3.9}$$

를 얻는다. 마지막으로

$$\left.\frac{d\psi_{\mathrm{I}}}{dx}\right|_{x=a} = \left.\frac{d\psi_{\mathrm{III}}}{dx}\right|_{x=a} = \left.\frac{d\psi_{\mathrm{II}}}{dx}\right|_{x=-b} e^{ik(a+b)}$$

를 사용하면,

$$iK(Ae^{iKa} - Be^{-iKa}) = Q(Ce^{-Qb} - De^{Qb})e^{ik(a+b)} \tag{10.3.10}$$

를 얻게 되어, 식 (10.3.7)에서부터 (10.3.10)을 사용하면 미지수 4개에 대해 방정식 4개이므로 선형대수 방법으로 미지수를 구할 수 있다. 즉,

$$\begin{pmatrix} 1 & 1 & -1 & -1 \\ iK & -iK & -Q & Q \\ e^{iKa} & e^{-iKa} & -e^{-Qb}e^{ik(a+b)} & -e^{Qb}e^{ik(a+b)} \\ iKe^{iKa} & -iKe^{-iKa} & -Qe^{-Qb}e^{ik(a+b)} & QDe^{Qb}e^{ik(a+b)} \end{pmatrix} \begin{pmatrix} A \\ B \\ C \\ D \end{pmatrix} = 0 \qquad (10.3.11)$$

행렬을 만들 수 있다. 이것이 자명하지 않은 해(nontrivial solution)을 가지려면 4×4행렬의 행렬식이 0이 되어야 한다. 이 행렬식을 계산하는 것은 상당히 지루한 과정이 될텐데, 그 결과를 쓰면 다음과 같다.

$$\left(\frac{Q^2 - K^2}{2QK}\right)\sinh(Qb)\sin(Ka) + \cosh(Qb)\cos(Ka) = \cos[k(a+b)] \qquad (10.3.12)$$

이 결과의 의미를 살펴보기 위해서 퍼텐셜이 델타 함수와 같다고 가정하자. 즉, $b \to 0$이고 $V_0 \to \infty$이다. 그러면 식 (10.3.5)에 의해 $Q \gg K$이고, $Qb \ll 1$이다. 이에 따라

$$\sinh Qb = \frac{e^{Qb} - e^{-Qb}}{2} \simeq \frac{1}{2}(1 + Qb - 1 + Qb) = Qb$$

$$\cosh Qb = \frac{e^{Qb} + e^{-Qb}}{2} \simeq \frac{1}{2}(1 + Qb + 1 - Qb) = 1$$

이 되어서, 식 (10.3.12)는

$$\left(\frac{Q^2 - K^2}{2QK}\right)Qb\sin(Ka) + \cos(Ka) = \cos ka \qquad (10.3.13)$$

이 되고, 이를 더 정리하면

$$\frac{Q^2}{2K}b\sin Ka + \cos Ka = \cos ka \qquad (10.3.14)$$

로 근사할 수 있다.

$\alpha = Q^2\frac{ab}{2}$라고 하면, 위 식은

$$\frac{\alpha}{Ka}\sin Ka + \cos Ka = \cos ka \qquad (10.3.15)$$

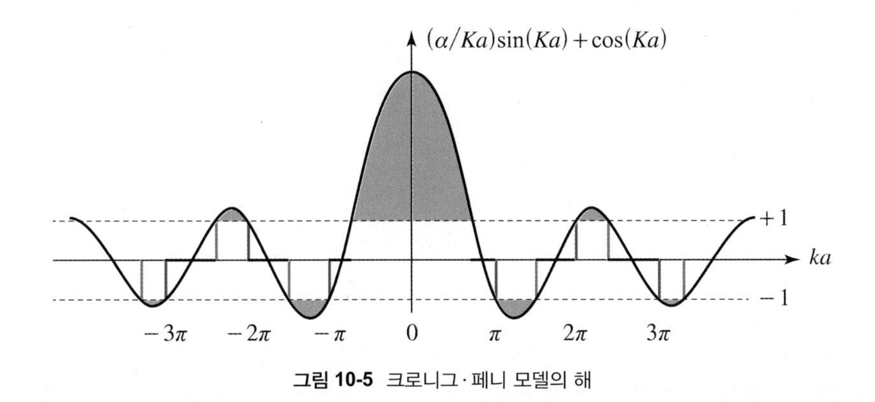

그림 10-5 크로니그·페니 모델의 해

이 된다. 가로축을 Ka로 했을 때 이 식의 좌변을 그래프로 그리면 그림 10-5와 같은데, 우변의 $\cos ka$는 $(-1,\ 1)$의 범위로 한정시킨다. 따라서 해로 얻어진 그래프에서 $(-1,\ 1)$을 벗어나는 영역은 해가 될 수 없으며, 그 안에 있는 것만 해로 인정된다. 그림 10-5의 파란색으로 칠한 부분은 금지된 영역(forbidden region)이며, Ka값도 그에 대응되는 범위만 가져야 한다. Ka가 가질 수 있는 해는 x축 상에 검정색으로 진하게 표시하였다.

Ka값이 연속적인 값을 갖지 않고 어떤 특정한 값을 갖기 때문에, 식 (10.3.3)으로부터 주어지는 에너지 역시 연속적인 값을 갖지 않고 금지된 영역을 갖게 된다. 이를 이용하여 에너지와 운동량의 분산관계(dispersion relation)로 표시하면 그림 10-6(a)와 같다.

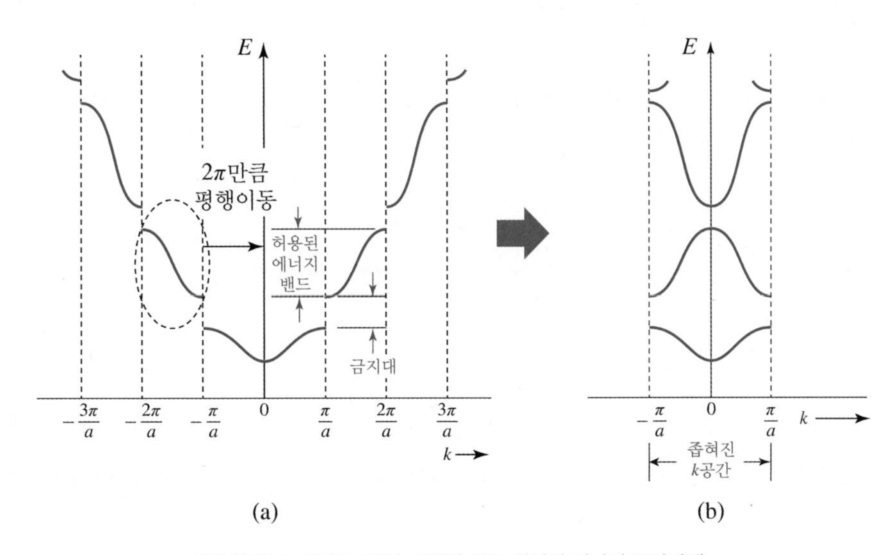

그림 10-6 크로니그·페니 모델의 해로 얻어진 에너지 분산관계

그림 10-5의 허용된(검정색으로 진하게 표시된) Ka값에 대한 에너지를 세로축에 그리고 가로축은 k로 그리면 그림 10-6(a)와 같은 그래프를 얻는데, $k=\pm n\frac{\pi}{a}$(n은 0이 아닌 정수)에서 금지된 에너지대를 갖는다. 이 금지된 에너지 간격을 에너지 밴드 갭이라고 한다. 그림 10-6(a)와 같은 그래프를 펼쳐진 영역 체계(extended zone scheme)라고 하는데, 앞서 고체의 대칭성으로 인해 제1 브릴루앙 영역 바깥쪽에 있는 에너지 밴드는 $2n\pi$만큼 평행이동시켜서 제1 브릴루앙 영역 안쪽으로 옮길 수 있다. 그렇게 해서 그려진 그림이 그림 10-6(b)이며, 이를 좁혀진 영역 체계(reduced zone scheme)라고 한다. 일반적으로 에너지 밴드는 모두 좁혀진 영역 체계에서 다루게 되는데, 그 이유는 제1 브릴루앙 영역 바깥쪽의 모든 정보도 제1 브릴루앙 영역 안쪽으로 좁혀지기 때문에 좁혀진 영역 체계의 정보는 고체 전자구조의 모든 정보를 포함하고 있기 때문이다.

10.3.2 역격자 공간에서 중심 방정식으로부터 푸는 방법

이상은 실공간에서 슈뢰딩거 방정식을 양자역학적의 전통적인 방법으로 풀었을 때의 결과이고, 고체물리학에서는 모든 정보를 역격자 공간으로 변환해서 풀 수 있다. 슈뢰딩거 방정식을 역격자 공간으로 전환시킨 방정식을 식 (10.1.11)로 나타낸 중심 방정식이라고 하였다. 이제, 중심 방정식으로부터 시작하여 퍼텐셜이 규칙적인 델타 함수로 주어졌다고 가정해보자.

$$V(x)=Aa\sum_n\delta(x-na) \tag{10.3.16}$$

여기에서 n은 0과 $1/a$ 사이에 있는 정수이다. 역격자 공간에서 퍼텐셜 V_G는 푸리에 변환 관계로부터

$$\begin{aligned} V_G &= \int_0^1 dx\,V(x)\cos Gx = Aa\sum_n\int_0^1 dx\,\delta(x-na)\cos Gx \\ &= Aa\sum_n\cos Gna = A \end{aligned} \tag{10.3.17}$$

로 쓸 수 있다. 이 푸리에 변환에서 e^{iGx}를 쓰지 않고 $\cos Gx$를 사용한 것은 퍼텐셜의 실수 성분만 계산하기 위함이고, 마지막의 식은 n이 매우 클 때는 합이 아니라 적분으로 간주할 수 있어서,

$$\sum_n \cos Gna = \int_0^{1/a} \cos(Gna)dn = \frac{1}{Ga}\sin(Gna)\bigg|_{n=0}^{1/a} = \frac{1}{Ga}\sin G \simeq \frac{1}{a}$$

의 근사를 사용하였다. 또한 여기에서 G는 역격자 벡터인데, 큰 격자구조에 대해 충분히 작다고 가정할 수 있다. 계산 결과, 실공간에서 델타 함수형을 갖는 퍼텐셜은 역격자 공간에서 상수 A로 취급할 수 있어서, 중심 방정식인 식 (10.1.11)에 넣으면

$$\left(\frac{\hbar^2 k^2}{2m} - E\right)C(k) + A\sum_n C\left(k - \frac{2\pi n}{a}\right) = 0 \tag{10.3.18}$$

이 된다. 여기에서 역격자 벡터를 $G = 2\pi n/a$로 대입하였다.

$$f(k) = \sum_n C\left(k - \frac{2\pi n}{a}\right) \tag{10.3.19}$$

라 하자. 계수 $C(k)$를 얻으면 된다. 식 (10.3.18)은

$$C(k) = -\frac{Af(k)}{\dfrac{\hbar^2 k^2}{2m} - \epsilon} = -\frac{\dfrac{2mA}{\hbar^2}f(k)}{k^2 - 2m\epsilon/\hbar^2} \tag{10.3.20}$$

으로 쓸 수 있고, 블로흐 정리에 의해 역격자 벡터만큼 대칭성이 있으므로

$$f(k) = f\left(k + \frac{2\pi n}{a}\right) \tag{10.3.21}$$

이 된다. 이 성질을 식 (10.3.20)에 대입하면

$$C(k + 2\pi n/a) = -\frac{\dfrac{2mA}{\hbar^2}f(k)}{(k + 2\pi n/a)^2 - 2m\epsilon/\hbar^2} \tag{10.3.22}$$

이고, 양변의 n에 대한 합을 고려하면,

$$\sum_n C(k + 2\pi n/a) = f(k) = -\sum_n \frac{\dfrac{2mA}{\hbar^2}f(k)}{(k + 2\pi n/a)^2 - 2m\epsilon/\hbar^2} \tag{10.3.23}$$

이 된다. 이를 다시 정리하면

$$\frac{\hbar^2}{2mA} = -\sum_n \frac{1}{(k+2\pi n/a)^2 - 2m\epsilon/\hbar^2} \tag{10.3.24}$$

인데, 편의상 $K^2 = 2m\epsilon/\hbar^2$이라고 하자. 그러면

$$\begin{aligned}\frac{\hbar^2}{2mA} &= -\sum_n \frac{1}{(k+2\pi n/a)^2 - K^2} \\ &= -\sum_n [(k+2\pi n/a - K)(k+2\pi n/a + K)]^{-1}\end{aligned} \tag{10.3.25}$$

이다. $A = k+2\pi n/a - K$, $B = k+2\pi n/a + K$라고 하여 위 식을 $A^{-1} - B^{-1} = C^{-1}$의 형태로 분리하려고 한다. 즉,

$$\frac{1}{A} - \frac{1}{B} = \frac{B-A}{AB}$$

$$B - A = 2K$$

$$AB = (k+2\pi n/a)^2 - K^2$$

이므로 식 (10.3.25)는 다음과 같이 분리시켜 쓸 수 있다.

$$\frac{1}{AB} = \frac{1}{B-A}\left(\frac{1}{A} - \frac{1}{B}\right)$$

$$\begin{aligned}\frac{\hbar^2}{2mA} &= -\sum_n \frac{1}{(k+2\pi n/a)^2 - K^2} = \frac{1}{2K}\sum_n\left(\frac{1}{k+2\pi n/a+K} - \frac{1}{k+2\pi n/a - K}\right) \\ &= \frac{a}{4K}\sum_n\left(\frac{1}{n\pi + a(k+K)/2} - \frac{1}{n\pi + a(k-K)/2}\right)\end{aligned} \tag{10.3.26}$$

여기에서 다음의 공식이 필요하다.

$$\cot x = \sum_{n=-\infty}^{\infty} \frac{1}{n\pi + x} \tag{10.3.27}$$

그러면 식 (10.3.26)은

$$\frac{\hbar^2}{2mA} = \frac{a}{4K}\left[\cot\left(\frac{a(k+K)}{2}\right) - \cot\left(\frac{a(k-K)}{2}\right)\right] \tag{10.3.28}$$

가 되는데, $\alpha = a(k+K)/2$, $\beta = a(k-K)/2$라고 하여

$$\cot\alpha \pm \cot\beta = \pm \frac{\sin(\alpha \pm \beta)}{\sin\alpha\sin\beta}$$

식을 이용하면 $\alpha - \beta = aK$이므로,

$$\frac{\hbar^2}{2mA} = \frac{a}{4K}\frac{\sin Ka}{\sin\alpha\sin\beta}$$

가 된다. $2\sin\alpha\sin\beta = \cos(\alpha - \beta) - \cos(\alpha + \beta)$를 이용하면 $\alpha + \beta = ak$이므로,

$$\frac{\hbar^2}{2mA} = \left(\frac{a}{4K}\right)\frac{\sin Ka}{\cos ka - \cos Ka} \tag{10.3.29}$$

를 얻을 수 있다. 이를 다시 정리하면

$$\frac{mAa^2}{2Ka\hbar^2}\sin Ka = \cos ka - \cos Ka \tag{10.3.30}$$

이 되고, $P = mAa^2/2\hbar^2$로 놓으면

$$\frac{P}{Ka}\sin Ka + \cos Ka = \cos ka \tag{10.3.31}$$

를 얻어서 식 (10.3.15)와 동일한 모양이 된다.

10.4 브릴루앙 영역 경계에서의 에너지 밴드

위 크로니그·페니 모델은 아주 단순화된 이론이지만, 규칙적인 퍼텐셜을 갖는 고체에서 허락된 에너지 영역이 존재한다는 중요한 사실을 보여주었다. 실제로 전자가 갖는 에너지 상태를 에너지 밴드라고 하는데, 어떤 물질이 주어졌을 때 그 에너지 밴드를 정확하게 알아내는 것은 전문적인 영역에 속한다. 에너지 밴드를 계산하는 방법으로는 Tight binding model, Muffin tin orbital, Local density approximation, Pseudo potential 방법 등 다양하게 있고, 그 변종 방법들만 따져도 수십 가지가 넘을 것이다. 이 책에서는 그런 방법들을 다 소개할 수는 없고, 고체 전자구조를 전문적으로 계산하고자 한다면 에

너지 밴드 이론에 대한 전문적인 수련을 해야 할 것이다. 여기에서는 쉽게 계산할 수 있는 브릴루앙 영역 경계에서 에너지 밴드 구조만 간단히 살펴보고자 한다.

먼저 브릴루앙 영역 경계에서 퍼텐셜 에너지 V_G가 운동에너지에 비해서 작다고 가정하자. 퍼텐셜이 운동에너지보다 크면 전자는 영역 경계에서 파동함수의 반사가 일어나기보다는 이온에 국소화될 가능성이 더 커져서 부도체가 될 가능성이 크기 때문이다. 퍼텐셜 에너지가 큰 경우는 다음 장에서 밀접 결합 근사(tight binding approximation)로 다룰 것이다. 여기에서는 브릴루앙 영역 경계에서 영역 겹침(zone folding)의 효과에 의해 에너지 밴드 갭이 어떻게 생겨나는지 알아보고자 한다.

브릴루앙 영역 경계에서 $k = \pm G/2 = \pm \pi/a$이므로

$$k^2 = \left(\frac{1}{2}G\right)^2 \tag{10.4.1}$$

이다. 앞 장에서도 여러 번 얘기했듯이, 제1 브릴루앙 영역을 벗어나면 결정 대칭성에 의해 역격자 벡터 G만큼 평행이동시켜서 제1 브릴루앙 영역 안으로 위치시킬 수 있다.

$$(k-G)^2 = \left(\frac{1}{2}G - G\right)^2 = \left(\frac{1}{2}G\right)^2 \tag{10.4.2}$$

이때, 브릴루앙 영역 경계에서 중심 방정식을 계산해보자.

$$(\lambda_k - \epsilon)C(k) + \sum_G V_G C(k-G) = 0 \tag{10.4.3}$$

여기에서 $\lambda_k = \hbar^2 k^2/2m$으로 운동에너지이며, ϵ이 구하고자 하는 전자의 고유 에너지이다. 영역 경계 $k = \pm G/2$에서 $\lambda = \dfrac{\hbar^2}{2m}\left(\dfrac{1}{2}G\right)^2$이며, $(+)$와 $(-)$에서 각각

$$(\lambda - \epsilon)C\left(\frac{1}{2}G\right) + VC\left(-\frac{1}{2}G\right) = 0 \tag{10.4.4}$$

$$(\lambda - \epsilon)C\left(-\frac{1}{2}G\right) + VC\left(\frac{1}{2}G\right) = 0 \tag{10.4.5}$$

가 된다. 식 (10.4.5)의 둘째 항에서 $C(-3G/2) = C(-3G/2 + 2G) = C(G/2)$를 사용하여 브릴루앙 영역을 2칸 이동시킨 것이다. 위 2개의 방정식이 자명하지 않은 해(non-trivial solution)를 갖기 위해서는 행렬식이 0이 되어야 한다.

$$\begin{vmatrix} \lambda-\epsilon & V \\ V & \lambda-\epsilon \end{vmatrix} = (\lambda-\epsilon)^2 - V^2 = 0 \tag{10.4.6}$$

즉, $\lambda-\epsilon = \pm V$여서

$$\epsilon = \lambda + V = \frac{\hbar^2}{2m}\left(\frac{1}{2}G\right)^2 \pm V \tag{10.4.7}$$

이 된다. 이것은 영역 경계에서 퍼텐셜 에너지 $2V$만큼 에너지 차이가 생기는 것을 보여주며, 이를 에너지 갭이라고 한다.

$$\frac{C\left(-\frac{1}{2}G\right)}{C\left(\frac{1}{2}G\right)} = \frac{\epsilon-\lambda}{V} = \pm 1 \tag{10.4.8}$$

이 된다. 영역 경계에서 파동함수의 푸리에 전개는

$$\psi_{\pm} = \exp\left(i\frac{Gx}{2}\right) \pm \exp\left(-i\frac{Gx}{2}\right) \tag{10.4.9}$$

로 주어진다. 이때, $+$로 연결되는 ψ_+는 에너지 갭의 아래쪽을 기술하는 파동함수이며, $-$로 연결되는 ψ_-는 에너지 갭의 위쪽을 기술하는 파동함수이다.

영역 경계 근처에서는 전자의 파수가 일정한 값이 아니기 때문에

$$\psi(x) = C(k)e^{ikx} + C(k-G)e^{i(k-G)x} \tag{10.4.10}$$

이 된다. 이때, 중심 방정식은

$$(\lambda_k - \epsilon)C(k) + VC(k-G) = 0 \tag{10.4.11}$$

$$(\lambda_{k-G} - \epsilon)C(k-G) + VC(k) = 0 \tag{10.4.12}$$

으로 쓸 수 있다. 마찬가지로 식 (10.4.12)의 둘째 항도 G만큼 평행이동시킨 것이다. 이때, 안 뻔한 해를 갖기 위해서 판별식을 계산하면

$$\begin{aligned} \begin{vmatrix} \lambda_k-\epsilon & V \\ V & \lambda_{k-G}-\epsilon \end{vmatrix} &= (\lambda_k-\epsilon)(\lambda_{k-G}-\epsilon) - V^2 \\ &= \epsilon^2 - \epsilon(\lambda_{k-G}+\lambda_k) + \lambda_{k-G}\lambda_k - V^2 = 0 \end{aligned} \tag{10.4.13}$$

이므로, 에너지 고윳값은

$$\begin{aligned}\epsilon &= \frac{1}{2}(\lambda_{k-G}+\lambda_k) \pm \frac{1}{2}\sqrt{(\lambda_{k-G}+\lambda_k)^2 - 4(\lambda_{k-G}\lambda_k - V^2)} \\ &= \frac{1}{2}(\lambda_{k-G}+\lambda_k) \pm \sqrt{\frac{1}{4}(\lambda_{k-G}-\lambda_k)^2 + V^2}\end{aligned} \tag{10.4.14}$$

로 주어진다. $\widetilde{K} \equiv k - G/2$라고 한다면,

$$\lambda_k = \frac{\hbar^2 k^2}{2m} = \frac{\hbar^2}{2m}\left(\widetilde{K} + \frac{1}{2}G\right)^2 = \frac{\hbar^2 \widetilde{K^2}}{2m} + \frac{\hbar^2 \widetilde{K}G}{2m} + \lambda \tag{10.4.15}$$

$$\lambda_{k-G} = \frac{\hbar^2 (k-G)^2}{2m} = \frac{\hbar^2}{2m}\left(\widetilde{K} - \frac{1}{2}G\right)^2 = \frac{\hbar^2 \widetilde{K^2}}{2m} - \frac{\hbar^2 \widetilde{K}G}{2m} + \lambda \tag{10.4.16}$$

으로 계산되고, 위에서 주어진 대로 $\lambda = \frac{\hbar^2}{2m}\left(\frac{1}{2}G\right)^2$이다. $\widetilde{K}$의 함수로 표현되는 에너지 고윳값은

$$\begin{aligned}\epsilon_{\widetilde{K}} &= \frac{2}{2}\left(\frac{\hbar^2 \widetilde{K^2}}{2m} + \lambda\right) \pm \left[\frac{1}{4}\left(\frac{\hbar^2 \widetilde{K}G}{m}\right)^2 + V^2\right]^{1/2} \\ &= \frac{\hbar^2}{2m}\left(\frac{1}{4}G^2 + \widetilde{K^2}\right) \pm \left[4\lambda\left(\frac{\hbar^2 \widetilde{K^2}}{2m}\right) + V^2\right]^{1/2}\end{aligned} \tag{10.4.17}$$

여기에서, $|V| \gg \hbar^2 G\widetilde{K}/2m$으로 퍼텐셜이 충분히 크다면 위 식은 다음과 같이 근사할 수 있다.

$$\epsilon_{\widetilde{K}} \simeq \frac{\hbar^2}{2m}\left(\frac{1}{4}G^2 + \widetilde{K^2}\right) \pm V\left[1 + 2\frac{\lambda}{V^2}\left(\frac{\hbar^2 \widetilde{K^2}}{2m}\right)\right] \tag{10.4.18}$$

이 식은 영역 경계에서 $\widetilde{K} = 0$이므로,

$$\epsilon = \frac{\hbar^2}{2m}\left(\frac{1}{4}G^2\right) \pm V \tag{10.4.19}$$

가 되어서 식 (10.4.7)과 같아진다. 식 (10.4.18)을 그림으로 그려보면 그림 10-7과 같이 된다.

자유전자의 경우 $\epsilon = \hbar^2 k^2/2m$으로 검은색의 2차항 분산관계로 주어지게 되는 데 반

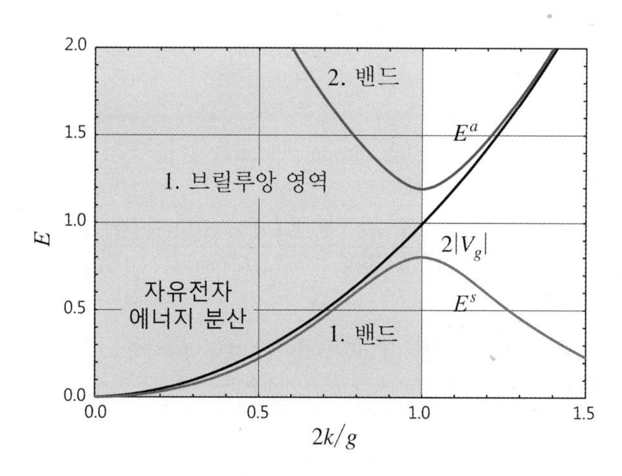

그림 10-7 브릴루앙 영역 경계 근처에서의 에너지 밴드

해서, 퍼텐셜이 있는 경우 브릴루앙 영역 경계에서의 브래그 산란으로 인해 낮은 에너지와 높은 에너지 상태가 각각 회색과 파란색으로 나타나게 되고, 브릴루앙 영역 경계에서는 $2V$만큼의 에너지 갭이 형성되게 된다.

10.5 유효질량

고전역학에서 질량은 뉴턴의 제2법칙 $F=ma$로 정의된다. 물리량 표준의 역사는 닭과 달걀의 문제만큼 서로 돌고 도는 정의가 필요한데, 예전에는 kg 원기를 사용했는데, 2019년 5월 20일 기존에 사용하던 국제 킬로그램 원기를 폐기하고 플랑크 상수에 의해 재정의되었다. 어쨌건 기본적으로 관성질량과 중력질량이 동등하다는 아인슈타인의 가정에서부터 관성질량은 1 N의 힘을 가했을 때 1 m/s^{2}의 가속도를 갖는 물체의 질량이 1 kg인 것이다. 우리 일상생활에서 질량은 용수철저울이나 양팔저울을 사용하지만, 고체물리학에서 전하의 질량은 어떻게 측정할 것인가? 역시 뉴턴의 제2법칙에 기초해서 생각해보면 고체물리학의 질량측정 기준을 얻을 수 있다. 뉴턴의 제2법칙 $\vec{a}=m^{-1}\vec{F}$의 관계로부터, 양자역학적 분산관계와의 연관성을 생각해보자. $\epsilon=\hbar^2k^2/2m$, $\hbar\vec{k}=m\vec{v}$를 이용하면

$$\frac{d\epsilon}{dk} = \frac{\hbar^2 k}{m} = \hbar v$$

이다. 여기에서 속도는 전자의 군속도(group velocity)이다. $F = \hbar \dot{k}$를 이용하면,

$$\vec{a} = \frac{d}{dt}\vec{v_g} = \frac{d}{dt}\left(\frac{1}{\hbar}\frac{d\epsilon}{dk}\right) = \frac{1}{\hbar}\left(\frac{d^2\epsilon}{dk^2}\frac{dk}{dt}\right) = \frac{1}{\hbar^2}\left(\frac{d^2\epsilon}{dk^2}\right)F \tag{10.5.1}$$

를 얻는다. $\vec{a} = m^{-1}\vec{F}$와 비교하면 유효질량(effective mass)은

$$\frac{1}{m^*} = \frac{1}{\hbar^2}\left(\frac{d^2\epsilon}{dk^2}\right) \tag{10.5.2}$$

이 된다. 즉, 에너지 분산관계 $\epsilon(k)$를 얻으면 에너지를 운동량으로 두 번 미분한 것이 유효질량의 역수가 된다.

이것을 직관적으로 이해해보면 에너지 굴곡이 클수록 유효질량은 작다는 것이다. 그림 10-8은 InN 반도체의 에너지 밴드 구조이다. Γ, K, H, A 등은 역격자 공간에서 결정의 특정 위치를 명명한 것이다. 에너지 밴드는 각 역격자 공간을 전개도로 펼쳐놓고 각 공간을 따라 움직일 때의 에너지 고윳값을 그린 것이다. 역격자 공간은 운동량 공간이므로 가로축은 운동량 k라고 생각해도 무방하다. k공간에서 특정한 위치를 표시한 것이기 때문이다. 특별한 규칙이 있는 것은 아니지만 대개의 경우 Γ지점은 역격자의 중앙을 의미한다. 그림 10-8의 에너지 밴드 구조에서 Γ지점을 생각해보자. 에너지 0인 지

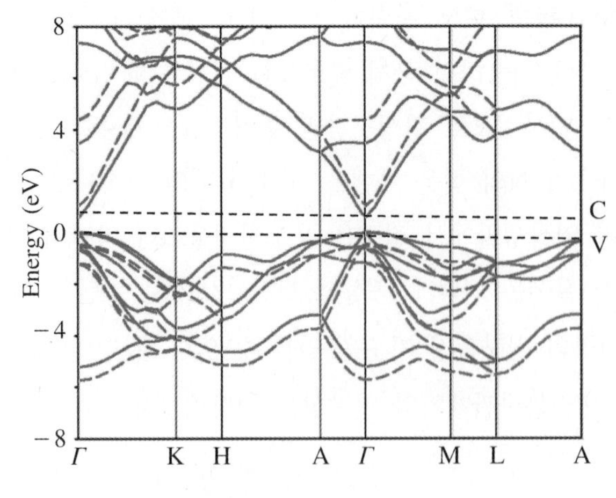

그림 10-8 InN의 에너지 밴드 구조

점이 페르미 준위이고, 페르미 준위 아래쪽이 가전자대, 페르미 준위 위쪽이 전도대이다. 지금은 페르미 준위가 가전자대 맨 위쪽인 Γ지점에서 밴드가 페르미 준위에 걸쳐져 있다. 만약 페르미 준위가 전도대 밑쪽인 C선을 따라 있다고 가정한다면 Γ지점에서 전도대에서의(C선) 유효질량은 가전자대에서의(V선) 유효질량에 비해 작을 것으로 예상할 수 있다. V선에서 밴드는 넓고 평평하게 되어 있어서 유효질량이 클 것이고, C선에서 밴드는 기울기가 급격히 변하기 때문에 유효질량이 작다. 유효질량의 크기를 에너지 밴드로부터 직관적으로 쉽게 이해하는 방법이 있다. 기울기가 큰 밴드에 페르미 준위가 걸쳐져 있으면 유효질량이 작고 기울기가 작아서 넓게 펼쳐져 있는 밴드에 페르미 준위가 있으면 유효질량이 크다. 페르미 밴드가 걸쳐져 있는 밴드에 공이 있다고 생각해보자. 방향에 따라서 에너지가 크게 변하게 되면 에너지가 낮은 방향으로 공이 굴러갈 것이다. 같은 힘으로 공이 빠르게 굴러가는 것은 공의 질량이 작기 때문인 것으로 이해할 수 있다. 반면, 방향에 따라 에너지가 크게 변하지 않는 평형한 위치에 공이 있다면 공은 움직이지 않고 가만히 있을 것이다. 이것은 공이 무거워서 잘 움직이지 않기 때문으로 이해할 수 있다. 역격자 공간에서 운동량 방향은 실공간에서 방향에 대응되므로 이러한 방식으로 직관적 이해를 해도 무방하다.

사실 운동량의 미분은 벡터의 미분이기 때문에 텐서로 다루어야 한다.

$$\left(\frac{1}{m^*}\right)_{\mu\nu} = \frac{1}{\hbar^2}\left(\frac{d^2\epsilon}{dk_\mu dk_\nu}\right) \tag{10.5.3}$$

따라서 유효질량도 텐서량이다. 유효질량이 텐서량이라는 것은 방향에 따라 질량이 달라진다는 의미이다. 그것은 당연한 결과인데, 방향에 따라 에너지 밴드가 달라지고, 그에 따라 전자의 속도가 달라지기 때문에 유효질량도 달라진다.

유효질량을 측정하는 실험적 방법은 금속의 경우 고자장에서 드 하스-반 알펜(de Haas-van Alphen)이나 슈브니코프-드 하스(de Haas-Shubnikov) 실험으로 측정할 수 있는데, 이 방법은 금속의 자기장의 영향에서 자세히 논의한다. 반도체의 경우 사이클로트론 공명(cyclotron resonance)법과 제벡 계수와 전류밀도를 측정해서 추산하는 방법이 있다. 일반적으로 비열을 측정하여 조머펠트 계수 γ를 측정하여 유효질량을 계산할 수 있다.

$$\gamma = \frac{\pi^2}{3} D(\epsilon_F) k_B^2$$

를 측정하여 페르미 준위에서의 상태밀도 $D(\epsilon_F)$를 얻고,

표 10-1 대표적인 금속의 유효질량

금속	Ag	Au	Bi	Cu	K	Li	Na	Ni	Pt	Zn
m^* $[m_e]$	0.99	1.10	0.047	1.01	1.12	1.28	1.2	28	13	0.85

$$D(\epsilon_F) = \frac{3}{2}\frac{N}{\epsilon_F}, \quad \epsilon_F = \frac{\hbar^2 k_F^2}{2m^*} = \frac{\hbar^2}{2m^*}(3\pi^2 n)^{2/3}$$

를 이용하여 전류밀도를 측정하면 유효질량을 구할 수 있다.

표 10-1은 대표적인 금속의 유효질량이다.

10.6 에너지 밴드의 실험적 관찰(각분산 광전자 분광실험)

에너지 밴드를 실험적으로 직접적으로 관찰할 수 있는 실험은 각분산 광전자 분광실험(angle resolved photoemission spectroscopy, ARPES)이 대표적이다. 광전자 분광실험은 아인슈타인이 노벨상을 수상하도록 한 광전효과를 기반으로 한 실험이다. 여기에 시료를 각 방위각으로 회전시키면서 광전자 분광실험을 하면, 결정 방위각이 결정 운동량과 마찬가지기 때문에, 여러 운동량 공간에 대한 정보를 얻을 수가 있어서 에너지-운동량 관계식인 에너지 분산관계를 직접적으로 측정할 수 있는 것이다.

아인슈타인의 광전효과는 시료에 $h\nu$의 에너지를 갖는 광자가 입사되면, 입사된 에너지에 비례하는 운동에너지를 갖는 전자가 방출된다는 것이다. 전자를 방출시키기 위해서는 어느 한계 이상의 문턱 에너지(threshold energy)가 필요해서 이를 일함수(work function) ϕ 라고 한다. 이 일함수는 시료의 페르미 에너지 E_F와 진공 에너지 E_{vac}의 차이에 해당한다. 시료마다 고유의 일함수가 있다. 금속의 경우에는 페르미 준위가 전도전자 준위까지 모두 차 있어서 입사되는 에너지에 비례하는 연속적인 에너지 값을 갖지만, 입사하는 광자의 에너지가 매우 크면, 전도전자 준위 그 이하에 있는 결합 에너지(binding energy) E_B 준위까지 침투시킬 수가 있다. 전자가 이온에 묶여 있으면 양자역학의 결과에 따라

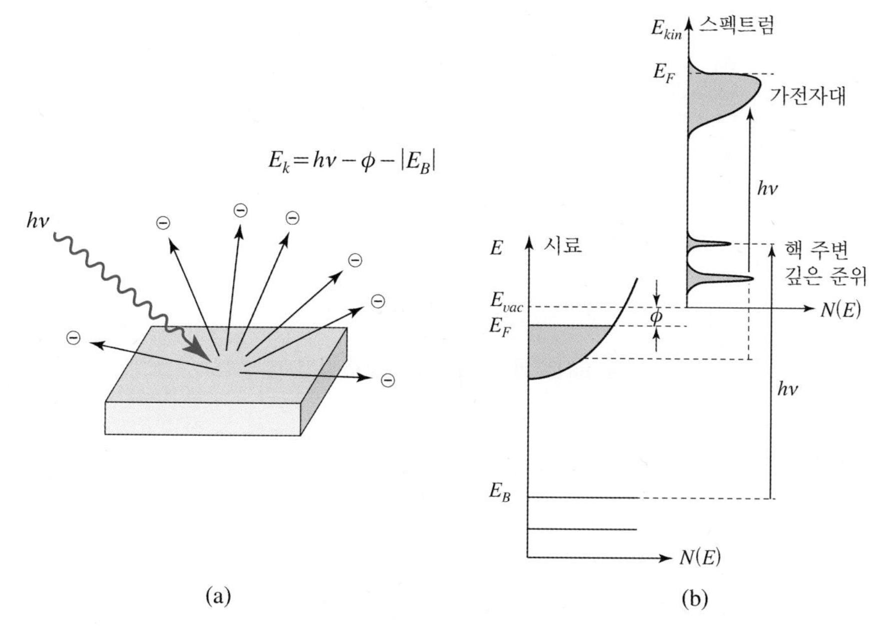

그림 10-9 (a) 시료에 광자가 입사되어 발생되는 광전자와 (b) 시료의 에너지 상태와 그에 따라 측정되는 광전자 에너지

특정한 에너지 준위로 양자화된 상태가 존재하고, 이 결합 에너지만큼의 에너지를 극복하면 이온에 묶여 있던 전자가 튀어나올 수 있게 된다. 즉, 광전효과에 의해 우리가 관측하는 전자의 에너지 E_k는

$$E_k = h\nu - \phi - |E_B| \tag{10.6.1}$$

이 된다.

그림 10-9(b)의 아래 그림은 시료가 갖는 에너지 준위를 도식화한 것이다. 이온에 묶여 있는 양자화된 결합 에너지 E_B 준위가 있고, 그 위에 전도전자 준위가 있는데, 금속은 페르미 에너지 E_F까지 전자가 차 있다. 금속전자를 밖으로 꺼내려면 일함수만큼의 에너지를 가해야 하고, 이로써 (b) 위의 그림과 같은 에너지 스펙트럼을 얻게 된다. 연속적으로 높은 에너지를 형성한 부분이 가전자대이고, 가전자대의 꼬리를 측정하면 페르미 준위를 얻을 수 있다. 그리고 아래쪽으로 낮은 전자 에너지 쪽으로 이온에 결합된 에너지 준위가 양자화되어서 피크로 나타난다.

ARPES 측정 시에 시료는 표면이 깨끗한 단결정 시료를 사용해야 한다. 단결정을 이용해서 오일러 각(Eulerian angle)으로 각 방위각에 대해 회전을 시키면 원하는 결정방향

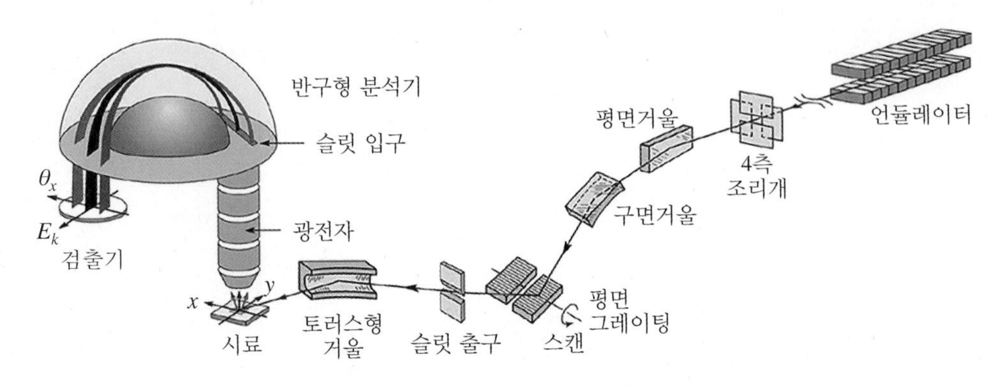

그림 10-10 각분산 광전자 분광실험의 모식도

에 따라 에너지를 알 수 있다. 그림 10-10은 각분산 광전자 분광실험 장치의 모식도를 나타낸 것이다.

ARPES 시에 사용하는 빔은 단색 광원(monochromatic light source)을 사용해야 한다. 이온 내부의 전자를 관찰하기 위해서는 강력한 광원이 필요하기 때문에 보통 방사광 가속기에서 발생하는 단색광을 사용한다. 단색광이 여러 거울과 슬릿을 통과하면서 시료에 조사되면 시료에서 방출되는 광전자가 반구형 분석기를 통해 회전하게 된다. 전자의 속도에 따라 회전 반지름이 달라지면서 검출기에 도달하게 되기 때문에 전자의 에너지에 따른 강도를 측정할 수 있다. 실험에서 관측되는 전자의 에너지와 파수에 따른 강도는

그림 10-11 ARPES 실험장치(스탠퍼드 SLAC 가속기 연구소)[1]

1 https://arpes.stanford.edu/research/tool-development/angle-resolved-photoemission-spectroscopy/synchrotron-arpes

$$I(\vec{k},\ \omega) = I_0(\vec{k},\ v)f(\omega)A(\vec{k},\ \omega) \tag{10.6.2}$$

로 주어지는데, I_0는 광자에 관련된 산란강도이고, $f(\omega)$는 페르미·디랙 분포함수, $A(\vec{k},\ \omega)$는 단일입자의 스펙트럼 함수(spectral function)이다.

ARPES는 시료 표면에 평행한 전자 운동량의 성분을 측정하게 되는데, 광자의 운동량은 무시할 수 있을 정도로 작다고 가정한다. 그것은 광자의 운동량이 $k_{photon} = E_{photon}/\hbar c \approx 10^8$ /m 정도인데, 전자의 운동량은 10^{10} /m 정도가 되기 때문이다. 그림 10-12는 $ReSe_2$의 ARPES 실험 분석 결과이다. 이론적으로 계산한 에너지 밴드 그림과 실험적으로 관측된 에너지 밴드를 비교하여 물질의 전자구조를 직접적으로 비교 분석해 볼 수 있다.

ARPES는 에너지 밴드를 직접적으로 관찰할 수 있는 매우 강력한 도구이지만 몇 가지 단점도 가지고 있다. 먼저, 반드시 단결정 시료를 사용해야 한다는 점이다. 재료과학 측면에서 고품질의 단결정 성장은 매우 어려운 경우가 많은데, 단결정을 사용해야만 결정방향에 따른 각분산이 의미가 있게 된다. 또한 아직 현재 기술로는 자기장이나 압력

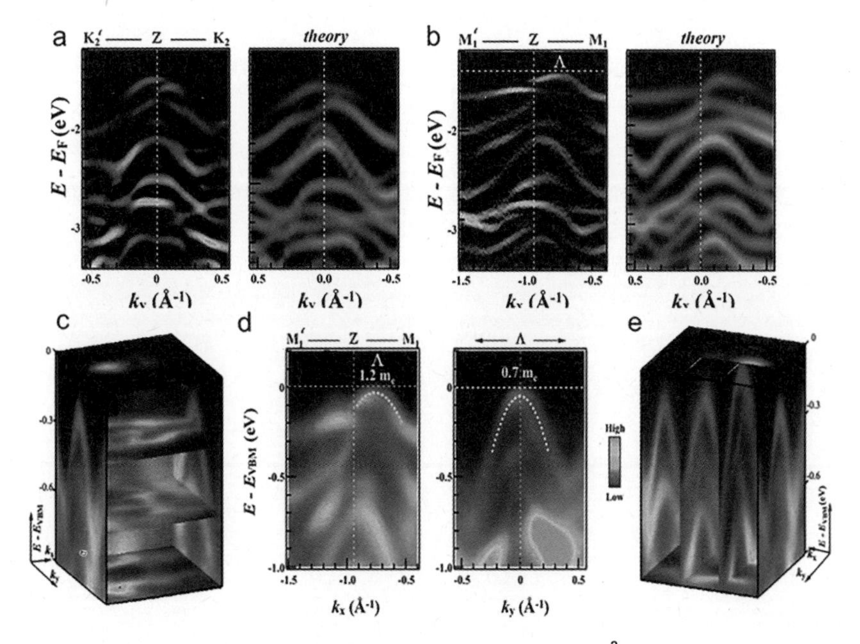

그림 10-12 $ReSe_2$의 ARPES 실험 분석 결과[2]

2 Sci. Rep. (7) 5145 (2017) DOI:10.1038/s41598-017-05361-6

등 외부 변수를 변화시켜 가면서 전자구조의 변화를 측정할 수 없다는 점이다. 특히, 자기장을 가해주면 광전자의 운동을 교란시키기 때문에 광전자의 에너지를 직접적으로 측정하기 곤란해진다. 그리고 광원으로 레이저나 X-ray 등을 이용하기 때문에 표면 깊숙이 광자가 침투할 수 없어서 보통 10 Å 정도의 표면만 관찰할 수 있다. 그럼에도 최근에는 단결정 성장기술의 발달과 방사광 가속기 빔라인의 확대 구축으로 인해 그 쓰임새가 많아져서 고체물리학 연구의 중요한 도구로 자리잡고 있다.

CHAPTER 11

밀접 결합 모델*

크로니그·페니 모델은 전자의 퍼텐셜 에너지와 운동에너지 중에서 퍼텐셜 에너지가 운동에너지보다 크지 않은 경우로써, 준 자유전자 모델(nearly free electron model)이라고 한다. 금속의 경우는 전자의 운동에너지가 퍼텐셜 에너지보다 커서 퍼텐셜의 존재를 잘 느끼지 못하고, 자유롭게 돌아다니는 자유전자 모델로 설명할 수 있다. 반면, 준 자유전자 모델은 전자가 자유롭게 돌아다니지만 이온의 퍼텐셜을 느낄 수가 있어서 규칙적인 퍼텐셜과 전자의 운동이 상호작용을 하는 경우이다.

만약 퍼텐셜이 운동에너지보다 더 큰 경우는 어떻게 다루어야 할까? 그러한 상황에서 적합한 이론이 밀접 결합 모델(tight-binding model)이다. 밀접 결합 모델은 원자의 퍼텐셜이 충분히 크고 전자가 이온에 잘 국소화된 경우에 맞는 이론이다. 그렇다고 밀접 결합 모델이 부도체에만 적용되는 것은 아니다. 금속에도 밀접 결합 모델을 적용할 수 있지만 그런 경우에도 이온의 퍼텐셜이 충분히 큰 경우에 다룰 수 있다.

밀접 결합 모델과 마찬가지로 유사 퍼텐셜 방법(pseudo-potential method)도 이온의 퍼텐셜이 큰 경우에 사용할 수 있는데, 원자의 퍼텐셜을 실질적인 쿨롱 퍼텐셜(Coulomb potential)로 다루는 것이 아니라 주변 환경에 따라 적용될 수 있는 유사 퍼텐셜을 찾아서 물성을 기술하는 방법이다. 유사 퍼텐셜 방법은 퍼텐셜을 실험 결과에 맞게 추측하는 방법이어서 양자역학적인 방법이긴 하지만 유사 퍼텐셜을 어떻게 설정하느냐에 따라 다른 결과가 나올 수 있다. 그러나 전문적인 전자구조 연구자들에 의해서 유사 퍼텐셜이 잘 연구되어 있고, 이를 활용하면 실험과 꽤 일치하는 이론적 결과를 얻을 수 있다.

전자구조 연구에서 가장 많이 사용하는 방법은 범밀도 함수 이론이다. 범밀도 함수 이론은 슈뢰딩거 방정식을 전자의 파동함수가 아닌 전자의 밀도에 대한 함수로 전환하여 변분방법을 사용한 것인데, 개발자인 월터 콘(Walter Kohn)은 1998년 노벨 화학상을 수상하였다. 여기에서 다루고자 하는 밀접 결합 모델과 범밀도 함수 이론은 고체의 전자구조 연구에서 매우 중요한 부분 중에 하나이다.

이 책에서는 전자구조의 실제를 다루는 것은 아니기 때문에, 전자구조 계산의 개략적 아이디어와 방법에 대한 교과서적인 서술에 제한하도록 한다. 실제로 본격적인 전자구조를 계산하기 위해서는 수년간의 경험이 필요하다. 다만, 최근에는 컴퓨팅 기술이 발전하여 상용화된 소프트웨어가 많이 개발되어 있다. 예를 들어 Wien2K이나 VASP는 범밀도 함수를 이용한 제일원리 계산(first principle calculation)의 대표적인 프로그램이다. 요즘에는 서버 컴퓨터 방식으로 계산 프로그램 패키지와 서비스를 제공하는 전문적인 전자구조 계산 업체들도 있다.

11.1 밀접 결합 모델의 일반 이론

밀접 결합 모델을 적용하기 위해 다음의 3가지 가정이 필요하다.

첫째, 격자점 근처에서 결정 해밀토니안(crystal Hamiltonian)은 원자의 해밀토니안 H_{at}으로 취급한다. 둘째, 이온의 퍼텐셜은 충분히 커서 전자가 이온 중심 근처에 묶여 있고, 이에 따라 원자의 해밀토니안에 의한 구속된 양자상태는 국소화(localized)되어 있다. 셋째, 전자를 기술하는 파동함수는 블로흐 파동함수를 만족한다. 즉,

$$H_{at}\psi_n = E_n\psi_n \tag{11.1.1}$$

이고,

$$\psi(\vec{r}+\vec{R}) = e^{i\vec{k}\cdot\vec{R}}\psi(\vec{r}) \tag{11.1.2}$$

이다. 여기에서 $\vec{R}$은 브라베 격자 벡터이다.

밀접 결합 모델은 퍼텐셜이 강한 계에서 사용할 수 있는데, 예를 들면, d 전자를 갖는 전이금속 화합물이나 부도체에 적용할 수 있다.

참고로, 학생들은 고체물리에서 나오는 벡터의 종류가 많아 헷갈리는 경우가 많다. 그리고 어떤 책에서는 벡터를 다르게 표기하는 경우도 있어서 더 혼란스러워 할 수도 있으니 사족이지만 정리해본다.
먼저 실공간과 운동량 공간을 구분할 필요가 있다. 실공간의 벡터로는 일반적인 공간 벡터 $\vec{r}$과 브라베 격자 벡터 $\vec{R}$이 있다. 그리고 운동량 공간의 벡터로는 전자의 일반적인 운동량 파수 $\vec{k}$와 역격자 벡터 $\vec{G}$가 있다. 실공간 $\vec{r}$ 벡터에 대응되어 푸리에 변환을 통해 운동량 공간으로 변환시킨 벡터가 $\vec{k}$ 벡터이고, 실공간 브라베 격자 벡터 $\vec{R}$이 운동량 공간으로 변환된 것이 역격자 벡터 $\vec{G}$이다. 어떤 책에서는 $\vec{G}$ 벡터를 $\vec{q}$로 쓰기도 하고, $\vec{K}$로 쓰기도 하니 혼동하지 않도록 한다.

우리는 식 (11.1.1)의 원자 해밀토니안으로 이루어진 고윳값 문제를 풀어야 한다. 여기에서 밀접 결합 모델의 가정에 따라 파동함수 ψ_n은 원자에 잘 국소화되어 있어서, 격자상수보다 더 멀리 떨어진 지점에서는 매우 작은 값을 갖는다. 실제 해밀토니안은 원자의 해밀토니안을 기본으로, 주변 환경에 따라 퍼텐셜의 변화가 있는 것으로 간주하면 된다.

$$H = H_{at} + \Delta V(\vec{r}) \tag{11.1.3}$$

여기에서 퍼텐셜의 변화 $\Delta V(\vec{r}) = V - V_0$는 실제 고체의 퍼텐셜 V에서 단원자의 퍼텐셜 V_0를 빼준 값이다. 사실 고체의 퍼텐셜 V의 실체를 모르기 때문에 ΔV도 모르고 있다고 고백할 수밖에 없다. 아니 사실 단원자도 수소원자 이외에 다전자를 갖고 있는 단원자의 퍼텐셜 V_0도 모르긴 마찬가지다. 이에 따라, 퍼텐셜을 경험적으로 정의하여 실험에 맞도록 설정하는 방법이 채택되어 있고, 그것이 유사 퍼텐셜 방법인 것이다. 그러나 여기에서는 ΔV의 실체를 몰라도 된다. 그것은 이후에 보겠지만, 전달 적분(transfer integral) 속으로 스며들어 일종의 매개변수로 취급될 수 있기 때문이다. 매개변수는 실험에 맞게 적당히 채택하면 되는 것이다.

이때의 파동함수는 모든 브라베 격자에 대해 선형결합을 갖게 되며, 결정 격자의 대칭성으로 인해서 블로흐 정리를 따라야 한다.

$$\psi_{n,\,\vec{k}}(\vec{r}) = \sum_{\vec{R}} e^{i\vec{k}\cdot\vec{R}} \psi_n(\vec{r}-\vec{R}) \tag{11.1.4}$$

아래 첨자 n은 각 원자에 대한 양자상태를 의미한다. $\psi_{n,\,\vec{k}}(\vec{r})$이 블로흐 정리를 따르는 것은 다음과 같이 증명할 수 있다.

$$\begin{aligned}\psi_{n,\,\vec{k}}(\vec{r}+\vec{R}) &= \sum_{\vec{R}'} e^{i\vec{k}\cdot\vec{R}'} \psi_n(\vec{r}+\vec{R}-\vec{R}') = e^{i\vec{k}\cdot\vec{R}} \sum_{\vec{R}'} e^{i\vec{k}\cdot(\vec{R}'-\vec{R})} \psi_n[\vec{r}-(\vec{R}'-\vec{R})] \\ &= e^{i\vec{k}\cdot\vec{R}} \sum_{\overline{R}} e^{i\vec{k}\cdot\overline{R}} \psi_n(\vec{r}-\overline{R}) \\ &= e^{i\vec{k}\cdot\vec{R}} \psi_{n,\,\vec{k}}(\vec{r})\end{aligned}$$

여기에서 $\overline{R}=\vec{R}-\vec{R}'$이다.

$\psi_{n,\,\vec{k}}(\vec{r})$은 원자 해밀토니안에 해당하는 고유벡터로써의 파동함수이지만, 실제 결정 격자에서 결정 해밀토니안은 원자 해밀토니안과는 식 (11.1.3)과 같이 약간 다르다. 즉, 원자의 파동함수와 비슷하지만 약간의 수정이 가해진 파동함수를 $\phi(\vec{r})$이라고 한다면,

$$\phi(\vec{r}) = \sum_n b_n \psi_n(\vec{r}) \tag{11.1.5}$$

로 쓸 수 있다. 여기에서 b_n은 선형결합 상수이다. 실제 결정 해밀토니안에 대한 파동함수는 $\phi(\vec{r})$의 브라베 격자에 대한 선형결합으로 이루어져야 하며, 그것 또한 블로흐 정리를 만족해야 하므로, 새롭게 구성되는 파동함수 $\psi(\vec{r})$는 다음과 같이 쓸 수 있다.

$$\psi(\vec{r}) = \sum_{\vec{R}} e^{i\vec{k}\cdot\vec{R}} \phi(\vec{r}-\vec{R}) \tag{11.1.6}$$

여기에서 실제 결정 격자의 파동함수 $\psi(\vec{r})$와 원자 근처에서의 파동함수 $\psi_n(\vec{r})$를 또한 구별해야 한다. 이 결정 격자의 파동함수를 이용해서 고윳값 문제를 풀면

$$H\psi(\vec{r}) = [H_{at} + \Delta V(\vec{r})]\psi(\vec{r}) = \epsilon(\vec{k})\psi(\vec{r}) \tag{11.1.7}$$

이 된다. 첫째 항의 원자 해밀토니안에 대한 기댓값은

$$\int \psi_m^*(\vec{r}) H_{at} \psi(\vec{r}) d\vec{r} = \int [H_{at}\psi_m(\vec{r})]^* \psi(\vec{r}) d\vec{r} = E_m \int \psi_m^*(\vec{r}) \psi(\vec{r}) d\vec{r} \tag{11.1.8}$$

이어서, 식 (11.1.7) 전체에 대한 기댓값은

$$\int \psi_m^*(\vec{r})H\psi(\vec{r})d\vec{r} = E_m \int \psi_m^*(\vec{r})\psi(\vec{r})d\vec{r} + \int \psi_m^*(\vec{r})\Delta V(\vec{r})\psi(\vec{r})d\vec{r}$$
$$= \epsilon(\vec{k}) \int \psi_m^* \psi(\vec{r})d\vec{r} \tag{11.1.9}$$

이고, 이를 다시 정리하면

$$[\epsilon(\vec{k}) - E_m] \int \psi_m^* \psi(\vec{r})d\vec{r} = \int \psi_m^*(\vec{r})\Delta V(\vec{r})\psi(\vec{r})d\vec{r} \tag{11.1.10}$$

이다. 위 식의 좌변에서 원자 파동함수의 직교성에 의해서

$$\int \psi_m^*(\vec{r})\psi_n(\vec{r})d\vec{r} = \delta_{mn}$$

이기 때문에,

$$\int \psi_m^*(\vec{r})\psi(\vec{r})d\vec{r} = \int \sum_{\vec{R}} \psi_m^*(\vec{r})e^{i\vec{k}\cdot\vec{R}} \sum_n b_n \psi_n(\vec{r}-\vec{R})d\vec{r}$$
$$= \sum_n \int \psi_m^* b_n \psi_n(\vec{r})d\vec{r} + \sum_n \sum_{\vec{R}\neq 0} \int \psi_m^*(\vec{r})b_n\psi_n(\vec{r}-\vec{R})e^{i\vec{k}\cdot\vec{R}}d\vec{r}$$
$$= b_m + \sum_n \sum_{\vec{R}\neq 0} \int \psi_m^*(\vec{r})b_n\psi_n(\vec{r}-\vec{R})e^{i\vec{k}\cdot\vec{R}}d\vec{r} \tag{11.1.11}$$

이 된다. 이를 식 (11.1.10)에 대입하면

$$[\epsilon(\vec{k}) - E_m]b_m = -[\epsilon(\vec{k}) - E_m]\sum_n \sum_{\vec{R}\neq 0} \int \psi_m^*(\vec{r})\psi_n(\vec{r}-\vec{R})e^{i\vec{k}\cdot\vec{R}}d\vec{r}b_n$$
$$+ \sum_n \int \psi_m^*(\vec{r})\Delta V(\vec{r})\psi_n(\vec{r})d\vec{r}b_n$$
$$+ \sum_n \sum_{\vec{R}\neq 0} \int \psi_m^*(\vec{r})\Delta V(\vec{r})\psi_n(\vec{r}-\vec{R})e^{i\vec{k}\cdot\vec{R}}d\vec{r}b_n \tag{11.1.12}$$

가 된다. 식이 복잡해 보이지만 위 식의 우변 항을 밀접 결합 모델의 가정에 따라 각각 살펴보면 각 항은 매우 작은 값이어서 무시할 수 있게 된다. 즉, 첫째 항에서 $\vec{r} \geq \vec{R}$에 대해 브라베 격자를 벗어나면 파동함수는 매우 작아지기 때문에 그 중첩에 대한 적분값도 매우 작게 된다.

$$\int \psi_m^*(\vec{r})\psi_n(\vec{r}-\vec{R})d\vec{r} \approx 0$$

같은 이유로 인해서 셋째 항도 거의 무시할 수 있다. 둘째 항에서도 규칙적 퍼텐셜로부터 충분히 멀리 떨어진 거리에서 원자 파동함수는 매우 작다. 따라서 임의의 b_m에 대해서 식 (11.1.12)의 좌변이 0에 가깝기 때문에 $\epsilon(\vec{k}) \simeq E_0$가 되어, 고유 에너지가 원자의 에너지와 거의 비슷해지게 된다. 그러나 세 항이 모두 작아서 무시해 버린다면 단원자의 퍼텐셜에 의한 고윳값 문제와 같은 것으로 되어 버리기 때문에 아무 일도 안 일어나게 된다. 식 (11.1.12)의 상호작용에 대한 항을 완전히 무시하지 않고 이를 매개변수로 취급하여 계산할 수 있다. 그러한 경우에 대해 실제 계산이 어떻게 이루어지는지 예제를 통해 확인해보도록 하자.

11.2 밀접 결합 모델의 실제 계산 예시

11.2.1 s-밴드를 갖는 직방결정 격자 구조

직방결정 격자(orthorhombic)는 a, b, c가 서로 다른 값을 갖고, 방향벡터 $\hat{e_1}$, $\hat{e_2}$, $\hat{e_3}$가 서로 수직인 결정 격자이다($a \neq b \neq c$, $\hat{e_i} \cdot \hat{e_j} = 0$).

$$\vec{a_1} = a\hat{e_1},\quad \vec{a_2} = b\hat{e_2},\quad \vec{a_3} = c\hat{e_3}$$

결정 해밀토니안 식 (11.1.3)과 파동함수 식 (11.1.6)을 이용하여 고윳값 문제를 풀면

$$H_{at}\sum_{\vec{R}} e^{i\vec{k}\cdot\vec{R}}\phi(\vec{r}-\vec{R}) + [V(\vec{r}) - V_0(\vec{r})]\sum_{\vec{R}} e^{i\vec{k}\cdot\vec{R}}\phi(\vec{r}-\vec{R}) = \epsilon(\vec{k})\sum_{\vec{R}} e^{i\vec{k}\cdot\vec{R}}\phi(\vec{r}-\vec{R}) \tag{11.2.1}$$

로 쓸 수 있고, 기댓값을 계산하면

$$\int \phi^*(\vec{r})H_{at}\sum_{\vec{R}} e^{i\vec{k}\cdot\vec{R}}\phi(\vec{r}-\vec{R})d\vec{r} + \int \phi^*(\vec{r})[V(\vec{r}) - V_0(\vec{r})]\sum_{\vec{R}} e^{i\vec{k}\cdot\vec{R}}\phi(\vec{r}-\vec{R})d\vec{r}$$
$$= \int \phi^*(\vec{r})\epsilon(\vec{k})\sum_{\vec{R}} e^{i\vec{k}\cdot\vec{R}}\phi(\vec{r}-\vec{R})d\vec{r} \tag{11.2.2}$$

인데, 좌변 첫째 항에서 원자 해밀토니안을 포함하고 있는 식의 기댓값은 $\vec{R} \neq 0$인 상황에서 파동함수는 매우 작아서 적분값을 무시할 수 있어 $\vec{R}=0$에서만 살아남는다. 따라서 좌변 첫째 항은 E_ϕ값을 갖는다. 마찬가지 이유로 우변의 항도 $\vec{R}=0$에서만 살아남기 때문에 우변은 $\epsilon(\vec{k})$가 된다. 이제 계산해야 할 것은 좌변의 둘째 항인데, 브라베 격자에 대해서 상호작용 항은 사라지지 않기 때문에, $\vec{R}=0$, $\vec{R}=\pm a\hat{e_1}$, $\pm b\hat{e_2}$, $\pm c\hat{e_3}$에서의 기댓값을 계산해야 한다.

$$\begin{aligned}
&\int \phi^*(\vec{r})[V(\vec{r}) - V_0(\vec{r})]\sum_R e^{i\vec{k}\cdot\vec{R}}\phi(\vec{r}-\vec{R})d\vec{r} \\
&= \int \phi^*(\vec{r})[V(\vec{r}) - V_0(\vec{r})]\phi(\vec{r})d\vec{r} + \int \phi^*(\vec{r})(V - V_0)(e^{ik_x a} + e^{-ik_x a})\phi(\vec{r}+\vec{a_1})d\vec{r} \\
&+ \int \phi^*(\vec{r})(V - V_0)(e^{ik_y b} + e^{-ik_y b})\phi(\vec{r}+\vec{a_2})d\vec{r} \\
&+ \int \phi^*(\vec{r})(V - V_0)(e^{ik_z c} + e^{-ik_z c})\phi(\vec{r}+\vec{a_3})d\vec{r}
\end{aligned} \tag{11.2.3}$$

이때,

$$\begin{aligned}
B &= -\int \phi^*(\vec{r})(V - V_0)\phi(\vec{r})d\vec{r} \\
t_x &= -\int \phi^*(\vec{r})(V - V_0)\phi(\vec{r}+\vec{a_1})d\vec{r} \\
t_y &= -\int \phi^*(\vec{r})(V - V_0)\phi(\vec{r}+\vec{a_2})d\vec{r} \\
t_z &= -\int \phi^*(\vec{r})(V - V_0)\phi(\vec{r}+\vec{a_3})d\vec{r}
\end{aligned} \tag{11.2.4}$$

라고 하면, 식 (11.2.3)은

$$\epsilon(\vec{k}) = E_\phi - B - 2t_x\cos(k_x a) - 2t_y\cos(k_y b) - 2t_z\cos(k_z c) \tag{11.2.5}$$

가 된다. 이때, t_x, t_y, t_z를 전달 적분이라고 한다. 전달 적분은 이웃한 원자 간의 상호작용 에너지에 해당하며, B는 자기 자리(on-site) 상호작용이다. 식 (11.2.5)를 도식화한 것이 그림 11-1이다. 단원자의 퍼텐셜이 그림 (a)와 같이 주어졌다고 할 때, 에너지 준위는 E_ϕ로 양자화된다. 밀접 결합 모델로 계산된 에너지 밴드는 식 (11.2.5)와 같이 코사인 함수로써 밴드 넓어짐(band broadening)이 발생하게 되는데, 거리가 가까워질수록 퍼텐셜에 의한 상호작용이 커지면서 밴드 넓어짐에 의해 밴드 겹침(band overlap)이 발생하

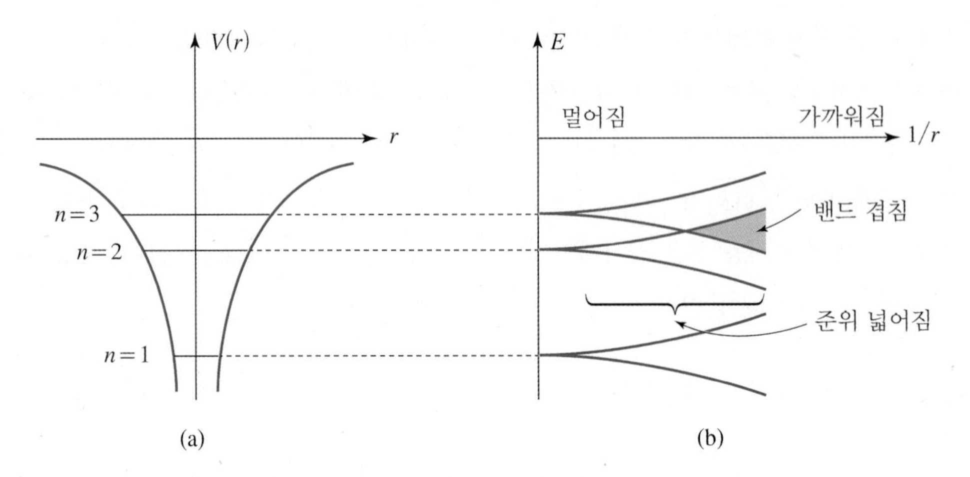

그림 11-1 (a) 단원자에 의한 퍼텐셜과 (b) 결정 격자에 의한 에너지 준위 넓어짐

게 된다. 즉, 양자화된 준위가 일정 영역의 밴드로 형성되면서 허락된 구역(allowed region)과 금지된 영역(forbiden region)으로 나뉘게 된다.

11.2.2 s-밴드를 갖는 면심입방 격자 구조

면심입방 격자(face centered cubic) 구조를 기술하는 브라베 격자 벡터는

$$\vec{R}=\frac{a}{2}(\pm 1,\ \pm 1,\ 0),\ \ \frac{a}{2}(\pm 1,\ 0,\ \pm 1),\ \ \frac{a}{2}l(0,\ \pm 1,\ \pm 1) \tag{11.2.6}$$

으로 주어진다. 따라서

$$\vec{k}\cdot\vec{R}=\frac{a}{2}(\pm k_i,\ \pm k_j),\quad (i,\ j)=(x,\ y),\ (y,\ z),\ (z,\ x) \tag{11.2.7}$$

이 된다. 식 (11.1.12)에서 $n=m=s$-오비탈에 대해

$$\begin{aligned}\beta &=-\int d\vec{r}\Delta V(\vec{r})|\psi(\vec{r})|^2\\ \alpha(\vec{R}) &=\int d\vec{r}\psi^*(\vec{r})\psi(\vec{r}-\vec{R})\\ \gamma(\vec{R}) &=-\int d\vec{r}\psi^*(\vec{r})\Delta V\psi(\vec{r}-\vec{R})\end{aligned} \tag{11.2.8}$$

이라고 하면

$$[\epsilon(\vec{k})-E_s]=-[\epsilon(\vec{k})-E_s]\sum_{\vec{R}}\alpha(\vec{R})e^{i\vec{k}\cdot\vec{R}}-\beta-\sum_{\vec{R}}\gamma(\vec{R})e^{i\vec{k}\cdot\vec{R}} \tag{11.2.9}$$

가 되고, 이를 다시 정리하면

$$[\epsilon(\vec{k})-E_s]\left\{1+\sum_{\vec{R}}\alpha(\vec{R})e^{i\vec{k}\cdot\vec{R}}\right\}=-\beta-\sum_{\vec{R}}\gamma(\vec{R})e^{i\vec{k}\cdot\vec{R}} \tag{11.2.10}$$

로써, 결과적으로

$$\epsilon(\vec{k})=E_s-\frac{\beta+\sum_{\vec{R}}\gamma(\vec{R})e^{i\vec{k}\cdot\vec{R}}}{1+\sum_{\vec{R}}\alpha(\vec{R})e^{i\vec{k}\cdot\vec{R}}} \tag{11.2.11}$$

의 에너지 고윳값을 얻을 수 있다. 만약 $\alpha(\vec{R})$이 작은 값이라면

$$\begin{aligned}\epsilon(\vec{k})&=E_s-\beta-\sum_{N.N.}\gamma(\vec{R})\cos(\vec{k}\cdot\vec{R})\\&=E_s-\beta-4\gamma\left\{\cos\left(\frac{1}{2}k_xa\right)\cos\left(\frac{1}{2}k_ya\right)+\cos\left(\frac{1}{2}k_ya\right)\cos\left(\frac{1}{2}k_za\right)\right.\\&\quad\left.+\cos\left(\frac{1}{2}k_za\right)\cos\left(\frac{1}{2}k_xa\right)\right\}\end{aligned} \tag{11.2.12}$$

의 결과를 얻을 수 있다. 여기에서 합의 첨자로 쓰인 $N.N.$은 최인접 원자(nearest neighbor)에 대한 브라베 격자에 대한 합을 의미한다. γ는 전달 적분으로써 밴드 겹침을 나타내며, 밴드 폭(band width)에 비례한다. 밀접 결합 모델에서 γ는 매우 작기 때문에 밴드 폭은 작고, 밴드 겹침도 작다.

$ka\approx 0$으로 작은 값일 때에는 $\cos x\simeq 1+x$의 근사를 써서

$$\epsilon(\vec{k})=E_s-\beta-12\gamma+\gamma k^2a^2 \tag{11.2.13}$$

으로 근사할 수 있다. 이것은 k의 방향과는 상관없이 k^2에 비례하는 일정한 에너지 구면을 형성한다는 것을 알 수 있다. 다시 말해, s-밴드를 갖는 면심입방 격자는 대칭적인 에너지 면을 갖는다는 것을 알 수 있다.

CHAPTER 12
금속의 전기전도 특성

에너지 밴드는 고체물리 전반에 걸쳐서 매우 중요한 개념으로 앞으로 자주 등장하게 된다. 에너지 밴드 이론은 양자역학이 탄생하고 오랜 시간에 걸쳐 꾸준히 연구되어 발전된 개념이다. 양자역학 이전에 고체물리는 현상론적 이론이나, 열역학, 전자기학과 역학이 결합된 운동방정식에 의해 전기적 특성이 연구되었다. 그 중에 대표적인 이론이 드루드 모델과 볼츠만 수송 이론이다. 전자의 역학적 연구 모델은 대부분 금속에 제한될 수밖에 없다. 왜냐하면 에너지 갭이라는 개념 자체가 양자역학적 현상이기 때문에, 반도체와 부도체를 이해하려면 반드시 양자역학이 필요하기 때문이다. 금속의 역학적 분석은 매우 과감한 가정이 많이 필요하기 때문에, 간단한 모델에 한정되어 있어서 부정확한 이론이라고 생각할 수 있는데, 그것은 사실이 아니다. 드루드 모델과 볼츠만 수송 이론은 현대 고체물리학에서도 기본적으로 금속을 설명하는 이론으로 많이 사용되고 있으며, 꽤 유용한 이론이다.

드루드 모델은 도체 안에 전자가 외부 자기장이나 전기장에 의해 가속운동을 하고 있으며, 이온들의 산란에 의해 전기저항이 생긴다는 이론으로써 매우 단순한 이론이다. 드루드 모델은 전자를 단일입자로 생각해서 다루고 있는데, 이 단순한 가정이 일반 금속에 적용될 수 있는 이유는 도체 내 전자는 무수히 많기 때문이다. 주변에 전자가 무수히 많으면 전자는 독립적으로 움직이는 입자로 간주할 수 있다. 사실 수많은 주변의 전자와 상호작용이 매우 강하게 될 것처럼 생각되지만, 오히려 전자수가 적으면 독립적 입자로 간주하는 것이 어려워진다. 사람들로 가득 붐벼 바쁘게 움직이고 있는 도시의 거리를 생각해보자. 출근길 지하철역을 생각해도 된다. 사람이 많고 바쁘게 움직이면 옆 사람이 누구인지 거의 신경쓰지 않게 된다. 마찬가지로 입자의 수가 많고, 입자들의 운동에너지가 높으면 상호작용을 거의 하지 않게 된다. 즉, 바쁘게 움직이는 수많은 군중 속에서 독립된 자아로 움직일 뿐이듯이 많은 수의 전자가 매우 빠르게 움직이고 있는 도체에서는 전자를 독립된 입자로 취급해도 무방한 것이다. 이를 단일입자 근사(single particle approximation) 또는 자유전자 근사(free electron approximation)라고 한다.

볼츠만 수송 이론은 전자를 일종의 기체처럼 생각하여 동역학적인 확산으로 움직인다고 간주한다. 이때 전자 기체는 이상 기체로 생각할 수 있는데, 이상 기체는 입자들 사이의 상호작용을 무시하듯이, 볼츠만 수송 이론에서 다루는 전자도 상호작용이 없는 기체로 생각할 수 있다. 양자역학이 나오고 한참 이후에 란다우는 전자를 기체가 아닌 액체로 간주하는 페르미 액체 이론(Fermi liquid theory)을 창안했는데, 그 경우는 전자들끼리 강한 상호작용을 하고 있는 경우이다.

이렇듯이, 고전적인 도체의 전자 이론에서는 이온의 존재를 무시하고 전자를 상호작용하지 않는 단일입자 또는 기체로 다루게 된다. 그것은 금속결합을 하는 고체는 전자의 수가 많고 전자들의 에너지가 높아서 이온 간의 상호작용뿐만 아니라 전자들끼리의 상호작용도 무시할 수 있기 때문이다. 도체의 전자 에너지가 높은 것은 3부 열적 특성의 7.2절 전자 비열에서 표 7-2에서 볼 수 있듯이, 페르미 속도가 보통 10^7 ~ 10^8 cm/s 정도로 매우 크다는 것에서 이미 언급하였다.

12.1 드루드 모델

드루드(Drude) 모델은 1900년대 드루드(Paul Drude)에 의해 처음 제안되었는데, 이후 로렌츠(Handrik Lorenz)에 의해 발전되었고, 베테(Hans Bethe)와 조머펠트(Arnold Sommerfeld)에 의해 양자역학적 이론으로 확장되었다. 드루드 모델에서 전자는 이온들 간의 강한 상호작용을 무시하고 고체 내부에서 자유롭게 돌아다니는 단일전자 또는 전자 기체로 간주한다. 여기에서 전자와 이온의 상호작용을 무시한다는 것은 그들 간에 쿨롱 퍼텐셜을

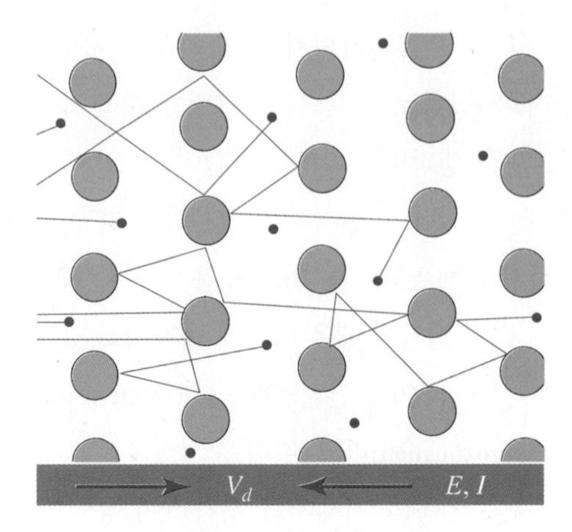

그림 12-1 드루드 모델의 개략도

무시한다는 말이고, 전자는 이온과 충돌 및 산란 과정을 겪는다. 이것이 드루드 모델의 첫 번째 가정이다. 두 번째 가정은 전자는 서로 간에 상호작용을 하지 않고 독립적으로 다룰 수 있다는 것으로써, 이것이 앞서 언급한 단일전자 근사 또는 자유전자 근사이다. 세 번째 가정은 중요한데, 전자가 이온이나 불순물과 충돌할 확률은 완화시간의 역수 τ^{-1}에 비례하는데, 이 τ^{-1}을 산란율(scattering rate)이라고 한다. 이를 완화시간 근사라고 한다. 마지막으로 네 번째 가정은 전자는 주변과의 충돌에 의해 열적 평형상태에 도달한다는 것이다. 이것은 드루드 모델이 전자들의 동역학을 다루는 것이 아니라 평형상태를 다루는 것을 의미한다. 동역학적 모델은 뒤에서 논의될 볼츠만 수송 이론으로 다룰 수 있다.

드루드 모델의 중요한 가정인 완화시간 근사에 대해 살펴보자. 전자의 밀도가 $n = N/V$이고, 전자가 속도 $\vec{v}$로 움직일 때 전류밀도(current density) $\vec{J}$는

$$\vec{J} = -ne\vec{v} = -\frac{ne}{m}\vec{p} \tag{12.1.1}$$

이다. 둘째 항에서 $\vec{p} = m\vec{v}$를 이용하였다. 외부에 전기장 등에 의해 어떤 힘 $\vec{f}(t)$이 가해졌다고 할 때, 시간 변화 δt시간 동안에 운동량의 증가 $\delta\vec{p}$는

$$\delta\vec{p} = \vec{f}(t+\delta t)\delta t = \left[\vec{f}(t) + \left(\frac{d\vec{f}}{dt}\right)\delta t + \mathrm{H.O.T}\right]\delta t \approx \vec{f}(t)\delta t + O(\delta t)^2 \tag{12.1.2}$$

로 쓸 수 있다. δt시간 동안 전자가 산란될 확률은 완화시간 근사에 의해 충돌할 확률

τ^{-1}에 시간 δt를 곱해야 하므로 $\delta t/\tau$로 쓸 수 있다. 그러면 전자가 산란되지 않고 살아남을 수 있는 확률은 $1-\delta t/\tau$이다. 전자의 운동량 증가는 산란되지 않을 때 일어나기 때문에

$$\begin{aligned}\vec{p}(t+\delta t) &= \left(1-\frac{\delta t}{\tau}\right)[\vec{p}(t)+\delta\vec{p}] = \left(1-\frac{\delta t}{\tau}\right)[\vec{p}(t)+\vec{f}(t)\delta t + O(\delta t)^2] \\ &= \vec{p}(t) - \left(\frac{\delta t}{\tau}\right)\vec{p}(t) + \vec{f}(t)\delta t + O(\delta t)^2 \end{aligned} \tag{12.1.3}$$

이 된다. 이를 다시 정리하면

$$\vec{p}(t+\delta t) - \vec{p}(t) \simeq -\left(\frac{\delta t}{\tau}\right)\vec{p}(t) + \vec{f}(t)\delta t \tag{12.1.4}$$

여서,

$$\frac{d\vec{p}(t)}{dt} = -\frac{\vec{p}(t)}{\tau} + \vec{f}(t) \tag{12.1.5}$$

를 얻을 수 있다. 힘은 운동량의 시간적 변화이므로 좌변은 힘이다. 그중에서 우변의 첫째 항은 음의 값을 갖는 힘으로써 마찰저항을 일으키는 힘이고, 둘째 항 $\vec{f}(t)$는 외부에서 가해지는 힘이다. 즉, 완화시간 근사를 사용하면 전자가 주변 이온이나 불순물에 의해 충돌하면서 저항력을 받게 된다는 것을 의미한다.

이 결과를 이용하여, 전자의 운동방정식을 단일입자 근사로 접근해보자. 고체 내 전자가 받는 힘에 대한 운동방정식은 외부에서 전기장으로 힘을 받을 때,

$$m\frac{d\vec{v}}{dt} = q\vec{E} - G\vec{v} \tag{12.1.6}$$

으로 쓸 수 있다. 둘째 항 $-G\vec{v}$는 속도에 비례하는 저항력이고 G는 비례상수이다. 이것은 1계 미분방정식으로써,

$$\frac{d\vec{v}}{dt} + \frac{G}{m}\vec{v} = \frac{q}{m}\vec{E} \tag{12.1.7}$$

의 형식으로 고쳐 쓸 수 있다. 1계 미분방정식의 일반형 $y' + P(x)y = Q(x)$에 대해 적분인자는 $u = \exp\left(\int P(x)dx\right)$이고, 양변에 적분인자를 곱하면 완전미분방정식 형태로

만들 수 있다. 식 (12.1.7)에서 적분인자는

$$u = e^{\int (G/m)dt} = e^{(G/m)t} \tag{12.1.8}$$

이고, 이를 양변에 곱하면

$$e^{(G/m)t}\frac{d\vec{v}}{dt} + e^{(G/m)t}\frac{G}{m}\vec{v} = \frac{q}{m}\vec{E}e^{(G/m)t}$$

$$\frac{d}{dt}\left[e^{(G/m)t}\vec{v}\right] = \frac{q}{m}\vec{E}e^{(G/m)t}$$

$$e^{(G/m)t}\vec{v} = \frac{q}{G}\vec{E}e^{(G/m)t} + C$$

이다. $v(t=0)=0$의 초기조건을 이용하여 상수 C를 구하면,

$$\vec{v} = \frac{q}{G}\vec{E}\left(1 - e^{-\frac{Gt}{m}}\right) \tag{12.1.9}$$

가 된다. 이때 완화시간은 $\tau = m/G$으로 정의된다. 드루드 모델은 충분히 긴 시간이 지난 후에 평형상태일 때를 다루기 때문에 최종적으로 정상상태의 유동속도(drift velocity)는

$$\vec{v_d} = \frac{q\tau}{m}\vec{E} \tag{12.1.10}$$

을 얻을 수 있다. 따라서 전기장이 가해졌을 때 전류밀도는

$$\vec{J} = -ne\vec{v_d} = \frac{ne^2\tau}{m}\vec{E} = \sigma\vec{E} \tag{12.1.11}$$

이 되는데, 여기에서 σ는 전기장에 대한 전류밀도의 선형응답함수로써 전기전도도이다. 전기전도도는 전기 비저항 ρ의 역수이므로,

$$\sigma = \frac{1}{\rho} = \frac{ne^2\tau}{m} = \frac{ne^2\Lambda}{m\bar{v}} \tag{12.1.12}$$

로 주어진다. 여기에서 Λ는 전자의 평균 자유행로(mean free path)이고, $\bar{v}$는 평균 속도이다. 실험적으로 전기전도도는 온도의 함수인데, 식 (12.1.12)에서는 온도의 함수를 포함하고 있지 않다. 그러나 완화시간 τ가 내재적으로 온도의 함수이고, 때에 따라서는 전하

밀도도 온도의 함수일 때가 있다.

전하밀도를 측정하는 대표적인 방법으로는 홀 저항(Hall resistivity)을 측정하는 방법이 있다. 홀 저항은 1879년 미국의 존스홉킨스 대학교 대학원생이었던 홀(Edwin Hall)이 발견한 현상으로, 전류가 흐르는 도체에 자기장을 가할 때 전자가 로렌츠 힘을 받아 휘면서 발생하는 현상이다. 그림 12-2와 같이 x축으로 전류가 흐를 때 z축 방향으로 자기장이 가해졌다고 생각해보자. 각 전자들은 다음과 같이 자기장에 의한 로렌츠 힘을 받는다(C.G.S. 단위).

$$\vec{F} = -e\left(\vec{E} + \frac{1}{c}\vec{v} \times \vec{H}\right) \quad (12.1.13)$$

전류가 x방향으로 흐른다는 것은 전자가 $-x$방향으로 흐르는 것을 의미하고 벡터의 크로스 곱에 의하여 $-y$방향으로 로렌츠 힘을 받아 전자가 왼쪽 시료 표면에 쌓이게 된다. 그러면 반대편에 양의 상 전하(image charge)가 발생하여 $-y$방향으로 전기장 E_y가 발생된다. 이를 홀 효과(Hall effect)라고 한다.

이 상황을 드루드 모델에 의해 계산해보자. 드루드 모델에서 저항력 $\vec{p}/\tau$까지 고려하고, $\vec{v} = \vec{p}/m$을 사용하여 운동방정식을 쓰면,

$$\frac{d\vec{p}}{dt} = -e\left(\vec{E} + \frac{1}{mc}\vec{p} \times \vec{H}\right) - \frac{\vec{p}}{\tau} \quad (12.1.14)$$

이다. z축 방향으로 가해진 자기장에 대해 $\vec{p} \times \vec{H}$를 계산하면,

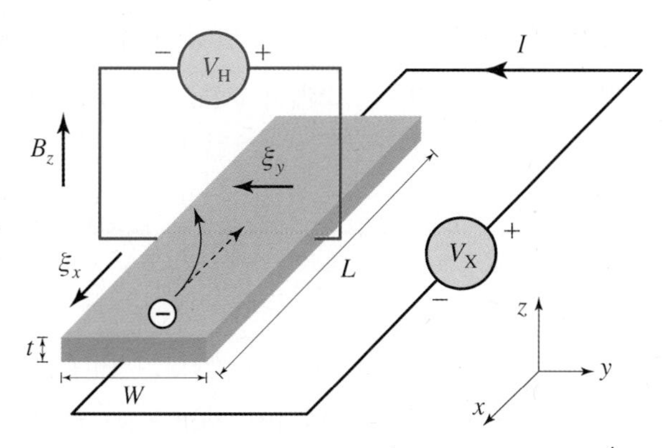

그림 12-2 전류가 흐르는 도체에 자기장을 가했을 때 홀 저항[1]

1 https://en.wikipedia.org/wiki/Hall_effect

$$\vec{p}\times\vec{H}=\begin{vmatrix}\hat{i} & \hat{j} & \hat{k}\\ p_x & p_y & p_z\\ 0 & 0 & H\end{vmatrix}=\hat{i}(Hp_y)-\hat{j}(p_x H)$$

를 사용하여, 정상상태에서 $d\vec{p}/dt=0$이므로, 식 (12.1.14)를 방향별 성분으로 표시하면 다음과 같다.

$$0=-eE_x-\omega_c p_y-\frac{P_x}{\tau}$$

$$0=-eE_y+\omega_c p_x-\frac{P_y}{\tau} \tag{12.1.15}$$

여기에서 $\omega_c=eH/mc$을 사이클로트론 주파수(cyclotron frequency)라고 한다. 이 식에서 x방향의 전기장 E_x는 전류가 흐르도록 외부에서 걸어준 전기장이고, y방향으로의 전기장 E_y는 홀 효과에 의해 내부에서 비대각선(off-diagonal) 방향으로 형성된 홀 효과에 의한 전기장을 말한다.

식 (12.1.12)에서 드루드 모델에서 유도된 전기전도도는 $\sigma=ne^2\tau/m$이고, 전류밀도는 $J_i=-nep_i/m$이므로, 식 (12.1.15) 양변에 $-ne\tau/m$을 곱하면

$$\sigma E_x=\omega_c\tau J_y+J_x \tag{12.1.16}$$

$$\sigma E_y=-\omega_c\tau J_x+J_y \tag{12.1.17}$$

이 된다. 위 식에서 계수가 1인 J_x, J_y는 외부에서 가한 바이어스(bias)에 의한 전류밀도이고, 계수가 $\omega_c\tau$로 된 J_x, J_y는 로렌츠 힘에 의해 발생된 비대각 성분의 전류밀도이다.

그림 12-2를 보면 외부에서 가한 바이어스에서 y성분은 없기 때문에 식 (12.1.17)에서 $J_y=0$이어서,

$$E_y=-\frac{\omega_c\tau}{\sigma}J_x=-\frac{H}{nec}J_x \tag{12.1.18}$$

이 된다. 이것은 x방향으로 전류를 흘렸을 때(J_x) y방향의 비대각 성분으로 전기장이 발생한다는 것을 의미하고, 그 계수를 홀 계수(Hall coefficient) R_H라고 한다.

$$R_H=\frac{E_y}{J_x H}=-\frac{1}{nec} \tag{12.1.19}$$

여기에서 C.G.S. 단위를 사용했고, M.K.S. 단위를 사용하려면 광속 c를 1로 두고 계산하면 된다.

실험적으로 그림 12-2와 같은 배치로 홀 저항 ρ_{xy}을 측정하면 홀 저항은 일반 전기 비저항 ρ_{xx}보다는 매우 작은 값이다. 여기에서 ρ_{xy}의 아래 첨자 xy는 x축으로 전류를 흘렸을 때 y축으로(비대각 방향으로) 생기는 전위차로 정의되는 저항이라는 의미이며, ρ_{xx}의 아래 첨자 xx는 x축으로 전류를 흘렸을 때 x축으로(대각 방향으로) 생기는 전위차로 정의되는 저항이라는 의미이다.

$$\rho_{xx} = \frac{V_x}{I_x}\left(\frac{A}{L}\right) \tag{12.1.20}$$

$$\rho_{xy} = \frac{V_y}{I_x} t \tag{12.1.21}$$

여기에서 $A = tW$로써, 전류가 흐르는 방향으로 시료의 단면적이고, L은 시료 길이, t와 W는 각각 시료의 두께와 폭이다. 아무리 시료 전압 단자를 전류 방향에 수직으로 붙였다고 하더라도 사람이 하는 실험이기 때문에 오차가 있을 수밖에 없다. 전류와 전압 방향에 대한 비대각 성분을 온전히 얻기 위해서는 대각 성분의 전기저항을 제거할 필요가 있다. 시료의 전압 단자를 비스듬하게 접촉하여 측정했다면 $+z$방향으로 자기장이 걸린 상황에서 전기 비저항은

$$\rho_{\uparrow} = \rho_{xx} + \rho_{xy} \tag{12.1.22}$$

와 같이 대각 성분과 비대각 성분이 모두 혼합되어 측정된다. 그런데 자기장을 $-z$방향으로 바꾸어 건다면 대각 성분의 전기 비저항은 변하지 않으면서 비대각 성분만 부호가 바뀌기 때문에

$$\rho_{\downarrow} = \rho_{xx} - \rho_{xy} \tag{12.1.23}$$

가 된다. 따라서 $\rho_{xy} = [\rho_{\uparrow} - \rho_{\downarrow}]/2$를 계산하면 ρ_{xx}성분을 제거할 수 있다. 많은 경우에 홀 저항은 자기장을 변화시켜 가면서 측정하여 이와 같은 방법으로 계산하게 된다. 홀 계수는 $R_H = \rho_{xy}/H$로 얻을 수 있고, 식 (12.1.19)를 이용하여 전류밀도 $n = -1/(R_H ec)$로 계산할 수 있다. 그림 12-3은 자기장에 의한 홀 저항의 측정값이다. 홀 저항은 정상 홀 효과(normal Hall effect)와 비정상 홀 효과(anomalous Hall effect)로 나눌 수 있는데, 일

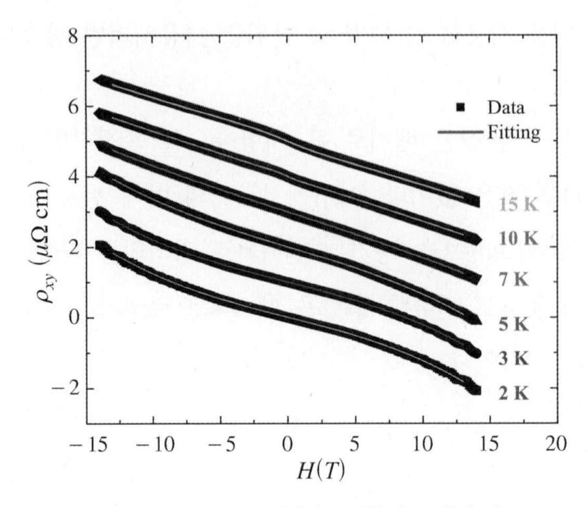

그림 12-3 GdB4의 자기장에 의한 홀 저항 측정

반적으로 단일전하(single type charge)가 주 캐리어(major carrier)인 금속에서 홀 저항은 자기장에 선형적으로 변화하는데, 비정상 홀 효과가 있거나 단일전하가 아니라 다중전하(multi-carrier)가 있는 경우에는 자기장에 대해 선형적으로 변화하지 않게 된다. 이러한 자기장에 대한 비선형적인 경향은 추가적인 연구를 통해 그 원인을 규명하면 다양한 물리가 숨어 있는 것을 발견할 수 있다.

12.2 볼츠만 수송 이론

드루드 모델은 전자를 단일입자로 간주하였다. 볼츠만 수송 이론에서는 전자를 단일입자로 간주하기보다는 어떤 분포함수로 다루게 된다. 이때, 분포함수 $f_{\vec{k}}(\vec{r})$은 변위 $\vec{r}$ 근방에서 $\vec{k}$ 상태를 갖는 전하수를 측정하는 함수이다. 전자의 분포는 주변 환경에 따라 달라지게 된다. 즉, 시간에 따라 또는 위치에 따라 분포함수의 변화율을 고려해야 한다. 기본적으로 전자 운동의 동역학은 분포함수의 시간적 변화율로 기술할 수 있는데, 이는 일종의 비평형 통계역학에 해당한다. 전자가 움직이는 구동력(driving force)은 크게 화학적 퍼텐셜과 외부에서 가해지는 전기장 또는 자기장이 있다. 화학적 퍼텐셜은 전자의 위치에 따른 농도에 따라 결정되며, 화학적 퍼텐셜이 높은 곳에서 낮은 곳으로 움직이게 된다. 열적 요동에 의해 전하의 열류가 생기는 것도 화학적 퍼텐셜의 차이로 설명할 수 있다. 전자기장에 의한 전하의 이동은 로렌츠 힘에 의한 것이어서 전자 운동량의 변화를 만든다.

먼저 화학적 퍼텐셜에 따른 전자의 이동은 확산(diffusion)과정에 해당하는데, 확산과정에서 전자의 분포함수의 시간적 변화는 분포함수의 공간적 변화로 대응시켜야 한다. 왜냐하면 분포함수의 시간적 변화, 즉 동역학적 변화는 정확히 기술하기 대단히 어려운데, 금속의 경우 전자의 이동속도가 페르미 속도 정도가 되어서 전자의 시간적 변화가 매우 빠르기 때문이다. 따라서 전자의 공간적 변화를 다루는 것이 더 유의미하다. 확산과정에서 분포함수의 시간적 변화율은 다음과 같이 공간적 변화로 대응시킬 수 있다.

$$\frac{d}{dt} f_{\vec{k}} \bigg|_{diff} = - \overrightarrow{v_k} \cdot \frac{\partial f_{\vec{k}}}{\partial \vec{r}} \tag{12.2.1}$$

이것은 다음과 같이 증명할 수 있다.

$$\begin{aligned} -\dot{f}_{\vec{k}} &= \frac{f_{\vec{k}}(\vec{r} + t\overrightarrow{v_k}) - f_{\vec{k}}(\vec{r})}{t-0} \simeq \frac{1}{t}\left\{ f_{\vec{k}}(\vec{r}) + t\overrightarrow{v_k}\frac{\partial f_{\vec{k}}(\vec{r})}{\partial \vec{r}} - f_{\vec{k}}(\vec{r}) \right\} \\ &= \overrightarrow{v_k} \cdot \frac{\partial f_{\vec{k}}(\vec{r})}{\partial \vec{r}} \end{aligned} \tag{12.2.2}$$

식 (12.2.1)에 의하면 전하의 시간적 변화율이 공간적 변화율로 변화되었고, 속도와 스칼라곱으로 연결되어 있다. 부호가 음수로 되어 있는 것은 전하가 속도의 방향으로 이동하고 있기 때문에 공간적 변위 $\vec{r}$에 대해 분포확률이 작아지기 때문이다.

외부 전자기장에 의한 로렌츠 힘은 다음과 같이 전자에 운동량 변화를 만들어낸다.

$$\hbar \dot{\vec{k}} = e\left(\vec{E} + \frac{1}{c}\overrightarrow{v_k} \times \vec{H} \right) \quad \text{(C.G.S.)} \tag{12.2.3}$$

M.K.S. 단위일 때는 $c=1$로 둔다. 로렌츠 힘에 의한 분포함수의 변화를 식 (12.2.2)와 같이 계산하면

$$-\dot{f}_{\vec{k}} = \frac{f(\vec{k} + t\dot{\vec{k}}) - f(\vec{k})}{t-0} \simeq \frac{1}{t}\left\{ f_{\vec{k}} + t\dot{\vec{k}}\frac{\partial f_{\vec{k}}}{\partial \vec{k}} - f_{\vec{k}} \right\} = \dot{\vec{k}} \cdot \frac{\partial f_{\vec{k}}}{\partial \vec{k}} \tag{12.2.4}$$

가 되어서, 식 (12.2.3)과 결합하면 전자기장에 의한 분포함수의 변화율은

$$\frac{d}{dt}f_{\vec{k}}\Big|_{field} = -\frac{e}{\hbar}\left(\vec{E}+\frac{1}{c}\vec{v_k}\times\vec{H}\right)\cdot\frac{\partial f_{\vec{k}}}{\partial\vec{k}} \tag{12.2.5}$$

가 된다.

끝으로 드루드 모델에서와 같이 확산과 외부 장에 의해 분포함수의 시간적 변화가 생길 때 전하의 산란에 의한 변화율 $\dot{f}_{\vec{k}}\big|_{scatt}$ 도 고려해주어야 한다. 이때, $\dot{f}_{\vec{k}}\big|_{scatt}$ 은 고체의 내부에서 일어나는 산란에 대한 분포함수의 시간에 대한 변화율이다. 이러한 확산과 외부 장과 산란에 의한 항을 모두 고려해주어 분포함수의 시간에 대한 변화율은 다음과 같이 쓸 수 있다.

$$\dot{f}_{\vec{k}} = \dot{f}_{\vec{k}}\Big|_{diff} + \dot{f}_{\vec{k}}\Big|_{field} + \dot{f}_{\vec{k}}\Big|_{scatt} \tag{12.2.6}$$

우리가 다루고자 하는 것은 정상상태로써, $\dot{f}_{\vec{k}}=0$ 인 상태이다. 따라서 산란에 의한 분포함수의 변화율은

$$-\dot{f}_{\vec{k}}\Big|_{scatt} = \dot{f}_{\vec{k}}\Big|_{diff} + \dot{f}_{\vec{k}}\Big|_{field} = -\vec{v_k}\cdot\frac{\partial f_{\vec{k}}}{\partial\vec{r}} - \frac{e}{\hbar}\left(\vec{E}+\frac{1}{c}\vec{v_k}\times\vec{H}\right)\cdot\frac{\partial f_{\vec{k}}}{\partial\vec{k}} \tag{12.2.7}$$

로 주어지는데, 이를 볼츠만 수송 방정식이라고 한다.

양자 통계역학에서 이 분포함수는 전자와 같이 페르미온 입자인 경우에 페르미 함수로 쓸 수 있고,

$$f_{\vec{k}} = \frac{1}{\exp\{[\epsilon(\vec{k})-\mu]/k_BT\}+1} \tag{12.2.8}$$

포논과 같이 보손 입자인 경우에는 보스 함수로,

$$f_{\vec{k}} = \frac{1}{\exp\{[\epsilon(\vec{k})-\mu]/k_BT\}-1} \tag{12.2.9}$$

그리고 고전적인 입자인 경우에는 맥스웰·볼츠만 분포함수로 쓸 수 있다.

$$f(v) = 4\pi\left(\frac{m}{2\pi k_BT}\right)^{3/2} v^2\exp\left[-\frac{mv^2}{2k_BT}\right] \tag{12.2.10}$$

고체물리학은 물론 양자역학적 기술을 사용하고 있어서 어떤 주어진 고체 결정 격자에

대해 에너지 밴드 구조를 계산하게 되면 에너지 분산관계 $\epsilon(\vec{k})$를 계산할 수 있고, 이를 식 (12.2.8)에 넣어 페르미 함수에 넣어 이 분포함수를 식 (12.2.7)에 대입하여 계산할 수 있다.

에너지 분산관계를 알고 분포함수가 주어지면 그를 이용한 물리량도 정의할 수 있는데, 예를 들면 전류밀도는

$$\vec{J} = \int e\overrightarrow{v_k} f_{\vec{k}} d\vec{k} \qquad (12.2.11)$$

로, 에너지 선속(energy flux)은

$$\epsilon = \int \epsilon_{\vec{k}} v_{\vec{k}} f_{\vec{k}} d\vec{k} \qquad (12.2.12)$$

로 정의된다.

식 (12.2.7)의 첫째 항에서 전자의 확산이 온도에 대한 구동력으로 이루어진다면

$$\overrightarrow{v_k} \cdot \frac{\partial f_{\vec{k}}}{\partial \vec{r}} \approx \overrightarrow{v_k} \cdot \frac{\partial f^0_{\vec{k}}}{\partial T} \nabla T \qquad (12.2.13)$$

으로 쓸 수 있다. 여기에서 $f^0_{\vec{k}}$는 열적 평형상태에서의 분포함수이다. 볼츠만 수송 방정식은 물질의 전기전도도, 제벡 계수, 열전도도 등 열전기 수송 물성을 직접적으로 계산할 수 있는 매우 강력한 방법이다. 양자역학적 분산관계에 따른 페르미 함수를 이용하여 볼츠만 수송 방정식을 푸는 것은 손으로 계산하는 것은 불가능에 가깝고, 컴퓨터 소프트웨어를 사용하여 계산해야 한다. 최근에는 볼츠만 수송 방정식을 푸는 프로그램으로 BoltzTrap 등이 있어서 전자구조 계산 결과를 이용하여 볼츠만 수송 방정식을 풀 수 있다.

볼츠만 수송 방정식을 푸는 방법 중 변분법(variational method)을 이용하는 방법이 있다. 변분법에서 볼츠만 수송 방정식은 정준 방정식(Canonical equation)을 사용해야 하는데, 지금부터 정준 볼츠만 수송 방정식에 대해 알아보고 그것을 이용하여 변분법으로 푸는 방법에 대해 알아보자. 전자가 탄성산란에 의해 $\vec{k}$ 상태에서 $\vec{k'}$ 상태로 전이하는 경우에 전이율(transition rate)을 $T(\vec{k} \rightarrow \vec{k'})$이라고 하면, 이때의 전이확률 $P(\vec{k} \rightarrow \vec{k'})$은 전이율 $T(\vec{k} \rightarrow \vec{k'})$에 전이에 따른 분포함수를 곱해야 한다. $\vec{k}$ 상태에서 $\vec{k'}$ 상태로 전이하는 경우에, $\vec{k}$ 상태는 점유된 상태이며($f_{\vec{k}}$), $\vec{k'}$ 상태는 비어 있는 상태이므로($1-f_{\vec{k'}}$), 전이확률은 다음과 같이 쓸 수 있다.

$$P(\vec{k}\to\vec{k'})d\vec{k'} = f_{\vec{k}}(1-f_{\vec{k'}})\,T(\vec{k}\to\vec{k'})dk' \tag{12.2.14}$$

그 반대로 $\vec{k'}$ 상태에서 $\vec{k}$로 전이하는 경우에는

$$P(\vec{k'}\to\vec{k})d\vec{k'} = f_{\vec{k'}}(1-f_{\vec{k}})\,T(\vec{k'}\to\vec{k})dk' \tag{12.2.15}$$

로 쓸 수 있다. 미시적으로 두 상태로의 전이는 가역적이어서 $T(\vec{k}\to\vec{k'}) = T(\vec{k'}\to\vec{k})$이다. $\vec{k}$에서 $\vec{k'}$으로 전이하는 확률과 $\vec{k'}$에서 $\vec{k}$ 상태로 되돌아오는 과정의 확률의 차는 양자상태의 전이에 따른 유효 전이확률이 된다. 이를 모든 운동량 공간에서 적분하면 전체 전자밀도의 산란율이 된다. 이를 수식으로 정리하여 쓰면 다음과 같다.

$$\begin{aligned}
-\dot{f}_{\vec{k}}\Big|_{scatt} &= \int [P(\vec{k}\to\vec{k'}) - P(\vec{k'}-\vec{k})]d\vec{k'} \\
&= \int \left\{f_{\vec{k'}}(1-f_{\vec{k}}) - f_{\vec{k}}(1-f_{\vec{k'}})\right\} T(\vec{k}\to\vec{k'})d\vec{k'} \\
&= \int \left\{f_{\vec{k'}} - f_{\vec{k'}}f_{\vec{k}} - f_{\vec{k}} + f_{\vec{k}}f_{\vec{k'}}\right\} T(\vec{k}\to\vec{k'})d\vec{k'} \\
&= \int \left\{(f_{\vec{k'}} - f^0_{\vec{k'}}) - (f_{\vec{k}} - f^0_{\vec{k'}})\right\} T(\vec{k}-\vec{k'})d\vec{k'}
\end{aligned} \tag{12.2.16}$$

여기에서 $f^0_{\vec{k'}}$은 $\vec{k'}$ 상태에서 정상상태의 분포함수이다. 식 (12.2.16)을 식 (12.2.7)과 연동하여 쓰면 전이율에 의해 기술되는 볼츠만 방정식이 될 것인데, 자기장은 속도에 대해 비선형적 항으로 작용하기 때문에 자기장에 대한 영향을 무시하고 전기장만 있을 때 속도에 대해 선형적인 볼츠만 방정식을 쓸 수 있다.

$$\epsilon_{\vec{k}} = \frac{\hbar^2 k^2}{2m}, \quad d\epsilon_{\vec{k}} = \frac{\hbar^2}{m}kdk = \hbar v dk \quad (\because\ \hbar\vec{k} = m\vec{v})$$

를 이용하면 식 (12.2.7)의 전기장에 대한 항을 다음과 같이 쓸 수 있다.

$$-\frac{e}{\hbar}\vec{E}\cdot\frac{\partial f_{\vec{k}}}{\partial\vec{k}} = -\vec{v_k}\cdot e\vec{E}\frac{\partial f^0_{\vec{k}}}{\partial\epsilon_{\vec{k}}} \tag{12.2.17}$$

이를 종합하여 식 (12.2.16), (12.2.17), (12.2.13), (12.2.7)을 사용하면, 다음과 같은 속도에 대해 선형적인 볼츠만 방정식을 구성할 수 있다.

$$\int \left\{ (f_{\vec{k'}} - f^0_{\vec{k'}}) - (f_{\vec{k}} - f^0_{\vec{k'}}) \right\} T(\vec{k} - \vec{k'}) d\vec{k'} = - \vec{v_k} \cdot \frac{\partial f^0_{\vec{k}}}{\partial T} \nabla T - \vec{v_k} \cdot e \frac{\partial f^0_{\vec{k}}}{\partial \epsilon_{\vec{k}}} \vec{E}$$
(12.2.18)

선형 볼츠만 방정식에서 정준 방정식은 전자의 분포를 다룰 때 평형상태의 분포함수에서 약간의 요동이 있다는 것을 가정한다. 이를 변분법이라고 하는데, 이것은 비평형 통계역학을 다룰 때 매우 효과적인 방법이다. 평형상태의 분포함수는 자유 에너지의 최저 상태인데, 실제 상태를 평형상태에서의 요동으로 다루는 것은 비선형적 카오스 상황이 아닌 상태라면 일반적으로 적용될 수 있다. 예를 들면, 태풍이나 돌풍을 선형적 볼츠만 수송 방정식으로 기술할 수는 없지만, 문이 닫혀 있는 방에서 문을 열었을 때 공기 입자의 요동은 평형상태에서 약간의 섭동이 가해진 상태이다. 고체에서는 물체가 고온에서 녹는 상태에서 볼츠만 수송 방정식은 적용되지 않는 반면, 약간의 온도차에 의해 고체 안의 전자와 포논이 이동하는 것은 평형상태에서 약간의 요동이 가해진 상태이므로 볼츠만 수송 방정식의 적용이 가능하다. 이렇게 정준 방정식으로 변분법을 사용하는 것은 양자역학의 섭동적인 방법(perturbative method)으로 다룰 수 있다.

평형상태에서 요동에 관련된 분포함수를 $\Phi_{\vec{k}}$라고 하면, 실제 분포함수 $f_{\vec{k}}$는 평형상태의 분포함수 $f^0_{\vec{k}}$에서 다음과 같이 편차가 있다고 정의하자.

$$f_{\vec{k}} \equiv f^0_{\vec{k}} - \Phi_{\vec{k}} \frac{\partial f^0_{\vec{k}}}{\partial \epsilon_{\vec{k}}} \qquad (12.2.19)$$

여기에서 평형상태 $f^0_{\vec{k}}$의 에너지 요동을 생각해서 에너지로 미분하였다. 이때, 평형상태의 분포함수는 전자의 경우 페르미 함수로 쓸 수 있다.

$$f^0_{\vec{k}} = \left[\exp\left\{ \beta\left(\epsilon_{\vec{k}} - \mu \right) \right\} + 1 \right]^{-1} \qquad (12.2.20)$$

$$- \frac{\partial f^0_{\vec{k}}}{\partial \epsilon_{\vec{k}}} = \beta \exp\left\{ \beta\left(\epsilon_{\vec{k}} - \mu \right) \right\} \left[\exp\left\{ \beta\left(\epsilon_{\vec{k}} - \mu \right) \right\} + 1 \right]^{-2} \qquad (12.2.21)$$

식 (12.2.20)에서

$$\exp\left\{ \beta\left(\epsilon_{\vec{k}} - \mu \right) \right\} = \frac{1}{f^0_{\vec{k}}} - 1$$

을 이용하면, 식 (12.2.21)은

$$-\frac{\partial f^0_{\vec{k}}}{\partial \epsilon_{\vec{k}}} = \beta\left(\frac{1-f^0_{\vec{k}}}{f^0_{\vec{k}}}\right)\left(f^0_{\vec{k}}\right)^2 = \frac{f^0_{\vec{k}}\left(1-f^0_{\vec{k}}\right)}{k_B T} \tag{12.2.22}$$

이 되고, 따라서 식 (12.2.19)는

$$f_{\vec{k}} \equiv f^0_{\vec{k}} + \Phi_{\vec{k}}\frac{f^0_{\vec{k}}\left(1-f^0_{\vec{k}}\right)}{k_B T} \tag{12.2.23}$$

으로 정리될 수 있다. 이것은 평형상태의 분포함수로 표현되어서, 식 (12.2.19)보다 직접적으로 계산할 수 있게 된다. 위 식을 식 (12.2.18)의 선형적인 볼츠만 방정식에 대입하면

$$f_{\vec{k}} - f^0_{\vec{k}} = \Phi_{\vec{k}}\frac{f^0_{\vec{k}}\left(1-f^0_{\vec{k}}\right)}{k_B T}$$

이므로, 식 (12.2.15)를 이용하면

$$\begin{aligned} -\overrightarrow{v_k}\cdot\frac{\partial f^0_{\vec{k}}}{\partial T}\nabla T - \overrightarrow{v_k}\cdot e\frac{\partial f^0_{\vec{k}}}{\partial \epsilon_{\vec{k}}}\overrightarrow{E} &= \frac{1}{k_B T}\int(\Phi_{\vec{k}} - \Phi_{\vec{k'}})f^0_{\vec{k}}(1-f^0_{\vec{k}})\,T(\vec{k}-\overrightarrow{k'})d\overrightarrow{k'} \\ &= \frac{1}{k_B T}\int(\Phi_{\vec{k}} - \Phi_{\vec{k'}})P(\vec{k}\to\overrightarrow{k'})d\overrightarrow{k'} \end{aligned} \tag{12.2.24}$$

이 된다. 이것을 정준형 볼츠만 방정식이라고 한다. 적분 안에 들어있는 $P(\vec{k}\to\overrightarrow{k'})$은 $\vec{k}$에서 $\overrightarrow{k'}$으로 전이될 때 평형상태의 전이확률이고 $(\Phi_{\vec{k}} - \Phi_{\vec{k'}})$은 $\vec{k}$와 $\overrightarrow{k'}$ 사이에서의 요동에 해당한다.

이 정준형 볼츠만 방정식을 풀기 위해서 양자역학적 변분 함수(variational function)를 이용할 수 있다. 식 (12.2.24)의 우변에서 $\Phi_{\vec{k}}$를 찾는 것이 핵심이다.

$$X(k) = \int(\Phi_{\vec{k}} - \Phi_{\vec{k'}})P(\vec{k}\to\overrightarrow{k'})d\overrightarrow{k'} \tag{12.2.25}$$

라고 하자. $\overrightarrow{k'}$에 대해 적분했기 때문에 X는 k의 함수가 된다. 어떤 파동함수 Ψ와 요동에 관련된 매개함수 Φ의 기댓값은

$$\langle\Phi|\Psi\rangle \equiv \int\Phi(k)\Psi(k)dk \tag{12.2.26}$$

로 계산할 수 있다. 이때, 다음을 만족하는 산란 연산자 P를 정의하자.

$$X = P\Phi \tag{12.2.27}$$

이때, 산란 연산자 P의 특성은 선형이고 대칭적이다. 이 특성은 다음과 같이 점검할 수 있다.

$$\langle \Phi | P\Psi \rangle = \frac{1}{2} \iint \{\Phi(k) - \Phi(k')\} P(k, k') \{\Psi(k) - \Psi(k')\} dk dk' = \langle \Psi | P\Phi \rangle \tag{12.2.28}$$

또한 $\langle \Phi | P\Phi \rangle$는 모든 Φ에 대해 항상 양의 값만 갖는다(positive definite).

$$\langle \Phi | P\Phi \rangle = \langle \Phi | X \rangle = \frac{1}{2} \iint \{\Phi(k) - \Phi(k')\}^2 P(k, k') dk dk' \geq 0 \tag{12.2.29}$$

그리고 $\langle \Phi | P\Phi \rangle$와 $\langle \Psi | P\Psi \rangle$를 비교해보면

$$\langle \Phi | P\Phi \rangle \geq \langle \Psi | P\Psi \rangle \tag{12.2.30}$$

이 된다. 이것은 다음과 같이 증명할 수 있다. $\Phi' = \Phi - \Psi$라고 하면 $\langle \Phi' | P\Phi' \rangle \geq 0$의 조건과 $\langle \Phi | P\Phi \rangle = \langle \Phi | X \rangle$, $\langle \Psi | P\Psi \rangle = \langle \Psi | X \rangle$에 의해서

$$\begin{aligned} 0 &\leq \langle (\Phi - \Psi) | P(\Phi - \Psi) \rangle = \langle \Phi | P\Phi \rangle + \langle \Psi | P\Psi \rangle - \langle \Phi | P\Psi \rangle - \langle \Psi | P\Phi \rangle \\ &= \langle \Phi | P\Phi \rangle + \langle \Psi | P\Psi \rangle - 2\langle \Psi | P\Phi \rangle \\ &= \langle \Phi | P\Phi \rangle + \langle \Psi | X \rangle - 2\langle \Psi | X \rangle \\ &= \langle \Phi | P\Phi \rangle - \langle \Psi | P\Psi \rangle \end{aligned} \tag{12.2.31}$$

와 같이 증명할 수 있다. 이것은 변분법에 의해 계산하면 $\langle \Phi | P\Phi \rangle$는 최댓값을 갖는다는 것을 의미한다. 해야 할 것은

$$\frac{\langle \Phi | P\Phi \rangle}{\{\langle \Phi | X \rangle\}^2} \tag{12.2.32}$$

을 최소화시키는 것이다. 여기에서 Φ는 아직 모르기 때문에, 실제로 이것을 구하기 위해서는 이미 알고 있는 임시 초기함수를 사용하여 자기충족될 때까지 반복적으로 계산해서 수렴하는 함수를 찾는 방법을 사용해야 한다. 임시 초기함수 $\phi_i(k)$를 사용해서 계수 η_i에 의해 선형결합으로 다음과 같이 정의하면

$$\Phi(k) = \sum_i \eta_i \phi_i(k) \tag{12.2.33}$$

이 된다. 식 (12.2.32)를 계산하는 데 필요한 계산을 다음과 같이 수행하고

$$\langle \Phi | P\Phi \rangle = \sum_{ij} \eta_i \eta_j \langle \phi_i | P\phi_j \rangle = \sum_{ij} \eta_i \eta_j P_{ij} \tag{12.2.34}$$

$$\langle \Phi | X \rangle = \sum_i \eta_i \langle X | \phi_i \rangle = \sum_i X_i \eta_i \tag{12.2.35}$$

이것을 이용하여 식 (12.2.32)의 최솟값을 구하여 거기에서 얻어진 ϕ_i를 다시 식 (12.2.33)에 넣어 같은 계산과정을 반복하여 충분한 수렴값이 될 때까지 수행한다. 이렇게 수렴하는 Φ값이 얻어지면, 정준형 볼츠만 선형방정식인 식 (12.2.24)에 넣어서 볼츠만 수송 방정식을 계산하게 된다. 이러한 계산과정은 반복적이고 지루한 과정을 반복해야 하기 때문에 주로 컴퓨터를 이용하여 수치연산 방법으로 계산을 수행한다.

12.3 전기저항과 자기저항

금속을 구분짓는 대표적인 물성은 전기저항을 측정하는 것이다. 금속은 부도체, 반도체에 비해 매우 낮은 전기저항을 갖고, 전기저항의 온도의존성으로 금속과 반도체를 구분지을 수 있다. 금속의 온도에 따른 전기저항을 이해하는 것은 고체물리학의 중요한 문제로써, 전자에 영향을 미치는 상호작용이 많기 때문에 정량적으로 명확히 파악하려면 많은 고려를 해야 한다. 여기에서는 전기저항과 자기저항에 대한 개략적이고 일반적인 논의를 진행하고, 추후 전자-전자 상호작용, 전자-포논 상호작용, 전자-스핀 상호작용 등이 있는 경우 전기저항의 온도의존성이 어떻게 되는지, 자기저항의 물성은 어떻게 되는지 논의할 수 있을 것이다. 특히 극저온에서 벌어지는 양자 상전이 문제, 위상부도체나 바일 준금속 등에서 다루고 있는 카이럴 전자에 의한 전기저항과 자기저항의 문제는 현대 고체물리학에서도 활발히 다루어지고 있는 주제이다.

고온에서 금속은 전자-포논 상호작용을 하지만 포논의 양자역학적 진동 모드와는 상관없이 고전적인 산란을 하게 된다. 이때 이온의 요동은 온도에 비례하기 때문에 전기저항은 온도에 비례하게 된다. 이때, 고온의 기준은 포논의 영향이 강해지기 시작하는 디

바이 온도 Θ_D보다 높은 온도이다.

$$\rho_L \propto T,\ \ T > \Theta_D \tag{12.3.1}$$

온도가 디바이 온도보다 낮게 되면 포논 움클랍 산란(Umklapp scattering)의 $\vec{k} + \vec{q} \leftrightarrow \vec{k'}$ 과정을 따르게 되지만 이온의 퍼텐셜 영향은 여전히 미약하다. 저온에서 포논 산란에 의한 전기저항의 온도의존성은 다음과 같다.

$$\rho_L \propto T^5,\ \ T < \Theta_D \tag{12.3.2}$$

아주 낮은 $T \to 0$ K의 극한으로 가게 되면 전자는 불순물과 산란을 하게 되어 어떤 일정한 값으로 수렴하게 된다. 이를 잔류저항(residual resistance) ρ_0라고 한다. 전자-전자 상호작용 부분에서 다루겠지만 란다우의 페르미 액체 이론(Fermi liquid theory)에 의하면 저온에서 전기저항은 온도의 제곱에 비례한다. 만약 극저온에서 양자역학적인 요동이 있는 경우에 전자는 강한 산란에 의해서 온도에 비례하게 된다. 이를 이용하여 저온에서 전기저항의 온도 지수(exponent)로 이 시료가 페르미 액체 이론을 따르는지, 양자임계점(quantum critical point)을 보이는지를 판단할 수 있다.

$$\rho_{el} = \rho_0 + A\,T^n \ \ (n \simeq 2,\ \mathrm{FLT}\ /\ \simeq 1,\ \mathrm{QCP}) \tag{12.3.3}$$

그림 12-4(a)는 스테인리스 스틸의 온도에 따른 전기저항을 보여준다. 전형적인 금속의 전기저항 경향인데, 저온에서 온도의 제곱에 비례하고 고온에서 온도에 선형적으로 증가하고 있다. 이 시료의 경우 포논 산란의 영향이 작아서 포논의 비선형적 온도의존성을 약하게 보여주고 있다. 그림 12-4(b)는 $\rho_{el} = \rho_0 + A\,T^{\alpha}$으로 실험 데이터를 맞추었을 때 온도의 지수 α와 계수 A를 그린 것이다. α가 1에 가까울수록, 계수 A가 큰 값일수록 양자 요동이 강하여 양자임계점 근처임을 의미하고, α가 2에 가까울수록, 계수 A가 작은 값일수록 일반 금속에 가깝다고 판단할 수 있다.

이 외에 자성 금속에서 자기 상전이에 의해 전기저항이 급격히 작아질 수 있다. 그림 12-5(a)는 반강자성 상전이를 보이는 GdB_4의 온도에 대한 전기저항이다. 44 K 근처에서 전형적인 반강자성 상전이를 갖기 때문에 이로 인해 전기저항이 급격히 낮아졌다. 반강자성 상전이나 강자성 상전이는 스핀들이 서로 반평행 또는 평행한 방향으로 정렬하는 것이기 때문에 스핀의 요동이 급격히 감소하게 되어 전기저항의 감소가 발생한다. 이

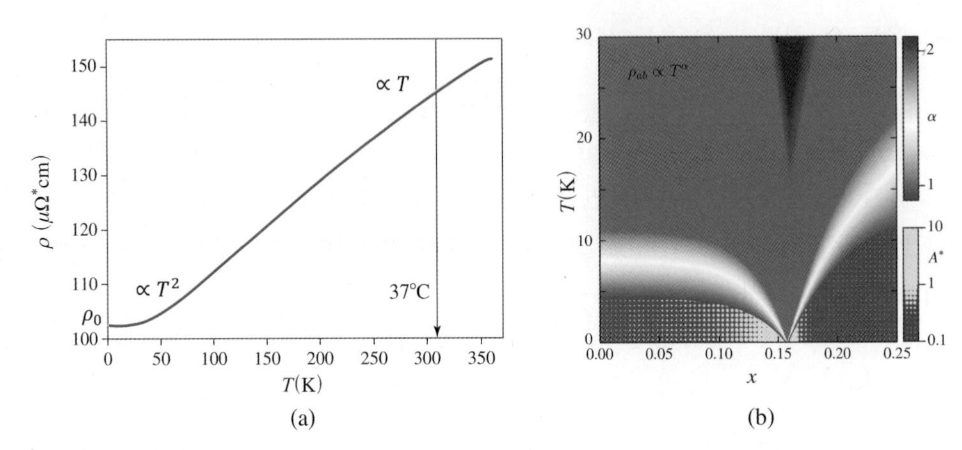

그림 12-4 (a) 316LVM 스테인리스 스틸 스탠트 물질의 전기저항[2]과 (b) 양자임계현상에 의한 전기저항의 온도 지수[3]

시료에서는 12 K 근처에서 숨은 상전이가 있어서 전기저항을 온도에 대해 미분해 봤을 때 변곡점이 발생하고 있다.

전자-스핀의 상호작용 부분에서 다루겠지만 금속 내에 자성 불순물이 무작위로 뿌려져 있는 경우에 자성-스핀 상호작용이 강해지면 전기저항의 증가가 발생할 수 있다. 이

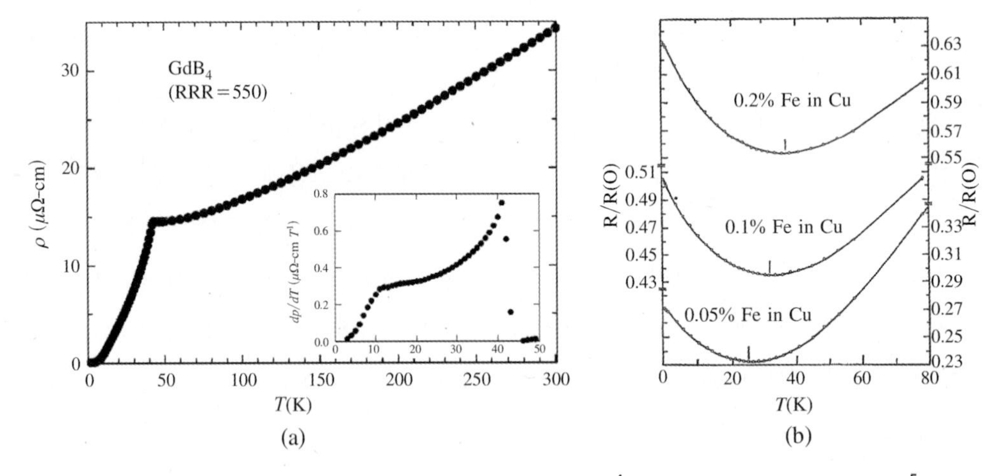

그림 12-5 (a) GdB_4의 반강자성 상전이에 의한 전기저항의 감소[4]와 (b) Cu에 Fe을 도핑한 콘도 효과[5]

2 Vrtnik et al. Journal of Analytical Science and Technology (2015) 6:1 DOI 10.1186/s40543-014-0041-2.
3 Nature 567, 213 (2019). https://www.nature.com/articles/s41586-019-0923-y
4 JOURNAL OF APPLIED PHYSICS 97, 10A923 s2005d
5 Electronic Structure of Metal Phthalocyanines on Ag(100) pp. 31–50

를 콘도 효과(Kondo effect)라고 하는데, 그림 12-5(b)에 잘 나타나 있다. Cu 금속에 Fe를 소량 도핑하면 강자성 원소인 철 입자가 비자성 구리 원소 사이에 무작위로 흩어지게 되면서 전도전자와 스핀 간에 상호작용을 하게 된다. 스핀 상호작용은 저온으로 갈수록 커지기 때문에 저온으로 갈수록 전기저항이 증대되는 현상이 발생하게 되며, 그 전기저항의 최저점을 콘도 최저점(Kondo minimum)이라고 한다.

전기저항은 외부에서 걸어주는 자기장에 따라 다르게 변화되게 되는데, 이를 자기저항이라고 한다. 자기저항(magneto-resistance, MR)의 정의는 다음과 같다.

$$MR = [\rho(H) - \rho(0)]/\rho(0) \times 100(\%) \tag{12.3.4}$$

자기장을 걸어주었을 때 전기저항 $\rho(H)$이 자기장이 없을 때의 전기저항 $\rho(0)$보다 작아지면 자기저항은 음의 값을 갖게 되고, 이를 음의 자기저항이라고 한다. 음의 자기저항을 보이는 경우는 대부분 자성체인 경우에 해당한다. 그 외에 특별한 위상학적 특성이 있는 경우에도 음의 자기저항을 보이게 되며, 음의 자기저항을 보이는 경우 어떤 이유에서 발생했는지 면밀한 분석이 필요하다. 일반적인 금속은 대부분 양의 자기저항을 보인다. 이는 자기장을 가해주면 홀 효과에서 배웠듯이 전자가 로렌츠 힘을 받아 꺾이게 되고, 이는 전기장 방향으로 흐르는 전류밀도가 작아지는 것이기 때문에 전기저항이 증가하게 된다. 특히 전자와 정공이 공존하는 반금속의 경우 자기장에 의해 전자와 정공이 서로 만나 사라지게 되면서 전기저항이 크게 증가하는 현상이 발생하기도 하는데, 이를 XMR(eXtremely large Magneto-Resistance)이라고 한다. 자성박막에서 다루는 거대자기저항(Giant Magneto-Resistance, GMR)이나 망간 산화물에서 발견되는 초거대자기저항(Colossal Magneto-Resistance, CMR)은 특수한 경우이므로, 본 장에서 다루지 않고 일반 금속에서의 자기저항에 대해서만 논하기로 한다.

자기장에 대한 볼츠만 방정식은 식 (12.2.7)에서

$$\dot{f}_{\vec{k}}\Big|_{field} = -\frac{e}{c\hbar}\left(\overrightarrow{v_k} \times \overrightarrow{H}\right) \cdot \frac{\partial f_{\vec{k}}}{\partial \vec{k}} \tag{12.3.5}$$

이다. 분포함수 $f_{\vec{k}}$를 평형상태의 분포함수 f_k^0와 비평형상태의 분포함수 $g(k)$로 나눌 때,

$$f_{\vec{k}} = f_k^0 + g(\vec{k}) \tag{12.3.6}$$

평형상태의 분포함수 f_k^0에 대한 자기장의 영향을 고려해보면, 다음과 같이 0이 됨을 알

수 있다.

$$\frac{e}{c\hbar}\left(\overrightarrow{v_k}\times\overrightarrow{H}\right)\cdot\frac{\partial f^0_{\vec{k}}}{\partial\vec{k}}=\frac{e}{c\hbar}\left(\overrightarrow{v_k}\times\overrightarrow{H}\right)\cdot\frac{\partial\epsilon_{\vec{k}}}{\partial\vec{k}}\frac{\partial f^0_{\vec{k}}}{\partial\epsilon_{\vec{k}}}=\frac{e}{c\hbar}\left(\overrightarrow{v_k}\times\overrightarrow{H}\right)\cdot\hbar\overrightarrow{v_k}\frac{\partial f^0_{\vec{k}}}{\partial\epsilon_{\vec{k}}}=0 \quad (12.3.7)$$

마지막 항에서 $\epsilon_k=\hbar^2k^2/2m$, $\partial\epsilon_k/\partial k=\hbar^2k/m$, $mv=\hbar k$를 이용하였다. 즉, 평형상태의 분포함수는 자기장의 영향을 받지 않는다. 따라서 식 (12.2.7)에서 자기장에 대한 볼츠만 방정식은

$$-\dot{f}_{\vec{k}}\Big|_{scatt}+\frac{e}{c\hbar}\left(\overrightarrow{v_k}\times\overrightarrow{H}\right)\cdot\frac{\partial g_{\vec{k}}}{\partial\vec{k}}=-e\overrightarrow{E}\cdot\overrightarrow{v_k}\frac{\partial f^0_{\vec{k}}}{\partial\epsilon_{\vec{k}}} \quad (12.3.8)$$

로 주어진다.

여기에서 다음과 같이 완화시간 근사를 쓰면 볼츠만 방정식은 다음과 같이 쓸 수 있다.

$$\dot{f}_{\vec{k}}\Big|_{scatt}=-\frac{1}{\tau}g(\vec{v}) \quad (12.3.9)$$

$$-e\overrightarrow{E}\cdot\overrightarrow{v_k}\frac{\partial f^0_{\vec{k}}}{\partial\epsilon_{\vec{k}}}=\left\{\frac{1}{\tau}+\frac{e}{c\hbar}\left(\overrightarrow{v_k}\times\overrightarrow{H}\right)\cdot\frac{\partial\overrightarrow{v_k}}{\partial\vec{k}}\cdot\frac{\partial}{\partial\overrightarrow{v_k}}\right\}g(\overrightarrow{v_k}) \quad (12.3.10)$$

또한 유효질량을 도입하면 $m^*\vec{v}=\hbar\vec{k}$로부터,

$$-e\overrightarrow{E}\cdot\overrightarrow{v_k}\frac{\partial f^0_{\vec{k}}}{\partial\epsilon_{\vec{k}}}=\left\{\frac{g}{\tau}+\frac{e}{cm^*}\overrightarrow{v_k}\cdot\left(\overrightarrow{H}\times\frac{\partial g}{\partial\overrightarrow{v_k}}\right)\right\} \quad (12.3.11)$$

로 쓸 수 있다.

여기에서도 여전히 비평형 분포함수 g는 모르기 때문에, 이를 계산하기 위해서는 이미 알고 있는 시험함수(trial function)를 이용하여 수렴할 때까지 수치계산을 반복해야 한다. 식 (12.3.11)을 g의 함수로 다시 정리하면

$$g(\vec{v})=\left\{-e\tau\overrightarrow{E}\cdot\overrightarrow{v_k}\frac{\partial f^0_{\vec{k}}}{\partial\epsilon_{\vec{k}}}\right\}\left\{\frac{1}{\tau}+\frac{e\tau}{cm^*}\overrightarrow{v_k}\cdot\left(\overrightarrow{H}\times\frac{\partial}{\partial\overrightarrow{v_k}}\right)\right\}^{-1} \quad (12.3.12)$$

가 된다. 이것은 $g(\vec{v})$의 정확한 해는 모르더라도 개략적으로 $H\tau$의 함수임을 의미한다.

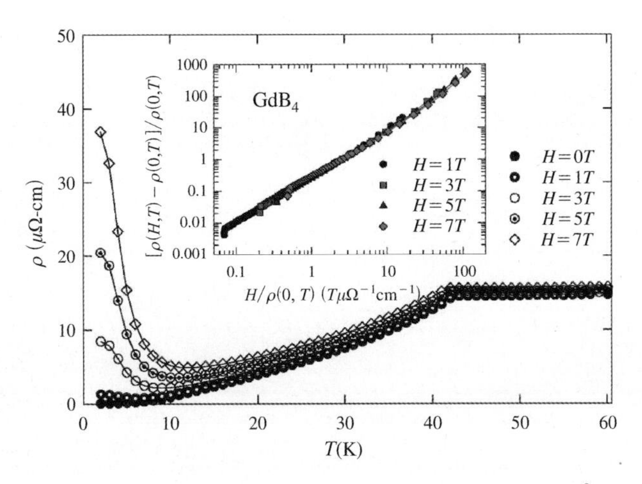

그림 12-6 GdB_4의 온도에 따른 전기저항과 콜러 규칙(안쪽 그림)[6]

$$g(\vec{v}) = F(H\tau) \propto F\left(\frac{H}{\rho_0}\right) \equiv \frac{\Delta\rho}{\rho_0} \tag{12.3.13}$$

완화시간 근사에서 완화시간 τ는 잔류 비저항 ρ_0에 반비례하며, 비평형 분포함수의 자기장에 대한 변화에 의해 자기저항이 결정되는 것이기 때문에, 자기저항은 H/ρ_0의 어떤 함수 꼴로 나타나게 된다. 이를 콜러 규칙(Kohler's rule)이라고 한다. 이 콜러 규칙은 자기적 상호작용이 없는 일반 금속에서 나타나는 현상이며, 자기장에 의해 항상 양의 자기저항을 갖는다는 것을 나타낸다.

그림 12-6은 여러 자기장 하에서 GdB_4의 온도에 따른 전기저항 그래프인데, 자기장에 따라 전기저항이 증가하는 양의 자기저항을 보이고 있다. 이 양의 자기저항을 보이는 영역을 콜러 규칙에 따라 그려보면 단일함수로 일치되는 것을 볼 수 있다. 이는 GdB_4의 온도에 따른 자기저항이 전형적인 금속의 자기저항을 따르는 것을 의미한다.

---

6 JOURNAL OF APPLIED PHYSICS 97, 10A923 s2005d

CHAPTER 13

금속의 페르미 면과 고자장 특성

금속에서 페르미 면(Fermi surface)에 대한 정보를 아는 것은 매우 중요하다. 금속의 물리적 현상이 페르미 면에서 모두 일어나기 때문이다. 7.2절에서 논의한 바와 같이 페르미 에너지는 0 K에서 전자가 점유하는 가장 높은 에너지 준위이다(페르미 에너지에 대한 논의는 7.2절 참조). 일반적인 금속의 페르미 에너지는 0.2~2 eV이고, 온도로 환산하면 2000~20000 K 정도로 매우 높다. 상온(300 K)은 페르미 온도에 비해 매우 작아서 상온 근처에서 열적 요동은 페르미 온도에 비해 무시할 수 있다. 이는 금속에서 온도에 의한 화학적 퍼텐셜의 증가 효과는 사실 그렇게 크지 않고 페르미 에너지 영역에서 물리적 현상이 발생하게 됨을 의미한다. 페르미 면은 3차원 역격자 공간에서 에너지 밴드를 생각했을 때 페르미 준위에 걸치는 2차원의 에너지 면을 말한다. 이 장에서는 에너지 밴드로부터 페르미 면을 구성하는 방법과 자기장에 의해 페르미 면이 어떻게 달라지는지, 그리고 그에 따라 발생하는 양자물성에 대해 논의하도록 한다.

13.1 에너지 밴드와 페르미 면 구성하기

먼저 페르미 면에 대해 논하기 전에 에너지 밴드의 영역을 구성하는 방법에 대해 알아보도록 하자. 에너지 분산관계를 그릴 때 제1 브릴루앙 영역을 어떻게 처리하느냐에 따라 3가지 방법이 있다. 규칙적 영역 방식(periodic zone scheme), 펼쳐진 영역 방식(extended zone scheme), 그리고 환산 영역 방식(reduced zone scheme)이다. 일반적으로 사용하는 방식은 환산 영역 방식이다. 2.2절의 브릴루앙 영역에 대한 설명에서 위그너·자이츠 낱칸을 정의하고, 제1 브릴루앙 영역을 벗어나는 위치의 위그너·자이츠 낱칸은 평행이동시켜서 제1 브릴루앙 영역 안으로 이동시킬 수 있음을 배웠다. 그렇게 하는 것이 가능한 이유는 고체의 병진 대칭성 때문이라는 것도 알았다.

병진 대칭성은 고체물리학 전반에서 매우 중요한데, 2.4절에서 브래그 법칙과 라우에 법칙에서 배웠듯이, 역격자 공간에서 병진 대칭성에 의한 파동의 간섭으로 라우에 조건을 얻을 수 있었다.

$$\vec{q} = \vec{k_f} - \vec{k_i} = \vec{G}$$

라우에 조건이 의미하는 바는 $\vec{k_i}$와 $\vec{k_f}$가 역격자 벡터 $\vec{G}$만큼의 차이로 떨어져 있는 원자라면 그 둘에서 산란된 X선 등은 보강간섭을 일으키고 그렇지 않으면 상쇄간섭을 일으킨다는 것이다. 여기에서는 그보다 한발 더 나아가 $\vec{k_i}$와 $\vec{k_f}$가 역격자 벡터 $\vec{G}$만큼의 차이로 떨어져 있다면, 본질적으로 $\vec{k_i}$와 $\vec{k_f}$는 동일하다는 것을 이야기하려고 한다. 역격자 벡터라고 하는 것은 규칙적인 결정 격자를 운동량 공간으로 푸리에 변환하여 정의된 벡터이다. 역격자 벡터만큼 떨어져 있다는 것은 실공간에서 동일한 결정구조를 갖는 단위 낱칸에서 그 옆 단위 낱칸을 가리키는 벡터로써, 단위 낱칸의 결정구조는 같기 때문에 역격자 벡터의 정수배만큼 떨어져 있는 공간에서도 결정구조는 같다. 그림 13-1의 파란색 부분은 제1 브릴루앙 영역이다. 이때, 경계조건에 의해서 끝점 A와 A'은 같은 위치인 것이다. 즉, 역격자 벡터 $\vec{G}$만큼 이동하면 같은 위치가 된다. 마찬가지로 제1 브릴루앙 영역 바깥쪽에 있는 $\vec{k'}$ 위치도 역격자 벡터 $\vec{G}$만큼 평행이동시켜서 제1 브릴루앙 영역 안쪽 $\vec{k}$로 끌어올 수 있다. 이것은 라우에 조건의 다른 표현식이다.

$$\vec{k} = \vec{k'} + \vec{G} \tag{13.1.1}$$

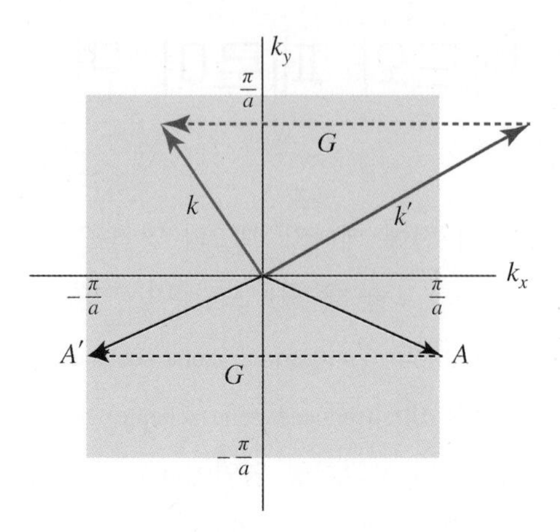

그림 13-1 제1 브릴루앙 영역 안쪽으로의 평행이동

이때, $\vec{k'}$에서의 파동함수를 $\Psi_{k'}(\vec{r})$이라고 하면 이는 $\vec{k}$에서의 파동함수를 $\Psi_k(\vec{r})$와 같다는 것을 식 (13.1.1)을 이용하여 다음과 같이 증명할 수 있다.

$$\Psi_{k'}(\vec{r}) = e^{i\vec{k'}\cdot\vec{r}} u_{\vec{k'}}(\vec{r}) = e^{i\vec{k}\cdot\vec{r}} e^{-i\vec{G}\cdot\vec{r}} u_{k'}(\vec{r}) = e^{i\vec{k}\cdot\vec{r}} u_k(\vec{r}) = \Psi_{\vec{k}}(\vec{r}) \tag{13.1.2}$$

예를 들어 1차원 자유전자의 에너지 분산관계는 $\epsilon = \hbar^2 k^2/2m$으로 그림 13-2(a)와 같이 이차식의 형태로 나타나게 된다. 제1 브릴루앙 영역은 $k = \pm\pi/a$ 안쪽이므로 회색 부분이 제1 브릴루앙 영역이 된다. 에너지 분산관계에서 제1 브릴루앙 영역을 벗어나 있는 ①번과 ②번 밴드를 역격자 벡터 $2\pi/a$만큼 평행이동시켜서 각각 ①′과 ②′으로 위치시킬 수 있다. 이렇게 제1 브릴루앙 영역 바깥쪽에 있는 밴드를 제1 브릴루앙 안쪽

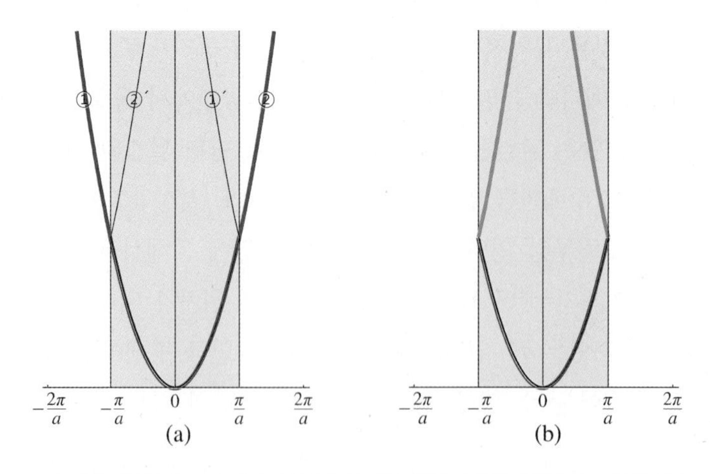

그림 13-2 1차원 금속의 에너지 분산에서 제1 브릴루앙 영역 안쪽으로의 평행이동

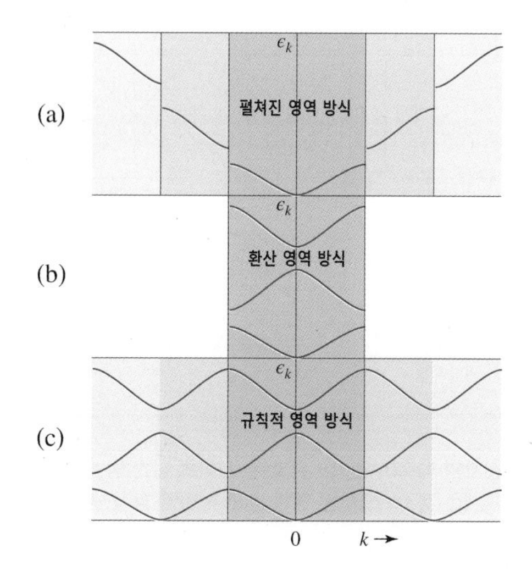

그림 13-3 (a) 펼쳐진 영역 방식, (b) 환산 영역 방식, (c) 규칙적 영역 방식으로 그린 1차원 금속의 밴드 구조

으로 위치시키는 에너지 분산구조를 환산 영역 방식(reduced zone scheme)이라고 한다. 환산 영역 방식의 에너지 분산관계는 모든 결정구조의 정보를 제1 브릴루앙 영역으로 넣음으로써 제1 브릴루앙 영역의 정보를 알면 고체 결정 격자의 모든 정보를 다 아는 것과 같다. 다만, $\vec{G}$의 n배수만큼 평행이동시킨 밴드는 각각 밴드 인덱스 n이 붙게 되어 에너지 밴드는 $\epsilon_{n,\vec{k}}$가 된다. 즉, 제2 브릴루앙 영역에 있던 밴드는 밴드 인덱스를 $\epsilon_{2,\vec{k}}$, 제3 브릴루앙 영역에 있던 밴드는 밴드 인덱스를 $\epsilon_{3,\vec{k}}$ 등으로 붙인다.

밴드 구조를 표현하는 방식 3가지를 그림 13-3에 도식화하였다. 그림 13-3(b)는 지금 말한 바와 같이 환산 영역 방식으로, 일반적으로 사용하는 방식이다. (c)는 규칙적 영역 방식(periodic zone scheme)으로써 환산 영역 방식이 다른 브릴루앙 영역으로 대칭적으로 이어져 있는 구조이다. (a)의 펼쳐진 영역 방식(extended zone scheme)은 규칙적 이동이 없는 밴드 구조인데, 10.4절에서 논의한 바와 같이 준 자유전자 모델에서는 브릴루앙 영역 끝점(Brillouin zone edge)에 에너지 갭이 존재하기 때문에 (a)와 같은 모양이 된다.

2차원 결정 격자에서 페르미 면을 구성하는 방법은 이미 2.2절 그림 2-7에서 그 기본을 다루었다. 2차원 결정 격자의 위그너·자이츠 낱칸을 정의하는 방법은 그림 2-7을 참고하자. 위그너·자이츠 낱칸을 이용하여 2차원 자유전자 모델의 페르미 면을 구성하는 방법은 다음과 같다. 2차원 자유전자의 에너지 분산관계는

$$\epsilon_{\vec{k}} = \frac{\hbar^2}{2m}\left(k_x^2 + k_y^2\right) \tag{13.1.3}$$

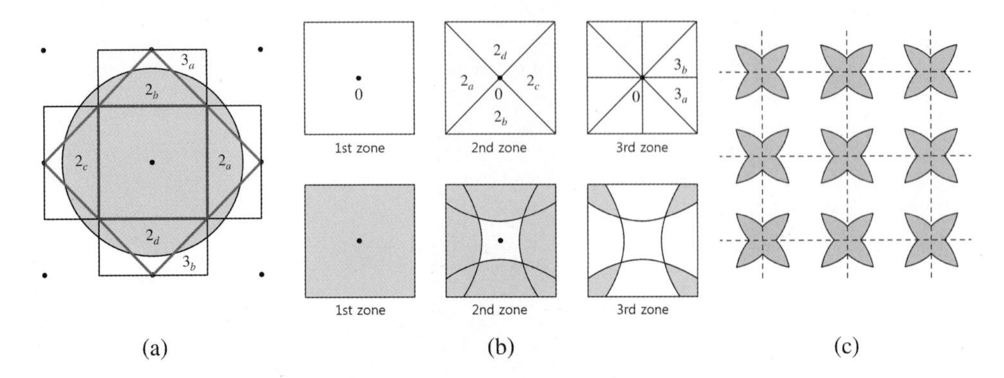

그림 13-4 (a) 2차원 자유전자의 페르미 면 (b) 위그너·자이츠 낱칸 방식으로 브릴루앙 영역의 정의 (c) 제3 브릴루앙 영역의 연속 영역 방식

이므로 그림 13-4(a)의 검은 점으로 표시된 사각 격자를 갖는 결정구조에서 회색 원이 페르미 면이다. 제1 브릴루앙 영역은 원점의 원자를 기준으로 가장 가까운 원자를 잇는 가상의 선분을 수직 이등분하여 교차하는 영역으로써, 그림 13-4(a)에서 파란색으로 표시된 정사각형이다. 정사각형 안 전체에는 전자가 모두 점유되고 있어서 (b) 그림의 아래쪽에 전자가 점유한 영역을 회색으로 표시하였다. 제2 브릴루앙 영역은 중심으로부터 두 번째로 가까운 이웃 원자인 대각선 방향의 원자를 잇는 가상의 선분을 수직 이등분하여 교차하는 영역으로, (a) 그림의 회색으로 표시된 사각형이다. 제2 브릴루앙 영역은 사각형 안쪽의 제1 브릴루앙 영역은 포함하지 않으며, 평행이동을 통해 제1 브릴루앙 영역 안쪽으로 이동시킬 수 있다. 이렇게 이동시키면 $2a$, $2b$, $2c$, $2d$로 표시된 제2 브릴루앙 영역은 그림 13-4(b) 중간 그림과 같이 평행이동된 자리에 각각 위치하게 된다. 이때, 전자가 점유된 영역을 표시하면 (b) 중간 아래 그림과 같이 제2 브릴루앙 영역에서 점유된 전자의 페르미 면을 표시할 수 있다. 제3 브릴루앙 영역은 중앙의 원자로부터 세 번째로 가까운 원자까지 잇는 가상의 선을 수직 이등분하여 형성된 영역으로써 (a) 그림의 검은색으로 표시된 직사각형이다. 물론 제3 브릴루앙 영역은 제1, 제2 브릴루앙 영역을 포함하지 않는다. 이것은 마찬가지 방법으로 $3a$, $3b$ 등을 평행이동시키면 (b) 그림의 세 번째 그림과 같이 형성되고, 전자가 점유한 영역을 표시한 것이 제3 브릴루앙 영역의 페르미 면이다. 위그너·자이츠 낱칸을 이와 같은 방식으로 이어 붙여서 브릴루앙 영역의 페르미 면을 구성할 수 있다. 그림 13-4(c)는 제3 브릴루앙 영역의 페르미 면을 계속 이어 붙여서 규칙적 영역 방식으로 구성한 것이다.

실제로 페르미 면을 계산하기 위해서는 먼저 에너지 밴드를 계산하여 그림 10-8과 같

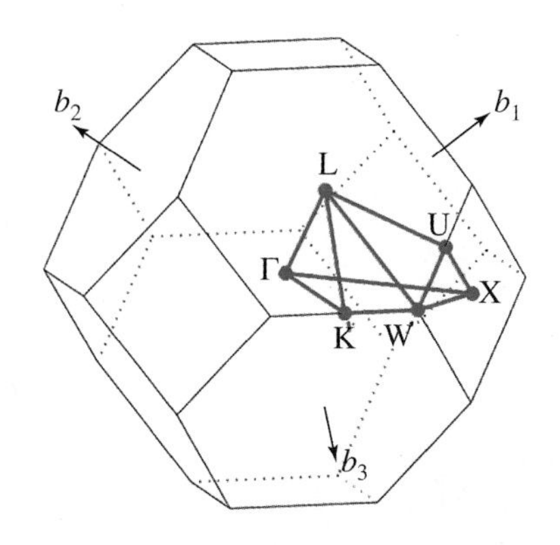

그림 13-5 면심입방(FCC) 구조의 3차원 역격자 공간

은 에너지 분산관계를 얻어야 한다. 그림 13-5의 3차원 역격자 공간은 면심입방(face centered cubic) 구조의 결정 격자를 역격자 공간으로 변환하여 위그너·자이츠 낱칸의 구성 방법에 따라 그린 후, 각 특정 지점을 K, W, U, X 등으로 정의한 것이다. 정의된 각 방향에 따라 3차원 역격자 공간을 전개도 방식으로 펼쳐서 그리면 그림 10-8과 같은 에너지 밴드 구조를 얻게 된다. 즉, 여러 에너지 밴드 계산 프로그램을 이용하여 계산된 에너지 밴드를 3차원 역격자 공간으로 그리면 페르미 면이 된다. 그림 13-6은 대표적인 금속의 페르미 면을 실제로 그린 그림이다. 페르미 면의 계산이 중요한 이유는 페르미 면의 구조로부터 다양한 물리적 현상예측이 가능하기 때문이다. 특히, 전자-포논 상호작용에 의해서 발생되는 전하밀도파(charge density wave, CDW) 현상 등에서 페르미 면의

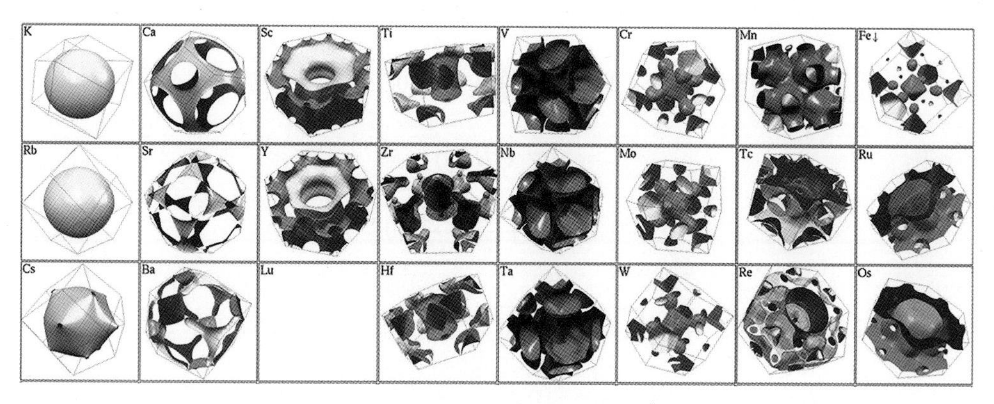

그림 13-6 대표적인 금속의 페르미 면[1]

---

1 https://condensedconcepts.blogspot.com/2011/04/periodic-table-of-fermi-surfaces.html

구조는 매우 중요하다. 페르미 면의 계산으로부터 전자와 정공이 어디에서 발생하는지, 전하의 변조(modulation)와 차원성은 어떠한지 등을 알 수 있고, 때때로 전하밀도파를 동반하는 물질에서 페르미 면 겹싸기(Fermi surface nesting) 등의 현상을 발견할 수 있다. 또한 페르미 면을 연구함으로 다양한 물리현상을 설명할 수 있다.

13.2 란다우 양자궤도

페르미 면을 연구하는 실험적 방법은 고자장에서 양자진동을 이용하는 것이다. 이 방법은 드 하스-반 알펜(de Haas-van Alphen) 효과 및 슈브니코프-드 하스(Shubnikov-de Haas) 효과를 이용하는 것인데, 모두 기본적으로 고자장에서 란다우 양자궤도를 측정하는 방법이다. 이 방법은 3차원적인 페르미 면을 직접적으로 측정하는 것이 아니고, 페르미 면의 가장 바깥쪽 면적을 측정하게 된다. 비록 직접적 측정은 아니지만 이론계산 결과와 비교하면서 간접적으로 이론적으로 계산한 페르미 면이 정확한지를 확인할 수 있다. 또한 란다우 양자궤도 측정을 통해 페르미 면의 측정 외에 다양한 양자물성을 측정할 수 있는데, 그 대표적인 것이 최근 활발히 연구되고 있는 위상 양자물성이다. 란다우 양자궤도 측정을 통해 위상 양자물성에서 중요한 베리 위상(Berry phase)을 측정할 수 있는데, 이 장에서는 위상 양자물성은 제외하고 페르미 면의 측정에 대해서만 한정하여 다루기로 한다.

자기장이 z축으로 걸려 있다고 가정하자($\vec{B}=(0,\ 0,\ B)$). 맥스웰 방정식으로부터

$$\nabla \cdot \vec{B}=0 \tag{13.2.1}$$

$$\nabla \times \vec{E}+\frac{1}{c}\frac{\partial \vec{B}}{\partial t}=0 \tag{13.2.2}$$

식 (13.2.1)로부터 벡터 퍼텐셜 $\vec{B}=\nabla \times \vec{A}$을 정의하여 식 (13.2.2)에 넣으면

$$\nabla \times \vec{E}+\frac{1}{c}\frac{\partial}{\partial t}\nabla \times \vec{A}=\nabla \times \left(\vec{E}+\frac{1}{c}\frac{\partial \vec{A}}{\partial t}\right)=0 \tag{13.2.3}$$

이 되어 $\nabla \times \nabla \phi = 0$이 되는 스칼라 퍼텐셜 ϕ를 정의할 수 있다.

$$\vec{E}+\frac{1}{c}\frac{\partial\vec{A}}{\partial t}=-\nabla\phi \tag{13.2.4}$$

전자기장 하에서 전자의 운동방정식을 쓰면 뉴턴의 힘의 법칙과 라그랑주 방정식으로부터,

$$\frac{d}{dt}\left(\frac{\partial L}{\partial\dot{x}_i}\right)-\frac{\partial L}{\partial x_i}=0 \tag{13.2.5}$$

$$\vec{F}=m\ddot{x}_i=e\vec{E}+\frac{e}{c}\vec{v}\times\vec{B}=\frac{d}{dt}\left(\frac{\partial L}{\partial\dot{x}_i}\right)=\frac{\partial L}{\partial x_i}$$

$$=-e\nabla\phi-\frac{e}{c}\frac{\partial\vec{A}}{\partial t}+\frac{e}{c}\vec{v}\times(\nabla\times\vec{A}) \tag{13.2.6}$$

이다.

$$\vec{v}\times(\nabla\times\vec{A})=\nabla(\vec{v}\cdot\vec{A})-(\vec{v}\cdot\nabla)\vec{A} \tag{13.2.7}$$

$$\frac{d}{dt}\vec{A}(\vec{x},\ t)=\frac{\partial}{\partial t}\vec{A}(\vec{x},\ t)+\sum_j v_j\frac{\partial}{\partial x_j}\vec{A}(\vec{x},\ t)$$

$$=\frac{\partial}{\partial t}\vec{A}(\vec{x},\ t)+(\vec{v}\cdot\nabla)\vec{A}(\vec{x},\ t) \tag{13.2.8}$$

을 이용해서 식 (13.2.6)을 정리하면

$$\vec{F}=-e\left(\nabla\phi+\frac{1}{c}\left[\frac{d\vec{A}}{dt}-\nabla(\vec{v}\cdot\vec{A})\right]\right)=-\nabla V \tag{13.2.9}$$

이므로, $d\vec{A}/dt=0$이라고 한다면 퍼텐셜 V는

$$V=e\phi-\frac{e}{c}\vec{v}\cdot\vec{A} \tag{13.2.10}$$

이 된다. 따라서 라그랑지안(Lagrangian) L은

$$L=L(x_i,\ \dot{x}_i,\ t)=\frac{1}{2}m\dot{x}_i^2-e\phi(\vec{x},\ t)+\frac{e}{c}\dot{x}_iA_i(\vec{x},\ t) \tag{13.2.11}$$

이다. 정준 운동량(canonical momentum) $\vec{p_i}$는 라그랑지안을 속도로 미분한 것이다.

$$\vec{p_i}=\frac{\partial L}{\partial\dot{x}_i}=m\dot{x}_i+\frac{e}{c}A_i \tag{13.2.12}$$

$$m\dot{x}_i = \vec{p}_i - \frac{e}{c}A_i \tag{13.2.13}$$

해밀토니안(Hamiltonian) H는

$$H = \frac{1}{2m}\left(p_i - \frac{e}{c}A_i\right)^2 \tag{13.2.14}$$

가 된다.

자기장에 의해 로렌츠 힘을 받아서 운동하는 전자의 운동궤적은 어떻게 되는지 알아보자. 운동방정식은

$$m\dot{\vec{v}} = \frac{e}{c}\vec{v}\times\vec{B} = \frac{e}{c}\begin{vmatrix} \hat{i} & \hat{j} & \hat{k} \\ v_x & v_y & v_z \\ 0 & 0 & B \end{vmatrix} = \frac{eB}{c}(\hat{i}v_y - \hat{j}v_x) \tag{13.2.15}$$

$\hat{i}$를 실수축, $\hat{j}$를 허수축으로 놓고 복소수 평면에서 속도의 성분을 표시하면

$$\dot{v}_x + i\dot{v}_y = \frac{eB}{mc}(v_y - iv_x) = -i\frac{eB}{mc}(v_x + iv_y) \tag{13.2.16}$$

이 되고, 여기에서

$$\omega_c \equiv \frac{|e|B}{mc} \tag{13.2.17}$$

를 사이클로트론 주파수(cyclotron frequency)라고 한다. 뒤에서 보겠지만 이 사이클로트론 주파수는 자기장에 의해 회전운동 하는 전자의 회전주파수에 해당한다.

$$\bar{v} = v_x + iv_y \tag{13.2.18}$$

이라고 정의하면 식 (13.2.16)은

$$\dot{\bar{v}} = i\omega_c\bar{v}, \quad \frac{d\bar{v}}{\bar{v}} = i\omega_c dt, \quad \ln\bar{v} = i\omega_c t + C$$

$$\bar{v} = \overline{v_0}e^{i(\omega_c t + \phi)} \tag{13.2.19}$$

가 된다. 여기에서 $\overline{v_0} = \sqrt{v_x^2 + v_y^2}$이다. 위 식의 해를 성분별로 풀어쓰면

$$v_x = \overline{v_0}\cos(\omega_c t + \phi),\ v_y = \overline{v_0}\sin(\omega_c t + \phi),\ v_z = v_{z0} \tag{13.2.20}$$

$$x = x_0 + \frac{\overline{v_0}}{\omega_c}\sin(\omega_c t + \phi),\ y = y_0 - \frac{\overline{v_0}}{\omega_c}\cos(\omega_c t + \phi),\ z = z_0 + v_{z0}t \tag{13.2.21}$$

가 된다. 이것은 xy평면에서는 원형 회전운동을, z축 방향으로는 직선운동을 하는 나선형 운동을 나타낸다.

z축 방향으로 가해진 자기장에 대해 벡터 퍼텐셜은 다음과 같이 나타낼 수 있다.

$$\vec{A} = \frac{1}{2}(\vec{B} \times \vec{x}) = \left(-\frac{1}{2}By,\ \frac{1}{2}Bx,\ 0\right) \tag{13.2.22}$$

이것은 다음과 같이 증명할 수 있다.

$$(\vec{B})_i = (\nabla \times \vec{A})_i = \epsilon_{ijk}\frac{\partial}{\partial x_j}\frac{1}{2}(\vec{B} \times \vec{x})_k = \frac{1}{2}\epsilon_{ijk}\epsilon_{klm}\frac{\partial}{\partial x_j}(B_l x_m)$$

$$= \frac{1}{2}B_l\delta_{jm}(\delta_{il}\delta_{jm} - \delta_{im}\delta_{jl}) = \frac{1}{2}B_l(3\delta_{il} - \delta_{il}) = B_i$$

식 (13.2.22)의 벡터 퍼텐셜을 식 (13.2.13)에 넣으면

$$v_x = \frac{1}{m}\left(p_x + \frac{eB}{2c}y\right)$$

$$v_y = \frac{1}{m}\left(p_x - \frac{eB}{2c}x\right)$$

$$v_z = \frac{p_z}{m} \tag{13.2.23}$$

이 된다. 속도의 각 성분에 대해 교환관계(commutation relation)를 조사해보면 다음과 같다.

$$[v_x,\ v_y] = \frac{1}{m^2}\left[p_x + \frac{eB}{2c}y,\ p_y - \frac{eB}{2c}x\right]$$

$$= \frac{1}{m^2}\left(-\frac{eB}{2c}[p_x,\ x] + \frac{eB}{2c}[y,\ p_y]\right) = \frac{ieB\hbar}{m^2 c} \tag{13.2.24}$$

$$[v_x,\ v_z] = [v_y,\ v_z] = 0 \tag{13.2.25}$$

교환관계를 보다 간단하게 살펴보기 위해서 다음과 같이 정의하자.

$$P = \sqrt{\frac{m^2 c}{|e|B\hbar}}\, v_x, \quad Q = \sqrt{\frac{m^2 c}{|e|B\hbar}}\, v_y \tag{13.2.26}$$

그러면 교환관계는 다음과 같이 일반적인 양자역학적 관계처럼 된다.

$$[P,\ v_z] = [Q,\ v_z] = 0, \quad [Q,\ P] = i \tag{13.2.27}$$

이 양자역학적 교환 연산자를 이용하여 해밀토니안을 다시 나타내면,

$$H = \frac{m}{2}\left(v_x^2 + v_y^2 + v_z^2\right) = \frac{1}{2}\left(\frac{|e|B\hbar}{mc}\right)(Q^2 + P^2) + \frac{1}{2}mv_z^2 \tag{13.2.28}$$

이 식의 P와 Q연산자로 이루어진 첫째 항은 단순 조화 진동자의 모양이고, z축으로는 자유롭게 운동하는 나선형 운동을 보여주고 있다.

다시 한번 양자역학적 생성 연산자(creation operator) $a^\dagger$와 소멸 연산자(annihilation operator) a를 다음과 같이 정의하면

$$a^\dagger = \frac{1}{\sqrt{2}}(Q - iP)$$

$$a = \frac{1}{\sqrt{2}}(Q + iP) \tag{13.2.29}$$

두 연산자 간의 교환관계는 다음과 같이 더욱 간단해진다.

$$[a,\ a^\dagger] = \frac{1}{2}[Q + iP,\ Q - iP] = \frac{1}{2}(-i[Q,\ P] + i[P,\ Q])$$

$$= \frac{1}{2}(1 + 1) = 1$$

$$[a,\ a] = [a^\dagger,\ a^\dagger] = 0 \tag{13.2.30}$$

이 특성을 조사해보면

$$a^\dagger a = \frac{1}{2}(Q - iP)(Q + iP) = \frac{1}{2}(Q^2 + P^2) = aa^\dagger \tag{13.2.31}$$

$$Q^2 + P^2 = a^\dagger a + aa^\dagger = [a,\ a^\dagger] + 2a^\dagger a = 2a^\dagger a + 1 \tag{13.2.32}$$

와 같이 됨을 알 수 있다. 식 (13.2.17)과 (13.2.32)를 식 (13.2.28) 해밀토니안에 넣으면

xy축에 해당하는 첫째 항의 해밀토니안은 다음과 같이 조화 진동자 해를 갖게 된다.

$$H_{\perp} = \hbar\omega_c\left(a^{\dagger}a + \frac{1}{2}\right) \tag{13.2.33}$$

이 해밀토니안의 고윳값은

$$E_{\perp} = \hbar\omega_c\left(n + \frac{1}{2}\right) \tag{13.2.34}$$

이 되고, 전체 에너지 고윳값은

$$E_n = \hbar\omega_c\left(n + \frac{1}{2}\right) + \frac{\hbar^2 k_z^2}{2m} \tag{13.2.35}$$

이 되는데, 이를 란다우 준위(Landau level) 또는 란다우 양자화(Landau quantization)라고 한다.

란다우 준위가 말해주는 물리적 결과는 강한 자기장이 가해지면 자기장에 수직으로 전자는 회전운동을 하게 되고 이 회전운동의 에너지 준위는 양자화된다는 것이다. 자기장의 방향(z축)으로는 임의의 에너지 값을 가질 수 있다. 이를 그림 13-7과 같이 도식화할 수 있으며 원통 부분을 란다우 튜브(Landau tube)라고 한다. 이러한 란다우 튜브는 실공간에서와 마찬가지로 운동량 공간인 k공간에서도 생각할 수 있다. 란다우 튜브의 에너지 간격은 $\hbar\omega_c$가 된다.

양자역학에서 자기장은 양자화된다. 이를 양자 자속(quantum flux)이라고 하는데, 이를 반고전적(semi-classical) 양자역학인 보어·조머펠트 방정식으로 알아보자. 보어·조머펠트

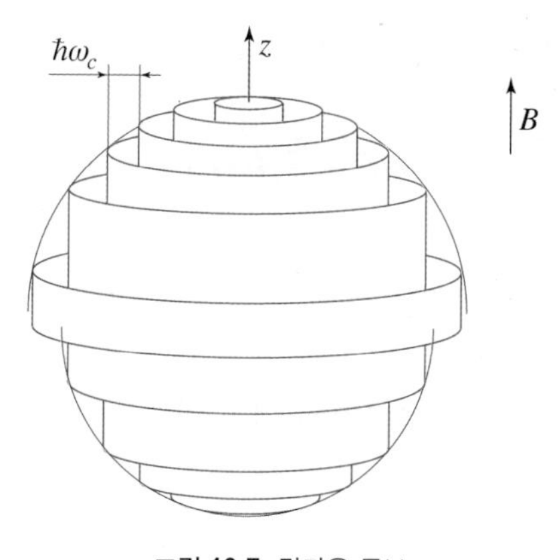

그림 13-7 란다우 튜브

(Bohr-Sommerfeld) 방정식은 원운동 하는 전자의 운동이 양자화된다는 것으로부터 출발한다.

$$\oint \vec{p} \cdot d\vec{q} = (n+\gamma)2\pi\hbar \tag{13.2.36}$$

여기에서 $\vec{p}$는 운동량, $\vec{q}$는 변위, n은 양의 정수, γ는 위상을 나타내는 인자이다. 자기장 하에서 전자는 식 (13.2.13)과 같은 운동량을 갖는데, 양자역학적인 표현을 사용하면 다음과 같다.

$$\vec{p} = \hbar\vec{k} - \frac{e}{c}\vec{A} \tag{13.2.37}$$

전자가 회전운동을 한 변위를 $\vec{q} = \vec{R}'$이라고 하면, 보어·조머펠트 방정식은

$$\oint \left(\hbar\vec{k} - \frac{e}{c}\vec{A}\right) \cdot d\vec{R}' = (n+\gamma)2\pi\hbar \tag{13.2.38}$$

적분의 각 항을 계산해보자. 먼저 자기장 하에서 로렌츠 힘의 운동방정식을 시간에 대해 적분하고, 벡터 퍼텐셜을 스토크스 정리를 이용하면

$$\hbar\dot{\vec{k}} = -\frac{e}{c}(\vec{v} \times \vec{H}) \tag{13.2.39}$$

$$\hbar(\vec{k} - \vec{k_0}) = -\frac{e}{c}(\vec{R} - \vec{R_0}) \times \vec{H} \tag{13.2.40}$$

$$\oint \vec{A} \cdot d\vec{R}' = \int_a \nabla \times \vec{A} \cdot d\vec{a} = \int_S \vec{H} \cdot d\vec{a} \tag{13.2.41}$$

를 얻고, 이를 식 (13.2.38)에 대입하여 정리하자.

$$-\frac{e}{c}\oint \vec{R} \times \vec{H} \cdot \vec{R}' - \frac{e}{c}\int_S \vec{H} \cdot d\vec{a} = (n+\gamma)2\pi\hbar \tag{13.2.42}$$

$$\vec{H} \cdot \oint (\vec{R} \times d\vec{R}') - \int_S \vec{H} \cdot d\vec{a} = \frac{2\pi\hbar c}{e}(n+\gamma) \tag{13.2.43}$$

여기에서 a는 실공간에서 전자가 회전하는 영역의 면적이다. $\vec{R}'$이 전자가 회전한 원운동의 변위이므로 자기장에 수직한 방향으로 회전하고 있다. 일반적으로 전자의 변위 $\vec{R}$은 자기장에 수직한 면을 따라 움직이는 변위 $\vec{R}'$과 자기장 방향으로의 변위 $\vec{R}_H$로 성

분을 나눌 수 있어서, $\vec{R} = \vec{R}' + \vec{R}_H$로 쓸 수 있다. $\vec{R}_H$가 자기장에 평행한 변위이므로 $\vec{R}_H \times \vec{H} = 0$이다. 식 (13.2.43)의 첫째 항을 계산하면

$$\vec{H} \cdot \oint (\vec{R}' + \vec{R}_H) \times d\vec{R}' = \vec{H} \cdot \oint \vec{R}' \times d\vec{R}' + \oint \vec{H} \times \vec{R}_H \cdot d\vec{R}'$$
$$= H \left| \oint \vec{R}' \times d\vec{R}' \right| = 2\pi R'^2 H = 2aH \qquad (13.2.44)$$

여기에서 a는 R' 궤적을 따라 회전한 원운동의 면적이다. 둘째 항은 다음과 같다.

$$-\int_a \vec{H} \cdot d\vec{a} = -Ha \qquad (13.2.45)$$

이 두 식을 식 (13.2.43)에 대입하면

$$Ha = \frac{2\pi\hbar c}{e}(n+\gamma) \equiv \Phi \qquad (13.2.46)$$

이 되는데, 이를 양자 자속이라고 한다. 양자 자속은 자기장의 양자화된 값이며 크기로는 4.13×10^{-7} G-cm^{2}이다. $\Phi = Ha$이므로 단위가 G-cm^{2}임에 주목하라.

13.3 고자장 양자 진동

고자장에서 전자는 란다우 튜브를 형성하고, 자기장은 양자 자속으로 양자화된다는 것을 배웠다. 2차원 페르미 기체를 생각해보면 전자는 k_x-k_y 운동량 공간에서 각 양자상태를 그림 13-8(a)와 같이 점유한다. 물론 각 양자상태에서는 스핀 업/다운 2개의 전자가 점유될 수 있다. 고자기장 하에서 란다우 준위가 형성되면 이렇게 펼쳐져 있던 양자 격자점들이 그림 13-8(b)와 같이 원형으로 모여들게 되고 이것을 란다우 준위라고 한다. 이는 그림 13-7 란다우 튜브를 k_x-k_y 평면으로 자른 단면을 그린 것과 같다.

이 란다우 준위 사이의 간격은 $\hbar\omega_c = \hbar eB/mc$로써 자기장이 커질수록 간격이 멀어짐을 알 수 있다. 페르미 준위가 정해져 있는 상황에서 이 란다우 준위는 자기장이 커질수록 거리가 멀어지면서 페르미 준위에 걸쳐지는 전자 상태밀도의 차이가 생긴다. 이 전

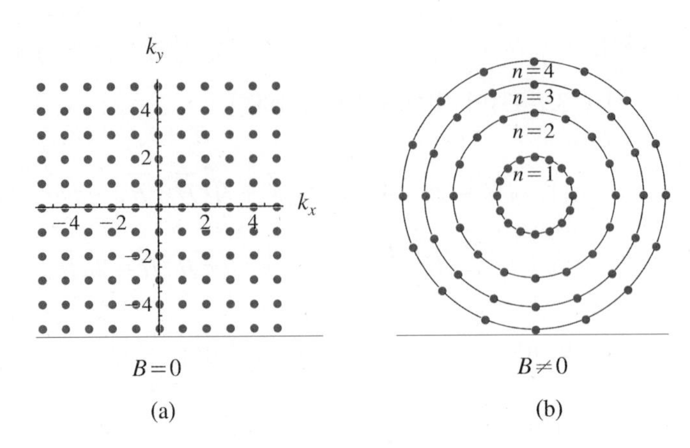

그림 13-8 (a) 2차원 전자기체의 양자상태와 (b) 고자장 하에서 란다우 준위

자 상태밀도의 차이는 자기화(magnetization)와 자기저항(magneto-resistance)에 영향을 미치기 때문에 이들을 측정함으로써 란다우 준위의 특성을 알 수 있다.

2차원 전자기체의 경우 에너지 상태밀도는 그림 13-9(a)의 왼쪽 그림과 같이 페르미 에너지 ϵ_F 아래쪽에서는 전자가 모두 점유되어 있고, 그 위쪽으로는 전자가 없다. 이때는 자기장이 $B=0$인 상태인데, 이 상태에서 고자장인 B_1이 가해졌다고 생각해보자. 그러면 비록 전자의 양자상태가 있긴 하지만, 연속적인(또는 연속적으로 보이는) 전자상태는 란다우 준위로 졸아들게 되고, 특정한 란다우 준위를 형성하게 된다. 그러면 $B=0$이었을 때의 페르미 준위에서는 상태밀도가 0이 되고 전자의 에너지 준위가 없기 때문에 전기저항이 매우 크거나 자기모멘트가 없게 된다. 그림 13-9(b)는 k_x-k_y 평면에서의 란다우 준위를 그린 것인데, 파란색으로 표시된 부분의 바깥쪽 테두리가 페르미 에너지이다. $D=16$은 페르미 준위 바로 아래쪽에서의 중첩도(degeneracy)인데, 지금 그림에서는 페르미 준위에 전자들이 걸쳐져 있지 않기 때문에 (a) 그림에서 B_1 자기장의 경우에 해당된다.

자기장이 더 세게 가해지면 더 많은 전자들이 란다우 준위로 졸아들게 되어서 $D=19$로 중첩도가 커지고, 이때는 란다우 준위가 정확하게 페르미 준위와 일치하게 되어서 갑자기 전자 상태밀도가 커진다. 이때가 (a) 그림에서 B_2 자기장에 해당할 때이다. 이와 같이 자기장이 더 세게 걸리게 되면 더 많은 전자들이 란다우 준위로 졸아들게 되고, 란다우 준위 사이의 거리가 멀어지면서 다시 페르미 준위에는 전자들이 걸치지 않게 되는데, 이 상황은 자기장이 B_3일 때이다. 이런 식으로 자기장이 커지면서 전자 상태밀도가 페르미 준위에 걸쳤다가 사라졌다가를 반복하게 되기 때문에 물질의 전기적, 자기적 특

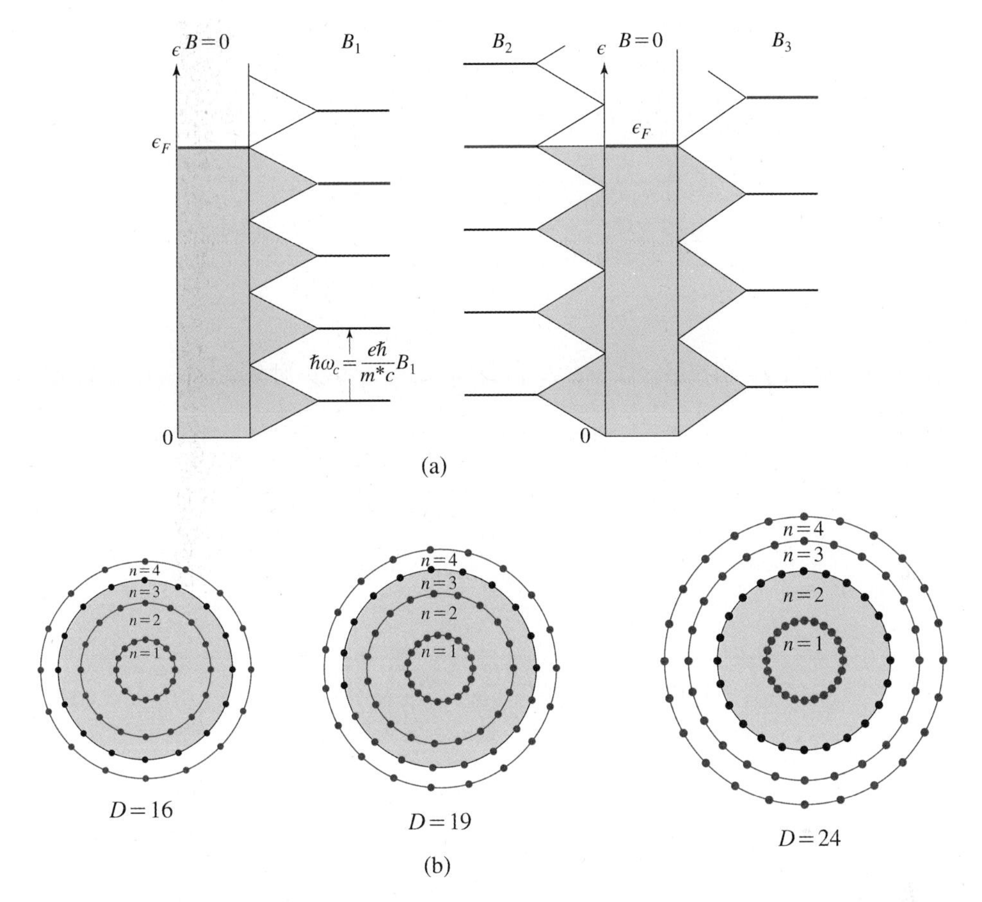

그림 13-9 (a) 자기장이 0일 때와 고자기장이 가해졌을 때 2차원 전자기체의 상태밀도와 (b) 자기장에 따른 란다우 준위

성이 규칙적으로 변화하게 되고, 고자장에서 란다우 준위에 의한 상태밀도의 진동을 양자 진동(quantum oscillation)이라고 한다. 이 양자 진동을 자기화($\overrightarrow{M}$)로 측정한 것을 드 하스-반 알펜 효과(de Haas-van Alphen effect)라고 하고, 자기저항(MR)으로 측정한 것을 슈브니코프-드 하스 효과(Shubnikov-de Haas effect)라고 한다. 그러면 이러한 고자장에서 양자 진동에 의한 페르미 면이 어떻게 달라지는지 자세히 살펴보도록 하자.

식 (13.2.40)으로부터, 전자의 변위 $\overrightarrow{R}$을 자기장에 수직한 면을 따라 움직이는 변위 $\overrightarrow{R}_\perp$과 자기장 방향으로의 변위 $\overrightarrow{R}_\parallel$로 성분을 나눈다면 $\overrightarrow{R} = \overrightarrow{R}_\perp + \overrightarrow{R}_\parallel$로 쓸 수 있고, $\overrightarrow{R}_\parallel \times \overrightarrow{H} = 0$이므로

$$|\overrightarrow{R}_\perp - \overrightarrow{R}_{\perp 0}| = \eta |\overrightarrow{k} - \overrightarrow{k_0}| \tag{13.3.1}$$

로 쓸 수 있다. 여기서 $\eta = c\hbar/eH$로써 눈금 척도(scaling factor)이다.

$$\epsilon_k = \frac{\hbar^2 k^2}{2m}, \quad \nabla_k \epsilon_k = \frac{\hbar^2 \vec{k}}{m} = \frac{\hbar \vec{p}}{m}$$

$$\vec{p} = \frac{m}{\hbar} \nabla_k \epsilon_k = m\vec{v}$$

$$\vec{v} = \frac{1}{\hbar} \nabla_k \epsilon_k \tag{13.3.2}$$

이 식에 의하면, $\vec{v}$는 일정한 에너지 면 ϵ_k의 수직인 방향을 향한다. 식 (13.2.39)를 다시 쓰면

$$\hbar \frac{d\vec{k}}{dt} = -\frac{e}{c}\left(\frac{1}{\hbar} \nabla_k \epsilon_k \times \vec{H}\right) \tag{13.3.3}$$

이고, 이를 시간에 대해 정리하면

$$|dt| = \frac{c\hbar^2}{e} \frac{d\vec{k}}{\nabla_k \epsilon_k \times \vec{H}} = \frac{c\hbar^2}{eH} \frac{dk}{\Delta\epsilon / \Delta k'_n} \tag{13.3.4}$$

로 쓸 수 있는데, 여기에서 $\vec{v}$, 즉 $\nabla_k \epsilon_k$는 $\vec{H}$와 수직인 사실을 이용하였고, $\Delta k'_n$은 k 궤도에 수직인 방향으로의 운동량 변화이다. 그림 13-10에 자기장에 의해 회전운동 하는 전자의 에너지와 운동량 관계에 대한 모식도를 나타냈다. 자유전자인 경우에는 선분을 따라 원운동을 하겠지만, 우리는 고체 안에서 전자의 운동을 다루고 있다. 앞서, 알고 있듯이, 전자는 고체 안에서 페르미 면을 따라 움직이기 때문에 선분을 따라 1차원 원운

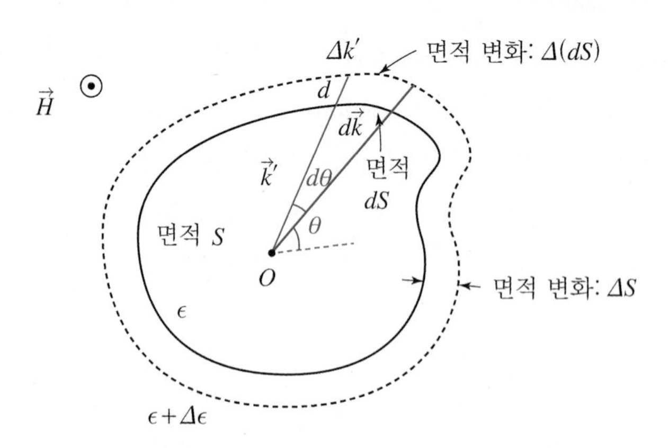

그림 13-10 자기장에 대해 회전운동 하는 전자의 에너지와 운동량 모식도

동을 하지 않을 수 있고, 또한 양자역학에서 전자는 입자가 아닌 파동이기 때문에 특정 선분을 따라 움직이는 것이 아니다. 따라서 면의 변화 dS로 생각해야 한다.

전자가 움직이는 폐곡면은 페르미 면이 될 것이며, 운동량 공간에서 면적 S를 갖는다. 만약 전자가 열적 요동 등에 의해 에너지 준위가 바뀌게 된다면 $\epsilon+\Delta\epsilon$ 곡면으로 이동할 수도 있고, 이때 ϵ과 $\epsilon+\Delta\epsilon$의 폐곡면 사이에 수직으로 주어지는 운동량의 방향이 $\Delta k'_n$이다. $\epsilon+\Delta\epsilon$면의 면적과 ϵ면의 면적의 차이는 ΔS이고, ϵ 폐곡면에서 전자가 $d\vec{k}$만큼 움직이고 $\epsilon+\Delta\epsilon$면으로 수직한 방향으로는 $\Delta k_n'$만큼 움직였을 때 면적의 변화는 $\Delta(dS)\approx dk\Delta k'_n$이다.

이러한 것들을 염두에 두고 위 식을 다시 쓰면,

$$|dt|=\frac{c\hbar^2}{eH}\frac{dk\Delta k'_n}{\Delta\epsilon}=\frac{c\hbar^2}{eH}\frac{\Delta(dS)}{\Delta\epsilon}=\frac{c\hbar^2}{eH}\frac{\partial(dS)}{\partial\epsilon}\bigg|_k \tag{13.3.5}$$

가 된다. 이것은 $d\theta$만큼 움직였을 때를 계산한 것이고, 전체 폐곡선에 대해 적분하면

$$t=\frac{2\pi}{\omega_c}=\frac{c\hbar^2}{eH}\frac{\partial(dS)}{\partial\epsilon}\bigg|_k \tag{13.3.6}$$

이어서, 사이클로트론 주파수는

$$\omega_c=\frac{2\pi eH}{c\hbar^2}\left(\frac{\partial(dS)}{\partial\epsilon}\right)_k^{-1} \tag{13.3.7}$$

이 된다. 그러나 아직까지는 실험적으로 측정 가능한 양으로 변환되지 않았다.

나선형 운동에 대해 자기장 방향으로의 위치 변화는

$$dR_{\parallel}=v_H dt=\frac{1}{\hbar}\left(\frac{\partial\epsilon}{\partial k}\right)_{k'}dt=\frac{1}{\hbar}\left(\frac{\partial\epsilon}{\partial k}\right)_{dS}dt \tag{13.3.8}$$

이 될 것이다. 여기에서 자기장에 수직한 폐곡면이 변화하지 않고 자기장 방향만 바뀐다고 가정했기 때문에 k'과 dS는 일정하다고 해야 한다. 위 식에 식 (13.3.5)를 대입하면

$$dR_{\parallel}=-\frac{c\hbar}{eH}\left(\frac{\partial\epsilon}{\partial k}\right)_{da}\frac{\partial(dS)}{\partial\epsilon}\bigg|_k=-\frac{c\hbar}{eH}\frac{\partial(dS)}{\partial k}\bigg|_\epsilon \tag{13.3.9}$$

가 된다. 여기에서 전자인 경우는 $-$, 정공인 경우는 부호가 $+$가 되겠다. 이것을 전체 폐곡면에 대해 적분하면

$$P \equiv -\frac{c\hbar}{eH}\frac{\partial(S)}{\partial k}\bigg|_{\epsilon} \tag{13.3.10}$$

가 되는데, 이를 페르미 면의 높낮이(pitch)라고 한다. 이것의 물리적 의미를 생각해보자. 자기장이 가해졌을 때 그림 13-7과 같이 자기장 방향으로 란다우 튜브가 형성된다는 것을 배웠다. 자기장 방향으로 움직이면 란다우 준위의 최대 크기의 변화가 생긴다. 그림 13-11에 이해를 돕기 위해 개략적인 그림을 그렸는데, 페르미 면이 그림과 같이 생겼다고 가정할 때, 자기장 방향으로 움직인다면 자기장 방향에 수직으로 페르미 면의 최대 단면적 S의 변화가 생긴다. 페르미 면이 넓다는 것은 전자의 상태밀도가 큰 것을 의미하고 상태밀도의 변화는 물성의 변화를 야기한다. 즉, 상태밀도 변화의 높낮이가 생기기 때문에, 식 (13.3.10)을 높낮이라고 정의하는 것이다. 수식에서 표현되는 바와 같이 이 높낮이는 일정한 에너지에서 운동량 변화에 따른 페르미 면의 면적의 변화율로 정의된다.

여기에서 눈금 척도(scaling factor) η는 10^4~10^5 G 자기장에 대해 $6.6\times10^{-12} \sim 6.6\times10^{-13}$ cm^2 정도가 된다. 금속의 자유전자에서 자기장에 의해 원운동 하는 궤적의 면적은 $S=\pi k_\perp^2$ 이므로,

$$\epsilon = \frac{\hbar^2 k_\perp^2}{2m} = \frac{\hbar^2}{2m}\frac{S}{\pi} \tag{13.3.11}$$

이 되어,

$$\frac{\partial S}{\partial \epsilon} = \frac{2\pi m}{\hbar^2} \tag{13.3.12}$$

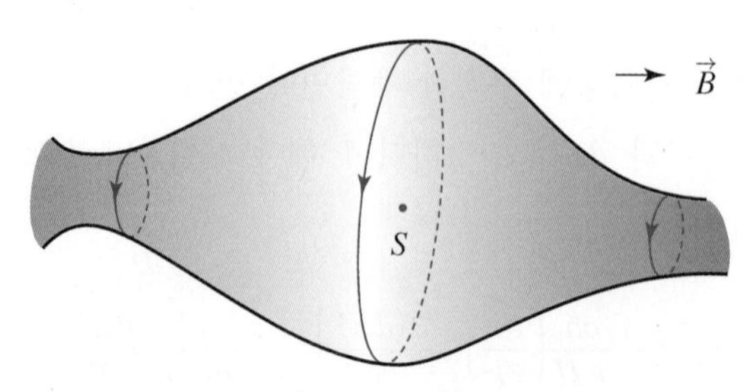

그림 13-11 자기장에 대한 페르미 면의 단면도

이므로,

$$\omega_c = \frac{2\pi eH}{c\hbar^2}\left(\frac{\partial S}{\partial \epsilon}\right)_k^{-1} = \frac{2\pi eH}{c\hbar^2}\frac{\hbar^2}{2\pi m} = \frac{eH}{mc} \tag{13.3.13}$$

10^4~10^5 G 자기장에서 사이클로트론 주파수는 1.76×10^{11} ~ 1.76×10^{12} Hz 정도가 된다.

전자가 자기장에 수직으로 회전할 때 회전면의 실공간 면적은 $a=\pi R_\perp^2$ 이고, 운동량 공간에서의 면적은 $S=\pi k_\perp^2$ 이다. 여기에서 $R_\perp$과 $k_\perp$은 자기장에 수직인 면에서 각각 실공간과 운동량 공간의 반지름이다. 식 (13.3.1)에서와 같이 실공간과 운동량 공간 사이에는 눈금 척도 η가 곱해져 있기 때문에 $R_\perp = \eta k_\perp$, 실공간과 운동량 공간에서 회전하는 전자의 폐곡선에 대한 면적은 $\pi R_\perp^2 = \eta^2 \pi k_\perp^2$ 이므로,

$$a = \left(\frac{c\hbar}{eH}\right)^2 S \tag{13.3.14}$$

의 관계가 있다. 식 (13.2.46)으로부터

$$a = \frac{2\pi\hbar c}{eH}(n+\gamma) \tag{13.3.15}$$

이므로,

$$S = \frac{2\pi eH}{c\hbar}(n+\gamma) \tag{13.3.16}$$

가 되는데, 이를 온사거 관계식(Onsager relation)이라고 한다. 포물선 모양의 에너지 분산 관계를 갖는 자유전자인 경우 $\gamma = 1/2$이다. 이는 운동량 공간에서 란다우 준위의 크기가 양자화되어 있음을 나타내고 있으며, 그림 13-7에 잘 나타나 있다.

$\vec{k} = \vec{k}_\perp + \vec{k}_z$를 자기장에 수직인 경우 $\vec{k}_\perp$와 평행한 경우 $\vec{k}_z$로 나타내면 $k^2 = k_\perp^2 + k_z^2$ 이므로, $S=\pi k_\perp^2$ 를 이용하면 자유전자의 에너지는

$$\begin{aligned}\epsilon &= \frac{\hbar^2}{2m}\left(k_\perp^2 + k_z^2\right) = \frac{\hbar^2}{2m}\left(\frac{S}{\pi} + k_z^2\right) = \frac{\hbar^2}{2m}\frac{2\pi eH}{c\hbar}(n+\gamma) + \frac{\hbar^2 k_z^2}{2m} \\ &= (n+1/2)\frac{e\hbar}{mc}H + \frac{\hbar^2 k_z^2}{2m} = (n+1/2)\beta_0 H + \frac{\hbar^2 k_z^2}{2m}\end{aligned} \tag{13.3.17}$$

이 된다. 여기에서 $\beta_0 = e\hbar/mc$로써 보어 마그네톤 $\mu_B = e\hbar/2mc$의 2배이다. 이 식을 살펴보면 z축으로는 양자화되어 있지 않지만 xy평면으로는 양자화되어 있고, 자기장에 비례한 값을 갖게 된다. 만약 금속의 페르미 운동량이 $k_F \approx 10^8$ cm^{-1}라고 한다면, $S \approx \pi \times 10^{16}$ cm^{-2}이고, 1 Tesla의 자기장에 대하여 $a = 1.368 \times 10^{-6}$ cm^{2}이 된다. 즉, 실공간에서 회전 반지름이 6.6×10^{-4} cm 정도가 되어 6.6 μm 정도가 된다. 이는 1 Tesla 자기장에서 양자 진동을 실험적으로 관측하기 위해서는 6.6 μm 정도 이내에 전자를 산란시킬 불순물이 없어야 한다.

식 (13.3.13)으로부터 n번째와 바로 이웃한 $n+1$번째 란다우 튜브의 에너지 차이, 즉 란다우 튜브의 에너지 간격은

$$\epsilon(n+1) - \epsilon(n) = \hbar\omega_c = \frac{2\pi e H}{c\hbar}\left(\frac{\partial S}{\partial \epsilon}\right)_k^{-1} \tag{13.3.18}$$

이므로,

$$[\epsilon(n+1) - \epsilon(n)]\left(\frac{\partial S}{\partial \epsilon}\right) = \frac{2\pi e H}{c\hbar}$$

$$S[\epsilon(n+1)] - S[\epsilon(n)] = \delta S = \frac{2\pi e B}{\hbar c} \tag{13.3.19}$$

식 (13.3.16) 온사거 관계식에 의해서

$$S[\epsilon(n+1)] = (n+\lambda)\delta S = (n+\lambda)\frac{2\pi e B}{\hbar c} \tag{13.3.20}$$

이 된다. 이는 강한 자기장 하에서 페르미 면이 란다우 튜브를 형성하면서 란다우 튜브의 양자 준위 차이가 자기장에 비례하게 됨을 의미한다. 란다우 튜브에서 페르미 면의 가장 큰 단면적은

$$S_{ext} = (n+\lambda)\frac{2\pi e B}{\hbar c} \tag{13.3.21}$$

로 주어지게 된다. 그림 13-9에서 자기장에 의해 란다우 준위 사이의 거리가 커짐에 따라 페르미 면에서 어떻게 양자 진동이 되는지 설명하였다. 즉, 전자 상태밀도의 변화에 의해 금속의 특성이 자기장에 의해 진동을 하게 되는데, 식 (13.3.21)을 이용하여 다음

과 같은 식을 따른다.

$$\Delta\left(\frac{1}{B}\right) = (n+\lambda)\frac{2\pi e}{\hbar c}\frac{1}{S_{ext}} \tag{13.3.22}$$

이것의 푸리에 변환을 이용하여 양자 진동의 주파수 F를 얻을 수 있다.

$$F = \frac{1}{\Delta(1/B)} = \frac{\hbar c}{2\pi e}S_{ext} \tag{13.3.23}$$

양자 진동의 주파수를 얻으면 자기장에 수직인 방향에 대해 페르미 면에서 란다우 튜브의 최대 면적 S_{ext}를 알 수 있다. 이에 따라 자기화 또는 자기저항을 고자장에서 측정하면 자기화와 전기저항의 양자 진동이 생기고, 그 양자 진동을 푸리에 변환함으로써 양자 진동의 주파수를 측정하면 페르미 면에서 란다우 튜브의 최대 면적을 알게 되고 방향에 따른 양자 진동을 측정하면 여러 방향에서 페르미 면의 형상 크기를 측정할 수 있게 된다.

그림 13-12는 양자 진동 측정의 예를 보여준다. 그림 13-12(a)의 안쪽 그림에 보면 온도에 따른 전기저항을 보여주고 있다. 온도가 감소함에 따라 전기저항이 작아지는 것은 금속의 전형적인 특성이다. 그림 13-12(a)에서 보면 자기장에 따라 전기저항을 측정하면 전기저항이 증가하다가 고자장 영역에서 전기저항이 진동하는데, 이것이 지금까지 설명한 란다우 준위에 의한 양자 진동에 의한 것이다. 그림 13-12(b)에서는 고자장 영역에서의 전기저항 ρ_{xx}(파란색, 왼쪽 축)과 홀 저항 ρ_{xy}(검은색, 오른쪽 축)을 보여준다. 홀 저항에서도 양자 진동이 보이지만, 일반적으로 전기저항에서 양자 진동이 더 명확하게 나타난다. 자기저항은 자기장에 따라 증가하므로 양자 진동이 보이지 않는 저자장 영역에서부터 외삽(extrapolation)하여 일반적인 전기저항 증가분을 빼면 그림 13-12(c)와 같이 양자 진동 부분만 그릴 수 있다. 그림 13-12(c)에서는 자기장에 대해 시료의 방향을 회전시키면서 측정한 것이다. 그림 13-12(c) 데이터를 푸리에 변환하면 각 진동의 주파수를 얻을 수 있는데, 여러 온도에서 각도에 따른 양자 진동의 주파수를 그린 것이 그림 13-12(d)이다. 이 그림에서는 2차원의 페르미 면 모델(파란색 선)보다 3차원의 페르미 면 모델(검은색 선)이 더 잘 맞고 있다.

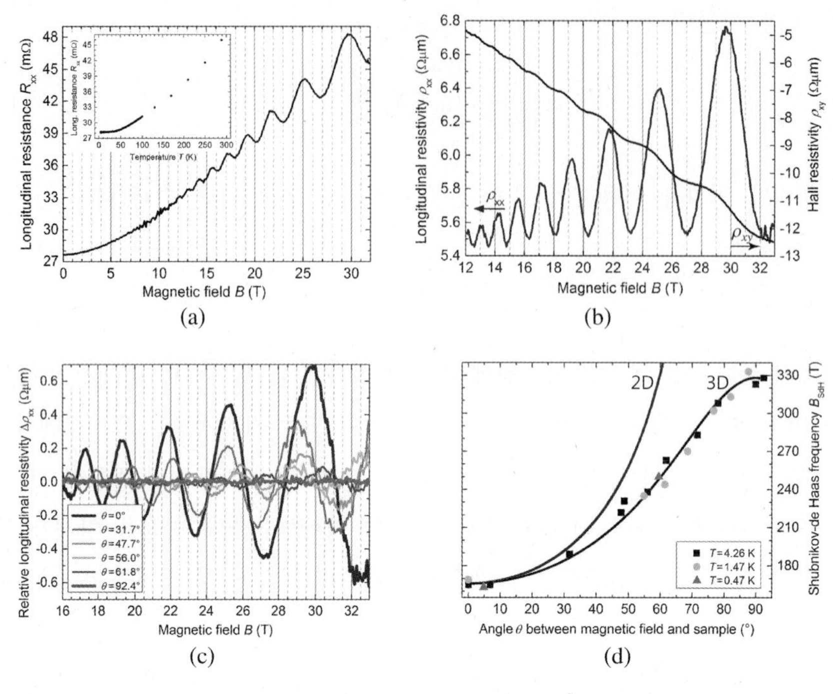

그림 13-12 Bi_2Se_3의 SdH 양자 진동[2]

시료가 자기장에 대해 회전하게 되면 란다우 튜브도 회전하게 되는데, 이는 자기장에 수직인 면을 따라 전자가 회전하기 때문에 란다우 튜브의 최대 면적도 달라지게 된다. 란다우 튜브의 최대 면적을 S_0라고 하고 θ만큼 회전시켰을 때 란다우 튜브의 최대 면적

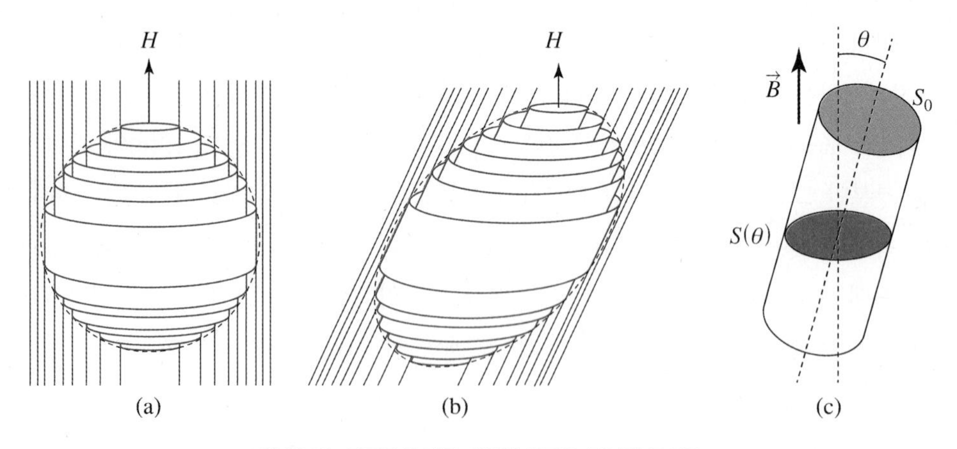

그림 13-13 자기장에 대해 회전한 란다우 튜브의 모식도

2 Sci. Rep. (8) 485 (2018)

을 $S(\theta)$라고 하면 2차원 페르미 면인 경우 각도에 대해

$$S_{2D}(\theta) = S_0/\cos\theta \tag{13.3.24}$$

가 되고, 그것의 푸리에 변환에 대한 양자 진동의 주파수도

$$F_{2D}(\theta) = F_0/\cos\theta \tag{13.3.25}$$

가 된다. 3차원의 경우 자기장에 대해 수직인 면 $S_\perp$과 수평인 면 $S_\parallel$ 성분으로 나누면 페르미 면의 최대 면적과 양자 진동의 주파수는 각각

$$S_{3D} = S_\perp S_\parallel / \sqrt{(S_\perp \cos\theta)^2 + (S_\parallel \sin\theta)^2} \tag{13.3.26}$$

$$F_{3D} = F_\perp F_\parallel / \sqrt{(F_\perp \cos\theta)^2 + (F_\parallel \sin\theta)^2} \tag{13.3.27}$$

이 된다.

실제로 란다우 준위는 온도의 영향을 받아 온도퍼짐(thermal broadening)이 발생하는데, 온도에 의한 퍼짐은 그림 13-14와 같이 $k_B T$ 정도가 되고, 양자 진동의 간격은 $\hbar\omega_c$이기 때문에 양자 진동이 일어나기 위해서는 $\hbar\omega_c \gg k_B T$ 조건이 되어야 한다. $\omega_c = eB/m^* c$이기 때문에

$$\frac{B}{T} \gg \frac{m^* c k_B}{\hbar e} \tag{13.3.28}$$

이 되어야 양자 진동이 관찰된다. 이는 양자 진동이 저온, 고자장에서 발생함을 말해준다. 또한 양자 진동이 발생되려면 로렌츠 힘에 의한 전자의 회전운동에 방해가 없어야

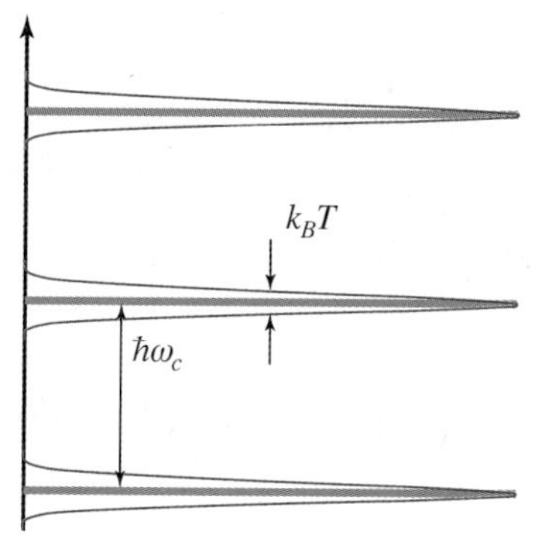

그림 13-14 양자 진동의 온도퍼짐과 간격

하는데, 회전운동 중에 불순물이나 결함에 의해 산란이 발생하게 되면 란다우 준위가 나타나지 않게 된다. 불순물에 의한 산란율은 $1/\tau$이므로, 공명주파수는 전자가 1바퀴 돌 때의 산란율보다는 커야 한다. 따라서

$$\omega_c \tau > 2\pi \tag{13.3.29}$$

조건을 만족해야 란다우 준위가 나타난다. 이것은 시료가 충분히 깨끗해서 불순물이나 결함이 적은 시료에서만 보인다는 것을 말하기 때문에, 주로 양자 진동을 측정하기 위해서는 고품질의 단결정을 사용해야 한다.

13.4 리프시츠-코세비치 이론*

리프시츠-코세비치(Lifshitz-Kosevich) 이론은 양자 진동의 온도와 스핀 감쇄(damping)에 의한 영향을 고려한 것으로써, 이 절에서는 자세한 수학적 유도는 생략하고 핵심결과와 이 이론을 이용한 실험분석방법 위주로 다루도록 한다. 리프시츠-코세비치 이론 자체를 이해하는 것도 물론 중요하겠지만, 실험 데이터를 분석하는 데 있어서는 이론적 결과만 이용해도 큰 문제가 없기 때문이다.

드 하스-반 알펜 실험에서 양자 진동을 기술하는 리프시츠-코세비치 공식은 다음과 같다.

$$M_{osc} = \sum_r \sum_i \frac{(-1)^r}{r^{3/2}} A_i \sin\left(\frac{2\pi r F_i}{B} + \beta_i\right) \tag{13.4.1}$$

여기에서 F_i는 식 (13.3.23)으로 주어지는 양자 진동의 주파수이고, β_i는 위상인자(phase factor), A_i는 신호 크기이다. 이 신호 크기는 다음과 같은 인자의 곱으로 이루어진다.

$$A_i \propto \sqrt{B} \left| \frac{\partial^2 S_i}{\partial k_\parallel^2} \right|^{-1/2} R_T R_D R_S \tag{13.4.2}$$

여기에서 $|\partial^2 S_i / \partial k_\parallel^2|$은 자기장 방향으로 페르미 면의 곡률인데, 원통형 페르미 면이라면

그 값이 작을 것이고, 2차원 평면형 페르미 면이라면 그 값이 크게 된다. 지수가 $-1/2$이므로 원통형 페르미 면일 경우 신호 크기가 크게 되고, 평면형 페르미 면이라면 신호 강도가 작게 된다.

R_T는 온도 감쇄인자(damping factor)로써 온도가 증가할수록 그 값이 작아지며, 다음과 같이 유효질량을 포함하고 있다.

$$R_T = \frac{\alpha m^* T/B}{\sinh(\alpha m^* T/B)} \tag{13.4.3}$$

여기에서 $\alpha = 2\pi^2 ck_B/e\hbar \approx 14.69$ T/K로 상수이다. 이 온도 감쇄인자를 구하는 실험적 방법은 그림 13-15(a)와 같이 양자 진동의 신호 크기를 온도에 따라 측정한 다음, 그림 13-15(b)와 같이 x축을 온도로 하고 y축을 $\ln\{A[1-\exp(-2\alpha m^* T/B)]/T\}$로 만들어 그리면 직선이 되는데, 직선의 기울기가 유효질량이 된다.

식 (13.4.2)의 R_D를 딩글 감쇄인자(Dingle damping factor)라고 하는데, 딩글 감쇄인자는 전자의 산란율과 관계가 있다. 전자의 산란은 불순물이나 결함 등과의 산란을 말한다. 딩글 감쇄인자 R_D는 다음과 같다.

$$R_D = \exp\left(-\frac{\alpha m^* T_D}{B}\right) \tag{13.4.4}$$

딩글 감쇄인자에서 미지의 물리량은 유효질량과 딩글 온도 T_D(Dingle temperature)인데, 유효질량은 온도 감쇄인자 R_T로부터 먼저 구하였기 때문에 이 식에서는 딩글 온도를

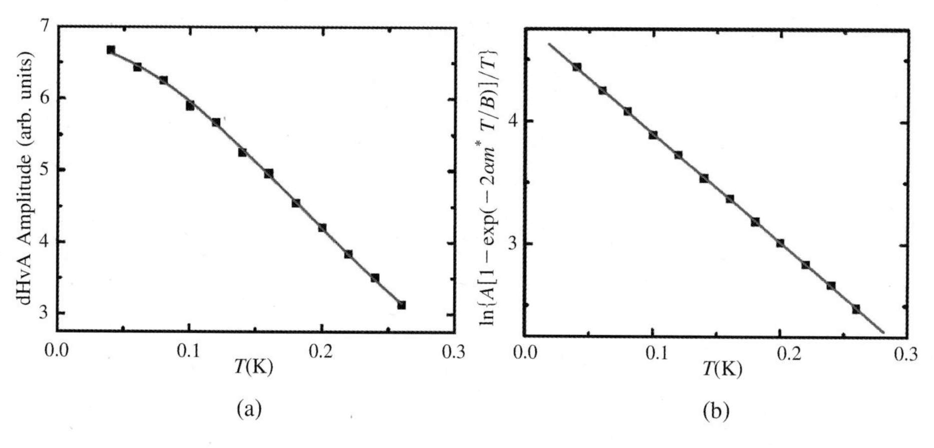

그림 13-15 온도 감쇄인자에 의한 유효질량 계산

구할 수 있다. 딩글 온도는

$$T_D = \frac{\hbar}{2\pi k_B}\frac{1}{\tau} \tag{13.4.5}$$

로써, $\hbar$는 Js의 단위를, k_B는 J/K의 단위를 갖고, τ는 완화시간으로서, T_D의 단위가 온도이기 때문에 딩글 온도라고 불린다. $1/\tau$가 산란율이기 때문에 딩글 온도는 산란율이 높을수록 높다. 딩글 온도 자체가 물리적 의미를 갖는다기보다는 딩글 온도가 평균 자유행로와 다음과 같이 관련되기 때문에 딩글 온도를 통해서 평균 자유행로 l을 구할 수 있다는 점이 더 중요하다.

$$l = \frac{\hbar^2 k_F}{2\pi k_B m^* T_D} \tag{13.4.6}$$

페르미 운동량 k_F는 $k_F = (3\pi^2 n)^{1/3}$로 얻을 수 있기 때문에, 전류밀도를 측정함으로써 계산할 수 있다. 딩글 온도는 양자 진동의 자기장의 의존성을 측정함으로써 구할 수 있다.

$$A(B) \propto B^{-1/2}\frac{\exp(-\alpha m^* T_D/B)}{\sinh(\alpha m^* T_D/B)} \tag{13.4.7}$$

을 이용해서 그림 13-16과 같이 x축을 $1/B$로, y축을 $\ln[AB^{1/2}\sinh(-\alpha m^* T_D/B)]$로 그리면,

$$\ln[AB^{1/2}\sinh(-\alpha m^* T_D/B)] = C - \alpha m^* T_D/B \tag{13.4.8}$$

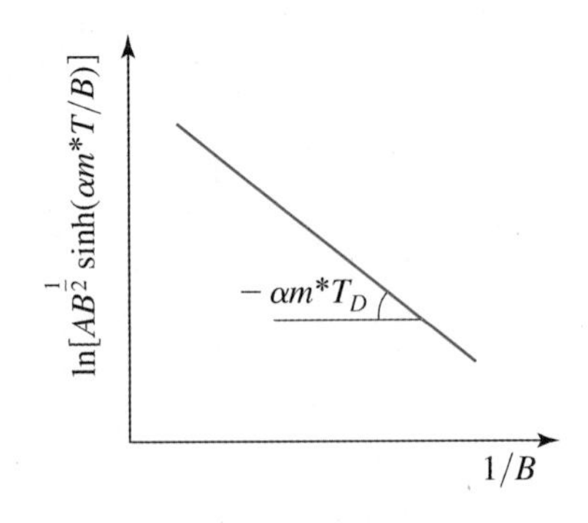

그림 13-16 딩글 감쇄인자에 의한 딩글 온도의 계산

이 되어서 기울기가 $-\alpha m^* T_D$가 되어 딩글 온도 T_D를 구할 수 있다.

다음으로 스핀 감쇄인자 R_S가 있다. 이는 스핀이 있는 물질에서

$$R_S = \cos(\pi grm^*/2m_0) \tag{13.4.9}$$

로 주어지는 인자인데, 여기에서 g는 랑데 지 인자(Landé g-factor)이고 r은 조화 수(harmonic number)로써, 식 (13.4.1)에서 초기 r에 대한 합에 적용되는 수이다. 이 스핀 감쇄인자는

$$grm^*/m_0 = 1 + 2n \tag{13.4.10}$$

일 때 양자 진동의 진폭이 0이 된다. 스핀 감쇄인자를 측정하는 방법은 각도를 바꿔가면서 온도 감쇄인자를 측정하여 유효질량의 각도 의존성 $m(\theta)$를 측정하고 식 (13.4.10)을 만족하는 양자 진동의 진폭이 0이 되는 조건을 이용하면 랑데 지 인자 g를 구할 수 있다. 랑데 지 인자는 다음과 같이 주어지므로,

$$g_J = g_L \frac{J(J+1) - S(S+1) + L(L+1)}{2J(J+1)} + g_S \frac{J(J+1) + S(S+1) - L(L+1)}{2J(J+1)} \tag{13.4.11}$$

이론적으로 계산한 랑데 지 인자와 맞춰봄으로써, 궤도 각운동량 L, 스핀 각운동량 S, 총 각운동량 J를 추산할 수 있다.

그림 13-17은 실제 GdB4 단결정 시료의 양자 진동 측정 데이터이다. 자기화를 측정한 다음 배경을 제거하고 x축을 $1/H$로 하여 양자 진동 부분을 그리면 그림 13-17(a)와 같이 그릴 수 있다. 이때 자기화의 양자 진동은 여러 온도에서 측정한다. 이를 수학적 푸리에 변환을 하면 그림 13-17(b)와 같이 몇몇 피크가 관찰되는데, 각 피크들은 닫힌 페르미 면에 해당한다. 이때, 어떤 페르미 면이 어느 피크에 해당하는지는 이론적 도움을 받아야 한다. 제일원리 계산 등으로부터 페르미 면을 계산하고 각 밴드에 대해 페르미 면을 그리면 그림 13-18과 같다. 모든 밴드에 대해 한꺼번에 그리면 페르미 면을 분석하는 데 혼란스러워서 각 밴드별로 페르미 면을 나누어 그렸다. 실험에서 측정된 F값을 이용하여 페르미 면의 최대 면적을 계산하고 이론적 페르미 면과 비교하면 각 피크가 어느 밴드에서 나오는지를 구별할 수 있다. 여기에서 2α는 α밴드의 제2 조화 피크(second harmonic peak)이다.

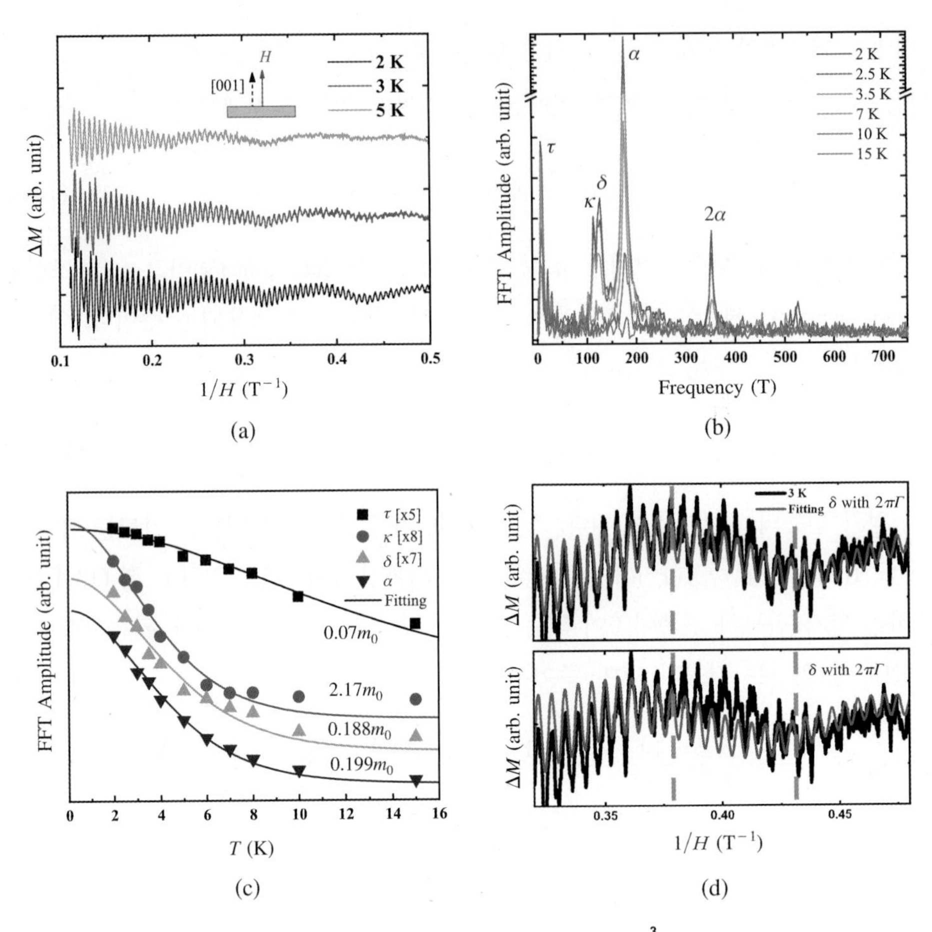

그림 13-17 GdB_4의 양자 진동 측정 및 분석[3]

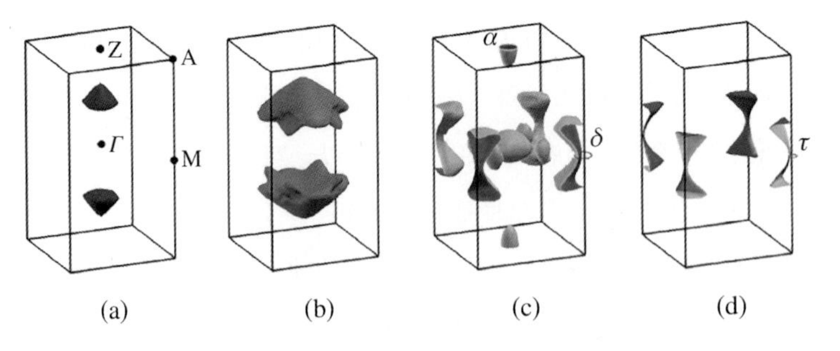

그림 13-18 GdB_4의 각 밴드별 이론적 페르미 면 계산

3 W. Shon et al. Mater. Today Phys. (11) 100168 (2019)

그림 13-17(b)를 보면 온도가 증가함에 따라 FFT 크기가 줄어드는 것을 알 수 있다. 이는 온도 감쇄효과 때문인데, 그림 13-15와 같은 분석방법을 거쳐서 온도에 따른 FFT 크기를 맞춤하여 유효질량을 계산할 수 있다. 그림 13-17(c)에서는 그대로 리프시츠-코세비치 이론을 맞춤한 것이 선분으로 표시되어 있다. (d) 그림은 추가적으로 식 (13.4.1)의 위상인자로써 위상학적 베리 위상이 있는지를 검토한 것인데, 실험 데이터를 식 (13.4.1)에 의해 맞춤하여 보면 베리 위상 $2\pi\Gamma$가 있을 때 진동 주기에 더 잘 맞는 것을 확인함으로써, 베리 위상이 존재함을 간접적으로 증명할 수 있다.

CHAPTER 14

전자의 상호작용*

지금까지는 전자의 상호작용을 생각하지 않고 자유전자 이론에 기반하여 금속의 전기적 특성을 다루었다. 그러나 실제 고체에서는 전자와 전자, 전자와 포논, 전자와 스핀 등 다양한 상호작용을 하고 있고, 불순물이나 결함 등에 의해 산란을 하는 등 매우 복잡한 상호작용을 하게 된다. 사실 현대 고체물리학이 하는 일 중에 대부분의 일이 전자의 상호작용과 그에 따른 새로운 현상을 관찰하는 일이라고 해도 과언이 아니다. 실제로 전자의 상호작용이 극대화된 물리학의 한 영역을 강상관전자계(strongly correlated system)라고 한다. 즉, 전자의 상호작용을 모두 다룬다고 하는 것은 현대 고체물리학 전체를 다루는 일이라 이 책의 범위를 넘어서는 것이고, 이 장에서는 상호작용의 근본 원인을 이해하는 범위에 한정한다. 그리고 14.2절의 범밀도 함수 이론은 에너지 밴드를 계산하는 실질적인 방법이라 10장 에너지 밴드 부분에서 다루어져야 할 것이었지만, 범밀도 함수 이론 자체가 전자-전자 상호작용을 포함하고 있는 이론이라 부득이하게 이 장에 포함시켰다.

전자의 상호작용의 중요한 이론 중 하나는 란다우의 페르미 액체 이론(Fermi liquid theory)이다. 지금까지 다루었던 페르미 기체는 단일전자 근사를 사용하였다. 이는 전자가 매우 많은 금속의 경우 전자들 사이의 쿨롱 상호작용이 평균적으로 상쇄되어 단일전자로 취급해도 되었기 때문이다. 마치 많은 사람들이 모인 군중에서는 상호작용이 작은 것과 같다. 그러나 전자들끼리 상호작용이 강해지면 기체처럼 다루었던 전자를 액체처럼 다룰 수 있는데, 이것이 페르미 액체 이론의 기본적인 아이디어이다. 많은 금속이 페르미 액체 이론을 따르지만 페르미 액체 이론을 설명하기 위해서는 양자장론에서 다루는 수학을 사용하기 때문에 이 장의 수준을 넘어선다.

이 장에서는 보른·오펜하이머 근사를 사용하는데, 보른·오펜하이머 근사에서는 원자핵은 멈추어 있고 그 주위를 전자가 움직이는 통상적인 근사이다. 이는 전자의 질량은 양성자의 질량보다 1800배 정도 작고, 양성자와 중성자가 많이 있는 원소에서는 원자핵의 질량에 비해 수천 배 이상 작기 때문에 질량 중심이 원자핵에 있기 때문에 정당한 근사이다.

14.1 하트리와 하트리·폭 이론

하트리(Hartree) 이론은 단일입자의 슈뢰딩거 방정식을 N개의 전자가 있는 원자에서 이온과 전자의 퍼텐셜을 고려한 이론으로 변형시킨 것이다. 단일입자의 슈뢰딩거 방정식은

$$-\frac{\hbar^2}{2m}\nabla^2\psi(\vec{r}) + U(\vec{r})\psi(\vec{r}) = \epsilon\psi(\vec{r}) \tag{14.1.1}$$

로 주어지는데, 하트리 이론은 다음과 같이 N개의 전자와 원자와의 상호작용을 고려한다.

$$H\Psi = \sum_{i=1}^{N}\left(-\frac{\hbar^2}{2m}\nabla_i^2\Psi - Ze^2\sum_R \frac{1}{|\vec{r_i} - \vec{R}|}\Psi\right) + \frac{1}{2}\sum_{i \neq j}\frac{e^2}{|\vec{r_i} - \vec{r_j}|}\Psi = E\Psi \tag{14.1.2}$$

여기에서 원자 전체를 기술하는 고윳값과 파동함수는 각각 E와 Ψ이고, 첫째 항은 운동에너지, 둘째 항은 원자와 전자와의 쿨롱 상호작용, 셋째 항은 전자들끼리의 상호작용이다. 전자들의 상호작용 앞에 1/2이 붙은 이유는 전자 i와 j, j와 i의 중복 계산을 제거하기 위함이다. 전자-원자의 상호작용에서 $\sum_R$은 브라베 격자에 대한 합으로써 모든 원자들과 전자에 대한 합을 모두 고려하게 된다. 그러나 현실적으로 모든 원자와 전자에 대해서 슈뢰딩거 방정식을 푼다는 것은 불가능하다. 그래서 전자 또는 원자에 대해서 각각의 쿨롱 상호작용을 모두 각각 고려하는 것이 아니라 이온의 퍼텐셜, 전자의 퍼텐셜

등을 평균적인 유효 퍼텐셜로 대치하여 슈뢰딩거 방정식을 푸는 방법이 제시되었는데, 그것이 하트리 방정식이다.

즉, 하트리 방정식에서 이온의 퍼텐셜은

$$U^{ion}(\vec{r}) = -Ze^2 \sum_R \frac{1}{|\vec{r} - \vec{R}|} \tag{14.1.3}$$

으로, 전자의 퍼텐셜은

$$U^{el}(\vec{r}) = +e \int d\vec{r'} \frac{\rho(\vec{r'})}{|\vec{r} - \vec{r'}|} \tag{14.1.4}$$

로 정의하여 슈뢰딩거 방정식을 다시 구성할 수 있다. 여기에서 $\rho(\vec{r})$은 전자들의 전하 밀도로써,

$$\rho(\vec{r}) = -e \sum_i |\psi_i(\vec{r})|^2 \tag{14.1.5}$$

로 주어진다. 그러면 슈뢰딩거 방정식은

$$-\frac{\hbar^2}{2m} \nabla^2 \psi_i(\vec{r}) + U^{ion}(\vec{r})\psi_i(\vec{r}) + \left[e^2 \sum_j \int d\vec{r'} \psi_j(\vec{r'}) \frac{1}{|\vec{r} - \vec{r'}|} \right] \psi_i(\vec{r}) = \epsilon_i \psi_i(\vec{r}) \tag{14.1.6}$$

이 되는데, 이를 하트리 방정식이라고 한다. 이 방정식은 i번째 전자에 대한 슈뢰딩거 방정식으로써, 대괄호 안에 있는 것은 i와 j 전자와의 상호작용이다. i번째 전자로 국한시킴으로써 이중 계산은 제거되기 때문에 1/2은 사라졌다. 주목해야 할 점은 이 방정식의 고유벡터는 ψ_i인데, 이를 계산하기 위해서 i와 j 전자와의 상호작용에서 ψ_j가 필요하다는 점이다. 고유벡터를 구하기 위해서 ψ_j가 필요하다는 점은 마치 닭과 달걀의 문제와 같이 순환논점에 빠지게 된다. 따라서 이 문제를 해결하기 위해서는 처음의 시작이 되는 ψ_j를 어림하여 넣어줄 필요가 있다. 이를 시험함수(trial function)라고 한다.

즉, 이 하트리 방정식을 푸는 방법은 다음과 같다.

① ψ_j를 어림하여 시험함수로 넣고 하트리 방정식 (14.1.6)을 푼다.

② 하트리 방정식을 풀어서 고유함수 ψ_i를 구한다.

③ 계산된 고유함수 ψ_i를 다시 ψ_j 자리에 집어넣어 하트리 방정식을 다시 푼다.

④ 이 과정을 전자의 퍼텐셜 항이 수렴할 때까지 반복하여 최종적으로 수렴된 고유함

수 ψ_i와 고윳값 ϵ_i를 구한다.

이 과정은 컴퓨터를 통해 이루어지기 때문에 수많은 반복 계산을 수행함으로써 올바른 해를 구할 수 있다. 이를 자기충족적 순환 방법(self-consistent iteration method)이라고 한다.

하트리 방정식은 단일전자 문제를 다원자 문제로 환원시키는 매우 효율적인 방법에는 틀림없지만, 전자들의 파울리 배타원리를 고려하지 않고 있다. 알고 있다시피 전자는 페르미온으로써 한 양자상태에 스핀 업과 다운 두 양자상태의 점유가 가능하다. 전자의 스핀을 고려하는 것과 고려하지 않는 것에는 큰 차이가 있다. 전자의 스핀을 고려하지 않는다면 물질의 자기적 상호작용을 알 수 있는 방법이 전혀 없다. 하트리·폭(Hartree-Fock) 방정식은 하트리 방정식에 전자의 스핀, 즉 교환 상호작용을 고려한 이론이다. 하트리·폭 방정식에서 전자의 스핀 교환 상호작용을 고려하는 방법은 다음과 같이 파동함수의 판별식을 사용하는 것이다.

$$\Psi(\overrightarrow{r_1}s_1,\ \overrightarrow{r_2}s_2,\ \cdots,\ \overrightarrow{r_N}s_N)=\begin{vmatrix} \psi_1(\overrightarrow{r_1}s_1) & \psi_1(\overrightarrow{r_2}s_2) & \cdots & \psi_1(\overrightarrow{r_N}s_N) \\ \psi_2(\overrightarrow{r_1}s_1) & \psi_2(\overrightarrow{r_2}s_2) & \cdots & \psi_2(\overrightarrow{r_N}s_N) \\ \cdots & \cdots & \cdots & \cdots \\ \psi_N(\overrightarrow{r_1}s_1) & \psi_N(\overrightarrow{r_2}s_2) & \cdots & \psi_N(\overrightarrow{r_N}s_N) \end{vmatrix}$$

$$=\psi_1(\overrightarrow{r_1}s_1)\psi_2(\overrightarrow{r_2}s_2)\cdots\psi_N(\overrightarrow{r_N}s_N)-\psi_1(\overrightarrow{r_2}s_2)\psi_2(\overrightarrow{r_1}s_1)\cdots\psi_N(\overrightarrow{r_N}s_N)+\cdots \tag{14.1.7}$$

이를 슬레이터 행렬식(Slater determinant)이라고 한다. 슬레이터 행렬식은 전자 파동함수의 반대칭 특성을 잘 표현할 수 있는 좋은 방법이라 할 수 있다. 슬레이터 행렬식 자체로는 파동함수를 직접 구할 수는 없다. 파동함수의 고유함수를 구하기 위해서는 위에서 설명한 하트리 방정식을 푸는 방법과 같이 순환방법을 사용해야 한다. 다만 하트리 방정식에서 파울리 배타원리를 고려한 항을 고려해주는 것이 하트리·폭 방정식이다.

$$\begin{aligned}\langle H\rangle_\Psi &= \sum_i \int d\vec{r}\psi_i^*(\vec{r})\left(-\frac{\hbar^2}{2m}\nabla^2+U^{ion}(\vec{r})\right)\psi_i(\vec{r}) \\ &+\frac{1}{2}\sum_{i\neq j}\int d\vec{r}d\vec{r'}\frac{e^2}{|\vec{r}-\vec{r'}|}|\psi_i(\vec{r})|^2|\psi_j(\vec{r})|^2 \\ &-\frac{1}{2}\sum_{i\neq j}\int d\vec{r}d\vec{r'}\frac{e^2}{|\vec{r}-\vec{r'}|}\delta_{s_i,s_j}\psi_i^*(\vec{r})\psi_i(\vec{r'})\psi_j^*(\vec{r'})\psi_j(\vec{r})\end{aligned} \tag{14.1.8}$$

첫째 항은 운동에너지와 전자-이온 상호작용 항이다. 둘째 항은 전자-전자 상호작용이다. 셋째 항이 파울리 배타원리를 고려한 항으로써 같은 스핀이 같은 양자상태를 점유하지 못하기 때문에 크로네커 델타 δ_{s_i, s_j}가 들어가 있고 음수로 되어 있다. 식 (14.1.6)의 수정 버전인 하트리·폭 방정식은 다음과 같다.

$$-\frac{\hbar^2}{2m}\nabla^2\psi_i(\vec{r}) + U^{ion}(\vec{r})\psi_i(\vec{r}) + U^{el}(\vec{r})\psi_i(\vec{r})$$

$$-\sum_j \int d\vec{r'}\,\psi_j^*(\vec{r'})\psi_j(\vec{r})\frac{e^2}{|\vec{r}-\vec{r'}|}\psi_i(\vec{r'})\delta_{s_i s_j} = \epsilon_i\psi_i(\vec{r}) \qquad (14.1.9)$$

여기에서 셋째 항이 파울리 배타원리에 의한 교환 상호작용 항이다.

하트리·폭 방정식을 자유전자 모델에 적용해보자. 전자와 원자가 많은 경우 전자끼리의 쿨롱 에너지도, 전자와 이온의 상호작용도 균일하게 작용하기 때문에 평균적으로 서로 상쇄되어 0이 된다고 생각할 수 있다($U^{el} + U^{ion} = 0$). 이를 젤륨 모델(Jellium model)이라고 한다. 그러면 식 (14.1.9)에서 전자와 이온의 퍼텐셜 항은 고려하지 않아도 되고, 셋째 항 교환 상호작용만 살아남는다. 스핀함수 χ를 고려한 자유전자의 파동함수는

$$\psi_i(\vec{r}) = \frac{1}{\sqrt{V}}e^{i\vec{k_i}\cdot\vec{r}}\chi \qquad (14.1.10)$$

이 된다. 쿨롱 상호작용을 푸리에 변환하면

$$\frac{e^2}{|\vec{r}-\vec{r'}|} = 4\pi e^2\int\frac{d\vec{k}}{(2\pi)^3}\frac{1}{k^2}e^{i\vec{k}\cdot(\vec{r}-\vec{r'})} \qquad (14.1.11)$$

로 쓸 수 있다. 이를 하트리·폭 방정식에 대입하면

$$\begin{aligned}
&\epsilon_i\psi_i(\vec{r}) \\
&= \frac{\hbar^2k^2}{2m}\psi_i(\vec{r}) - \sum_j\int d\vec{r'}\int\frac{d\vec{k'}}{(2\pi)^3}\frac{4\pi e^2}{|\vec{k}-\vec{k'}|^2}e^{i(\vec{k}-\vec{k'})\cdot(\vec{r}-\vec{r'})}\psi_j^*(\vec{r'})\psi_j(\vec{r})\psi_i(\vec{r'}) \\
&= \frac{\hbar^2k^2}{2m}\psi_i(\vec{r}) - \int_{k'<k_F}\frac{d\vec{k'}}{(2\pi)^3}\frac{4\pi e^2}{|\vec{k}-\vec{k'}|^2}\psi_i(\vec{r}) \qquad (14.1.12)
\end{aligned}$$

이다. 여기에서 $\sum_j\int d\vec{r'}$에 대해 지수함수를 포함한 $\exp(\cdots)\psi_j^*\psi_j$ 부분은 직교화에 의해서 $\vec{r}=\vec{r'}$일 때만 살아남고 나머지는 0이 되는 사실을 이용하였다. 이 식을 계산하여

에너지 고윳값을 정리하면,

$$\epsilon_i(\vec{k}) = \frac{\hbar^2 k^2}{2m} - \frac{2e^2}{\pi} k_F F\left(\frac{k}{k_F}\right) \tag{14.1.13}$$

이 되는데, $F(x)$는 린드하드 함수(Lindhard function)라고 하여 다음과 같이 주어진다.

$$F(x) = \frac{1}{2} + \frac{1-x^2}{4x} \ln\left|\frac{1+x}{1-x}\right| \tag{14.1.14}$$

식 (14.1.13)에서 린드하드 함수 부분은 교환 상호작용에 의한 항이다. 린드하드 함수를 적용하여 N개의 전자계에 대한 총에너지를 정리하면 다음과 같다.

$$\begin{aligned} E &= 2\sum_{k<k_F} \frac{\hbar^2 k^2}{2m} - \frac{e^2 k_F}{\pi} \sum_{k<k_F} \left[1 + \frac{1-(k/k_F)^2}{2(k/k_F)} \ln\left|\frac{1+(k/k_F)}{1-(k/k_F)}\right|\right] \\ &= 2\sum_{k<k_F} \frac{\hbar^2 k^2}{2m} - \frac{e^2 k_F}{\pi} \sum_{k<k_F} \left[1 + \frac{k_F^2 - k^2}{2kk_F} \ln\left|\frac{k_F+k}{k_F-k}\right|\right] \end{aligned} \tag{14.1.15}$$

여기에서 2를 곱한 것은 스핀이 업/다운으로 2개의 중첩이 있기 때문이다. 교환 상호작용 항에서는 이중 계산이 없으므로 1/2이 그대로 살아있는 상태에서 스핀 중첩 2가 곱해져서 1이 되었다. 첫째 항 운동에너지 부분을 계산해보면

$$\begin{aligned} 2\sum_{k<k_F} \frac{\hbar^2 k^2}{2m} &= \frac{V}{4\pi^3} \int_{k<k_F} d\vec{k} \frac{\hbar^2 k^2}{2m} = \frac{V}{4\pi^3} \int_0^{k_F} dk 4\pi \frac{\hbar^2 k^4}{2m} \\ &= \frac{V}{\pi^2} \frac{\hbar^2 k_F^5}{10m} = N \frac{3\hbar^2 k_F^2}{10m} = \frac{3}{5} \epsilon_F N \end{aligned} \tag{14.1.16}$$

이 되는데, 여기에서 페르미 구 안에 있는 양자상태는 모두 N개가 된다는 다음의 식을 이용하였다.

$$2\left(\frac{4}{3}\pi k_F^3\right) \frac{V}{(2\pi)^3} = \frac{k_F^3 V}{3\pi^2} = N \tag{14.1.17}$$

$$\epsilon_F = \frac{\hbar^2 k_F^2}{2m}$$

교환 상호작용 부분도 계산결과를 함께 정리하여 쓰면, 총에너지는

$$E = N\left[\frac{3}{5}\epsilon_F - \frac{3}{4}\frac{e^2 k_F}{\pi}\right] \tag{14.1.18}$$

이 된다.

14.2 범밀도 함수 이론

범밀도 함수 이론(density functional theory)은 전자구조를 계산하는 매우 막강하면서도 실질적인 방법이다. 일반적으로 물질의 전자상태를 정확히 알려면 슈뢰딩거 방정식을 푸는 것이 가장 정확한 방법이다. 그러나 고체 안에는 원자와 전자가 무수히 많으며, 이를 슈뢰딩거 방정식으로 푸는 것은 거의 불가능하다. 범밀도 함수 이론은 슈뢰딩거 방정식을 기반으로 보른·오펜하이머 근사와 변분방법을 이용한 것이다. 슈뢰딩거 방정식은 전자를 단일입자로 다루지만, 범밀도 함수 이론에서는 전자의 덩어리, 즉 전하밀도의 함수로 다루게 된다. 개개의 전자를 다루지 않고 전자들의 집단인 전하밀도의 함수로 다루는 개념은 혁신적이다.

범밀도 함수 이론은 호헨버그(Pierre Hohenberg)와 콘(Walter Kohn)이 개발하였다. 호헨버그·콘 정리(Hohenberg-Kohn theorem)는 전자밀도가 다전자 파동함수의 모든 정보를 포함하고 있다는 가정에서부터 출발한다. 왜냐하면 양자역학적으로 전자밀도는 다음과 같이 파동함수의 기댓값으로 표현할 수 있기 때문에,

$$\begin{aligned} n(\vec{r}) &= \left\langle \Psi \middle| \sum_{i=1}^{N} \delta(\vec{r} - \vec{R_i}) \middle| \Psi \right\rangle \\ &= N\int d\vec{r_1} \cdots d\vec{r_N} \Psi^*(\vec{r_1}, \vec{r_2}, \cdots, \vec{r_N})\delta(\vec{r} - \vec{r_1})\Psi(\vec{r_1}, \vec{r_2}, \cdots, \vec{r_N}) \end{aligned} \tag{14.2.1}$$

다전자계의 바닥상태의 밀도를 알면 전자가 위치해 있는 곳의 퍼텐셜도 유도할 수 있다는 것이다. 이는 다른 말로, 외부 퍼텐셜 U와 전자수가 전자밀도를 결정짓는다는 것을 다음과 같은 방식으로 증명할 수 있다(귀류법).

먼저, 이 가정이 거짓이라고 가정하자. 같은 전하밀도를 주는 2개의 퍼텐셜 U_1과 U_2가 있다고 가정하자. 그러면 각각의 퍼텐셜에 대해 2개의 해밀토니안 H_1과 H_2, 파동함

수 Ψ_1과 Ψ_2가 존재할 것이다. 2개의 해밀토니안의 바닥상태가 축퇴되지 않았다고 가정하면

$$\epsilon_1 = \langle \Psi_1 | H_1 | \Psi_1 \rangle < \langle \Psi_2 | H_1 | \Psi_2 \rangle \tag{14.2.2}$$

가 될 것이다. 왜냐하면 Ψ_2는 H_1의 바닥상태가 아니기 때문에 H_1에 대해 Ψ_2로 기댓값을 취하면 Ψ_1으로 한 것보다 큰 에너지를 갖게 되기 때문이다. 이를 이용하면,

$$\epsilon_1 < \langle \Psi_2 | H_2 | \Psi_2 \rangle + \langle \Psi_2 | (H_1 - H_2) | \Psi_2 \rangle = \epsilon_2 + \int d\vec{r} n(\vec{r}) [U_1(\vec{r}) - U_2(\vec{r})] \tag{14.2.3}$$

이 되고, 같은 방식으로 하면

$$\epsilon_2 < \epsilon_1 + \int d\vec{r} n(\vec{r}) [U_2(\vec{r}) - U_1(\vec{r})] \tag{14.2.4}$$

이 된다. 그러면 $\epsilon_1 + \epsilon_2 < \epsilon_1 + \epsilon_2$가 된다는 것인데, 이는 모순이다. 그러므로 $U_1 = U_2$가 되어야 한다.

전하밀도 $n(\vec{r})$이 주어지면, 퍼텐셜 U는 슈뢰딩거 방정식을 따르도록 유도되어야 한다. 그래서 에너지를 전하밀도의 함수라고 가정하자.

$$\epsilon[n(\vec{r})] = T[n(\vec{r})] + U[n(\vec{r})] + U_{ee}[n(\vec{r})] \tag{14.2.5}$$

여기에서 $\epsilon[n(\vec{r})]$은 에너지 함수, $T[n(\vec{r})]$는 운동에너지 함수, $U[n(\vec{r})]$는 이온에 의한 퍼텐셜 함수, $U_{ee}[n(\vec{r})]$는 전자들끼리의 쿨롱 상호작용이다. 전체 전자수는 $n(\vec{r})$을 적분하여 얻을 수 있다.

$$N = \int d\vec{r} n(\vec{r}) \tag{14.2.6}$$

콘과 샴(Lu Jeu Sham, 沈呂九)은 호헨버그·콘 정리를 바탕으로 실제로 슈뢰딩거 방정식을 전자밀도의 함수로 푸는 방법을 개발하였는데, 그것이 콘·샴 방정식이다. 하트리·폭 방정식에서 N개의 단일 파동함수 $\psi_i(\vec{r})$을 쓰는 대신에 전자밀도

$$n(\vec{r}) = \sum_{i=1}^{N} |\psi_i(\vec{r})|^2$$

으로 슈뢰딩거 방정식을 고친 것이다. 그러면 운동에너지 함수는

$$T[n(\vec{r})] = \sum_i \frac{\hbar^2}{2m}(\nabla \psi_i)^2 \tag{14.2.7}$$

이고, 슈뢰딩거 방정식은 다음과 같이 된다.

$$-\frac{\hbar^2}{2m}\nabla^2\psi_i(\vec{r}) + \left[U(\vec{r}) + \int d\vec{r'}\frac{e^2 n(\vec{r'})}{|\vec{r}-\vec{r'}|} + \frac{\partial\epsilon_{ex}(n)}{\partial n}\right] = \epsilon_i\psi_i(\vec{r}) \tag{14.2.8}$$

여기에서 ϵ_{ex}는 균일한 전자기체의 교환 상호작용 에너지이고, $\partial\epsilon_{ex}/\partial n$은 전하밀도에 대한 에너지의 변화이므로, 교환 상호작용 에너지에 의한 화학적 퍼텐셜이다. ϵ_{ex}를 어떻게 선택할지가 관건인데, 이는 임의로 어떤 값을 대충 넣고 방정식이 수렴할 때까지 반복 계산하는 순환 방법을 사용해야 한다.

하트리·폭 방정식에서 교환 에너지 항은 식 (14.1.18)에서와 같이 $-3Ne^2k_F/4\pi$이고, 식 (14.1.17)을 이용하여

$$Nk_F = \frac{Vk_F^4}{3\pi^2} = \frac{V}{3\pi^2}(3\pi^2 n)^{4/3}$$

$$\epsilon_{ex} = -\int d\vec{r}\frac{3Ne^2k_F}{4\pi} = -\int d\vec{r}\frac{3e^2}{4\pi}(3\pi^2)^{1/3}n^{4/3} = -\int d\vec{r}\frac{3}{4}\left(\frac{3}{\pi}\right)^{1/3}e^2 n^{4/3}(\vec{r}) \tag{14.2.9}$$

$$\frac{\partial\epsilon_{ex}}{\partial n} = -e^2\left(\frac{3}{\pi}\right)^{1/3}n^{1/3}(\vec{r}) \tag{14.2.10}$$

을 얻는다. 이를 식 (14.2.8)에 대입하면

$$-\frac{\hbar^2}{2m}\nabla^2\psi_i(\vec{r}) + \left[U(\vec{r}) + \int d\vec{r'}\frac{e^2 n(\vec{r'})}{|\vec{r}-\vec{r'}|} - e^2\left(\frac{3n(\vec{r})}{\pi}\right)^{1/3}\right] = \epsilon_i\psi_i(\vec{r}) \tag{14.2.11}$$

이 되는데, 이 식을 국소 밀도 근사(local density approximation, LDA)라고 한다. 그래서 범밀도 함수 이론을 푸는 방법을 DFT 방법 또는 LDA 계산이라고도 한다. 이 LDA 계산을 하는 방법은 하트리·폭 방법을 푸는 방법과 유사하다. 먼저 (정확하지는 않지만) 임의의 밀도함수를 정의하고 식 (14.2.11)에 넣어 슈뢰딩거 방정식을 푼다. 그렇게 얻어진 함수 ψ_i를 이용하여 밀도함수를 다시 계산하고 이를 다시 식에 넣어 계산하는 방법을 계속 수행함으로써 수렴하는 함수 ψ_i와 고윳값 ϵ_i를 얻어내는 방식이다.

이 방법으로 콘은 1998년 노벨화학상을 받았다. 최근 DFT 또는 LDA 계산을 사용하는 다양한 소프트웨어 패키지가 있다. 이 소스코드를 받아서 자신에 맞는 계산으로 수정하거나, 클라우드 컴퓨팅 방식으로 LDA 계산을 제공하는 업체도 있어서 에너지 밴드 계산을 예전보다는 비교적 수월하게 접근할 수 있다.

14.3 전자-포논 상호작용: 전하밀도파와 폴라론

14.3.1 전하밀도파

전자-포논 상호작용에 의해 나타나는 현상으로는 전하밀도파(charge density wave, CDW), 폴라론(Polaron), 그리고 초전도 등이 있다. 초전도는 이후 별개의 장으로 다룰 것이기 때문에 여기에서는 전하밀도파와 폴라론을 간략히 다루고자 한다.

전하밀도파는 저차원에서 전자와 포논의 강한 상호작용이 있을 때 규칙적 격자배열이 에너지적으로 불안정해져서 초격자를 형성하게 되고, 이로 인해 에너지 밴드 갭이 생기는 현상을 말한다. 그림 14-1(a)와 같이 규칙적으로 배열된 1차원 격자를 생각해보자. 이것의 에너지 분산관계는 잘 알다시피 그림 14-1(b)와 같이 $\pm\pi/a$의 브릴루앙 영역 안에서 포물선 모양을 하게 된다. 이것을 양자역학으로 기술하면 해밀토니안은 규칙적 경계조건을 갖게 되어 퍼텐셜은 $V(x+a)=V(x)$가 된다.

$$H = H_0 + V = \frac{\hbar^2 k^2}{2m} + V(x) \tag{14.3.1}$$

양자역학의 섭동 이론(perturbation theory)을 이용하면 섭동이 없는 운동에너지에 대한 에너지 고윳값과 고유벡터는 다음과 같다.

$$H_0 |k\rangle_0 = E_0 |k\rangle_0$$
$$E_0 = \frac{\hbar^2 k^2}{2m},\ |k\rangle_0 = \frac{1}{\sqrt{L}} e^{ikx} \tag{14.3.2}$$

여기에서 $k = 2\pi n/L$이다. 퍼텐셜을 섭동적으로 취급하면 제1 섭동항 퍼텐셜은

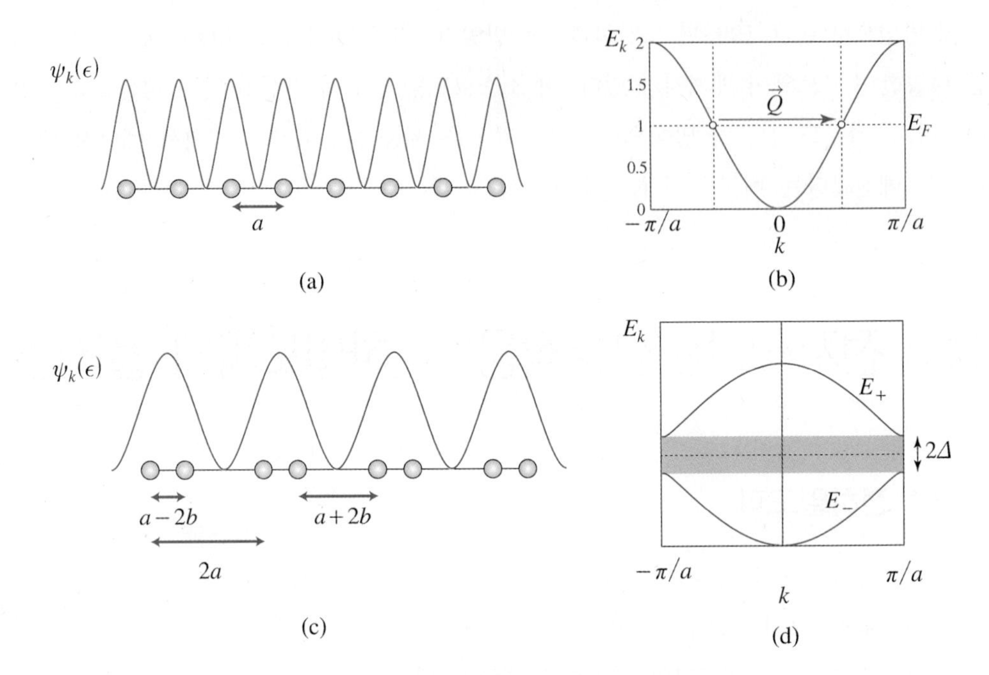

그림 14-1 (a) 규칙적으로 배열된 1차원 격자와 (b) 에너지 분산 및 (c) 파이얼스 왜곡에 의한 격자왜곡된 격자와 (d) 에너지 분산

$$V_{k-k'} = {}^{(0)}\langle k'|V|k\rangle^{(0)} = \frac{1}{L}\int dx e^{i(k-k')x} V(x) \tag{14.3.3}$$

이 되고, 그에 대한 에너지는

$$E_k^1 = {}^{(0)}\langle k|V|k\rangle^{(0)} \tag{14.3.4}$$

이다. 여기까지는 문제가 없는데, 만약 전자-포논 상호작용이 강한 경우 제2 섭동 퍼텐셜을 고려해주어야 하고, 제2 섭동항의 에너지는 다음과 같이 쓸 수 있다.

$$\begin{aligned} E_k^2 &= \sum_{k' \neq k} \frac{|{}^{(0)}\langle k|V|k\rangle^{(0)}|^2}{E_k^0 - E_{k'}^0} \\ &= \frac{|{}^{(0)}\langle k|V|k+K\rangle^{(0)}|^2}{E_k^0 - E_{k+K}^0} + \frac{|{}^{(0)}\langle k|V|k-K\rangle^{(0)}|^2}{E_k^0 - E_{k-K}^0} \end{aligned} \tag{14.3.5}$$

여기에서 어떤 원자를 중심으로 이웃한 원자 간 상호작용만 생각하여 $k' = k \pm K$인 경우만 고려하였다. 여기에서 $K = 2\pi/a$이다. 그러나 규칙적 퍼텐셜이기 때문에 서로 간에 구별할 수 없어서 $E_k^0 = E_{k+K}^0 = E_{k-K}^0$ 로 에너지가 모두 같다. 이는 식 (14.3.5)의 분모를 0으로 만들기 때문에 이는 에너지적으로 매우 불안한 상황이다. 이 에너지 불안정성을 제거하는 방법은 그림 14-1(c)와 같이 규칙적 원자구조를 깨고 원자가 서로 짝을 이루어 격자왜곡이 생기게 하는 것이다. 그렇게 되면 이웃한 원자들의 퍼텐셜이 달라질 수 있어서 에너지적으로 보다 안정한 상황이 된다.

이를 쉽게 이해하기 위해서 비유를 들어 설명하자면, 오래전 언젠가 TV에서 청춘남녀가 나와서 미팅을 주선하는 프로그램이 있었다. 남녀가 단체로 일렬로 앉아서 미팅을 하고 어느 순간 (사랑의 작대기로) 서로를 지목하여 1대1 매칭이 되는 커플을 데이트 단계로 가게 하는 프로그램이었다. 시청자들이 흥분하는 시간은 사랑의 작대기로 서로를 지목하는 단계인데, 그때 에너지가 최고조가 되기 때문이다. 그러나 사실 자연에서는 에너지가 높아지는 것을 선호하지 않는다. 그냥 물 흐르듯 에너지는 낮은 쪽으로 가는 것이 자연의 섭리이다. 따라서 그러한 에너지가 높아지는 방법을 자연은 선호하지 않고 보다 에너지가 낮아지는 방법을 선택한다. 그것은 사랑의 작대기를 하지 않고 남녀가 1대1로 만나서 미팅을 하고, 마음에 들면 데이트를 하고 마음에 들지 않으면 이웃한 다른 이성에게로 가서 같은 방식의 미팅을 하면 된다. 신비롭게도 자연은 그러한 방식으로 전자와 원자 간에 사랑의 상호작용을 한다. 전자와 원자가 강한 상호작용을 하여 에너지가 높아질 경우 서로 간에 그룹미팅을 함으로써 에너지를 낮추는 것이다.

이렇게 격자가 왜곡되어 원자들이 이합체화(dimerize)되면 격자의 규칙성은 a에서 $2a$로 커진다. 실공간에서 격자 크기가 커진다는 것은 운동량 공간에서 브릴루앙 영역이 작아짐을 의미하기 때문에 브릴루앙 영역은 $\pm\pi/2a$로 반으로 줄어든다. 에너지 밴드 또한 초격자 형성으로 인해 환산 영역(reduced zone)으로 평행이동되어서 그림 14-1(d)와 같은 에너지 분산구조가 된다. 여기에서 2차 섭동을 풀 때 고유벡터 $|k\rangle^{(0)}$와 $|k-K\rangle^{(0)}$를 기저로 하는 해밀토니안의 대각화를 거쳐서 에너지 고윳값을 계산하면 다음과 같다. 여기에서도 자세한 계산은 생략해도 무방하리라 생각된다.

$$E_{\pm} = \frac{1}{2}(E_k^0 + E_{k-K}^0) \pm \sqrt{\left(\frac{E_k^0 - E_{k-K}^0}{2}\right)^2 + |V_K|^2} \qquad (14.3.6)$$

파이얼스 전이(Peierls transition)는 규칙적 1차원 격자 금속은 불가능하고, 원자들이 이합체화되면서 에너지 밴드 갭이 생기는 것을 말한다. 이때, 파이얼스 전이에 의한 에너지 밴드 갭의 결과는 다음과 같다.

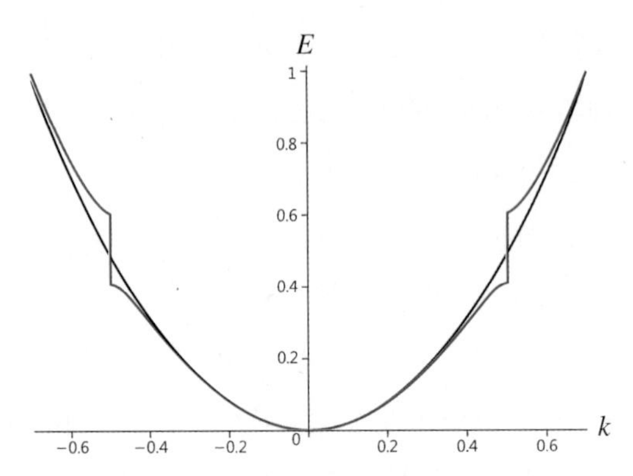

그림 14-2 1차원 금속에서의 에너지 분산(검은색)과 파이얼스 전이에 의한 파이얼스 에너지 밴드 갭의 형성(파란색)

$$\Delta E \approx 2|V_K|^2 \int_{-D}^{-|V_K|} \frac{1}{2\hbar v} \frac{Ldq}{\pi|q|} = \frac{L|V_K|^2}{\hbar v} \ln \frac{|V_K|}{D} \tag{14.3.7}$$

그림 14-2에서 검은색 선은 규칙적으로 배열된 1차원 격자에서 에너지 분산관계이다. 우리가 알고 있는 포물선의 분산관계로 금속을 나타내고 있다. 그러나 전자-포논 상호작용이 강하여 격자 이합체화되어서 파이얼스 전이가 발생하면 파란색 선과 같이 $\pm\pi/2a$로 작아진 브릴루앙 영역 끝쪽에서 파이얼스 에너지 밴드 갭이 생긴다. $\pm\pi/2a$는 일종의 초격자 브릴루앙 영역인데, 초격자 브릴루앙 영역 바깥쪽에 있는 밴드는 $2\pi/a$만큼 평행이동시켜서 환산 브릴루앙 영역 안쪽으로 위치시키면 그림 14-1(d)와 같은 에너지 밴드가 된다.

강한 전자-포논 상호작용에 의해 1차원에서 일어나는 격자왜곡을 파이얼스 왜곡이라고 하는데, 파이얼스 왜곡은 반드시 1차원에서만 일어나는 것이 아니다. 2차원 이상에서 일어나는 격자왜곡을 일반적으로 전하밀도파라고 한다. 그림 14-3(a)는 2차원 전하밀도파를 보이는 $CeTe_2$를 보여준다. $CeTe_2$는 Te층 사이에 Ce-Te 블록이 놓여 있고, c축으로는 이온결합을 하고 있어서 결정 이방성이 있는 2차원 소재이다. 2차원 전하밀도파에 의해 격자왜곡이 있는 경우에는 그림 14-3(b)에서와 같이 전자산란(electron diffraction) 패턴에서 초격자가 발생된다. 크게 보이는 점은 결정 격자에 의한 패턴이고, 그 주변으로 보이는 작은 점들은 격자왜곡에 의한 초격자 패턴이다. 이는 격자왜곡이 일어나면 실공간에서 규칙성은 초격자 규모로 커지게 되는데, 운동량 공간에서는 초격자 벡터가 역격자 공간에 있으므로 주변의 작은 패턴으로 보이게 되는 것이다.

전하밀도파의 또 다른 특징은 페르미 면 겹싸기(Fermi surface nesting)가 있다는 것이다.

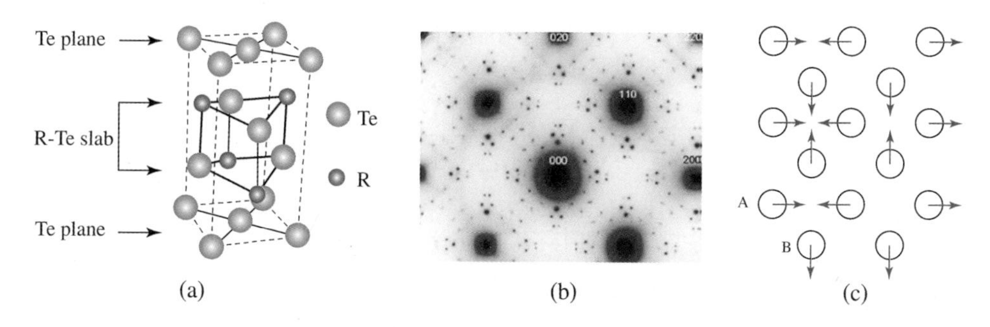

그림 14-3 $CeTe_2$의 2차원 전하밀도파에 의한 격자왜곡.
(a) $CeTe_2$의 결정구조(R=Ce), (b) 전자산란 패턴, (c) 격자왜곡 모식도[1]

페르미 면 겹싸기라는 것은 어떤 벡터만큼 이동시켰을 때 페르미 면의 윤곽(contour)이 일치하는 것을 말하며, 그 벡터를 페르미 면 겹싸기 벡터(Fermi surface nesting vector)라고 한다. 페르미 면 겹싸기 벡터는 격자왜곡에 의한 초격자의 규칙성을 나타내는 벡터가 된다. 한 예로, 그림 14-4(a)는 $In_4Se_{3-\delta}$ 의 페르미 면을 bc면에 대해 그린 것이다. 이 시료는 결정구조상 bc면이 공유결합을 하고 있는 면이고, a축이 반데르발스 결합을 하고 있는 방향이 된다. (a) 그림에서 페르미 면은 bc면에서는 닫혀 있고, a축으로는 열려 있는 원통형 공간을 형성하고 있다. bc면의 폐곡면에서 페르미 면 겹싸기 벡터 $\vec{q}$를 정의할 수 있다. 페르미 면 겹싸기 벡터는 정량적으로 일반적인 전자 감수율을 계산하여 얻을

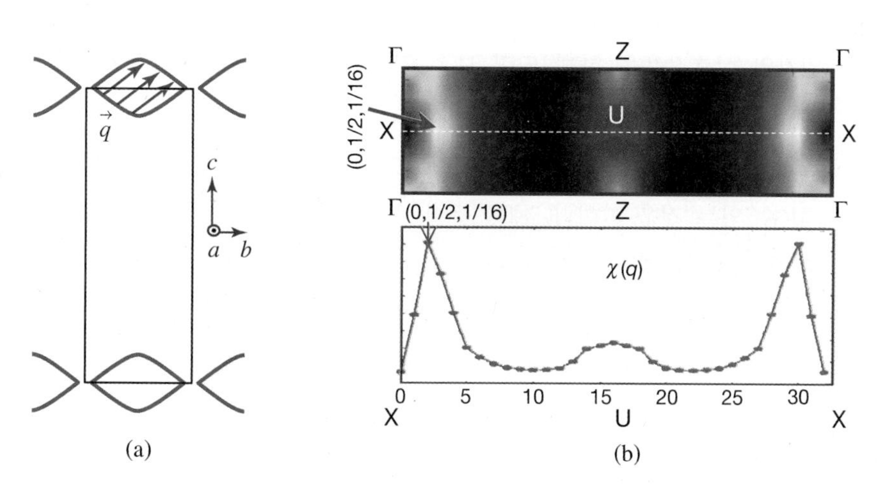

그림 14-4 (a) $In_4Se_{3-\delta}$의 페르미 면과 (b) 일반적인 전자 감수율의 계산[2]

1 Phys. Rev. B (72) 85132 (2005) / J. Magn. Magn. Mater. (220) 235 (2000)
2 Nature (459) 965 (2009)

수 있다. 전자 감수율 $\chi(q)$는 다음과 같이 주어지는데,

$$\chi(q) = \frac{1}{N}\sum_{n,n',\vec{k}} \frac{f(\epsilon_{n,\vec{k}})[1-f(\epsilon_{n',\vec{k}+\vec{q}})]}{\epsilon(n',\ \vec{k}+\vec{q}) - \epsilon(n,\ \vec{k})} \tag{14.3.8}$$

겹싸기 벡터 지점에서 에너지는 축퇴되기 때문에 분모가 0에 가까워져서 $\chi(q)$는 발산하게 된다. 그림 14-4(b)는 정의된 지점에서 전자 감수율을 계산하여 그린 것인데, 겹싸기 벡터가 (0, 1/2, 1/16) 지점에서 밝게 되고, 실제로 $\chi(q)$값이 발산에 가까운 것을 알 수 있다. 이 (0, 1/2, 1/16) 겹싸기 벡터가 의미하는 바는, a축으로는 격자왜곡이 없고, b축으로는 2개의 단위격자에 대해 초격자로 격자왜곡이 일어나며, c축으로는 16개의 단위격자에 대해 초격자 격자왜곡이 일어난다는 것을 의미한다. 이는 b축으로 강하게 원자 이원화가 되어 있음을 나타낸다.

14.3.2 폴라론

전자-포논 상호작용의 또 다른 예로써 폴라론(Polaron)이 있다. 폴라론은 전자, 정공, 또는 유사입자(quasi-particle)가 보손 입자(Bosonic particle)와 상호작용하여 나타나는 현상이다. 여기에서 보손 입자는 양자화된 격자진동인 포논(phonon), 양자화된 스핀파인 마그논(magnon), 또는 전자-정공 쌍 등이 있을 수 있다. 전자 또는 정공과 같은 입자가 이와 같은 보손 입자와 상호작용을 하게 되면 보손 입자의 들뜸에 의한 구름 속에 갇힌 것과 같아서 원래 입자의 성질을 잃어버리게 된다. 그리하여, 폴라론을 이름하여 가려진 유사입자(dressed quasi-particle)라고 한다. 유사입자라고 하는 것은 실제 입자는 아니지만 입자처럼 취급될 수 있는 것을 말한다. 예를 들면, 포논과 마그논은 입자가 아니고 고전역학적으로는 각각 격자진동과 스핀의 파동이다. 그러나 멀리서 보면 이는 마치 줄을 흔들어서 그 파동이 이동하는 것과 같이, 어떤 하나의 파동 묶음(wave packet)이 움직이는 것처럼 보이기 때문에 입자라고 봐도 무방할 것이다. 이와 같이 입자는 아니지만 입자로 취급할 수 있는 것들이 많이 있고, 폴라론도 그 중에 하나이다.

그림 14-5와 같이 이온이 배경으로 있는 고체 결정 격자에 전자 하나가 들어오게 되면 전자에 의해 주변의 양이온은 끌리고 음이온은 멀어진다. 그렇게 되면 마치 이온의 파동이 생기는 것과 같고 전자가 움직일 때마다 이온의 파동은 전자를 따라 전해지게 된다. 이는 강한 전자-포논 상호작용의 대표적인 현상인 것이다. 이온 격자와 전자와의

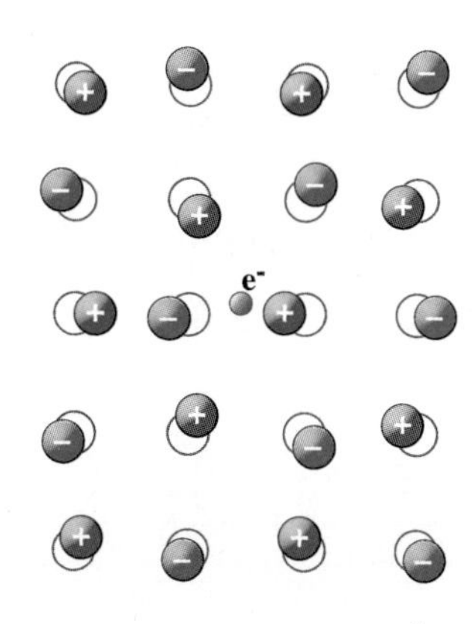

그림 14-5 폴라론의 개념도[3]

상호작용은 프뢸리히(Fröhlich)에 의해 그 결합 세기가

$$\alpha = \frac{e^2}{\kappa}\left(\frac{m_e}{2\hbar^3\omega}\right)^{1/2} \tag{14.3.9}$$

와 같이 됨을 보였다. 여기에서 κ는 $\kappa^{-1} = \epsilon_\infty^{-1} - \epsilon_0^{-1}$로써, 정적 유전상수 ϵ_0와 고주파 유전상수 ϵ_∞에 의해 주어지는 상수이다. ω는 포논 주파수이다. ω가 클수록 α는 작기 때문에 폴라론이 발생하기 위해서는 포논 주파수가 작을수록 좋다. 이는 대개 무거운 이온에서 폴라론이 잘 관찰되는 것을 의미한다. 금속에서는 전자가 많아 전자-격자 상호작용이 작은 것이 일반적이기 때문에 폴라론은 반도체에서 자주 관찰된다. 여기에서는 홀스탄인(Holstein)의 작은 폴라론(small polaron)에 대해 설명하고, 전기전도 특성으로 실험적 측정하는 방법에 대해 설명한다.

작은 폴라론은 고온에서 온도에 의해 에너지를 받아 각 격자를 뛲뛰기(hopping)로 옮겨다니게 되고, 저온에서는 격자에 국소화(localized)되거나 양자역학적 터널링으로 움직이게 된다. 반면, 큰 폴라론(large polaron)은 작은 폴라론보다 더 자유롭게 움직인다. 홀스타인의 폴라론 모델은 간단하게 2개의 진동하는 분자 사이에 1개의 전자가 있는 경우로 가장 간단한 경우를 다룬다. 분자 간 상호작용은 무시한다면, 격자진동의 해밀토니안은 다음과 같이 운동에너지와 분자진동에 의한 용수철 진동의 퍼텐셜 에너지로 구성된다.

3 https://en.wikipedia.org/wiki/Polaron

$$H_{ph} = -\frac{1}{2M}\sum_{i=1,2}\left(\frac{\partial^2}{\partial x_i^2} + \frac{M\omega^2 x_i^2}{2}\right) \tag{14.3.10}$$

여기에서 x_i는 분자 1과 2 사이의 거리를 나타내는 상대좌표이고, M은 이온들의 유효 질량이다. 전자의 해밀토니안은 전자의 운동에너지와 전자-이온 간의 퍼텐셜 에너지로 구성된다.

$$H_{el} = -\frac{\nabla^2}{2m} + V(\vec{r} - \vec{l_1}) + V(\vec{r} - \vec{l_2}) \tag{14.3.11}$$

$\vec{l_i}$는 자리의 좌표이고, $V(\vec{r} - \vec{l_i})$는 이온들에 의한 전자들의 퍼텐셜 에너지로써, 다음과 같이 격자 간 거리 중간($\vec{a}/2$)에서 두 이온 간의 상대적인 퍼텐셜 에너지로 쓸 수 있다.

$$V(\vec{r} - \vec{l}) = v(\vec{r} - \vec{l} - \vec{a}/2) - v(\vec{r} - \vec{l} + \vec{a}/2) \tag{14.3.12}$$

전자-포논 상호작용 에너지는 다음과 같이 이온들의 진동에 의해 이온 간의 거리변화로써 표현된다.

$$H_{el-ph} = -\sum_{i=1,2}\frac{x_i}{2}\frac{\partial}{\partial x}\left[v(\vec{r} - \vec{l_i} - \vec{a}/2) + v(\vec{r} - \vec{l_i} + \vec{a}/2)\right] \tag{14.3.13}$$

이 해밀토니안들로 구성된 총 해밀토니안 $H = H_{ph} + H_{el} + H_{el-ph}$에 대해 고유벡터는 전자의 와니어 파동함수(Wannier wave functions) $w(\vec{r} - \vec{l})$의 선형결합으로 기술된다. 와니어 함수는 결정계의 국소화된 분자 오비탈을 기술하는 함수이다. 어떤 결정 내에서 다른 격자점에 대한 와니어 함수는 서로 직교해야 하고, 블로흐 정리처럼 결정 대칭성을 기술할 수 있도록 해야 한다. 여기에서 폴라론을 기술하는 상태함수는 와니어 함수를 선형결합하면서 이웃한 분자에 대한 와니어 함수는 직교규격화(orthonormality) 특성을 가졌다.

$$|\vec{r}, x_1, x_2\rangle = \sum_{i=1,\,2} a_i(x_1, x_2) w(\vec{r} - \vec{l}) \tag{14.3.14}$$

또한 와니어 함수는 슈뢰딩거 방정식을 만족해야 한다.

$$\left(-\frac{\nabla^2}{2m} + V(\vec{r})\right) w(\vec{r}) = 0 \tag{14.3.15}$$

이 슈뢰딩거 방정식을 푼 결과는 다음과 같은 에너지 고윳값을 준다.

$$E = \omega \pm J \tag{14.3.16}$$

여기에서 J는 뜀뛰기 적분(hopping integral)으로써, 다음과 같이 주어진다.

$$J = \int d\vec{r}\, V(\vec{r})\omega^*(\vec{r})\omega(\vec{r} - \vec{l_2} + \vec{l_1}) \tag{14.3.17}$$

$2J$는 결정의 반 밴드 폭(half bandwidth) D와 같다.

홀스타인의 폴라론 모델은 크게 비단열(non-adiabatic)과 단열(adiabatic) 폴라론으로 나눌 수 있다. 비단열 폴라론은 격자진동이 빠르고 전자의 이동도가 낮은 경우이다. 비단열 폴라론에서 재규격화된 전달 적분(transfer integral) $\tilde{J}$과 에너지 고윳값 $E_\pm$는 다음과 같다.

$$\tilde{J} = J\frac{\int dx_1 \int dx_2 a_1^l(x_1, x_2)a_2^r(x_1, x_2)}{\int dx_1 \int dx_2 |a_2^l(x_1, x_2)|^2} = J\exp(-g^2) \tag{14.3.18}$$

$$E_\pm = \omega - E_p \pm \tilde{J} \tag{14.3.19}$$

여기에서 $E_\pm$는 폴라론의 뜀뛰기 적분이 2개의 분자 준위로 갈라지기 때문이다. E_p는 폴라론 에너지이다. g는 밴드 좁아짐(band narrowing)을 나타내는 인자이다. 프리드만(Friedman)과 홀스타인은 홀스타인 모델을 바탕으로 전하의 이동도를 계산했는데, 전하의 이동도는 폴라론 격자의 기하학적 모양에 따라 달라진다. 전자의 알짜 유동속도(net drift velocity) $\vec{v}$는

$$\vec{v} = \sum_k \vec{h}_{i,k} w(i \to k) \tag{14.3.20}$$

로 주어진다. 여기에서 $\vec{h}_{ik}$는 초기 위치 i와 이웃한 원자 k를 잇는 상대 위치 벡터이고, w는 와니어 함수가 아니고 폴라론의 뛰는 확률인 폴라론 뜀 율(jump rate)이다.

매우 복잡한 계산을 거쳐서, 폴라론 격자가 사각 격자인 경우 폴라론의 뜀 율의 양자역학적 $w_2^{(QM)}$과 고전적 결과 $w_2^{(Cl)}$는 다음과 같다. 사각 격자는 두 자리 뜀으로 생각할 수 있다.[4]

4 L. Friedman, and T. Holstein, Anns. of Phys. 21, 494 (1963)

$$w_2^{(QM)} = \frac{J^2}{\hbar^2}\left[\frac{N\pi}{\sum_k \sqrt{2}\, g_k \omega_k^2 \cosh(\beta\hbar\omega_k/2)}\right]^{1/2} \exp\left(-\frac{1}{N}\sum_k 2\sqrt{2}\, g_k \tanh\left[\frac{\beta\hbar\omega_k}{4}\right]\right)$$
(14.3.21)

$$w_2^{(cl)} = \frac{J^2}{\hbar}\left[\frac{\pi}{4k_B T\epsilon_2}\right]^{1/2} \exp\left(-\frac{\epsilon_2}{k_B T}\right) \tag{14.3.22}$$

여기에서 ϵ_2는 두 자리 뜀뛰기의 활성화 에너지(activation energy)이다.

폴라론 자리가 삼각 격자 또는 육각 격자인 경우에 자기장이 걸려 있을 때 폴라론의 뜀 율 $w_3^{(H)}$은 다음과 같이 주어진다.

$$w_3^{(H)}(i \to j \to k) = \exp\left[\frac{e\vec{E}\cdot(\vec{h}_{ji} + \vec{h}_{ki})}{3k_B T}\right]\left(\pm\frac{\sqrt{3}\, eHa^2}{4hc}\right) w_3^{(0)} \tag{14.3.23}$$

여기에서 $w_3^{(0)}$는 자기장이 없을 때의 뜀 율인데, 고전역학적으로 다음과 같다.

$$w_3^{(0)} = \frac{2\pi J^3}{3\sqrt{3}\,\hbar k_B T\epsilon_3} \exp(-\epsilon_3/k_B T) \tag{14.3.24}$$

$$\epsilon_3 = \frac{1}{N}\sum_k \frac{A^2}{3M\omega_k^2}(1 - \cos\vec{k}\cdot\vec{h}) \tag{14.3.25}$$

ϵ_3는 세 자리 폴라론 뜀에서 활성화 에너지이다.

이 결과를 이용해서 다음과 같은 유동 속도식을 이용하여

$$\begin{aligned} \vec{v} &= \vec{v}^{(0)} + \vec{v}^{(H)} \\ \vec{v}^{(0)} &= \sum_k \vec{h}_{ij} w^{(0)}(i \to k) \\ \vec{v}^{(H)} &= \sum_k \vec{h}_{ik} w^{(H)}(i \to j \to k) \end{aligned} \tag{14.3.26}$$

삼각 격자에서의 유동 이동도(drift mobility) μ_D를 계산하면

$$\mu_D = \frac{3ea^2}{2k_B T} w_2 \tag{14.3.27}$$

인데, 고온의 고전적인 극한에서 식 (14.3.22)를 대입하면

$$\mu_D = \frac{3ea^2}{2k_B T}\frac{J^2}{\hbar}\left[\frac{\pi}{4k_B T\epsilon_2}\right]^{1/2}\exp\left(-\frac{\epsilon_2}{k_B T}\right) \tag{14.3.28}$$

이 된다. 자기장을 가했을 때 비단열 삼각 폴라론 격자에서 홀 이동도(Hall mobility) μ_H의 고전적인 고온의 극한은 다음과 같다.

$$\mu_H^{(cl)} = \frac{2cw_0^{(H)}}{\sqrt{3}\,Hw_2} = \frac{ea^2}{2\hbar}J\left(\frac{\pi}{4k_B TW_H}\right)^{1/2}\exp\left(-\frac{W_H}{3k_B T}\right) \tag{14.3.29}$$

여기에서 a는 이웃한 뜀뛰기 자리 사이의 거리이고, J는 뜀뛰기 적분, W_H는 뜀뛰기 활성화 에너지이다. 이 식은 디바이 온도의 3배 정도 되는 고온에서 맞는 식으로써, $T \geq 3\Theta_D$ 또는 $k_B T \geq W_H/3$ 정도 영역에서 맞는 이론이다. 또한 홀스타인 모델에서 홀 이동도 μ_H는 유동 이동도 μ_D보다 매우 크다.

같은 방식으로 에민(Emin)은 비단열 영역의 사각 격자 뜀뛰기 모델에서 유동 이동도와 홀 이동도를 다음과 같이 계산하였다.[5]

$$\mu_D \propto \left(\frac{\hbar\omega_0}{k_B T}\right)^{1/2}\exp\left(-\frac{W_H}{k_B T}\right) \tag{14.3.30}$$

$$\mu_H \propto \left(\frac{\hbar\omega_0}{k_B T}\right)^{3/2}\exp\left(-\frac{W_H}{3k_B T}\right) \tag{14.3.31}$$

여기에서 ω_0는 평행 광 포논(Longitudinal optical phonon) 주파수이다. 홀 이동도의 온도의존성에서 삼각 격자와 사각 격자가 다르게 나타나는 이유는 사각 격자에서 뜀 율의 자기장 의존성이 삼각 격자와 다르게 되기 때문이다.

그림 14-6은 $Eu_{1-x}Ca_xB_6$의 비단열 폴라론 홀 이동도를 분석한 그림이다. 가로축이 온도의 역수인 데이터에서 $x=0.9$인 경우, 세로축을 $\ln(|\mu_H| T^{1/2})$으로 그렸을 때 선형으로 나타나고 있다. 이는 홀 이동도가 식 (14.3.29)를 만족하는 경우로써, 비단열 삼각 격자 폴라론인 경우이다. $x=0.2$일 때, 세로축을 $\ln(|\mu_H| T^{3/2})$로 두면 선형적으로 잘 맞는데, 이는 식 (14.3.31)과 같이 폴라론이 비단열 사각 격자에 더 잘 맞는 것을 확인할 수 있다. 결정구조와 같이 생각하면, Eu양이 많아지면 폴라론 뜀뛰기 자리가 사각 격자

---

5 D. Emin, Anns. of Phys. 64, 336 (1971).

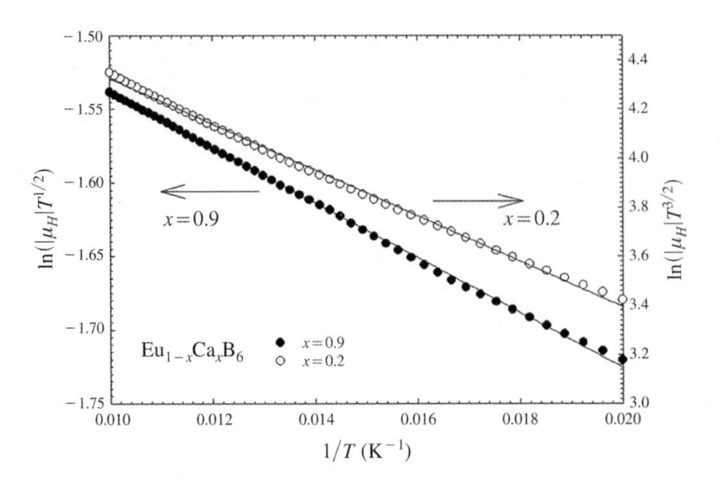

그림 14-6 $Eu_{1-x}Ca_xB_6$의 비단열 폴라론 홀 이동도 분석[6]

였다가 Eu양이 적어지면 삼각 격자로 바뀌는 것을 통해, 폴라론은 Eu 자리에서 일어나고 있음을 간접적으로 유추할 수 있다.

비단열은 격자진동이 왕성한 영역이지만, 단열 영역(adiabatic regime)은 격자진동이 비교적 느려서 격자진동보다 전자의 이동이 더 큰 영역이다($J \gg \omega$). 비단열 과정에서 폴라론은 뜀뛰기 운동으로 이동하지만, 단열 과정에서 폴라론은 터널링에 의해 이동하는 영향이 크다. 단열 영역에서 폴라론의 가장 낮은 에너지 고윳값은

$$E(x_1,\ x_2) = \frac{\gamma\omega(x_1 + x_2)\sqrt{M\omega}}{2} - \left[\frac{\gamma^2 M\omega^3(x_1 - x_2)^2}{4} + J^2\right]^{1/2} \tag{14.3.32}$$

로 계산되고, 이때의 퍼텐셜 에너지는

$$U(x) = \frac{\mu\omega^2 x^2}{2} - (E_p\mu\omega^2 x^2 + J^2)^{1/2} \tag{14.3.33}$$

이다. 여기에서 $\mu = M/2$으로 유효질량이며, 퍼텐셜은 중간에 퍼텐셜 장벽을 두고 2개의 대칭적인 퍼텐셜 우물이다. 이때, 퍼텐셜의 최저점 $x_{\min}$과 최저 퍼텐셜 에너지 $U_{\min}$는 다음과 같다.

6 PHYSICAL REVIEW B 67, 125102 (2003)

$$x_{\min}=\pm\sqrt{\frac{E_p}{\mu\omega^2}\left(1-\frac{1}{4\lambda^2}\right)} \tag{14.3.34}$$

$$U_{\min}=-\frac{E_p}{2}\left(1+\frac{1}{4\lambda^2}\right) \tag{14.3.35}$$

여기에서 퍼텐셜 장벽의 높이는 $-(J+U_{\min})$이 된다. 단열 폴라론은 두 퍼텐셜 우물을 터널링으로 통과한다. 이 단열 폴라론은 에민과 홀스타인에 의해 연구되었는데,[7] 고온의 고전적인 극한에서 폴라론은 이웃한 자리를 비간섭적으로(incoherently) 뛰어가게 된다. 단열 삼각 격자 폴라론에서 유동 이동도와 홀 이동도는 긴 계산을 통해 다음과 같이 얻어진다.

$$\mu_D=\frac{3ea^2}{2}\left(\frac{\omega_0}{2\pi k_BT}\right)\exp\left(-\frac{W_H-J}{k_BT}\right) \tag{14.3.36}$$

$$\mu_H=\frac{ea^2}{2}\left(\frac{\omega_0}{2\pi k_BT}\right)F(T)\exp\left(-\frac{W_H-J}{3k_BT}\right) \tag{14.3.37}$$

여기에서 ω_0는 평행 광 포논 주파수이고, 고온에서($J\ll k_BT$) $F(T)=1$이고, 저온에서 ($J\gg k_BT$) $F(T)=k_BT/J$이다. 만약 폴라론이 단열 삼각 격자인 경우에 가로축을 온도의 역수로 하였을 때 세로축을 $\ln(|\mu_H|T)$로 하여 그리면, 고온 영역에서 선형적으로 잘 맞게 될 것이다.

폴라론은 전기전도도에도 영향을 미치는데, 모트(Mott)는 비단열 영역에서 고온에서 ($T>\Theta_D/2$) 전기전도도가 다음과 같이 됨을 보였다.

$$\sigma=\nu_0\left[\frac{e^2C(1-C)}{k_BTR}\right]\exp(-2\alpha R)\exp\left(-\frac{W}{k_BT}\right) \tag{14.3.38}$$

여기에서 ν_0는 평행 광 포논 주파수이고, R은 폴라론 간의 평균 거리, $\alpha\propto 1/\xi$는 대칭적인 s파 파동함수에 대해 국소화 영역 지름 ξ의 역수이고, C는 전하 또는 폴라론이 차지하는 자리의 비이다. 홀 이동도에 의한 폴라론에서는 폴라론의 기하학적 구조에 따라 온도의존성이 달라지는데, 전기전도도에서는 기하학적 구조와 관계없음에 주의해야 한다. 왜냐하면 폴라론 뜀뛰기 자리의 기하학적 구조는 자기장에 의한 양자역학적 간섭의

7 D. Emin, and T. Holstein, Anns. of Phys. 53, 439 (1969).

영향을 받기 때문에 자기장에 의해 전류방향의 수직인 방향으로 나타나는 홀 이동도의 경우에는 기하학적 정보가 들어가게 되지만, 전기전도도에서는 자기장을 걸어주지 않기 때문에 폴라론의 기하학적 정보와는 상관없게 된다.

폴라론 뜀 자리가 무작위적으로 분포해 있고, 폴라론의 결합 에너지가 작아서 폴라론이 전도할 때 무작위 에너지(disorder energy)가 큰 영향을 미칠 때, 전기전도도는 다음과 같이 나타나는데, 이를 모트의 무작위 거리 뜀(variable range hopping, VRH)이라고 한다.

$$\sigma = A\exp\left[-\left(\frac{T_0}{T}\right)^{1/4}\right] \tag{14.3.39}$$

여기에서 A는 임의의 상수이고, T_0는 다음과 같이 주어진다.

$$T_0 = \frac{16\alpha^3}{k_B D(E_F)} \tag{14.3.40}$$

$D(E_F)$는 페르미 준위에서의 상태밀도이다. 홀스타인의 폴라론 모델은 폴라론이 제자리로 돌아올 경우, 초기 에너지와 최종 에너지의 차이가 없음을 가정하고 있는데($W_D = 0$), 이때 홀스타인 폴라론의 비단열 영역에서 전기전도도는

$$\sigma = \frac{3e^2NR^2J^2}{2k_BT}\left(\frac{\pi}{k_BTW_H}\right)^{1/2}\exp\left(-\frac{W_H}{k_BT}\right) \tag{14.3.41}$$

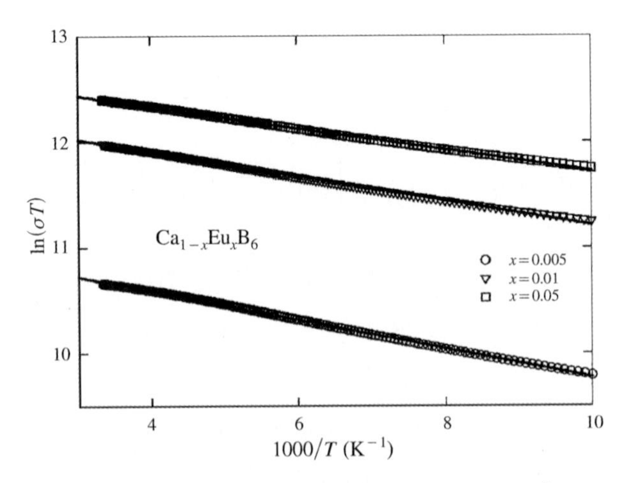

그림 14-7 $Ca_{1-x}Eu_xB_6$의 단열 폴라론 전기전도도 분석[8]

---

8 PHYSICAL REVIEW B 71, 073104 (2005)

로 주어지고, 단열 영역에서 전기전도도는

$$\sigma = \frac{8\pi e^2 NR^2 \nu_0}{3k_B T} \exp\left(-\frac{W_H - J}{k_B T}\right) \tag{14.3.42}$$

가 된다. 여기에서 N은 격자 수이고, J는 이웃한 원자와 파동함수가 중첩될 때의 전달 적분이다.

폴라론의 초기 에너지와 최종 에너지에 차이가 있을 때는($W_D \neq 0$) 슈나겐베르크 (Schnakenberg) 이론을 따라야 하는데, 이 이론은 고온에서는 광 포논이 전기전도도에서 큰 영향을 미치고, 저온에서는 소리 포논이 전자 뜀에 영향을 미친다고 한다. 그 결과를 수식으로 쓰면 다음과 같다.

$$\sigma \sim \frac{1}{T}\left[\sinh\left(\frac{h\nu_0}{k_B T}\right)\right]^{1/2} \exp\left[-\left(\frac{4W_J}{h\nu_0}\right)\tanh\left(\frac{h\nu_0}{4k_B T}\right)\right]\exp\left(-\frac{W_D}{k_B T}\right) \tag{14.3.43}$$

가장 일반적인 폴라론 모델은 에민에 의해 계산되었는데, 광 포논과 소리 포논의 다수 포논이 폴라론 뜀을 포함하는 결과이다.

$$\sigma = \left(\frac{\neq {}^2 R^2}{6k_B T}\right)\left(\frac{J}{\hbar}\right)^2 \left[\frac{\pi\hbar}{2(E_c^{op} + E_c^{ac})k_B T}\right]^{1/2} \exp\left[-\frac{W_D^2}{8(E_c^{op} + E_c^{ac})k_B T}\right]\exp\left(-\frac{W_D}{k_B T}\right)\exp\left(-\frac{E_A^{op} + E_A^{ac}}{k_B T}\right) \tag{14.3.44}$$

로 다소 복잡하게 나타난다.

홀스타인 폴라론 모델에서 흥미로운 점은 폴라론이 홀 효과의 부호를 바꿀 수 있다는 점이다. 이는 매우 중요한데, 대부분의 경우에 주나르개(majority carrier) 전하가 정공이냐, 전자냐 하는 것을 홀 효과를 통해 측정하기 때문이다. 따라서 폴라론이 존재하는 경우 실제로 전하의 홀 부호를 결정하는 것은 조심해서 분석할 필요가 있다. 폴라론이 있을 때 홀 부호를 바꿀 수 있기 때문에 전하의 부호를 결정하는 데 있어서 제벡 계수를 측정하는 것이 더 올바른 정보를 주게 된다. 전하가 전자일 때 제벡 계수는 음수이고, 전하가 정공일 때 제벡 계수는 양의 값이 된다. 일반적으로 제벡 계수의 부호와 홀 계수의 부호는 일치하지만 폴라론이 있을 경우 제벡 계수의 부호와 홀 계수의 부호가 다를 수 있는데, 그 경우 제벡 계수의 부호를 따르는 것이 옳다.

폴라론일 때 항상 홀 부호가 바뀌는 것이 아니고, 주나르개가 전자일 때, 분자 간의 결합이 반결합성 오비탈(antibonding orbital)이고 폴라론이 삼각 격자일 때만 홀 부호가 양의 값이 되고, 주나르개가 정공일 경우 결합 오비탈(bonding orbital)로 연결되어 있는 삼각 격자일 때 홀 부호가 음의 값이 된다. 이 두 조건이 만족되면, 전자가 주나르개인데 홀 부호는 양의 값이 되고, 정공이 주나르개인데 홀 부호는 음의 값이 된다. 이를 비정상 홀 부호 반전(anomalous Hall sign reversal)이라고 한다. 그러나 폴라론이 사각 격자 뜀을 하는 경우에는 홀 부호가 바뀌지 않고 일반적인 값이 된다.

홀스타인 모델에서 국소 자리의 파동함수에 대한 오비탈은 축퇴되어 있지 않고, 밀접결합 계산을 통해 폴라론의 뜀에 의한 전도 특성을 계산하였다. 이때, 전자의 해밀토니안은 다음과 같은데,

$$H_{el} = \sum_{i}(E_0 + W_i)c_i^* c_i + \sum_{i \neq j} J_{ji} c_j^* c_i \tag{14.3.45}$$

여기에서 c_i^*와 c_i는 각각 국소 자리에서 전자의 생성과 소멸 연산자이고, J_{ji}는 i 자리에서 j 자리로 폴라론이 뛰어갈 때 전달 적분이다. 첫째 항은 개별적인 국소 자리의 에너지 E_0와 그 주변의 에너지 W_i의 합으로 표시했다. 둘째 항은 폴라론의 이동을 기술한다. 이때, 폴라론의 이동은 자기장에 다음과 같이 의존하게 되며,

$$J_{ji} = -|J_{ji}|\exp(i\alpha_{ji}) \tag{14.3.46}$$

여기에서 α_{ji}는 외부 자기장에 대해 선형적인 매개변수이다. 전하가 정공인 경우 해밀토니안은 전자의 생성, 소멸 연산자 대신에 정공의 생성, 소멸 연산자인 b_i^*와 b_i를 쓰고 식 (14.3.45) 둘째 항의 부호가 바뀐다.

$$H_h = \sum_{i}(E_0 + W_i)b_i b_i^* - \sum_{i \neq j} J_{ji} b_j b_i^* \tag{14.3.47}$$

$J_{ji} = J_{ij}^*$, $J_{ji}^h = -J_{ji}^*$ 관계를 이용하면 위 정공의 해밀토니안은 다음과 같이 쓸 수도 있다.

$$H_h = \sum_{i}(E_0 + W_i)b_i b_i^* + \sum_{i \neq j} J_{ji}^h b_j b_i^* \tag{14.3.48}$$

$$J_{ji}^h = |J_{ji}|\exp(-i\alpha_{ji}) \tag{14.3.49}$$

에민의 계산에 의하면 홀 각도는 $i \to j \to k \to i$의 폐곡면을 따라 움직이면, 자기장 하에서 폴라론의 폐곡면에서는 양자역학에서의 아로노프·봄(Aharonov-Bohm) 효과와 같은 상황이 되게 되는데, 이때 폴라론이 삼각 격자일 때는 홀 부호가 바뀐다. 이웃한 자리에

대한 전자의 전달 적분 $J_{i,\ i+1}$과 처음의 자리로 폴라론이 돌아왔을 때 처음과 나중 폴라론의 간섭에 의해 다음과 같이 홀 부호가 결정된다.

$$sign(\theta_{\text{Hall}}) = sign\left[\epsilon^{n+1} q(-1)^n \prod_{i=1}^{n} J_{i,\ i+1}\right] \tag{14.3.50}$$

여기에서 전하가 점유된 상태(전자)이면 $\epsilon = 1$이고, 비어 있는 상태(정공)이면 $\epsilon = -1$이다. n은 폴라론의 기하학적 결합 숫자로써, 삼각 격자이면 $n = 3$, 사각 격자이면 $n = 2$ 또는 4이다. 이때, $J_{i,\ i+1}$는 자기장에 무관한 전달 적분이다. 예를 들어, 전하가 전자이고, 오비탈들이 반결합(antibonding) 상태로 있는 삼각 격자라면, $\epsilon = 1$, $n = 3$, $q = -e$이므로 부호가 양의 값이어서 정공의 특성으로 나온다. 같은 조건에서 사각 격자라면 $n = 2$여서 부호는 음의 값으로 정상적인 값이 된다. 전하가 정공이고 결합 오비탈로 연결되어 있는 경우 $\epsilon = -1$이고, 삼각 격자이므로 $n = 3$, $q = h$이어서 부호가 음의 값이 되어 전자인 것처럼 행동한다.

그림 14-8은 Gd이 도핑된 $La_{2/3}Ca_{1/3}MnO_3$의 온도에 대한 홀 계수 측정 데이터이다. 이 시료에서 Gd 도핑은 정공 도핑이어서 홀 계수가 양의 값을 가져야 하는데 전반적으로 음의 값을 보여주고 있다. 안쪽 그림은 분석을 통해 폴라론의 홀 계수를 분석한 그림

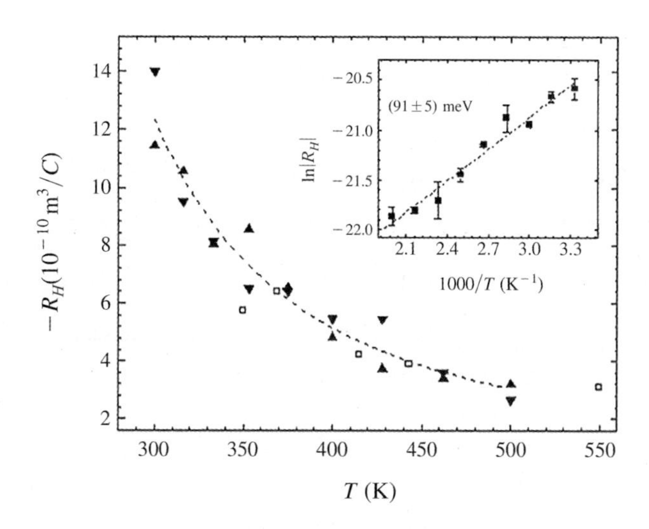

그림 14-8 Gd 도핑된 $La_{2/3}Ca_{1/3}MnO_3$의 온도에 대한 홀 계수[9]

9 Phys. Rev. Lett. (78) 951 (1997)

이다. 폴라론의 홀 계수는 다음과 같은 식을 따른다.

$$R_H(T) = R_H^0 \exp\left(\frac{2E_\sigma}{3k_BT}\right) \tag{14.3.51}$$

$$R_H^0 = \frac{g_H}{g_d}\frac{F(|J|/k_BT)}{ne}\exp\left[-\frac{\epsilon_0 + (4|J| - E_s)/3}{k_BT}\right] \tag{14.3.52}$$

여기에서 사각 격자에서 $g_d = 1$, 삼각 격자에서 $g_d = 3/2$, $g_H = 1/2$이고, E_σ는 활성화 에너지, E_s는 제벡 계수에서 얻어지는 특성 에너지인데, 폴라론의 화학적 퍼텐셜에 해당한다. 삼각 격자에서 $\epsilon_0 = -2|J|$이다. 이를 통해 삼각 격자 폴라론에서 홀 부호가 실제와 달라졌음을 알 수 있다.

14.4 강한 전자-전자 상호작용: 모트 상전이

물질의 전기적 특성으로 중요한 것 중에 하나가 금속-부도체 상전이(metal-insulator transition, MIT)이다. 금속-부도체 상전이는 자기장, 전기장, 또는 온도의 변화에 대해 금속이 부도체가 되는 현상이다. 그림 14-9(a)는 대표적인 금속-부도체 상전이 물질인 산화바나듐의 온도에 따른 금속-부도체 상전이이다. 가로축이 온도의 역수인 것에 주의하라. 산화바나듐은 모트 상전이라는 전자들끼리의 강한 쿨롱 상호작용에 의해 금속-부도체 상전이가 발생한다. 그림 14-9(b)는 MOSFET 반도체 구조에서 게이트 전압을 통해 전류밀도를 제어하면서 전류밀도가 감소할수록 금속에서 부도체 특성이 됨을 보여준다. 상전이는 통계역학적으로 전이에 따른 물성을 어떤 축적 인자(scaling parameter)에 의해 재규격화시킬 수 있는데, 어떤 축적 인자에 의해 보편성(universality)을 찾아낼 수 있다. 그림 14-9(c)는 상전이 특성온도에 의해 로그 그래프로 축적하여 보인 눈금 바꿈 형태(scaling behavior)이다.

금속-부도체 상전이가 나타나는 대표적인 원인으로는 모트 상전이(Mott transition)와 앤더슨 국소화(Anderson localization)가 있다. 모트 상전이는 전자들의 강한 쿨롱 상호작용에 의해 발생한다. 이것은 마치 출근길의 만원 지하철에서 사람이 꽉 차 있을 때 옴짝달싹할 수 없는 상황과 같다. 구리산화물 고온초전도에서는 물질의 원 상태가 모트 부도체인

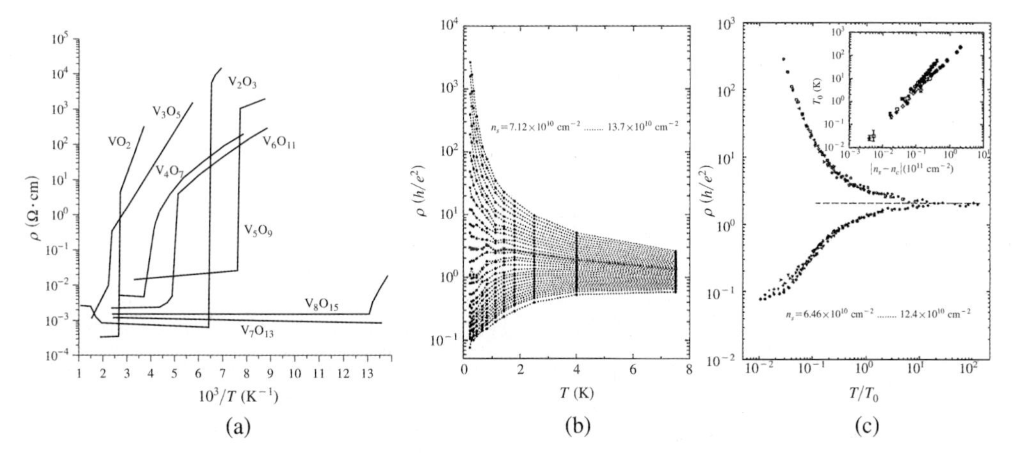

그림 14-9 금속-부도체 상전이. (a) 산화바나듐의 온도에 따른 금속-부도체 상전이.[10]
(b) 전류밀도 제어에 따른 금속-부도체 상전이. (c) 금속-부도체 상전이의 눈금 바꿈 형태.[11]

데, 모트 부도체에서 정공 도핑을 하면 부도체가 금속이 되면서 어떤 특정한 영역에서 고온초전도가 발생된다. 이것을 위의 비유로 설명하자면 발디딜 틈도 없는 만원 지하철에서 사람이 빠져나가서 빈자리(정공)가 생기면 여유 공간으로 인해 사람이 움직일 수 있게 되는 것과 같다. 처음에는 전자들의 강한 쿨롱 힘으로 사방에서 서로 밀고 있어서 움직이지 못하다가 전자를 빼내면서 전자가 빠져나간 빈자리인 정공이 움직일 수 있게 되는 것이다.

많은 전이금속 화합물에서 스핀이 서로 반대방향으로 정렬하는 반강자성 상전이(antiferromagnetic transition)를 보이면 부도체가 되는 현상이 발견되었다. 밴드 이론에 의하면 단위격자당 전자 하나가 남아돌면 물질이 부도체가 될 이유가 없다. 처음에는 왜 그런 현상이 발생하는지 정확히 알지 못했지만 1949년 모트(Mott)에 의해 금속-부도체 상전이를 처음 기술했고, 이후 1963년 허버드(Hubbard)가 반강자성 상전이에 의한 자기적 상호작용을 고려하여 이론을 발전시켜서 이를 모트·허버드 이론이라고 한다. 모트·허버드 해밀토니안은 다음과 같다.

$$H = -\sum_{<ij>\sigma}\left(tc_{i\sigma}^{\dagger}c_{j\sigma} + h.c.\right) + \sum_{j\sigma}\epsilon_j c_{j\sigma}^{\dagger}c_{j\sigma} + U\sum_{j}c_{j\uparrow}^{\dagger}c_{j\uparrow}c_{j\downarrow}^{\dagger}c_{j\downarrow} \qquad (14.4.1)$$

여기에서 $c_{i\sigma}^{\dagger}$는 i번째 오비탈에서 스핀 σ를 갖는 전자의 생성 연산자이고, $c_{i\sigma}$는 같은

10 International scholarly research notices, 960627 (2013) https://doi.org/10.1155/2013/960627
11 Phys. Rev. B, 51, 7038 (1995)

전자의 소멸 연산자이다. t는 오비탈 간의 혼성을 기술하는 터널링 성분이어서 첫째 항은 i자리에서 j자리로 이동하는 전자의 혼성을 기술하고 있다. 이는 운동에너지로 생각할 수 있다. ϵ_j는 j 오비탈에서의 에너지로써, $c^\dagger c$가 수 연산자(number operator)이므로, 둘째 항은 각각의 자리에 대한 에너지 항이다. U는 쿨롱 척력 에너지로써, 업 스핀과 다운 스핀 간의 반강자성 상전이에서의 쿨롱 척력을 기술하고 있다.

반강자성 부도체인 경우 각 단위격자당 오비탈이 반쯤 차 있는 경우가 많은데, 전자들이 충분한 운동에너지를 얻어서($E_K \simeq t$) 쿨롱 에너지보다 높으면 전자가 자유롭게 움직인다. 그러나 쿨롱 상호작용이 더 크면($t \ll U$) 전자는 충분한 운동에너지가 없어서 국소화되고, 에너지 갭이 열리는데, 이를 모트 부도체라고 한다. 이때 갭 에너지는 $E_g \approx U-B$ 정도가 되는데, $B \approx 2zt$로써 밴드 폭(band width)이고 z는 격자의 배위결합 수이다. 바닥상태에서 각 격자들에는 단일전자가 점유되어 있고, 전자의 스핀은 1/2이다. 이들 전자 사이에는 (자기적 상전이에서 다루겠지만) 초교환 상호작용(super-exchange interaction)이 작동해서 반강자성 상전이가 생긴다. 모트 상전이가 발생하는 온도는 에너지 갭 수준 정도가 되는데, 보통 eV 정도가 되어서 $T_{Mott} \sim E_g \simeq 10^3 \sim 10^4$ K 정도가 된다. 그러나 이것은 반강자성 상전이가 유지된다는 가정이고, 온도에 의해 자기적 정렬상태가 깨져서 상전이보다 높은 온도가 되면 반강자성 자기적 정렬이 사라지므로, 일반 금속이 된다. 모트·허버드 이론에서는 반강자성 상전이 배경으로 다루어지고 있지만, 원래의 모트 이론에서는 반강자성 상전이가 없어도 금속-부도체 상전이가 가능하다.

밴드 이론에서 에너지 갭이 생겨서 반도체가 될 때는 전자의 고체 내 브래그 산란 간섭이 원인이라고 배웠다. 브래그 산란 간섭이 격자의 병진 대칭성에서 비롯되기 때문에, 밴드 이론에서 반도체 에너지 갭은 고체의 병진 대칭성이 필연적이다. 그러나 모트 이론에서 에너지 갭이 열리는 것은 고체의 병진 대칭성과는 직접적으로 상관이 없다. 심지어, 무작위한 오비탈 배열을 갖게 될 때 오히려 에너지 갭이 발생하게 되는데, 이를 모트의 가변 범위 깡충 뛰기(variable range hopping)라고 한다. 어쨌든 모트 이론에서 오비탈 중첩 t가 쿨롱 척력 에너지 U와 비슷해지는 지점에서 금속-부도체 상전이가 생긴다. 오비탈 중첩 t는 압력에 의해 달라지기도 하고, 자기장에 의한 제이만(Zeeman) 에너지 분리로 인해 달라질 수도 있다. 물론 외부에서 전압을 가해서 화학적 퍼텐셜을 이동시켜도 달라진다.

모트 상전이 근처에서 달라지는 특징들 중 하나는 전하의 유효질량이 크게 증대한다는 것이다. 이것은 정성적으로 당연한데, 전하가 국소화된다는 것은 전하의 질량이 무거워진다는 것으로 이해해도 무방하기 때문이다. 전하의 유효질량이 커진다는 것은 전하가 주변과 강한 상호작용을 하고 있다는 뜻이다. 그래서 모트 상전이 근처에서는 전하의 강한 상전이에 의해서 양자임계현상(quantum critical phenomena)이 자주 발견되는데, 이는 전자들의 강한 상호작용이 만들어내는 일반적인 현상이다. 양자임계현상이란 극저온에서 물성의 변화가 기존 금속 이론이나 밴드 이론과는 다르게 행동하는 현상으로써, 현대 물리학의 중요한 주제 중 하나이다.

14.5 무작위 불순에 의한 상호작용: 앤더슨 국소화

금속-부도체 상전이의 또 다른 메커니즘으로 앤더슨 국소화(Anderson localization)가 있다. 앤더슨 국소화는 무작위 퍼텐셜에 의해 발생된다. 물질 내에 어떤 불순물이나 결함이 무작위로 흩어져 있으면 전하는 불순물이나 결함에 의해 발생된 퍼텐셜과 상호작용을 하게 된다. 전자는 양자역학적으로 파동이므로 불순물과 상호작용할 때 저온에서 전자의 양자역학적 위상에 의해 전하의 파동함수가 퍼텐셜에 묶여서 국소화되는 현상이 발생하는데, 이를 앤더슨 국소화라고 한다. 모트에 의한 금속-부도체 상전이를 약한 결합 극한(weak coupling limit)이라고 하고, 앤더슨 국소화에 의한 금속-부도체 상전이를 강한 결합 극한(strong coupling limit)이라고 한다. 앤더슨 국소화에 의한 금속-부도체 상전이는 강한 무작위성에 의한 국소화이다. 앤더슨 국소화가 발생되면 전자의 파동은 불규칙한 불순물에 강하게 주변에 묶이기 때문에 에너지 밴드는 델타 함수처럼 밴드 폭이 얇아진다. 앤더슨 국소화는 대부분 극저온에서 이루어지며 온도에 따라 국소화된 전자의 파동함수가 비국소화(delocalized)되면서 펼쳐진(extended) 파동함수로 변하게 되는데, 그러면서 금속-부도체 상전이가 발생한다.

그림 14-10(a)는 일반적인 금속의 상태밀도를 개략적으로 나타내고 있다. 앤더슨 국소화가 일어나면 에너지 상태밀도 상으로는 밴드 꼬리가 잘라지면서 밴드 끝머리 또는 밴드 엣지(Band edge)가 생성된다. 밴드 엣지가 발생하는 임계 에너지를 이동도 끝머리(mobility edge) E_c라고 하고, 임계 에너지에서는 앤더슨 국소화가 시작된다. 밴드 엣지

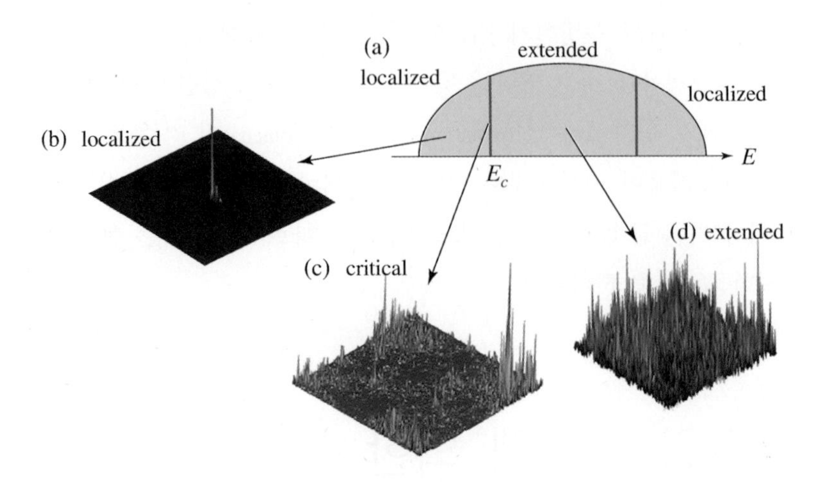

그림 14-10 (a) 에너지에 따른 상태밀도, (b) 앤더슨 국소화, (c) 임계영역, (d) 펼침 상태

바깥쪽의 에너지에서는 전자의 파동함수가 불순물 근처에서 국소화되면서 부도체가 된다. 에너지가 밴드 엣지 안쪽에서는 전자의 파동함수가 펼침 상태가 되면서 금속이 유지된다.

앤더슨 국소화는 계의 차원에 민감하게 반응하는데, 2차원 이하의 저차원에서는 약한 무질서에서도 앤더슨 국소화가 일어날 수 있다. 전하의 이동은 펼쳐진 상태에서만 일어나게 되고, 페르미 에너지가 이동도 끝머리보다 작으면($E_F < E_c$) 전하가 국소화되면서 전자는 터널링 또는 깡충 뛰기(hopping)에 의해서만 전도가 이루어진다. i에서 j로 이동할 때의 확률은 다음과 같다.

$$p(r_{ij},\ E_j,\ E_i) \propto e^{-\alpha r_{ij}} e^{-(E_j - E_i)/k_B T} \tag{14.5.1}$$

이때 전하의 전기전도도는 식 (14.3.39) 모트의 무작위 거리 뜀과 같이 나타난다.

$$\sigma \propto \exp\left[-\left(\frac{T_0}{T}\right)^{1/4}\right]$$

페르미 에너지가 이동도 끝머리보다 큰 경우에($E_F > E_c$) 파동함수는 펼쳐진 상태가 되어서 금속이 되고, 전자의 파동함수는 불순물과 양자역학적인 간섭을 일으키게 된다. 이때, 만약 자기장을 가하면 전자의 파동함수가 일종의 아로노프·봄 효과가 생겨서 파동함수 위상의 변화에 의해 약한 국소화가 발생한다. 이것은 자기장에 의해 자기저항이 감소하는 현상으로 나타난다.

이동도 끝머리 아래에서($E < E_c$) $T = 0$ K에서의 전기전도도는 $\sigma_0 = 0$이고, 이동도 끝머리 위쪽에서($E > E_c$) $T = 0$ K에서의 전기전도도는 다음과 같이 주어진다.

$$\sigma_0(E) = A(E - E_c)^x \tag{14.5.2}$$

여기에서 x는 앤더슨 국소화를 나타내는 임계지수(critical exponent)로써, 실험과 이론으로 구해야 한다. 일반적으로 x는 특성 길이 ξ와 같아서 $2/d < x \approx \xi$가 된다. 이동도 끝머리 위쪽에서($E > E_c$) 유한한 온도의 전기전도도는 다음과 같이 계산할 수 있다.

$$\sigma(T) = \int_{-\infty}^{\infty} dE \sigma_0(E)\left[-\frac{\partial f}{\partial E}\right] \tag{14.5.3}$$

여기에서 f는 페르미·디랙 함수이고, $\sigma_0(E)$는 $T = 0$ K에서의 전기전도도로써,

$$\sigma_0(E) \equiv \frac{e^2}{\pi\hbar}\frac{V_L(E)}{d_L(E)}L^{(2-d)} \tag{14.5.4}$$

로 주어진다. 위에서 $V_L \equiv \pi\hbar/\tau_L$로써, 앤더슨 상전이에서 불순물의 산란을 금속/부도체/금속 접합으로 가정한 사울리스(Thouless) 이론에서 부도체 영역을 터널링할 때 터널링하는 데 걸리는 시간 τ_L의 역수에 비례한다. L은 부도체 블록의 크기, d는 차원, $d_L(E)$는 특정한 블록의 크기에서 에너지에 따른 특성 길이이다. 식 (14.5.3)의 조머펠트 전개에서 저온에서는 다음과 같이 정리된다.

$$\sigma_{\text{low}}(T)/A = (\mu - E_c)^x + \frac{\pi^2}{6}T^2 x(x-1)(\mu - E_c)^{x-2} \tag{14.5.5}$$

여기에서 μ는 화학적 퍼텐셜이다. 고온에서는 $T \gg \mu - E_c$가 되어서 이동도 끝머리 E_c를 무시할 수 있어서 $E_c = 0$으로 간주할 수 있다. 그리하여 고온에서 전기전도도는

$$\sigma_{\text{high}}(T)/A = \int_0^{\infty} dE\left(-\frac{\partial f}{\partial E}\right)E^x \propto T^x \tag{14.5.6}$$

로 계산된다.

이와 같은 방식으로 제벡 계수는 란다우어 형식(Landauer formalism)으로 다음과 같이 주어진다.

$$S = \frac{\int_{E_m}^{\infty} dE(E-\mu)\sigma_0(E)(-\partial f/\partial E)}{e\sigma(T)T} \tag{14.5.7}$$

위 식을 조머펠트 전개를 써서 저온 영역에서 계산하면

$$S_{\text{low}} \approx \frac{\pi^2 xT}{3e(\mu - E_c)} + \frac{\pi^4}{45}x(x-1)(x-7)\frac{T^3}{e(\mu-E_c)^3} + O(T^5) \tag{14.5.8}$$

로 계산되고, 고온에서의 제벡 계수는

$$S_{\text{high}} = \frac{\int_0^{\infty} dEE^{x+1}(-\partial f/\partial E)}{eT\int_0^{\infty} dEE^{x}(-\partial f/\partial E)} \approx (1+x)\frac{\zeta(1+x)(2^x-1)}{e\zeta(x)(2^x-2)}$$

$$\approx \frac{1}{e}[2\log(2)+x] \tag{14.5.9}$$

이 된다. 여기에서 ζ는 리만 제타 함수이다.

$$\zeta(\beta) = \frac{1}{\Gamma(\beta)}\int_0^{\infty} dm \frac{m^{\beta-1}}{e^m - 1}$$

$x=0$일 때는 $S=2\log(2)$로 상수가 되고, $x \gg 1$일 때는 $S_{\text{high}} \approx 1+x$가 된다. 그림

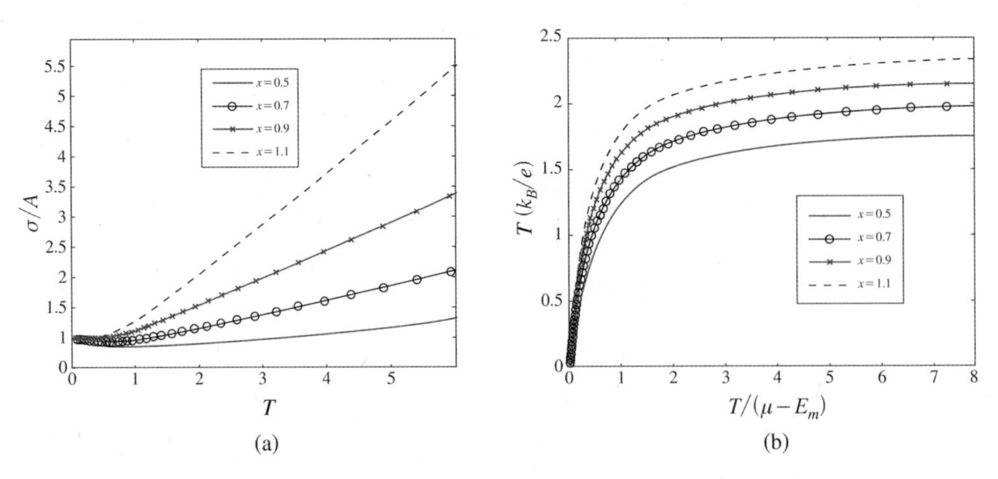

그림 14-11 (a) 온도에 따른 전기전도도와 (b) 제벡 계수

14-11은 앤더슨 상전이에서 펼침 상태에서 유한한 온도에서 온도에 따른 전기전도도와 제벡 계수이다. 전기전도도는 저온에서 작은 값으로 수렴하고, 온도가 커질수록 임계지수 x에 따라 증가하는 경향을 보여준다. 제벡 계수는 저온에서 식 (14.5.8)을 따르고, 고온에서는 식 (14.5.9)와 같이 임계지수 x에 따라 일정한 값으로 수렴한다.

연습문제

1. 1차원과 2차원 자유전자 기체의 전자 상태밀도를 계산하시오. $\epsilon = 0$에서 판 호브(van-Hove) 특이점의 특성에 대해 논하시오.

2. (a) 전하의 종류가 두 종류인 2-밴드 모델의 경우 전체 홀 계수 R과 전체 자기저항 ρ이 아래와 같이 주어짐을 보이시오.

$$R = \frac{R_1\rho_2^2 + R_2\rho_1^2 + R_1R_2(R_1+R_2)H^2}{(\rho_1+\rho_2)^2 + (R_1+R_2)^2H^2}$$

$$\rho = \frac{\rho_1\rho_2(\rho_1+\rho_2) + (\rho_1R_2^2 + \rho_2R_1^2)H^2}{(\rho_1+\rho_2)^2 + (R_1+R_2)^2H^2}$$

여기서 ρ_1, ρ_2는 각각 밴드 1, 2의 자기저항을, R_1, R_2는 밴드 1, 2에 대한 홀 계수를 나타내며 H는 자기장의 세기이다.

(b) 1-밴드 모델과의 차이점에 대하여 논하시오.

3. 시간에 의존하는 전자기장이 $\vec{E}(t) = \mathrm{Re}\left(\vec{E}(\omega)e^{i\omega t}\right)$로 주어지는 경우,

(a) 주파수 의존 전도도는 아래와 같이 주어짐을 구하시오.

$$\sigma(\omega) = \frac{\sigma_0}{1 - i\omega\tau}$$

여기서 $\sigma_0 = \dfrac{ne^2\tau}{m}$이다.

(b) 맥스웰 방정식을 이용하여 복소 유전상수가 아래와 같이 주어짐을 보이시오.

$$\epsilon(\omega) = 1 + \frac{4\pi i\sigma(\omega)}{\omega}$$

4. 1차원에서 밀접 결합 모델의 에너지 분산이 $\epsilon_{\vec{k}} = -w\cos ka$로 주어진다고 할 때

(a) 상태밀도를 구하시오.

(b) 이때 상태밀도의 특이점을 판 호브 특이점이라고 하는데, 이 특이점이 일어나는 에너지를 구하시오.

5. 볼츠만 방정식을 이용하여

(a) 전기전도도 σ와 열전도도 κ가 다음과 같음을 보이시오.

$$\sigma = e\int \tau(\epsilon)v^2(\epsilon)\rho(\epsilon)\left(-\frac{\partial f}{\partial \epsilon}\right)$$

$$\kappa = \int \tau(\epsilon)v^2(\epsilon)\left(\frac{\epsilon-\mu}{T}\right)^2\rho(\epsilon)\left(-\frac{\partial f}{\partial \epsilon}\right)$$

단, 여기서 $\tau(\epsilon)$은 산란 비율이고, 등방적이며, 열전도와 전기전도 사이의 결합은 없다고 가정한다.

(b) 이때 산란비율 τ을 상수로 간주하고 포물선 밴드를 가정한 경우, 전기전도도 σ와 열전도도 κ를 구하시오.

6. 다음과 같이 해밀토니안이 디랙 밴드로 주어질 때

$$H = v\vec{\sigma}\cdot\vec{k}$$

z축으로 자기장 B를 걸어준 경우, 란다우 준위가 아래와 같음을 보이시오. 여기서 v는 속도, $\vec{\sigma}$는 파울리 행렬을 나타낸다.

$$\epsilon_n = v\sqrt{2n\frac{\hbar e}{c}B + p_z^2},\ n = 1,\ 2,\ \cdots$$

7. 파동벡터 $\vec{k}$, 주파수 ω인 외부 섭동에 대한 응답을 기술하는 일반화 감수율은 아래와 같이 린드하드 함수 $F(\vec{k},\ \omega)$로 주어진다.

$$\chi(\vec{k},\ \omega) = -A\sum_{\vec{p}}\frac{f(\epsilon_{\vec{p}+\vec{k}}) - f(\epsilon_{\vec{p}})}{\epsilon_{\vec{p}+\vec{k}} - \epsilon_{\vec{p}} - \hbar\omega} = AF(\vec{k},\ \omega)$$

여기서 f는 페르미 분포 함수, $\epsilon_{\vec{p}} = \hbar^2p^2/2m$으로 주어진다.

(a) 절대온도에서 1차원의 감수율을 구하고, 이때 $k = 2k_F$일 때 발산함을 보이시오.

(b) 2차원에서의 감수율을 구하시오.

(c) 1차원의 경우 유한온도에서 $k = 2k_F$에서 감수율이 아래와 같이 주어짐을 보이시오.

$$\chi_{1D}(k = 2k_F, T) \simeq -An_{1D}\ln\left(\frac{1.14\Lambda}{k_BT}\right)$$

이때 n_{1D}은 1차원에서의 전자의 상태밀도, Λ는 차단(cut-off) 에너지이다.

8. 해밀토니안이 다음과 같이 주어진다고 하자.

$$H = \sum_{\vec{k}\sigma} \epsilon(\vec{k}) n(\vec{k})$$

이때 $n_{\vec{k}}$는 전자의 수 연산자이고 $\epsilon_{\vec{k}} = \hbar^2 k^2/2m$으로 주어진다.

(a) 이에 대한 자유 에너지를 구하시오.

(b) 엔트로피를 구하시오.

(c) 비열을 구하시오.

9. 고체의 총에너지를 $E = E\{n_k\}$라고 하면, 총에너지는 파수 벡터 공간의 분포함수 n_k의 범함수(functional)로 기술할 수 있다. 이때, 온도나 외부 작용에 의해 어떤 바닥상태가 n_k^0에서 $n_k^0 + \delta n_k$로 변했다고 하자.

(a) 이때 입자의 들뜸 에너지 ϵ_k를 다음과 같이 적을 수 있음을 보이시오.

$$\epsilon_k = \epsilon_k^0 + \sum_{k'} f(k,\ k') \delta n_{k'}$$

여기서 $\epsilon_k^0 = \left.\dfrac{\delta E}{\delta n_k}\right|_0$, $f(k,k') = \left.\dfrac{\delta^2 E}{\delta n_k \delta n_{k'}}\right|_0$ 이다.

(b) 아래 식이 성립함을 보이시오.

$$\frac{\vec{p}}{m} = \frac{\partial \epsilon(p)}{\partial \vec{p}} - \frac{1}{(2\pi)^3} \int d\vec{p}' f(p,p') \frac{\partial n(p')}{\partial \vec{p}'}$$

[힌트: 모든 파수벡터는 페르미 면 근처에 있다고 가정한다.]

(c) (b)의 결과를 이용해서 유효질량 m^*과 자유공간에서의 입자의 질량 m 간의 비가 아래와 같은 구해질 수 있음을 보이시오.

$$\frac{m^*}{m} = 1 + D(\epsilon_F) f_1$$

여기서 $D(\epsilon_F) = \dfrac{p_F}{3\pi^2}$는 페르미 에너지의 상태밀도이며 p_F는 페르미 면에서의 운동량이다.

[힌트: 저온에서 $\dfrac{\partial n(p)}{\partial \vec{p}} = \dfrac{\vec{p}}{p} \delta(p - p_F)$임과 르장드르(Legendre) 다항식의 직교화 조건 $\dfrac{2n+1}{2} \displaystyle\int_{-1}^{1} P_n(x) P_{n'}(x) dx = \delta_{nn'}$을 이용한다.]

SOLID STATE PHYSICS

PART 5

반도체

현대 사회에서 반도체의 중요성은 말할 것도 없다. 윌리엄 쇼클리와 존 바딘, 월터 브래튼이 P-N 접합으로 트랜지스터를 발견해서 1956년 노벨물리학상을 받은 이후에 전자공학이 탄생했다. 고유 반도체(intrinsic semiconductor)란 도핑 없이 에너지 갭을 갖는 반도체를 말한다. 반도체가 트랜지스터 등의 특정 기능을 발휘하기 위해서는 P-N 접합구조 등을 가져야 한다. P-형 반도체는 고유 반도체에 정공을 주입하여 p-형의 전하를 갖게 한 반도체이고, N-형 반도체는 고유 반도체에 전자를 주입하여 n-형의 전하를 갖게 한 반도체이다. 이 장에서는 고유 반도체의 물성에 대해 이해한 이후, 도핑을 통한 p-/n-형으로의 전하 제어, 그리고 다양한 접합구조에서 반도체의 트랜지스터와 다이오드 특성 등에 대해 다루도록 한다.

15.1 반도체의 기본적 물성

반도체는 에너지 밴드 갭을 갖고 있는 물질이다. 준 자유전자 모델(nearly free electron model)에 의하면 에너지 밴드 갭은 전자가 규칙적인 격자와 산란하면서 브래그 규칙에 따라

표 15-1 대표적 물질의 에너지 밴드 갭과 전기저항

물질	밴드 갭(eV)	전기저항(Ω-cm)
Si	1.1	$10^3 \sim 10^4$
Ge (HCP)	0.8	$10^3 \sim 10^4$
CdTe	1.5	10^9
HgI_2	2.1	10^{13}
CdZnTe	1.7	10^{11}
GaAs	1.5	10^7
PbI_2	2.4	10^{14}

브래그 반사를 하기 때문에 생긴다. 금속은 전자의 페르미 에너지가 매우 높아서 격자와 거의 상호작용하지 않지만, 반도체의 경우에는 전자의 에너지가 충분히 낮아서 격자와 산란작용을 하게 된다. 금속은 전기저항이 매우 낮아서 $10^{-5} \sim 10^{-6}$ Ω-cm 정도를 갖는 반면에, 부도체는 10^6 Ω-cm 정도로 매우 높은 전기저항을 갖는다. 표 15-1은 대표적인 반도체의 에너지 밴드 갭과 전기저항에 대한 데이터이다. Si, Ge과 같은 일반적인 반도체의 에너지 밴드 갭은 1 eV 수준이며, 전기저항은 $10^3 \sim 10^4$ Ω-cm 정도이다. 부도체에 가까운 밴드 갭이 큰 물질은 2 eV 정도의 에너지 갭에 10^6 Ω-cm 이상의 전기저항을 갖는다.

열적 요동에 의한 반도체의 전하밀도는 에너지 갭 E_g에 의해 다음과 같이 주어진다.

$$n = n_0 \exp(-E_g/k_B T) \tag{15.1.1}$$

위 식과 고전적인 드루드 모델에 의하면 전기저항은 다음과 같이 쓸 수 있다.

$$\rho = \frac{1}{\sigma} = \frac{m}{ne^2\tau} = \frac{m}{n_0 e^2 \tau}\exp(E_g/k_B T) \tag{15.1.2}$$

따라서 반도체에서 전기저항은 그림 15-1(a)와 같이 온도에 따라 지수함수적으로 증가한다. 반도체 에너지 밴드 갭을 구하기 위해서 위 식을 아래와 같이 변형시킬 수 있다.

$$\ln\rho = \ln\left(\frac{m}{n_0 e^2 \tau}\right) + \frac{E_g}{k_B T} \tag{15.1.3}$$

그러면 그림 15-1(b)와 같이 가로축을 온도의 역수로 하고 세로축을 $\ln\rho$로 하여 그리면

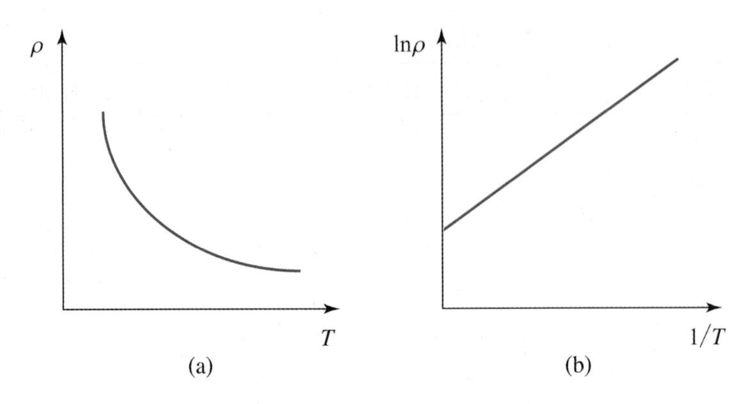

그림 15-1 온도에 따른 반도체의 전기저항

기울기가 E_g/k_B가 되어 에너지 밴드 갭을 구할 수 있다.

반도체의 광학적 특성은 매우 중요한데, 이를 활용하여 LED, 태양전지 등 다양한 광반도체 응용이 가능하기 때문이다. 기본적으로 빛이 반도체에 입사하였을 때 2가지 전이(transition) 과정이 가능하다. 하나는 직접 전이(direct transition)이고, 다른 하나는 간접 전이(indirect transition)이다. 직접 전이와 간접 전이에 대한 과정을 그림 15-2에 각각 나타내었다.

직접 전이는 그림 15-2(a)와 같이 가전자대의 가장 높은 에너지(valence band maximum, VBM)와 전도대의 가장 낮은 에너지(conduction band minimum, CBM)가 같은 운동량에 있는 경우로, 에너지 분산관계에서 운동량은 역격자 벡터와 같기 때문에 같은 원자에서 VBM과 CBM이 동시에 존재한다. 빛의 전이는 이와 같이 VBM과 CBM 사이에서 이

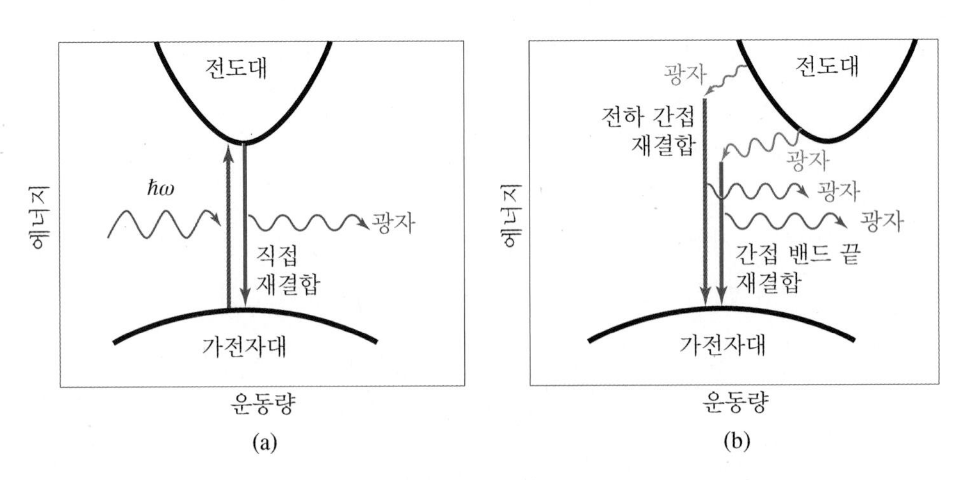

그림 15-2 반도체의 광학적 전이. (a) 직접 전이와 (b) 간접 전이

루어진다. 물론 다른 에너지 상태에서도 이루어질 수 있지만 빛에너지의 변화에 따른 전이과정을 살펴볼 때 특성 에너지가 CBM과 VBM 사이에서 나타난다는 것이 중요하다. 왜냐하면 그것이 바로 에너지 갭이기 때문이다. 다른 곳에서의 전이는 단지 연속적인 스펙트럼으로 나타날 뿐이다. 에너지 밴드 갭 안쪽은 금지대(forbidden region)이기 때문에 전이가 일어나지 않다가 최소 에너지인 CBM과 VBM 사이에 맞는 에너지 상태에서 전이가 발생한다. $\hbar\omega$의 에너지를 갖는 빛이 입사되면 가전자대에 있는 전자가 빛을 흡수하여 에너지가 높아져서 전도대로 전이하게 되고, 반대로 전도대에 있는 전자가 가전자대의 빈 공간으로 떨어지면 그 에너지에 해당하는 만큼의 빛을 내놓게 된다. 이때의 에너지와 운동량의 관계식은 다음과 같다.

$$E_i \pm \hbar\omega = E_f \tag{15.1.4}$$

$$\overrightarrow{k_i} \pm \overrightarrow{q_{ph}} = \overrightarrow{k_f} \tag{15.1.5}$$

위 두 식에서 양의 부호는 빛이 흡수되는 과정, 음의 부호는 빛이 방출되는 과정이다. 일반적으로 CBM과 VBM은 브릴루앙 영역 끝에 있는 경우가 많은데, 운동량이 같은 직접 전이의 경우에는 $\overrightarrow{k_i} \simeq \overrightarrow{k_f} \simeq \overrightarrow{k}_{ZB} \sim 2\pi/a \sim 1\,\text{Å}^{-1}$ 정도여서 빛의 에너지가 $\hbar\omega = \hbar cq$이므로 빛의 운동량 q는 $q = \hbar\omega/\hbar c = E_g/\hbar c$가 되어, 에너지 갭이 1 eV일 때 $q \simeq 5 \times 10^{-4}\,\text{Å}^{-1}$이어서 빛의 운동량은 거의 무시할 수 있다.

간접 전이를 하는 경우에는 CBM과 VBM이 위치한 운동량이 달라지는데, 이때 에너지와 운동량에는 격자진동 에너지인 포논 에너지가 관여되어야 한다.

$$E_f = E_i \pm \hbar\omega_{photon} \pm \hbar\omega_{phonon} \tag{15.1.6}$$

$$\overrightarrow{k_f} = \overrightarrow{k_i} \pm \vec{q}_{photon} \pm \vec{q}_{phonon} \tag{15.1.7}$$

식 (15.1.6)에서 포논 에너지의 부호가 양일 경우에는 포논이 흡수되는 과정이고, 부호가 음일 경우에는 포논이 방출되는 과정이다. 식 (15.1.7)에서도 마찬가지로 포논의 운동량의 부호가 양일 경우에는 포논이 흡수되는 과정, 부호가 음일 경우에는 포논이 방출되는 과정이다. 광자의 부호도 마찬가지로 부호가 양일 때는 광자가 흡수되는 과정, 음일 때는 광자가 방출되는 과정이다.

15.2 고유 반도체

반도체의 전도대와 가전자대에서 상태밀도를 구해보자. 상태밀도를 이해하는 것은 고체의 물성을 이해하는 첫걸음이다. 상태밀도를 알아야 전하밀도를 구할 수 있고, 전하밀도를 제어하는 것이 반도체의 핵심적인 기능이기 때문이다. 그림 15-2(a)에서 CBM 근처에 있는 전자를 생각해보자. 이때, 운동량 공간에서 전자의 에너지는 다음과 같이 주어진다.

$$E = E_c + \hbar^2 \sum_{i=1}^{3} \frac{k_i^2}{2m_i} \tag{15.2.1}$$

전자는 전도대에서 움직이기 때문에, 전자의 에너지는 전도대의 에너지 E_c에 운동에너지 항을 더한 것과 같다. i를 1에서 3까지 더하는 것은 $(x,\ y,\ z)$축을 숫자 첨자로 나타냈기 때문이다. 이를 다시 쓰면

$$\frac{\hbar^2}{E - E_0} \sum_{i=1}^{3} \frac{k_i^2}{2m_i} = 1 \tag{15.2.2}$$

이 되는데,

$$k_{i0} = \left[2m_i \frac{E - E_c}{\hbar^2} \right]^{1/2} \tag{15.2.3}$$

로 정의한다면, 식 (15.2.2)는 다음과 같이 타원 방정식으로 나타낼 수 있다.

$$\left(\frac{k_1}{k_{10}} \right)^2 + \left(\frac{k_2}{k_{20}} \right)^2 + \left(\frac{k_3}{k_{30}} \right)^2 = 1 \tag{15.2.4}$$

이 타원 방정식은 이차항으로 된 전도대의 3차원 에너지 포켓(energy pocket)이 타원형으로 되어 있음을 의미한다. 사실 전도대가 꼭 이차항으로 되어 있지 않을 수 있지만 CBM 근처에서 에너지 분산구조는 이차항으로 근사할 수 있다. 일반적으로 반도체에서는 전자의 페르미 에너지가 금속에 비해 그리 높지 않기 때문에 전자의 페르미 에너지는 CBM 아래쪽 또는 CBM 근처에 있다. 페르미 에너지가 CBM에서 멀리 떨어진 위

쪽에 있다고 하면 그 자체를 금속이라고 해도 무방하다. 이러한 전자 에너지 포켓의 부피는

$$V_{\ell ipsoid} = \frac{4\pi}{3} k_{10} k_{20} k_{30} = \frac{4\pi}{3} \left[\frac{2(E - E_c)}{\hbar^2} \right]^{3/2} \sqrt{m_1 m_2 m_3} \qquad (15.2.5)$$

가 된다.

따라서 E와 E_c 사이에서 전자의 분포함수 $f(E)$는 운동량 공간에서 전자 에너지 포켓의 부피와 k 공간에서의 단위부피 $(\Delta k)^3 = (2\pi/L)^3 = 8\pi^3/V$를 곱하면 된다. 또한 전자의 스핀이 업/다운 2개이므로 2를 추가로 곱한다.

$$f(E) = 2\frac{4\pi}{3} \left[\frac{2(E - E_c)}{\hbar^2} \right]^{3/2} \sqrt{m_1 m_2 m_3} \frac{V}{(2\pi)^3} = \frac{V}{3\pi^2} \frac{[2(E - E_c)]^{3/2}}{\hbar^3} m_c^{3/2} \qquad (15.2.6)$$

여기에서 $m_c = (m_1 m_2 m_3)^{1/3}$는 전자대에서 전자의 유효질량이다.

에너지 E와 $E + dE$ 사이에서 전자가 가질 수 있는 확률분포는 $f(E + dE) - f(E)$이고, 이를 부피와 에너지 dE로 나누면 전자의 상태밀도 $g_c(E)$가 된다.

$$g_c(E) = \frac{f(E + dE) - f(E)}{VdE} = \frac{1}{V} \frac{df(E)}{dE} \qquad (15.2.7)$$

식 (15.1.13)과 (15.1.14)를 이용해서 상태밀도를 계산하면 전자의 상태밀도는 다음과 같다.

$$g_c(E) = \frac{\sqrt{2(E - E_c)}\, m_c^{3/2}}{\pi^2 \hbar^3} \qquad (15.2.8)$$

마찬가지 방법으로 가전자대에서 전자가 빠져나간 구멍인 정공의 상태밀도 $g_v(E)$도 구할 수 있다. 결과는 에너지 영역만 $E_v - E$로 바뀌고 위 식과 같을 것이기 때문에 정공의 상태밀도는 다음과 같다.

$$g_v(E) = \frac{\sqrt{2(E_v - E)}\, m_v^{3/2}}{\pi^2 \hbar^3} \qquad (15.2.9)$$

여기에서 E_v는 가전자대의 에너지, m_v는 가전자대에서 전자의 유효질량이다.

페르미·디랙 함수를 써서 전도전자의 전류밀도를 계산하면, 전류밀도는 상태밀도에

페르미·디랙 함수를 곱하여 CBM에서부터 에너지로 적분하여 구할 수 있다.

$$n = n_c(T) = \int_{E_c}^{\infty} g_c(E) \frac{dE}{e^{(E-\mu)/k_B T} + 1} \tag{15.2.10}$$

마찬가지 방법으로 VBM으로부터 아래쪽에 있는 가전자대의 정공의 밀도는 다음과 같다. 여기에서 주의할 점은, 정공은 전자가 빠져나간 자리이므로, 페르미 함수 $f(E)$를 그대로 쓰지 않고 $1-f(E)$를 써야 한다는 점이다.

$$\begin{aligned} p = p_v(T) &= \int_{-\infty}^{E_c} dE g_v(E)[1-f(E)] = \int_{-\infty}^{E_v} g_v(E) \frac{e^{(E-\mu)/k_B T}}{e^{(E-\mu)/k_B T} + 1} dE \\ &= \int_{-\infty}^{E_v} g_v(E) \frac{dE}{e^{(\mu - E)/k_B T} + 1} \end{aligned} \tag{15.2.11}$$

저온의 극한을 생각하면, 전도전자의 경우 $E_c - \mu \gg k_B T$일 때

$$\frac{1}{e^{(E-\mu)/k_B T} + 1} \approx e^{-(E-\mu)/k_B T} \quad (E > E_c) \tag{15.2.12}$$

가 되고, 가전자대의 정공은 $\mu - E_v \gg k_B T$일 때

$$\frac{1}{e^{(\mu - E)/k_B T} + 1} \approx e^{-(\mu - E)/k_B T} \quad (E < E_v) \tag{15.2.13}$$

이기 때문에, 먼저 전자에 대해 계산해보면, 식 (15.2.12)와 (15.2.8)을 식 (15.2.10)에 대입하여 정리하자.

$$n = \frac{\sqrt{2}\, m_c^{3/2}}{\pi^2 \hbar^3} \int_{E_c}^{\infty} \sqrt{E - E_c}\, e^{-\beta(E - E_c)} dE \tag{15.2.14}$$

여기에서 편의상 $\beta = 1/k_B T$라 했고, 화학적 퍼텐셜 $\mu = E_c$로 놓아도 무방하다. 이 적분을 계산하기 위해서 $X = \sqrt{E - E_c}$로 치환하면, $X^2 = E - E_c$이고, $2XdX = dE$이므로, 적분은 아래와 같이 쓸 수 있다.

$$2\int_0^{\infty} X e^{-\beta X^2} X dX \tag{15.2.15}$$

위 식의 적분은 적분인자 X와 $Xe^{-\beta X^2}$을 부분적분하여 얻을 수 있다. 부분적분에서 $Xe^{-\beta X^2}$의 적분을 먼저 계산하면, 다시 $\beta X^2 = u$로 치환하면 $du = 2\beta XdX$이므로

$$\int Xe^{-\beta X^2}dX = \frac{1}{2\beta}\int e^{-u}du = -\frac{1}{2\beta}e^{-u} \tag{15.2.16}$$

을 얻는다. 이를 식 (15.2.15)에 부분적분식으로 활용하자.

$$2\int_0^\infty Xe^{-\beta X^2}XdX = 2\left[-\frac{1}{2\beta}e^{-\beta X^2}X\Big|_0^\infty + \frac{1}{2\beta}\int_0^\infty e^{-\beta X^2}dX\right] \tag{15.2.17}$$

위 식의 오른쪽 첫째 항은 0이고, 둘째 항은 오일러 적분이므로,

$$2\int_0^\infty Xe^{-\beta X^2}XdX = \frac{1}{2\beta}\sqrt{\frac{\pi}{\beta}} = \frac{\sqrt{\pi}}{2}(k_BT)^{3/2} \tag{15.2.18}$$

가 된다. 이를 식 (15.2.14)에 대입하여 정리하면 극저온에서의 전자밀도는

$$N_c(T) = \frac{1}{\sqrt{2}}\left(\frac{m_c k_B T}{\pi\hbar^2}\right)^{3/2} \tag{15.2.19}$$

가 된다. 마찬가지로 극저온에서 정공의 밀도는 다음과 같다.

$$P_c(T) = \frac{1}{\sqrt{2}}\left(\frac{m_v k_B T}{\pi\hbar^2}\right)^{3/2} \tag{15.2.20}$$

일반적으로 높은 온도에서의 전자 또는 정공의 밀도는 열역학적으로 극저온에서의 전자 또는 정공의 밀도에 볼츠만 인자를 곱하여 얻을 수 있다. 볼츠만 인자는 페르미 함수의 극한과 동일해서 식 (5.2.12)와 (5.2.13)을 그대로 사용할 수 있다. 따라서 온도에 따른 전자와 정공의 밀도는 각각 다음과 같다.

$$n_c(T) = N_c(T)e^{-(E_c-\mu)/k_BT} \tag{15.2.21}$$

$$p_c(T) = P_c(T)e^{-(\mu-E_v)/k_BT} \tag{15.2.22}$$

위 식에 의하면 전자밀도와 정공밀도의 곱은 화학적 퍼텐셜과 무관하게 항상 일정하고, 에너지 갭에 비례하게 된다. 이를 질량 작용 법칙(law of mass action)이라고 한다.

$$n_c(T)p_v(T) = N_c(T)P_v(T)e^{-(E_c - E_v)/k_BT} = N_c(T)P_v(T)e^{-E_g/k_BT} \tag{15.2.23}$$

고유 반도체(intrinsic semiconductor)에서 전자와 정공의 밀도가 같다면 $n_c = p_v \equiv n_i$, 질량 작용 법칙으로부터

$$n_i^2 = n_c p_v = N_c(T)P_v(T)e^{-E_g/k_BT} \tag{15.2.24}$$

가 되고, 식 (15.2.21) 또는 식 (15.2.22)로부터

$$n_i(T) = N_c(T)e^{-(E_c - \mu_i)/k_BT} = P_v(T)e^{-(\mu_i - E_v)/k_BT}$$

$$e^{2\mu_i/k_BT} = \frac{P_v(T)}{N_c(T)}e^{(E_v + E_c)/k_BT}$$

고유 반도체의 화학적 퍼텐셜 μ_i는 식 (15.2.19)와 식 (15.2.20)을 이용하여

$$\mu_i(T) = \frac{1}{2}(E_c + E_v) + \frac{1}{2}k_BT\ln\left(\frac{P_v}{N_c}\right) = E_v + \frac{1}{2}E_g + \frac{3}{4}k_BT\ln\left(\frac{m_v}{m_c}\right) \tag{15.2.25}$$

로 얻을 수 있다. $T = 0$ K에서 $\mu_i(0) = E_v + E_g/2$가 되어서 0 K에서의 화학적 퍼텐셜, 다른 말로 페르미 에너지는 밴드 갭 가운데에 위치하게 된다.

15.3 도핑

고유 반도체에 불순물을 넣는 것을 도핑(doping)이라고 한다. 고유 반도체에 도핑을 하는 이유는 도핑을 통해 전하의 종류를 결정하고, 전하밀도 제어를 통해 물성을 조절할 수 있기 때문이다. 4족(IV) 고유 반도체인 Si, Ge에 P나 As 등 5족(V) 원소를 도핑하면 5족 원소가 4족 원소에 비해 전자가 하나 더 많기 때문에 전자를 도핑하는 효과가 있는데, 이때 전자를 도핑하는 원소를 주개(donor)라고 하고, n-형 도핑이라고 한다. 반대로 4족 고유 반도체에 3족(III) 원소인 B, Al, Ga 등을 도핑하면 3족 원소는 4족 원소에 비해 전자가 하나 더 부족하기 때문에 정공이 도핑되는 효과가 있어서 이를 p-형 도핑이라고 한다. 이때, 정공을 주는 원소를 받개(acceptor)라고 하는데, 이는 받개 원소는 말 그대로

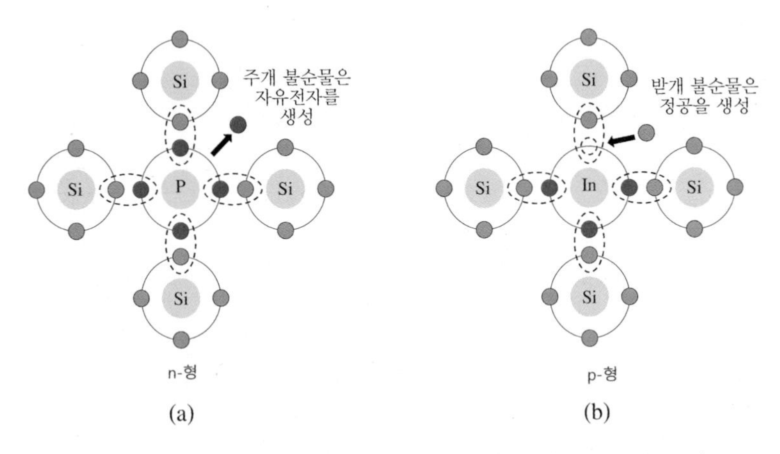

그림 15-3 (a) 실리콘에 인을 도핑한 전자 도핑과 (b) 인듐을 도핑한 정공 도핑

전자를 받는 역할을 하기 때문이다.

그림 15-4에 고유 반도체와 p-/n-형 도핑에 따른 에너지 밴드와 상태밀도를 나타내었다. 고유 반도체에서 에너지 갭이 있고, 전도대에는 전자가, 가전자대는 정공이 있다. 상

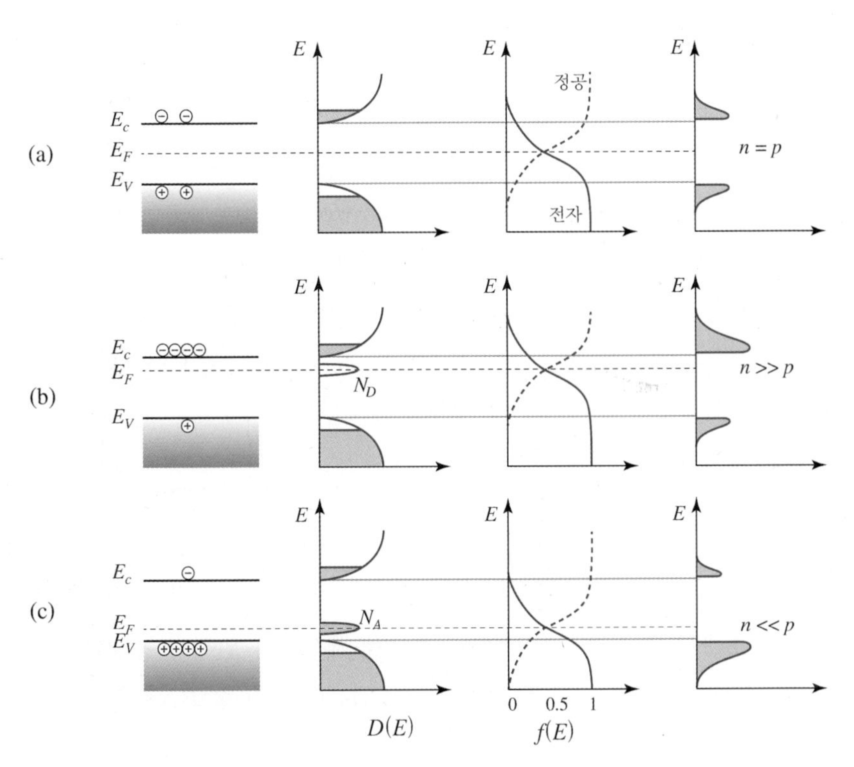

그림 15-4 (a) 고유 반도체, (b) p-형 도핑, (c) n-형 도핑의 에너지 밴드와 상태밀도

표 15-2 실리콘과 저마늄의 유전상수 ϵ, 유효질량 m^*, 이온화 에너지 $E_c - E_d$, 보어 반지름 a_0

		Si	Ge
ϵ		11.7	15.8
m^* (m_e)		0.2	0.1
$E_c - E_d$ (eV) [이론]		0.02	0.006
$E_c - E_d$ (eV) [실험]	P	0.044	0.012
	As	0.049	0.0127
	Sb	0.039	0.0096
	Bi	0.069	–
a_0 (Å)		30	80

태밀도는 전자와 정공의 상태밀도가 비슷하게 대칭적으로 존재하고 페르미 준위는 에너지 밴드 갭 가운데에 있다. 고유 반도체에 p-형 도핑을 하면 페르미 준위가 전도대 쪽으로 움직이고, 에너지 밴드 갭 중간에 불순물 준위가 생긴다. 이를 주개 준위(donor level)라고 한다. 상태밀도에서는 전도전자 쪽의 상태밀도가 높아진다. 고유 반도체에 n-형 도핑을 하면 페르미 준위가 가전자대 쪽으로 움직이고 받개 준위(acceptor level)가 생기고 가전자대 상태밀도가 높아진다.

전자 도핑은 일종의 전자가 원자에서 떨어져 나오는 것이기 때문에 대표적인 전자 도핑은 양자역학에서 수소의 이온화이다. 수소의 이온화 에너지는 -13.6 eV로써 퍼텐셜은 $-e^2/r$이다. 반면, 일반적인 원소의 전자도핑은 원소의 유전상수 ϵ이 들어가서 퍼텐셜은 $-e^2/(\epsilon r)$이고, 이온화 에너지는 CBM에서 페르미 에너지 사이의 간격에 해당하는데 보통 -10^{-2} eV 정도 된다. 표 15-2에 대표적인 반도체인 실리콘과 저마늄의 유전상수, 유효질량, 이온화 에너지, 보어 반지름(Bohr radius)을 나타내었다.

15.3.1 전자 도핑

단위부피당 N_d개의 주개 원자가 있다고 하면 일부 주개 원자는 N_d^+개로 이온화되어 있을 것이고, 나머지는 n_d개로써 중성의 주개 원자로 남아 있을 것이기 때문에, $N_d = n_d + N_d^+$이다. 주개 준위에서 전자의 평균 개수를 계산하기 위해서 통계역학적인 방법을 사용하자. N개의 입자가 α개의 양자상태에 점유할 확률을 $P_{\alpha N}$이라고 한다면, 그 확률은

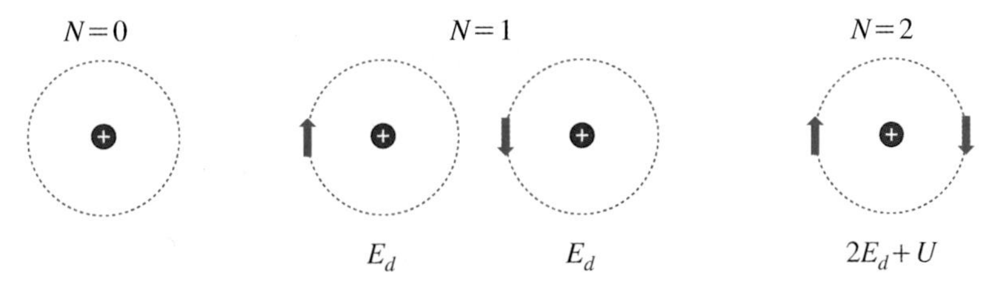

그림 15-5 한 양자상태에 점유되는 주개 전자 점유의 경우

$$P_{\alpha N}=\frac{\exp[-\beta(E_{\alpha N}-\mu N)]}{Z_G} \tag{15.3.1}$$

이다. 여기에서 $\beta=1/k_BT$이고, Z_G는 대정준 분배 함수(grand canonical partition function)이다.

$$Z_G=\sum_{\alpha N}\exp[-\beta(E_{\alpha N}-\mu N)] \tag{15.3.2}$$

이때, 하나의 양자상태에 주개 전자가 줄 수 있는 전자의 경우의 수는 그림 15-5와 같이 전자를 주지 않을 경우($N=0,\ E_{\alpha,N}=0$), 전자를 1개만 줄 경우에는 스핀 업과 스핀 다운의 각각 두 경우가 있으므로 $N=1,\ E_{\alpha,N}=E_d+E_d$이고, 한 양자상태에는 전자 2개가 업/다운 스핀으로 점유되어 있을 수 있으며, 이때는 두 전자 사이에 쿨롱 상호작용 U를 고려해야 한다($N=2,\ E_{\alpha,N}=2E_d+U$). 따라서 대정준 분배 함수는

$$Z_G=1+2e^{-\beta(E_d-\mu)}+e^{-\beta(2E_d+U-2\mu)} \tag{15.3.3}$$

이다. 따라서 주개 준위에 주는 전자의 평균 수는

$$\begin{aligned}\langle N\rangle=\sum_{\alpha,N}NP_{\alpha,N}&=\frac{\sum_{\alpha,N}N\exp[-\beta(E_{\alpha,N}-\mu N)]}{Z_G}\\&=\frac{0+2e^{-\beta(E_d-\mu)}+2e^{-\beta(2E_d+U-2\mu)}}{1+2e^{-\beta(E_d-\mu)}+e^{-\beta(2E_d+U-2\mu)}}\\&=\frac{1+e^{-\beta(E_d+U-\mu)}}{1+\frac{1}{2}e^{\beta(E_d-\mu)}+\frac{1}{2}e^{-\beta(E_d+U-\mu)}}\end{aligned} \tag{15.3.4}$$

가 된다. 매우 작은 원자 간격에서는 쿨롱 상호작용이 매우 크기 때문에 $e^{-\beta U}\approx 0$이므로,

$$\langle N \rangle \simeq \frac{1}{1+\frac{1}{2}e^{\beta(E_d-\mu)}} \tag{15.3.5}$$

이다. 중성의 주개 원자의 수는 주개 원자의 수에서 주개 준위에 여기될 확률 $\langle N \rangle$을 곱하여 얻어진다.

$$n_d = N_d \langle N \rangle = \frac{N_d}{1+\frac{1}{2}e^{\beta(E_d-\mu)}} \tag{15.3.6}$$

이온화된 주개 원자의 밀도는

$$\begin{aligned} N_d^+ = N_d - n_d = N_d - \frac{N_d}{1+\frac{1}{2}e^{\beta(E_d-\mu)}} &= N_d\left(\frac{\frac{1}{2}e^{\beta(E_d-\mu)}}{1+\frac{1}{2}e^{\beta(E_d-\mu)}}\right) \\ &= \frac{N_d}{1+2e^{-\beta(E_d-\mu)}} \end{aligned} \tag{15.3.7}$$

가 된다. 위 식에 의하면 온도가 높아지면 $E_d - \mu \gg k_B T$가 되어 분모가 작아져서 N_d^+가 증가한다. 반면, 낮은 온도에서는 $\mu - E_d \gg k_B T$가 되어 분모가 커지게 되고 그러면 N_d^+가 감소한다.

고유 반도체에서 전자와 정공의 수가 같다고 가정하면, 고유 반도체에서 N_d^+개의 주개를 도핑한다면 전자의 전자밀도는 $n = N_d^+ + p$이다. 이와 함께, 식 (15.2.21)과 (15.2.22), 그리고 (15.3.7)을 바탕으로 4개의 방정식으로부터 4개의 미지수인 n, p, N_d^+, μ를 구할 수 있다. 실제로 4개의 방정식을 해석적으로 푸는 것은 어렵기 때문에 각각을 그래프로 그려서 만나는 점에서 수치적으로 해를 구할 수밖에 없다.

식 (15.2.24)에서

$$n_i(T) = (N_c P_v)^{1/2} \exp(-E_g/2k_B T) \tag{15.3.8}$$

인데, $n_i(T) = N_d$가 되게 하는 온도를 고유 온도(intrinsic temperature) T_i라고 한다. 온도가 고유 온도보다 낮으면($T \ll T_i$) $n_i(T) \ll N_d$가 되어 주개가 물성을 주도하고, 고유 온도보다 높은 온도에서는($T \gg T_i$) $n_i(T) \gg N_d$가 되어 주개의 역할은 무시되고 고유 반도체의 특성이 주가 된다. 낮은 온도에서는 주개 준위의 전자가 전도대로 들뜨게 되면서

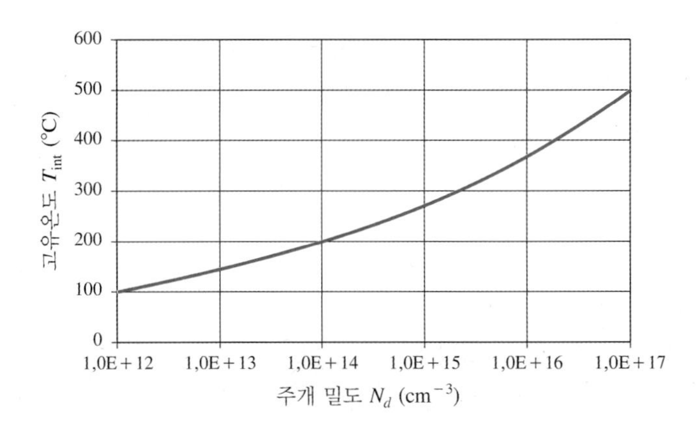

그림 15-6 주개 밀도에 따른 고유 온도의 변화

주개의 역할이 주요하지만, 온도가 높아지게 되면 가전자대의 전자도 전도대로 열적 에너지에 의해 전이를 일으키게 된다. 일반적으로 주개 준위의 전자밀도보다 가전자대의 전자밀도가 워낙 많기 때문에 고온에서는 가전자대의 영향이 주도하게 되어서 고유 반도체와 같은 특성을 보여주게 된다. 즉, 고유 온도는 주개의 역할이 주가 되는지, 고유 반도체의 역할이 주가 되는지를 결정하는 온도 척도라고 할 수 있다. 그림 15-6은 실리콘의 도핑에 따른 주개 밀도에 대한 고유 온도의 변화이다. 도핑이 많아질수록 고유 온도는 증가하게 되는데, 이는 상온에서는 주로 도핑의 영향이 크다는 것을 말해주고 있다.

어떤 특정한 온도에서 고유 반도체의 전자수가 이온화된 주개의 원자수와 거의 비슷하다고 하면($n_i \simeq N_d^+$), 식 (15.2.21)과 (15.3.7)로부터

$$N_c(T)e^{-(E_c-\mu)/k_BT} = \frac{N_d}{1+2e^{-\beta(E_d-\mu)}} \tag{15.3.9}$$

$$\tilde{n} \equiv N_c e^{-\beta(E_c-E_d)} \tag{15.3.10}$$

$$x \equiv e^{-\beta(E_d-\mu)} \tag{15.3.11}$$

라 하면, $\tilde{n}$은 주개 준위 E_d에서 전도대 E_c로 전이되는 전자수이다.

$$n = \tilde{n}x = \frac{N_d}{1+2x} \tag{15.3.12}$$

이 된다. 이를 정리하면

$$2\tilde{n}x^2 + \tilde{n}x - N_d = 0$$

으로부터,

$$x = \frac{1}{4}\left\{\sqrt{1 + \frac{8N_d}{\tilde{n}}} - 1\right\} \tag{15.3.13}$$

$$\mu = E_d + k_B T \ln x \tag{15.3.14}$$

를 얻는다. 이때, 각 온도별로 화학적 퍼텐셜과 전하밀도가 어떻게 바뀌는지 알아보자.

① 극저온

극저온에서는 $\beta \to \infty$ 여서 $\tilde{n} \ll N_d$ 여서 식 (15.3.13)에서

$$x \simeq \sqrt{\frac{N_d}{2\tilde{n}}} \gg 1 \tag{15.3.15}$$

이고, 식 (15.3.12)와 (15.3.10)에서

$$n = \tilde{n}x = \sqrt{\frac{\tilde{n}N_d}{2}} = \sqrt{\frac{N_d N_c(T)}{2}} \exp\{-\beta(E_c - E_d)/2\} = N_d^+ \ll N_d \tag{15.3.16}$$

이 된다. 이온화된 전자의 수가 도핑 전자의 수인데, 그것이 도핑 원소의 수에 비해 현저히 적다는 것은 도핑된 원소가 이온화되지 않고 대부분 중성의 도핑 원소로 존재한다는 것이다. 이른바, 전하가 얼어붙어 있다고 할 수 있다(carrier freeze-out). 이때 화학적 퍼텐셜은 식 (15.3.10), (15.3.14), (15.3.16)을 이용하여,

$$x = \frac{1}{\tilde{n}}\sqrt{\frac{N_d N_c(T)}{2}} \exp\{-\beta(E_c - E_d)/2\} = \sqrt{\frac{N_d}{2N_c}} \exp\{\beta(E_c - E_d)/2\} \tag{15.3.17}$$

$$\mu = E_d + k_B T \ln x = \frac{E_c + E_d}{2} - \frac{1}{2}k_B T \ln\left(\frac{2N_c}{N_d}\right) \tag{15.3.18}$$

을 얻는다. $T = 0$ K에서

$$\mu(0) = \frac{E_c + E_d}{2} \tag{15.3.19}$$

가 되어 화학적 퍼텐셜은 그림 15-7과 같이 CBM과 주개 준위의 가운데에 위치함을 알

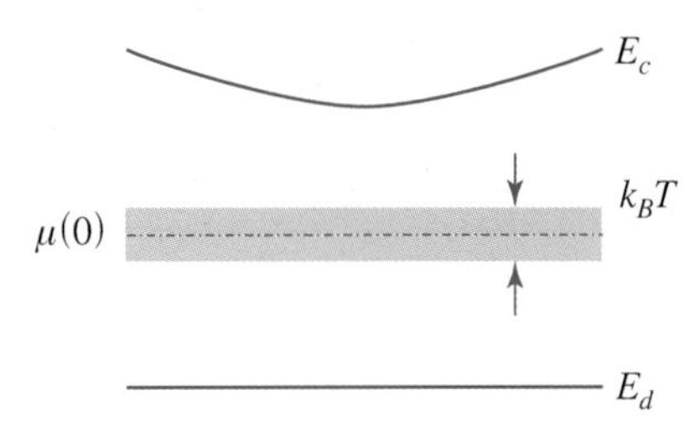

그림 15-7 극저온에서 화학적 퍼텐셜

수 있다. 온도가 증가할 때 화학적 퍼텐셜은 그 중간에서 k_BT만큼 온도퍼짐(thermal broadening)이 발생한다.

② 온도가 증가할 때 Ⅰ$(T < T_f)$

온도가 증가하면 화학적 퍼텐셜은 감소한다. 화학적 퍼텐셜이 감소하여 $\mu = E_d$가 되면, $x = 1$이다. 그러면 식 (15.3.12)로부터

$$n = \tilde{n}x = \frac{N_d}{1+2x} = \frac{N_d}{3} \tag{15.3.20}$$

가 되어 전자의 1/3이 전도전자로 가게 된다. $\tilde{n} = N_d$가 되는 온도를 동결 온도(freeze-out temperature)라고 하는데, 이때 식 (15.3.13)에 의해 $x = 1/2$이고,

$$n = \tilde{n}x = \frac{N_d}{2} \tag{15.3.21}$$

가 되어서 도핑 전자의 반이 전도전자로 가게 된다. 이때 화학적 퍼텐셜은

$$\mu(T_f) = E_d - k_BT\ln 2 \tag{15.3.22}$$

이 되어, 주개 준위보다 약간 아래쪽에 위치하게 된다. 이 온도를 동결 온도라고 하는 이유는 이 온도 아래쪽에서는 주개 준위에서 전도전자로 전이되는 전자수가 급격히 줄어들기 때문에, 마치 전자가 얼어붙어서 높은 전도대로 올라가지 못하는 것과 같기 때문이다.

수식으로 복잡하게 얘기하는 것보다 먼저 결론을 알고 수식을 따라가는 것이 이해하는 데 도움이 될 것이라 생각된다. 그림 15-8은 우리가 지금 다루고 있는 결론이라 할 수 있다. 고유 반도체에 도핑량에 따라 적은 도핑량(lightly doped), 적당한 도핑량(moderately

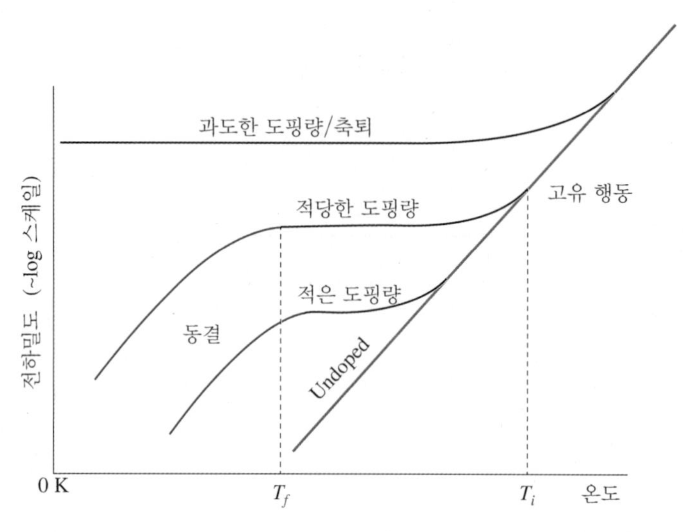

그림 15-8 도핑에 따라 온도에 대한 전하밀도의 변화

doped), 과도한 도핑량(heavily doped) 또는 축퇴 반도체(degenerated semiconductor)로 나눌 수 있다. 과도한 도핑량인 경우에는 화학적 퍼텐셜이 전도전자 근처에 있어서 금속과 다를 바 없다. 반도체의 고유한 특성이 나타나는 경우는 적게 도핑하거나 적당하게 도핑된 경우인데, 이 경우 매우 낮은 극저온에서는 모든 전자가 가전자대에 묶여 있고, 전도전자에는 전자가 없어서 전자가 모두 얼어붙는다. 전자 동결 영역에서 온도가 높아지면 주개 준위에서 전도전자로 페르미·디랙 함수에 따라 열적 여기(thermal excitation)를 하기 때문에 전류밀도가 증가한다.

그러다가 동결 온도 T_f를 지나면 이미 많은 수의 주개 준위에 있는 전자가 전도전자로 올라갔고, 이제는 가전자대에 있는 전자가 전도전자로 올라가야 하는데, 그러기에는 열적 에너지가 에너지 밴드 갭보다 작기 때문에 일정한 전류밀도가 어느 정도 유지된다. 그러다가 고유 온도 T_i를 지나면 열적 에너지가 에너지 갭보다 충분히 커서 가전자대에 있는 전자들이 전도대로 열적 여기를 하기 시작하여 온도에 따라 열적 여기하는 전자수가 많아지기 때문에 온도가 증가함에 따라 전류밀도가 증가한다. 지금까지는 $T < T_f$인 경우를 다루었고, 이제 온도가 동결 온도보다 높아지는 경우를 살펴보도록 하자.

③ $T \to T_i (T > T_i)$일 때

온도가 T_i 바로 위쪽에 있을 때, 모든 주개 원자들은 이온화되어 이온화된 전자들은 전도전자로 올라가 있기 때문에 $N_d^+ \simeq N_d$가 된다.

$$n = N_d^+ + p \tag{15.3.23}$$

로부터, $n = N_d + p$이다. 식 (15.2.21)과 (15.2.22)로부터

$$np = n_i^2 = N_c P_v \exp\{-\beta(E_c - E_v)\} \tag{15.3.24}$$

이다. n-/p-형 도핑은 고유 반도체에서 화학적 퍼텐셜의 변화를 일으키기 때문에 다음과 같이 놓으면,

$$n = n_i \exp\{-\beta(\mu_i - \mu)\} \tag{15.3.25}$$

$$p = n_i \exp\{-\beta(\mu - \mu_i)\} \tag{15.3.26}$$

전자와 정공의 전하 불균형 $\Delta n = n - p$은 주개 원자의 수와 같아서

$$\Delta n = n - p = N_d \tag{15.3.27}$$

와 식 (15.3.24)로부터

$$np = n(n - \Delta n) = n_i^2$$

$$n^2 - \Delta n \cdot n - n_i^2 = 0 \tag{15.3.28}$$

$$n = \frac{1}{2}\Delta n + \frac{1}{2}\sqrt{(\Delta n)^2 + 4n_i^2(T)} \tag{15.3.29}$$

$$p = n - \Delta n = -\frac{1}{2}\Delta n + \frac{1}{2}\sqrt{(\Delta n)^2 + 4n_i^2(T)} \tag{15.3.30}$$

를 얻는다.

④ $T > T_i$일 때

매우 높은 온도에서는 가전자대에 있는 전자가 전도대로 상당수 여기될 수 있기 때문에, 전도대의 전자수는 고유 반도체 특성에 가깝다($n_i(T) \gg N_d = \Delta n,\ \ n \simeq p \simeq n_i(T)$). 식 (15.3.25)와 (15.3.26)으로부터

$$\begin{aligned} N_d = \Delta n = n - p &= n_i[\exp\{-\beta(\mu - \mu_i)\} - \exp\{-\beta(\mu_i - \mu)\}] \\ &= 2n_i \sinh\left(\frac{\mu - \mu_i}{k_B T}\right) \end{aligned} \tag{15.3.31}$$

이다. 이로부터 화학적 퍼텐셜은 다음과 같다.

$$\mu(T) = \mu_i + k_B T \sinh^{-1}\left(\frac{N_d}{2n_i}\right) \simeq \mu_i(T) + k_B T\left(\frac{N_d}{n_i}\right) \simeq \mu_i(T) \tag{15.3.32}$$

⑤ $T = T_i$에서

이때는 $n_i = N_d$이기 때문에, 식 (15.3.32)로부터

$$\mu(T) = \mu_i + k_B T \sinh^{-1}\left(\frac{1}{2}\right) = \mu_i(T) + 0.52 k_B T$$

가 된다.

⑥ $T_f \ll T \ll T_i$일 때

이 정도 온도는 주로 상온에 해당하는데, 주개 준위의 전자는 이미 전도전자대에 올라가 있고, 아직 가전자대의 전자가 올라오기에는 열적 에너지가 약한 상태이다. 이때, 화학적 퍼텐셜은 주개 준위 근처에 있기 때문에, 주개 준위가 대부분의 역할을 차지하여 고유 반도체의 전자수 n_i는 주개 원소의 전자수 N_d보다 훨씬 작다($n_i \ll N_d$). 이때 전자와 정공의 밀도는 각각

$$n = \Delta n = N_d$$

$$p = \frac{n_i^2}{n} = n_i \frac{n_i}{N_d} \ll n_i \ll N_d = n$$

으로써, 결과적으로 전자와 정공의 수가 같다.

15.3.2 정공 도핑

정공이 도핑된 경우는 전자가 도핑된 경우와 동일한 방식으로 다룰 수 있다. 주개와 마찬가지로 정공에서 이온화된 받개 원자수 N_a^-는 식 (15.3.7)과 같이

$$N_a^- = \frac{N_a}{1 + 2e^{-\beta(E_a - \mu)}} \tag{15.3.33}$$

로써, 주개 원자수 N_d와 에너지 E_d를 받개 원자수 N_a와 에너지 E_a로 바꾸면 된다. 생각해보면 위 식에서 지수함수 앞에 있는 2는 스핀 업/다운의 2가지 양자상태 때문에 넣은 것인데, 이는 단일양자 준위에서 대한 것이다. 그러나 일반적으로 Si, Ge, GaAs 등의 반도체는 가전자대에서 가벼운 정공 밴드와 무거운 정공 밴드 2가지가 중첩되어 있어서 $\vec{k}=0$에서의 에너지 중첩을 고려하면

$$N_a^- = \frac{N_a}{1+4e^{-\beta(E_a-\mu)}} \tag{15.3.34}$$

로도 쓸 수 있다. $p = N_a^- + n$으로부터

$$p_v e^{-\beta(\mu - E_v)} = \frac{N_a}{1+4e^{\beta(E_a-\mu)}} + N_c e^{-\beta(E_a-\mu)} \tag{15.3.35}$$

이다. 대부분의 결과는 전자 도핑에서와 동일하다. 다만, 전자가 정공으로 대치된 것일 뿐이다.

CHAPTER 16

반도체의 전도 특성

앞서 금속의 전도 특성에 대해 배웠다. 반도체의 전도 특성도 금속의 것과 크게 다르지는 않지만, 전자와 정공이 공존한다는 것과 에너지 밴드 갭이 존재한다는 점이 금속과 다르다. 이제 금속의 기본적인 이론을 바탕으로 반도체의 전도 특성을 이해해보자.

16.1 정상상태

전기전도의 정상상태는 드루드 모델로 이해할 수 있다. 전자와 정공이 공존하는 반도체에서 외부에 전기장이 걸리면 전류밀도 $\vec{J}$는 전자의 전류밀도 $\vec{J_e}$와 정공의 전류밀도 $\vec{J_h}$이 있어서 옴의 법칙은 다음과 같이 된다.

$$\vec{J} = \vec{J_e} + \vec{J_h} = e(n\mu_n + p\mu_p)\vec{E} = (\sigma_n + \sigma_p)\vec{E} = \sigma\vec{E} \tag{16.1.1}$$

이때, 전자와 정공에 의한 전기전도도는 각각

$$\sigma_n = ne\mu_n = \frac{ne^2\tau_n}{m_n^*} \tag{16.1.2}$$

$$\sigma_p = ne\mu_p = \frac{pe^2\tau_p}{m_p^*} \tag{16.1.3}$$

이 된다. $\sigma = \sigma_n + \sigma_p$로부터 전기저항은

$$\rho = \frac{1}{\sigma} = \frac{1}{\sigma_n + \sigma_p} = \frac{1}{ne\mu_n + pe\mu_p} \tag{16.1.4}$$

이다.

전하 이동도가 $\mu_i = e\tau_i / m_i^*$인데, 매시슨(Matthiessen)의 규칙에 의해 완화시간 τ의 역수인 산란율은 모든 산란 인자에 대한 산란율의 합으로 나타낸다. 그에 따라 전하 이동도도 마찬가지로 매시슨의 규칙을 따른다.

$$\frac{1}{\tau} = \sum_i \frac{1}{\tau_i}, \quad \frac{1}{\mu} = \sum_i \frac{1}{\mu_i} \tag{16.1.5}$$

산란율의 온도의존성은 매시슨의 규칙에 따라 소리 포논의 산란율 $1/\tau_{AP}$과 이온화된 불순물의 산란율 $1/\tau_{ion-imp}$의 경쟁에 의해 결정된다. 온도에 의한 전하의 확산 속도를 열적 속도(thermal velocity) v_{th}라고 하면 열적 확산에 의한 평균 자유행로는 $l = v_{th}\tau$이다. 에너지 등분배 법칙에 따라

$$\frac{1}{2}mv_{th}^2 \propto k_B T \tag{16.1.6}$$

여서

$$v_{th} \propto T^{1/2} \tag{16.1.7}$$

이다. 소리 포논의 산란에 의한 전하의 평균 자유행로는

$$l_{AP} \propto T^{-1} \tag{16.1.8}$$

이므로, 소리 포논에 의한 전하의 산란율은

$$\frac{1}{\tau_{AP}} = \frac{v_{th}}{l} \propto \frac{T^{1/2}}{T^{-1}} = T^{3/2} \tag{16.1.9}$$

의 온도의존성을 갖는다.

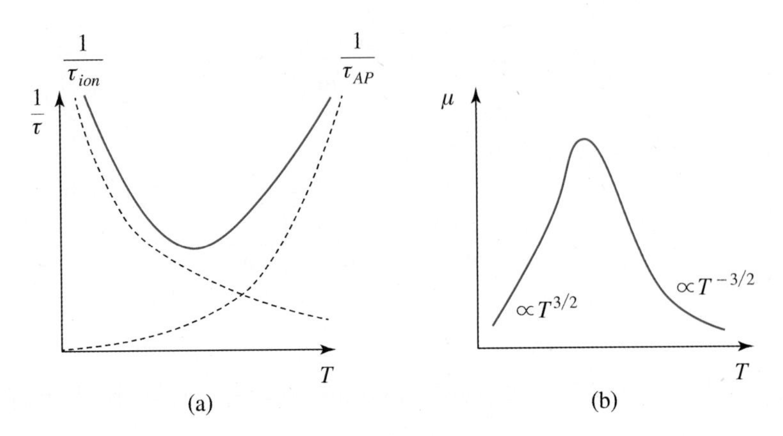

그림 16-1 온도에 따른 (a) 산란율과 (b) 이동도

이온화 불순물에 의한 평균 자유행로는

$$l_{ion-imp} \propto T^2 \tag{16.1.10}$$

이다. 따라서 이온화 불순물에 의한 산란율은

$$\frac{1}{\tau_{ion-imp}} = \frac{v_{th}}{l_{ion-imp}} \propto \frac{T^{1/2}}{T^2} = T^{-3/2} \tag{16.1.11}$$

이다. 일반적으로 고온에서는 포논에 의한 산란이 강하고, 저온에서는 불순물에 의한 산란이 강하다. 즉, 그림 16-1(a)와 같이 산란율이 저온에서는 온도가 증가함에 따라 $T^{-3/2}$로 감소하고, 고온에서는 $T^{3/2}$로 증가한다. 이동도는 완화시간에 비례하기 때문에 산란율의 역수 관계로 나타나므로 그림 16-1(b)와 같이 저온에서는 $T^{3/2}$로 증가하다가 고온에서는 $T^{-3/2}$로 감소한다.

일반적인 경우에는 소리 포논이 전하 산란에 영향을 미치지만, 가끔씩 광 포논이 전하 산란에 영향을 미치기도 한다. 대표적인 물질이 GaAs 반도체인데, 광 포논에 의한 평균 자유행로는 온도에 비례해서($l \propto T$) 광 포논에 의한 산란율은 다음과 같이 $T^{-1/2}$에 비례한다.

$$\frac{1}{\tau_{OP}} = \frac{v_{th}}{l} \propto T^{-1/2} \tag{16.1.12}$$

16.2 홀 효과와 자기저항

금속의 홀 효과는 이미 12.1절 드루드 모델에서 설명하였고, 그림 12-2에도 도시되어 있다. 반도체에서의 홀 효과가 금속의 경우와 다른 점은 전자와 정공의 2종류의 전하를 다룬다는 점이고, 기본적인 물리적 원리는 동일하다.

그림 16-2와 같이 반도체 내에 음의 전하를 갖는 전자와 양의 전하를 갖는 정공이 공존할 경우, 전류를 x방향으로 흐르게 하고 자기장을 z방향으로 가하면 각각의 전하는 $-y$방향으로 로렌츠 힘을 받아서 그림과 같이 휘게 된다. 전자와 정공이 같은 방향으로 쌓이게 되므로 전자와 정공의 재결합이 일어날 수 있어서 전자와 정공이 공존하는 반도체의 홀 저항은 금속의 홀 저항보다는 작게 된다.

문제를 쉽게 하기 위해 정공을 먼저 생각해보자. x방향으로 흐르는 전류를 유동속도(drift velocity) v_d라고 하면, y방향으로 홀 효과에 의한 전기장 $E_y\hat{y}$가 생긴다. x방향의 전류밀도는

$$j_x = pev_{dx} = pe\mu_p E_x$$

$$E_x = j_x / pe\mu_p \tag{16.2.1}$$

이다. p는 정공의 밀도이고 μ_p는 정공의 이동도이다. 평형상태에서 y방향으로의 홀 전압에 의한 힘 eE_y와 $-y$방향으로 로렌츠 힘 $ev_{xd}B$가 서로 균형을 이루게 되므로, 위 식으로부터

$$E_y = v_{xd}B = \mu_p E_x B = \frac{j_x}{pe}B \tag{16.2.2}$$

가 된다. 홀 계수 R_H는 다음과 같이 정의되므로,

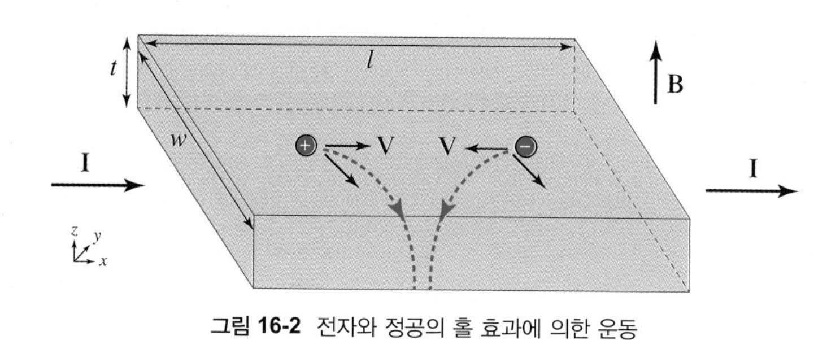

그림 16-2 전자와 정공의 홀 효과에 의한 운동

$$E_y = R_H B_z j_x \tag{16.2.3}$$

홀 계수는 $R_H = 1/pe$ 이다.

만약 전류가 y방향으로 흐른다면 $E_y = \rho_p j_y$ 이고, $E_x = -R_H B_z j_y$로 홀 효과에 의한 전기장이 생성된다. 일반적인 경우에 식 (16.2.1)과 (16.2.2), 그리고 위 관계식을 이용하여 정공의 전류밀도와 전기장의 관계를 행렬식으로 나타내면

$$\begin{pmatrix} E_x \\ E_y \end{pmatrix} = \begin{pmatrix} \rho_p & -R_H B_z \\ R_H B_z & \rho_p \end{pmatrix} \begin{pmatrix} j_x \\ j_y \end{pmatrix} \tag{16.2.4}$$

가 된다.

전자의 경우는 부호가 정공과 반대여서 전류가 x방향으로 흐를 때, $-y$방향으로 홀 전기장이 생기고, 홀 전기장에 의한 힘은 $F_e = -eE_y$, 로렌츠 힘은 $F_L = -ev_{xd}B_z$가 되므로,

$$\begin{aligned} E_x &= \rho_n j_x \\ E_y &= R_H B_z j_x \end{aligned} \tag{16.2.5}$$

이다. 이때, 전자에 의한 홀 계수는 $R_H = -1/ne$ 이다. 홀 계수의 부호가 음이면 전하가 전자, 양이면 정공이라고 할 수 있다. 전류가 y방향으로 흐르는 경우에는

$$\begin{aligned} E_x &= -R_H B_z j_y \\ E_y &= \rho_n j_y \end{aligned} \tag{16.2.6}$$

여서, 전자에 대한 일반적인 전류밀도와 전기장의 행렬식은

$$\begin{pmatrix} E_x \\ E_y \end{pmatrix} = \begin{pmatrix} \rho_n & -R_H B_z \\ R_H B_z & \rho_n \end{pmatrix} \begin{pmatrix} j_x \\ j_y \end{pmatrix} \tag{16.2.7}$$

이다.

전자와 정공이 공존하는 가장 일반적인 경우에 전류밀도는 전자와 정공의 전류밀도의 벡터합으로 나타나고 $\vec{j} = \vec{j_n} + \vec{j_p}$, $j = E/\rho$ 이므로

$$\vec{j} = \left(\frac{1}{\rho_n} + \frac{1}{\rho_p} \right) \vec{E} = \frac{1}{\rho} \vec{E} \tag{16.2.8}$$

이다. 즉, 전자와 정공이 공존하면 전도도와 전기저항은 회로의 병렬연결과 같은 모양을 갖는다.

$$\sigma = \sigma_n + \sigma_p$$

$$\frac{1}{\rho} = \frac{1}{\rho_n} + \frac{1}{\rho_p} \tag{16.2.9}$$

$$\rho = \frac{\rho_n \rho_p}{\rho_n + \rho_p} \tag{16.2.10}$$

일반적으로 전기장 $\vec{E}$과 전류밀도 $\vec{J}$는 텐서 관계로 연결된다.

$$E_i = \rho_{ij} J_i, \ \ J_i = \sigma_{ij} E_j \tag{16.2.11}$$

여기에서 ρ_{ij}와 σ_{ij}는 각각 전기저항 텐서와 전기전도도 텐서이다. 자기장이 z축 방향으로 가해진 상황에서 전기장과 전류밀도가 임의의 방향으로 향해 있다고 가정하고 전기장 방향으로의 전기전도도를 σ_0라고 하자. 평행방향의 전기저항은

$$\rho_{xx} = \rho_{yy} = \frac{1}{\sigma_0}$$

이고, 비대각선 방향(off-diagonal)으로의 전기저항, 즉 홀 저항은

$$\rho_{xy} = -\rho_{yx} = \frac{\omega_c \tau}{\sigma_0} \tag{16.2.12}$$

가 된다. 여기에서 ω_c는 회전 공명 주파수이고 $\omega_c = eB/m^*$이다. 드루드 모델에서 $\sigma_0 = ne^2\tau/m^*$이므로, $\sigma_0 = ne\mu$를 이용하면

$$\omega_c \tau = \frac{B\sigma_0}{ne} = \mu B \tag{16.2.13}$$

이다.

일반적으로 전기전도도와 전기저항을 텐서로 생각했을 때 전기전도도와 전기저항을 복소수 공간에서 표현할 수 있고, 다음과 같다.[1]

---

1 A. B. Pippard, Magnetoresistance in Metals (Cambridge Unviersity press, 2009, New York) pp. 90–91.

$$\sigma = \frac{\sigma_n}{1 - i\omega_c\tau_n} + \frac{\sigma_p}{1 + i\omega_c\tau_p} = e\left[\frac{n_c\mu_c}{1 + i\mu_h B} + \frac{n_h\mu_h}{1 + i\mu_h B}\right] \tag{16.2.14}$$

전자와 정공의 밴드가 여러 개일 경우 각 밴드에 대한 합까지 고려하여 전기전도도는 다음과 같이 쓸 수 있다.

$$\sigma(B) = e\left[\sum_{e=1}^{n}\frac{n_e\mu_e}{1 + i\mu_e B} + \sum_{h=1}^{m}\frac{n_h\mu_h}{1 + i\mu_h B}\right] \tag{16.2.15}$$

위 식에서 실수부는 수평 전기전도도 σ_{xx}이며, 허수부는 홀 전도도 σ_{xy}이다. 이로부터 수평 전기저항 $\rho(B)$과 홀 전기저항 $\rho_H(B)$는 다음과 같이 변환하여 사용한다.

$$\rho(H) = \frac{\sigma_{xx}}{\sigma_{xx}^2 + \sigma_{xy}^2} \tag{16.2.16}$$

$$\rho_H(H) = \frac{\sigma_{xy}}{\sigma_{xx}^2 + \sigma_{xy}^2} \tag{16.2.17}$$

16.3 확산 방정식

드루드 모델에서는 전자를 하나의 점 입자로 간주하여, 전자기장에서 움직일 때 고체 내에서 불순물의 충돌을 탄도 충돌(ballistic scattering)로 다룬다. 그러나 12.2절의 볼츠만 수송 이론에서 전자의 운동을 일종의 확산과정으로 생각할 수 있다고 배웠다. 일반적으로 전자의 운동을 확산으로 다룰 수 있는 경우는 전자를 이동시키는 구동력이 시료의 온도차 등에 의해 전자의 이동도가 낮을 때이다. 전하의 확산을 지배하는 방정식은 연속방정식(continuity equation)과 확산 법칙(diffusion law)이다. 연속방정식은 어떤 입자 또는 물리량의 흐름이 발생할 때 그것이 보존되는 형태로 수송되는 것을 나타낸다.

$$\frac{\partial\rho}{\partial t} + \nabla \cdot \vec{J} = 0 \tag{16.3.1}$$

여기에서 ρ는 전하의 밀도, $\vec{J}$는 전류밀도이다. 전류의 발산 $\nabla \cdot \vec{J}$은 전하들의 시간적 감소율 $-\partial\rho/\partial t$과 같다는 것을 의미한다. 또한 확산 법칙은

$$\vec{J} = -D\nabla\rho \tag{16.3.2}$$

로써, 전류밀도 $\vec{J}$는 전하밀도의 음의 기울기 $-\nabla\rho$에 비례한다. 여기에서 D는 확산계수(diffusion coefficient)이다. 예를 들어, 변위 x가 커질수록 입자의 밀도 $\rho(x)$가 커진다면 확산은 입자의 밀도가 큰 곳에서 작은 곳으로 일어나므로 $-x$방향으로 확산유량(diffusion flux)인 전류밀도 $\vec{J}$가 향하기 때문에 부호가 마이너스가 되었다. 연속방정식과 확산 법칙을 함께 고려하면

$$\frac{\partial\rho}{\partial t} = D\nabla^2\rho \tag{16.3.3}$$

이 된다.

반도체에서 전자와 정공에 대해 확산 방정식을 적용해보자. 먼저 정공의 전류밀도 $\overrightarrow{J_p}$는 외부 전기장에 의한 것과 확산에 의한 것을 고려해서

$$\overrightarrow{J_p} = pe\mu_h\vec{E} - eD_p\nabla\rho_p \tag{16.3.4}$$

가 되고, 마찬가지로 전자의 전류밀도 $\overrightarrow{J_n}$도 같은 방식으로 쓸 수 있다.

$$\overrightarrow{J_n} = ne\mu_n\vec{E} + eD_n\nabla\rho_n \tag{16.3.5}$$

전하에 의한 것과 첨자가 정공 p에 의한 것이냐, 전자 n에 의한 것이냐만 다를 뿐이다. 전체 전류밀도는 $\vec{J} = \overrightarrow{J_p} + \overrightarrow{J_n}$이다.

전자와 정공이 각각 보존되는 양으로 연속방정식을 적용하자. 정공과 전자에 의한 연속방정식은 각각 다음과 같다.

$$\frac{\partial p}{\partial t} = -\frac{1}{e}\nabla\cdot\vec{J} = -\nabla\cdot(p\mu_p\vec{E}) + D_p\nabla^2 p \tag{16.3.6}$$

$$\frac{\partial n}{\partial t} = \frac{1}{e}\nabla\cdot\vec{J} = \nabla\cdot(n\mu_n\vec{E}) + D_n\nabla^2 n \tag{16.3.7}$$

이때, 정공과 전자에 의한 확산계수는 각각

$$D_p = \frac{\mu_p k_B T}{e} \tag{16.3.8}$$

$$D_n = \frac{\mu_n k_B T}{e} \tag{16.3.9}$$

로 쓸 수 있는데, 이를 아인슈타인 관계식이라고 한다.

16.4 재결합

전자와 정공은 서로 전하가 달라서 서로 인력이 작용하고, 정공은 사실 전자가 빠져나간 빈자리이기 때문에 전자와 정공이 만나면 소멸하게 되는데, 이를 재결합(recombination)이라고 한다. 평형상태에서는 전자-정공 생성률과 재결합률이 평형상태를 유지하게 된다. 재결합률과 생성률은 전자와 정공의 농도에 비례한다. 열적 평형상태에서 전자와 정공이 서로 만나 소멸되기 때문에 전자와 정공의 전하밀도 p와 n은 보존되는 양이 아니어서 $pn \neq n_i^2$이다. 여기에서 n_i는 고유 전하밀도이다.

도핑한 p-형과 n-형 전하밀도가 주 전류밀도보다 매우 작은 경우에 대해 살펴보자. 전자와 정공의 생성과 재결합 과정에서 열적 평형상태에서 전자와 정공의 밀도를 각각 n_0와 p_0라고 하자. 이때 연속방정식은 정공과 전자에 대해서 각각

$$\frac{\partial p}{\partial t} = G_p - \mu_p - \frac{1}{e}\nabla \cdot \overrightarrow{J_p} \tag{16.4.1}$$

$$\frac{\partial n}{\partial t} = G_n - \mu_n + \frac{1}{e}\nabla \cdot \overrightarrow{J_n} \tag{16.4.2}$$

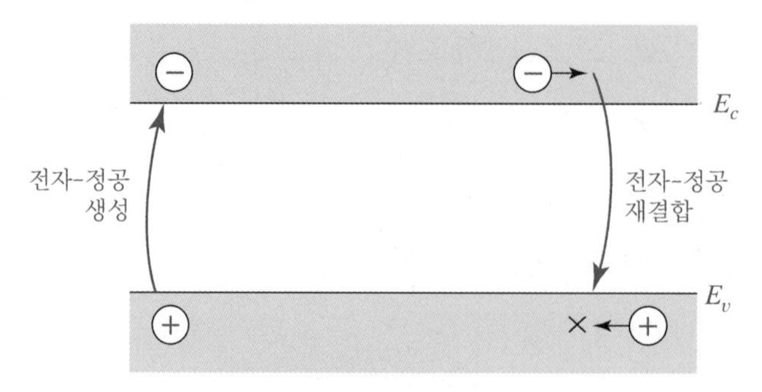

그림 16-3 전자와 정공의 생성과 재결합

로 쓸 수 있는데, $G_{p(n)}$은 자기장이나 빛 등의 외부 인자에 대해 정공(전자)의 생성률이고, $\mu_{p(n)}$은 이동도이다. 정공과 전자 밀도의 시간적 변화는 그것들의 이동도에 비례하기 때문에 연속방정식에 포함되었다. 이때, 이동도는 다음과 같이 근사될 수 있는데,

$$\mu_p \simeq \frac{p - p_0}{\tau_p^{rec}} \tag{16.4.3}$$

여기에서 $p - p_0$는 열역학적 정공의 농도로부터 실제 정공 농도의 차이이고, τ_p^{rec}는 정공의 재결합 시간이다.

식 (16.4.1)과 (16.4.2)의 연속방정식을 1차원의 경우에 대해 고려해보자. 먼저 p-형 반도체는 주 운반자가 정공이고, 소수 운반자가 전자이다. 이때 p-형 반도체의 소수 운반자인 전자를 n_p라고 하고, 마찬가지로 n-형 반도체에서 소수 운반자인 정공을 p_n이라고 하자. p-형 반도체에서 전자에 대한 연속방정식은 식 (16.4.2)와 (16.3.5), (16.4.3)에 따라

$$\frac{\partial n_p}{\partial t} = G_n - \frac{n_p - n_{p_0}}{\tau_n^{rec}} + n_p \mu_n \frac{\partial E_x}{\partial x} + \mu_n E_x \frac{\partial n_p}{\partial x} + D_n \frac{\partial^2 n_p}{\partial x^2} \tag{16.4.4}$$

가 된다. 같은 방법으로 n-형 반도체에서 정공에 대한 연속방정식을 쓰면 다음과 같다.

$$\frac{\partial p_n}{\partial t} = G_p - \frac{p_n - p_{n_0}}{\tau_p^{rec}} - p_n \mu_p \frac{\partial E_x}{\partial x} - \mu_p E_x \frac{\partial p_n}{\partial x} + D_p \frac{\partial^2 p_n}{\partial x^2} \tag{16.4.5}$$

16.4.1 균일한 빛의 입사: 빛이 투과될 때

그림 16-4와 같이 n-형 반도체 표면에 빛이 균일하게 입사하는 경우를 생각해보자. 빛이 균일하게 입사하므로 x방향으로의 의존성은 없다. 따라서 식 (16.4.5)에서 x에 대한 미분 성분은 없어서 n-형 반도체에서 정공의 연속방정식은

$$\frac{\partial p_n}{\partial t} = G_p - \frac{p_n - p_{n_0}}{\tau_p^{rec}} \tag{16.4.6}$$

로 간단해진다. 정상상태에서 $\partial p_n / \partial t = 0$이므로

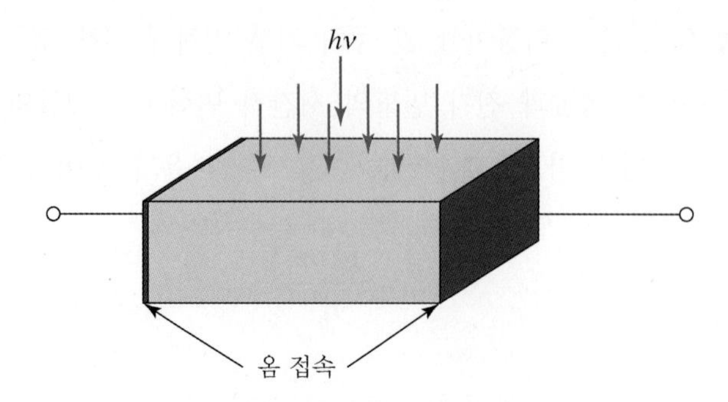

그림 16-4 반도체 표면에 균일한 빛의 입사

$$p_n = p_{n_0} + G_p \tau_p \tag{16.4.7}$$

이 된다. 이것은 초기 정공밀도 p_{n_0}에서 빛의 입사에 대해 시간이 지남에 따라 G_p의 계수로 정공밀도가 증가하게 된다.

빛을 쪼이다가 $t=0$에서 빛이 꺼지면 $G_p = 0$이므로,

$$\frac{\partial p_n}{\partial t} = -\frac{p_n - p_{n_0}}{\tau_p^{rec}}$$

$$\frac{dp_n}{p_n - p_{n_0}} = -\frac{dt}{\tau_p}$$

$$\ln(p_n - p_{n_0}) = -t/\tau_p + C$$

$$p = p_{n_0} + Ae^{-t/\tau_p}$$

이다. $t=0$의 초기조건을 사용하면 $A = p - p_{n_0} = G_p \tau_p$여서

$$p = p_{n_0} + G_p \tau_p e^{-t/\tau_p} \tag{16.4.8}$$

로 주어진다. 이는 빛이 꺼지면 생성되었던 정공이 전자-정공 재결합에 의해 지수함수적으로 감소함을 나타낸다.

16.4.2 빛이 투과되지 못할 때

그림 16-5는 식 (16.4.8)에 의해 반도체에 빛을 쪼이다가 껐을 때 전자-정공 재결합에 의해 n-형 반도체에서 정공밀도가 감소되는 것을 나타낸다. 이때는 반도체가 박막 형태

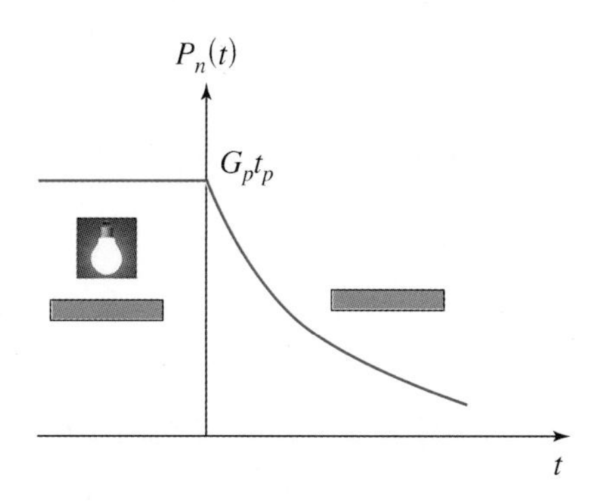

그림 16-5 n–형 반도체에 외부의 빛을 껐을 때 전자–정공 재결합에 의한 정공의 감소

로 제작되어 충분히 얇아 빛이 반도체 전체를 투과한다고 가정한 것이다. 만약 반도체가 충분히 큰 두께를 갖는다거나 반도체의 한쪽 옆면에 빛이 입사한다고 하면 빛은 시료를 투과하지 않고 빛의 세기는 $I = I_0 e^{-\alpha x}$로 지수함수적으로 감소한다. 이때, α는 흡수계수이고 보통 $10^6\ \mathrm{cm}^{-1}$ 정도 된다. 즉, 빛은 반도체 표면으로부터 $10^{-6}\ \mathrm{cm} \approx 10\ \text{Å}$ 정도면 $1/e$만큼 사라진다. 정상상태에서 표면으로부터 떨어져 있는 곳에서는 시간에 무관하고, $E_x = 0$이므로, 확산 방정식은

$$\frac{\partial p_n}{\partial t} = -\frac{p_n - p_{n_0}}{\tau_p^{rec}} + D_p \frac{\partial^2 p_n}{\partial x^2} = 0 \tag{16.4.9}$$

이다. 이 2계 미분방정식의 해는

$$p_n(x) - p_{n_0} = Ae^{\alpha x}$$

의 꼴을 가져야 한다. 이를 원래의 미분방정식에 넣으면

$$\frac{d^2}{dx^2}[p_n(x) - p_{n_0}] = A\alpha^2 e^{\alpha x} = \frac{1}{D_p \tau_p}[p_n - p_{n_0}] = \frac{1}{D_p \tau_p} Ae^{\alpha x}$$

이므로, $\alpha^2 = 1/D_p\tau_p$이다. 여기에서 $L_p = \sqrt{D_p\tau_p}$로써, 빛의 전파 깊이이다. 경계조건에 의하여

$$A = p_n(0) - p_{n_0}$$

이므로, 확산 방정식의 해는

$$p_n(x) = p_{n_0} + [p_n(0) - p_{n_0}]e^{-x/L_p} \tag{16.4.10}$$

이 된다. 식 (16.3.4)에 의하여 확산 전류밀도 J_p는

$$J_{px} = -eD_p \frac{\partial p_n}{\partial x} = \frac{eD_p}{L_p}[p_n(0) - P_{n_0}]e^{-x/L_p} \tag{16.4.11}$$

로 주어진다. 당연한 결과지만, 전류밀도 또한 표면에서 지수함수적으로 감소하는 것을 알 수 있다.

지금까지 n-형 반도체에서 정공밀도와 전류밀도에 대해 논의하였는데, p-형 반도체도 동일하게 적용될 수 있으므로 p-형 반도체에 전자를 도핑한 것에 관한 논의는 생략한다.

CHAPTER 17

p-n 접합

지금까지 에너지 밴드 갭을 갖고 있는 고유 반도체에 대한 것과, 고유 반도체에 전자와 정공을 도핑한 n-형, p-형 반도체의 특성에 대해 알아보았다. 반도체가 현대 전자공학에 혁명을 일으킨 것은 p-형 반도체와 n-형 반도체의 조합으로 전자를 제어할 수 있는 기술을 확립했기 때문이다. p-형 반도체와 n-형 반도체를 서로 접합시킨 것을 p-n 접합이라고 하는데, 이 접합이 반도체 집적회로의 기본이 된다. p-n 접합의 응용으로 pnp, npn 접합 등을 구성하여 트랜지스터를 만들 수 있다. p-n 접합은 모든 반도체 소자의 기본이 되므로 이 장에서는 p-n 접합의 기본물성에 대해 설명하고, 이어서 pnp 접합 등 트랜지스터로 이어지도록 하겠다. 반도체 접합을 실제로 제작하는 방법은 복잡한 반도체 공정을 거치게 된다. 반도체 공정은 또 하나의 방대한 학문 분야이기 때문에 고체물리학에서 다루지는 않는다. 수많은 공정이 있지만 핵심적으로 반도체 접합 공정으로 사용되는 방법으로는 크게 ALD(Atomic Layer Deposition), PLD(Pulsed Laser Deposition), 스퍼터링(sputtering), 열증착(thermal evaporation), MBE(Molecular Beam Epitaxi), CVD(Chemical Vapor Deposition) 등 많은 첨단 기법들이 있으며, 제작하고자 하는 특성에 맞는 공정을 선택해야 한다. 각각의 공정은 하나의 학문 분야로써, 전문분야를 연구하고자 하는 학생들은 해당 분야별로 별도의 공부가 필요하다.

17.1 평형상태 기본물성

p-형 반도체와 n-형 반도체를 그림 17-1(a)처럼 p-형 반도체와 n-형 반도체를 접합시킬 수 있다. 접합면은 대개 1 μm 이내로 형성된다고 생각하면 된다. p-형에서 다수 전하로 존재하는 정공은 n-형 반도체 쪽으로 끌리고, n-형 반도체의 다수 전하인 전자는 p-형 반도체 쪽으로 끌리게 된다. 이 과정은 확산과정으로 이해될 수 있으며, 전자와 정공이 그림 17-1(b)와 같이 서로의 영역을 침범하면서 공간 전하(space charge)를 형성하게 되는데, 이 영역을 공핍층(depletion layer)이라고 한다.

그림 17-1(c)에는 각각의 반도체에서 전하밀도를 도식화하였다. p-형 반도체 쪽에서는 정공이 다수 전하이고, 전자는 소수 전하이다($N_a \gg N_d$). 마찬가지로 n-형 반도체에서는 전자가 다수 전하이고, 정공은 소수 전하이다($N_a \ll N_d$). 가운데를 기준으로 p-형 반도체의 공핍층 영역을 $-dp$, n-형 반도체의 공핍층 영역을 dn이라 하자. 공핍층이라는 용어는 전자와 정공이 서로 만나서 재결합 과정으로 사라졌기 때문에 사실 그 영역에서는 전도 전하는 사라지고 이온들만 남아 있어서 움직이는 전하가 궁핍해졌다는 의미에서 공핍층이라는 용어를 쓴다. 이온은 움직이지 않기 때문에 공핍층 내부의 전하는 그대로

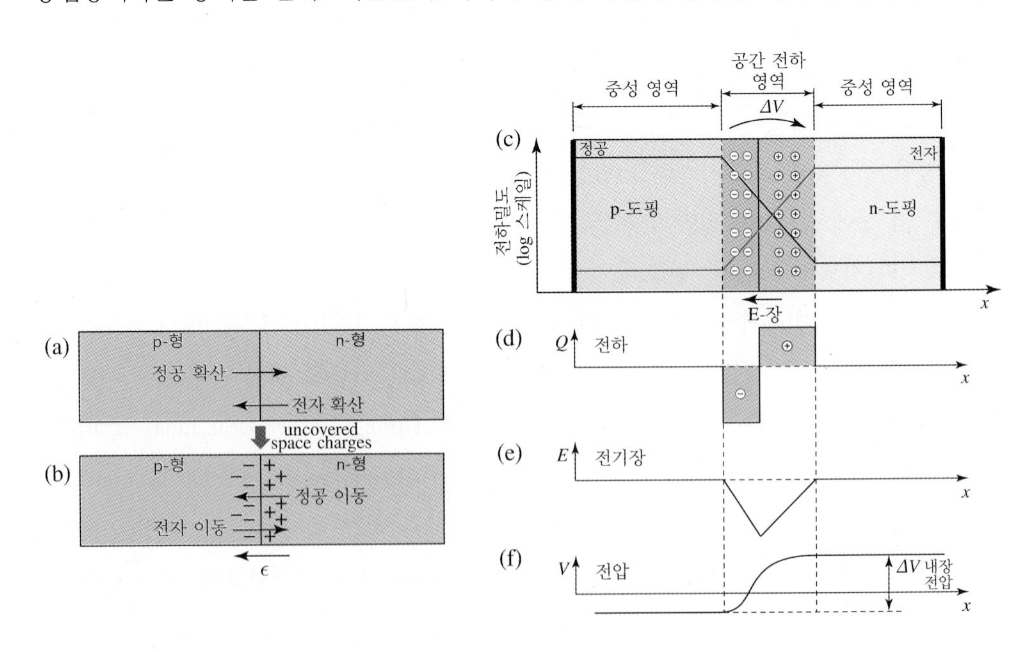

그림 17-1 (a) p–n 접합의 개략도, (b) 접합 계면에서 공핍층 형성, (c) p–n 접합 상태에서의 전하밀도, (d) 공핍층의 전하밀도, (e) 공핍층의 전기장, (f) 퍼텐셜 개형

유지된다.

p-n 접합 계면에서는 전자와 정공이 서로 끌리면서 확산에 의해 서로의 영역을 침범하기 때문에 전하밀도의 기울기가 형성된다. 정공과 전자가 서로의 영역을 침범하는 과정은 n-형 반도체의 전자가 p-형 반도체의 정공을 채우면서 n-형 반도체 공핍층이 전자를 잃어버려 (+)로 대전되고(N_d^+), p-형 반도체 공핍층은 정공을 채우면서 (−)로 대전되는(N_a^-) 과정이다. 이에 따라, p-형 반도체 쪽의 계면에서 벌크 내부보다 상대적으로 음의 전하가 많아지고, n-형 반도체 계면에서도 상대적으로 양의 전하가 많아지게 된다. N_d^+와 N_a^-는 전도 전류가 아니고 이온이기 때문에 전하는 그대로 유지되고, 이에 따라 그림 17-1(d)와 (e)에서와 같이 계면에서 내부 전기장이 형성된다. 이 공간전하에 의해 생긴 전기장의 방향은 n-형 반도체에서 p-형 반도체 쪽을 향한다. n-형 반도체에 쌓인 양의 전하의 전하밀도는 eN_d이며, p-형 반도체에 쌓인 음의 전하의 전하밀도는 $-eN_a$이다.

p-n 접합에서 전하가 움직이는 과정은 2가지로 해석될 수 있다. 먼저, 그림 17-1(a)에서 나타난 확산과정이다. 확산은 앞서 설명한 바와 같이 p-형의 정공은 n-형 쪽으로, n-형의 전자는 p-형 쪽으로 확산된다. 그로 인해 생긴 이온의 전하 때문에 내부 전기장이 생기면, 전기장에 의한 전자와 정공의 끌림이 발생하는데, 그것은 확산의 방향과 반대방향이다. 즉 그림 17-1(b)와 같이 전자는 n-형 쪽으로 움직이고, 정공은 p-형 쪽으로 되돌아가려고 한다. 이를 드리프트(drift)라고 한다. 열적 평형상태는 이렇게 확산과 드리프트가 평형을 이룬 상태이다.

이러한 상황을 조금 더 자세히 알아보도록 하자. 평형상태에서 전자와 정공의 전하밀도는 다음과 같다.

$$n = n_i e^{\beta(\mu - \mu_i)}, \quad p = p_i e^{\beta(\mu_i - \mu)} \tag{17.1.1}$$

여기에서 $\beta = 1/k_B T$이고, $n(p)_i$, μ_i는 각각 고유 전자(정공)밀도와 고유 화학적 퍼텐셜이다. p-형 반도체 쪽에서는 $n_p \ll p_p$이며, 전하밀도는 $\rho(x) = e[p_p(x) - N_a]$인데, 공핍층에서 정공은 매우 작으므로 $p_p \approx 0$, $\rho(x) = -eN_a$이다. 반면, n-형 반도체 쪽에서는 $n_n \gg p_n$이고, 전하밀도는 $\rho(x) = e[N_d - n_n(x)]$인데, 공핍층에서 n_n은 매우 작으므로 $\rho(x) = eN_d$이다.

p-n 접합의 공핍층에서 퍼텐셜이 어떻게 형성되는지 살펴보자. 퍼텐셜을 계산하기 위해서는 푸아송 방정식(Poisson's equation)을 사용해야 한다. $\nabla \cdot \vec{D} = \rho$, $\vec{D} = \epsilon_s \vec{E}$, $\vec{E} =$

$-\nabla\phi(x)$에 의해서

$$\frac{\partial D}{\partial x}=\rho(x)=\epsilon_s\frac{\partial E}{\partial x}=-\epsilon_s\frac{\partial^2\phi}{\partial x^2} \tag{17.1.2}$$

$$\frac{\partial^2\phi}{\partial x^2}=-\frac{1}{\epsilon_s}\rho(x) \tag{17.1.3}$$

을 풀어야 한다. p-형 반도체 영역에서 전류밀도 $\rho(x)=-eN_a$를 사용하면

$$\frac{\partial^2\phi}{\partial x^2}=\frac{eN_a}{\epsilon_s} \tag{17.1.4}$$

$$E(x)=-\frac{d\phi(x)}{dx}=-\frac{eN_a}{\epsilon_s}(x+dp) \tag{17.1.5}$$

이 된다.

n-형 반도체 쪽에서 같은 방식으로 계산하면 $\rho(x)=eN_d$를 이용하여,

$$\frac{\partial^2\phi}{\partial x^2}=-\frac{eN_d}{\epsilon_s} \tag{17.1.6}$$

$$E(x)=-\frac{d\phi(x)}{dx}=\frac{eN_d}{\epsilon_s}(x-dn) \tag{17.1.7}$$

를 얻는다. 이를 도식화한 것이 그림 17-1(e)이다.

공핍층 양 끝단에서 $E_x(dp)=0$, $E_x(dn)=0$으로 택하면, 식 (17.1.5)와 (17.1.7)로부터 p-형 반도체의 퍼텐셜은

$$\phi(x)=\phi(-dp)+\frac{eN_a}{2\epsilon_s}(x+dp)^2 \tag{17.1.8}$$

이 되고, n-형 반도체의 퍼텐셜은

$$\phi(x)=\phi(dn)-\frac{eN_d}{2\epsilon_s}(x-dn)^2 \tag{17.1.9}$$

가 된다. 이 퍼텐셜의 개형은 그림 17-1(f)와 같다.

$x=0$에서 위의 두 식을 적용하면

$$\phi(0) = \phi(-\infty) + \frac{eN_a}{2\epsilon_s}(dp)^2 = \phi(\infty) - \frac{eN_d}{2\epsilon_s}(dn)^2 \qquad (17.1.10)$$

인데, 여기에서 $\phi(-\infty)$와 $\phi(\infty)$는 각각 p-형 반도체와 n-형 반도체 내부에서의 일정한 퍼텐셜이다. 이 퍼텐셜의 차이가 퍼텐셜 장벽에 해당하는데,

$$\Delta\phi = \phi(\infty) - \phi(-\infty) = \frac{e}{2\epsilon_s}[N_a(dp)^2 + N_d(dn)^2] = V_{bi} \qquad (17.1.11)$$

이 퍼텐셜 장벽을 접촉 전위차(contact potential) 또는 내부 전위차(built-in potential)라고 한다.

열평형상태에서 전류는 흐르지 않는다. 그림 17-1(f)와 같이 퍼텐셜을 생각하면, n-형의 전자는 퍼텐셜이 높은 곳에서 낮은 곳으로 흐른다. 반대로 p-형의 정공은 퍼텐셜이 낮은 곳에서 높은 곳으로 흐른다. 반면, 공핍층에 형성된 전기장에 의해 전자와 정공은 서로 반대방향으로 향하기 때문에 더 이상 반대방향으로 흐르는 것을 방해하여 평형을 이룬다. 초기에는 확산이 우세해서 전위장벽을 넘을 수 있으나 확산과 함께 발생하는 재결합에 의하여 전위장벽을 증가시키기 때문에 전기장이 더 강해지고 확산과 전기장에 의한 드리프트가 평형을 이루어 알짜 전하흐름은 0이 된다.

p-n 접합에서 에너지 밴드가 어떻게 형성되는지 살펴보자. 그림 17-2(a)와 같이 p-형 반도체는 정공 도핑에 의해 받개 준위 또는 억셉터 준위 E_a가 가전자대 살짝 위쪽에 위치하게 된다. p-형 반도체 페르미 준위 E_{Fp}는 억셉터 준위 근처에 있다. 반면, n-형 반도체는 전자 도핑에 의해 주개 준위 또는 도너 준위 E_d가 전도대 바로 아래쪽에 위치하게 되고 n-형 반도체 페르미 준위 E_{Fn}은 도너 준위 근처에 있다. 에너지 밴드 갭이 같

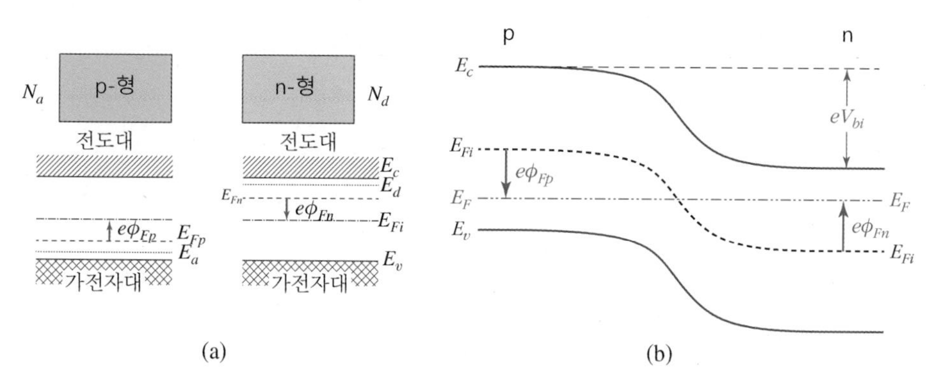

그림 17-2 (a) p-형과 n-형 반도체의 에너지 밴드 다이어그램, (b) p-n 접합에서 밴드 휨

다고 가정하면 p-형 반도체의 페르미 준위는 n-형 페르미 준위보다 아래쪽에 있다. 이때 p-n 접합을 하면 이 두 페르미 준위가 맞춰지게 되는데, 그렇기 때문에 그림 17-2(b)에서처럼 p-형 에너지 밴드가 위쪽으로 올라오게 된다. 이렇게 페르미 준위를 맞추면서 밴드가 휘는 것을 밴드 휨(band bending)이라고 한다. 원래 고유 페르미 에너지 E_{Fi}와 새롭게 형성된 페르미 에너지 E_F 사이의 차이를 p-형과 n-형 반도체에 대해 각각 ϕ_{Fp}와 ϕ_{Fn}이라고 할 때, 내부 전위차는 $V_{bi}=\phi_{Fp}-\phi_{Fn}$이다.

전도대 E_c와 가전자대 E_v 사이는 금지대(forbidden region)이고, p-형 가전자대 아래에 있는 정공이 n-형 가전자대 쪽으로 이동할 때 내부 전위차보다 작은 에너지를 갖고 있는 정공은 n-형 쪽으로 넘어가지 못하고 p-형 반도체 쪽으로 되돌아온다. n-형 반도체의 경우에는 전도대에 있는 전자가 p-형 반도체 쪽으로 이동할 때 내부 전위차보다 작은 에너지를 갖고 있는 전자는 p-형 쪽으로 넘어가지 못하고 내부 전위차보다 큰 전자만 p-형 반도체 쪽으로 이동할 수 있다. 접합면에서 형성되는 전류는 확산전류와 공핍층에서 형성된 전기장에 의한 드리프트 전류이다. p-형을 기준으로 살펴보면, 접합면의 전류는

$$J_p = e\mu_p pE - eD_p\frac{dp}{dx} \tag{17.1.12}$$

이다. 평형상태에서 전류밀도는 0이므로

$$\frac{\mu_p}{D_p}E(x) = \frac{1}{p}\frac{dp}{dx} \tag{17.1.13}$$

아인슈타인 관계식에 의하면

$$\mu_n = \frac{eD_n}{k_BT},\quad \mu_p = \frac{eD_p}{k_BT} \tag{17.1.14}$$

여서, 이를 대입하여 정리하면

$$-\frac{e}{k_BT}\frac{d\phi(x)}{dx} = \frac{1}{p}\frac{dp}{dx} \tag{17.1.15}$$

가 된다. p-형과 n-형 공핍층 양단의 전위를 각각 ϕ_p와 ϕ_n이라고 한다면, 위 식을 양변에 적분하면

$$-\frac{e}{k_BT}\int_{\phi_p}^{\phi_n} d\phi = \int_{\phi_p}^{\phi_n}\frac{1}{p(x)}dp$$

$$-\frac{e}{k_BT}(\phi_n-\phi_p) = -\frac{e}{k_BT}V_{bi} = \ln p_n - \ln p_p = \ln\frac{p_n}{p_p}$$

$$V_{bi} = \frac{k_BT}{e}\ln\frac{p_p}{p_n} \tag{17.1.16}$$

p-형 반도체가 N_a로, n-형 반도체가 N_d로 도핑되어 있다면 $p_p \approx N_a$, $n_n \approx N_d$이고, $p_n n_n \approx n_i^2$이므로,

$$p_n \approx \frac{n_i^2}{n_n} = \frac{n_i^2}{N_d}$$

를 식 (17.1.16)에 대입하면

$$V_{bi} = \frac{k_BT}{e}\ln\left(\frac{N_aN_d}{n_i^2}\right) \tag{17.1.17}$$

이 된다. 이것은 도핑량이 많아질수록 내부 전위차가 커짐을 의미한다.

이제 공핍층의 길이가 얼마쯤 될지 계산해보자. 식 (17.1.5)와 (17.1.6)에서 p-형 반도체 영역에서는

$$E(x) = -\frac{eN_a}{\epsilon_s}(x+dp),$$

n-형 반도체 영역에서는

$$E(x) = \frac{eN_d}{\epsilon_s}(x-dn)$$

임을 알았다. 그림 17-1(e)와 위 식에서 $E(-dp) = E(dn) = 0$임을 알 수 있다. 또한 $x=0$에서 각각의 영역의 관점에서 접근하면

$$E_p(x=0) = -\frac{eN_a}{\epsilon_s}dp \tag{17.1.18}$$

$$E_n(x=0) = -\frac{eN_d}{\epsilon_s}dn \tag{17.1.19}$$

이고, 두 식은 같은 값을 가져야 하므로

$$N_a dp = N_d dn \tag{17.1.20}$$

을 얻을 수 있다. 이것은 전하가 중성이기 때문에 나타나는 결과이다. 식 (17.1.8)과 (17.1.9)에서 주어지는 푸아송 방정식의 해인 퍼텐셜은 p(n)-형에서 각각에 대해 다음과 같은 경계조건을 만족해야 한다.

$$\begin{cases} \dfrac{d\phi}{dx} = 0 & (x = -dp,\ dn) \\ \phi(x=0) = 0 \end{cases} \tag{17.1.21}$$

식 (17.1.8)과 (17.1.9)에 위 경계조건을 적용하면

$$\frac{d\phi}{dx} = \frac{eN_a}{2\epsilon_s}(x+dp) \tag{17.1.22}$$

는 자연스럽게 $d\phi/dx|_{x=-dp} = 0$이다. 마찬가지로 $d\phi/dx|_{x=dn} = 0$도 성립한다. $\phi(x=0) = 0$ 조건에 대해서는

$$0 = \phi(-dp) + \frac{eN_a}{2\epsilon_s}(dp)^2 \tag{17.1.23}$$

$$0 = \phi(dn) - \frac{eN_d}{2\epsilon_s}(dn)^2 \tag{17.1.24}$$

이므로, 경계조건을 이용하여 구한 $\phi(-dp)$, $\phi(dn)$을 넣어 다시 퍼텐셜을 쓰면 p-형과 n-형 반도체 영역에서 각각 다음과 같다.

$$\phi(x) = \frac{eN_a}{2\epsilon_s}(x+dp)^2 - \frac{eN_a}{2\epsilon_s}(dp)^2 \tag{17.1.25}$$

$$\phi(x) = \frac{eN_d}{2\epsilon_s}(x-dn)^2 + \frac{eN_d}{2\epsilon_s}(dn)^2 \tag{17.1.26}$$

공핍층 양 끝단인 $x=-dp$와 $x=dn$에서 퍼텐셜은 각각

$$\phi_p(x) = -\frac{eN_a}{2\epsilon_s}(dp)^2 \tag{17.1.27}$$

$$\phi_n(x) = \frac{eN_d}{2\epsilon_s}(dn)^2 \tag{17.1.28}$$

이 되고, 다시 한번 내부 전위차를 구하면

$$\begin{aligned} V_{bi} = \phi_n - \phi_p &= \frac{e}{2\epsilon_s}[N_a(dp)^2 + N_d(dn)^2] = \frac{e}{2\epsilon_s}N_a(dp)^2\left[1 + \frac{N_a}{N_d}\right] \\ &= \frac{e}{2\epsilon_s}N_a(dp)^2\left[\frac{N_d + N_a}{N_d}\right] \end{aligned} \tag{17.1.29}$$

를 얻는다. 여기에서 중성전하의 조건 식 (17.1.20)에 의해 $dn = (N_a/N_d)dp$를 이용하였다. 이로부터

$$dp = \left(\frac{2\epsilon_s}{eN_a}\frac{N_d}{N_a + N_d}V_{bi}\right)^{1/2} \tag{17.1.30}$$

$$dn = \left(\frac{2\epsilon_s}{eN_d}\frac{N_a}{N_a + N_d}V_{bi}\right)^{1/2} \tag{17.1.31}$$

를 구할 수 있다. 결론적으로, 공핍층의 폭 W는

$$W = dp + dn = dp\left(1 + \frac{N_a}{N_d}\right) = \left(\frac{2\epsilon_s}{e}\frac{N_a + N_d}{N_aN_d}V_{bi}\right)^{1/2} \tag{17.1.32}$$

이다.

p-형이나 n-형 중 하나가 과도하게 도핑된 경우를 살펴보자. 먼저 p-형 반도체의 도핑이 과도하게 된 경우에는 $N_a \gg N_d$이므로, 위 식은

$$W \approx \left(\frac{2\epsilon_s}{e}\frac{V_{bi}}{N_d}\right)^{1/2} \tag{17.1.33}$$

가 된다. 이때는

$$dp = \frac{N_d}{N_a}dn \ll dn \tag{17.1.34}$$

이 되어서 n-형 반도체 쪽으로 정공이 깊숙이 침투한다는 것을 알 수 있다.

반대로 n-형 반도체의 도핑이 과도하게 된 경우에는 $N_a \ll N_d$이고

$$dn = \frac{N_a}{N_d} dp \ll dp \tag{17.1.35}$$

가 되어 p-형 반도체 쪽으로 전자가 깊이 침투한다는 것을 의미한다. 그리고 이때 공핍층의 폭은

$$W \approx dp = \left(\frac{2\epsilon_s}{e} \frac{V_{bi}}{N_a} \right)^{1/2} \tag{17.1.36}$$

이다.

실제로 이 공핍층은 온도의 영향을 받아서 온도에 따라 공핍층의 길이가 더 짧아진다. 이는 전하의 분포가 스텝 함수처럼 되지 않고 온도에 의한 꼬리를 형성하게 되기 때문으로써, n-형 과다 도핑된 경우에는 다음과 같은 식을 따른다.

$$W = \left(\frac{2\epsilon_s}{eN_a} \left[V_{bi} - \frac{2k_B T}{e} \right] \right)^{1/2} \tag{17.1.37}$$

17.2 바이어스 접합과 접합 커패시턴스

지금까지 열적 평형상태에 있는 p-n 접합에 대해 살펴보았다. 이러한 p-n 접합 소자를 사용하려면 외부에서 전압을 인가해야 하는데 이렇게 전압을 인가할 때 2가지 경우를 그림 17-3에 도시하였다. 그림 17-3(b)와 같이 n-형 반도체에 (+) 전극을, p-형 반도체에 (−) 전극을 연결한 것을 역방향 바이어스(reverse bias)라고 한다. 반면, 그림 17-3(c)와 같이 n-형 반도체에 (−) 전극을, p-형 반도체에 (+) 전극을 연결하면 순방향 바이어스(forward bias)라고 한다.

역방향 바이어스가 되면 바이어스가 만드는 전기장 방향은 내부 전기장 방향과 일치하기 때문에 p-형의 전자는 n-형 쪽으로, n-형의 정공은 p-형 쪽으로 움직이면서 드리프트가 강화된다. 이로 인해 증가된 드리프트 전하에 의해 공핍층의 길이가 커진다. 이를 에너지 밴드 다이어그램으로 설명하면, (+) 전극이 걸려 있는 n-형 쪽에서는 퍼텐셜이 더 낮아지고, (−) 전극이 결려있는 p-형 쪽 퍼텐셜은 더 높아진다. 계면 퍼텐셜이 더 커지기 때문에 n-형 쪽에서 p-형 쪽으로 가려고 하는 다수의 전자가 되돌아오고, p-형 쪽

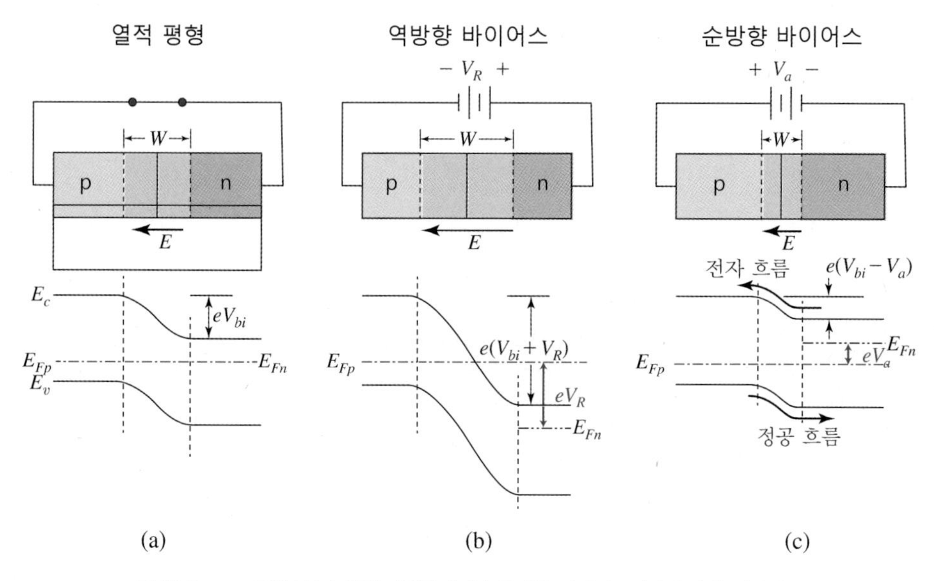

그림 17-3 p–n 접합의 (a) 열적 평형상태, (b) 역방향 바이어스, (c) 순방향 바이어스

에서 n-형 쪽으로 가려고 하는 정공도 마찬가지로 되돌아오게 된다. 이는 전기장 방향이 정공과 전자의 이동방향과 반대로 형성되기 때문에 당연한 결과이다. 계면 퍼텐셜은 eV_{bi}에서 바이어스 전압 V_R이 더해져 $e(V_{bi}+V_R)$이 된다. 이에 따라 공핍층의 길이는

$$dp = \left(\frac{2\epsilon_s}{eN_a} \frac{N_d}{N_a+N_d} [V_{bi}+V_R] \right)^{1/2} \tag{17.2.1}$$

$$dn = \left(\frac{2\epsilon_s}{eN_d} \frac{N_a}{N_a+N_d} [V_{bi}+V_R] \right)^{1/2} \tag{17.2.2}$$

$$W = dp + dn = dp\left(1+\frac{N_a}{N_d}\right) = \left(\frac{2\epsilon_s}{e} \frac{N_a+N_d}{N_a N_d} [V_{bi}+V_R] \right)^{1/2} \tag{17.2.3}$$

가 된다.

순방향 바이어스는 그림 17-3(c)에서와 같이 순방향 바이어스 V_a에 대해 바이어스의 방향이 내부 전기장의 방향과 반대방향이기 때문에 드리프트 전하의 이동이 감소되어 공핍층의 길이가 감소한다. 에너지 밴드 다이어그램에서는 n-형 반도체의 에너지 준위는 증가하고, p-형 반도체의 에너지 준위는 감소하면서 계면 퍼텐셜은 $e(V_{bi}-V_a)$로 낮아진다. 이에 따라 공핍층의 길이는 다음과 같다.

$$dp = \left(\frac{2\epsilon_s}{eN_a} \frac{N_d}{N_a + N_d} [V_{bi} - V_a] \right)^{1/2}$$

$$dn = \left(\frac{2\epsilon_s}{eN_d} \frac{N_a}{N_a + N_d} [V_{bi} - V_a] \right)^{1/2}$$

$$W = dp + dn = dp\left(1 + \frac{N_a}{N_d}\right) = \left(\frac{2\epsilon_s}{e} \frac{N_a + N_d}{N_a N_d} [V_{bi} - V_a] \right)^{1/2}$$

이와 같이 순방향이냐, 역방향이냐는 바이어스의 부호만 달라지기 때문에

$$dp = \left(\frac{2\epsilon_s}{eN_a} \frac{N_d}{N_a + N_d} [V_{bi} - V] \right)^{1/2} \tag{17.2.4}$$

$$dn = \left(\frac{2\epsilon_s}{eN_d} \frac{N_a}{N_a + N_d} [V_{bi} - V] \right)^{1/2} \tag{17.2.5}$$

$$W = dp + dn = dp\left(1 + \frac{N_a}{N_d}\right) = \left(\frac{2\epsilon_s}{e} \frac{N_a + N_d}{N_a N_d} [V_{bi} - V] \right)^{1/2} \tag{17.2.6}$$

로 놓고 순방향이면 $V = V_a > 0$이고, 역방향이면 $V = -V_R < 0$이다.

공핍층에 내부 전기장이 발생하기 때문에 커패시턴스가 발생한다. 전하량은

$$Q_c = -eN_a dp = -eN_d dn = -\left(\frac{2e\epsilon_s N_a N_d}{N_a + N_d} [V_{bi} - V] \right)^{1/2} \tag{17.2.7}$$

이므로 커패시턴스는

$$C = \frac{dQ}{dV} = \left(\frac{e\epsilon_s N_a N_d}{2(N_a + N_d)(V_{bi} - V)} \right)^{1/2} \tag{17.2.8}$$

이다. 이 식으로부터 순방향 바이어스를 가하면 커패시턴스가 증가하고, 역방향 바이어스를 가하면 커패시턴스가 감소한다. 온도의 영향에 의해 퍼텐셜 꼬리가 발생하면 커패시턴스는 다음과 같이 수정된다.

$$C = \frac{dQ}{dV} = \left(\frac{e\epsilon_s N_a N_d}{2(N_a + N_d)\left(V_{bi} - V - \frac{2k_B T}{e}\right)} \right)^{1/2} \tag{17.2.9}$$

만약 p-형 반도체가 과도하게 도핑된 p^+-n 접합이면 $N_a \gg N_d$이므로

$$C = \frac{dQ}{dV} = \left(\frac{e\epsilon_s N_d}{2\left(V_{bi} - V - \frac{2k_B T}{e} \right)} \right)^{1/2} \tag{17.2.10}$$

가 되고, 반대로 n-형 반도체가 과도하게 전자도핑된 n^--p 접합이면 $N_a \ll N_d$여서

$$C = \frac{dQ}{dV} = \left(\frac{e\epsilon_s N_a}{2\left(V_{bi} - V - \frac{2k_B T}{e} \right)} \right)^{1/2} \tag{17.2.11}$$

가 된다. 실험적으로 세로축을 C^{-2}, 가로축을 전압 V로 하여 그리면

$$C^{-2} = \frac{2(V_{bi} - V - 2k_B T/e)}{e\epsilon_s N_a} \tag{17.2.12}$$

이므로, 기울기는 $-2/e\epsilon_s N_{a(d)}$이며, 내부 전압은 x축의 절편 $V_{bi} - 2k_B T/e$로부터 얻을 수 있다.

17.3 전류-전압 곡선

공핍층에서 전류밀도를 계산해보자. 일반적으로 열적 평형상태에서 전자와 정공은 다음과 같이 주어진다.

$$n_0 = N_c \exp[-\beta(E_c - E_F)], \quad p_0 = N_v \exp[-\beta(E_F - E_v)] \tag{17.3.1}$$

첨자 '0'는 열적 평형상태를 나타낸다. 순수 반도체에서는 $E_F = E_i = E_g/2$여서

$$n_i = N_c \exp[-\beta(E_c - E_i)], \quad p_i = N_v \exp[-\beta(E_i - E_v)] \tag{17.3.2}$$

로 쓸 수 있다. 전자와 정공에 대해서 식 (17.3.1)을 식 (17.3.2)로 각각 나누면

$$\frac{n_0}{n_i} = \exp[\beta(E_F - E_i)], \quad \frac{p_0}{p_i} = \exp[\beta(E_i - E_F)] \tag{17.3.3}$$

이 되는데, 평형상태에서 $n_0 p_0 = n_i p_i = n_i^2$이므로, $p_i = n_i$이다. 즉, 다음과 같이 쓸 수

있다.

$$n_0 = n_i \exp[\beta(E_F - E_i)], \quad p_0 = n_i \exp[\beta(E_i - E_F)] \tag{17.3.4}$$

여기에서 에너지는 화학적 퍼텐셜로 고쳐 쓸 수 있고, 바이어스가 없으면 페르미 에너지는 일정하다($E_F = \mu =$일정). 그림 17-2(b)와 같이 공핍층 내에서 화학적 퍼텐셜은 위치의 함수이기 때문에 $E_F = \mu = -e\gamma(x)$, $E_i = \mu_i = -e\psi(x)$라고 하자. 그러면 위 식은

$$n_0 = n_i \exp[\beta e(\psi - \gamma)], \quad p_0 = n_i \exp[\beta e(\gamma - \psi)] \tag{17.3.5}$$

이다.

바이어스를 가하면 전자와 정공의 화학적 퍼텐셜은 서로 멀리 떨어지게 되는데, 그림 17-4의 파선으로 나타낸 바와 같이 전자의 경우 화학적 퍼텐셜 μ가 $\mu_n^* = -e\gamma_n(x)$로 움직이고, 정공은 화학적 퍼텐셜 μ가 $\mu_p^* = -e\gamma_p(x)$로 움직인다고 하자. 그러면 바이어스를 가할 때 전류밀도는

$$n(x) = n_i \exp[\beta e(\psi - \gamma_n)], \quad p(x) = n_i \exp[\beta e(\gamma_p - \psi)] \tag{17.3.6}$$

가 된다. 바이어스를 가한 상태에서 공핍층에서는 비평형상태이므로

$$n(x)p(x) = n_i^2 \exp[\beta e(\gamma_p - \gamma_n)] \neq n_i^2 \tag{17.3.7}$$

이다.

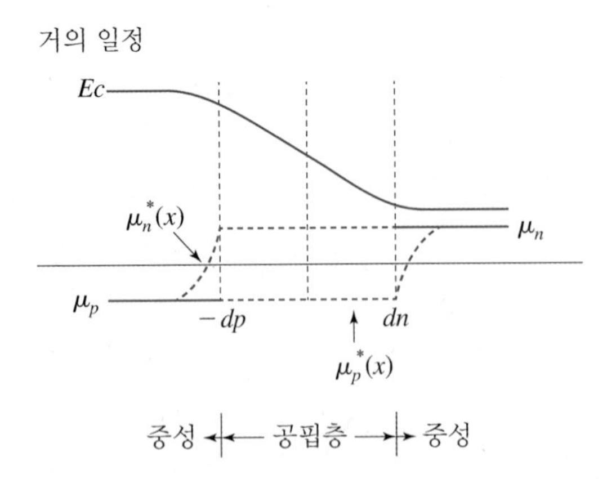

그림 17-4 공핍층 근처에서의 화학적 퍼텐셜; 평형상태에서 전자와 정공의 화학적 퍼텐셜 μ_n, μ_p와 바이어스가 걸렸을 때 화학적 퍼텐셜 μ_n^*, μ_p^*

n-형 반도체에서의 전류에 관한 방정식은

$$j_n(x) = ne\mu_n E_x + eD_n \frac{\partial n(x)}{\partial x} = ne\mu_n E_x + eD_n \left(-\frac{ne}{k_B T} E_x - \frac{ne}{k_B T} \frac{\partial \gamma_n}{\partial x} \right)$$

$$= -\frac{ne^2 D_n}{k_B T} \frac{\partial \gamma_n}{\partial x} \tag{17.3.8}$$

이 된다. 여기에서 다음 식을 이용하였다.

$$\frac{\partial n(x)}{\partial x} = n_i \beta e \left(\frac{\partial \psi}{\partial x} - \frac{\partial \gamma_n}{\partial x} \right) \exp[\beta e(\psi - \gamma_n)]$$

$$\frac{\partial \psi}{\partial x} = -\frac{1}{e} \frac{\partial \mu_i}{\partial x} = -\frac{1}{e} \frac{\partial}{\partial x} [\mu_i(-\infty) - e\{\phi(x) - \phi(-\infty)\}] = \frac{\partial \phi(x)}{\partial x} = -E_x$$

$$\therefore \frac{\partial n(x)}{\partial x} = n\beta e \left(-E_x - \frac{\partial \gamma_n}{\partial x} \right)$$

여기에서 아인슈타인의 관계식 $D_n = \mu_n k_B T/e$를 이용하면

$$j_n(x) = -e\mu_n n \frac{\partial \gamma_n(x)}{\partial x} \tag{17.3.9}$$

가 되고, 마찬가지 방법으로 p-형 반도체에서 공핍층에서 알짜 전류는 다음과 같이 나타낸다.

$$j_p(x) = -e\mu_p p \frac{\partial \gamma_p(x)}{\partial x} \tag{17.3.10}$$

공핍층에서 $j_p(x)$와 $j_n(x)$는 거의 일정한데, $\partial \gamma_{n(p)}/\partial x$는 매우 작아서 γ_n과 γ_p는 거의 일정하다고 할 수 있다. 바이어스를 가했을 때 p-형과 n-형의 화학적 퍼텐셜 차이가 전위차이기 때문에

$$\mu_n^* - \mu_p^* = eV, \quad V = \gamma_p - \gamma_n \tag{17.3.11}$$

이다.

$x = -dp$에서 p-형 반도체 쪽에서 정공 p_p과 전자 n_p의 곱은

$$n_p p_p = n_i^2 \exp[\beta e(\gamma_p - \gamma_n)] = n_i^2 e^{\beta eV} \tag{17.3.12}$$

가 된다. 이것은 지수항 때문에 평형상태가 깨져 있음을 의미한다. p-형 반도체의 정공은 주 캐리어이기 때문에 평형상태에 가까이 있다고 생각할 수 있다($p_p \simeq p_{p_0} \simeq N_a$). 평형상태에서 $p_{p_0} n_{p_0} \simeq n_i^2$이므로

$$n_p = \frac{n_i^2}{p_p} e^{\beta e V} = n_{p_0} e^{\beta e V} \tag{17.3.13}$$

이다. 즉, 바이어스 V에 의해 p-형 반도체에서의 전자는 평형상태 전자농도 n_{p_0}에서 위 식과 같이 온도와 바이어스에 의존하게 된다. 마찬가지로 $x = dn$에서

$$p_n = p_{n_0} e^{\beta e V} \tag{17.3.14}$$

임을 알 수 있다.

17.3.1 순방향 바이어스

n-형 반도체 쪽에서($x > dn$) 정상상태에서 주 캐리어인 전자의 연속방정식은

$$\frac{\partial n_n}{\partial t} = -u + \mu_n E_x \frac{\partial n_n}{\partial x} + \mu_n n_n \frac{\partial E_x}{\partial x} + D_n \frac{\partial^2 n_n}{\partial x^2} = 0 \tag{17.3.15}$$

이고, 소수 캐리어인 정공의 연속방정식은

$$\frac{\partial p_n}{\partial t} = -u - \mu_p E_x \frac{\partial p_n}{\partial x} - \mu_p p_n \frac{\partial E_x}{\partial x} + D_p \frac{\partial^2 p_n}{\partial x^2} = 0 \tag{17.3.16}$$

이다. 여기에서 u는 재결합률(recombination ratio)로써,

$$u = \frac{p_n - p_{n_0}}{\tau_a} = \frac{n_n - n_{n_0}}{\tau_a}$$

이다. 전하는 중성을 유지하기 때문에 $n_n - n_{n_0} \simeq p_n - p_{n_0}$여서,

$$\frac{\partial n_n}{\partial x} = \frac{\partial p_n}{\partial x}, \quad \frac{\partial^2 n_n}{\partial x^2} = \frac{\partial^2 p_n}{\partial x^2}$$

이다. 식 (17.3.15)에 $\mu_p p_n$을 곱하고 식 (17.3.16)에 $\mu_n n_n$을 곱하여 두 방정식을 더하여

정리하면 다음을 얻을 수 있다.

$$-\frac{p_n - p_{n_0}}{\tau_a} + D_a \frac{\partial^2 p_n}{\partial x^2} - \frac{n_n - p_n}{n_n/\mu_p + p_n/\mu_n} E_x \frac{\partial p_n}{\partial x} = 0 \qquad (17.3.17)$$

여기에서 D_a는 양극성 확산계수(ambipolar diffusion coefficient)이다.

$$D_a = \frac{n_n + p_n}{n_n/D_p + p_n/D_n} \qquad (17.3.18)$$

n-형 반도체 영역에서 정공의 도핑량이 적다고 가정하면 $p_n \ll n_n \simeq n_{n_0}$여서, 위 식에 따라 $D_a \simeq D_p$가 된다. 즉, 확산계수는 적은 도핑량의 전하가 지배하게 된다. n-형 반도체의 깊숙한 영역 $x > dn$에서 전기장은 거의 없으므로($E_x \simeq 0$), 식 (17.3.17)의 연속방정식은 다음과 같이 된다.

$$\frac{\partial^2 p_n}{\partial x^2} - \frac{p_n - p_{n_0}}{D_p \tau_a} = 0 \qquad (17.3.19)$$

이 방정식을 다음과 같이 고쳐쓰자.

$$\frac{\partial^2 (p_n - p_{n_0})}{\partial x^2} - \frac{p_n - p_{n_0}}{L_p^2} = 0$$

여기에서 $L_p = \sqrt{D_p \tau_a}$로써 확산 길이이다. 위 방정식의 해는 다음과 같다.

$$p_n = p_{n_0} + A \exp\left(-\frac{x - dn}{L_p}\right) \qquad (17.3.20)$$

이것은 어떤 확산 길이만큼 안쪽으로 들어가면 정공밀도가 지수함수적으로 감소함을 나타낸다. 이 해에 경계조건, $x = dn$에서 $p_n = p_{n_0} e^{\beta e V}$을 사용하면 다음과 같은 결과를 얻는다.

$$p_n = p_{n_0} + p_{n_0}(e^{\beta e V} - 1) \exp\left(-\frac{x - dn}{L_p}\right) \qquad (17.3.21)$$

이 정공의 밀도는 그림 17-5의 1사분면과 같이 온도에 따라 $e^{\beta e V} - 1$과 같이 지수함수적으로 감소한다.

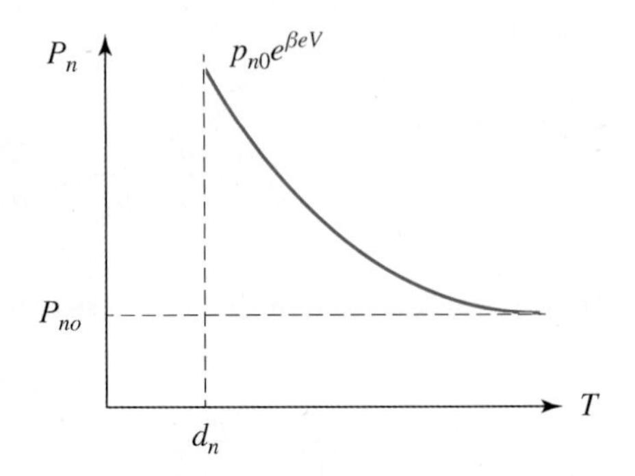

그림 17-5 n-형 반도체 영역에서 약하게 도핑된 온도에 따른 정공의 밀도

n-형 반도체 내부에서 드리프트 전류를 무시할 수 있기 때문에, 식 (17.1.12)로부터 정공의 전류밀도는 다음과 같다.

$$J_{px} = -eD_p\frac{\partial p_n}{\partial x} = e\frac{D_p p_{n0}}{L_p}(e^{\beta eV} - 1)e^{-(x-dn)/L_p} \tag{17.3.22}$$

이 전류밀도를 확산 전류라고 하며, 접합 계면에서 전류밀도는 다음과 같다.

$$J_{px}(dn) = e\frac{D_p p_{n0}}{L_p}(e^{\beta eV} - 1) \tag{17.3.23}$$

같은 방식으로 p-형 반도체 쪽 계면에서 확산 전류를 구할 수 있다.

$$J_{nx}(-dp) = e\frac{D_n n_{p0}}{L_n}(e^{\beta eV} - 1) \tag{17.3.24}$$

마찬가지로 $L_n = \sqrt{D_n \tau_a}$ 이다. 이 공핍층에서 전류밀도는

$$J_x = J_{px} + J_{nx} = J_s(e^{\beta eV} - 1) \tag{17.3.25}$$

이고,

$$J_s = \frac{eD_p p_{n0}}{L_p} + \frac{eD_n n_{p0}}{L_n} \tag{17.3.26}$$

이다. 식 (17.3.25)의 전류밀도를 그리면 그림 17-6(a)와 같이 바이어스가 증가함에 따라 증가하는 경향을 보인다. 음의 바이어스 영역은 역방향 바이어스라고 하는데, 자세한 사

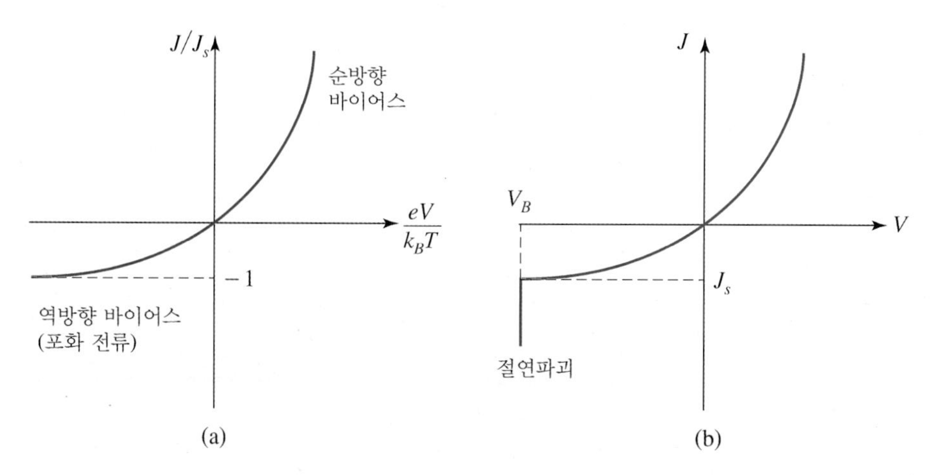

그림 17-6 (a) 순방향과 역방향에서 바이어스에 대한 전류밀도와 (b) 역방향 바이어스에서 절연파괴

항은 다음 절에서 소개한다. 이때, $V \ll -\dfrac{k_BT}{e}$가 되면 식 (17.3.25)에서 $J \to -J_s$로 수렴하게 되는데, 이를 포화 전류(saturation current)라고 한다. 이 포화 전류밀도의 온도의존성은 e^{-E_g/k_BT}로써, 다음과 같이 주어진다.

$$J_s = \frac{eD_p p_{n0}}{L_p} + \frac{eD_n n_{p0}}{L_n} = e\left(\frac{D_p}{L_pN_d} + \frac{D_n}{L_nN_a}\right)n_i^2$$
$$= e\left(\frac{D_p}{L_pN_d} + \frac{D_n}{L_nN_a}\right)N_cP_v\exp(-\beta E_g) \tag{17.3.27}$$

물론 지수함수 앞의 인자들도 온도의존성이 있지만 그것의 온도의존성은 지수함수에 비해 약하다.

그림 17-7(a)는 pn 접합에서 전하밀도의 분포를 도식한 그래프이다. n-형 반도체 쪽으로 $dn \le x \le dn + L_p$는 확산 영역이어서 그림 17-5와 같이 $p_n = p_{n_0}e^{\beta eV}$로부터 소수 캐리어 정공이 식 (17.3.21)에 따라 감소한다. 확산 영역을 지나면 $p_{n_0} = n_i^2/N_d$로 일정한 정공밀도를 갖는다. p-형 반도체 쪽으로 확산 영역에서는 소수 캐리어 전자가 $n_p = n_{p_0}e^{\beta eV}$로부터 다음과 같은 식으로 감소한다.

$$n_p = n_{p_0} + n_{p_0}(e^{\beta eV} - 1)\exp\left(\frac{x + dn}{L_p}\right) \tag{17.3.28}$$

그리고 확산 영역을 지나면 $n_{p_0} = n_i^2/N_a$로 일정한 값으로 수렴한다. n-형과 p-형 반도체

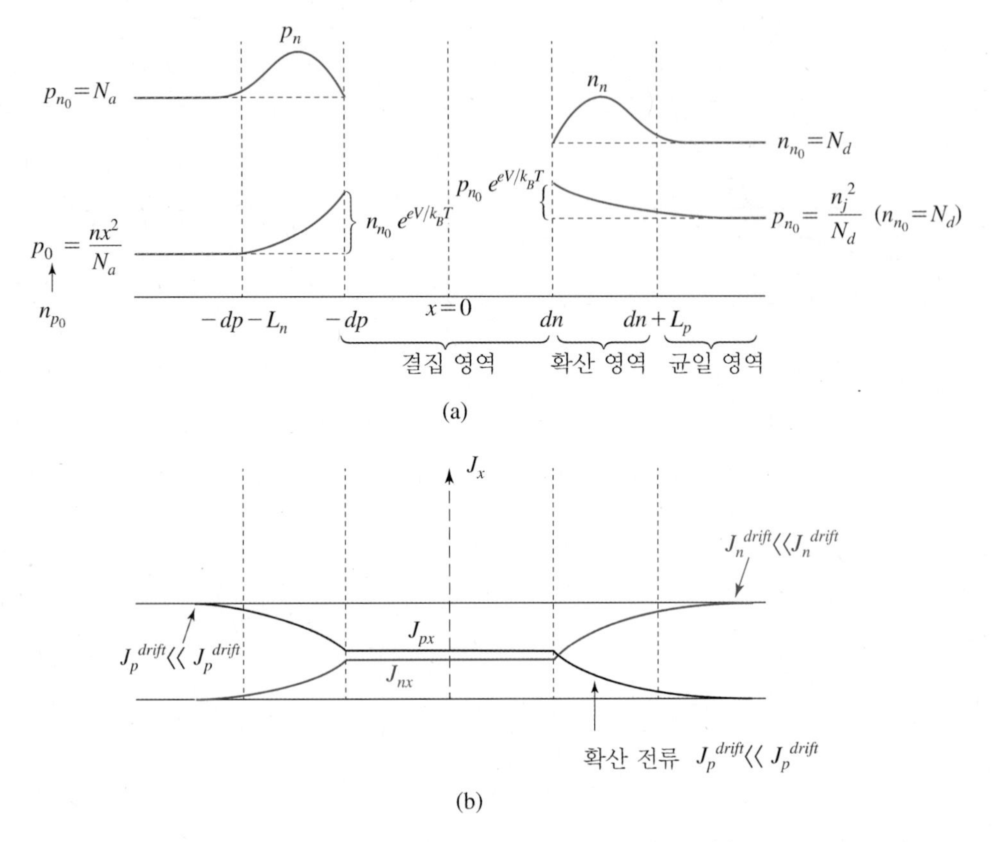

그림 17-7 순방향 바이어스. (a) pn 접합에서 전하밀도 분포와 (b) 전류밀도

의 균일 영역에서 주 캐리어 전자와 정공밀도는 각각 $n_{n_0} = N_d$와 $p_{n_0} = N_a$로 일정하다.

그림 17-7(b)는 전류밀도를 도시한 그림이다. 공핍층에서는 식 (17.3.25)와 같이 전류밀도가 일정하다. n-형 반도체 내부에서 정공의 전류밀도는 식 (17.3.22)와 같이 확산 영역에서 감소하는 경향을 보이다가 균일 영역에서 일정하게 된다. 반대로 주 캐리어인 전자의 전류밀도는 증가한다. 균일 영역에서는 드리프트 전류밀도가 주도하고($J_n^{diff} \ll J_n^{drift}$), 확산 영역에서는 확산 전류가 주도한다($J_n^{diff} \gg J_n^{drift}$). 마찬가지로 p-형 반도체 쪽에서 소수 캐리어인 전자는 다음과 같이 감소하게 된다.

$$J_{nx} = e\frac{D_n n_{p0}}{L_n}(e^{\beta e V} - 1)e^{(x+dn)/L_n} \quad (x \le -dp) \tag{17.3.29}$$

반면, p-형 주 캐리어는 증가하다가 수렴한다. 전자와 정공의 전류밀도 분포는 다른 경향을 보이지만 전체적으로 총 전류밀도는 일정하다.

17.3.2 역방향 바이어스와 절연파괴

$V < 0$인 역방향 바이어스인 경우에 대해 살펴보자. 순방향 바이어스의 경우에는 (+) 단자를 p-형 쪽에, (−) 단자를 n-형 쪽에 연결한 것이고, 역방향 바이어스는 반대로 (+) 단자를 n-형 쪽에, (−) 단자를 p-형 쪽에 연결한 것이다. 순방향 바이어스는 다이오드의 퍼텐셜 장벽을 줄여서 전류 흐름을 쉽게 하지만, 역방향 바이어스는 퍼텐셜 장벽을 높여서 전류 흐름이 어려워진다. 역방향 바이어스에서 주 캐리어인 n-형의 전자와 p-형의 정공은 바이어스 단자 쪽으로 이동하면서 공핍층 폭은 순방향 바이어스 또는 평형 상태에서보다 넓어진다.

기본적인 수식은 순방향 바이어스의 경우와 같지만 경계조건이 다르기 때문에 순방향 바이어스와 다른 결과를 준다. n-형 반도체 쪽을 기준으로 소수 캐리어인 정공의 전류밀도는 식 (17.3.20)과 같은 모양이다.

$$p_n = p_{n_0} + A\exp\left(-\frac{x-dn}{L_p}\right)$$

그러나 경계조건에서 $V < 0$이라면

$$p_n(x=dn) = p_{n_0}e^{\beta e V} \ll p_{n_0}$$

이고, 넓어진 공핍층으로 인해 $p_n(x=dn)=0$이다. 이 경계조건을 이용하면 n-형 반도체에서 소수 캐리어인 정공의 밀도는

$$p_n = p_{n_0}\left[1-\exp\left(-\frac{x-dn}{L_p}\right)\right] \tag{17.3.30}$$

이 된다. 주 캐리어인 전자의 밀도는 다음과 같다.

$$n = n_{n_0} - p_{n_0}\exp\left(-\frac{x-dn}{L_p}\right) \tag{17.3.31}$$

확산층에서 정공의 확산 전류밀도는

$$J_{px}^{diff} = -eD_p\frac{\partial p_n}{\partial x} = -\frac{eD_p p_{n_0}}{L_p}\exp\left(-\frac{x-dn}{L_p}\right) \tag{17.3.32}$$

가 된다.

같은 방법으로 계산하면, 공핍층 계면에서 전자의 전류밀도는

$$J_{nx}(x=-dp)=-\frac{eD_n n_{p_0}}{L_n} \tag{17.3.33}$$

이다. 이 결과를 그림 17-8에 도시하였다. 그림 17-8(a)의 전하밀도 분포를 보면 n-형 반도체에서 전자와 정공은 n-형 반도체 내부 쪽으로 갈수록 전하밀도가 증가하고, p-형 반도체에서도 마찬가지이다. 전류밀도는 그림 17-8(b)와 같이 반도체 내부로 갈수록 n-형 반도체에서는 전자 전류밀도가 증가하고, 정공의 전류밀도가 감소하며, p-형 반도체에서는 반대로 정공의 전류밀도가 증가하고 전자의 전류밀도는 감소한다. 공핍층에서는 전자와 정공의 전류밀도는 일정하고, 전체적으로 모든 전류밀도 또한 일정하다.

역방향 바이어스에서는 그림 17-6(a)의 3사분면과 같이 약한 역포화 전류만 흐르게 된다. 일반적으로 이 전류는 전압에 관계없이 일정하다. 역방향 바이어스에서는 사태

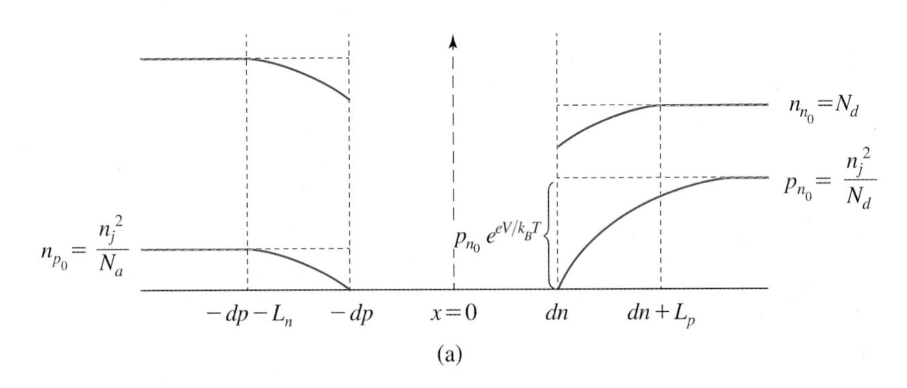

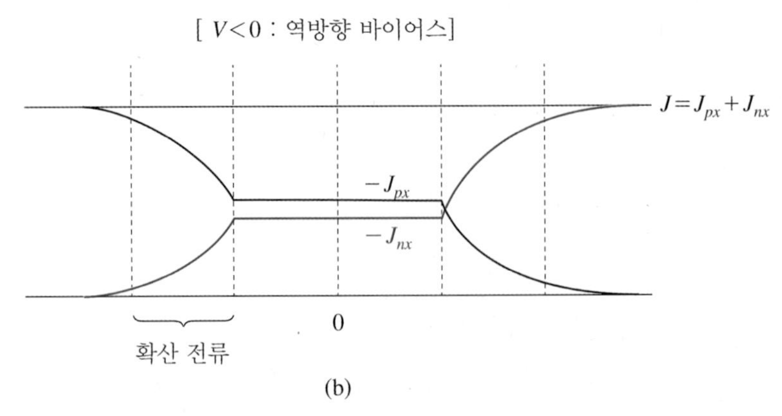

그림 17-8 역방향 바이어스. (a) pn 접합에서 전하밀도 분포와 (b) 전류밀도

(avalanche) 현상에 의해 절연파괴(breakdown)가 발생한다. 그러나 실제로 그림 17-6(b)와 같이 전류-전압(I-V) 곡선을 측정하면 음의 바이어스의 어떤 지점에서 갑자기 전류밀도가 크게 증가하는데, 이를 사태 또는 항복 현상이라고 한다. 사태 현상이 발생하는 지점의 전압을 사태전압이라고 한다. 사태전압은 전류에 관계없이 일정하기 때문에 정전압기로 사용될 수 있으며, 사태전압은 정류기로 사용하는 다이오드의 최대 사용전압으로 주어진다. 절연파괴 현상은 3가지 원인에 의해 발생한다.

첫째로는 열적 불안정성이다. 전류-전압 측정에서 JV는 단위면적당 전력 손실이다. 이 전력 손실은 $\exp(-E_g/k_BT)$로 온도에 의존한다. 전압을 증대시키면 이 전력 손실도 커지면서 pn-다이오드의 온도가 올라가고 열적 불안정성이 다이오드의 절연파괴로 이어진다.

둘째로는 터널링 효과에 의한 제너 절연파괴(Zener breakdown)이다. 제너 절연파괴는 많이 도핑된(highly doping) 반도체에서 많이 일어나는데, 도핑량이 높으면 공핍영역이 좁아지게 되고, $E = V/d$이기 때문에 공핍영역이 좁아지면 전기장이 커진다. 이 높은 전기장에 의해 공유결합하던 전자가 가전자대에서 전도대로 이동하게 되는데, 이는 공핍층의 퍼텐셜 장벽을 통과하는 터널링으로 이루어진다. 이를 제너 터널링(Zener tunneling)이라고 하고, 제너 절연파괴가 일어나는 전류밀도는 다음과 같다.

$$J_z = \frac{\sqrt{2m^*}\, e^3 E_x V}{4\pi^2\hbar^2\sqrt{E_g}} \exp\left[-\frac{4\sqrt{2m^*}\, E_b^{3/2}}{3eE_x\hbar}\right] \tag{17.3.34}$$

이러한 제너 터널링은 많이 도핑된 실리콘이나 저마늄 반도체 등에서 흔히 관찰된다. 제너 절연파괴 전압은 $V_B < 4E_g/e$일 때 일어난다. 제너 터널링이 일어나는 전압이 정확하고 온도에 무관하게 일정하게 일어난다면, 그 특성을 이용해서 특정한 전압 범위를 넘어서면 절연파괴가 일어나도록 설계된 제너 다이오드에 응용될 수 있다.

셋째로, 전압이 강하여 $V_B > 6E_g/e$ 이상이면 사태 절연파괴가 일어나는데, 사태 절연파괴는 격자 이온화가 원인이다. 역방향 바이어스에서 소수 캐리어는 전기장 E_m으로부터 에너지를 받아서 격자와 충돌을 하고 줄 열이 발생된다. 소수 캐리어는 계속적으로 에너지를 얻어 격자 충돌 후 격자를 이온화시킬 수 있을 정도로 큰 에너지를 갖게 되고, 새로운 전자-정공 쌍이 생기면서 다시 가속되어 수많은 전자-정공 쌍이 생긴다. 마치 핵분열이 일어나는 것처럼 폭발적으로 전자-정공 쌍이 생기면서 사태 현상이 발생하는 것이다. 사태 절연파괴가 일어날 조건은 에너지 갭이 $E_g \simeq eE_mW$일 때 일어난다. 공핍층의 폭이 식 (17.2.6)과 같이 주어지기 때문에, 이를 이용해서 절연파괴 전압을 계산해보자.

$$W = \left(\frac{2\epsilon_s}{e} \frac{N_a + N_d}{N_a N_d} [V_{bi} - V] \right)^{1/2}$$

역방향 바이어스 $-V$가 증가할수록 공핍층 폭 W와 전기장 E_m이 증가한다. $V_{bi} - V$가 퍼텐셜 장벽과 같고, 그것이 절연파괴를 일으킨다면

$$V_{bi} - V = \Delta\phi = \frac{1}{2} E_m W = V_B$$

$$E_m = \frac{2V_B}{W} \tag{17.3.35}$$

이다. 절연파괴 전압에 대해 $-V = V_B$,

$$eE_m l = E_g$$

여서,

$$E_m = \frac{E_g}{el} \tag{17.3.36}$$

이다. 이로부터,

$$\frac{2V_B}{W} = \frac{E_g}{el}$$

$$V_B = \frac{WE_g}{2el} = \frac{E_g}{2el} \left(\frac{2\epsilon_s}{e} \frac{N_a + N_d}{N_a N_d} V_B \right)^{1/2}$$

$$\sqrt{V_B} = \frac{WE_g}{2el} = \frac{E_g}{2el} \left(\frac{2\epsilon_s}{e} \frac{N_a + N_d}{N_a N_d} \right)^{1/2}$$

$$V_B = \frac{\epsilon_s E_g^2}{2e^3 l^2} \left(\frac{N_a + N_d}{N_a N_d} \right) \tag{17.3.37}$$

을 얻는다.

$$\frac{4E_g}{e} < V_B < \frac{6E_g}{e}$$

에서는 제너 터널링과 사태에 모두에 의해 절연파괴가 일어난다.

CHAPTER 18

다이오드

pn 접합의 가장 기본적인 소자는 다이오드(diode)이다. 다이오드는 주로 한 방향으로 전류가 흐르도록 제어하는 반도체 소자이다. 초기에 다이오드는 진공관으로 만들어져서 1950년대까지 사용되다가, 반도체가 개발되면서 반도체의 pn 접합으로 다이오드가 현대에 사용되고 있다. 다이오드의 종류는 한쪽 방향으로만 전류를 흐르게 하는 정류 다이오드, 역방향 바이어스에서 절연파괴 전압(breakdown voltage) 이상이 되면 역방향의 절연파괴 전류가 흐르는 것을 이용한 제너 다이오드, 일정수준으로 전류를 제어하는 정전류 다이오드(current limiting diode, CLD), n-형 반도체에 p-형 금속으로 만들어서 n-형의 특성을 발휘하도록 만들어진 쇼트키 다이오드 등이 있다. 그리고 광학 다이오드로는 요즘 TV나 모니터, 각종 조명에 활용되는 발광 다이오드(lighting emitting diode, LED), 레이저 다이오드, 광 다이오드, PIN 다이오드 등 매우 다양한 다이오드가 있다. 여기에서는 다이오드의 모든 것을 다룰 수는 없고, 대표적인 몇 가지 다이오드의 특성과 활용에 대해 다루도록 한다.

18.1 정류 다이오드

정류 다이오드(rectifier diode)는 교류 주파수를 정류하여 한 방향으로만 전류가 흐르게 하는 기능을 하는 다이오드이다. 전류가 한 방향으로만 흐르게 하는 주목적은 교류를 직류로 변환하게 하는 것이다. 주로 고전압, 고전류에 많이 사용하며, 사용 주파수 및 조건에 따라 변환 효율이 달라진다. 그림 18-1(a)는 정류 다이오드의 기본적인 단면도를 보여준다. n-형 반도체에 식각을 하여 p-형 반도체를 접합시키고 그 위에 금속 전극을 증착시켜 형성된다. 다이오드는 그림 18-1(b)와 같이 다이오드에 양 도선이 연결되어 있으며 음극인 캐소드(cathode) 쪽으로 줄이 그어져 있다. 줄이 그어지지 않은 쪽은 양극인 애노드(anode)이다. 기호는 애노드에서 캐소드 방향으로 삼각형이 형성되며 캐소드 쪽 삼각형 꼭짓점에 수직선이 그어져 있다.

정류 다이오드의 전류-전압 특성은 식 (17.3.25)에 의해 다음과 같이 나타난다는 것을 배웠다.

$$I = I_0\left[\exp(eV/\eta k_B T) - 1\right] \tag{18.1.1}$$

여기에서 I_0는 역포화 전류이며, η는 실험으로 결정되는 $1 < \eta < 2$ 사이의 실수이다. 순방향 dc 저항 R_F는

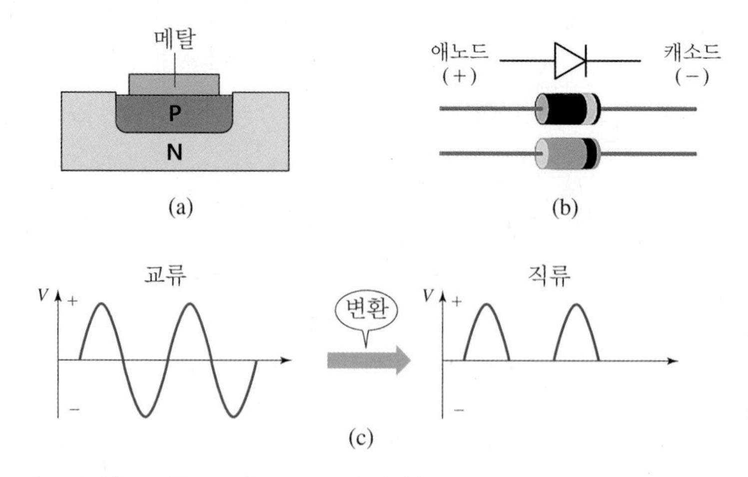

그림 18-1 (a) pn 접합으로 만든 정류 다이오드, (b) 정류 다이오드의 기호, (c) 정류 작용

$$R_F \equiv \frac{V_F}{I_F} \simeq \frac{V_F}{I_0} e^{-\beta e V/\eta} \tag{18.1.2}$$

가 되는데, 이때 $V \geq 3k_BT/e$의 조건을 만족해야 한다. ac 동적 저항 r_F는

$$r_F \equiv \frac{dV_F}{dI_F} = \frac{\eta k_B T}{eI_F} \tag{18.1.3}$$

이다.

역방향일 때는 dc 저항 R_R과 ac 동적 저항 r_R은 다음과 같이 주어진다.

$$R_R \equiv \frac{V_R}{I_R} \simeq \frac{V_R}{I_0} \quad (|V_R| \geq 3k_BT/e) \tag{18.1.4}$$

$$r_R \equiv \frac{\partial V_R}{\partial I_R} = \frac{\eta k_B T}{eI_0} \exp(e|V_R|\beta/\eta) \tag{18.1.5}$$

순방향과 역방향 저항의 비는

$$\frac{R_R}{R_F} = \frac{V_R}{V_F} \exp(eV_F/\eta k_B T) \tag{18.1.6}$$

$$\frac{r_R}{r_F} = \frac{I_F}{I_0} \exp(-e|V_R|/\eta k_B T) \tag{18.1.7}$$

인데, 이 값은 매우 큰 값이어서 이 비율만큼 신호를 정류시킨다.

대부분의 정류 다이오드는 0.1~10 W 정도의 전력을 소비하고 50~2500 V 정도의 절연파괴 전압을 갖는다. 스위칭 속도는 저전력의 경우 50 ns, 고전력의 경우 500 ns 정도의 속도를 갖는다.

18.2 제너 다이오드

제너 다이오드(Zener diode)는 제너 절연파괴(Zener breakdown)가 일어나면 물질에 따라 일정한 절연파괴 전압이 걸린다. 이 일정한 절연파괴 전압을 이용해서 과전압으로부터 회

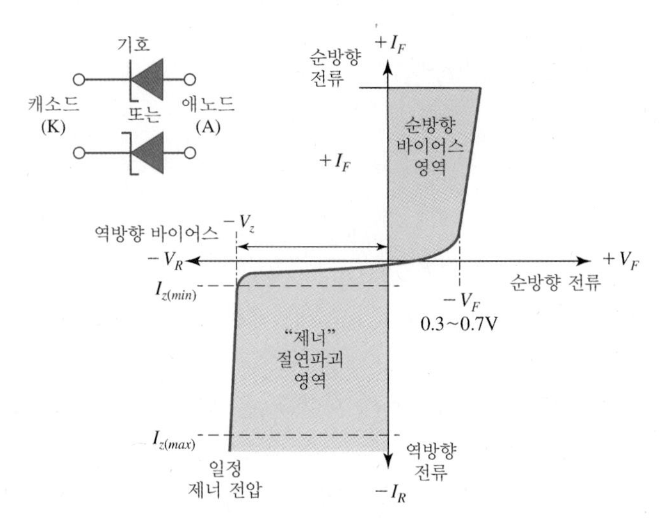

그림 18-2 제너 다이오드의 표현(왼쪽 위)과 제너 다이오드의 전류–전압 곡선

로소자를 보호하는 용도로 사용되는 것이 제너 다이오드이다. 제너 절연파괴 상태에서 다이오드에 걸린 전압은 거의 일정하고, 흐르는 전류에 무관하게 되어 회로 내에 정전압을 공급하게 된다. 제너 다이오드는 전류가 순방향 또는 역방향으로 흐르도록 하는 실리콘 반도체 소자이다. 제너 다이오드에 어떤 전압 이상이 가해지면 전류의 방향이 반대방향으로 걸리도록 많이 도핑된 pn 접합으로 구성된다.

그림 18-2는 제너 다이오드의 전류-전압 곡선이다. 제너 다이오드는 순방향에서는 일반 다이오드와 같이 작동한다. 그러나 역방향에서는 작은 누설전류(leakage current)가 흐르게 되는데, 역방향 전압이 증가하게 되면 어느 일정 전압에서 전류가 급격히 흐르게 되고, 이때의 전압을 제너 절연파괴 전압(Zener breakdown voltage)이라고 한다. 회로의 저항에 의해 최대 전류 $I_z^{\max}$가 결정되는데, 이때 최대 전류와 제너 절연파괴가 발생할 때의 전류는 최소 전류 $I_z^{\min}$로써 이 사이에서 전류가 크게 변하더라도 전압은 거의 변화하지 않게 되어 이를 정전압 소자로 이용할 수 있는 것이다. 제너 다이오드의 기호는 그림 18-2 왼쪽 위 그림과 같이 다이오드 기호 삼각형 꼭짓점 부분에 꺾은선을 그어 표시한다.

그림 18-3과 같이 제너 다이오드에 교류전류를 흘린다면 단일 제너 다이오드 회로에서는 (+) 방향 전압에 대해서는 어떤 제너 절연파괴 전압 V_Z에서 전압을 차단시키고 (−) 방향의 전압에서 약한 누설전류가 흐르게 된다. 그림 18-3(b)와 같이 2개의 제너 다이오드를 이중으로 연결한 경우에는 사인파에 대해 양단의 제너 절연파괴 전압 $\pm V_Z$에서 전압을 차단시키게 된다.

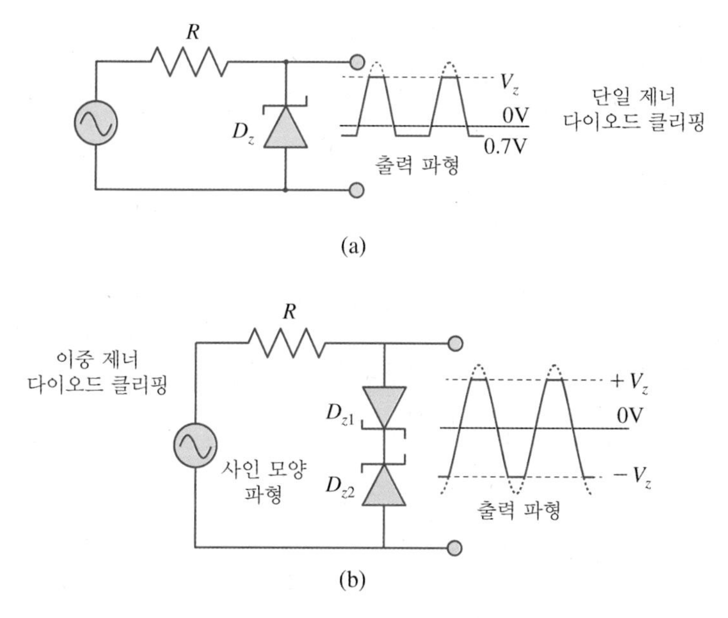

그림 18-3 (a) 단일 제너 다이오드 회로와 (b) 이중 다이오드 회로

18.3 에사키 다이오드

제너 다이오드와 비슷한 원리지만 양자역학적인 전자의 터널링 현상을 이용한 에사키 다이오드(Esaki diode) 또는 터널 다이오드가 있다. 에사키 다이오드는 전자의 터널링 현상을 발견한 일본의 물리학자 에사키 레오나(Esaki Leona)의 이름을 따 만들어졌다. 에사키는 반도체 접합에서의 터널 효과를 발견한 공로로 1973년 노벨물리학상을 수상했다. 에사키는 게르마늄 트랜지스터를 분석하다가 불량품의 원인을 찾는 중에 반도체 접합에서의 터널 효과를 처음 발견하게 되었다. 이는 고체에서 양자역학적 터널 현상을 최초로 발견한 것이었다.

n-형 반도체와 p-형 반도체에서 불순물의 농도를 10^{19} cm^{-3} 이상으로 높이면 전자의 터널 효과가 생겨서 pn 접합에서 전류가 반대방향으로 흐르는 전류 반송 현상이 발생되고, 이로 인해 전압이 증가하더라도 전류가 감소되는 음의 저항이 나타난다. 그림 18-4는 터널 다이오드의 전류-전압 곡선과 그에 대한 에너지 밴드 그림이다.

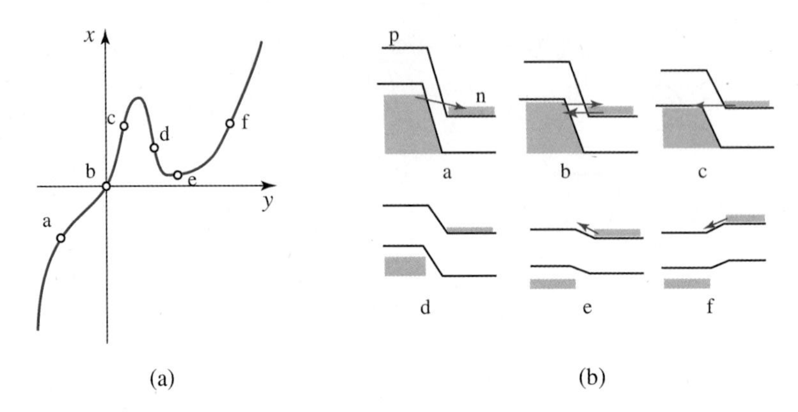

그림 18-4 터널 다이오드의 전류–전압 곡선(a)과 그에 따른 에너지 밴드 그림(b)

- a지점에서는 역방향 바이어스로써, p-형의 페르미 준위가 n-형의 페르미 준위보다 높다. 이때, p-형 반도체 가전자대에 있는 전자가 n-형 반도체의 전도대 쪽으로 터널링하게 된다. 터널링 전자의 전도 때문에 역방향 바이어스에서 n-형에서 p-형으로 전류가 잘 흐르게 된다.
- b지점은 전압이 인가되지 않은 상태에서는 p-형의 페르미 준위와 n-형의 페르미 준위가 일치하므로, p-형에서 n-형으로 오는 전하와 n-형에서 p-형으로 가는 전하가 균형을 이루어 전류가 흐르지 않는다.
- c지점에서 순방향 전압이 인가되기 시작하면 n-형의 페르미 준위가 p-형의 페르미 준위보다 높아지기 시작하고, 그러면 n-형의 전도대에 있는 전자가 p-형의 가전자대의 빈 에너지 영역으로 터널링하여 전자가 이송되기 시작한다.
- d지점에서 순방향 전압이 더 가해지면 n-형의 페르미 준위가 p-형의 밴드 갭과 동일한 준위를 갖게 되기 시작하면서 터널링 전류가 감소하기 시작한다. 그러므로 전압이 증가함에 따라 전류가 감소하여 음의 부성저항 현상이 나타난다.
- e지점에서는 순방향 전압이 충분히 커지게 되면 n-형 반도체의 전도대에 있는 전자가 p-형의 전도대로 흐르기 시작한다.
- f지점에서 문턱전압 이상이 되면 일반적인 다이오드와 동일하게 에너지 밴드가 역전되면서 turn-on 전류가 흐른다.

에사키 다이오드는 부성저항 특성이 0.2 V 이내의 저전압에서 나타나기 때문에 저전력 작동이 가능하고, 터널전류의 딜레이가 거의 없어서 고주파 특성이 우수하여 마이크

로파의 발진, 증폭, 고속 스위칭 소자 등에 많이 응용되고 있다. 주로 실리콘, 저마늄, III-V족 화합물 반도체로 만든다.

18.4 발광 다이오드

발광 다이오드 LED(light emitting diode)는 현대 조명기기에서 아주 중요한 부품이다. 일반조명이나 건축물 조명뿐만 아니라, 자동차등, 신호등, 전광판, 각종 광원 등으로 우리 주변의 많은 조명이 LED로 대체되었다. LED는 또한 TV에도 적용되어 응용되고 있다. LED는 전기적인 에너지를 광자로 변환시키는 광전자 소자이다.

pn 접합에 순방향 바이어스를 가하면 전위장벽이 낮아지고 양 영역의 다수 캐리어는 접합면을 가로질러 이동하면서 소수 캐리어가 된다. 즉, p-형 반도체 가전자대에 있는 정공이 n-형 반도체 쪽으로 이동하면서 정공이 n-형 반도체에 소수 캐리어가 되고, n-형 반도체의 전도대에 있는 전자가 p-형 쪽으로 이동하면서 p-형 반도체의 소수 캐리어가 된다. 이러한 소수 캐리어는 재결합을 일으키면서 에너지 전이만큼 광자로 방출될 수 있다. 전도대의 전자가 가전자대의 정공과 재결합된다고 하면 직접 전이 반도체의 경우 전자가 잃어버린 에너지는 에너지 밴드 갭 E_g이 되며, 이 에너지만큼 빛이 방출된다. 따라서 방출되는 빛의 파장은

$$\lambda = hc/E_g \tag{18.4.1}$$

이 된다.

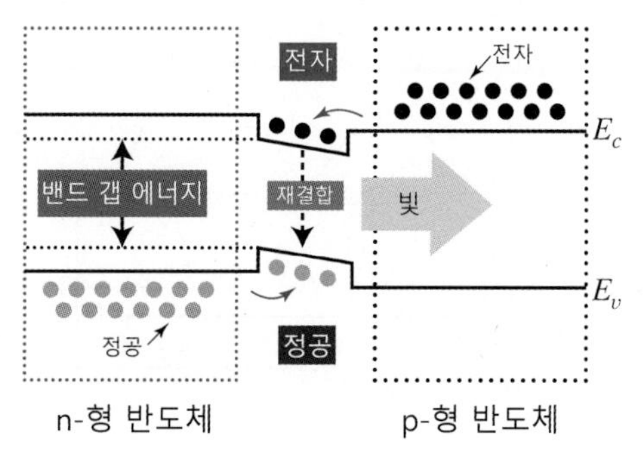

그림 18-5 LED의 발광 원리

표 18-1 LED 물질에 따른 발광 파장

물질	밴드 갭 타입	파장[nm] (색깔)
GaAsP	직접	650 (빨강)
GaAsP:N	간접	630 (빨강)
GaP	간접	555 (녹색)
GaP:N	간접	565 (연녹색)
GaP:Zn,O	간접	700 (빨강)
SiC	간접	480 (파랑)
AlGaAs	직접	650 (빨강)
AlGaP	직접	620 (오렌지)
AlInGaP	직접	595 (주황)
GaN	직접	450 (파랑)

LED로 사용하는 물질은 주로 화합물 반도체로써, 물질에 따라 에너지 밴드 갭이 다르기 때문에 빛의 파장이 달라진다. 표 18-1에 각 물질에 따른 발광 파장이 정리되어 있다. 일반적으로 직접 전이보다 간접 전이의 경우에는 복사전이 확률이 매우 낮다. 이는 운동량 보존을 위해 격자 상호작용이나 다른 산란이 일어나기 때문이다. 간접 전이가 일어나기 위해서는 별도의 재결합 과정이 필요하다.

그림 18-6에 LED 전극구조의 예를 도시하였다. 기판 전극으로 GaP를 반사전극층 위에 올리고 그 위에 GaAsP와 격자상수가 비슷한 완충 층을 깔고 n-형 GaAsP 반도체를 올린 후 그 위에 p-형 도핑 반도체를 형성하면 p-형과 n-형 반도체 계면에서 전자-정공 재결합에 의한 광자가 발생한다. 광자는 시료 내부에서 흡수되기도 하고 투과되기도 하는데, LED 후면에 반사전극을 두어서 광자가 반사하여 빛이 방출되도록 한다. 이때는 투명전극을 사용하면 빛이 더 잘 방출되어 효율이 좋아진다.

방출 광자의 효율은 100%가 되지 않고 다음의 3가지 이유에서 손실이 생긴다. 첫째,

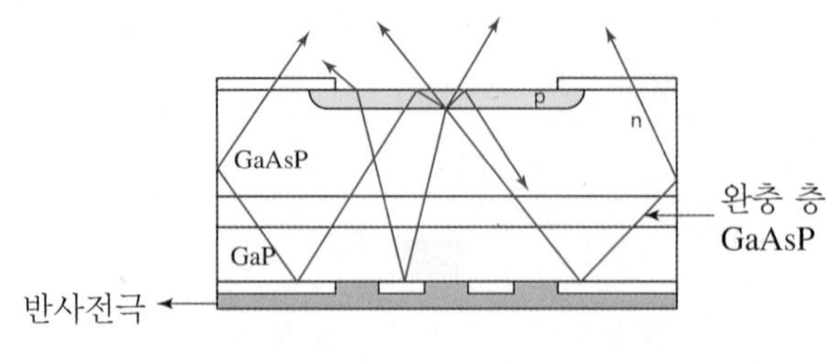

그림 18-6 LED의 구조

LED 시료 내에서의 흡수가 일어나고, 둘째, 빛이 반도체에서 공기층으로 통과할 때 굴절률 차이에 의한 프레넬(Fresnel) 반사 손실이 생긴다. 프레넬 손실은 한 매질에서 굴절률이 다른 매질로 광이 입사할 때 두 물질의 굴절지수의 차이로 표면에서 광이 반사하는 현상이다. 입사파 영역에서 물질의 굴절률을 n_2, 투과파 영역에서 물질의 굴절률을 n_1이라고 하면 이때 반사계수, 즉 프레넬 손실은 다음과 같다.

$$\Gamma = \left(\frac{n_2 - n_1}{n_2 + n_1}\right)^2 \tag{18.4.2}$$

셋째, 스넬의 법칙에 의하여 임계각 $\theta_c = \sin^{-1}(n_1/n_2)$보다 큰 각도에서 전반사가 일어나서 빛의 내부 전반사에 의해 손실이 발생할 수 있다.

18.5 태양전지

태양전지는 발광 다이오드의 다른 버전이라고 볼 수 있다. 발광 다이오드는 전기를 가하여 빛을 발생시키는 것이라면, 태양전지는 빛을 이용하여 전기를 발생시키는 것이다. 그림 18-7(a)에서 pn 접합 다이오드에서 빛이 없을 경우 (b)와 같이 밴드 정렬이 생긴다. 화학적 퍼텐셜 μ은 고유 화학적 퍼텐셜 μ_i과 무관하게 일정한데, p-형 반도체 쪽에서는 가전자대 위쪽에, n-형 반도체 쪽에서는 전도대 아래쪽에 위치하게 된다. p-형 반도체 쪽으로 빛이 입사할 경우에 광전 효과에 의해 p-형 반도체에서 정공이 발생한다. 그러면 일함수 eV_0만큼 화학적 퍼텐셜이 이동하고, n-형과 p-형 반도체 사이의 화학적 퍼턴셜 차이에 의해서 전류가 발생한다. 빛에너지는 순방향 바이어스와 같이 작동해서 $V_0 = IR_L$만큼 전압이 발생한다.

그림 18-8과 같이 $h\nu$의 에너지를 갖고, Φ_0의 초기 광자 플럭스로 빛이 p-형 반도체 쪽으로 입사한다고 생각해보자. 경계면을 중심으로 p-형 반도체 표면의 길이는 $-W_p$, n-형 반도체 끝의 길이는 W_n이라고 하자. 광자 플럭스는 p-형 반도체 내부에서 지수함수적으로 감소한다.

$$\Phi = \Phi_0 \exp[-\alpha(x + W_p)] \tag{18.5.1}$$

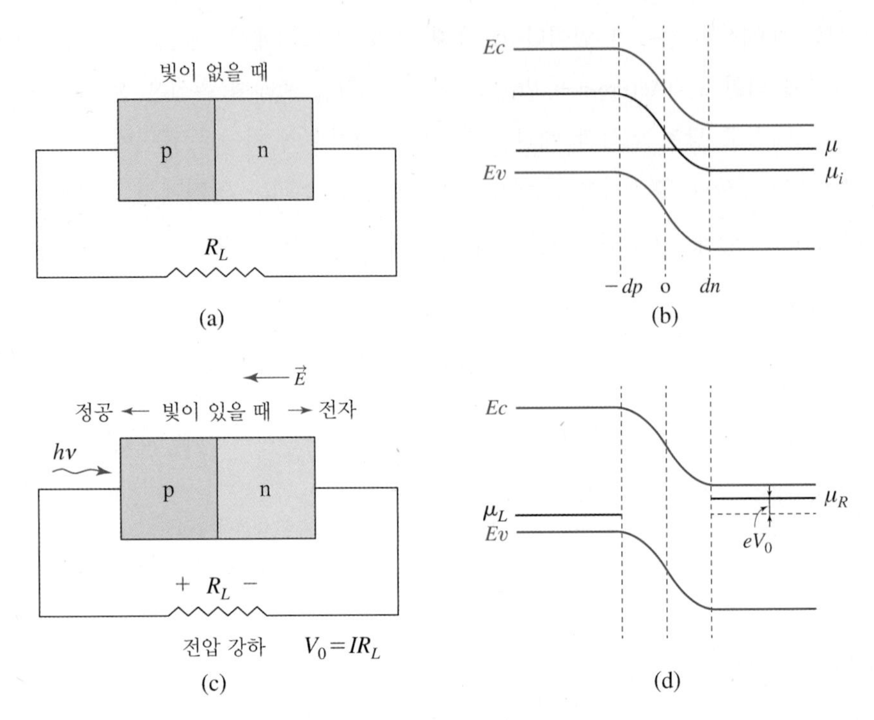

그림 18-7 태양전지로써의 pn 접합. 빛이 없을 때(a)와 그때의 에너지 밴드(b), 빛이 입사되었을 때 전류 발생(c)과 그때의 에너지 밴드(d).

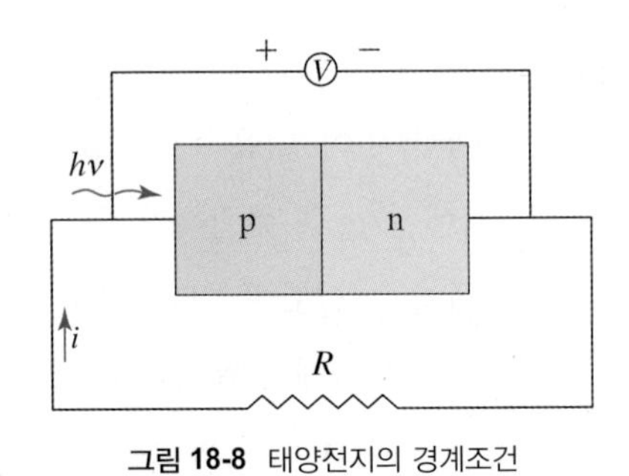

그림 18-8 태양전지의 경계조건

p-형과 n-형 반도체에서 소수 캐리어의 밀도는 각각

$$n_p(-dp) = n_{p0}\exp(eV_0/k_BT)$$
$$p_n(dn) = p_{n0}\exp(eV_0/k_BT)$$

로 주어진다는 것을 알고 있다. 공핍층은 작기 때문에, $dp \ll W_p$, $dn \ll W_n$이라고 가정하면 $dn \simeq dp \simeq 0$으로 공핍층을 무시하자. p-형 반도체에서 소수 캐리어의 연속방정식은

$$\frac{\partial^2(n_p - n_{p0})}{\partial x^2} - \frac{n_p - n_{p0}}{L_n} + \frac{\alpha \Phi_0 e^{-\alpha(x+W_p)}}{D_n} = 0 \tag{18.5.2}$$

으로 쓸 수 있는데, 첫째 항은 확산에 의한 항이고, 둘째 항과 셋째 항은 각각 재결합에 의한 것과 광자에 의한 전자의 발생을 기술한다. 마찬가지로 n-형 반도체에서 소수 캐리어인 정공의 연속방정식은

$$\frac{\partial^2(p_n - p_{n0})}{\partial x^2} - \frac{p_n - p_{n0}}{L_p} + \frac{\alpha \Phi_0 e^{-\alpha(x+W_p)}}{D_p} = 0 \tag{18.5.3}$$

이며, 이 연속방정식의 일반해는 다음과 같다.

$$n_p - n_{p0} = A\cosh(x/L_n) + B\sinh(x/L_n) + \frac{\alpha \Phi_0 \tau_n}{1-\alpha^2 L_n^2} e^{-\alpha(x+W_p)} \tag{18.5.4}$$

$$p_n - p_{n0} = Ce^{x/L_p} + De^{-x/L_p} + \frac{\alpha \Phi_0 \tau_p}{1-\alpha^2 L_p^2} e^{-\alpha(x+W_p)} \tag{18.5.5}$$

경계조건을 적용하면, i) $x = W_n$에서 $W_n \gg L_p$이므로, 식 (18.5.5)에서 $p_n(W_n) - p_{n0} \to 0$이다. $W_n \to \infty$라고 한다면 $p_n(-\infty) = p_{n0}$이므로, 이로부터 $D = 0$이다. ii) $x = 0$에서

$$\frac{n_p(0)}{n_{p0}} = e^{eV/k_BT} = \frac{p_n(0)}{p_{n0}}$$

이다. iii) $x = -W_p$에서 전류밀도는 다음과 같이 정의된다.

$$J_{nx}(-W_p) = eD_n \frac{d(n_p - n_{p0})}{dx}\bigg|_{x=-W_p} = eS_n[n_p(-W_p) - n_{p0}]$$

여기에서 S_n은 표면 재결합 속도(surface recombination velocity)이다. 이를 식 (18.5.4)에 적용하면 다음과 같이 다소 복잡한 미정 계수를 얻을 수 있다.

$$A = n_{p0}(e^{eV/k_BT} - 1) - \frac{\alpha \Phi_0 \tau_n}{1-\alpha^2 L_n^2} e^{-\alpha W_p}$$

$$B = A\zeta_p + \frac{\alpha\Phi_0\tau_n}{1-\alpha^2L_n^2}\left(\frac{S_n+\alpha D_n}{\dfrac{D_n}{L_n}\cosh(W_p/L_n)+S_n\sinh(W_p/L_n)}\right)$$

$$C = p_{n0}(e^{eV/k_BT}-1) - \frac{\alpha\Phi_0\tau_p}{1-\alpha^2L_p^2}e^{-\alpha W_p}$$

이 복잡한 미정 계수를 상수 처리하고 식 (18.5.4)와 (18.5.5)를 이용하여 전류밀도를 구하면 다음과 같다.

$$J = eD_n\frac{d}{dx}(n_p-n_{p0}) - eD_p\frac{d}{dx}(p_n-p_{n0}) = J_{x0}(e^{eV/k_BT}-1) - J_g \tag{18.5.6}$$

여기에서 첫째 항은 전압이 가해졌을 때 나타나는 순방향 바이어스의 전류밀도이고, 둘째 항 J_g는 빛에 의한 전류밀도이다. J_g는 항상 양수이며 $J_g > 0$, 빛의 초기 플럭스 Φ_0에 비례하여 발생하는 전류이다. 위 경계조건에 의한 미정 계수를 이용하여 J_{x0}와 J_g를 표현하면 다음과 같다.

$$J_{x0} = \frac{eD_nn_{p0}}{L_n}\zeta_n + \frac{eD_pp_{n0}}{L_p} \tag{18.5.7}$$

$$J_g = \frac{e\alpha\Phi_0L_n^2}{1-\alpha^2L_n^2}\left\{L_n^{-1}\left[\zeta_pe^{-\alpha W_p} - \frac{S_n+\alpha D_n}{\dfrac{D_n}{L_n}\cosh(W_p/L_n)+S_n\sinh(W_p/L_n)}\right]+\alpha e^{-\alpha W_p}\right\}$$
$$+\frac{e\alpha\Phi_0L_n^2}{1+\alpha^2L_p^2}e^{-\alpha W_p} \tag{18.5.8}$$

J_g의 첫째 항은 p-형 반도체 쪽의 광전류이고, 둘째 항의 지수함수 감쇄 항은 n-형 반도체 쪽의 광전류를 나타낸다.

$I = JA$이므로

$$I = I_D(e^{eV/k_BT}-1) - I_g \tag{18.5.9}$$

가 된다. 위 식으로 전류-전압(I-V) 곡선을 그리면 그림 18-9의 파란색과 같은 그래프가 되는데, 입사광의 플럭스 Φ_0가 커질수록 양의 전압 방향으로 이동한다. 태양전지에 연결된 부하 저항에 흐르는 전류는 그림 18-8과 같이 전압의 방향과 반대방향으로 흐르기 때문에 옴의 법칙으로는 $V = -IR$이 된다. 전류-전압 곡선은 식 (18.5.9)와 옴의 법칙을

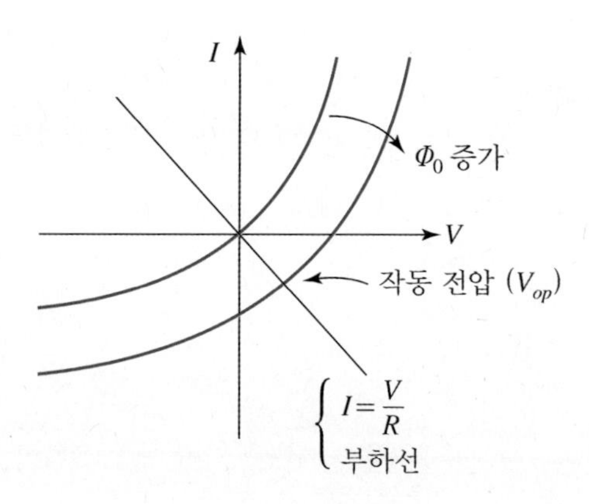

그림 18-9 태양전지의 전류–전압 곡선(그래프 해)

동시에 만족시켜야 하기 때문에 해석적으로 풀기는 어렵고 그래프로 해석할 수밖에 없다. 그림 18-9의 검은색 선이 음의 옴의 법칙이며, 식 (18.5.9)와의 교점이 작동 전압(operation voltage) V_{op}이다. 작동 전압은 태양전지에 전류가 흐르기 시작하는 지점이기 때문에 $I=0$으로부터

$$I_D(e^{eV_{op}/k_BT}-1)=I_g$$

$$V_{op}=\frac{k_BT}{e}\ln\left(1+\frac{I_g}{I_0}\right) \tag{18.5.10}$$

이 된다.

CHAPTER 19 트랜지스터

1900년대 초에 에디슨이 전구를 발명할 당시 전구에 전극을 하나 더 넣고, 전극이 양전하를 띠면 전구에 불이 들어올 때 필라멘트에서 전극으로 전류가 흐르는 현상을 발견하였다. 이를 에디슨 효과라고 하는데, 이 에디슨 효과를 이용하여 1904년 영국의 플레밍이 최초의 2극 진공관을 발명했다. 진공관은 그림 19-1과 같이 유리관 안에 애노드(anode), 캐소드(cathode), 그리드(grid, 3극 이상)가 장착된 형태를 갖고 있다. 캐소드를 가열하면 열과 함께 전자가 방출된다. 애노드 플레이트는 양전하를 띤 금속 부품으로 되어 있어서 캐소드에서 방출된 전자를 받아서 전류가 흐르게 된다. 그리드는 애노드 플레이트와 캐소드 사이에 있는 그물 형태로 감아놓은 망인데, 진공관에 흐르는 전자의 양을 제어하는 역할을 한다. 그리드가 강한 음전하를 띠면 애노드에 다다르는 전자의 양이 적어지고, 그리드의 음전하가 약해지면 애노드 플레이트에 다다르는 전자의 양이 많아진다. 베이스는 진공관 아래의 부품으로 진공관의 핀이 위치해 있다. 핀은 밖에 노출되어 있어서 부품에 꽂아 사용한다.

진공관은 전자의 움직임을 제어함으로써 전기신호를 증폭시키거나 교류를 직류로 정류하는 데 사용되었다. 그러나 기본적으로 캐소드를 가열시켜야 하므로 전기를 많이 소비시키고 크기도 큰 단점이 있다.

진공관을 고체 전자소자인 트랜지스터로 대체한 것은 단지 소자개발에서 그치는 것이

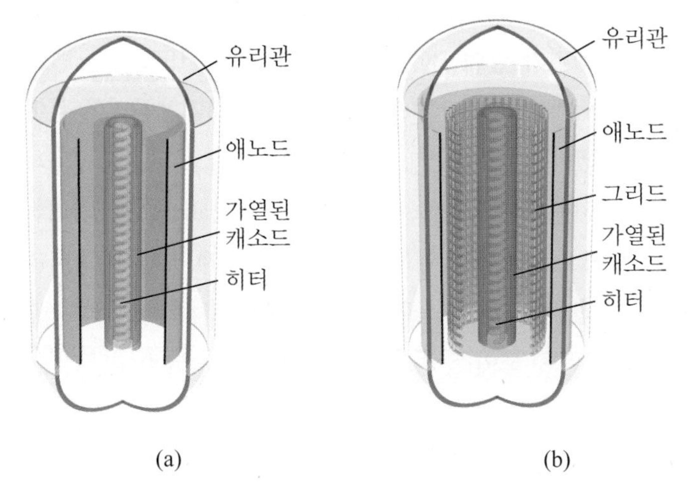

그림 19-1 2극 진공관(a)과 3극 진공관의 구조(b)

아니다. 트랜지스터는 우리 일상생활을 뒤바꾸어 놓았고, 트랜지스터 발명은 곧 전자공학의 탄생을 의미한다. 트랜지스터가 어떻게 우리 일상을 뒤바꾸어 놓았는지는 자세히 말하지 않아도 잘 알고 있다. 다만, 쇼클리, 바딘, 브래튼이 트랜지스터를 발명한 일화를 소개하고자 한다.

윌리엄 쇼클리는 어려서부터 영재라고 소문이 자자했다고 한다. 22세에 칼텍을 졸업하고 3년 후인 1936년 MIT에서 박사학위를 받았다. 박사학위를 받고 데이비슨-거머 실험으로 알려진 노벨상 수상자인 데이비슨의 눈에 띄어 벨 연구소에 들어가게 된다. 1945년 벨 연구소는 진공관을 대체할 수 있는 전자기기를 개발하는 조직을 만들었는데, 쇼클리가 책임자였다. 쇼클리가 기본 개념을 제안하였고, 그 개념을 구현하기 위해서 바딘과 브래튼이 노력하였으나 계속 실패하였다. 어느 날, 바딘과 브래튼은 우연히 도체와 반도체의 접점이 전해액에 접촉한 상태에서 전류가 증폭되는 것을 발견했다. 이를 더 연구하여 1947년 12월 최초의 트랜지스터인 점접촉 트랜지스터를 개발하였는데, 트랜지스터라는 이름은 trans(전송)와 resistor(저항)의 두 글자를 합친 것이다.

쇼클리가 개념을 제안했지만, 실제로 만든 것은 바딘과 브래튼이었으며, 심지어 당시 쇼클리는 다른 방식의 트랜지스터를 독자적으로 개발하고 있었다. 쇼클리가 개발하고 있던 것은 현대적인 트랜지스터의 원조라고 할 수 있는 샌드위치 구조의 접합형 트랜지스터(bipolar junction transistor, BJT)였다. 1956년 이 세 사람은 노벨물리학상을 받았는데, 바딘과 브래튼은 쇼클리와 멀어지면서 각자의 길로 갈라졌다. 바딘은 벨 연구소에서 나와 일리노이 어바나-샴페인 대학 교수가 되어 초전도로 연구 방향을 바꾸었고, 1957년 리온 쿠퍼, 로버트 슈리퍼와 같이 BCS 이론을 발표하여 1972년 노벨물리학상을 한 번 더 받았다. 브래튼은 노벨상 수상 이후로 벨 연구소에서 고체물리학 분야의 소소한 논문을 쓰며 평범하게 보냈다.

쇼클리는 이후 1955년 쇼클리 반도체 연구소를 세웠고, 많은 인재들을 등용했다. 그러나 그의 이상한 성격으로 쇼클리 연구소는 파국을 맞게 되었다. 쇼클리는 직장 부하들을 믿지 않았고, 거짓말탐지기를 동원하기도 하였다고 한다. 그의 편집증으로 인해 1957년 고든 무어, 로버트 노이스 등을 포함한 8명이 쇼클리 반도체 연구소를 나와서 페어차일드 반도체를 설립했는데, 그것이 현재 인텔(Intel)의 전신이다. 쇼클리는 그의 이상한 성격 때문에 학문적으로는 성공했지만 사업적으로는 실패했다. IQ를 신봉하여 지능이 낮은 사람일수록 출산율이 높기 때문에 이를 해결하도록 사회제도를 고쳐야 한다고 주장했는데, 사실 그의 IQ는 평범한 수준인 120 정도였다고 한다. 1989년 세상을 떠날 때는 자녀들이 언론보도를 통해서 아버지가 돌아가셨다는 것을 알았을 정도로 자녀들과도 불화가 있었다.

19.1 점접촉 트랜지스터

초기 트랜지스터 구조는 그림 19-2(a)와 같이 금속 기판 위에 n-형 저마늄 반도체를 올리고, 그 위에 금박을 입힌 리드선을 플라스틱을 이용하여 접촉시키는 방식이었다. 이미터(emitter)를 통해 전류가 주입되고, 컬렉터(collector)를 통해 전류 신호가 읽힌다. 쇼클리, 바딘, 브래튼이 개발한 초기 트랜지스터는 그림 19-2(b)와 같이 주먹 만한 크기였는데, 요즘 쓰이고 있는 트랜지스터는 나노(nano) 스케일로 작아졌다.

그림 19-3은 점접촉 트랜지스터의 작동 회로도이다. Sweep 배터리는 필수적인 것은 아니다. 외부에서 V_ϵ의 크기로 순방향 바이어스가 가해지면 I_ϵ의 전류가 이미터 방향에서 흘러 들어오고, n-형 반도체 표면은 정공이 주입된다. p-형으로 대전된 반도체 표면을 따라 정공이 확산되어 컬렉터 쪽으로 흘러가게 되면 순방향 바이어스에서 회로는 작동하게 된다. $V_c \gg V_\epsilon$이면 역방향 바이어스가 가해지는 것이다.

점접촉 트랜지스터는 전력을 증폭시키는 역할을 한다. 이미터 방향에서 작은 전류 I_ϵ

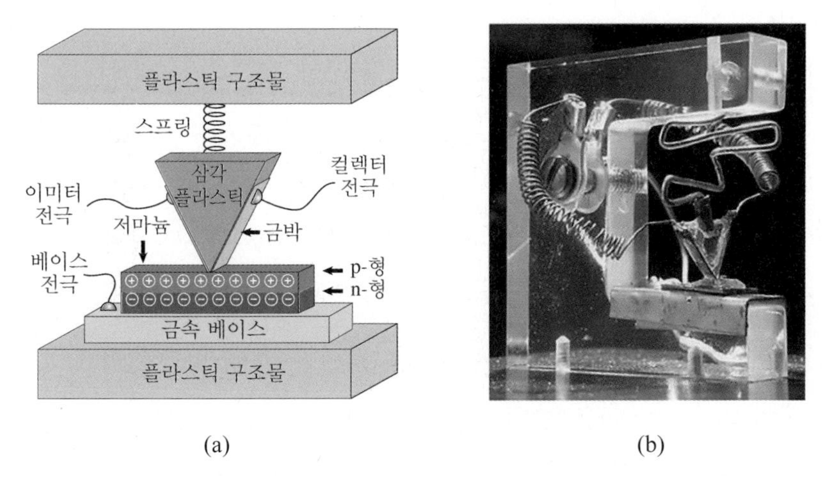

그림 19-2 점접촉 트랜지스터 구조

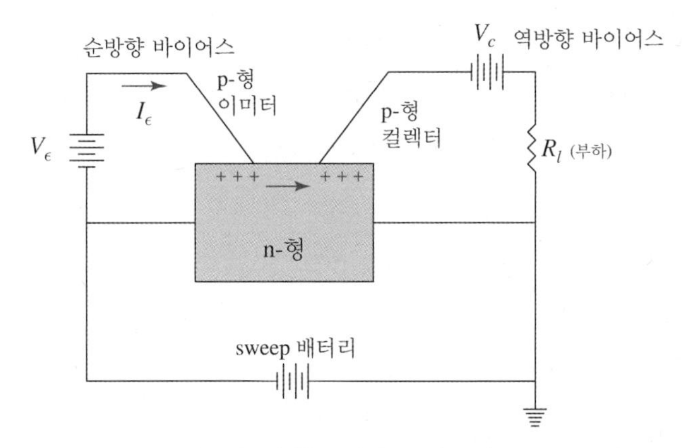

그림 19-3 점접촉 트랜지스터 작동 회로도

이 흘러 컬렉터 방향으로 흐르면 정공으로 대전된 반도체는 일종의 pn 접합을 한 것이기 때문에 반도체의 pn 접합 효과에 의해서

$$I_\epsilon = I_{\epsilon 0}[\exp(eV_\epsilon/k_B T) - 1] \tag{19.1.1}$$

로 흐르게 된다. 여기에서 $I_{\epsilon 0}$는 포화 전류이다. 반대로, 역방향 바이어스 V_c가 가해져서 I_c만큼 전류가 컬렉터 쪽에서 흐르면

$$I_c = -I_{c0}[\exp(eV_c/k_B T) - 1] + \alpha I_\epsilon \simeq I_{c0} + \alpha I_\epsilon \tag{19.1.2}$$

만큼 전류가 역방향으로 흐르게 된다. 여기에서 α는 컬렉터에 들어오는 이미터 전류의

비로써, 일종의 전류 이득(current gain)이다.

이미터 전압이 충분히 커서 $V_\epsilon \gg k_B T/e$라고 하면

$$I_\epsilon = I_{\epsilon 0}\exp(e V_\epsilon / k_B T) \tag{19.1.3}$$

$$V_\epsilon = \frac{k_B T}{e}\ln\left(\frac{I_\epsilon}{I_{\epsilon 0}}\right) \tag{19.1.4}$$

가 된다.

$$\frac{dV_\epsilon}{dI_\epsilon} = \frac{k_B T}{e I_\epsilon}$$

이므로, 이미터 방향에서 들어오는 전류에 대해 입력 전력의 비는

$$\frac{dP_\epsilon}{dI_\epsilon} = \frac{d}{dI_\epsilon}(V_\epsilon I_\epsilon) = V_\epsilon + I_\epsilon \frac{dV_\epsilon}{dI_\epsilon} = \frac{k_B T}{e}\left(1 + \ln\frac{I_\epsilon}{I_{\epsilon 0}}\right) \tag{19.1.5}$$

이 된다. 마찬가지로, 컬렉터 전력의 비를 계산해보자. 전류 이득은

$$\alpha = \frac{dI_c}{dI_\epsilon}$$

인데, 이미터 전류 I_ϵ에 대한 컬렉터 전력의 비는

$$\frac{dP_c}{dI_\epsilon} = \frac{d}{dI_\epsilon}\left(I_c^2 R_e\right) = 2R_e I_c \frac{dI_c}{dI_\epsilon} = 2R_e\,(I_{c0} + \alpha I_\epsilon)\alpha \simeq 2R_e \alpha^2 I_\epsilon \tag{19.1.6}$$

을 얻는데, 여기에서 $I_{c0} \ll \alpha I_\epsilon$으로 근사하였다. 이를 통해 계산할 수 있는 전력 이득(power gain)은

$$\frac{dP_c}{dP_\epsilon} = \frac{dP_c/dI_\epsilon}{dP_\epsilon/dI_\epsilon} = \frac{2\alpha^2 R_e I_\epsilon}{\frac{k_B T}{e}\left[1 + \ln\left(\frac{I_\epsilon}{I_{\epsilon 0}}\right)\right]} \tag{19.1.7}$$

이 된다. 만약 이미터 전류가 $I_\epsilon = 10$ mA, 이미터 포화 전류가 $I_{\epsilon 0} = 10\ \mu$ A, 이미터 저항이 $R_e = 1\ \mathrm{k}\Omega$이고 전류 이득이 99%($\alpha = 0.99$)라고 하면, 300 K에서 $k_B T/e = 1/40$ eV 정도여서 식 (17.1.7)에 대입하면

$$\frac{dP_c}{dP_\epsilon}=99.15$$

가 된다. 이는 이미터 전력에 비해 컬렉터에서 99배의 전력이 발생함을 의미한다.

19.2 하이네스-쇼클리 트랜지스터

점접촉 트랜지스터가 개발된 이후 조금 더 진전된 형태가 하이네스-쇼클리 트랜지스터(Haynes-Shockley transistor)이다. 점접촉 트랜지스터가 일종의 pn 접합을 이루고 있는 데 반해서, 하이네스-쇼클리 트랜지스터는 pnp 접합을 이루고 있다. 이 트랜지스터의 특징은 pnp 접합으로 인해 반도체의 소수 캐리어를 정밀하게 제어할 수 있다는 것이다. 그림 19-4(a)는 하이네스-쇼클리 트랜지스터의 개략도를 보여준다. 이미터와 컬렉터가 있는 것은 점접촉 트랜지스터와 같지만, 이미터와 컬렉터가 일정한 간격을 두고 형성되고 있고, 베이스(base)에서 그라운드를 형성하고 있는 특징을 갖고 있다. 순방향 바이어스가 가해지면서 정공을 공급하면 이미터와 컬렉터에서 p-형으로 되는데, 가운데 베이스로 인해 단자가 없는 영역은 여전히 n-형으로 유지됨으로써, 그림 19-4(b)와 같이 반도체 표면에서는 일종의 pnp 접합이 형성되게 된다. 전류는 이미터 전류 I_ϵ, 컬렉터 전류 I_c 뿐만 아니라 베이스 전류 I_b도 형성된다.

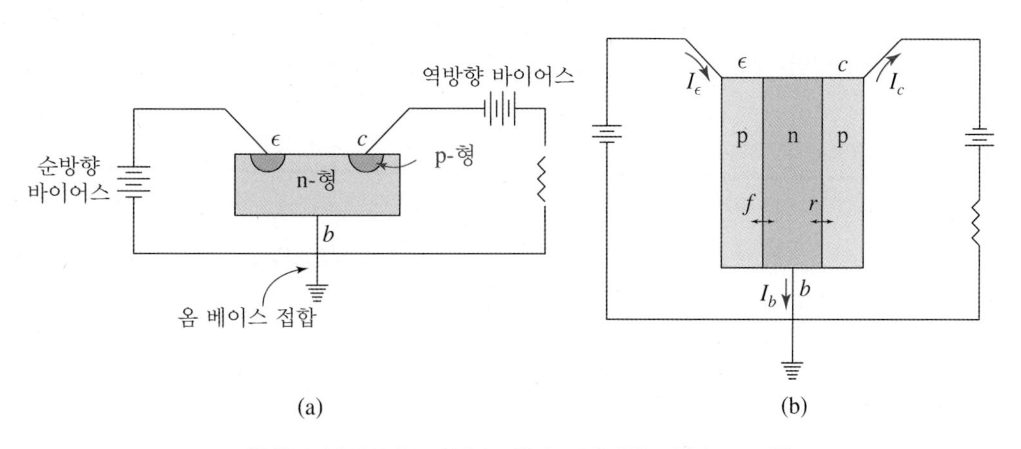

그림 19-4 (a) 하이네스-쇼클리 트랜지스터의 개략도와 (b) pnp 접합

이미터와 컬렉터는 p-형이기 때문에 주 캐리어는 정공이고, 소수 캐리어는 전자이다. 이미터에서($x<0$) 소수 캐리어의 정상상태에서의 연속방정식은

$$\frac{d^2}{dx^2}(n_p - n_{p0}) - \frac{n_p - n_{p0}}{L_n^2} = 0 \tag{19.2.1}$$

로 쓸 수 있다. 베이스($0<x<d$)는 n-형 반도체이기 때문에 소수 캐리어는 정공이어서 정공에 대한 연속방정식은 다음과 같다.

$$\frac{d^2}{dx^2}(p_n - p_{n0}) - \frac{p_n - p_{n0}}{L_p^2} = 0 \tag{19.2.2}$$

여기에서 L_n과 L_p는 각각 n-형과 p-형 반도체에서의 확산계수이다. 경계조건을 사용하면

i) 이미터 쪽에서 $n_p(x \to -\infty) = n_{p0}$이다.
ii) 컬렉터 접합에서 소수 캐리어의 전하밀도는 0이다($p_n(x=d)=0$).
iii) 공핍층 접합에서 소수 캐리어 전자 n_p와 정공 p_n은 다음과 같은 온도의존성을 갖는다.

이미터 영역에서 $n_p(x=0) = n_{p0}\exp(eV_\epsilon/k_BT)$
베이스 영역에서 $p_n(x=0) = p_{n0}\exp(eV_c/k_BT)$

식 (19.2.1)과 (19.2.2)의 일반해는 각각 다음과 같다.

$$\text{이미터 영역에서}(x<0),\ n - n_{p0} = Ae^{x/L_n} + Be^{-x/L_n} \tag{19.2.3}$$

$$\text{베이스 영역에서}(0<x<d),\ p_n - p_{n0} = C\cosh\left(\frac{x}{L_p}\right) + D\sinh\left(\frac{x}{L_p}\right) \tag{19.2.4}$$

i)의 경계조건을 이용하면 $B=0$이다.
iii)의 경계조건을 이용하면 $n_p(0) = n_{p0}\exp(eV_\epsilon/k_BT)$로부터 $A = n_{p0}[\exp(eV_\epsilon/k_BT) - 1]$, $p_n(0) = p_{n0}\exp(eV_c/k_BT)$로부터 $C = p_{n0}[\exp(eV_c/k_BT) - 1]$을 얻는다.
ii)의 경계조건으로부터

$$D = -p_{n0}\frac{[\exp(eV_\epsilon/k_BT) - 1]\cosh(d/L_p) + 1}{\sinh(d/L_p)}$$

을 얻을 수 있어서, 이를 적용하면 다음과 같은 해를 얻는다.

$$n_p - n_{p0} = n_{p0}[\exp(eV_\epsilon/k_BT)-1]e^{x/L_n} \tag{19.2.5}$$

$$\begin{aligned} p_n - p_{n0} &= p_{n0}[\exp(eV_c/k_BT)-1]\cosh(x/L_p) \\ &\quad - p_{n0}[\{\exp(eV_c/k_BT)-1\}\coth(d/L_p)+\operatorname{csch}(d/L_p)]\sinh(x/L_p) \end{aligned} \tag{19.2.6}$$

이를 이용해서 전류밀도를 계산하면, 이미터에서 전자의 전류밀도는

$$j_{nx}(0) = eD_n \frac{\partial n_p}{\partial x}\bigg|_{x=0^-} = \frac{en_{p0}D_n}{L_n}[\exp(eV_\epsilon/k_BT)-1] \tag{19.2.7}$$

이고, 이미터에서 정공의 전류밀도는

$$\begin{aligned} j_{px}(x=0) &= -eD_p \frac{\partial p_n}{\partial x}\bigg|_{x=0^+} \\ &= \frac{ep_{n0}D_p}{L_p}[(e^{eV_c/k_BT}-1)\coth(d/L_p)+\operatorname{csch}(d/L_p)] \end{aligned} \tag{19.2.8}$$

로 계산된다. 컬렉터에서 정공의 전류밀도는 같은 방법으로 다음과 같다.

$$\begin{aligned} j_{px}(x=d) &= -eD_p \frac{\partial p_n}{\partial x}\bigg|_{x=d^-} \\ &= \frac{ep_{n0}D_p}{L_p}[-(e^{eV_c/k_BT}-1)\sinh(d/L_p) \\ &\quad + \cosh(d/L_p)\{(e^{eV_c/k_BT}-1)\coth(d/L_p)+\operatorname{csch}(d/L_p)\}] \end{aligned} \tag{19.2.9}$$

pnp형 접합 트랜지스터에서 전류밀도는 위 식들과 같이 복잡한 경향을 보인다.

트랜지스터는 pnp형과 npn형이 있다. 그림 19-5와 같이 pnp형에서 트랜지스터의 기호는 이미터 화살표가 베이스 쪽으로 향하고, npn형에서는 이미터 화살표가 이미터 쪽으로 향한다. 이미터 화살표는 전류의 방향을 의미한다. pnp에서는 이미터에서 컬렉터로 전류가 흐르고, npn에서는 전자가 흐르기 때문에 전류의 방향이 반대가 된다. 트랜지스터에서 이미터는 무엇을 내보낸다는 뜻이고, 이미터-베이스-컬렉터 순으로 접합이 표시되기 때문에 pnp에서는 정공을 내보내고, npn에서는 전자를 내보낸다. 베이스는 그림 19-4(a)와 같이 기초가 되는 물질이고, 컬렉터는 무엇을 받는다는 뜻이어서, pnp에서는

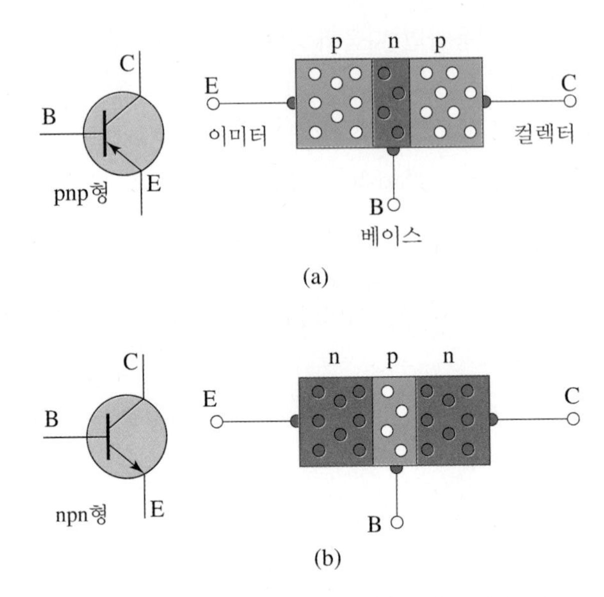

그림 19-5 (a) pnp형 트랜지스터와 (b) npn형 트랜지스터

정공을 받고, npn에서는 전자를 받는다.

그림 19-6(a)와 같이 npn 트랜지스터에서 역방향 전압을 걸면 컬렉터 n-형에 (+)가 걸리고 베이스 p-형에 (−)가 걸리게 되어 공핍층이 커지면서 전류가 흐르기 어렵게 된다. 순방향 전압을 걸면 베이스 p-형에 (+)가, 이미터 n-형에 (−)가 걸리게 되는데, 그러면 베이스의 정공을 밀어내면서 이미터의 전자는 베이스 쪽으로 밀리면서 전류가 잘 흐르게 된다. 이미터의 전자는 베이스의 정공과 재결합이 일어나고 일부는 살아남아 베이스를 넘어 컬렉터로 이동하게 되면서 전류가 흐르게 된다. 즉, 베이스에서 이미터로 전류가 흐르는 것이 순방향이다.

pnp 트랜지스터는 그림 19-6(b)와 같이 역방향 전압을 걸면 컬렉터 p-형에 (−)가 걸리고 베이스 n-형에 (+)가 걸리기 때문에 컬렉터의 정공과 역방향 전압에 의한 전자가 서로 재결합하면서 전류가 흐르기 어렵게 된다. 순방향 전압을 걸면 n-형 베이스에 (−)가 걸리고 p-형 이미터에 (+)가 걸리면서 이미터의 정공을 베이스 쪽으로 밀어내고 일부 정공은 베이스의 전자와 재결합이 이루어지지만 이미터에서 방출된 다수 캐리어인 정공은 베이스를 넘어 컬렉터 쪽으로 향하면서 전류가 흐르게 된다. 즉, 이미터에서 베이스로 전류가 흘러가는 것이 순방향이다.

베이스의 전류를 on/off 함으로써 컬렉터의 전류와 이미터의 전류를 on/off 할 수 있게 되기 때문에, 트랜지스터를 이용하면 전류의 이동을 제어할 수 있다. 베이스에 작은

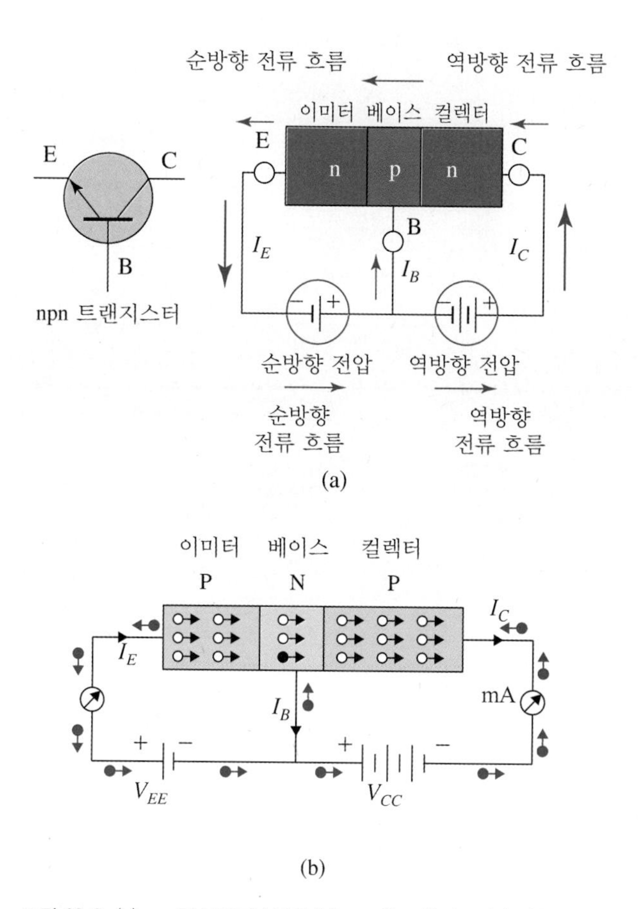

그림 19-6 (a) npn형 트랜지스터와 (b) pnp형 트랜지스터의 전류 흐름

전류를 가해줌으로써 컬렉터에 큰 전류를 제어할 수 있기 때문에 트랜지스터는 효율적인 스위치 회로가 된다.

이 장에서는 PN 다이오드 사이에 고유 반도체를 삽입한 P-I(Insulator)-N 접합과 금속-반도체 접합에 대해 알아보자. PIN 반도체에서 중간에 고유 반도체를 삽입하면 중간층에서 전류가 잘 흐르지 않게 된다. 또한 MOSFET와 같은 반도체 소자에서는 금속과 반도체 간의 접합이 많이 일어나기 때문에 금속과 반도체의 접합에 대해 알아두어야 한다. PIN 다이오드는 RF 스위치나 고전압 정류기, 광검출기 등으로 응용된다.

20.1 PIN 다이오드

PIN 다이오드는 저주파일 때는 일반적인 PN 다이오드와 큰 차이가 없다. 그러나 고주파에서 PIN 다이오드는 저항처럼 작동한다. PIN 다이오드는 주파수에 민감하게 반응하여 RF 소자로 응용하는 것이다. 고주파에서 PIN 다이오드의 저항값은 다이오드를 흐르는 직류 전류에 반비례한다. 즉, 전류가 작으면 저항이 크고, 전류가 크면 저항이 작아진다. 이는 직류 전류를 조절하여 가변저항처럼 쓸 수 있다는 것을 의미한다.

PIN 다이오드는 큰 공핍층을 갖고 있다. p-형과 n-형 반도체 공핍영역 dp와 dn 사이

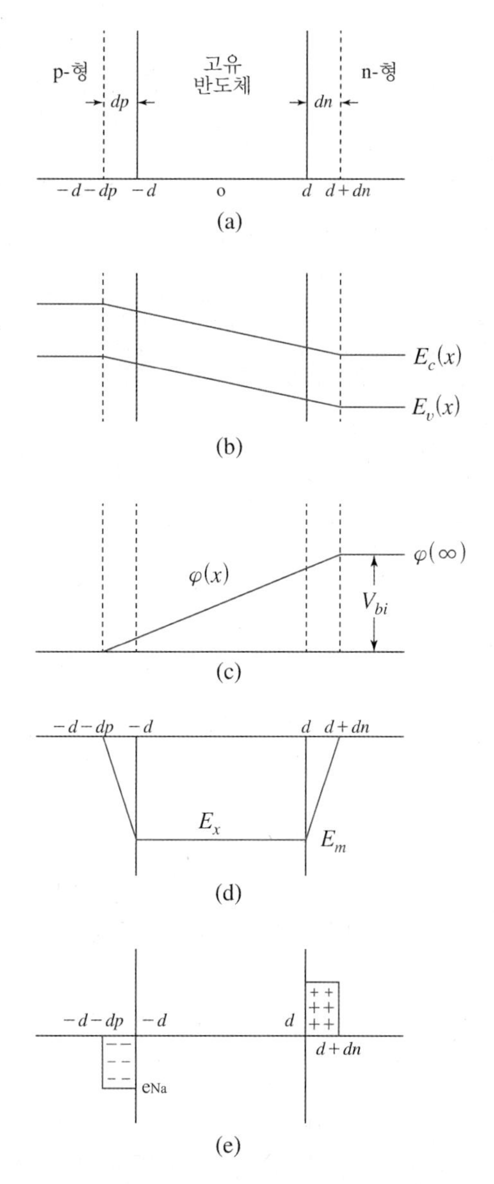

그림 20-1 PIN 다이오드의 접합(a), 밴드 다이어그램(b), 퍼텐셜(c), 전기장(d), 소수 전하의 전하량(e)

에 에너지 밴드 갭이 큰 반도체가 공핍층의 역할을 하기 때문이다. 그림 20-1은 PIN 다이오드의 접합에 따른 에너지 밴드 다이어그램과 퍼텐셜, 전기장, 전하량을 차례로 나타내고 있다. pn 접합에 의해서 에너지 밴드 맞춤(energy band alignment)이 발생하고(b), 퍼텐셜은 선형적으로 증가하다가 n-형 반도체의 경계면부터 그 내부에서 일정하게 유지된다(c). n-형과 p-형 반도체와의 퍼텐셜 차이를 바이폴라 퍼텐셜(bipolar potential) V_{bi}이라고 한다. 전기장은 퍼텐셜을 미분한 것인데, 고유 반도체 영역에서는 일정한 전기장이 유지되지만 dp와 dn의 계면 공핍층에서는 전기장이 선형적으로 감소하다가 p-형과 n-형 반도체 내부에서는 0이 된다(d). 계면 공핍층 영역에서 퍼텐셜은 선형적으로 변화하지 않고 이차항으로 변화한다. 전기장 형성에 의해서 n-형과 p-형 반도체 공핍층에서 소수 전하의 전하량이 유지된다(e).

그림 20-1(c)에서 바이폴라 퍼텐셜을 계산하면 다음과 같다.

$$V_{bi} = \int_{-d-dp}^{d+dn} (-E_x)dx \tag{20.1.1}$$

그림 20-1(c)로부터 최대 전기장을 E_m이라고 하면 위 적분은

$$V_{bi} = E_m\left(\frac{dp}{2} + 2d + \frac{dn}{2}\right)$$

이 된다. pn 접합에서 $N_d dn = N_a dp$이므로

$$V_{bi} = E_m\left(\frac{1}{2}\frac{N_d}{N_a}dn + 2d + \frac{dn}{2}\right) = \frac{eN_d}{\epsilon_s}\left[\frac{1}{2}\gamma(dn)^2 + 2d(dn)\right] \tag{20.1.2}$$

여기에서

$$E_m = \frac{eN_d dn}{\epsilon_s} = \frac{eN_a dp}{\epsilon_s}$$

$$\gamma = \frac{N_d}{N_a} + 1$$

을 이용하였다.

식 (20.1.2)를 이차방정식의 근의 공식을 이용하여 dn에 대해 풀면

$$dn = \frac{1}{\gamma}\left[\sqrt{\frac{2\gamma\epsilon_s V_{bi}}{eN_d} + (2d)^2} - 2d\right] \tag{20.1.3}$$

를 얻을 수 있다. 이때, 공핍층은

$$W' = dn + dp = \left(1 + \frac{N_a}{N_d}\right)dn = \gamma\frac{N_d}{N_a}dn = \frac{N_d}{N_a}\left[\left\{(2d)^2 + \frac{2\gamma\epsilon_s}{eN_d}V_{bi}\right\}^{1/2} - 2d\right]$$

$$= \left[\left(\frac{2dN_d}{N_a}\right)^2 + \frac{2N_d\gamma\epsilon_s}{eN_a^2}V_{bi}\right]^{1/2} - 2d\frac{N_d}{N_a}$$

$$= \left[\left(\frac{2dN_d}{N_a}\right)^2 + \frac{2\epsilon_s}{e}\left(\frac{1}{N_a}+\frac{1}{N_d}\right)V_{bi}\right]^{1/2} - 2d\frac{N_d}{N_a}$$

$$= \left(\frac{2dN_d}{N_a}\right)\left[1 + \frac{N_a^2\epsilon_s}{2d^2N_d^2e}\left(\frac{1}{N_a}+\frac{1}{N_d}\right)V_{bi}\right]^{1/2} - 2d\frac{N_d}{N_a}$$

$$\simeq \frac{\epsilon_s}{4ed^2}\left(\frac{N_a}{N_d}\right)^2\left(\frac{1}{N_a}+\frac{1}{N_d}\right)V_{bi} \tag{20.1.4}$$

이 된다. 여기에서 $V_{bi}/2d \ll 1$인 가정을 사용하였다. 실제 공핍층은 고유 반도체 영역을 더해주면 된다.

$$W = W' + 2d = 2d + \frac{\epsilon_s}{4ed^2}\left(\frac{N_a}{N_d}\right)^2\left(\frac{1}{N_a}+\frac{1}{N_d}\right)V_{bi} \tag{20.1.5}$$

20.2 포토 다이오드

발광 다이오드는 18.4절에서 다루었다. 발광 다이오드와 포토 다이오드의 차이점은 발광 다이오드는 전기를 이용해서 빛을 발생시키는 것이고, 포토 다이오드는 빛에 의해 전기를 발생시킨다는 것이다. 전기를 발생시킨다는 점에 있어서는 태양전지와 같지만, 태양전지와 포토 다이오드의 차이점은 태양전지는 PN 접합에서 빛에 의해 광전류가 발생하는 데 반해, 포토 다이오드는 PN 또는 PIN 접합을 통해 역방향 바이어스에서 작동한다는 점이다. 즉, p-형 반도체 쪽이 배터리의 음극 단자와 연결되어 있고, n-형 반도체 쪽은 양극 단자에 연결되어 있다. 태양전지가 전력 발생을 위한 것이라면, 포토 다이오드는 광검출기 등의 센서로 응용하기 위한 것이다.

그림 20-2는 PIN 포토 다이오드의 개념도와 각 계면에서의 에너지 밴드 다이어그램이다. 일반적으로 포토 다이오드의 PIN 접합구조는 수직으로 배열되지만 에너지 밴드 다이어그램을 그리기 위해서 수평으로 배열하였다. 상부 p-형 반도체 쪽으로 빛이 입사하면 광전 효과에 의해 전자와 정공의 짝이 생기고 화학적 퍼텐셜이 높아진다. 전자는

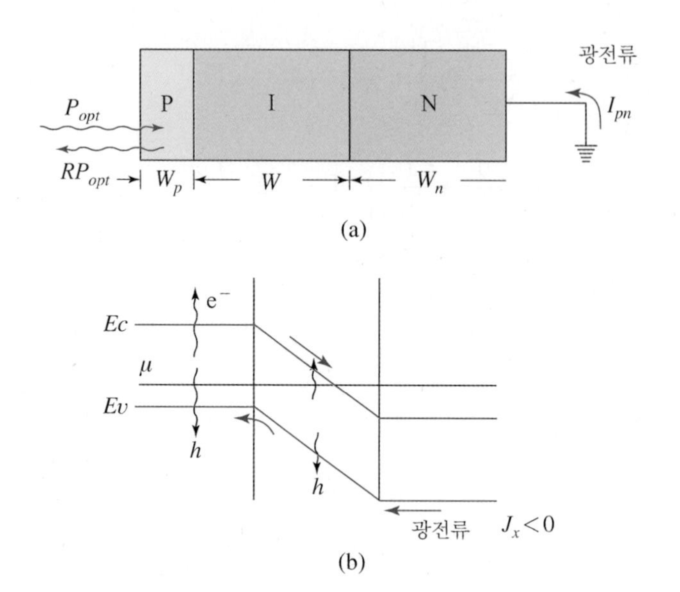

그림 20-2 (a) PIN 포토 다이오드와 (b) 에너지 밴드 다이어그램

n-형 쪽으로 이동하고, 정공은 p-형 쪽으로 이동하면서 음의 광전류가 발생한다($J_x < 0$).

입사되는 빛의 광전력(optical power)을 P_{opt}라고 하고 반사율을 R이라고 하면, 흡수되는 빛의 광전력은 $P_{opt}(1-R)$이다. 이를 단위 면적, 단위 광자 에너지로 나누면 흡수된 빛의 플럭스 Φ_0이다.

$$\Phi_0 = \frac{P_{opt}(1-R)}{Ah\nu} \tag{20.2.1}$$

흡수계수 α에 대해서 입사된 빛에 의한 전자-정공의 발생률 $G(x)$는 다음과 같이 지수함수적으로 감소한다.

$$G(x) = \Phi_0 \alpha e^{-\alpha x} \tag{20.2.2}$$

p-형 반도체 쪽으로 빛이 입사되면 p-형에서는 이동 전류가 발생하고 n-형 반도체 쪽에서는 확산 전류가 발생한다. (물론 p-형 반도체 쪽에서도 확산 전류가 발생하는데, 계산 편의상 이를 무시하기로 하자.) 여기서 광전류 J_x는 고유 반도체 층에서 발생하는 전하의 드리프트 전류(drift current) J_x^{drift}와 n-형 반도체에서 발생하는 정공의 확산 전류 J_x^{diff}로 나눌 수 있다. 드리프트 전류는 다음과 같이 계산한다.

$$J_x^{drift} = -e\int_{0(W_p \to 0)}^{W} G(x)dx = -e\Phi_0 \int_0^W \alpha e^{-\alpha x}dx = -e\Phi_0(1-e^{-\alpha W}) \quad (20.2.3)$$

확산 전류는

$$J_x^{diff} = -eD_p \frac{dp_n}{dx}\bigg|_{x=W} \quad (20.2.4)$$

로 주어지는데, 이는 n-형 반도체 층의 연속방정식으로 결정된다.

$$D_p \frac{d^2 p_n}{dx^2} - \frac{p_n - p_{n0}}{\tau_p} + G(x) = 0 \quad (20.2.5)$$

$p_{n(\infty)} = p_{n0}$, $p_n(W) = 0$, $eV_R \gg k_B T$의 경계조건을 사용하면, 이 연속방정식의 해는 다음과 같다.

$$p_n(x) = p_{n0} - (p_{n0} + C_1 e^{-\alpha W})e^{(W-x)/L_p} + C_1 e^{-\alpha x} \quad (20.2.6)$$

여기에서 $L_p = \sqrt{D_p \tau_p}$ 이고,

$$C_1 = \frac{\Phi_0}{D_p}\frac{\alpha L_p^2}{1+\alpha^2 L_p^2}$$

이다. 식 (20.2.5)를 식 (20.2.4)에 넣어서 확산 전류를 계산하면 다음과 같다.

$$J_x^{diff} = -eD_p\left[\frac{p_{n0} + C_1 e^{-\alpha W}}{L_p} e^{(W-x)/L_p} - \alpha C_1 e^{-\alpha x}\right] \quad (20.2.7)$$

고유 반도체와 n-형 반도체 계면에서 확산 전류는

$$J_x^{diff}(W) = -\frac{eD_p p_{n0}}{L_p} - e\Phi_0 \frac{\alpha L_p}{1+\alpha L_p} e^{-\alpha W} \quad (20.2.8)$$

인데, 첫째 항은 포화 전류이고, 둘째 항은 광전류이다. 확산 전류의 부호가 음인 것은 확산 전류의 방향이 n-형에서 p-형으로 향하기 때문이다. 드리프트 전류 식 (20.2.3)과 위 식을 더하여 계면에서의 총 전류를 계산하면 다음과 같다.

$$J_x(W) = J_x^{drift} + J_x^{diff}(W) = -\frac{eD_p p_{n0}}{L_p} - e\Phi_0\left(1 - \frac{1}{1+\alpha L_p}e^{-\alpha W}\right) \tag{20.2.9}$$

양자효율(quantum efficiency)은 입사된 광자의 플럭스 대비 광전류의 전하 입자 플럭스로 정의된다.

$$\eta = \frac{\Phi_0\left(1 - \frac{e^{-\alpha W}}{1+\alpha L_p}\right)}{\frac{P_{opt}}{Ah\nu}} = (1-R)\left(1 - \frac{e^{-\alpha W}}{1+\alpha L_p}\right) \tag{20.2.10}$$

여기에서 식 (20.2.1)로부터

$$\frac{P_{opt}}{Ah\nu} = \frac{\Phi_0}{1-R}$$

을 이용하였다. 양자효율을 극대화하기 위해서는 반사도(R)를 줄이고 αW를 크게 하면 된다. 그리하여 PIN 접합과 같이 고유 반도체 영역(W)을 키울수록 효율도 증대된다.

20.3 금속-반도체 접합

금속과 금속, 금속과 n-형 반도체의 접합에 대한 개념적인 논의를 끝으로 5부를 마무리하려고 한다. 반도체에 전극을 붙여야 하는데, 전극과 반도체 사이에 생기는 접합면에는 2가지 종류가 있다. 하나는 옴 접합(Ohmic contact)이고, 다른 하나는 쇼트키 접합(Schottky contact)이다. 옴 접합은 금속-반도체 접합에서 전압과 전류의 관계가 비례하는 옴의 법칙(Ohm's law)을 따르는 경우를 말한다. 쇼트키 접합은 금속-반도체 접합에서 전압과 전류가 비례하지 않는 경우이다.

그림 20-3과 같이 금속과 n-형 반도체가 접합하면 금속과 반도체 사이에서 페르미 에너지가 조절되면서 밴드 휘어짐(band bending)이 생긴다. 금속의 페르미 준위로부터 진공 준위까지 퍼텐셜 차이를 금속의 일함수 $e\Phi_m$라고 하자. 금속의 페르미 준위 아래쪽에 있는 전자가 일함수만큼의 에너지를 얻으면 밖으로 튀어나오게 된다. 반도체의 페르미 준위는 금속의 페르미 준위와 일치하게 되고, 반도체의 페르미 준위로부터 밴드 휘어짐

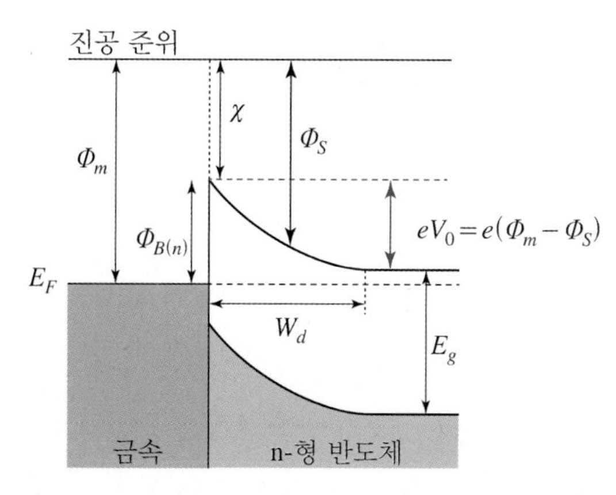

그림 20-3 금속과 n–형 반도체 쇼트키 접합에서의 밴드 다이어그램

에 의해 발생된다. 이때, 사실 반도체의 일함수는 전도대에서 진공 준위까지의 에너지 Φ_S로 정의해야 옳지만, 반도체에서 전자를 튀어나오게 하는 최소한의 에너지는 전자 친화도(electron affinity) $e\chi$이다. 반도체의 페르미 준위는 에너지 갭 사이에 위치하고 있어서 금지대에 있기 때문이고, 밴드 휘어짐에 의해 계면의 전도대에서 제일 먼저 전자가 바깥으로 튀어나오기 때문이다. n-형 반도체에서 전자 친화도 $e\chi$는 계면에서 전도대로부터 진공 준위까지의 에너지이다. n-형 반도체 표면에서 페르미 준위와 전도대의 끝부분까지의 에너지 차이는 장벽 퍼텐셜(barrier potential) $e\Phi_{B(n)}$이 된다. 그림 20-3에서 장벽 퍼텐셜과 일함수, 전자 친화도의 관계는

$$e\Phi_m = e(\chi + \Phi_B) \tag{20.3.1}$$

$$e\Phi_B = e(\Phi_m - \chi) \tag{20.3.2}$$

이다.

금속의 페르미 준위는 반도체의 페르미 준위보다 낮기 때문에 페르미 준위 차이로 인해서 반도체의 전자들이 더 낮은 에너지 상태를 가지는 금속으로 확산이 일어나게 된다. 반도체의 전자들이 금속으로 확산되면 n-형 반도체는 양이온들이 드러나게 되고, 금속으로 넘어간 전자와 n-형 반도체의 양이온이 내부 전기장을 만들면서 공핍층 W_d를 형성한다. 금속과 반도체의 페르미 준위가 일치할 때까지 이 현상은 계속 일어나면서 음의 전자로 대전된 금속 표면과 반도체의 양이온 사이에 전기장이 형성된다. 이때 공핍층에서 발생하는 전위차는

$$eV_0 = e(\Phi_m - \Phi_s) \tag{20.3.3}$$

이다.

n-형 반도체의 전도대 장벽은 식 (20.3.2)와 같이 금속의 일함수와 전자 친화도의 차이만큼 생긴다. 그 장벽으로 인해 금속에서 반도체로 전하가 넘어가지 못하게 되는데, 이러한 에너지 장벽을 쇼트키 장벽이라고 한다. 이렇게 공핍층이 형성되면 다이오드처럼 작동하여 전류가 한쪽으로만 흐르게 된다. 공핍층에서 전자와 정공의 밀도는 각각

$$n = N_c(T)\exp[-(E_c - E_F)/k_B T] \tag{20.3.4}$$

$$p = P_v(T)\exp[-(E_F - E_v)/k_B T] \tag{20.3.5}$$

가 된다. 금속과 반도체의 접합에 의한 다이오드 특성을 쇼트키 다이오드로 사용하기도 한다. n-형 쇼트키 접합에서는 $\Phi_m > \Phi_S$이다.

금속-반도체 접합에서 바이어스를 가해주는 경우를 생각해보자. 그림 20-4와 같이 전도대에서 전자와 정공의 전류밀도가 흐르며, 가전자대에서도 마찬가지로 전자와 정공이 움직인다. J_n^+은 열적 요동에 의해 쇼트키 장벽을 넘어서 금속에서 n-형 반도체로 흐르는 전자밀도이다. J_n^-는 반도체에서 쇼트키 내부 장벽을 넘어서 금속 쪽으로 흐르는 전자밀도이다. J_p^+은 금속에서 n-형 반도체로 흐르는 정공을, J_p^-는 반도체에서 금속으로 흐르는 정공을 나타낸다.

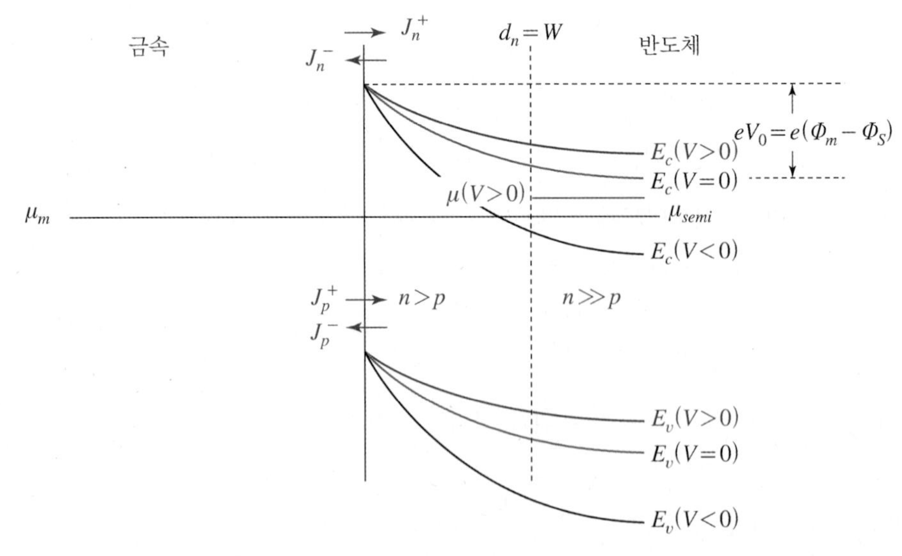

그림 20-4 금속과 n-형 반도체 쇼트키 접합에서 바이어스를 걸어주었을 때의 밴드 다이어그램

바이어스가 가해지지 않는 경우에는($V=0$) $|J_n^-|=|J_n^+|$, $|J_p^-|=|J_p^+|$로써 열적 평형을 이룬다. 바이어스가 가해지면($V\neq 0$) 에너지 밴드가 eV만큼 움직이게 되는데, 음의 바이어스를 가한 경우와 양의 바이어스를 가한 경우 각각에 대해 살펴보자. 양의 바이어스($V>0$)가 가해진 경우에 전도대와 가전자대에서 전자와 정공의 전류밀도는 다음과 같다.

$$J_n^- = J_{n0}\exp[-e(V_0 - V)/k_BT] \tag{20.3.6}$$

$$J_n^+ = -J_{n0}e^{-eV_0/k_BT} \tag{20.3.7}$$

$$J_p^- = -J_{n0}e^{-eV_0/k_BT} \tag{20.3.8}$$

$$J_p^+ = J_{p0}\exp[-e(V_0 - V)/k_BT] \tag{20.3.9}$$

이로부터 $J_{nx}=J_n^-+J_n^+$, $J_{px}=J_p^-+J_p^+$를 계산하면

$$J_{nx} = J_{n0}e^{-eV_0/k_BT}(e^{eV/k_BT}-1) \tag{20.3.10}$$

$$J_{px} = J_{p0}e^{-eV_0/k_BT}(e^{eV/k_BT}-1) \tag{20.3.11}$$

가 된다. 전체 알짜 전류밀도는

$$J_x = J_{nx} + J_{px} = J_0(e^{eV/k_BT}-1) \tag{20.3.12}$$

$$J_0 = e^{-eV_0/k_BT}(J_{n0}+J_{p0}) \tag{20.3.13}$$

로써, 전형적인 PN 다이오드의 전류-전압 관계식이 된다.

음의 바이어스($V<0$)가 가해지면 전도대와 가전자대가 낮아지고, 공핍층 dn이 넓어지면서 퍼텐셜 장벽이 높아진다. 이론적 계산에 의하면 음의 바이어스에서 공핍층을 흐르는 전자의 전류밀도 J_{n0}와 정공의 전류밀도 J_{p0}는 다음과 같다.

$$J_{n0} = en_0\frac{v}{4} \tag{20.3.14}$$

$$J_{p0} = ep_s\frac{v}{4} = \frac{v}{4}ep_{n0}e^{eV_0/k_BT} \tag{20.3.15}$$

여기에서 p_s는 금속 표면에서의 정공밀도이다. 공핍층을 흐르는 알짜 전류밀도는

$$J_x \simeq -J_0 = -(J_{n0}+J_{p0})e^{eV_0/k_BT} = -\frac{ev}{4}(n_{n0}e^{-eV_0/k_BT}+p_{n0}) \tag{20.3.16}$$

로 바이어스에 크게 의존하지 않고 거의 일정하다.

$\Phi_m > \Phi_s$인 경우에는 위와 같이 쇼트키 장벽이 생겨서 PN 다이오드와 비슷한 결과가 나오지만, 금속의 일함수가 반도체의 일함수보다 더 작은 경우에는($\Phi_m < \Phi_s$) 퍼텐셜 장벽이 존재하지 않게 된다. 이 경우를 옴 접합이라고 하는데, 전류-전압 곡선은 $V = IR$의 일반적인 선형관계가 된다. 금속-반도체 접합을 전극으로 사용할 경우에는 옴 접합이 더 유리하며 이를 위해서는 반도체의 일함수보다 작은 일함수를 갖는 금속을 전극으로 사용해야 한다.

금속과 p-형 반도체가 접합하는 경우에는 지금까지 논의된 것과 유사하게 생각하면 되는데, 쇼트키 퍼텐셜 장벽이 그림 20-5와 같이 정공에 대해 형성된다는 것만 다르다. 즉, n-형과 금속 간 접합의 경우 다수 캐리어인 전자에 의해, p-형 금속 간 접합의 경우 정공에 의해 캐리어가 동작한다.

p-형 반도체와 금속 간 접합에서 옴 접합을 하려면 $\Phi_m > \Phi_s$가 되어야 한다. 이를 정리하면 표 20-1과 같다.

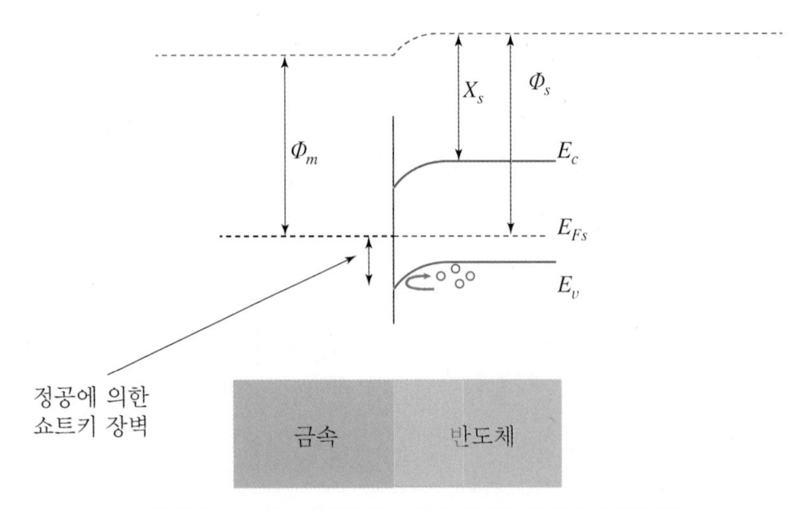

그림 20-5 금속과 p-형 반도체 쇼트키 접합에서의 밴드 다이어그램

표 **20-1**

	금속과 n-형 반도체	금속과 p-형 반도체
$\Phi_m > \Phi_s$	쇼트키 접합	옴 접합
$\Phi_m < \Phi_s$	옴 접합	쇼트키 접합

연습문제

1. (a) 타원형의 전자 포켓에서 전도대의 전자 상태밀도 $g_c(E)$는 $dh_c(E)/dE$로 주어짐을 보이시오. 여기에서 $h_c(E)$는 전도대 E_c 바로 위에서 단위부피당 에너지 준위이다.

   (b) 같은 방법으로 가전자대에서 정공의 상태밀도 $g_v(E)$는 $dh_v(E)/dE$로 주어짐을 보이시오. 여기에서 $h_v(E)$는 가전자대 E_v 바로 아래에서 단위부피당 에너지 준위이다.

   (c) k 공간에서의 전체 부피 Ω는 실공간의 단위부피당 $\Omega/4\pi^3$의 전자 준위가 있음을 보이시오.

   (d) 이 결과를 이용해서 타원 방정식

$$\frac{x^2}{a^2}+\frac{y^2}{b^2}+\frac{z^2}{c^2}=1$$

   으로 기술되는 실공간의 부피는 $V=4\pi abc/3$임을 이용하여 다음 식을 보이시오.

$$g_c(E)=\frac{\sqrt{2(E-E_c)m_c^3}}{\pi^2\hbar^3}\quad (E\geq E_c)$$

$$g_v(E)=\frac{\sqrt{2(E_v-E)m_v^3}}{\pi^2\hbar^3}\quad (E\leq E_v)$$

2. Si과 Ge에서 점유된 전도대의 전자밀도는 다음과 같다.

$$n_c(T)=\int_{E_c}^{\infty}dEg_c(E)f(E)$$

여기에서 $g_c(E)=M_c\frac{\sqrt{2(E-E_c)m_{de}^3}}{\pi^2\hbar^3}$이고, M_c는 제1 브릴루앙 영역에서 전도대의 최저점의 숫자인데 Si은 6, Ge은 4이다. 여기서, $m_{de}=(m_1m_2m_3)^{1/3}$으로 전자의 유효질량이다.

   (a) 전자밀도 n이 다음과 같음을 보이시오.

$$n=\frac{2N_c}{\sqrt{\pi}}F_{1/2}[(\mu-E_c)/k_BT]$$

   여기에서 $F_{1/2}(\eta)$는 페르미·디랙 적분으로써,

$$F_{1/2}(\eta_f)=\int_0^{\infty}d\eta\frac{\eta^{1/2}}{1+e^{(\eta-\eta_f)}}$$

   이고,

$$N_c = \frac{1}{4}\left(\frac{2m_{de}k_BT}{\pi\hbar^2}\right)^{3/2} M_c$$

이다.

(b) $-\eta_f \gg 1$일 때, $F_{1/2}(\eta_f) \approx \frac{\sqrt{\pi}}{2}e^{\eta_f}$임을 보이시오. 그리고 이 결과는 다음과 같이 볼츠만 통계 결과와 같음을 보이시오.

$$n \approx N_c \exp[-(E_c-\mu)/k_BT] \quad (E_c-\mu \gg k_BT)$$

3. 불순물에 의한 국소 전자 준위를 $E_\alpha(\alpha=1,\ 2,\ 3,\cdots)$라고 하자. 전자 간 쿨롱 상호작용에 의한 척력이 불순물에 한 전자 이상을 가둘 수 없게 한다고 가정할 때,

(a) 이온화하지 않은 주개 원자의 밀도가 다음과 같이 됨을 보이시오.

$$n_d = \frac{N_d}{1+\left[2\sum_\alpha \exp[-\beta(E_\alpha-\mu)]\right]^{-1}}$$

(b) 이온화된 원자의 밀도는 다음과 같이 됨을 보이시오.

$$n_d^+ = \frac{N_d}{1+2\sum_\alpha \exp[-\beta(E_\alpha-\mu)]}$$

(c) 이러한 결과가 전자가 얼어붙는 온도(freeze-out temperature) T_f보다 충분히 높은 온도에서 n-형 반도체의 전자밀도에 어떠한 영향을 미치는지 논의하시오.

4. $N_d > N_a > 0$에 대해

(a) $T < T_i$, $n_i(T_i) \equiv |N_d - N_a|$일 때, 정공밀도 p는 전자밀도 n를 계산할 때 무시할 수 있다. 이때, 전자밀도 n이 근사적으로 다음과 같음을 밝히시오.

$$n = N_c \exp[-\beta(E_c-\mu)] = \frac{N_d}{1+2\exp[-\beta(E_d-\mu)]} - N_a$$

(b) $x = e^{-\beta(E_d-\mu)}$를 이용해서, 고유 온도 T_i보다 충분히 낮은 온도에서 전자밀도 n, 이온화된 주개의 원자수 N_d^+, 화학적 퍼텐셜 μ을 구하시오.

(c) $T \to 0$으로 가는 극한에서 위의 물리인자들은 다음과 같이 근사할 수 있음을 보이시오.

$$n = \frac{N_d - N_a}{2N_a} N_c(T) e^{-\beta(E_c - E_d)}$$

$$N_d = N_a$$

$$\mu(T) = E_d + k_B T \ln\left[\frac{N_d - N_a}{2N_a}\right]$$

(d) $N_d \gg N_a$일 때, 다음과 같음을 보이시오.

$$n = N_d^+ = \sqrt{\frac{N_d N_c(T)}{2}} e^{-\beta(E_c - E_d)/2} \ll N_d$$

$$\mu(T) = \frac{E_c + E_d}{2} - \frac{k_B T}{2} \ln\left(\frac{2N_c(T)}{N_d}\right)$$

5. 300 K에서 pn 접합의 전류밀도가 p-형과 n-형 양쪽 모두 $10^{15}\ \mathrm{cm}^{-3}$일 때, 양방향 바이어스 0.6 V가 가해지면 n-형 반도체 쪽에 주입되는 소수 운반자(minority carrier)인 정공의 증가량은 얼마인가?

6. 주개와 받개 밀도가 선형적으로 변화하는 pn 접합을 생각해보자. $N_d - N_a = ax$이며, a는 상수이다. 주 캐리어의 분포에서 작은 끝부분을 무시한다고 가정할 때, 결핍층 $|x| < W/2$에서 전하밀도는 $\rho(x) \simeq e(N_d - N_a) = eax$이다.

(a) 푸아송 방정식을 풀어서 전기장이 다음과 같음을 보이시오.

$$E(x) = -\frac{ea}{2\epsilon_s}\left\{\left(\frac{W}{2}\right)^2 - x^2\right\}$$

그리고 바이어스가 없을 때 결핍층의 두께가 다음임을 보이시오.

$$W = \left(\frac{12\epsilon_s V_{bi}}{ea}\right)^{1/3}$$

이때, 내장(bulit-in) 퍼텐셜은

$$V_{bi} = \phi\left(\frac{W}{2}\right) - \phi\left(-\frac{W}{2}\right)$$

이다.

(b) 바이어스가 없을 때, 퍼텐셜 $\phi(x)$, 전도대와 가전자대의 전기장 $E_c(x)$과 $E_v(x)$, 화학적 퍼텐셜 $\mu_i(x)$를 구하시오.

(c) 퍼텐셜 V만큼 양방향 바이어스를 가할 때(p-형 쪽에 +, n-형 쪽에 −) 결핍층의 두께 W를 구하시오.

(d) p-형 반도체 쪽에서 단위면적당 전하 Q_c와 커패시턴스 C를 구하시오.

SOLID STATE PHYSICS

PART

자기적 특성

CHAPTER 21

스핀과 자기모멘트

자성체는 모든 과학 분야에서 가장 오래된 연구주제 중 하나이다. 자성체를 나타내는 'magnetism'은 4천 년 전 그리스의 magnesia라는 곳에서 자철광이 발견된 것으로부터 유래한다. 그 이후 BC 600여 년 전 자기학에 대한 논의가 아리스토텔레스 등에 의해 이루어져 왔지만 본격적인 자성체의 이해는 1800년대 전자기학이 발달하면서부터였다. 그러나 자성체를 제대로 이해하기 시작한 것은 19세기 양자역학이 등장하면서부터였다. 양자역학이 자성의 근본 원인인 스핀에 대해 설명할 수 있었다. 현대 자성물리학은 초거대자기저항(colossal-magnetoresistance, CMR), 양자 스핀 액체(quantum spin liquid), 양자 임계현상(quantum critical phenomena), 초전도(superconductivity) 및 스핀 쩔쩔맴(spin frustration) 등 많은 새로운 자기적 양자현상을 발견하였고 이 문제들은 아직 해결되지 않고 있다. 또한 자기학은 영구자석, 거대자기저항(GMR), 자기메모리(MRAM), 자기열효과(Magnetocaloric) 등 소위 스핀트로닉스(spintronics)라고 불리는 최신 기술로 다양한 응용가치를 갖고 있다. 이 책에서는 특히 자기학의 기본 원리와 물리적 현상을 이해하는 데 초점을 두고자 한다.

21.1 자기모멘트

고전 전자기학의 관점에서 자기장은 전류가 흐르는 도선 주위에서 발생한다.

그림 21-1에서와 같이 전류의 단위 폐곡선을 생각하면 전류가 흐르는 방향으로 오른손의 네 손가락으로 감싸 쥐면 엄지손가락이 가리키는 방향이 자기장의 방향이다. 이때 자기모멘트는 식 (21.1.1)과 같이 전류와 면적의 곱에 비례하며 방향은 오른손 법칙에 따른 면적벡터의 방향이다.

$$\overrightarrow{dm} = I\overrightarrow{ds} \tag{21.1.1}$$

여기에서 $\overrightarrow{dm}$, I, $\overrightarrow{ds}$는 각각 미소(微小)자기모멘트, 전류, 미소면적벡터이다. 식 (21.1.1)에 따라 자기모멘트의 단위는 Am^2이다. 어떤 임의의 폐도선을 따라 흐르는 전류가 만들어내는 총 자기모멘트는 단위 자기모멘트 식 (21.1.1)을 적분하여 다음과 같이 주어진다.

$$\overrightarrow{m} = \int \overrightarrow{dm} = I\int \overrightarrow{ds} \tag{21.1.2}$$

원자핵 주변을 돌고 있는 전자는 위와 같이 전류의 폐곡선으로 생각할 수 있고, 따라서 원자에서 전자의 원운동은 각운동량 $\overrightarrow{L}$을 갖는다. 전자의 각운동량 $\overrightarrow{L}$은 아래 식과 같이 자기모멘트와 비례관계가 존재한다.

$$\overrightarrow{m} = \gamma\overrightarrow{L} \tag{21.1.3}$$

여기에서 비례상수 γ는 자기 회전비(gyromagnetic ratio)라고 한다.

수소는 원자 중 가장 단순한 구조를 갖고 있으므로, 수소의 자기모멘트는 물질의 자

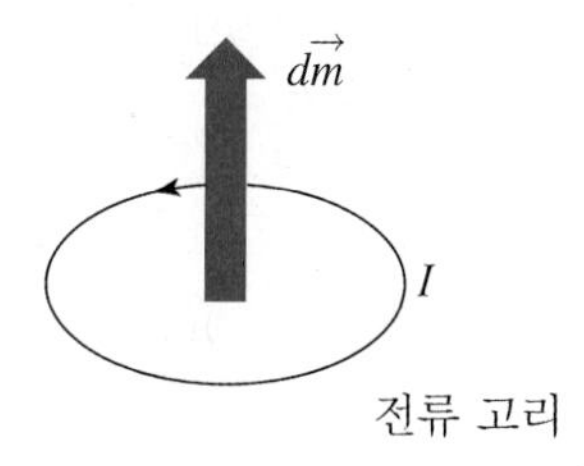

그림 21-1 단위 폐도선을 따라 흐르는 전류가 만들어내는 자기장

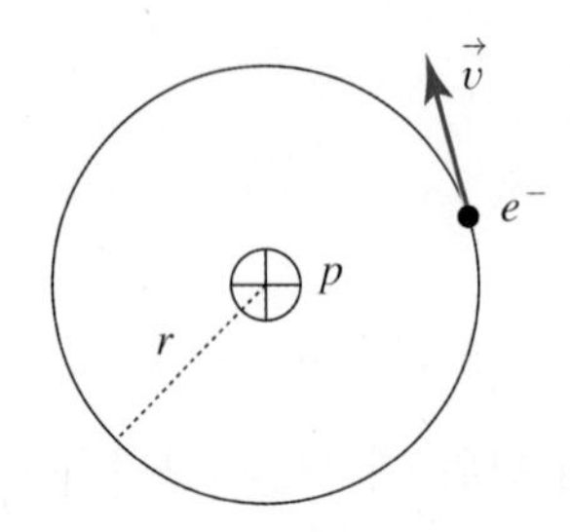

그림 21-2 양성자 주변을 도는 전자의 원운동

기모멘트 기본단위가 될 수 있다.

그림 21-2에서와 같이 양성자 주위를 도는 전자 하나를 생각해보자. 전자가 만들어내는 전류는 다음과 같다.

$$I = -\frac{e}{\tau} = -\frac{ev}{2\pi r} \tag{21.1.4}$$

여기에서 $\tau = \frac{2\pi r}{v}$는 전자가 원자핵 주변을 한 번 도는 데 걸리는 시간이다. 자기모멘트는 $m = IA = \pi r^2 I = \gamma L$인데 보어의 양자론에서 각운동량은 식 (21.1.5)와 같이 양자화되므로

$$L = m_e vr = n\hbar \tag{21.1.5}$$

$$m = \pi r^2 \left(-\frac{ev}{2\pi r}\right) = -\frac{evr}{2} = -\frac{e\hbar}{2m_e} \equiv -\mu_B \tag{21.1.6}$$

이 된다. 여기에서 μ_B는 보어 마그네톤이라고 하며

$$\mu_B \equiv \frac{e\hbar}{2m_e} = 9.274 \times 10^{-24}\ \text{Am}^2 \tag{21.1.7}$$

이다. 식 (21.1.5)와 (21.1.6)에서부터 자기 회전비는 $\gamma = -\frac{e}{2m_e}$와 같이 주어진다. 자기 회전비에 자기장을 곱한 값은 라모어(Larmor) 회전수 ω_L라고 한다.

$$\omega_L = |\gamma| B = \frac{eB}{2m_e} \tag{21.1.8}$$

21.2 고전역학적 기술

자기모멘트가 외부의 자기장에 노출될 경우 자기모멘트가 자기장과 평행하게 배열될 것이라고 생각한다. 그러나 일반적으로 자기모멘트는 외부 자기장에 평행하게 안정적으로 있기보다는 세차운동을 하게 된다.

그림 21-3에서와 같이 외부 자기장에 대해 θ만큼 기울어진 자기모멘트를 생각해보자. 이때 자기 에너지는 $E=-\overrightarrow{m}\cdot\overrightarrow{B}=-mB\cos\theta$가 된다. 자기 에너지를 낮추기 위하여 자기모멘트는 자기장의 방향과 평행하게 된다. 자기모멘트가 자기장과 같은 방향으로 돌아가기 위해서는 토크가 작용하게 되는데, 자기장에 대한 자기모멘트의 토크는

$$\vec{\tau}=\overrightarrow{m}\times\overrightarrow{B} \tag{21.2.1}$$

로 표현된다. 토크는 각운동량의 시간적 변화율이기 때문에

$$\vec{\tau}=\frac{1}{\gamma}\frac{d\overrightarrow{m}}{dt}=\frac{d\overrightarrow{L}}{dt} \tag{21.2.2}$$

에 따라서 자기모멘트의 시간적인 변화는

$$\frac{d\overrightarrow{m}}{dt}=\gamma\overrightarrow{m}\times\overrightarrow{B} \tag{21.2.3}$$

와 같다. 만약에 자기장이 z축 방향으로 가해지는 경우($\overrightarrow{B}=(0,\ 0,\ B)$) 자기모멘트의 운동을 계산해보자.

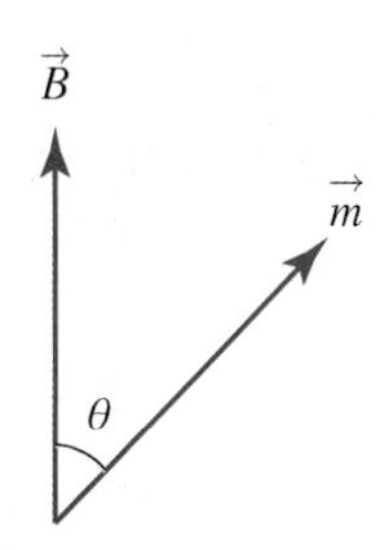

그림 21-3 외부 자기장 하에 대해 θ만큼 기울어진 자기모멘트

$$\dot{\vec{m}} = \gamma \begin{vmatrix} \hat{i} & \hat{j} & \hat{k} \\ m_x & m_y & m_z \\ 0 & 0 & B \end{vmatrix} = B\gamma\left(\hat{i}\, m_y - \hat{j}\, m_x\right) \tag{21.2.4}$$

$$\begin{cases} \dot{m}_x = \gamma B m_y \\ \dot{m}_y = -\gamma B m_x \\ \dot{m}_z = 0 \end{cases} \tag{21.2.5}$$

위 식의 양변을 시간에 대해 미분하면 x성분의 자기모멘트는

$$\ddot{m}_x = \gamma B \dot{m}_y = -\gamma^2 B^2 m_x \tag{21.2.6}$$

와 같다. 여기에서 $\omega_L = \gamma B$는 라모어 주파수이기 때문에 위 식은 다음과 같이 2계 미분방정식이 된다.

$$\ddot{m}_x + \omega_L^2 m_x = 0 \tag{21.2.7}$$

이 해는 잘 알려진 바와 같이 사인 또는 코사인 함수의 모양을 갖는다.

$$\begin{aligned} m_x(t) &= \alpha \cos(\omega_L t + \phi_x) \\ m_y(t) &= \beta \cos(\omega_L t + \phi_y) \\ m_z(t) &= \text{const} = m \cos\theta \end{aligned} \tag{21.2.8}$$

여기에서 α, β, ϕ_x, ϕ_y는 초기조건으로부터 결정되어야 하는 상수이다. 초기조건을 사용하여 이 상수를 결정해보자. 위 식을 시간에 대해 미분하면

$$\begin{aligned} \dot{m}_x(t) &= -\alpha \omega_L \sin(\omega_L t + \phi_x) \\ \dot{m}_y(t) &= -\beta \omega_L \sin(\omega_L t + \phi_y) \end{aligned} \tag{21.2.9}$$

와 같이 되는데, 초기조건을 다음과 같이 고려하면

$$\begin{aligned} m_x(t=0) &= \alpha \cos\phi_x = m \sin\theta \cos\phi \\ m_y(t=0) &= \beta \cos\phi_y = m \sin\theta \sin\phi \end{aligned} \tag{21.2.10}$$

여기에서 θ, ϕ는 극좌표에서 z축으로부터의 방위각과 x축으로부터의 회전각이다. 식 (21.2.9)와 (21.2.5), (21.2.10)으로부터

$$\dot{m}_x(t=0) = -\alpha\omega_L \sin\phi_x = \omega_L m_y(t=0) = m\sin\theta\omega_L \sin\phi$$
$$\dot{m}_y(t=0) = -\beta\omega_L \sin\phi_y = -\omega_L m_x(0) = -m\sin\theta\omega_L \cos\phi \quad (21.2.11)$$

이 된다. 만약 초기에 x축으로부터의 회전각을 $\phi=0$이라고 하면

$$m_x(0) = \alpha\cos\phi_x = m\sin\theta$$
$$m_y(0) = \beta\cos\phi_y = 0 \quad (21.2.12)$$

가 되고, 따라서 $\phi_y = \pm\frac{\pi}{2}$로 나타낼 수 있다.

$$\dot{m}_x(0) = -\alpha\omega_L \sin\phi_x = 0 \quad (21.2.13)$$

이므로 $\phi_x = 0$이고, 식 (21.2.12)로부터 $\alpha = m\sin\theta$가 된다. $\phi=0$, $\phi_y = \pm\frac{\pi}{2}$로부터,

$$\dot{m}_y(0) = -\beta\omega_L \sin\phi_y = -\beta\omega_L = -m\sin\theta\omega_L \quad (21.2.14)$$

이므로 $\beta = m\sin\theta$이다. 이로써 모든 상수가 결정되었다.

$$m_x(t) = m\sin\theta\cos(\omega_L t)$$
$$m_y(t) = m\sin\theta\cos(\omega_L t \pm \frac{\pi}{2}) = \mp m\sin\theta\sin(\omega_L t) \quad (21.2.15)$$
$$m_z(t) = m\cos\theta$$

위 식은 그림 21-4와 같이 시간에 따라 라모어 주파수 $\omega_L = \gamma B$로 세차운동 하는 모습을 기술하고 있다.

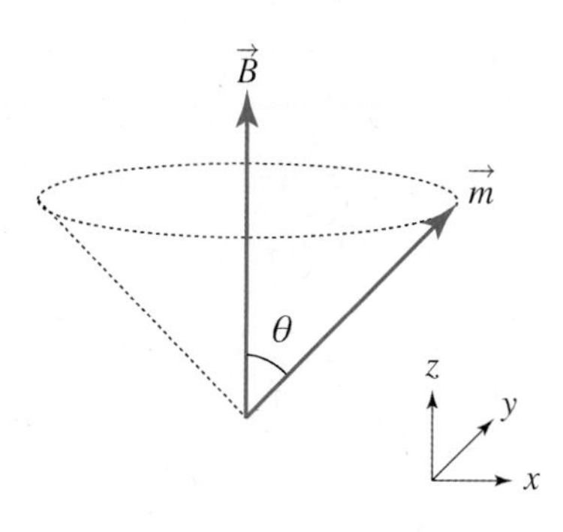

그림 21-4 자기장에 대해 세차운동을 하는 자기모멘트

21.3 자기화와 자기 감수율

자기모멘트는 특정한 단위 전류 폐곡선에서 나타나는 물리량이어서 자성체의 부피가 커질수록 자기모멘트 값은 증가하게 되어 있다. 실제로 자성물질을 측정할 때는 단위부피 또는 단위질량으로 환산해줘야 물질 간 물성의 비교가 가능하기 때문에 물질의 내재적 물리량을 정의할 필요가 있다. 자기화(magnetization)는 다음과 같이 단위부피당 자기모멘트 값으로 정의한다.

$$\overrightarrow{M} = \frac{\overrightarrow{m}}{V} \tag{21.3.1}$$

자유공간에서 자기장은 자기모멘트에 비례하며($\overrightarrow{B} = \mu_0 \overrightarrow{M}$) 비례상수는 자유공간에서의 투자율(permeability) $\mu_0 = 4\pi \times 10^{-7} H/m$이다. 만약 외부에서 자기장 $\overrightarrow{H}$가 자기화 $\overrightarrow{M}$을 갖는 물질에 가해진다면 총 자기장은

$$\overrightarrow{B} = \mu_0 (\overrightarrow{H} + \overrightarrow{M}) = \mu \overrightarrow{H} \tag{21.3.2}$$

로 표현되며, 여기에서 μ는 물질의 투자율이다.

외부 자기장 $\overrightarrow{H}$의 단위는 주로 A/m 또는 Oerstead[Oe]로, 총 자기장 $\overrightarrow{B}$는 Tesla[T] 또는 Gauss[G]로 나타낸다. 또한 자기화는 외부 자기장에 대하여 다음과 같이 표현할 수 있는데,

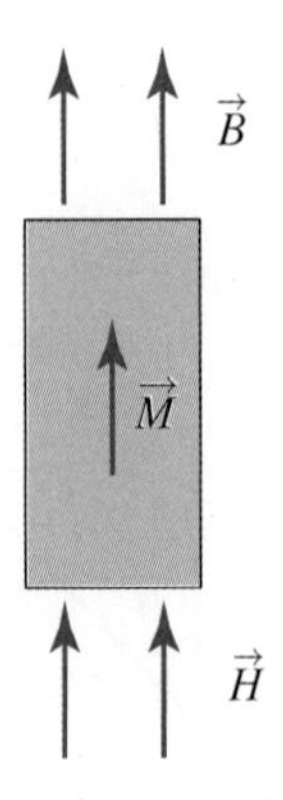

그림 21-5 외부 자기장 $\overrightarrow{H}$에 대하여 자기화 $\overrightarrow{M}$과 자기장 $\overrightarrow{B}$

$$\vec{M} = \chi \vec{H} \tag{21.3.3}$$

여기에서 χ는

$$\chi = \frac{\vec{M}}{\vec{H}} \tag{21.3.4}$$

로써 자기 감수율(magnetic susceptibility)이라고 한다. 자기 감수율은 외부 자기장에 대해 얼마만큼 자기화가 발생되는지 그 정도를 나타내는 물리량으로써, 벡터를 벡터로 나눠 준 것으로 보면 알 수 있듯이 자기 감수율은 텐서량이다. 그러나 일반적으로 선형 응답하는 물질에서 자기장에 대한 자기화의 방향은 같은 방향을 선택하기 때문에 보통의 경우 자기 감수율은 스칼라량으로 취급된다. 자기 감수율로 표현된 총 자기장과 투자율은

$$\vec{B} = \mu_0 (1 + \chi) \vec{H} = \mu_0 \mu_r \vec{H} \tag{21.3.5}$$

$$\mu = \mu_0 (1 + \chi) \tag{21.3.6}$$

와 같으며 여기에서 $\mu_r = 1 + \chi$는 상대 투자율(relative permeability)이라고 한다.

어떤 물체에 자기장이 가해지면 물체의 모양에 따라 물체 주변에 자기선속밀도가 달라진다. 예를 들어 바늘과 같이 기다란 물체와 무한히 넓은 평판에 각각 자기장을 가할 경우 바늘처럼 긴 물체를 통과할 때는 자기선속의 왜곡이 크지 않을 테지만 무한히 넓은 평판의 경우에는 왜곡이 클 수 있다. 따라서 물체의 모양에 따라 물체가 느끼는 이른바 체감 자기장이 다를 수 있게 되는데, 이를 고려한 것이 자기소거인자이다. 자기소거인자를 고려한 유효 자기장 $\vec{H_i}$은

$$\vec{H_i} = \vec{H_a} - N\vec{M} \tag{21.3.7}$$

과 같이 주어진다. 여기에서 $\vec{H_d} = -N\vec{M}$는 물체의 자기화 값과 형상에 따라 물체 주위에서 발생하는 자기장으로 자기소거장(demagnetizing field)이라고 한다. 자기소거장의 부호가 음수인 이유는 시료가 반자성일 경우 외부 자기장을 밀어내는 방향으로 자기화가 발생되어 자기화는 음의 값이 되고, 이에 따라 주변의 자속밀도는 높아지게 되어 유효자기장 값이 증가하게 되기 때문이다.

자기소거인자를 고려한 B-자기장은

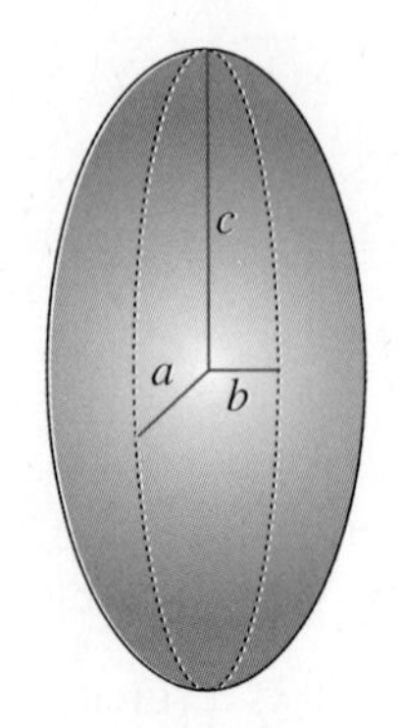

그림 21-6 타원 형상을 갖는 자성체

$$\overrightarrow{B_i} = \mu_0(\overrightarrow{H_i} + \overrightarrow{M}) = \overrightarrow{B_a} + \mu_0(1-N)\overrightarrow{M} \tag{21.3.8}$$

로 표현된다. 여기에서 형상인자 N은 물체의 형상에 따라 결정되는 상수로써, 바늘처럼 가는 물체는 $N=0$, 무한평판은 $N=1$, 구(球) 형상은 $N=1/3$이다. 일반적으로 그림 21-6과 같이 물체가 타원일 경우는 일반적으로는 식 (21.3.9)의 형상인자를 사용해야 하며, 길쭉한 타원과 납작한 타원인 경우 각각 식 (21.3.10), (21.3.11)과 같이 근사된다.

타원의 주축의 길이를 각각 a, b, c라고 할 때, $a=b\neq c$, $\dfrac{c}{a}=r$라고 하면

$$N_a = N_b = \frac{4\pi - N_c}{8\pi}$$

$$N_c = \frac{1}{r^2-1}\left[\frac{r}{\sqrt{r^2-1}}\ln(r+\sqrt{r^2-1})-1\right] \tag{21.3.9}$$

먼저 길쭉한 타원일 경우 $r \gg 1$이므로

$$N_a = \frac{1}{r^2-1}\left[1-\sqrt{\frac{1}{r^2-1}}\sin^{-1}\left(\frac{\sqrt{r^2-1}}{r}\right)\right]$$

$$N_b = N_c = \frac{4\pi - N_a}{8\pi} \tag{21.3.10}$$

납작한 타원일 경우 $r \ll 1$이므로

$$N_a \simeq 1$$

$$N_b = N_c \simeq \frac{\pi}{4r} \rightarrow 0 \tag{21.3.11}$$

과 같이 된다.

형상인자를 고려하였을 때 자성체가 느끼는 유효 자기장이 물체의 모양에 따라 다르기 때문에 자기 감수율도 자기소거인자를 고려해줘야 한다. 고유 자기 감수율 χ_i은 시료가 느끼는 자기장은 유효 자기장이므로 정의에 따라

$$\chi_i = \frac{M}{H_i} \tag{21.3.12}$$

가 되고, 실제 실험에서 측정하는 자기 감수율은 외부에서 가해주는 자기장 H_a으로 고려하여 $\chi_{\mathrm{exp}} = M/H_a$이 되므로, 고유 자기 감수율과 실험적으로 측정한 자기 감수율은 다음과 같은 관계식을 갖는다.

$$\chi_{\mathrm{exp}} = \frac{M}{H_i + NM} = \frac{M/H_i}{1 + NM/H_i} = \frac{\chi_i}{1 + N\chi_i} \tag{21.3.13}$$

고유 자기 감수율이 매우 작아 $\chi_i \ll 1$로 근사된다면 $\chi_{\mathrm{exp}} \simeq \chi_i$가 되고, 고유 자기 감수율이 매우 크다면 $\chi_i \rightarrow \infty$, 실험적인 자기 감수율은 형상인자에 반비례하게 된다 ($\chi_{\mathrm{exp}} \propto 1/N$). 반대로 고유 자기 감수율을 실험 자기 감수율로 바꾸어 표현하면 아래와 같다.

$$\chi_i = \frac{\chi_{\mathrm{exp}}}{1 - N\chi_{\mathrm{exp}}} \tag{21.3.14}$$

21.4 자성의 종류

자기모멘트와 스핀이 고체 안에서 서로 상호작용하고 자기적 질서를 일으키는 것이 자성체이다. 고체는 결정 격자로 형성되며 결정 격자는 일정한 규칙성을 갖고 있어서 병진 대칭성을 갖는다. 자성의 종류는 크게 국소화된 자기모멘트에 의해 발생되는 것과 전도전자의 스핀에 의해 발생되는 것이 있다. 일반적인 자성은 국소화된 자기모멘트에 의한 것이며 전도전자의 스핀에 의한 자성인 금속 자성체는 뒷부분에 따로 구성하여 자세히 설명하고자 한다.

표 21-1

자성의 종류	특징
강자성 (Ferromagnetism)	스핀이 한 방향으로 정렬
반강자성 (Antiferromagnetism)	스핀이 서로 업, 다운 쌍으로 정렬되어 자기모멘트가 작음
메타자성 (Metamagnetism)	반강자성 상태가 자기장의 증가에 의해 강자성으로 상전이
상자성 (Paramagnetism)	스핀의 방향이 제멋대로인 상태
준강자성 (Ferrimagnetism)	스핀의 정렬상태는 반강자성 상태이나 업, 다운 스핀 중 하나의 자기모멘트 크기가 달라 강자성 자기모멘트가 나타남
초상자성 (Superparamagnetism)	강자성 또는 준강자성 물질이 나노입자로 존재할 때 나타나는 상자성
반자성 (Diamagnetism)	오비탈이 모두 차 있는 원자인 경우 자기장을 가하면 렌츠의 법칙에 의해 외부 자기장을 밀어내는 방향으로 자기모멘트를 보임
스핀유리 (Spin glass)	스핀이 쩔쩔맴(frustration) 상호작용을 보일 때 자기모멘트가 질서 없이 비정질 같은 상태를 나타내는 것

자성의 근본 원인이 되는 자기모멘트가 고체의 결정 격자 안에서 어떻게 정렬하느냐에 따라서 표 21-1과 같이 다양한 자기적 정렬상태가 존재한다.

a. 강자성과 반강자성

강자성체의 스핀 상태는 스핀의 방향이 한 방향으로 정렬되며 반강자성체는 이웃한 원자의 스핀이 서로 반대방향으로 정렬된 구조를 갖는다. 이들은 모두 온도에 따라 자기

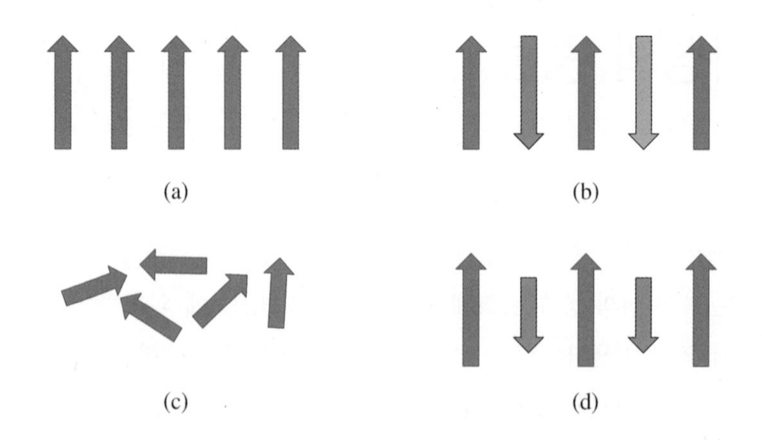

그림 21-7 자기적 질서에 따른 (a) 강자성, (b) 반강자성, (c) 상자성, (d) 준강자성 스핀 상태

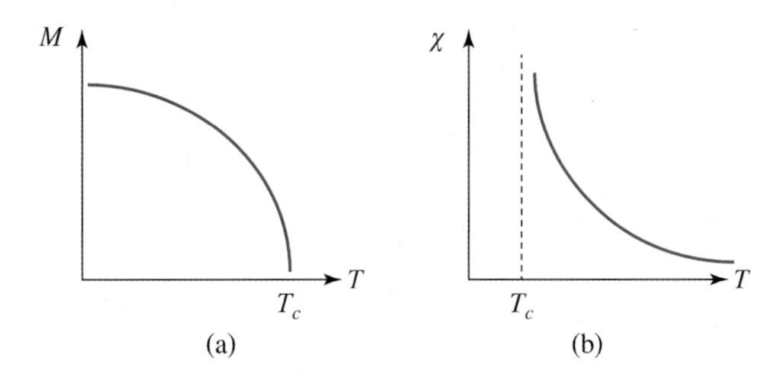

그림 21-8 온도에 따른 강자성체의 자기화(a)와 자기 감수율(b)

상전이를 일으키는데, 강자성과 반강자성이 발생하는 주된 원인은 교환 상호작용이다. 교환 상호작용의 종류에는 직접 교환 상호작용, 간접 교환 상호작용, 초교환 상호작용, Rudermann-Kittel-Kasuya-Yoshida가 발견한 RKKY 상호작용 등이 있다. 이러한 상호작용에 대해서는 뒤에서 자세히 논할 것이다.

5~10 Oe의 낮은 자기장에서 강자성체의 자기화는 임계온도라 불리는 어떤 특정한 온도에서 스핀들의 방향이 한 방향으로 정렬하기 시작하면서 자기화가 증가하기 시작하여 저온에서는 포화된다. 1 T 정도의 자기장 하에서 강자성체의 자기 감수율은 그림 21-8(b)와 같이 온도에 반비례하면서 감소하는데, 임계온도에서 자기 감수율은 발산하게 된다.

반강자성체는 자기 감수율이 임계온도 이상에서는 온도에 반비례하다가 임계온도 이하에서는 자기 감수율의 경향이 달라진다. 이때의 임계온도를 닐(Neel) 온도 T_N이라고 한다. 자기장이 스핀의 수직한 방향으로 가해지면 자기화는 온도에 따라 감소하지 않고 일정한 값을 보이며, 스핀의 방향과 평행하거나 수직한 방향으로 자기장이 가해지면 온

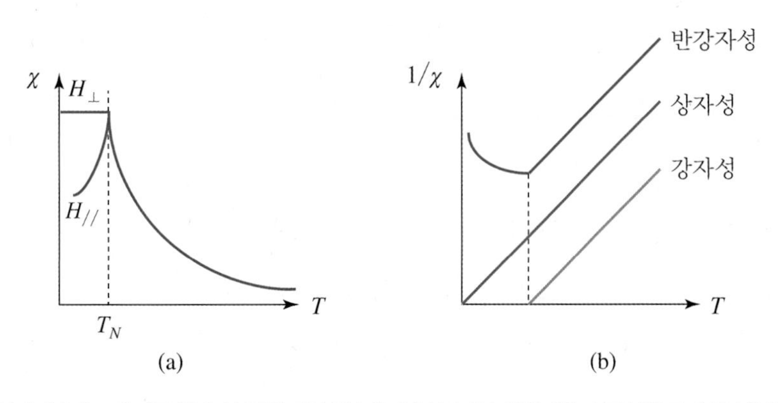

그림 21-9 (a) 온도에 따른 반강자성체의 자기 감수율과 (b) 강자성, 반강자성, 상자성의 자기 감수율의 역수

도가 낮아질수록 반강자성이 강해지기 때문에 자기화 값이 감소하게 된다. 임계온도 이상에서 자기 감수율이 온도에 반비례하기 때문에 자기 감수율의 역수는 임계온도 이상에서 선형적으로 증가한다. 강자성의 경우 임계온도에서 y축의 절편이 음의 값이 되고 반강자성의 경우 y축 절편은 양의 값이 된다.

b. 메타자성과 준강자성

메타자성의 바닥상태는 반강자성 상태이다. 외부에서 자기장을 가하며 그 세기를 증가시키면 자기장의 방향과 반대방향의 스핀이 자기장의 방향에 따라 돌아가려고 하는 경향이 생긴다. 반강자성 상호작용이 충분히 안정하면 반강자성 상태가 유지되고 있다가 어떤 임계 자기장에 대해 외부 자기장과 반대방향의 스핀이 한꺼번에 돌아가는 경우가 생기는데, 그렇게 되면 자기모멘트가 갑자기 증가한다.

c. 상자성과 초상자성

상자성은 그림 21-7(c)와 같이 스핀의 자기모멘트들이 제멋대로 정렬된 상태를 말한다. 스핀들의 무작위한 정렬상태는 외부 자기장이 가해짐에 따라 자기장의 방향으로 정렬하게 되는데, 그에 따라 자기모멘트는 자기장에 선형적으로 증가한다. 온도에 따른 자기 감수율은 뒤에서 자세하게 논의하겠지만 온도의 역수에 비례하는 퀴리의 법칙(Curie's law)을 따르게 된다. 자기 감수율이 온도에 반비례하기 때문에 자기 감수율의 역수는 그림 21-10(a)와 같이 선형적인 관계를 갖는다. 초상자성은 나노입자 등에서 나타나는 상자성 현상으로 강자성 물질이 나노 스케일로 크기가 작아지면 더 이상 강자성의 특성을 유지하지 못하고 상자성으로 바뀌는 현상을 말한다.

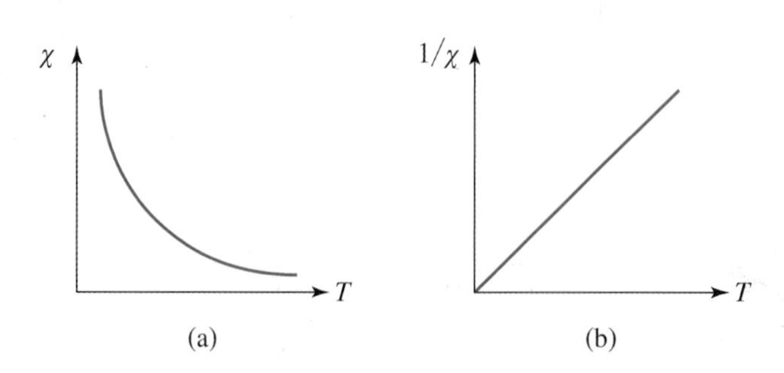

그림 21-10 (a) 온도에 따른 상자성의 자기 감수율과 (b) 자기 감수율의 역수

d. 반자성

반자성은 원자의 오비탈이 다 차 있을 때 외부 자기장에 대해 자기장의 반대방향으로 궤도 각운동량이 형성되면서 음의 자기모멘트를 보이는 현상을 말한다. 왜 오비탈이 다 차 있을 때에 적용되는가 하면 오비탈이 모두 차 있으면 총 각운동량이 0이 되기 때문이다. 원자에 묶인 전자의 오비탈 운동은 고전적으로 전류의 폐곡선으로 생각할 수 있는데, 렌츠의 법칙을 따라 외부 자기장을 밀어내는 방향으로 자기모멘트가 형성되게 된다. 이에 대한 자세한 논의는 뒤에 이어질 것이다.

e. 스핀유리

스핀들 간의 상호작용을 고려할 때 이웃한 원자와 강자성 또는 반강자성 상호작용을 할 수 있다. 만약 그림 21-11과 같이 삼각 격자를 형성하는 스핀 형상에서 서로 이웃하는 원자의 스핀이 반강자성 상호작용을 한다고 생각해보자.

스핀 업인 상태에 있는 위에 있는 원자와 왼쪽 아래에 있는 원자는 스핀 다운으로써 반강자성 상호작용을 하고 있다. 그러면 오른쪽 아래에 있는 원자의 스핀 상태는 어떻게 될 것인가? 만약 스핀 업의 상태에 있다면 왼쪽 아래의 원자와는 반강자성 상호작용을 하지만 위쪽의 원자와는 강자성 상호작용을 하는 것이 된다. 반면 스핀 다운 상태에 있다면 위 원자와는 반강자성 상호작용을 하는 것이지만 왼쪽 아래 원자와는 강자성 상호작용을 하게 되는 것이다. 대부분 물질이 강자성 상호작용을 하느냐 반강자성 상호작용을 하느냐는 두 스핀 간의 교환 상호작용에 관계하는데, 이는 원자의 종류가 동일한 경우 원자 간 거리와 관계가 있다. 계 전체가 반강자성 상호작용을 하는데, 이렇듯 삼각 격자를 갖는 결정구조 내에서는 스핀들이 안정한 상태에 있기 어려워지게 된다. 이것을

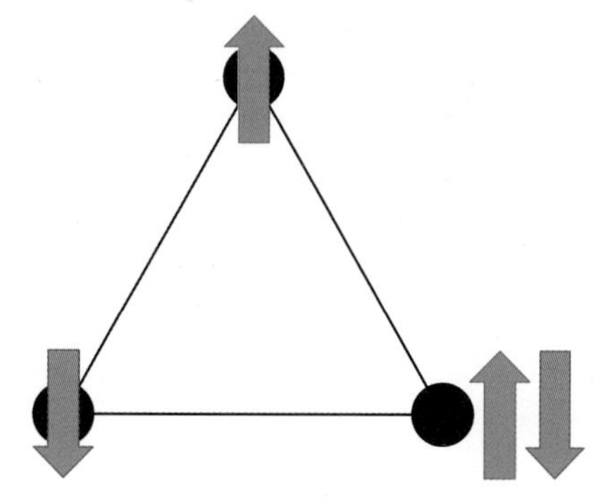

그림 21-11 반강자성 상호작용을 하는 삼각 격자의 스핀 상태

스핀 쩔쩔맴(spin frustration)이라고 한다. 스핀 쩔쩔맴 상태에서는 위와 같은 모순관계를 극복하기 위해 스핀 상태가 제멋대로 향하게 되고 이것을 스핀유리라고 한다. 스핀이 제멋대로 향해 있다는 것은 상자성과 비슷하지만 상자성과 구별되는 점은 스핀유리에서는 엄연히 스핀 간의 상호작용이 반강자성 상호작용을 한다는 점이어서 외부에서 자기장을 가해주었을 때 온도에 따른 자기 감수율의 경향은 반강자성 상호작용과 비슷한 모양을 갖는다.

물질에 자기장을 가하면 물질 안의 원자는 자기장에 반응하게 된다. 자기장 하에서 원자에 묶인 가전자(valence electron)들이 반응할 때, 자기장의 세기가 커질수록 스핀들이 자기장의 방향으로 정렬하지만 자기장이 사라지면 스핀들도 제멋대로 향하는 것을 상자성(paramagnetism)이라고 한다. 또한 자기장을 밀어내는 방향으로 자기모멘트가 형성되는 것을 반자성(diamagnetism)이라고 한다. 물론 전도전자(conduction electron)들도 외부 자기장에 반응하지만 전도전자에 의한 자성현상은 금속전자에 대한 절에서 다루고, 여기에서는 가전자에 의한 국소화 스핀에 대해 논의한다.

22.1 자기장 하에서 원자의 해밀토니안

물질에 자기장이 가해지면 양자역학적으로 제만 효과(Zeeman effect)에 의해서 에너지 준위의 축퇴(degeneracy)가 깨지면서 전자스핀의 에너지만큼 축퇴된 에너지가 갈라지게 된다. 이때, 자기장 하에서 전자스핀의 에너지는

$$E = g\mu_B B m_s \tag{22.1.1}$$

로 주어지며, 여기에서 μ_B는 보어 마그네톤, B는 자기장, m_s는 $\pm 1/2$을 갖는 스핀 자기모멘트이고, g는 아래 식으로 주어지는 랑데 지 인자(Landé g-factor)이다.

$$g = \frac{3}{2} + \frac{S(S+1) - L(L+1)}{2J(J+1)} \tag{22.1.2}$$

자유전자의 경우 지 인자는

$$g_e = 2\left(1 + \frac{\alpha}{2\pi} + \cdots\right) \simeq 2.002$$

로 주어지며 여기에서 $\alpha = 1/137$로써 미세구조 상수이다. 전자스핀은 $\pm 1/2$이므로 전자의 지 인자를 2라고 근사하면 제만 에너지는 $E \simeq \pm \mu_B B$가 된다.

원자에 묶여 있는 가전자는 원자핵 주위를 돌면서 각운동량을 만드는데, 총 각운동량 $\vec{L}$은 각각의 전자들이 만드는 각운동량의 합이므로

$$\hbar \vec{L} = \sum_i \vec{r_i} \times \vec{p_i} \tag{22.1.3}$$

로 주어진다. 원자의 해밀토니안은 각 전자의 운동에너지와 위치에너지의 합이며 원자수가 Z인 원자는 Z개의 전자를 가지므로 자기장이 가해지지 않았을 때 해밀토니안 H_0는

$$H_0 = \sum_{i=1}^{Z} \left(\frac{p_i^2}{2m} + V_i \right) \tag{22.1.4}$$

와 같이 쓸 수 있다.

만약 외부에서 자기장이 가해지면 운동량은 정준 운동량(canonical momentum)을 사용해야 하며 자기장에 의한 전자스핀의 제만 에너지를 고려해줘야 한다. 전자기학에서는 자기장 $\vec{B}$를 사용하는 것보다 더 근원적인 벡터 퍼텐셜 $\vec{A}$로 기술하는 경우가 많은데, 이는 자기 홀극(magnetic monopole)이 없다는 조건과($\vec{\nabla} \cdot \vec{B} = 0$) 벡터연산에서 어떤 벡터의 컬(curl)의 발산(divergence)은 항상 영(0)이 된다는 사실로부터 벡터 퍼텐셜을 다음과 같이 정의할 수 있다.

$$\vec{B} = \nabla \times \vec{A} \tag{22.1.5}$$

사실 실제적인 물리량인 자기장보다 벡터 퍼텐셜을 정의하면 여러모로 유용한 점이 있다. 역학에서 퍼텐셜 에너지는 위치에너지에 해당한다. 이때 위치에너지는 기준점에 따라 달라지는데, 예를 들면 똑같은 물체를 5층 건물 옥상에서 떨어뜨리더라도 최종적으로 떨어지는 지점이 4층 난간에 떨어지느냐 땅에 떨어지느냐에 따라 위치에너지는 달라진다. 그러나 위치에너지가 기준으로 삼는 지점에 따라 달라진다고 하더라도 퍼텐셜의 미분으로 표현되는 힘은 물체가 어떻게 떨어지더라도 동일하다. 즉, 퍼텐셜 에너지를 도입하면 물리적 법칙은 변하지 않으면서 상황에 따라 적절하게 기준점을 잡으면 실제 계를 잘 기술할 수 있게 된다.

벡터 퍼텐셜을 정의했으므로 이를 맥스웰 방정식에 대입해보자.

$$\nabla \times \vec{E} + \frac{\partial \vec{B}}{\partial t} = 0 \tag{22.1.6}$$

이고, $\vec{B} = \vec{\nabla} \times \vec{A}$를 대입하여 정리하면

$$\nabla \times \vec{E} + \frac{\partial}{\partial t} \nabla \times \vec{A} = 0 \tag{22.1.7}$$

$$\nabla \times \left(\vec{E} + \frac{\partial \vec{A}}{\partial t} \right) = 0 \tag{22.1.8}$$

이 된다. 어떤 함수의 그래디언트(gradient)의 컬은 항상 영이므로($\nabla \times \nabla V = 0$), 스칼라 퍼텐셜 V를 설정하여 다음과 같이 놓을 수 있다.

$$\vec{E} = -\nabla V - \frac{\partial \vec{A}}{\partial t} \tag{22.1.9}$$

역학에서 힘은 $\vec{F} = m\frac{d\vec{v}}{dt}$이고 로렌츠 힘은 $\vec{F} = q(\vec{E} + \vec{v} \times \vec{B})$이므로

$$m\frac{d\vec{v}}{dt} = -q\nabla V - q\frac{\partial \vec{A}}{\partial t} + q\vec{v} \times (\nabla \times \vec{A}) \tag{22.1.10}$$

이 된다. 마지막 항을 계산하면 이른바 BAC-CAB 규칙에 의하여

$$\vec{v} \times (\nabla \times \vec{A}) = \nabla(\vec{v} \cdot \vec{A}) - \vec{A}(\vec{v} \cdot \nabla) \tag{22.1.11}$$

이므로 힘의 방정식은

$$m\frac{d\vec{v}}{dt}+q\left(\frac{\partial\vec{A}}{\partial t}+(\vec{v}\cdot\nabla)\vec{A}\right)=-q\nabla(V-\vec{v}\cdot\vec{A}) \tag{22.1.12}$$

로 정리된다. 여기에서

$$\frac{d\vec{A}}{dt}=\frac{\partial\vec{A}}{\partial t}+(\vec{v}\cdot\nabla)\vec{A} \tag{22.1.13}$$

로 표현하면

$$\frac{d}{dt}(m\vec{v}+q\vec{A})=-q\nabla(V-\vec{v}\cdot\vec{A}) \tag{22.1.14}$$

가 되는데, 힘은 운동량의 시간적 변화이기 때문에 왼쪽 항의 $m\vec{v}+q\vec{A}$는 물리적으로 운동량에 해당되고 $V-\vec{v}\cdot\vec{A}$는 퍼텐셜에 해당된다. 따라서 자기장 하에서 움직이는 전하의 운동량과 퍼텐셜은 다음과 같이 정준 운동량과 유효 퍼텐셜로 다시 정리된다.

$$\vec{P}=m\vec{v}+q\vec{A} \tag{22.1.15}$$
$$V_{eff}=V-\vec{v}\cdot\vec{A}$$

벡터 퍼텐셜은 상황에 따라 임의적으로 설정할 수 있기 때문에 자기장 하에서 전자의 상황에서는 다음과 같이 퍼텐셜과 정준 운동량을 설정할 수 있다.

$$\vec{A}=\frac{1}{2}\vec{B}\times\vec{r} \tag{22.1.16}$$
$$\vec{p}\rightarrow\vec{p}+e\vec{A}$$

이를 쿨롱 게이지(Coulomb gauge)라고 하며 실제 전자기학에서 많이 사용하는 게이지이다. 벡터 퍼텐셜은 어떠한 모양으로 설정한다고 하더라도 물리계를 변화시키는 것은 아니다. 쿨롱 게이지를 적용하면 자기장 하에서 전자의 해밀토니안은 다음과 같이 변화한다.

$$H=\sum_{i=1}^{Z}\left(\frac{(\vec{p}_i+e\vec{A}(\vec{r}_i))^2}{2m}+V_i\right)+g\mu_B\vec{B}\cdot\vec{S}$$
$$=\sum_i\left(\frac{p_i^2}{2m}+V_i\right)+\sum_i\left(\frac{e\vec{p}_i\cdot\vec{A}(r_i)}{m}+\frac{e^2A^2(r_i)}{2m}\right)+g\mu_B\vec{B}\cdot\vec{S} \tag{22.1.17}$$

여기에서 벡터 퍼텐셜을 식 (22.1.16)을 이용하여 쿨롱 게이지로 표현하면

$$\vec{p_i}\cdot\vec{A}(\vec{r_i})=\vec{p_i}\cdot\left(\frac{1}{2}\vec{B}\times\vec{r_i}\right)=\frac{1}{2}(\vec{B}\times\vec{r_i})\cdot\vec{p_i}$$

$$=\frac{1}{2}\vec{B}\cdot(\vec{r_i}\times\vec{p_i})=\frac{\hbar}{2}\vec{B}\cdot\vec{L}$$

과 같이 자기장과 각운동량의 벡터적으로 표현되고

$$\{A(\vec{r_i})\}^2=\frac{1}{4}(\vec{B}\times\vec{r})\cdot(\vec{B}\times\vec{r})$$

이 되므로 총 해밀토니안은

$$H=H_0+\sum_i\frac{e\hbar}{2m}\vec{B}\cdot\vec{L}+\sum_i\frac{e^2}{8m}(\vec{B}\times\vec{r_i})^2+g\mu_B\vec{B}\cdot\vec{S}$$

$$=H_0+\mu_B(\vec{L}+g\vec{S})\cdot\vec{B}+\frac{e^2}{8m}\sum_i(\vec{B}\times\vec{r_i})^2 \qquad (22.1.18)$$

이 된다. 여기에서 H_0는 자기장이 없을 때 전자의 해밀토니안이며, 둘째 항은 상자성을 나타내는 항이고 셋째 항은 반자성을 나타내는 항이다.

22.2 반자성

먼저 반자성에 대해 살펴보자. 반자성은 렌츠의 법칙에 의하여 외부 자기장에 대해 반대 방향의 자기화를 발생시켜서 음의 자기 감수율을 갖는 성질을 말한다. 식 (22.1.18)에서 셋째 항 $\frac{e^2}{8m_e}\sum_i(\vec{B}\times\vec{r_i})^2$이 반자성을 기술하는 항이다. 뒤에서 공부할 훈트 규칙에 의하면 원자의 오비탈에 전자가 모두 차 있는 경우 총 각운동량은 영(0)이 되어 자성이 없다. 즉, 궤도 각운동량과 스핀 각운동량이 영이므로($\vec{L}=\vec{S}=0$), 식 (22.1.18) 해밀토니안의 둘째 항이 고려되지 않는다.

자기장이 z축 방향으로 작용할 때 반자성 항의 자기 감수율을 계산해보자. 임의의 방향으로 자기장이 가해진다고 하더라도 자기장이 가해지는 방향을 z축으로 선택하면 된다. 이때 $\vec{B}=(0,\ 0,\ B)$이므로

$$\vec{B}\times\vec{r_i} = \begin{vmatrix} \hat{i} & \hat{j} & \hat{k} \\ 0 & 0 & B \\ x_i & y_i & z_i \end{vmatrix} = -\hat{i}By_i + \hat{j}Bx_i \tag{22.2.1}$$

이 되고, 따라서 $(\vec{B}\times\vec{r_i})^2 = B^2(x_i^2 + y_i^2)$이 된다. 양자역학의 섭동 이론에 의하면 반자성 항의 섭동 에너지 1차 에너지 변이 ΔE_0는

$$\Delta E_0 = \sum_i \langle 0|H'|0\rangle = \frac{e^2B^2}{8m_e}\sum_{i=1}^{Z}\langle 0|(x_i^2 + y_i^2)|0\rangle \tag{22.2.2}$$

이 된다. 여기서 $|0>$은 반자성 해밀토니안의 바닥상태를 나타낸다. 원자가 구형 대칭인 경우 $\langle x_i^2\rangle = \langle y_i^2\rangle = \frac{1}{3}\langle r_i^2\rangle$이므로,

$$\Delta E_0 = \frac{e^2B^2}{8m_e}(\frac{2}{3})\sum_{i=1}^{z}\langle 0|r_i^2|0\rangle \tag{22.2.3}$$

이 된다. 헬름홀츠 자유 에너지(Helmholtz free energy)의 미분형은

$$dF = -SdT - pdV - MdB = dE - d(TS) \tag{22.2.4}$$

로 주어진다. 여기에서 $dE = TdS - pdV - MdB$이다. 따라서 자기화 M은 다음과 같이 나타낼 수 있다.

$$M = -\left(\frac{\partial F}{\partial B}\right)_{T,V} = -\frac{N}{V}\frac{\partial \Delta E_0}{\partial B} = -\frac{e^2B}{6m_e}\left(\frac{N}{V}\right)\sum_{i=1}^{z}\langle r_i^2\rangle \tag{22.2.5}$$

이 자기화는 부피 V에 N개의 이온들이 있을 때를 가정한다. 자기 감수율은 $\chi = \frac{M}{H} \simeq \mu_0\frac{M}{B}$과 같이 정의되므로

$$\chi = -\frac{N}{V}\frac{e^2\mu_0}{6m_e}\sum_{i=1}^{z}\langle r_i^2\rangle \tag{22.2.6}$$

로 주어지게 된다. 주목해야 할 점은 자기 감수율이 음의 값을 갖는 것인데, 이것이 반자성을 나타내는 것이다. 일반적으로 반자성은 온도에 무관한 양으로써 모든 물질들이 반자성을 포함하고 있지만 실제로 실험적으로 측정되는 값은 매우 작기 때문에, 상자성이나 강자성 자기모멘트 값이 거의 없을 때만 관찰된다.

22.3 상자성의 반고전적 모델

반자성이 음의 자기 감수율을 갖는 반면, 상자성은 양의 자기 감수율을 갖는다. 그렇지만 강자성과 반강자성 같은 자기 정렬(magnetic ordering)은 없고, 자기장이 없을 때 자기 모멘트는 제멋대로 향해 있다. 자기장을 가하면 자기모멘트들은 자기장의 방향을 향하게 되는데, 자기장을 끄면 다시 자기모멘트들은 제멋대로의 방향을 향하게 된다. 일반적으로 원자의 모든 오비탈들에 전자가 다 차 있지 않고 일부만 차 있게 될 때 궤도 각운동량과 스핀 각운동량의 합인 총 각운동량 $\vec{J} = \vec{L} + \vec{S}$로 인해서 자기모멘트가 발생하게 된다. 상자성체는 자기장에 노출되지 않으면 스핀들의 방향은 제멋대로 향해 있지만 외부에서 자기장이 가해지면 스핀들은 자기장이 강해짐에 따라 자기장의 방향으로 정렬하게 된다. 식 (22.1.18)에서 상자성을 기술하는 항은 둘째 항 $\mu_s(\vec{L}+g\vec{S})\cdot\vec{B}$이다. 이번에는 스핀의 통계학적 자기모멘트 계산을 통해 상자성이 어떻게 발생하는지 알아보자.

자기모멘트 m을 갖는 스핀이 자기장이 가해진 방향 z축에 대해 θ만큼 기울어져 있는 경우를 생각해보자. 이때 이 스핀이 갖고 있는 자기 에너지는 $E = -mB\cos\theta$가 된다. 따라서 이 경우에 분할함수 Z는

$$Z = \sum_s e^{-\beta\xi} = \int_0^\pi e^{\beta mB\cos\theta} d\theta \tag{22.3.1}$$

이 된다. 여기에서 $\beta = 1/k_B T$이다. 스핀이 그림 22-1과 같이 있을 때 단위길이를 갖는 구(球) 상에 θ와 $\theta + d\theta$ 사이에서 존재하는 스핀의 분율은 파란색으로 표시된 영역의 면적과 같아서 $2\pi\sin\theta d\theta$와 같다. 구의 총 표면적은 4π이므로 구 전체 표면에 대한 스

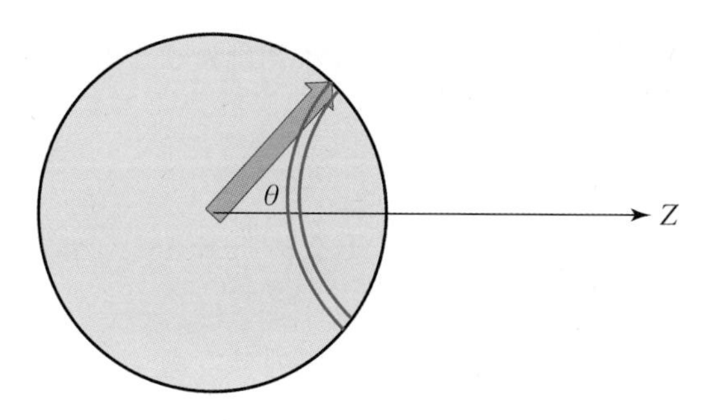

그림 22-1 구형 대칭에서 z축에 대해 θ만큼 기울어져 있는 스핀

핀의 분율은 $\frac{1}{2}\sin\theta d\theta$이다. 따라서 자기장 $\vec{B}$의 방향에 대한 자기모멘트의 평균값은

$$\langle m_z \rangle = \frac{\int_0^\pi m_z e^{-\beta E}\frac{1}{2}\sin\theta d\theta}{\int_0^\pi e^{-\beta E}\frac{1}{2}\sin\theta d\theta}$$

$$= \frac{\int_0^\pi m\cos\theta \exp(mB\cos\theta/k_BT)\frac{1}{2}\sin\theta d\theta}{\int_0^\pi \exp(mB\cos\theta/k_BT)\frac{1}{2}\sin\theta d\theta} \tag{22.3.2}$$

로 주어진다. 계산을 쉽게 하기 위하여 $x = \cos\theta$, $y = mB/k_BT$로 치환하면 $dx = -\sin\theta d\theta$이고 이를 위의 식에 대입하여 계산하면

$$\langle m_z \rangle = m\frac{\int_{-1}^1 xe^{xy}dx}{\int_{-1}^1 e^{xy}dx} = m\left(\coth y - \frac{1}{y}\right) \tag{22.3.3}$$

과 같이 된다. 위 식에서 다음과 같이 랑주뱅 함수(Langevin function) $L(y)$를 정의할 수 있는데,

$$L(y) = \coth(y) - \frac{1}{y} = \frac{\langle m_z \rangle}{m} \tag{22.3.4}$$

여기에서

$$\coth(y) = \frac{\cosh y}{\sinh y} = \frac{e^y + e^{-y}}{e^y - e^{-y}} = \frac{e^{2y}+1}{e^{2y}-1} \tag{22.3.5}$$

이다. y가 작은 경우, 즉 고온 또는 낮은 자기장 하에서 $\coth(y)$는 다음과 같이 근사되므로

$$\coth(y) = \frac{1}{y} + \frac{y}{3} - \frac{y^3}{45} + \cdots \tag{22.3.6}$$

식 (22.3.4)의 랑주뱅 함수는 고온, 저자기장 하에서

$$L(y) = \frac{y}{3} + O(y^3) \tag{22.3.7}$$

로 근사할 수 있다. 물질의 포화 자기화는 원자의 자기모멘트 값 m에 단위부피당 자기모멘트의 개수 n을 곱한 값이므로 $M_s = nm$이며 열역학적 평균값은 $M = n\langle m_z \rangle$로 주어진다. 따라서 포화 자기화로 나눈 자기모멘트 값은

$$\frac{M}{M_s} = \frac{\langle m_z \rangle}{m} \simeq \frac{y}{3} = \frac{mB}{3k_B T} \tag{22.3.8}$$

이 되며, 자기 감수율은

$$\chi = \frac{M}{H} \simeq \frac{\mu_0 M}{B} = \frac{n\mu_0 m^2}{3k_B T} \tag{22.3.9}$$

로 표현된다. 여기에서 주목해야 할 점은 자기 감수율이 온도에 반비례한다는 것인데, 이 법칙을 퀴리의 법칙이라고 한다. 퀴리의 법칙은 마리 퀴리의 남편 피에르 퀴리가 상자성 물질의 자기 감수율은 온도에 반비례함을 발견하여 그 이름을 따서 붙여졌다.

22.4 상자성의 양자역학적 모델

위 경우는 특정한 자기모멘트 값을 고려하지 않고 자기장의 방향으로 나타나는 자기모멘트 값에 대한 반고전적 통계역학을 통해 상자성의 자기 감수율은 퀴리의 법칙을 따르는 것을 보였다. 이제 전자스핀 1/2에 의해 나타나는 상자성의 경우를 고찰해보자. 이때도 퀴리의 법칙은 그대로 유지된다.

전자스핀 $J = 1/2$에 대해서 자기모멘트 m_J는 $\pm 1/2$를 갖고, 이때 에너지는 각각 $\pm \mu_B B$를 갖는다. 따라서 자기장이 가해지면 제만 에너지가 그림 22-2와 같이 갈라지게 되어 두 스핀 상태 간의 에너지 차는 $2\mu_B B$가 된다. 전자의 회전비(gyromagnetic ratio)는 2이므로 그림 22-2에서는 $g\mu_B B$로 표현했다. 이번에도 마찬가지로 자기모멘트의 통계역학적 평균값을 구하고 그것을 이용하여 자기화와 자기 감수율을 계산해보자. 통계역학에서 가장 중요한 것은 분할함수를 아는 일인데, 분할함수는 $Z = \sum_J e^{-\beta E_J}$이며, 에너지

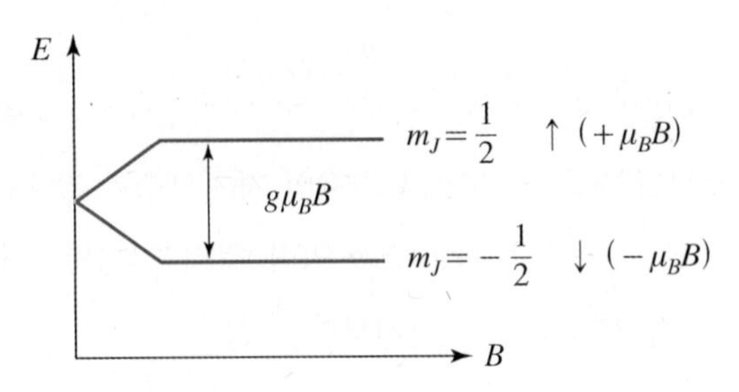

그림 22-2 스핀 업과 다운일 때 에너지 분리 상태

는 $E_J = \pm \mu_B B$이다. 따라서 자기모멘트의 평균값은

$$\langle g\mu_B m_J \rangle = \frac{g\mu_B \sum_{m_J} m_J e^{-\beta E_J}}{Z} \tag{22.4.1}$$

로 계산할 수 있고 스핀 업과 다운의 두 양자상태에 대해서 에너지를 대입하여 계산하면

$$\langle g\mu_B m_J \rangle = \frac{-\mu_B e^{\beta\mu_B B} + \mu_B e^{-\beta\mu_B B}}{e^{\beta\mu_B B} + e^{-\beta\mu_B B}} = \mu_B \tanh\left(\frac{\mu_B B}{k_B T}\right) \tag{22.4.2}$$

로 주어진다. 여기에서 $g=2$로 주어졌고 스핀 업과 다운의 양자상태에 대해서 m_J는 각각 $\pm 1/2$이다. 지수함수의 지수를 y라고 하면

$$y = \frac{\mu_B B}{k_B T} = \frac{gJ\mu_B B}{k_B T} \tag{22.4.3}$$

로 쓸 수 있는데, 포화 자화 값에 대한 자기화의 비는 각운동량에 대한 자기모멘트의 평균값과 같으므로

$$\frac{M}{M_s} = \frac{\langle m_J \rangle}{J} = \tanh y \tag{22.4.4}$$

로 표현된다. 고온, 저자기장의 근사에서

$$\tanh y \simeq y = \frac{\mu_B B}{k_B T} \tag{22.4.5}$$

과 같다. 자기화 M은

$$M = M_s \frac{\langle m_J \rangle}{J} = M_s \left(\frac{\mu_B B}{k_B T} \right) \tag{22.4.6}$$

이고 포화 자기화는 $M_s = ngJ\mu_B = n\mu_B$를 대입하여 자기 감수율은

$$\chi = \frac{\mu_B M}{B} = \frac{n\mu_0 \mu_B^2}{k_B T} \tag{22.4.7}$$

로 계산된다. 이 결과에서 보듯이 스핀 1/2인 양자상태의 상자성에 대한 결과도 퀴리의 법칙을 따른다.

이러한 계산은 헬름홀츠 자유 에너지를 이용해도 같은 결과를 준다. 스핀 업, 다운 두 양자상태에 대해 분할함수는

$$Z = e^{\beta\mu_B B} + e^{-\beta\mu_B B} = 2\cosh\left(\frac{\mu_B B}{k_B T} \right) \tag{22.4.8}$$

이며, 분할함수와 헬름홀츠 자유 에너지의 관계를 이용하면

$$F = -k_B T \ln Z = -nk_B T \ln\left[2\cosh\left(\frac{\mu_B B}{k_B T} \right) \right] \tag{22.4.9}$$

이다. 이를 이용하여 자기모멘트를 계산하면

$$M = -\left(\frac{\partial F}{\partial B} \right)_T = nk_B T \frac{2\left(\frac{\mu_B}{k_B T} \right) \sinh\left(\frac{\mu_B}{k_B T} \right)}{2\cosh\left(\frac{\mu_B B}{k_B T} \right)} = n\mu_B \tanh\left(\frac{\mu_B B}{k_B T} \right) \tag{22.4.10}$$

이어서 포화 자화 $n\mu_B$로 나누면

$$\frac{M}{M_s} = \tanh\left(\frac{\mu_B B}{k_B T} \right) \tag{22.4.11}$$

과 같이 식 (22.4.4)와 같은 결과를 준다.

위의 결과는 스핀이 업, 다운 두 양자상태일 때의 결과이며, 일반적으로 $\frac{1}{2} \le J \le \infty$의 각운동량에 대해서 상자성이 어떻게 나타나는지 살펴보자. 일반적인 각운동량에 대

해 계산한다고 하더라도 각운동량은 양자화되어 있으므로 분할함수는 적분 형태로 나타내지 않고 다음과 같이 합의 형태로 표현된다. 이때의 에너지는 $E_J = g_J\mu_B m_J B$이므로

$$Z = \sum_{m_J=-J}^{J} \exp(\beta m_J g_J \mu_B B) \tag{22.4.12}$$

인데, 주의해야 할 점은 여기에서 회전비 g_J는 2가 아니며

$$g_J = \frac{3}{2} + \frac{S(S+1) - L(L+1)}{2J(J+1)}$$

이라는 점이다. 지수함수의 지수 중에서 $x = \beta g_J \mu_B B$라 표현하면 자기모멘트의 평균은

$$\langle m_J \rangle = \frac{\sum_{m_J=-J}^{J} m_J e^{x m_J}}{\sum_{m_J=-J}^{J} e^{x m_J}} = \frac{\partial}{\partial x} \ln Z \tag{22.4.13}$$

와 같다. 이를 이용하여 자기화를 계산하면

$$\begin{aligned} M &= n g_J \mu_B \langle m_J \rangle = n g_J \mu_B \frac{\partial}{\partial B}\frac{\partial B}{\partial x} \ln Z = n g_J \mu_B \frac{1}{\beta g_J \mu_B}\frac{\partial \ln Z}{\partial B} \\ &= n k_B T \frac{\partial \ln Z}{\partial B} \end{aligned} \tag{22.4.14}$$

이고, 여기에서 분할함수를 풀어서 쓰면

$$\begin{aligned} Z &= \sum_{m_J=-J}^{J} e^{m_J x} = e^{-Jx} + e^{(-J+1)x} + e^{(-J+2)x} + \cdots \\ &= \sum_{i=1}^{M} e^{-Jx} e^{(i-1)x} = \frac{e^{-Jx}(1 - e^{Mx})}{1 - e^{x}} = \frac{e^{-Jx}(1 - e^{x(2J+1)})}{1 - e^{x}} \\ &= \frac{e^{-(J+\frac{1}{2})x} - e^{(J+\frac{1}{2})x}}{e^{-\frac{x}{2}} - e^{\frac{x}{2}}} \\ &= \frac{\sinh\left[(2J+1)\left(\frac{x}{2}\right)\right]}{\sinh\left(\frac{x}{2}\right)} \end{aligned} \tag{22.4.15}$$

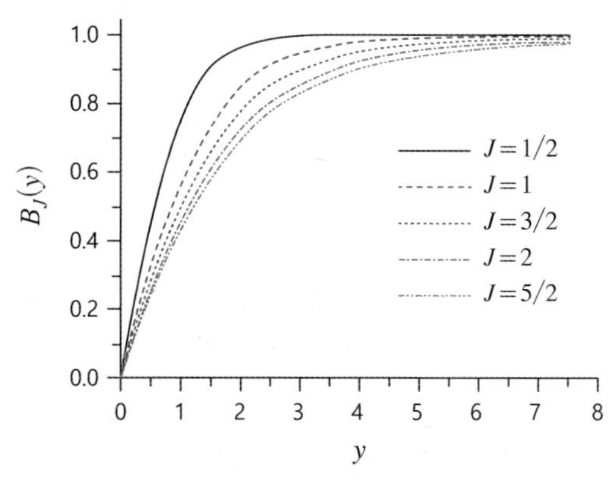

그림 22-3 브릴루앙 함수

로 계산되므로 식 (22.4.14)를 풀면 다음과 같다.

$$M = nk_BT\frac{1}{Z}\frac{\partial Z}{\partial B} = ng_J\mu_B\frac{1}{Z}\frac{\partial Z}{\partial x} = ng_J\mu_B JB_J\left(\frac{g_JBJ\mu_B}{k_BT}\right) \tag{22.4.16}$$

여기에서 포화 자화 값은 $M_s = ng_J\mu_B J$이고 B_J 함수는 식 (22.4.15)를 미분했을 때 나타나는 함수로써 브릴루앙 함수라고 하며

$$B_J(y) = \frac{2J+1}{2J}\coth\left(\frac{2J+1}{2J}y\right) - \frac{1}{2J}\coth\left(\frac{y}{2J}\right) \tag{22.4.17}$$

와 같이 정의된다. 브릴루앙 함수의 모양은 그림 22-3과 같은데 J값에 따라 모양이 달라진다. 브릴루앙 함수의 특성을 J가 매우 클 때와 스핀 1/2일 때, 고온, 저자기장 하에서 y가 매우 작을 때의 근사에 대하여 살펴보자.

① $J \to \infty$ 일 때

J가 매우 클 때 브릴루앙 함수는 랑주뱅 함수와 같은 모양을 갖는다.

$$B_\infty(y) = \coth(y) - \frac{1}{y} = L(y) \tag{22.4.18}$$

이는 하이젠베르크의 상보성 원리에 대응되는 것으로써 J가 크면 자기화는 반고전적인 근사에 접근하게 된다.

② $J = \frac{1}{2}$일 때

스핀 하나에 해당하는 J값을 고려한다면 브릴루앙 함수는

$$B_{\frac{1}{2}}(y) = 2\coth(2y) - \coth(y) = \frac{1+\tanh^2 y}{\tanh y} - \frac{1}{\tanh y} = \tanh y \tag{22.4.19}$$

로 된다. $J = 1/2$, $g_J = 2$, $B = 1$ T인 경우에 상온(300K)에서

$$y = \frac{g_J B J \mu_B}{k_B T} \simeq 2 \times 10^{-3}$$

가 되는데, 이는 매우 작은 값이다. 따라서 극저온, 고자기장이 아닌 이상 y는 1보다 매우 작다고 가정해도 무방하다.

③ $y \ll 1$일 때

$$\coth y = \frac{1}{y} + \frac{1}{3}y - \frac{1}{45}y^3 + \cdots$$

로 전개되므로 브릴루앙 함수는

$$\begin{aligned} B_J(y) &= \frac{2J+1}{2J}\left\{\frac{2J}{(2J+1)y} + \frac{2J+1}{6J}y - \cdots\right\} - \frac{1}{2J}\left\{\frac{2J}{y} + \frac{y}{6J} - \cdots\right\} \\ &\cong \frac{(2J+1)^2}{12J^2}y - \frac{y}{12J^2} = \frac{y}{12J^2}(4J^2 + 4J + 1 - 1) = \frac{y}{3J}(J+1) \end{aligned} \tag{22.4.20}$$

처럼 계산되며, 이에 따라 자기 감수율은

$$\begin{aligned} \chi &= \frac{M}{H} \simeq \frac{\mu_0 M}{B} = \frac{\mu_0}{B} n g_J \mu_B J \frac{J+1}{3J} \frac{g_J \mu_B B J}{k_B T} = \frac{n g_J^2 \mu_B^2 J(J+1)\mu_0}{3k_B T} \\ &= \frac{n\mu_0 \mu_{eff}^2}{3k_B T} \end{aligned} \tag{22.4.21}$$

와 같이 얻어진다. 이때 유효 자기모멘트는

$$\mu_{eff} = g_J \mu_B \sqrt{J(J+1)} \tag{22.4.22}$$

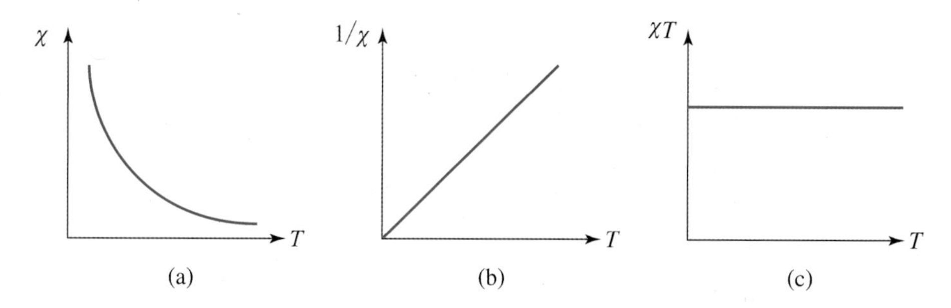

그림 22-4 (a) 상자성의 온도에 따른 자기 감수율, (b) 자기 감수율의 역수,(c) 자기 감수율과 온도의 곱

이다.

식 (22.4.21)과 (22.4.22)가 가장 일반적인 상자성의 자기 감수율의 결과이다. 실험적으로 온도에 따른 자기 감수율을 측정하면 유효 자기모멘트를 알아낼 수 있고 이로부터 각운동량 J를 구할 수 있다. 자기 감수율을 온도에 따라 측정하면 그림 22-4(a)와 같이 $1/T$ 형태로 온도가 증가함에 따라 감소하게 되며 0 K에서 발산하게 된다. 자기 감수율을 역수로 취하면 $1/\chi$는 온도에 비례하게 되므로 그림 22-4(b)와 같이 선형적인 그래프가 된다. 이때 기울기에 해당되는 것이 $n\mu_0\mu_{eff}^2/3k_B$이다. 자기 감수율을 시료의 분자량과 질량을 고려하여 몰당 자기 감수율로 환산하게 되면 유효 자기모멘트 값을 도출할 수 있다. 이렇게 실험적으로 측정한 총 각운동량 J와 이론적으로 예측된 J값을 서로 비교해보면 시료의 자기모멘트가 어떤 상태인지 알아낼 수 있다.

22.5 밴블렉 상자성

지금까지 설명한 퀴리 상자성은 비교적 큰 J값을 가질 때 나타난다. 물질의 바닥상태가 $\vec{J}=0$일 때는 $\langle 0|\hat{m}|0\rangle = g_J\mu_B\langle 0|\hat{J}|0\rangle = 0$이므로 상자성의 특성이 나타나지 않는다. 식 (22.1.18)의 해밀토니안에서 상자성에 해당하는 둘째 항에서 퀴리 상자성이 나타난다고 하였다. 밴블렉(van Vleck) 상자성은 식 (22.1.18) 둘째 항의 2차 섭동 이론의 결과로 나타나는 상자성으로써, 온도에 무관한 작은 값을 갖는다.

$$H = H_0 + \mu_B(\vec{L}+g\vec{S})\cdot\vec{B} + \frac{e^2}{8m}\sum_i(\vec{B}\times\vec{r_i})^2$$

섭동 이론은 주어진 해밀토니안을 풀 수 없을 때 해를 구할 수 있는 알려진 H_0와 풀리지 않는 섭동항 λV로 나누어 구성하여 문제를 푸는 방법이다. 이때 섭동항은 H_0보다는 매우 작아야 한다. 이렇게 설정된 해밀토니안은 $H = H_0 + \lambda V$로 쓸 수 있다. 일반적으로 고유함수 $|n>$과 고윳값 E_n이 겹친(degenerate) 상태가 아니라면 고유함수와 고윳값은 다음과 같이 전개하여 나타낼 수 있다.

$$
\begin{aligned}
&(H_0 + \lambda V)\left(|n^{(0)}\rangle + \lambda|n^{(1)}\rangle + \lambda^2|n^{(2)}\rangle + \cdots\right) \\
&= \left(E_n^{(0)} + \lambda E_n^{(1)} + \lambda^2 E_n^{(2)} + \cdots\right)\left(|n^{(0)}\rangle + \lambda|n^{(1)}\rangle + \lambda^2|n^{(2)}\rangle + \cdots\right)
\end{aligned} \tag{22.5.1}
$$

λ의 2차항만 뽑아 고려해보면

$$
H_0|n^{(2)}\rangle + V|n^{(1)}\rangle = E_n^{(0)}|n^{(2)}\rangle + E_n^{(1)}|n^{(1)}\rangle + E_n^{(2)}|n^{(0)}\rangle \tag{22.5.2}
$$

와 같이 주어지고 2차 에너지 $E_n^{(2)}$는 $E_n^{(2)} = \langle n^{(0)}|E_n^{(2)}|n^{(0)}\rangle$로 주어지므로 식 (22.5.2)의 오른쪽 항에 $\langle n^{(0)}|$를 작용하면 $\langle n^{(0)}|H_0|n^{(2)}\rangle$는 대각화된 해밀토니안 H_0에 대해서는 영(0)이므로 $E_n^{(2)} = \langle n^{(0)}|V|n^{(1)}\rangle$가 된다. 양자역학의 섭동 이론을 참고하면, 1차 섭동항에서 계산된 $|n^{(1)}\rangle$은 다음과 같이 된다.

$$
|n^{(1)}\rangle = \sum_{k \neq n} \frac{\langle k^{(0)}|V|n^{(0)}\rangle}{E_n^{(0)} - E_k^{(0)}}|k^{(0)}\rangle \tag{22.5.3}
$$

이때, 2차항 에너지는

$$
E_n^{(2)} = \sum_{k \neq n} \frac{|\langle k^{(0)}|V|n^{(0)}\rangle|^2}{E_n^{(0)} - E_k^{(0)}} \tag{22.5.4}
$$

와 같이 주어진다. 이를 이용하여 식 (22.1.18)의 둘째, 셋째 항을 섭동 에너지 항으로 파악하여 $\mu_B(\vec{L} + g\vec{S}) \cdot \vec{B} + \frac{e^2}{8m}\sum_i(\vec{B} \times \vec{r_i})^2$의 2차 섭동 에너지를 계산해보면

$$
\Delta E_0 = -\sum_n \frac{|\langle 0|(\vec{L} + g\vec{S}) \cdot \vec{B}|n\rangle|^2}{E_n - E_0} + \frac{e^2}{8m_e}\sum_i(\vec{B} \times \vec{r_i})^2 \tag{22.5.5}
$$

와 같이 나타난다. 이를 이용하여 몰 자기 감수율(molar magnetic susceptibility)은

$$\chi = -\frac{N}{V}\frac{\partial^2 E_0}{\partial H^2}$$
$$= \frac{N}{V}\left[+2\mu_B^2\sum_n \frac{|\langle 0|(L_z + gS_z)|n\rangle|^2}{E_n - E_0} - \frac{\mu_0 e^2}{6m_e}\sum_i \langle 0|r_i^2|0\rangle\right] \tag{22.5.6}$$

로 계산된다. 이 식에서 첫째 항은 밴블렉 상자성에 해당하는 항이고, 둘째 항은 식 (22.2.6)에서와 마찬가지로 반자성에 해당한다. 앞서 언급했듯이 밴블렉 상자성은 온도에 무관하고 작은 값을 갖는다.

23.1 스핀-궤도 결합

원자에서 중요한 효과 중 하나가 스핀-궤도 결합(spin-orbit coupling, SOC)이다. 원자는 원자핵과 전자로 구성되어 있으며 원자핵 주변으로 전자가 돌고 있다는 것은 잘 알려진 사실이다. 그런데 전자 입장에서는 자기가 가만히 있고 원자핵이 도는 것처럼 느껴진다. 그림 23-1(a)와 같이 원자핵이 전자 주위를 돌면 양이온이 원운동을 하므로 자기장이 만들어진다. 이때 원자핵이 만들어내는 자기장은 앙페르(Ampère)의 법칙에 의하여

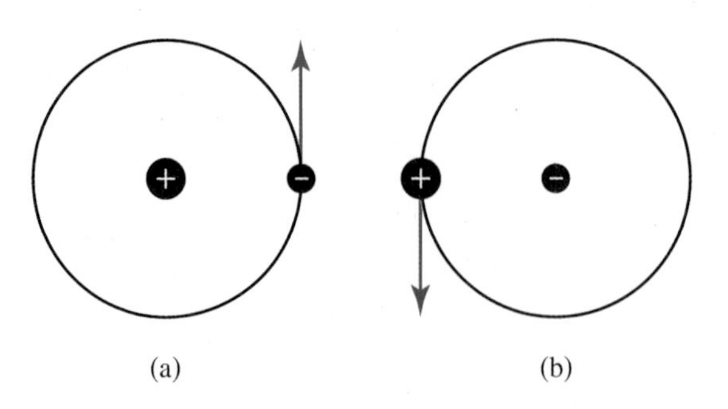

그림 23-1 원자핵 기준(a)과 전자 기준(b)으로 본 원자

$$\vec{B} = \frac{\vec{E} \times \vec{v}}{c} \tag{23.1.1}$$

가 되고 전기장은

$$\vec{E} = -\nabla V(r) = -\hat{r}\frac{dV(r)}{dr} \tag{23.1.2}$$

이다. 원자핵에 의해 만들어진 자기장은 전자의 자기모멘트와 상호작용을 하게 되는데, 이를 스핀-궤도 결합이라고 한다. 스핀-궤도 결합 해밀토니안은 다음과 같이 주어지며

$$H_{so} = -\frac{1}{2}\vec{m} \cdot \vec{B} \tag{23.1.3}$$

여기에서 1/2은 전자의 상대론적 세차운동을 고려한 결과로 나타난 값으로써 토마스 인자(Thomas factor)라고 한다. 전자스핀에 의한 자기모멘트는

$$\vec{m} = \frac{ge}{2m_e c}\vec{S} \tag{23.1.4}$$

와 같이 주어지고 각운동량을 고려하면 $\vec{L} = m_e \vec{r} \times \vec{v}$이므로

$$H_{so} = \frac{e}{2m_e}\vec{S} \cdot \left(\frac{1}{c^2}\frac{dV(r)}{dr}\hat{r} \times \vec{v}\right) = \frac{e}{2m_e^2 c^2 r}\frac{dV(r)}{dr}\vec{S} \cdot \vec{L} \tag{23.1.5}$$

로 나타낼 수 있다.

원자의 퍼텐셜은 쿨롱 퍼텐셜이므로 식 (23.1.2)에 의하여

$$\frac{1}{r}\frac{dV(r)}{dr} = \frac{Ze}{r^3} \tag{23.1.6}$$

이므로

$$H_{so} = \frac{Ze^2}{2m_e^2 c^2 r^3}\vec{S} \cdot \vec{L} = \alpha\frac{Z\hbar}{2m_e^2 c r^3}\vec{S} \cdot \vec{L} \tag{23.1.7}$$

과 같이 주어진다. 여기에서 $\alpha = e^2/\hbar c$로써 미세구조 상수(fine structure constant)이다.

23.2 $L-S$ 결합과 미세구조

스핀-궤도 결합이 있을 때 원자의 에너지는 식 (23.1.7)에 따라 에너지 증가가 생긴다. 전자스핀 $\vec{S}$와 궤도 각운동량 $\vec{L}$은 그림 23-2와 같이 서로 평행하게 있을 수 있고 반대 방향으로 향해 있을 수 있다.

궤도 각운동량의 방향이 스핀 각운동량과 평행하게 같은 방향을 향해 있으면 높은 에너지 상태이고, 총 각운동량 $\vec{J}$는 최대가 된다. 반면 서로 반대방향을 향해 있으면 총 각운동량은 $J=|L-S|$만큼 작아진다. 총 각운동량은 $\vec{J}=\vec{L}+\vec{S}$이므로 양변을 제곱하면

$$J^2 = L^2 + S^2 + 2\vec{L}\cdot\vec{S}$$

이고, 따라서

$$\vec{L}\cdot\vec{S} = \frac{1}{2}(J^2 - L^2 - S^2)$$

이 된다. 양자역학적으로는

$$\vec{L}\cdot\vec{S} = \frac{\hbar^2}{2}[j(j+1) - l(l+1) - s(s+1)] \tag{23.2.1}$$

이므로 스핀-궤도 결합에 의한 에너지 증가분은

$$\Delta E_{so} = \alpha\frac{Z\hbar}{4m_e^2cr^3}[j(j+1) - l(l+1) - s(s+1)] \tag{23.2.2}$$

가 된다. 위 식의 앞의 인자는 상수이므로, 이는

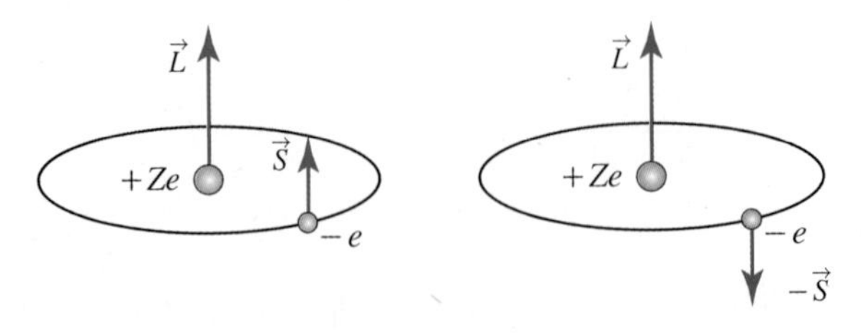

그림 23-2 스핀-궤도 결합에 의한 전자스핀 $\vec{S}$와 궤도 각운동량 $\vec{L}$의 상태

$$\Delta E_{so} = \frac{a}{2}[j(j+1) - l(l+1) - s(s+1)] \qquad (23.2.3)$$

으로 표현할 수 있고 상수 $a = Ze^2\mu_0\hbar^2/8\pi m_e^2 r^3$을 스핀-궤도 결합 상수라고 한다.

만약 $2p$ 오비탈에 전자 하나를 갖는 원자를 고려하면 $l=1$이며 $s=1/2$이다. 따라서 $j=|l \pm s|$에 의해서 $j = 1 + 1/2 = 3/2$인 경우와 $j = 1 - 1/2 = 1/2$인 2가지 경우를 갖는다. $j = 3/2$인 경우

$$\Delta E_{so} = \frac{a}{2}\left[\frac{3}{2}\left(\frac{3}{2}+1\right) - 1(1+1) - \frac{1}{2}\left(\frac{1}{2}+1\right)\right] \qquad (23.2.4)$$

가 되고, $j = 1/2$인 경우

$$\Delta E_{so} = \frac{a}{2}\left[\frac{1}{2}\left(\frac{1}{2}+1\right) - 1(1+1) - \frac{1}{2}\left(\frac{1}{2}+1\right)\right] \qquad (23.2.5)$$

가 된다. 이를 에너지 준위로 그려보면 2개의 에너지 준위가 중첩되어 있다가 그림 23-3과 같이 갈라지게 된다. 즉 $2p^1$ 전자를 갖는 원자를 스펙트럼 분석을 해보면 이중 스펙트럼이 나타나게 된다.

만약 n번째 보어 반지름을 갖는 원자를 생각해보면 보어 반지름은 대략

$$r = 4\pi\epsilon_0 \frac{n^2\hbar^2}{mZe^2} \qquad (23.2.6)$$

으로 표현된다. 스핀-궤도 결합 상수와 연관 지어보면

$$a = \frac{Ze^2\mu_0\hbar^2}{8\pi m_e^2 r^3} \propto \frac{Z^4}{n^6} \qquad (23.2.7)$$

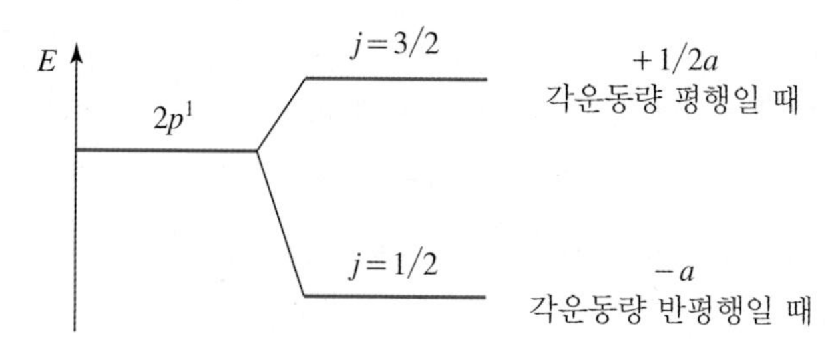

그림 23-3 $2p^1$ 전자를 갖는 원자의 에너지 준위

이 된다. 스핀-궤도 결합 상수가 원자수 Z의 4제곱에 비례하므로 무거운 원자일수록 스핀-궤도 결합이 강해진다. 그렇기 때문에 수소원자처럼 가벼운 원자의 경우는 스핀-궤도 결합이 중요하지 않게 되며 Bi, Pb, Tl 및 희토류 원소와 같이 무거운 원소의 경우는 스핀-궤도 결합이 중요해진다.

23.3 훈트 규칙

스핀-궤도 결합에 의한 총 각운동량을 계산하는 데 있어서 적용되는 3가지 규칙을 훈트 규칙(Hund's rule)이라고 한다.

① 첫 번째 규칙

"전자가 양자상태를 차지하는 데 있어서 스핀 각운동량은 최대가 되는 순서로 채워진다." 사실 이 규칙의 근원은 파울리의 배타원리이다. 파울리의 배타원리는 같은 양자상태에 같은 스핀을 갖는 2개의 전자가 동시에 있을 수 없음을 말하고 있다. 여러 양자상태가 있을 때 전자는 스핀 업/다운의 상태로 한 양자상태에 들어갈 수 있지만, 그럴 경우 전자들 간의 쿨롱 상호작용에 의해 에너지가 높아지게 된다. 따라서 같은 스핀 모멘트를 가지고 다른 양자상태에 들어가는 것이 에너지 측면에서 유리하다. 중요한 점은 각 양자상태에 들어가는 스핀의 방향은 같은 방향을 향한다는 것이다.

② 두 번째 규칙

"전자가 양자상태에 들어갈 때 전자는 궤도 각운동량을 최대가 되게 하는 순서대로 채워진다." 이 규칙도 첫 번째 규칙과 마찬가지로 쿨롱 상호작용 에너지를 줄이기 위해서 발생하는 규칙이다. 궤도 각운동량은 기본적으로 전자의 오비탈 운동으로 이해할 수 있다. 그런 의미에서 궤도 각운동량이 최대가 되게 한다는 것은 전자의 오비탈 운동이 같은 방향을 향하게 된다는 것이다. 이것은 태양 주변을 도는 행성들의 운동에서도 마찬가지인데 태양계의 행성들은 공전 방향이 모두 같은 방향을 향하고 있다. 고전역학적으로 이것은 초기 태양계가 생성될 때 거대 가스구름에서 행성들이 만들어지면서 각운동량 보존 법칙에 의해 초기 가스구름의 회전방향으로 행성들이 형성된 결과이다. 고전적인 경우와 비교할 수는 없지만 전자의 오비탈 운동은 최대한 같은 방향으로 향하려고 하는 경향이 있다는 것이 두 번째 규칙이다. 만약 전자가 서로 다른 방향으로 회전하게 된다면 서로 매우 가까이 다가가는 지점이 생기게 되고, 그러면 쿨롱 반발력이 매우 커지게 되어 불안해질 것이다. 서로 같은 방향으로 회전하면서 멀리 떨어져 있는 것이 쿨롱 반발력을 최소화하는 상황일 것이다.

③ 세 번째 규칙

세 번째 규칙은 직관적으로 이해하기는 어렵지만 스핀-궤도 결합 에너지와 관련이 있다. "양자상태가 반 이하로 채워지면 총 각운동량은 $J=|L-S|$가 되며 반 이상으로 채워지면 $J=|L+S|$가 된다." 식 (23.1.7)에 의하면 스핀-궤도 결합에 의해 에너지가 증대된다. 에너지가 커지는 것은 불안해지는 것을 의미하기 때문에 오비탈에 전자가 반 이하로 채워지면 $\vec{L}$과 $\vec{S}$가 서로 반대방향으로 향해서 음의 에너지로 안정화하는 것이 바람직하다. 그러나 특정한 스핀에 대해 모든 오비탈이 다 점유되면 이제 전자가 오비탈을 더 채우려면 파울리의 배타원리에 의해 스핀이 반대가 될 수밖에 없다. 그래서 오비탈이 반 이하로 채워지면 $\vec{L}$과 $\vec{S}$가 서로 반평행이 되면서 $J=|L-S|$가 되고, 오비탈이 반 이상으로 채워지면 $\vec{S}$의 스핀 방향이 $\vec{L}$과 같은 방향일 수밖에 없으므로 $J=|L+S|$가 되는 것이다. 오비탈이 모두 채워졌을 경우는 궤도 각운동량과 스핀 각운동량이 모두 영이 되어 총 각운동량도 영이 되므로 생각할 필요가 없다.

이 3가지 규칙을 이해하기 위해서 예를 들어보자.

예제 1 | Mn^{2+}

Mn^{2+}는 오비탈 상태가 (Ar)$3d^5$를 갖는다. d 오비탈은 궤도 각운동량이 2이므로 가질 수 있는 오비탈은 그림 23-4와 같이 2, 1, 0, -1, -2로 5개의 오비탈 양자상태가 있다. 훈트 규칙의 첫 번째 규칙에 의해 전자가 오비탈에 들어가게 되면 그림 23-4와 같이 업스핀 상태로 양자상태를 차지하는 것이 최대 스핀 각운동량을 갖는 방법이다. 따라서 이때 궤도 각운동량은 영이 되고 스핀 각운동량은 $S=5/2$가 된다.

Mn^{2+} : (Ar) $3d^5$

2	1	0	−1	−2
↑	↑	↑	↑	↑

$L=0$
$S=(1/2)\times 5=5/2$ $J=|L-S|=5/2$

그림 23-4 Mn^{2+}의 $3d$ 궤도 양자상태

예제 2 | Ce^{2+}

Ce^{2+}는 (Xe)$4f^2$의 양자상태를 갖는데 f 오비탈의 궤도 각운동량은 $l=3$이기 때문에 3, 2, 1, 0, -1, -2, -3의 양자상태가 가능하다. 두 번째 훈트 규칙에 의하면 전자가 양자상태를 차지하는 데 있어서 궤도 각운동량을 최대가 되게 하면서 오비탈을 채우기 때문에 그림 23-5와 같이 $l=3$과 2에 각각 채우는 것이 제 1규칙과 2규칙을 만족하면서 채우는 것이 되어 궤도 각운동량은 $L=5$, 스핀 각운동량은 $S=1$이 된다. 세 번째 훈트 규칙에 의하면 양자상태가 반 이하로 차 있을 때 $J=|L-S|$가 되므로 $J=4$가 된다.

Ce^{2+} : (Xe) $4f^2$

3	2	1	0	−1	−2	−3
↑	↑					

$L=3+2+5$
$S=(1/2)\times 2=1$ $J=|L-S|=4$

그림 23-5 Ce^{2+}의 $4f$ 궤도 양자상태

예제 3 | Ho^{3+}

Ho^{3+}는 (Xe)$4f^{10}$의 양자상태를 갖고 Ce과 마찬가지로 $4f$ 오비탈의 경우 $l=3$을 가지므로 7개 오비탈을 순서대로 7개의 전자가 스핀 업의 상태로 큰 궤도 각운동량 순서대로 채우게 된다. 문제는 나머지 3개 전자가 어느 오비탈로 들어가느냐 하는 것인데 일단 업 스핀이 모두 차 있으므로 다운 스핀으로 훈트 제 2규칙에 의해 $l=3$, 2, 1 오비탈을 채우게 된다. 따라서 궤도 각운동량은 $L=6$이 되고 스핀 각운동량은 $S=2$가 된다. 세 번째 훈트 규칙에 의하면 양자상태가 반 이상 차 있게 되면 $J=|L+S|$이므로 총 각운동량은 $J=8$이 된다.

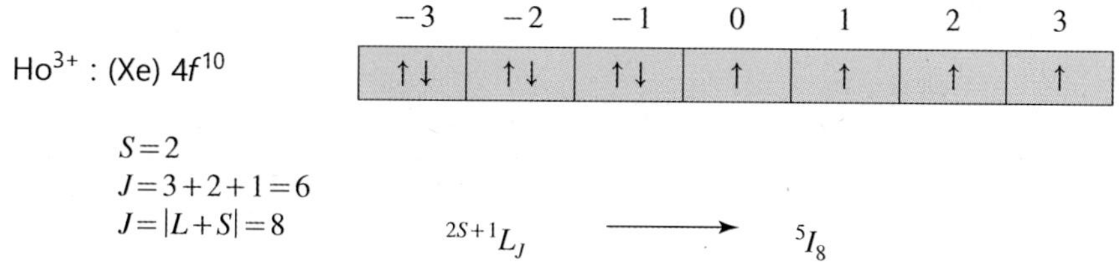

	−3	−2	−1	0	1	2	3
Ho^{3+} : (Xe) $4f^{10}$	↑↓	↑↓	↑↓	↑	↑	↑	↑

$S=2$
$J=3+2+1=6$
$J=|L+S|=8$

$^{2S+1}L_J \longrightarrow {^5I_8}$

그림 2-10 Ho^{3+}의 $4f$ 궤도 양자상태

분광학에서는 원자의 에너지 상태와 중첩도를 기호로 한 번에 간단하게 표현하는데 이를 텀 기호(term symbol)라고 한다. 텀 기호는 $^{2S+1}L_J$와 같은 모양으로 표현하는데, 여기에서 $2S+1$은 중첩도를 나타내며 $S=0$인 경우 단일항(singlet), $S=1/2$인 경우 중첩도는 2이므로 이중항(doublet), $S=1$인 경우 중첩도는 3이므로 삼중항(triplet)이라고 한다. L은 각운동량 에너지 준위를 나타내며 $L=0$이면 S, $L=1$이면 P, $S=2$이면 D, $S=3$이면 F이다. 또한 J는 총 각운동량을 나타낸다.

예제 4 |

$S=1/2$, $L=1$일 때 텀 기호로 나타내면 $J=L\pm S$이므로 $J=3/2$와 1/2의 2가지가 가능하다. 중첩도는 2이고, $L=1$이므로 궤도 각운동량은 P로 표기되어 텀 기호는 $^2P_{3/2}$와 $^2P_{1/2}$로 표현할 수 있다.

23.4 $L-S$ 결합과 $j-j$ 결합

일반적으로 물질은 다수의 원자에 많은 전자가 있는데, 이들이 스핀-궤도 결합 시에 주의해야 할 점이 있다.

① $L-S$ 결합

n개의 전자가 있을 때 각각의 전자가 갖는 궤도 각운동량과 스핀 각운동량을 각각 l과 s라고 하면 먼저 총 궤도 각운동량 $L=l_1+l_2+\cdots+l_n$과 스핀 각운동량 $S=s_1+s_2+\cdots+s_n$을 먼저 계산하고, 이를 이용하여 총 각운동량을 $J=L+S$로 계산하는 경우를 $L-S$ 결합이라고 한다. 주로 $L-S$ 결합은 원자번호가 작아 약한 섭동만 존재하는 경우 적용된다.

② $j-j$ 결합

반면 무거운 원자에서처럼 스핀-궤도 결합이 큰 경우에는 스핀-궤도 결합이 우선시된다. 스핀-궤도 결합에 의한 각각 전자의 총 각운동량을 $j=l+s$로 먼저 계산한 후, 총 각운동량은 각각 전자들의 각운동량 총합 $J=j_1+j_2+\cdots+j_n$으로 계산될 수 있는데, 이를 $j-j$ 결합이라고 한다.

예제를 통해 $L-S$ 결합과 $j-j$ 결합이 무엇인지 알아보자.

예제 1 |

탄소는 $2p^2$의 오비탈을 갖는다. 탄소는 가벼운 원자이므로 $L-S$ 결합이 적용된다. 전자가 2개이므로 스핀 각운동량은 $S=1$이 되고 p 오비탈은 $l=1$이므로 1, 0, -1의 오비탈을 갖는다. 훈트 규칙에 의해 2개의 전자는 1과 0 오비탈을 차지하게 되어 궤도 각운동량은 $L=1$이 된다. 훈트 제 3규칙에 의해 총 각운동량은 반 이하로 차 있는 오비탈에서 $J=|L-S|=0$이 된다. $J=0$이라는 것은 자기모멘트가 없다는 말이며, 이것은 탄소가 자성을 띠지 않는 이유가 된다.

이 경우를 텀 기호로 표현하면 $S=1$이므로 중첩도는 3이고, $L=1$이므로 궤도 각운동량은 P로 표현되며 $J=0$이므로 $^3P_0$로 표현할 수 있다.

예제 2 |

납(Pb)은 무거운 원자에 속한다. 납의 오비탈은 $6p^2$이며 $j-j$ 결합을 하게 된다. $j-j$ 결합에서 먼저는 스핀 각운동량과 궤도 각운동량을 생각해야 하는데 단일전자의 스핀은 $s=1/2$이고 p 오비탈에 $l=1$에 들어가게 되므로 $j=l\pm s$이므로 3/2과 1/2이 가능하다. 스핀-궤도 결합 에너지를 고려하면 $j=1/2$이 더 에너지가 낮아 안정하므로 두 전자의 궤도 각운동량을 1/2로 생각할 수 있으며, 따라서 $j_1=j_2=1/2$이다. 총 각운동량은 $J=j_1\pm j_2$로 주어지게 되어 $J=0$과 1이 가능하다. 여기에서 또 에너지가 더 낮은 쪽은 $J=0$인 쪽이다. $j-j$ 결합에서 궤도 각운동량 L과 스핀 각운동량 S는 좋은 양자수가 아니다.

24.1 결정장과 얀-텔러 왜곡

앞 장에서 훈트 규칙을 배웠다. 훈트 규칙은 희토류 원소 등 스핀-궤도 결합이 안정적인 물질에서 잘 적용된다. 그러나 전이금속들은 훈트 규칙을 잘 따르지 않게 되는데, 이는 격자 내에 원자 간 비대칭성 때문이다. 원자 간 비대칭성은 결정장(crystal field)을 만들고, 이는 궤도 각운동량이 잘 정의되지 않게 한다. 이를 궤도 각운동량 담금질(orbital moment quenching)이라고 한다.

24.1.1 전이금속에서의 결정장 이론

전이금속 산화물의 경우 다양한 결정구조를 갖는다. 예를 들면 그림 24-1(a)와 같이 팔면체 구조를 기본으로, 팔면체 구조와 양이온의 결합으로 이루어진 구리산화물 고온초전도 및 망간 산화물 초거대자기저항(colossal magneto resistance, CMR) 물질들은 페로브스카이트(Perovskite) 결정구조를 갖는다(b). 사면체 및 사면체를 기본구조로 하는 결정구조(c)로는 파이로클로르(Pyrochlore) 및 스피넬(Spinel)(d) 등이 있다. 파이로클로르 결정구조

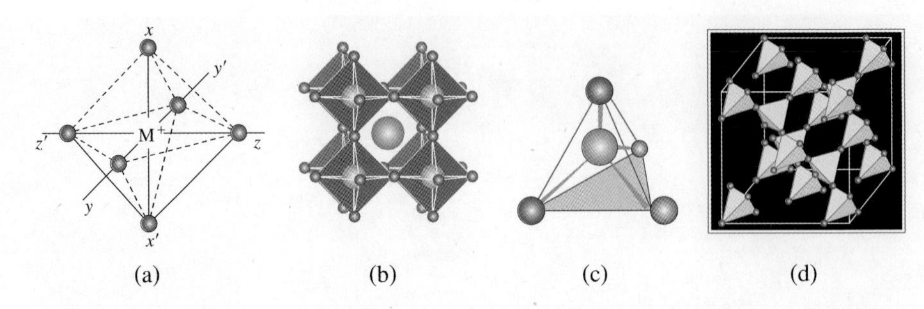

그림 24-1 팔면체 결합(a)과 페로브스카이트 결정구조(b) 및 사면체 결합(c)과 파이로클로르 결정구조(d)

의 각 꼭짓점에 스핀이 있다고 생각하면 이 스핀들이 반강자성 상호작용을 하게 되면 스핀 쩔쩔맴 현상이 발생하게 되어 스핀유리나 스핀 양자유체 등을 유발하기에 좋은 결정구조가 된다.

이러한 결정구조를 생각할 때 결정 내에 있는 원자들은 양이온과 음이온의 결합으로 이루어져 있으므로 리간드와 혼성되어, 결합되지 않은 오비탈에 있는 전자들 간에 정전기적 상호작용이 발생하게 되면 완벽한 대칭성이 되지 않아서 내부에 음이온과 양이온 사이에 전기장이 발생하게 된다. 전이금속의 경우 d 오비탈을 갖고 있는데 이들은 산소 등이 갖고 있는 s 또는 p 오비탈과 혼성을 이루면서 위와 같은 결정구조를 만들고 결정장을 쉽게 발생시킨다.

$s/p/d$ 오비탈이 어떻게 생겼는지 그림 24-2에 나타내었다. s 오비탈은 구처럼 생긴 대칭적인 오비탈이다. p 오비탈은 아령 모양으로 $x/y/z$축으로 누운 방향에 따라 p_x,

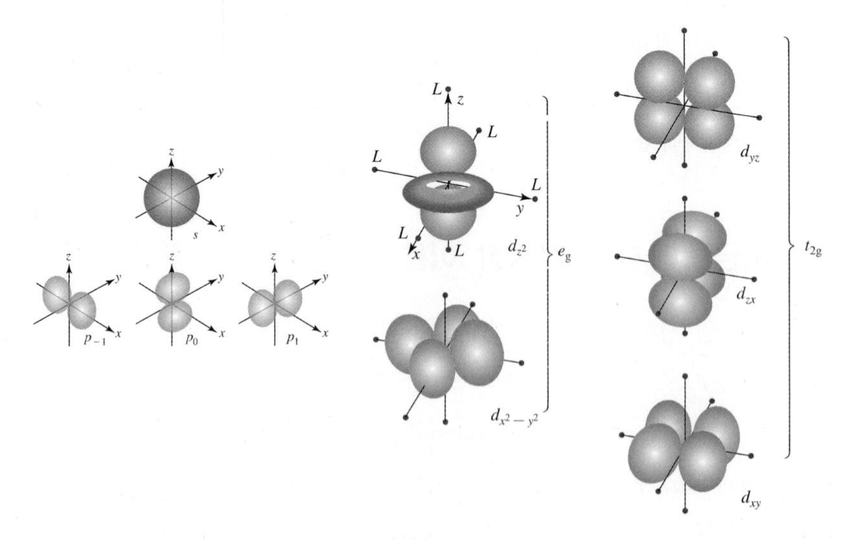

그림 24-2 $s/p/d$ 오비탈의 모양

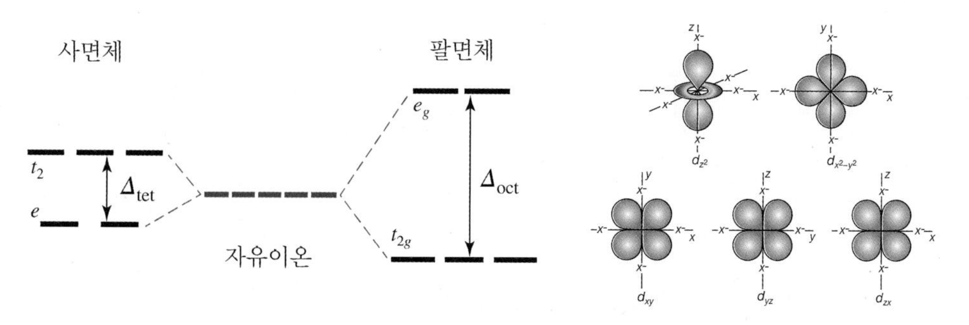

그림 24-3 팔면체와 사면체 결합에서의 결정장 분리에 따른 오비탈

p_y, p_z 오비탈을 형성한다. d 오비탈은 그 종류가 5가지인데, 그림 24-2와 같이 d_{z^2}, $d_{x^2-y^2}$, d_{yz}, d_{zx}, d_{xy} 오비탈이 있다. d_{z^2}과 $d_{x^2-y^2}$을 일컬어 e_g 오비탈이라고 하고 d_{yz}, d_{zx}, d_{xy} 3개의 오비탈을 t_{2g} 오비탈이라고 한다. $d_{x^2-y^2}$와 d_{xy}는 xy평면에 있지만 그 생김새가 다르고 오비탈이 xy축상에 정렬된 것은 $d_{x^2-y^2}$, xy축에서 45도 기울어져 있으면 d_{xy} 오비탈이다. d_{yz}, d_{zx}, d_{xy} 오비탈은 생김새가 같지만 어떤 축에 있느냐에 따라 다른 것이므로 각각의 에너지는 같다는 것을 쉽게 유추할 수 있다. 따라서 이 세 오비탈은 중첩되어 있는데, 마찬가지로 d_{z^2}, $d_{x^2-y^2}$도 같은 에너지 스케일에 있어서 중첩된 경우가 많다. t_{2g}와 e_g 오비탈은 에너지 중첩에 따라 구분 지은 것이다.

d 오비탈을 갖는 자유이온인 경우 이 5개의 오비탈은 모두 중첩되어 있다. 그러나 어떤 결정구조를 형성하여 대칭성이 낮아진 경우 에너지는 그림 24-3과 같이 t_{2g}와 e_g 오비탈로 중첩이 깨지게 된다. 팔면체 결정구조를 갖는 경우 d_{xy} 오비탈은 $d_{x^2-y^2}$ 오비탈보다 에너지가 낮은 정전기적 에너지를 갖게 되어서 t_{2g} 오비탈이 e_g 오비탈보다 낮은 에너지를 갖는다. 반면 사면체 결정구조를 형성하면 원자 간 전하밀도가 겹치지 않게 하려는 경향으로 리간드가 형성되어 반대로 e 오비탈이 t_2 오비탈보다 에너지가 낮아진다. 사면체의 경우 반전대칭(inversion symmetry)이 없기 때문에 g를 쓰지 않는다. 이렇게 e_g 오비탈과 t_{2g} 오비탈의 에너지 중첩이 깨져서 분리되는 현상을 결정장 분리(crystal field splitting)라고 한다.

24.1.2 높은 스핀 상태와 낮은 스핀 상태

고체 내에서는 결정장 에너지만 존재하는 것이 아니라 결합 에너지도 있기 때문에 결정장 에너지와 결합 에너지는 서로 경쟁하게 된다. 결합 에너지는 같은 오비탈에 2개의 전

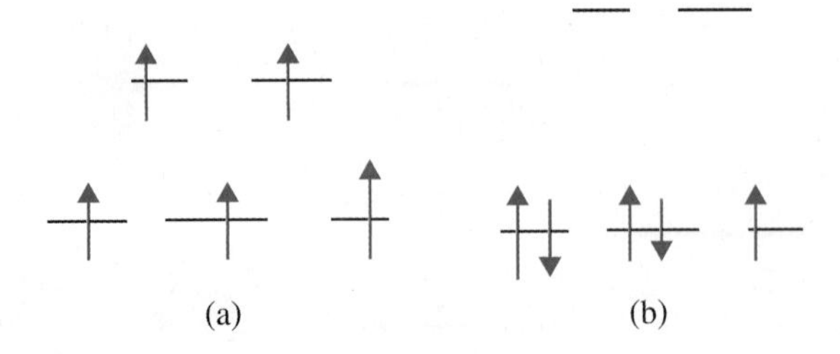

그림 24-4 팔면체 결합에서 높은 스핀 상태(a)와 낮은 스핀 상태(b)에 있는 전자들의 배위

자가 들어가는 데 필요한 쿨롱 에너지로 정의된다. 만약 결정장 에너지가 결합 에너지보다 낮은 에너지를 갖는다면 한 오비탈에 2개의 전자가 들어가는 데 결정장 에너지 갭을 넘는 것보다 더 높은 에너지가 소비되므로, 전자들은 한 오비탈에 2개의 전자가 들어가는 것을 선호하게 된다. 반면 결정장 에너지가 결합 에너지보다 높은 에너지를 갖는다면 전자가 한 오비탈에 2개가 들어가는 것보다 결정장 에너지 갭을 넘어 한 오비탈에 하나의 전자만 들어가기를 선호하게 된다.

팔면체 결합을 하고 있는 경우 이러한 상황을 그림 24-4에 나타내었는데 쉽게 비유를 들어 설명해보자. t_{2g} 오비탈은 값이 싸고 e_g 오비탈은 값이 비싼 호텔방이라고 하자. 각 호텔방은 2인실이다. 첫 번째 경우는 돈이 없고 서로 친한 친구끼리 여행을 간 경우다. 이들은 서로 친하기 때문에(결합 에너지가 크기 때문에) 굳이 비싼 방에서 잘 필요가 없고(결정장 에너지를 극복할 필요가 없고) 둘씩 짝을 지어 싼 방에서 자면 된다. 반면 서로 친하지 않고 학생들보다 비교적 경제적으로 여유로운 교수들끼리 여행을 간 경우에는 서로 간에 결합 에너지가 낮기 때문에 싼 방을 먼저 잡고 나머지가 비싼 방에 각각 한 명씩 방을 잡게 된다. 이렇게 한 오비탈에 2개의 전자가 들어가면서 낮은 에너지를 먼저 채우는 경우를 낮은 스핀 상태에 있다고 하고(그림 24-4(a)) 한 오비탈에 2개의 전자가 들어가는 것을 꺼려하면서 오비탈을 먼저 각각 채우는 경우를 높은 스핀 상태에 있다고 한다(그림 24-4(b)). 그림 24-4(a)에서와 같이 5개의 전자가 높은 스핀 상태에 있는 경우 스핀 1/2인 전자가 5개 있으므로 총 스핀은 5/2가 되고, 그림 24-4(b)와 같이 낮은 스핀 상태에 있으면 스핀 업/다운이 상쇄되고 부분적으로 차 있는 오비탈을 점유하고 있는 전자는 하나만 있기 때문에 총 스핀은 1/2이 된다.

만약 d 오비탈에 전자의 개수가 다를 때 높은 스핀 상태와 낮은 스핀 상태에서 총 스핀 각운동량은 어떤 값을 갖는지 알아보자. 전자가 4개 있는 경우(d^4) 높은 스핀 상태는 스핀 1/2이 4개 있으므로 총 스핀 각운동량은 2가 되고 낮은 스핀 상태는 스핀 업/다운

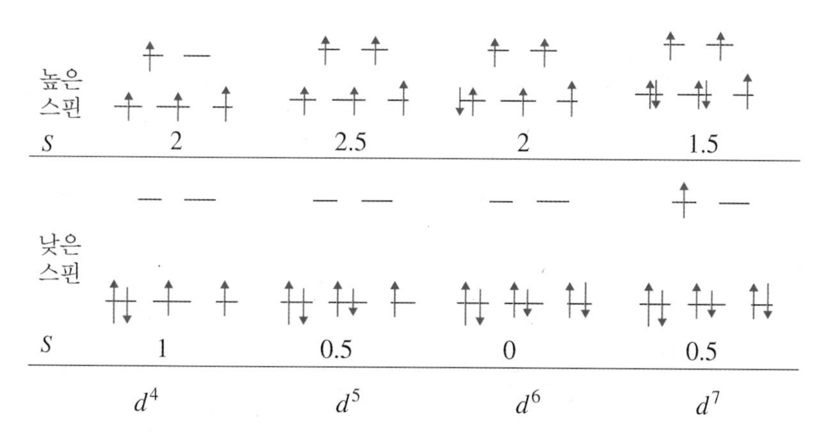

그림 24-5 높은 스핀 상태와 낮은 스핀 상태에서 전자의 배위에 따른 스핀 각운동량

이 상쇄되고 남은 것만 고려하면 총 스핀 각운동량은 1이 된다. 마찬가지로 전자가 5개, 6개, 7개 있는 경우도 살펴보면 높은 스핀 상태와 낮은 스핀 상태로 있을 때 각각 총 각운동량이 달라짐을 알 수 있다.

24.1.3 궤도 각운동량 담금질

희토류 원자들은 $4f$ 전자를 갖고 있고 $4f$ 전자는 $5s$와 $5p$ 오비탈 안쪽에 깊숙이 자리잡고 있기 때문에 결정장 에너지가 낮고 스핀-궤도 결합력이 크다. 따라서 스핀-궤도 결합에 의해 총 각운동량은 $\vec{J}=\vec{L}+\vec{S}$로 주어지며 유효 자기모멘트는 $\mu_{eff}=g_J\sqrt{J(J+1)}\,\mu_B$로 나타난다. 표 24-1에서 보면 희토류 원소들은 훈트 규칙에 따라 얻어진 유효 자기모멘트 p값과 실험에서 얻어진 자기모멘트 값이 비교적 잘 일치하는 것을 볼 수 있다.

그러나 전이금속의 경우 표 24-2에서 보는 것처럼 훈트 규칙을 따라 $J=|L\pm S|$로 계산된 값은 실험값과 잘 일치하지 않는다. 대신에 궤도 각운동량 값을 고려하지 않고 스핀 각운동량 값과 비교해보면 비교적 잘 일치하고 있다. $3d$ 전자를 갖고 있는 전이금속들은 결정장이 스핀-궤도 결합 상호작용보다 더 세기 때문에 이러한 상황이 벌어진다. 국소화된 $4f$ 전자를 갖고 있는 희토류들은 궤도 각운동량이 잘 정의되지만 $3d$ 전자들은 $4f$ 전자들보다 자유롭게 잘 움직이는 경향이 커서(itineracy) 궤도 각운동량이 잘 정의되지 않고 평균 각운동량 값이 거의 영(0)에 가깝다. 이를 궤도 각운동량 담금질(orbital moment quenching)이라고 한다. 궤도 각운동량이 0이기 때문에 유효 자기모멘트는 $\mu_{eff}=2\sqrt{S(S+1)}\,\mu_B$로 주어진다. 앞에 2가 붙은 이유는 궤도 각운동량 값이 0이기 때문에

표 24-1 희토류 원소의 전자 배위, 바닥상태, 이론 및 실험 유효 자기모멘트

희토류 원소	기본 전자 배위	바닥상태	이론 유효 자기모멘트(μ_B)	실험 유효 자기모멘트(μ_B)
La	$4f^0$	$1S$	0.00	반자성
Ce	$4f^1$	$2F_{5/2}$	2.54	2.4
Pr	$4f^2$	$3H_4$	3.58	3.5
Nd	$4f^3$	$4I_{9/2}$	3.62	3.5
Pm	$4f^4$	$5I_4$	2.68	–
Sm	$4f^5$	$6H_{5/2}$	0.84	1.5
Eu	$4f^6$	$7F_0$	0.00	3.4
Gd	$4f^7$	$8S_{7/2}$	7.94	8.0
Tb	$4f^8$	$7F_6$	9.72	9.5
Dy	$4f^9$	$6H_{15/2}$	10.63	10.6
Ho	$4f^{10}$	$5I_8$	10.60	10.4
Er	$4f^{11}$	$4I_{15/2}$	9.59	9.5
Tm	$4f^{12}$	$3H_6$	7.57	7.3
Yb	$4f^{13}$	$2F_{7/2}$	4.54	4.5
Lu	$4f^{14}$	$1S$	0.00	반자성

표 24-2 전이금속 원소의 전자 배위, 바닥상태, 이론 및 실험 유효 자기모멘트

전이금속 원소	기본 전자 배위	바닥상태	이론 유효 자기모멘트(μ_B)		실험 유효 자기모멘트(μ_B)
			$J=S$	$J=\|L\pm S\|$	
Ti^{3+}	$3d^1$	$^2D_{3/2}$	1.73	1.55	–
V^{4+}	$3d^1$	$^2D_{3/2}$	1.73	1.55	1.8
V^{3+}	$3d^2$	$^3F_2$	2.83	1.63	2.8
V^{2+}	$3d^3$	$^4F_{3/2}$	3.87	0.77	3.8
Cr^{3+}	$3d^3$	$^4F_{3/2}$	3.87	0.77	3.7
Mn^{4+}	$3d^3$	$^4F_{3/2}$	3.87	0.77	4.0
Cr^{2+}	$3d^4$	$^5D_0$	4.90	0	4.8
Mn^{3+}	$3d^4$	$^5D_0$	4.90	0	5.0
Mn^{2+}	$3d^5$	$^6S_{5/2}$	5.92	5.92	5.9
Fe^{3+}	$3d^5$	$^6S_{5/2}$	5.92	5.92	5.9
Fe^{2+}	$3d^6$	$^5D_4$	4.90	6.70	5.4
Co^{2+}	$3d^7$	$^4F_{9/2}$	3.87	6.54	4.8
Ni^{2+}	$3d^8$	$^3F_4$	2.83	5.59	3.2
Cu^{2+}	$3d^9$	$^2D_{5/2}$	1.73	3.55	1.9

랑데 지 인자가 2이기 때문이다.

양자역학적으로 고려한다면 궤도 각운동량 L은 에르미트(Hermitian) 연산자이므로 실수의 고윳값을 가져야 한다. 예를 들어 팔면체 구조에서 결정장 파동함수는

$$\psi_{CF} = x^4 + y^4 + z^4 - \frac{3}{5}r^4 + O(r^6/a^6) \tag{24.1.1}$$

로 실수로 주어지는데 z축 방향의 궤도 각운동량 연산자는 $L_z = \frac{\hbar}{i}\frac{d}{d\phi}$로 주어지므로 허수의 연산자이다. L_z도 에르미트 연산자이므로 고윳값은 실수이다. 연산자 자체에 허수 i가 있으므로 허수이다. 이 모순을 해결하기 위해 허수부가 0이 되어야 한다. 허수의 연산자에 실수의 파동함수가 작용되어 계산되는 바닥상태 $\langle 0|L|0 \rangle$는 또한 허수로 주어질 것인데, 이는 L_z가 세차운동을 하는 것을 말한다. 따라서 z축 방향의 궤도 각운동량의 평균값은 $\langle L_z \rangle = 0$이 되고 축퇴되지 않은 상태의 궤도 각운동량의 평균값도 $\langle L \rangle = 0$이 된다.

24.1.4 얀-텔러 왜곡

얀과 텔러는 1937년 분자들은 에너지 중첩을 싫어해서 중첩을 깨는 방향으로 분자가 왜곡된다는 정리를 발표했는데 이것을 얀-텔러(Jahn-Teller) 정리라고 한다. 자연은 대칭성이 높은 것을 좋아하지 않는 경향이 있다. 자연계의 현상은 대칭성이 높은 쪽에서 대칭성을 깨는 방향으로 어떤 일이 벌어질 때 흥미로운 물리현상이 발생하게 된다. 대칭성이 높은 것은 엔트로피가 낮은 상태로써, 자연은 엔트로피가 높은 상태로 가기를 원한다. 그러나 자유 에너지 $F = U - TS$는 내부 에너지와 엔트로피 에너지의 차로 주어지기 때문에 내부 에너지와 엔트로피 에너지가 경쟁하여 자유 에너지를 최소가 되게 하는 쪽으로 자연이 선택하게 된다.

예를 들어 그림 24-6과 같이 팔면체 구조를 하고 있는 $LaMnO_3$ 망간산화물을 생각해 보자. 팔면체 구조의 원자들을 기술하기 위해서 어떤 정규모드 좌표(normal mode coordinate) Q를 도입하면 격자는 열적 진동에 따라 조화 진동자와 같이 진동하게 된다.

$$E(Q) = \frac{1}{2}M\omega^2 Q^2 \tag{24.1.2}$$

여기에서 M은 음이온의 질량이고 ω는 어떤 정규모드에 대응하는 각운동량이다. 팔면체를 구성하는 양이온과 음이온의 오비탈이 완전히 차 있어서 대칭적일 때는 얀-텔러

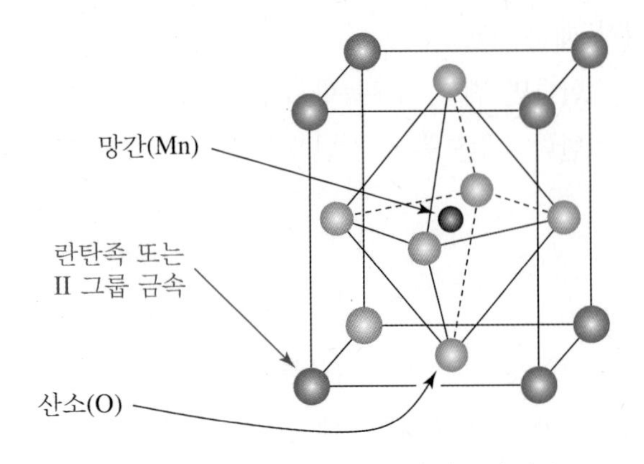

그림 24-6 망간산화물의 페로브스카이트(ABO_3) 결정구조

왜곡(distortion)이 발생하지 않는다. 그러나 부분적으로 오비탈이 차 있으면 오비탈의 비대칭이 발생하게 되고 에너지 변화가 생기게 된다. 에너지 변화는 어떠한 모양을 갖게 되겠지만 그것이 정규모드의 함수 형태를 갖는 이상 테일러 정리에 따라 테일러 급수(Taylor's series)로 표현할 수 있게 된다. 복잡하게 생각할 것 없이 1차항만을 고려한다면 부분적으로 차 있는 오비탈로 인해서 생기는 에너지는 $\pm AQ$가 될 것이고, 여기에서 A는 임의의 상수이다. 따라서 에너지는

$$E(Q) = \pm AQ + \frac{1}{2}M\omega^2 Q^2 \tag{24.1.3}$$

와 같이 되고, 이를 에너지-정규모드 좌표의 관계로 그리면 그림 24-7과 같다.

오비탈을 채운 전자분포가 대칭적일 때는 식 (24.1.2)를 따르다가 부분적으로 차 있는

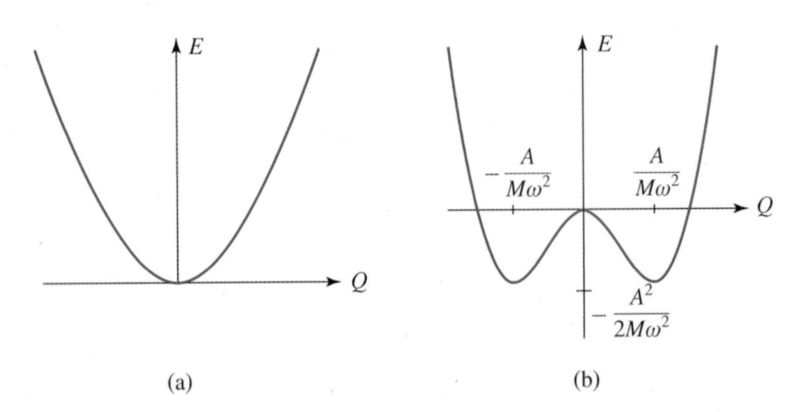

그림 24-7 대칭적인 오비탈을 갖는 경우(a)와 비대칭적인 오비탈인 경우(b) 격자의 정규모드 좌표에 따른 에너지 상태

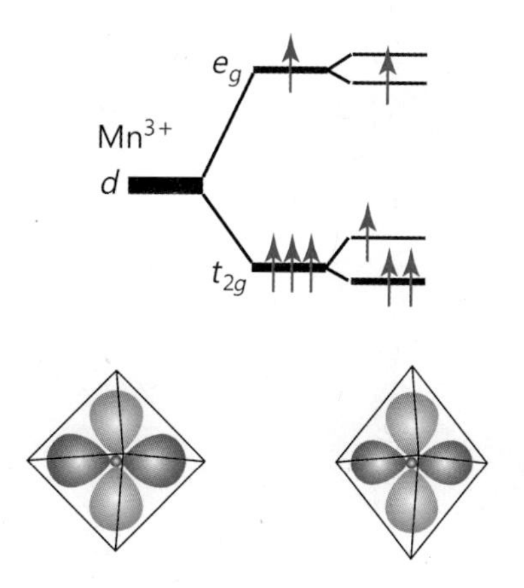

그림 24-8 망간산화물에서 얀–텔러 왜곡이 일어나지 않았을 때와 일어났을 때의 격자와 에너지 상태

오비탈로 인해서 비대칭 상태가 되면 식 (24.1.3)에 따라 에너지의 바닥상태가 둘로 나뉘게 된다. 이때 에너지의 바닥상태를 구해보면 식 (24.1.3)을 미분한 $\partial E/\partial Q = 0$이 되게 하는 정규모드 좌표 Q_0를 찾을 수 있는데 그 값은 $Q_0 = \mp A/M\omega^2$로 주어지게 된다. Q_0에서의 에너지를 계산해보면 최소 에너지는 $E_{\min} = - A^2/2M\omega^2$이고 이는 자발적인 격자왜곡이 됨을 의미한다.

얀-텔러 왜곡에서 전이금속의 에너지를 살펴보면 그림 24-8에서와 같이 대칭적인 오비탈에서는 d 오비탈인 e_g 오비탈과 t_{2g} 오비탈이 서로 중첩되어 있고 격자도 대칭적으로 된다. 비대칭 오비탈에 의해 얀-텔러 왜곡이 발생되게 되면 e_g 오비탈과 t_{2g} 오비탈 에너지의 중첩이 깨져서 에너지가 갈라지게 되고 격자도 뒤틀리게 된다.

실제로는 망간산화물 격자가 단일격자로 존재하지 않고 많은 격자의 결합으로 이루어져 있기 때문에 격자왜곡 패턴이 전반적으로 나타나 그림 24-9(b)와 같이 뒤틀린 체스판 모양으로 나타난다. 이를 집단 얀-텔러 왜곡(collective Jahn-Teller distortion)이라고 한다.

얀-텔러 왜곡에 의해 실제로 재미있는 물리현상들이 일어난다. 그림 24-10은 리튬이 도핑된 $Nd_{2/3-x}Li_{3x}TiO_3$에서 나타난 나노 상분리 현상이다. 이 물질을 적당한 열처리를 해주면 (a)와 같이 마치 체스판 모양으로 상이 분리되는 현상이 관찰된다. 체스판의 부분을 확대해서 조사해보면 세 구역으로 영역을 나눌 수 있는데, 첫 번째 구역(i)은 정육면체 구조를 갖는 $Nd_{1/2}TiO_3$이다. 두 번째 영역(ii)은 팔면체 구조의 $Nd_{1/2}Li_{1/2}TiO_3$이며, 세 번째 영역(iii)은 이들의 집단 얀-텔러 왜곡에 의한 상을 형성한다. 정육면체 구조와 팔면체 구조, 또는 얀-텔러 왜곡을 갖는 구조들 사이에서는 격자상수가 다르므로 격자변

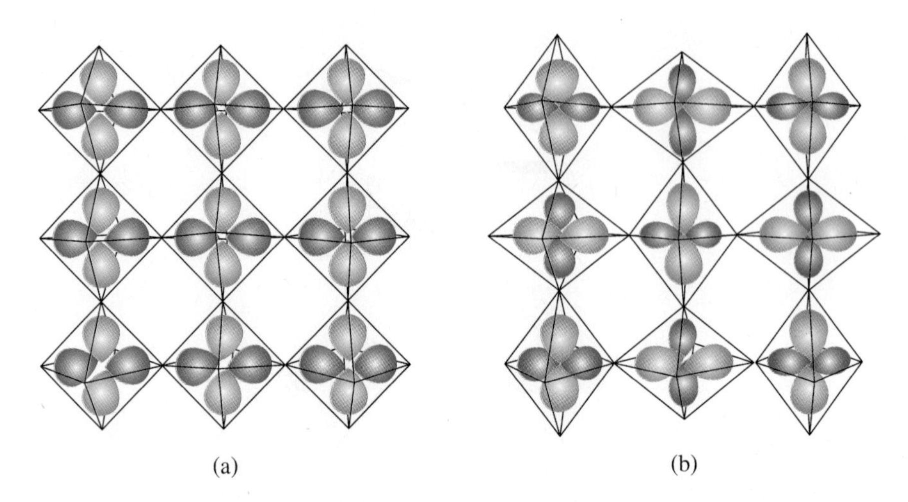

그림 24-9 (a) 왜곡되지 않은 망간산화물 격자와 (b) 집단 얀-텔러 왜곡된 격자의 상태

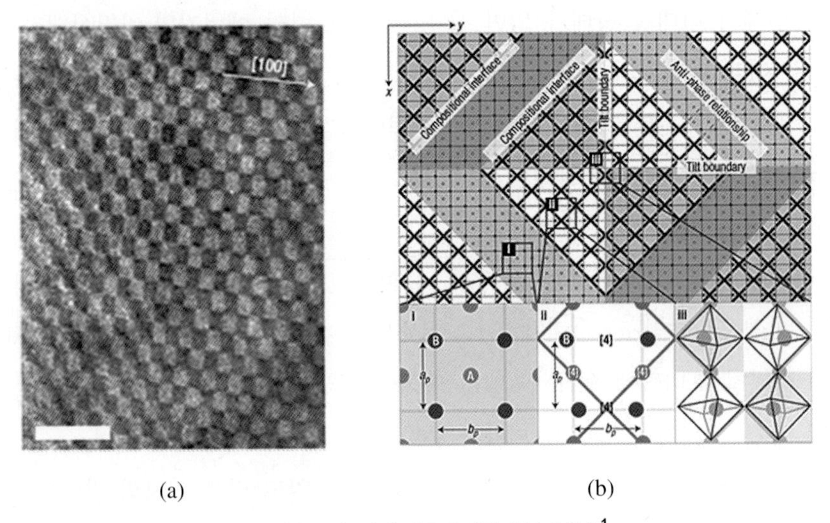

그림 24-10 얀-텔러 왜곡에 의한 상분리 현상[1]

형 에너지가 축적되게 되는데, 격자변형 에너지를 낮추기 위해 적당한 온도조건에서 상이 나노 스케일로 분리된 것이다.

얀-텔러 왜곡은 정적으로만 일어나는 것이 아니라 시간에 따라 동적인 변화를 나타내기도 한다. 이는 전자가 한 곳에 머물러 있지 않고 격자 내를 이동하면서 그런 현상이 나타나는데, 이를 동적 얀-텔러 현상(dynamical Jahn-Teller effect)이라고 한다. 예를 들면

---

1 B. S. Guiton and P. K. Davies, Nature Mat. (6) 586 (2007).

망간산화물이 Mn^{3+}와 Mn^{4+}가 공존할 때 전자의 이동에 의해 Mn^{3+}와 Mn^{4+}의 가전자 수가 서로 시간적으로 변하면서 오비탈 구조가 시간적으로 변화할 수 있다. 이런 경우 얀-텔러 왜곡은 동적으로 일어나게 된다. 동적인 얀-텔러 왜곡은 격자의 변형을 가져오기 때문에 격자변형 에너지가 쌓이게 될 수 있다. 실제로 코발트 산화물로 이루어진 리튬이온전지에서는 이러한 현상이 문제가 되는데 전하의 이동에 의해 코발트 산화물의 동적인 얀-텔러 왜곡으로 격자변형이 지속적으로 이루어지면 내부에 격자변형 에너지가 쌓여 물질이 깨지거나 금이 가는 등 특성이 나빠지는 원인이 될 수 있다.

24.2 교환 상호작용의 근원

물질이 자석이 되는 근본원인은 원자의 총 각운동량, 즉 자기모멘트가 한 방향을 향하기 때문이다. 그런데 무엇이 원자의 자기모멘트를 한 방향으로 향하게 만드는가? 물질은 자기모멘트를 가지고 있고 이들은 서로 상호작용한다. 지금까지 알려진 상호작용의 종류는 다양하다. 여기에서는 국소 자기모멘트 간 상호작용의 종류와 그 원인에 대해 알아보자.

24.2.1 자기 이중극자 상호작용

그림 24-11과 같이 자기모멘트 $\overrightarrow{m_1}$과 $\overrightarrow{m_2}$를 갖고 있는 두 자기모멘트가 r만큼 떨어져 있는 경우를 생각해보자. 자기 이중극자 상호작용(magnetic dipole interaction)을 계산해보면 상호작용 에너지는

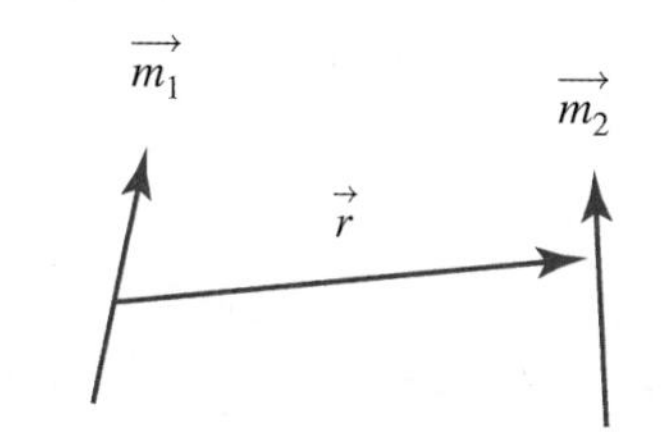

그림 24-11 자기 이중극자 간의 상호작용

$$E = \frac{\mu_0}{4\pi r^3}\left[\overrightarrow{m_1}\cdot\overrightarrow{m_2} - \frac{3}{r^2}(\overrightarrow{m_1}\cdot\vec{r})(\overrightarrow{m_2}\cdot\vec{r})\right] \tag{24.2.1}$$

와 같이 주어진다. 만약에 자기모멘트 크기가 $m \simeq 1\mu_B$ 정도 되고 떨어진 거리가 $r \simeq 1$ Å 정도 된다면 상호작용 에너지는 $\mu_0 m^2/4\pi r^2 \sim 10^{-23}$ J 정도가 된다. 이를 온도로 따지면 1 K밖에 되지 않는데, 이는 자기모멘트가 한 방향으로 정렬하기에는 너무 작은 에너지이다. 일반적으로 강자성체는 상온 또는 그 이상에서도 일어나기 때문이다. 따라서 전자기학에 근거한 자기 이중극자 상호작용만 생각하면 자성을 설명할 수 없다. 자성이 발생하는 데는 전자기학을 넘어선 뭔가 더 근본적인 이유가 있는 것이다.

24.2.2 하이젠베르크 모델

r_1과 r_2에 위치한 두 전자를 생각해보자. 'a'상태에 있는 전자의 파동함수를 $\psi_a(\overrightarrow{r_1})$이라고 하고 '$b$'상태에 있는 전자의 파동함수를 $\psi_b(\overrightarrow{r_2})$라고 하면 이 두 전자를 기술하는 파동함수는 그들의 곱인 $\psi_a(\overrightarrow{r_1})\psi_b(\overrightarrow{r_2})$로 표현할 수 있다. 그러나 두 전자는 서로 구별할 수 없다. 즉 r_1에 있는 전자가 'b'상태로 자리를 바꾸고 r_2에 있는 전자가 'a'상태로 위치를 바꾸어도 전자는 구별되지 않으므로 같은 상태로 판단된다. 따라서 단순히 파동함수를 곱하는 것으로 표현할 수는 없고 이들의 중첩상태(superposition)로 표시해야 한다.

두 전자의 파동함수는 다음과 같이 2가지로 표현할 수 있다.

$$\Psi_S = \frac{1}{\sqrt{2}}\left[\psi_a(\overrightarrow{r_1})\psi_b(\overrightarrow{r_2}) + \psi_a(\overrightarrow{r_2})\psi_b(\overrightarrow{r_1})\right]\chi_S \tag{24.2.2}$$

$$\Psi_T = \frac{1}{\sqrt{2}}\left[\psi_a(\overrightarrow{r_1})\psi_b(\overrightarrow{r_2}) - \psi_a(\overrightarrow{r_2})\psi_b(\overrightarrow{r_1})\right]\chi_T \tag{24.2.3}$$

앞의 $1/\sqrt{2}$은 규격화 인자이고 $\psi_i(\overrightarrow{r_n})$의 곱으로 이루어진 부분이 공간 파동함수이며 χ_j는 스핀 파동함수이다. 우선 식 (24.2.2)를 보면 공간 파동함수는 대칭적이다. r_1에 있

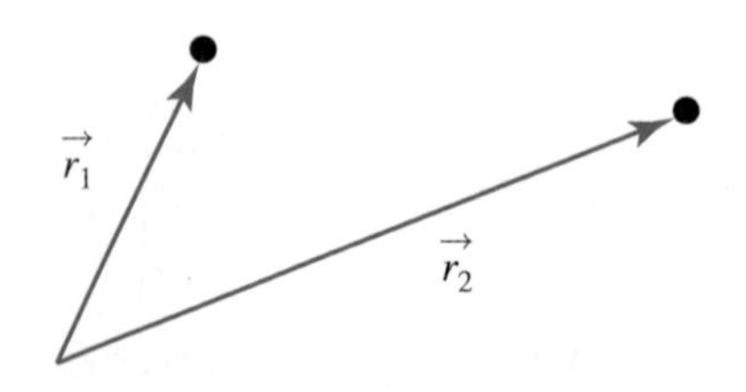

그림 24-12 r_1과 r_2에 위치한 두 전자

는 전자가 b상태로 자리를 바꾸고 r_2에 있는 전자가 a상태로 위치를 바꾸며 그 반대로 있어도 공간 파동함수의 부호는 바뀌지 않는다. 파울리의 배타원리에 의하면 전자의 파동함수는 반대칭이어야 하므로 공간 파동함수가 대칭적이므로 스핀 파동함수는 반대칭이어야 한다. 스핀의 파동함수가 반대칭이라는 것은 두 스핀의 방향이 반대방향이라는 것이다. 즉 스핀 업(1/2)과 다운(−1/2)의 조합인데 그러면 총 스핀은 0이 된다. 총 스핀이 0인 경우는 단일상태(singlet state)로 표현되며 가질 수 있는 스핀 양자상태는

$$\chi_S = \frac{1}{\sqrt{2}}(|\uparrow\downarrow> - |\downarrow\uparrow>) \tag{24.2.4}$$

이다. 따라서 식 (24.2.2)로 표현되는 파동함수를 단일상태 파동함수라고 한다. 마찬가지로 식 (24.2.3)에서 공간 파동함수는 전자의 위치를 서로 교환하면

$$\psi_a(\overrightarrow{r_2})\psi_b(\overrightarrow{r_1}) - \psi_a(\overrightarrow{r_1})\psi_b(\overrightarrow{r_2})$$

가 되는데 그러면 원래의 식과 비교하면 음의 부호가 튀어나오게 된다. 공간 파동함수가 반대칭이므로 스핀 파동함수는 대칭이어야 한다. 이는 스핀의 방향이 서로 같은 방향을 향해 있음을 의미하고 그러면 총 스핀 값은 1에 해당한다. 총 스핀이 1인 경우는

$$\chi_T = \begin{cases} |\uparrow\uparrow> \\ \frac{1}{\sqrt{2}}(|\uparrow\uparrow> + |\downarrow\downarrow>) \\ |\downarrow\downarrow> \end{cases} \tag{24.2.5}$$

로 3가지가 가능하기 때문에 스핀 삼중상태(triplet state)라 하며 총 파동함수도 삼중상태 파동함수라고 한다.

스핀이 규격화되었다고 생각하고 단일상태와 삼중상태의 에너지를 계산하면 단일상태의 에너지 E_S와 삼중상태 에너지 E_T는 각각

$$\begin{aligned} E_S &= \int \Psi_S^* H \Psi_S \, d\overrightarrow{r_1} d\overrightarrow{r_2} \\ E_T &= \int \Psi_T^* H \Psi_T \, d\overrightarrow{r_1} d\overrightarrow{r_2} \end{aligned} \tag{24.2.6}$$

로 나타난다. 단일상태와 삼중상태의 에너지 차를 계산해보면

$$E_S - E_T$$

$$= \frac{1}{2}\int \left[\psi_a^*(\vec{r_1})\psi_b^*(\vec{r_2}) + \psi_a^*(\vec{r_2})\psi_b^*(\vec{r_1})\right] H\left[\psi_a(\vec{r_1})\psi_b(\vec{r_2}) + \psi_a(\vec{r_2})\psi_b(\vec{r_1})\right]$$

$$- \frac{1}{2}\int \left[\psi_a^*(\vec{r_1})\psi_b^*(\vec{r_2}) - \psi_a^*(\vec{r_2})\psi_b^*(\vec{r_1})\right] H\left[\psi_a(\vec{r_1})\psi_b(\vec{r_2}) - \psi_a(\vec{r_2})\psi_b(\vec{r_1})\right] d\vec{r_1} d\vec{r_2}$$

$$= \frac{2}{2}\int \psi_a^*(\vec{r_1})\psi_b^*(\vec{r_2}) H \psi_a(\vec{r_2})\psi_b(\vec{r_1}) d\vec{r_1} d\vec{r_2}$$

$$+ \frac{2}{2}\int \psi_a^*(\vec{r_2})\psi_b^*(\vec{r_1}) H \psi_a(\vec{r_1})\psi_b(\vec{r_2}) d\vec{r_1} d\vec{r_2}$$

$$= 2\int \psi_a^*(\vec{r_1})\psi_b^*(\vec{r_2}) H \psi_a(\vec{r_2})\psi_b(\vec{r_1}) d\vec{r_1} d\vec{r_2} \qquad (24.2.7)$$

이 된다. 식 (24.2.7)에서 적분 안에 있는 부분을 교환 적분(exchange integral)이라고 한다.

$$J = \frac{E_S - E_T}{2} = \int \psi_a^*(\vec{r_1})\psi_b^*(\vec{r_2}) H \psi_a(\vec{r_2})\psi_b(\vec{r_1}) d\vec{r_1} d\vec{r_2} \qquad (24.2.8)$$

두 스핀 $\vec{S_a}$, $\vec{S_b}$에 대한 총 스핀 각운동량은 $\vec{S} = \vec{S_a} + \vec{S_b}$이다.

$$S_{tot}^2 = S_a^2 + S_b^2 + 2\vec{S_a} \cdot \vec{S_b} \qquad (24.2.9)$$

$$S_{tot}^2 |n\rangle = s(s+1)|n\rangle \qquad (24.2.10)$$

스핀이 같은 방향을 향해서 $S_a = S_b = 1/2(\uparrow)$ 또는 $S_a = S_b = -1/2(\downarrow)(\uparrow)$일 경우에 각각 $S_{tot} = 1$ 또는 -1이 된다. $S_{tot} = 1$인 경우에 위 두 식을 이용하면

$$2|n\rangle = \frac{1}{2}\left(\frac{3}{2}\right) \times 2|n\rangle + 2\vec{S_a} \cdot \vec{S_b}|n\rangle$$

$$\vec{S_a} \cdot \vec{S_b} = \frac{1}{4}$$

이다. $S_{tot} = -1$인 경우도 마찬가지 결과를 얻을 수 있다.

$$0 = \left(-\frac{1}{2}\right)\left(\frac{1}{2}\right) \times 2|n\rangle + 2\vec{S_a} \cdot \vec{S_b}|n\rangle$$

스핀이 서로 반대방향이어서 $S_a = 1/2$, $S_b = -1/2$인 경우에 $S_{tot} = 0$이므로, 이때

$$0 = \frac{1}{2} \times \frac{3}{2}|n\rangle + \left(-\frac{1}{2}\right)\frac{1}{2}|n\rangle + 2\vec{S_a} \cdot \vec{S_b}$$

$$\overrightarrow{S_a} \cdot \overrightarrow{S_b} = -\frac{1}{4}$$

이 된다. 즉, 스핀이 단일상태와 삼중상태에 있을 때 스핀 상호작용은 아래와 같다.

$$\overrightarrow{S_a} \cdot \overrightarrow{S_b} = \begin{cases} \frac{1}{4}, & S = 1\ (\uparrow\uparrow, \downarrow\downarrow), \quad E = \frac{1}{4}A \\ -\frac{1}{4}, & S = 0\ (\uparrow\downarrow), \quad\quad\ \ E = -\frac{1}{4}A \end{cases} \tag{24.2.11}$$

따라서 스핀 삼중상태에서 $\overrightarrow{S_a} \cdot \overrightarrow{S_b}$의 고윳값은 1/4이 된다. 마찬가지로 스핀 단일상태일 때 총 스핀 각운동량은 0이 되므로 $\overrightarrow{S_a} \cdot \overrightarrow{S_b}$의 고윳값은 $-1/4$이 된다. 스핀 삼중상태는 $|\uparrow\uparrow>$, $|\downarrow\downarrow>$, $(|\uparrow\uparrow> + |\downarrow\downarrow>)/\sqrt{2}$로 3개의 중첩상태가 있으므로, 이를 바탕으로 유효 해밀토니안을 생각해보면 단일상태와 삼중상태의 중첩상태와 그들의 스핀 상호작용 에너지를 고려하여

$$H = \frac{1}{4}(E_S + 3E_T) - (E_S - E_T)\overrightarrow{S_1} \cdot \overrightarrow{S_2} \tag{24.2.12}$$

처럼 쓸 수 있다. 여기에서 둘째 항은 스핀 상호작용 해밀토니안인데 식 (24.2.8)과 같이 교환 적분을 사용하면

$$H_{spin} = -2J\overrightarrow{S_1} \cdot \overrightarrow{S_2} \tag{24.2.13}$$

과 같다. 만약 $J > 0$이면 $E_S > E_T$가 되어 삼중 스핀 상태가 단일상태보다 안정적이고 $(S=1)$ $J < 0$이면 $E_S < E_T$가 되어 단일 스핀 상태가 삼중 스핀 상태보다 안정적이게 된다$(S=0)$. 즉 스핀이 평행하게 되느냐, 반평행으로 되느냐는 교환 적분의 기호와 관계가 되는데, 두 스핀이 서로 교환될 때 드는 에너지를 따졌을 때 스핀이 같은 방향일 때 교환 에너지가 작으면 스핀 삼중상태가 되고 반대방향일 때 교환 에너지가 작으면 단일상태가 된다. 이것은 다시 말해서 자기적 정렬상태는 스핀을 갖는 전자들이 자리를 움직이면서 교환될 때 어떠한 에너지 소모가 있는가에 관계된다는 말이다.

고체는 무수히 많은 원자들이 격자를 이루어 만들어진 것이므로 실제 해밀토니안은 두 스핀 간의 교환뿐만 아니라 주변 원자들 간의 상호작용을 고려해줘야 한다. 식 (24.2.14)를 하이젠베르크 해밀토니안이라고 한다.

$$H = -\sum_{\langle ij \rangle} J_{ij} \overrightarrow{S_i} \cdot \overrightarrow{S_j} \tag{24.2.14}$$

여기에서 J_{ij}는 i자리와 j자리에 있는 스핀 간의 교환 상호작용으로써 서로 스핀이 동일하기 때문에 i와 j는 서로 같지 않으며 중복계산을 피하여 계산해야 한다. 일반적으로 스핀 상호작용은 이웃한 원자 간의 상호작용이 가장 크고 거리가 멀어질수록 상호작용이 작아지기 때문에 보통 이웃한 원자 간 상호작용만 고려하거나 좀 더 자세한 계산이 필요하면 두 번째로 이웃한 원자 간 상호작용까지만 계산해도 충분히 중요한 물리적 결과를 얻을 수 있다.

24.3 직접 상호작용

고체는 규칙적인 격자를 형성하는 원자들과 함께 많은 전자들이 있기 때문에, 단일입자로 다룰 수 없다. 그러나 다행스럽게도 고체는 병진 대칭성이 있어서 고체의 기본 단위가 되는 단일 격자만 고려하면 전체 고체계에 대한 정보를 끄집어낼 수 있다. 고체 내에 병진 대칭성이 존재하지 않으면 이러한 접근이 불가능할 것이다. 블로흐 정리(Bloch theorem)에 의하면 규칙적인 이온 퍼텐셜 하에서 움직이는 전자의 파동함수는 평면파의 형태로 나타낼 수 있다. m상태에 있으며 운동량 k를 갖는 전자의 파동함수를 $\psi_k^m(\vec{r})$라고 쓰면 결정 격자 벡터 $\vec{n}$만큼 떨어져도 병진 대칭성에 의해서 규칙성이 있기 때문에 결정 격자에 대해 파동함수는 블로흐 파동함수와 같은 모양으로 쓸 수 있다.

$$\psi_m(\vec{r} - \vec{n}) = \frac{1}{\sqrt{N}} \sum_{\vec{k}} e^{i\vec{k} \cdot \vec{n}} \psi_k^m(\vec{r}) \tag{24.3.1}$$

이 파동함수를 와니어(Wannier) 파동함수라고 하며, 이에 대한 에너지는 일반적으로

$$E_m(\vec{k}) = a_m + \sum_{\tau} b_m(\tau) e^{-i\vec{k} \cdot \vec{\tau}} \tag{24.3.2}$$

과 같이 푸리에 급수 형식으로 나타낼 수 있다. 여기에서 a_m과 b_m은 임의의 상수이며 $\vec{\tau}$는 격자의 단위 병진벡터이다.

직접 교환 상호작용은 기본적으로 하이젠베르크 해밀토니안을 따르게 된다.

$$H = -J_{mm'}(\vec{\tau})\left(\frac{1}{4} + \vec{S_1} \cdot \vec{S_2}\right) \tag{24.3.3}$$

와 같이 직접 교환 상호작용 해밀토니안을 나타낼 수 있는데, 여기에서 $J_{mm'}$은 m과 m' 사이에 작용하는 교환 에너지를 나타내고, $\vec{r}$과 $\vec{r'}$에 위치한 두 스핀 사이에 쿨롱 상호작용이 작용한다면 교환 에너지는

$$J_{mm'}(\vec{\tau}) = \int \psi_m^*(\vec{r}-\vec{n})\psi_{m'}(\vec{r}-\vec{n}-\vec{\tau})\frac{e^2}{|\vec{r}-\vec{r'}|}\psi_{m'}^*(\vec{r'}-\vec{n}-\vec{\tau})\psi_m(\vec{r'}-\vec{n})\,d\vec{r}\,d\vec{r'} \tag{24.3.4}$$

로 계산할 수 있다. 이것은 $\vec{r}$과 $\vec{r'}$에 있는 m상태의 와니어 파동함수와 그것에서 기본격자 $\vec{\tau}$만큼 떨어진 이웃한 격자에 있는 m'상태의 와니어 파동함수로 표현되는 전자 파동함수 간에 쿨롱 상호작용이 있을 때의 교환 에너지이다. 쿨롱 상호작용과 파동함수가 모두 양의 값이므로 교환 에너지 $J_{mm'}(\vec{\tau}) > 0$는 항상 양수이다. 양자역학에서 파동함수와 파동함수 공액(conjugate)의 곱은 전자밀도이다. 격자 내에는 병진 대칭성이 있으므로 단위격자 $\vec{\tau}$만큼 떨어졌다 하더라도 파동함수는 같은 모양을 하고 있을 것이다. 따라서 양자상태 m에 있는 전자의 파동함수와 단위격자 $\vec{\tau}$만큼 떨어져 있으며 양자상태 m'을 갖는 전자의 파동함수의 곱은 전하밀도의 겹침으로 이해할 수 있다.

$$\rho_{mm'}^{\tau}(\vec{r}) = \psi_{m'}^*(\vec{r}-\vec{n}-\vec{\tau})\psi_m(\vec{r}-\vec{n}) \tag{24.3.5}$$

사실 전하밀도의 겹침은 쿨롱 자체에너지(self-energy)에 해당한다고 할 수 있다. 여기에서 오비탈 ψ_m과 $\psi_{m'}$은 서로 직교(orthogonal)관계에 있어서 공간적으로 적분하면

$$\int d\vec{r}\,\rho_{mm'}^{\tau}(\vec{r}) = d_{mm'} \tag{24.3.6}$$

과 같이 $m \neq m'$일 때 0이 된다. 이렇게 오비탈 겹침 사이에 쿨롱 에너지가 작용하는 것으로 식 (24.3.4)를 바꿔 표현할 수 있다.

$$J_{mm'}(\vec{\tau}) = \int \rho_{mm'}^{*\,\tau}(\vec{r})\frac{e^2}{|\vec{r}-\vec{r'}|}\rho_{mm'}^{\tau}(\vec{r'})\,d\vec{r}\,d\vec{r'} \tag{24.3.7}$$

직접 상호작용(direct exchange)과 전하분포의 겹침을 나타내는 $\rho^{\tau}_{mm'}(\vec{r})$를 물리적으로 어떻게 이해할 수 있을까? 식 (24.3.7)이 의미하고 있는 바와 같이 직접 상호작용은 오비탈 겹침이 직접적으로 있어야 한다. 대표적인 예가 전이금속 산화물에서 나타나는 자성이다. 2가의 전이금속 이온 M^{2+}의 d_{z^2} 오비탈과 d_{xy} 오비탈은 그림 24-2와 같이 서로 직교관계에 있다. $d_{z^2} - d_{xy} - d_{z^2}$와 같이 직교관계에 있는 두 오비탈이 결합되어 있을 때 직접 교환 상호작용에 의해 자성이 발생될 수가 있다. 사실 직접 교환 상호작용이 나타나는 예는 드물다. 희토류는 국소화된 $4f$ 전자를 갖고 있기 때문에 이웃 원자 간 오비탈 겹침이 나타나기 어렵고 철, 코발트, 니켈 등 전자의 비국소화(itineracy)가 비교적 큰 전이금속 자성체도 직접 상호작용에 의한 자성으로 이해할 수 없다.

24.3.1 하트리 및 하트리·폭 방정식

전자 하나를 양자역학적으로 기술하면 단일전자에 대한 슈뢰딩거 방정식

$$-\frac{\hbar^2}{2m}\nabla^2\psi(\vec{r}) + U(\vec{r})\psi(\vec{r}) = \varepsilon\psi(\vec{r}) \tag{24.3.8}$$

을 풀면 된다. 그러나 고체 안에는 다수의 전자가 있으므로 단일전자로 기술할 수는 없다. N개의 전자가 있을 때 해밀토니안은

$$H\Psi = \sum_{i=1}^{N}\left(-\frac{\hbar^2}{2m}\nabla_i^2\Psi - Ze^2\sum_{R}\frac{1}{|\vec{r_i} - \vec{R}|}\Psi\right) + \frac{1}{2}\sum_{i\neq j}\frac{e^2}{|\vec{r_i} - \vec{r_j}|}\Psi = E\Psi \tag{24.3.9}$$

로 주어지게 된다. 위 식의 첫째 항은 운동에너지이며 둘째 항은 전자와 원자핵 간의 쿨롱 에너지이다. N개의 전자가 있으므로 N개의 합을 고려해줘야 한다. 셋째 항은 전자들 간의 쿨롱 상호작용이다. 앞에 1/2이 붙은 이유는 각 i와 j자리의 합 $\sum_i\sum_j$을 고려하면 두 번 중복 계산되기 때문에 이중계산을 보정해주기 위해 나온 값이다. 여기에서 $\vec{R}$은 이온의 위치를 나타내는 것으로 각 격자의 상호작용이 있으므로 브라베 격자에 대해 합을 해주었다. 또한 Ψ는 단일전자의 파동함수 ψ와 구별되게 N개 전자의 전체 파동함수이다. 여기에서 이온과 전자 간의 퍼텐셜을

$$U^{ion}(\vec{r}) = -Ze^2\sum_{\vec{R}}\frac{1}{|\vec{r} - \vec{R}|} \tag{24.3.10}$$

과 같이 쓰고 전자 간의 퍼텐셜 에너지를

$$U^{el}(\vec{r}) = -e\int d\vec{r}' \frac{\rho(\vec{r}')}{|\vec{r}-\vec{r}'|} \tag{24.3.11}$$

과 같이 나타내면 전자밀도는

$$\rho(\vec{r}) = -e\sum_i |\psi_i(\vec{r})|^2 \tag{24.3.12}$$

로 정의되므로 식 (24.3.9)에서 i번째 전자의 해밀토니안은

$$-\frac{\hbar^2}{2m}\nabla^2\psi_i(\vec{r}) + U^{ion}(\vec{r})\psi_i(\vec{r}) + \left[e^2\sum_j\int d\vec{r}'\,\psi_j(\vec{r}')\frac{1}{|\vec{r}-\vec{r}'|}\right]\psi_i(\vec{r}) = \varepsilon_i\psi_i(\vec{r}) \tag{24.3.13}$$

와 같이 된다. 위 식에서 둘째 항은 전자와 이온 간의 쿨롱 상호작용이며 셋째 항은 전자 간의 쿨롱 상호작용이다. 셋째 항에서 1/2이 없어진 것은 i번째 전자만 고려했기 때문에 중복계산이 안 되었기 때문이다.

식 (24.3.13)을 어떻게 풀까? 단순한 듯 보이지만 $\psi_i(\vec{r})$에 대한 고윳값 문제를 풀려면 $\psi_j(\vec{r})$가 정의되어야 하기 때문에 그리 단순하지 않다. 식 (24.3.13) 방정식을 하트리(Hartree) 방정식이라고 하며 이것은 반복적인 방법을 통해 계산해야 한다. 구체적인 방법을 말하면

① 계를 잘 기술할 수 있는 파동함수를 적당히 예측하여 $\psi_j(\vec{r})$를 만든다. 이를 시험함수(trial function)라고 한다.
② 그러면 시험함수 $\psi_j(\vec{r})$를 가지고 식 (24.3.13)의 미분방정식을 풀 수 있다. 그렇게 계산된 $\psi_i(\vec{r})$는 이제 다음 번 계산에 사용될 $\psi_j(\vec{r})$가 된다.
③ $\psi_j(\vec{r})$로 대체된 $\psi_i(\vec{r})$를 이용해서 식 (24.3.13)의 미분방정식을 풀고 이를 계속적으로 반복하면서 전자 간의 쿨롱 에너지 U^{el}이 수렴될 때까지 반복한다.

하트리 방정식은 전자와 원자핵, 전자 간의 상호작용만 고려했을 뿐 이들의 교환 작용은 고려하지 않았다. 전자들의 교환 작용까지 생각하려면 스핀을 고려해야 하는데 전자의 스핀은 파울리의 배타원리를 따르므로 총 파동함수는 슬레이터 행렬식(Slater determinant)으로 기술해야 한다.

$$\begin{aligned}
&\Psi(\overrightarrow{r_1}S_1,\ \overrightarrow{r_2}S_2,\ \cdots,\ \overrightarrow{r_N}S_N) \\
&= \begin{vmatrix} \psi_1(\overrightarrow{r_1}S_1) & \psi_1(\overrightarrow{r_2}S_2) & \cdots & \psi_1(\overrightarrow{r_N}S_N) \\ \psi_2(\overrightarrow{r_1}S_1) & \psi_2(\overrightarrow{r_2}S_2) & \cdots & \psi_2(\overrightarrow{r_N}S_N) \\ \vdots & \vdots & \ddots & \vdots \\ \psi_N(\overrightarrow{r_1}S_1) & \psi_N(\overrightarrow{r_2}S_2) & \cdots & \psi_1(\overrightarrow{r_N}S_N) \end{vmatrix} \\
&= \psi_1(\overrightarrow{r_1}S_1)\psi_2(\overrightarrow{r_2}S_2)\cdots\psi_N(\overrightarrow{r_N}S_N) - \psi_1(\overrightarrow{r_2}S_2)\psi_2(\overrightarrow{r_1}S_1)\cdots\psi_N(\overrightarrow{r_N}S_N) + \cdots
\end{aligned} \tag{24.3.14}$$

그러나 실제로 슬레이터 행렬식으로 기술되는 파동함수를 가지고 해밀토니안을 푸는 것은 거의 불가능하므로 적당한 근사를 생각해야 한다. 하트리·폭(Hartree-Fock) 근사란 교환 에너지를 고려한 해밀토니안의 고윳값을 구할 때 총 파동함수 Ψ로 계산하는 대신에 단일전자의 파동함수에 대하여 계산한 후 각각의 전자의 개수만큼 더하고 그들 간의 교환 에너지를 고려하여 문제를 푸는 것이다.

$$\begin{aligned}
\langle H\rangle_\Psi &= \sum_i \int d\vec{r}\,\psi_i^*(\vec{r})\left(-\frac{\hbar^2}{2m}\nabla^2 + U^{ion}(\vec{r})\right)\psi_i(\vec{r}) \\
&+ \frac{1}{2}\sum_{\substack{ij \\ (i\neq j)}} \int d\vec{r}\,d\vec{r}'\,\frac{e^2}{|\vec{r}-\vec{r}'|}\,|\psi_i(\vec{r})|^2\,|\psi_j(\vec{r})|^2 \\
&- \frac{1}{2}\sum_{\substack{ij \\ (i\neq j)}} \int d\vec{r}\,d\vec{r}'\,\frac{e^2}{|\vec{r}-\vec{r}'|}\,\delta_{S_iS_j}\psi_i^*(\vec{r})\psi_i(\vec{r}')\psi_j^*(\vec{r}')\psi_j(\vec{r})
\end{aligned} \tag{24.3.15}$$

식 (24.3.15)를 보면 첫째 항은 운동에너지 항과 전자-이온 간의 상호작용 에너지를 나타내는데 i상태에 있을 때를 먼저 계산하고 전자의 개수만큼 더하게 된다. 둘째 항은 전자 간 상호작용인데 i상태에 있는 전자밀도와 j상태에 있는 전자밀도 간의 쿨롱 상호작용을 기술하고 있다. 셋째 항은 파울리의 배타원리에 의해 같은 상태에 같은 스핀이 있는 경우를 빼줘야 하기 때문에 나타난 항이다. i상태와 j상태의 스핀이 같을 때는 쿨롱 상호작용 에너지만큼 빼줘야 한다.

하트리·폭 근사에 의해 기술되는 슈뢰딩거 방정식은 아래와 같은데 하트리 방정식 위에 넷째 항과 같이 교환 에너지를 고려해준 것이다.

$$- \frac{\hbar^2}{2m} \nabla^2 \psi_i(\vec{r}) + U^{ion}(\vec{r})\psi_i(\vec{r}) + U^{el}(\vec{r})\psi_i(\vec{r}) \qquad (24.3.16)$$

$$- \sum_j \int d\vec{r}' \frac{e^2}{|\vec{r} - \vec{r}'|} \psi_j^*(\vec{r}')\psi_i(\vec{r}')\psi_j(\vec{r})\delta_{S_i S_j} = \varepsilon_i \psi_i(\vec{r})$$

하트리 방정식과 마찬가지로 하트리·폭 방정식도 적당한 시험함수를 사용하여 반복계산을 통해 에너지를 계산해야 한다. 컴퓨터가 없던 예전에는 반복되는 계산이 어려울 수 있었지만 지금은 컴퓨터를 사용하여 수치적인 방법으로 반복계산이 가능해졌다.

24.4 간접 상호작용

직접 상호작용이 전자 파동함수의 겹침으로 나타나는 직접적인 교환 상호작용의 발생에 의해 나타나는 것이라면, 간접 교환 상호작용(indirect exchange interaction)은 원자들 간에 멀리 떨어져서 전자 파동함수의 겹침이 없음에도 간접적인 상호작용에 의해 교환 상호작용이 작용되는 것을 말한다. 간접 상호작용의 일종으로 초교환(super-exchange) 상호작용과 RKKY(Ruderman-Kittel-Kasuya-Yoshida) 상호작용이 있는데, RKKY 상호작용은 금속 전자에서 발생하는 상호작용이어서 26장의 금속 자성 부분에서 살펴보기로 하고, 이 장에서는 초교환 상호작용과 이중교환 상호작용에 대해서만 논의하자.

24.4.1 초교환 상호작용

초교환 상호작용은 간접 상호작용의 일종으로 자성을 갖는 오비탈이 직접 상호작용하는 것이 아니라 중간에 비자성 원자의 오비탈이 있어서 비자성 원소를 매개로 상호작용하는 것을 말한다. 대표적인 경우가 망간산화물의 자성이다.

망간원자의 d 오비탈과 산소의 p 오비탈이 그림 24-13과 같이 오비탈 겹침이 있으면 망간원자에 있는 전자는 산소이온을 따라 움직일 수 있다. 예를 들어 Mn^{2+}-O^{2-}-Mn^{2+} 이온결합을 하고 있다가 산소 전자 하나가 망간 쪽으로 움직이면 Mn^{+}-O^{-}-Mn^{2+} 결합이 될 수 있다. 실제로 팔면체 구조를 형성하는 망간산화물은 오비탈 겹침에 의해서 망간과 산소의 가전자 개수가 달라짐에 따라 오비탈의 비대칭성 때문에 앞서 설명한 얀-텔

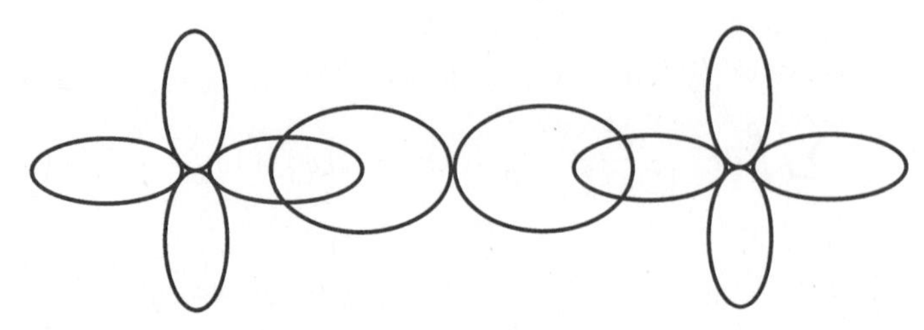

그림 24-13 Mn^{2+}-O^{2-}-Mn^{2+} 결합 오비탈

러 왜곡을 보이게 된다. Mn^{2+}-O^{2-}-Mn^{2+}이 안정적인 이온결합이라면 Mn^{+}-O^{-}-Mn^{2+}은 그것의 들뜬상태에 있는 것이다. 들뜬상태가 되면 Mn^{+}은 $\pm 1/2$로, O^{-}은 $\mp 1/2$로 스핀 요동을 하게 된다. 이는 부분적으로 차 있는 산소의 p 오비탈과 마찬가지로 부분적으로 차 있는 망간의 d 오비탈이 서로 반강자성 상호작용을 하게 된다.

24.4.2 이중교환 상호작용

이중교환 상호작용(double exchange interaction)은 초교환 상호작용과 원리적으로는 같다. 다른 점이라고 하면 초교환 상호작용은 그림 24-13과 같이 이온의 가전자(valence electron) 수가 같은 반면에 이중교환 상호작용은 그림 24-14와 같이 이온의 가전자 수가 다른 경우이다.

망간산화물에서 그림 24-14(a)와 같이 산소원자를 사이에 두고 Mn^{3+}와 Mn^{4+}가 상호

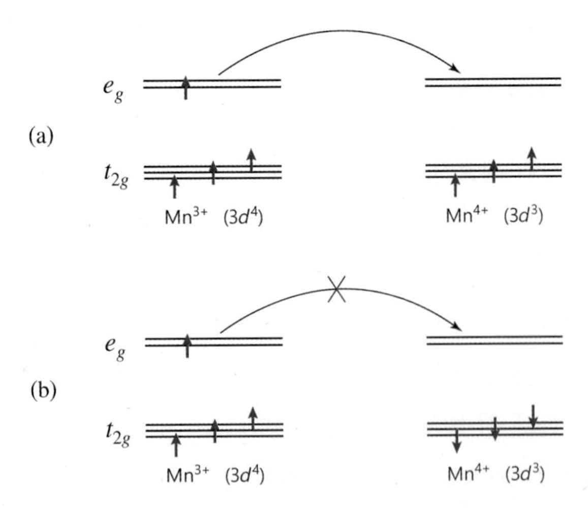

그림 24-14 Mn^{3+}와 Mn^{4+} 사이에 강자성 상호작용인 경우(a)와 반강자성 상호작용인 경우(b) 이중교환 상호작용에 의한 전도 원리 모식도

작용하고 있다고 생각해보자. 높은 스핀 상태에서 Mn^{3+}는 t_{2g} 오비탈에 3개의 스핀과 e_g 오비탈에 1개의 스핀이 점유하고 있다. 산소원자를 건너 Mn^{4+}에서는 t_{2g} 오비탈에만 3개의 전자가 있고 e_g 오비탈에는 전자가 없다. 이 경우 e_g 오비탈의 전자가 산소원자를 거쳐 Mn^{4+} 자리로 뛰어가는 데 있어서는 자유롭게 이동이 가능하다. 왜냐하면 훈트 규칙에서 총 스핀 각운동량은 최대가 되려는 경향이 있기 때문에 왼쪽의 망간 자리에서 오른쪽의 망간 자리로 뛰어가더라도 총 스핀 각운동량은 작아지지 않기 때문이다. 즉, 왼쪽 Mn^{3+}의 총 스핀이 4/2이고 오른쪽 Mn^{4+}는 총 스핀이 3/2였다가 전자가 오른쪽으로 뛰어가면 Mn^{3+}는 Mn^{4+}가 되면서 총 스핀이 3/2가 되고 오른쪽 Mn^{4+}는 Mn^{3+}가 되면서 총 스핀이 4/2가 되어 망간산화물의 총 스핀이 줄어들지는 않기 때문이다.

반면, 그림 24-14(b)와 같이 Mn^{3+}는 업 스핀의 높은 스핀 상태를 갖고 있고 오른쪽 Mn^{4+}는 다운 스핀의 높은 스핀 상태를 갖는다면 왼쪽의 e_g 오비탈에는 전자가 오른쪽으로 뛰어가는 경우에 총 스핀값은 줄어들게 된다. 다시 말해 왼쪽 Mn^{3+}는 총 스핀이 4/2였다가 오른쪽으로 전자가 뛰어가면 왼쪽의 총 스핀은 Mn^{4+}가 되면서 3/2가 되고, 오른쪽의 경우 총 스핀이 Mn^{4+}의 다운 스핀으로써 $-3/2$이었다가 e_g 오비탈에 업 스핀의 전자가 들어오면 총 스핀이 $-2/2$로써 총 스핀의 절댓값이 줄어들게 된다. 이는 훈트 규칙에 위배되는 것이기 때문에 이 경우 전자가 이웃한 망간원자 자리로 뛰어가는 것이 불가능하게 된다. 따라서 이중교환 상호작용을 하는 경우에는 강자성 상호작용을 하면 금속이, 반강자성 상호작용을 하면 부도체가 되게 되고 망간원자의 가전자 수가 변하는 가전자 혼합(mixed valence) 또는 가전자 요동(valence fluctuation) 현상을 보이게 된다.

24.5 DM 상호작용

지금까지 스핀 간 상호작용은 대칭적인 상호작용이었다. 예를 들면 $\overrightarrow{S_a} \cdot \overrightarrow{S_b}$로 스칼라곱으로 연결되어 있기 때문에 $\overrightarrow{S_a}$와 $\overrightarrow{S_b}$를 바꾸어도 부호는 달라지지 않는다. 그러나 스핀이 벡터곱으로 상호작용하여 반대칭 교환 상호작용을 하는 경우가 있을 수 있다. 이에 대한 대표적인 상호작용을 자이얄로신스키-모리야(Dzyaloshinskii-Moriya) 상호작용, 줄여서 DM 상호작용(Dzyaloshinskii-Moriya interaction)이라고 한다.

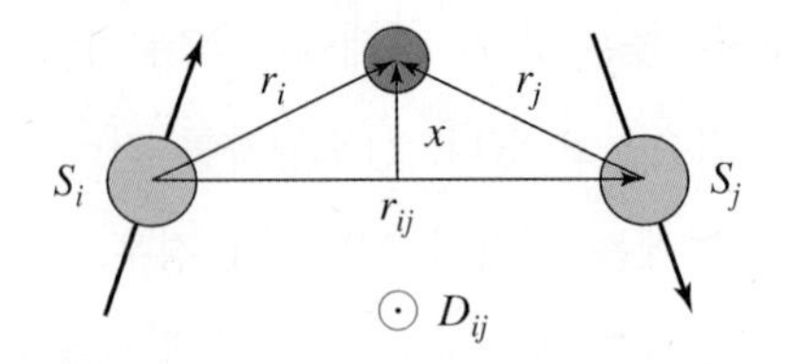

그림 24-15 DM 상호작용의 스핀 구조

DM 상호작용은 앤더슨 초교환 상호작용의 2차 섭동 이론으로부터 유도된다.

$$H = -t\sum_{i,\ \sigma}\left(c_{i,\ \sigma}^{\dagger}c_{i,\ \sigma} + c_{i+1,\ \sigma}^{\dagger}c_{i,\ \sigma}\right) + U\sum_{i} n_{i,\ \uparrow}n_{i,\ \downarrow} \tag{24.5.1}$$

$$H_{SO} = \frac{p^2}{2m} + V(r) + \frac{\hbar}{2m^2c^2}\vec{S}\cdot\left[\nabla V(r)\times\vec{p}\right] \tag{24.5.2}$$

허버드 해밀토니안(Hubbard Hamiltonian) 식 (24.5.1)에 강한 스핀-궤도 상호작용 식 (24.5.2)를 넣어서 2차 섭동으로 계산하면 DM 상호작용의 해밀토니안이 유도된다.

$$H_{DM} = \overrightarrow{D_{ij}}\cdot(\overrightarrow{S_i}\times\overrightarrow{S_j}) \tag{24.5.3}$$

그림 24-15와 같이 반강자성 상호작용을 하는 경우에 DM 상호작용을 하게 되면 완벽한 반강자성 상호작용이 아니라 약하게 스핀이 돌아가는 스핀 캔팅(spin canting)이 발생한다. 이러한 스핀 캔팅은 반강자성 상호작용을 함에도 불구하고 현상적으로는 약한 강자성(weak ferromagnetism)이 관찰된다.

DM 상호작용의 특징은 자기-전기 결합(magneto-electric coupling)을 일으켜서 자성과 전기쌍극자가 서로 영향을 미치게 한다는 것이다. DM 상호작용의 크기를 결정하는 D_{ij}는 그림 24-15에서 $D_{ij}\propto\overrightarrow{r_{ij}}\times\vec{x}$에 비례한다. 그림 24-16에서 회색 원이 Mn이라고 하고, 파란색 원이 산소라고 하자. Mn-O-Mn이 180도, 또는 90도로 연결되어 있는 경우에는 초교환 상호작용으로 잘 기술된다. 그림과 같이 일정 각도로 꺾인 경우에는 양이온인 Mn과 음이온인 산소 사이에 전기장이 발생할 수 있다. 만약 양이온과 음이온 사이의 거리가 일정한 경우에는 전기편극(electric polarization)이 이웃 원자와 서로 상쇄되기 때문에 알짜 전기편극이 0이다. 이 경우는 반전대칭(inversion symmetry)이 보존되는 경우이다. 만약 반전대칭이 보존되지 않는 경우에는 양의 전기편극과 음의 전기편극이 대칭적이지 않기 때문에 알짜 전기편극이 발생하게 된다. 이때, 전기편극이 발생하는 음이온과 양이온의 격자왜곡 정도는 DM 상호작용으로 결정되기 때문에 자기적 상호작용이 전기편극

닐 정렬: 반전대칭성이 깨지지 않음

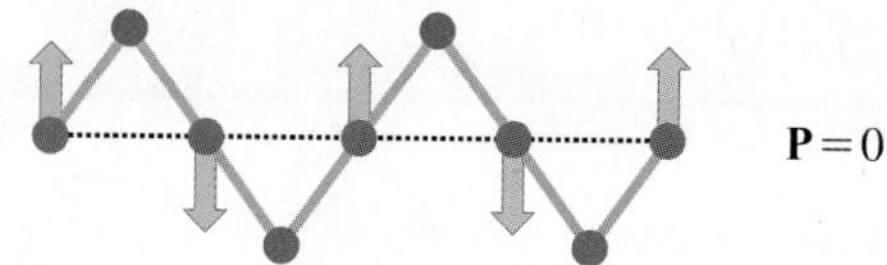

↑↑↓↓ 정렬: 반전대칭성이 깨짐

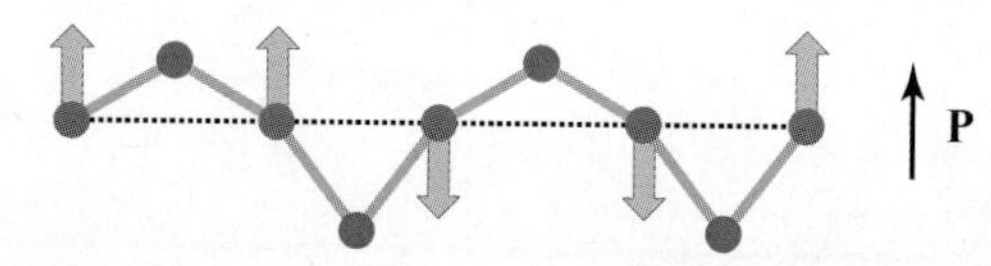

그림 24-16 DM 상호작용에 의한 자기–전기 결합

을 일으키게 되고, 이를 자기-전기 결합이라고 한다. 자기-전기 결합이 강한 물질의 대표적인 예는 다강체(multiferroic)로써, 다강체에서는 자기장을 이용하여 전기편극을 발생시키거나, 전기장을 이용하여 자기모멘트를 조절할 수 있게 된다.

DM 상호작용을 실험적으로 관찰하기는 대단히 어렵다. X선 산란, 브릴루앙 산란, 전자스핀공명, 중성자 산란 등 여러 실험적 연구로부터 간접 증거의 조합으로 연구할 수밖에 없다. DM 상호작용이 위상학적 특성을 갖게 되면 스커미온(Skyrmion)이라는 독특한 스핀 집합구조(spin texture)를 보이게 된다.

21.4절에서 자성의 종류에 대해 간략히 살펴보았다. 스핀의 정렬상태에 따라 크게 강자성, 반강자성, 상자성으로 나눌 수 있다. 강자성은 스핀이 한 방향으로 정렬된 상태이고, 반강자성은 스핀이 서로 업-다운-업-다운과 같이 교차적으로 반평행 정렬된 상태이다. 상자성은 스핀의 방향이 제멋대로인 상태이다. 이 외에도 강자성과 반강자성의 중간부류로써 준강자성(ferrimagnetism)이 있고, 반강자성이 외부 자기장에 따라 강자성으로 상전이를 일으키는 메타자성이 있다. 또한 스핀 상호작용이 강자성과 반강자성이 서로 경쟁하면서 나타나는 스핀유리 상태, 그리고 나노 자성에서 주로 관찰되는 초상자성이 있다. 이렇게 다양한 스핀의 자기구조가 있지만 그 원리는 사실 공통적으로 스핀 간의 교환 상호작용에서 기인하는 것이다. 다양한 스핀 상호작용에 대해서는 이전 장에서 배웠는데, 여기에서는 각각의 자기적 바닥상태의 원리에 대해 살펴보자.

25.1 강자성

강자성(ferromagnetism)은 외부 자기장 없이도 자발적인 스핀 정렬에 의해 자기모멘트를 갖는 상태를 말한다. 우리 주변에서 흔히 보는 자석들이 강자성체들이다. 미시적으로는 자기모멘트들이 유효하게 한 방향으로 정렬하기 때문에 발생한다. 사실 강자성의 발생 원인은 국소적인 자기모멘트의 정렬과 금속 내에 돌아다니는 전자의 스핀에 의한 금속 자성으로 나눌 수 있는데, 금속 자성은 뒤에서 자세히 다루기로 하고 여기에서는 국소 자기모멘트의 정렬로 한정하기로 하자. 기본적으로 자기모멘트의 상호작용은 24.2.2절에서 다룬 것과 같이 하이젠베르크 모델로 나타나는 교환 상호작용이다. 외부에서 자기장이 가해질 경우 교환 상호작용 외에 자기장에 의한 제만(Zeeman) 에너지가 더해지게 된다.

$$H = -\sum_{ij} J_{ij}\overrightarrow{S_i}\cdot\overrightarrow{S_j} + g\mu_B\sum_j\overrightarrow{S_j}\cdot\overrightarrow{H} \quad (J_{ij}>0) \tag{25.1.1}$$

22.3절과 22.4절에서 상자성을 통계역학적으로 다루어 외부 자기장에 대해 자기모멘트의 평균값이 어떻게 되는지 계산했다. 상자성의 경우 자기모멘트의 평균값은 식 (22.4.16)과 (22.4.17)과 같이 브릴루앙 함수를 따르게 된다. 위 식에서 주어지는 해밀토니안을 잘 보면 교환 상호작용 항이 없고 제만 에너지 항만 있으면 이 결과는 식 (22.1.18)과 같이 상자성을 기술하는 해밀토니안과 같은 모양이다. 상자성의 해밀토니안을 가지고 자기모멘트의 평균값을 구해보았으므로 식 (25.1.1)을 변환시켜 그와 유사한 방식으로 계산할 수 있다.

25.1.1 바이스의 분자장 모델

그리하여 다음과 같이 유사 자기장을 정의한다.

$$\overrightarrow{B}_{mf} = -\frac{2}{g\mu_B}\sum_j J_{ij}\overrightarrow{S_j} \tag{25.1.2}$$

이를 i번째 자리의 유효 분자장(effective molecular field)이라고 한다. 이것을 분자장이라고 부르는 이유를 살펴보자. i번째 자리에 있는 원자는 주변의 다른 원자들에 둘러싸여 있고 주변의 다른 원자들은 스핀 $\overrightarrow{S_j}$를 갖고 있다. i번째 자리의 원자는 교환 적분 J_{ij}의 크기로 스핀 $\overrightarrow{S_j}$와 상호작용하며 주변의 스핀을 모두 합한 것이 $\sum_j J_{ij}\overrightarrow{S_j}$이다. $\overrightarrow{S_j}$스핀이 i번째 자리의 원자에게 작용하는 상호작용은 일종의 자기장과 같기 때문에 이를 유효 분자장이라고 한다. 이때, 유효 분자장의 계수가 식 (25.1.2)와 같이 주어진 이유는 실제로 i번째 자리의 원자가 갖는 스핀 $\overrightarrow{S_i}$와 상호작용을 하게 되면 상호작용 에너지는

$$-2\sum_j J_{ij}\,\overrightarrow{S_i}\cdot\overrightarrow{S_j} = g\mu_B\,\overrightarrow{S_i}\cdot\overrightarrow{B}_{mf} \tag{25.1.3}$$

과 같이 나타나기 때문이다. 이것은 하이젠베르크 교환 상호작용이다. 앞에 2가 붙은 이유는 i와 j, j와 i의 이중 상호작용이 고려되었기 때문이다. 따라서 분자장을 식 (25.1.2)와 같이 정의할 경우 식 (25.1.1)은

$$H = g\mu_B\sum_i\overrightarrow{S_i}\cdot(\overrightarrow{H}+\overrightarrow{B}_{mf}) \tag{25.1.4}$$

와 같은 형식으로 표시된다. 이는 외부에서 자기장 $\overrightarrow{H}+\overrightarrow{B}_{mf}$이 주어졌다고 생각했을 때 상자성을 기술하는 해밀토니안에 해당된다. $\overrightarrow{H}+\overrightarrow{B}_{mf}$를 유효 자기장 $\overrightarrow{B}_{eff}$으로 표현하면 이 해밀토니안은 상자성 해밀토니안과 동일하므로 그 풀이는 22.4절의 풀이방법과 동일하게 되어 자기화(magnetization)는

$$\frac{M}{M_s} = B_J(y) \tag{25.1.5}$$

와 같이 주어진다. 여기에서 $B_J(y)$는 브릴루앙 함수이다. 단지 여기에서 다른 것은 자기장이 유효 자기장 $\overrightarrow{B}_{eff}$으로 표현된다는 것이다.

유효 자기장을 일종의 자기화로 생각하여 분자장을

$$\overrightarrow{B}_{mf} = \lambda\overrightarrow{M} \tag{25.1.6}$$

으로 나타내보자. 여기에서 일단 λ를 양의 상수라고 하자. 뒤에서 바로 알게 되겠지만 λ가 양의 상수이면 이는 강자성에 해당하고 음의 상수이면 반강자성에 해당된다. 이 유효 자기장은 고체의 내부 자기장으로 작용하여 스핀의 정렬을 유도하게 된다. 식 (25.1.4)의 해밀토니안이 만들어내는 자기화는 $M/M_S = B_J(y)$로 상자성과 동일하게 주어지지만 여기에서는 분자장이 작동하고 있으므로

$$y = \frac{g\mu_B J}{k_B T}(H+\lambda M) \tag{25.1.7}$$

과 같이 λM항이 추가된다. 브릴루앙 함수는 마찬가지로

$$B_J(y) = \frac{2J+1}{2J}\coth\left(\frac{2J+1}{2J}y\right) - \frac{1}{2J}\coth\left(\frac{y}{2J}\right) \tag{25.1.8}$$

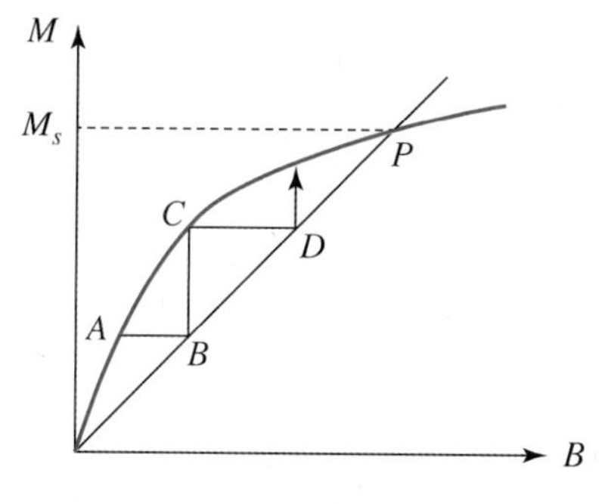

그림 25-1 자기화와 $B_{mf} = \lambda M$ 관계

과 같이 나타난다. 식 (25.1.5)는 자기화와 외부 자기장과 분자장을 포함하여 원자에 작용하는 유효 자기장과의 관계를 나타내고 있다. 문제는 식 (25.1.5)의 좌변이 자기화인데 식 (25.1.7)에서 분자장을 $\vec{B}_{mf} = \lambda M$으로 나타냈기 때문에 식 (25.1.5)의 우변에도 내생적으로 자기화를 포함하고 있다는 것이다. 따라서 이를 해석적으로 계산하기는 매우 어렵다. 그러나 브릴루앙 함수로 주어지는 식 (25.1.5)의 자기화 $M(y)/M_s$를 y의 함수로, 그리고 식 (25.1.7)에서도 자기화와 y의 선형적인 관계식으로 주어지므로 이들의 교차점으로부터 자기모멘트와 y값을 그래프에서 구할 수 있다.

예를 들어 그림 25-1과 같이 자기화의 함수가 있다고 하자. 곡선은 브릴루앙 함수 또는 랑주뱅 함수로 주어지는 자기화 곡선이고 직선은 분자장과 자기화의 선형적인 관계 $B_{mf} = \lambda M$를 나타내고 그 기울기는 $1/\lambda$가 된다. 만약 A지점에 자기화가 존재하고 있다면 자기화 A값은 B의 가로축에 해당되는 분자장을 만들어낸다. 이 분자장은 다시 C값에 해당되는 자기화를 발생시키고 이는 다시 D값의 분자장을 만들어낸다. 이렇게 서로 자체적으로 반복되는 상호작용으로 인해 최종적으로는 P값에 도달하게 된다. 즉, P점에서 포화 자기화와 분자장을 형성하게 되는 것이다.

25.1.2 외부 자기장이 없는 경우($H = 0$)

우선 외부에서 자기장이 없는 경우, 즉 $H = 0$일 때를 생각해보자. 먼저 고전적으로 상자성의 자기화는 랑주뱅 함수 $L(a)$로 주어진다.

$$\frac{M}{M_s} = \coth(a) - \frac{1}{a} = L(a) \tag{25.1.9}$$

여기에서 $a = mB/k_BT$이다. 분자장을 사용하면

$$a = \frac{m\lambda M}{k_BT} \tag{25.1.10}$$

이다. m은 단일 자기모멘트의 값이며 M은 m 주변의 자기모멘트에 의한 총 자기화이다. 이것으로부터

$$\frac{M}{M_s} = \left(\frac{k_BT}{m\lambda M_s}\right)a \tag{25.1.11}$$

가 되어 자기화는 a에 비례한다. a가 매우 작을 때 $a = 0$ 근처에서 랑주뱅 함수의 기울기는

$$\left.\frac{dL(a)}{da}\right|_{a\to 0} = \frac{1}{3} \tag{25.1.12}$$

이다. 이것은 그림 25-2에서 랑주뱅 함수의 기울기에 해당하는 T_2곡선을 나타낸다. T_2 곡선은 식 (25.1.11)에 의해 랑주뱅 함수의 기울기와 일치한다. 사실 T_2곡선은 자발 자기화가 생겨나기 시작하는 지점이므로 강자성 전이온도 T_c에 해당한다($T_2 = T_c$).

$$\frac{k_BT_c}{m\lambda M_s} = \frac{1}{3} \tag{25.1.13}$$

T_1은 자발 자기화가 포화된 영역이므로 $T_1 < T_c$이며, T_3는 자기화가 생겨나지 않는 영역이므로 $T_3 > T_c$이다. 식 (25.1.13)에 의하면 강자성 전이온도는 다음과 같이 주어진다.

$$T_c = \frac{m\lambda M_s}{3k_B} \tag{25.1.14}$$

양자역학적으로 자기화는 식 (25.1.5)와 (25.1.8)과 같이 브릴루앙 함수로 표현되므로 브릴루앙 함수일 때 전이온도를 계산해보자. 전이온도 근처에서는 온도가 높다고 볼 수 있어서 y가 매우 작다고 생각하여 브릴루앙 함수는

$$B_J(y) = \frac{J+1}{3J}y + O(y^3) \tag{25.1.15}$$

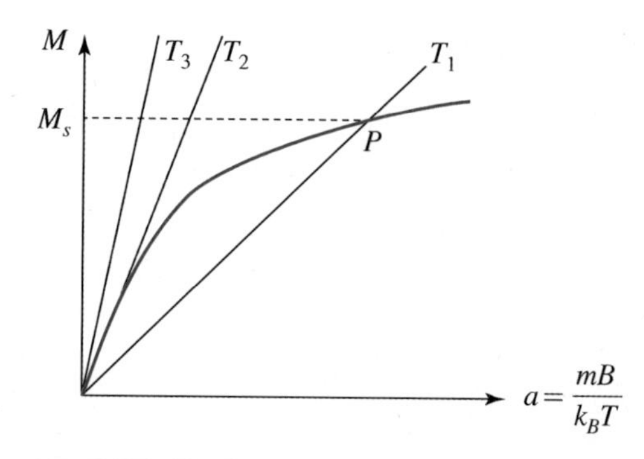

그림 25-2 랑주뱅 함수 또는 브릴루앙 함수에 의한 자기화

로 근사된다. 따라서 식 (25.1.5)의 자기화는

$$\frac{M}{M_s} = \left(\frac{J+1}{3J}\right)\frac{g\mu_B J}{k_B T}\lambda M \tag{25.1.16}$$

과 같이 된다. 이때 임계온도와 포화 자화의 관계식은

$$T_c = \frac{g\mu_B(J+1)\lambda M_s}{3k_B} = \frac{n\lambda\mu_{eff}^2}{3k_B} \tag{25.1.17}$$

로 정의되며, 유효 자기모멘트는

$$\mu_{eff} = g\mu_B\sqrt{J(J+1)} \tag{25.1.18}$$

이다. 여기에서 포화 자화 $M_s = ng\mu_B J$를 사용하였고 n은 자기모멘트의 농도이다. 이로부터 임계온도 이하에서 포화 자화 값을 갖는 분자장은

$$B_{mf} = \lambda M_s = \frac{3k_B T_c}{g\mu_B(J+1)} \tag{25.1.19}$$

로 주어진다.

위 식을 이용해서 총 각운동량 $J = 1/2$을 갖고 전이온도 $T_c = 1000$ K를 갖는 강자성체의 분자장을 계산해보자. 이 경우 분자장은 $B_{mf} = k_B T_c/\mu_B = 1500$ T 정도가 되는데, 이는 매우 큰 값이다. 분자장 이론은 강자성 상전이를 정성적으로 설명하는 데 효과적인 이론이지만 정량적으로는 그리 정확한 이론이 아니다. 그렇지만 분자장 이론은 강자성체의 물리적 상황을 직관적으로 이해하는 데 좋은 효용성을 가지고 있다.

25.1.3 외부 자기장 효과($H \neq 0$)

외부에서 약한 자기장을 가해주는 경우에는 식 (25.1.16)에서 자기장 B를 고려하여

$$\frac{M}{M_S} \simeq \frac{g_J \mu_B (J+1)}{3k_B} \left(\frac{H + \lambda M}{T} \right) = \frac{T_c}{\lambda M_S} \left(\frac{H + \lambda M}{T} \right) \tag{25.1.20}$$

으로 표현된다. 이 식을 정리하면

$$\frac{M}{M_S} \left(1 - \frac{T_c}{T} \right) = \frac{T_c H}{\lambda M_s T} \tag{25.1.21}$$

과 같이 되고, 자기 감수율의 정의로부터

$$\chi = \lim_{H \to 0} \frac{M}{H} \propto \frac{1}{T - T_c} \tag{25.1.22}$$

자기 감수율이 $(T - T_c)$에 반비례하는 것을 알 수 있다. 이를 퀴리-바이스(Curie-Weiss) 법칙이라고 하는데, 퀴리의 법칙은 식 (22.4.7)과 같이 자기 감수율이 온도 T에 반비례하는 반면, 퀴리-바이스 법칙은 자기 감수율이 $(T - T_c)$에 반비례하는 것이 다르다. 따라서 외부 자기장이 주어질 때 강자성체의 온도에 따른 자기 감수율은 그림 25-3과 같이 나타나며, 이는 그림 22-4에서 보여준 상자성체의 온도에 따른 자기 감수율과 비교할 때 $1/T$로 감소하는 온도의 경향성 외에 T_c만큼 오른쪽으로 이동하는 차이를 보여준다. 즉, 자기 감수율이 전이온도에서 발산하는 것이다. 이것은 자기 감수율의 정의로부터 당연한 결과인데, 왜냐하면 전이온도에서는 자발 자기화가 시작되어 외부에서 자기

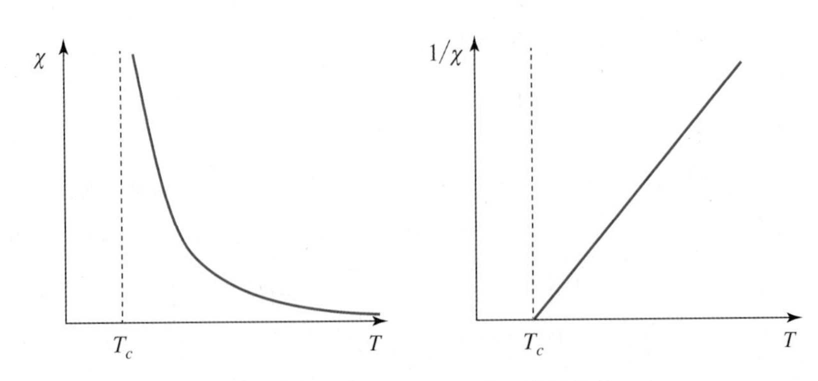

그림 25-3 강자성체의 온도에 따른 자기 감수율

장이 없어도 자기모멘트가 발생하기 때문에 분모가 0이 되는 상황에서 분자가 일정한 값을 가지므로 발산하게 된다.

자기화의 온도의존성에 대한 해는 그림을 그려 이해하면 보다 더 직관적으로 이해할 수 있다. 자기화는 브릴루앙 함수를 따르므로 식 (25.1.8)을 이용하여 브릴루앙 함수를 그린다. 그러면 자기화 M/M_s와 y 간의 또 다른 관계식 (25.1.7)을 보면 이들은 서로 선형적인 관계에 있다. $M=0$일 때, 가로축 절편은 $g\mu_B JH/k_B T$가 된다. 식 (25.1.19)로부터

$$\frac{g\mu_B}{k_B T_c} = \frac{3}{\lambda M_s (J+1)} \tag{25.1.23}$$

이므로 기울기는 $(J+1)k_B T/3JT_c$로 주어진다. 이것을 그림으로 나타내면 그림 25-4와 같은데 온도가 전이온도 T_c 아래에 있는 경우에는 기울기가 작아져 특정한 자기장에 대해 포화 자화에 대응되는 큰 자기모멘트를 갖는다. 전이온도에서는 그보다 작은 자기화를 가지며, 온도가 전이온도 이상이 되면 더 작아진다. 주목해야 할 점은 외부에서 자기장이 가해지고 있기 때문에 자기화가 사라지지는 않는다는 점이다.

특별히 전이온도 근처에서($T=T_c$) 자기장에 따라 자기화의 값이 어떻게 달라지는지 알아보자. 일반적으로 식 (25.1.15)로부터 브릴루앙 함수는

$$B_J(y) = \frac{(J+1)y}{3J} - \xi y^3 + O(y^5) \tag{25.1.24}$$

와 같이 테일러 전개로 표현할 수 있다. 여기에서 ξ는 상수이다. $M/M_s = B_J(y)$와

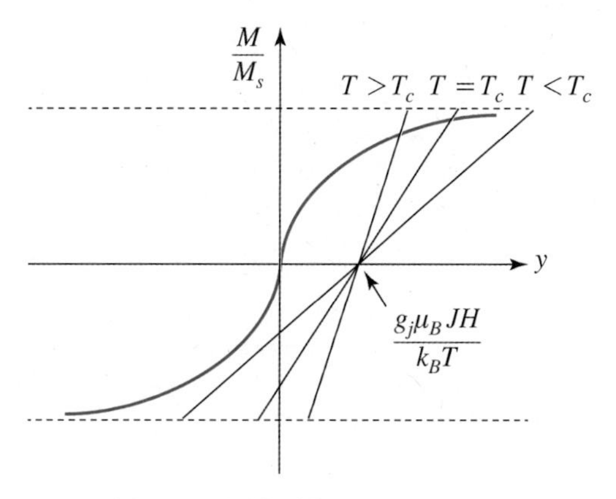

그림 25-4 그래픽을 이용한 자기화의 해 구하기

$$y = \frac{g\mu_B J(H+\lambda M)}{k_B T_c}$$

를 동시에 풀어야 한다. 여기에서 $T = T_c$인 점에 주목하라. 식 (25.1.23)으로부터 $J = 1/2$인 경우

$$y = \left(\frac{3J}{J+1}\right)\frac{H+\lambda M}{\lambda M_S} = \frac{H+\lambda M}{\lambda M_S} \tag{25.1.25}$$

와 같이 쓸 수 있다. 따라서 식 (25.1.25)를 식 (25.1.24)에 대입하면

$$\begin{aligned}\frac{M}{M_S} = B_J(y) &= \frac{(J+1)}{3J}\frac{g_J\mu_B J(H+\lambda M)}{k_B T_C} - \xi y^3 \\ &= \frac{(J+1)}{3J}\frac{3J}{\lambda M_S(J+1)}(H+\lambda M) - \xi y^3 \\ &= \frac{(H+\lambda M)}{\lambda M_S} - \xi\left(\frac{3J(H+\lambda M)}{(J+1)\lambda M_S}\right)^3 \end{aligned} \tag{25.1.26}$$

이 된다. 즉, 브릴루앙 함수로 표현되는 자기화는 $T = T_c$에서 $B_J \propto (H+\lambda M)^3$에 비례하게 된다. 만약 자기화가 외부 자기장보다 큰 경우 $\lambda M \gg B$에는 자기화의 2차항이 M^3에 비례하게 되는데, 이것을 그림으로 그려보면 자기화의 꼬리 모양이 그림 25-5와 같이 자기장이 커질수록 고리 부분이 $H^{1/3}$의 형태로 들려 올라가게 된다.

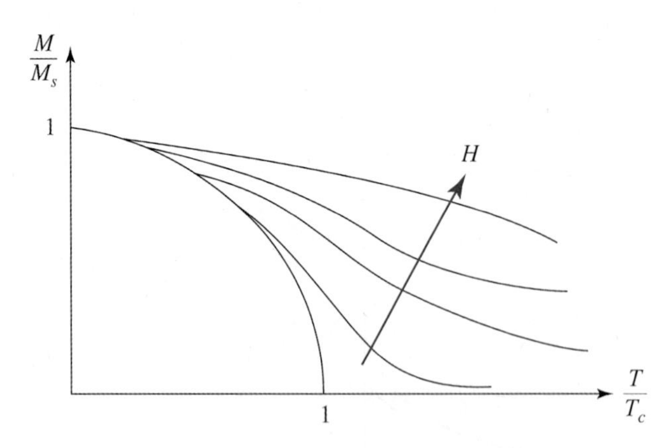

그림 25-5 자기장 증가에 따른 자기화의 온도의존성

25.1.4 분자장의 원인과 드젠 인자

바이스의 분자장 모델은 강자성의 발생을 현상론적으로 잘 설명하고 있으나 몇 가지 문제가 있다. 첫째, 분자장의 근본적인 원인이 무엇인지 확실치 않다는 것이다. 둘째, 분자장의 세기를 나타내는 인자 λ가 실제 자성체에 적용해보면 철의 경우 분자장 세기가 1000 T 정도로 너무 크다는 것에 있다. 1907년 바이스의 분자장 모델 발표 이후 30년 후에 하이젠베르크는 그의 자성 이론인 하이젠베르크 모델을 이용해서 분자장의 근본 원인은 전자들 간의 쿨롱 상호작용을 기반으로 한 교환 상호작용임을 밝혔다. 이는 이미 24.2절에서 다룬 바 있다. 바이스의 분자장 모델에서 분자장의 세기를 나타내는 λ는 식 (25.1.2)와 (25.1.6)을 이용하면

$$\lambda = \frac{B_{mf}}{M} = \frac{2JS_Z}{Mg\mu_B} = \frac{2zJ_i}{ng^2\mu_B^2} \tag{25.1.27}$$

과 같다. 여기에서 z는 이온 주변의 이웃한 원자들의 개수이며, J_i는 하이젠베르크의 전달 적분(transfer integral)이다. 식 (25.1.17)을 이용하여 전이온도를 계산하면

$$T_c = \frac{n\lambda\mu_{eff}^2}{3k_B} = \frac{2zJ_iJ(J+1)}{3k_B} \tag{25.1.28}$$

로 주어진다. $3d$ 전자를 갖는 전이금속은 궤도 담금질(orbital moment quenching)에 따라 궤도 각운동량 $L=0$이어서 총 각운동량은 오직 스핀 각운동량에 의해 주어진다($J=S$). $4f$ 전자를 갖는 희토류 금속은 $4f$ 전자가 국소화되어 있기 때문에 궤도 각운동량이 담금질되어 있지 않고 잘 정의된다. 스핀 각운동량은 그림 25-6과 같이 총 각운동량을 주변으로 세차운동을 하고 있기 때문에 총 각운동량의 수직한 방향의 성분으로 스핀 각운동량의 값은 0이 되고 $\vec{J}$에 평행하게 사영된 것에 대해서만 보존되게 된다. LS 결합에

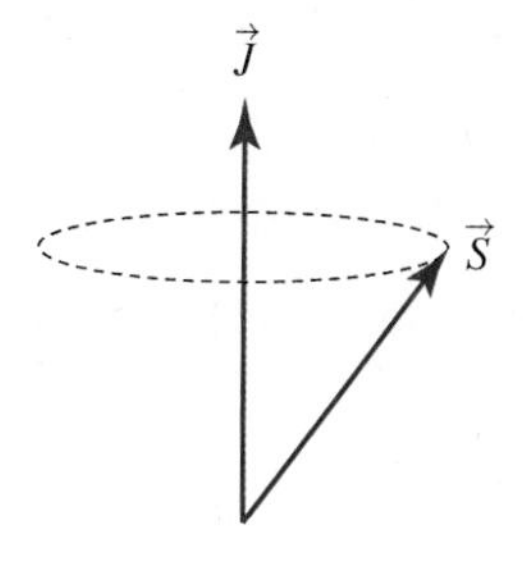

그림 25-6 총 각운동량 주변을 세차운동 하는 스핀 각운동량

의해 총 각운동량은 $\vec{J}=\vec{L}+\vec{S}$이고, 다른 표현으로 $g_J\vec{J}=\vec{L}+2\vec{S}$를 사용하면

$$\vec{S}=(g_J-1)\vec{J} \tag{25.1.29}$$

이 된다. 여기에서 g_J는 자기회전비율로써

$$g_J=\frac{3}{2}+\frac{S(S+1)-L(L+1)}{2J(J+1)}$$

이다.

하이젠베르크 모델에서 식 (25.1.29)를 사용하면

$$H=-\sum_{ij}J_{ij}\vec{S_i}\cdot\vec{S_j}=-\sum_{ij}(g_J-1)^2J_{ij}\vec{J_i}\cdot\vec{J_j} \tag{25.1.30}$$

이 되는데, $\vec{J}_{i(j)}$는 $i(j)$자리에 있는 원자의 총 각운동량을 의미하고 J_{ij}는 i자리와 j자리의 전자가 교환될 때 발생하는 교환 상호작용에 해당한다. 식 (25.1.29)를 식 (25.1.28)에 적용하면 분자장의 세기와 전이온도는 다음과 같이 표현할 수 있다.

$$\lambda=\frac{2zJ_i(g_J-1)^2}{ng_J^2\mu_B^2} \tag{25.1.31}$$

$$T_c=\frac{2zJ_i(g_J-1)^2}{3k_B}J(J+1) \tag{25.1.32}$$

즉, 전이온도는 이웃한 원자 개수 z와 $(g_J-1)^2J(J+1)$에 비례한다. $(g_J-1)^2J(J+1)$을 드젠 인자(de-Gennes factor)라고 한다. 드젠 인자로 나타나는 강자성 상전이 전이온도는 주로 희토류 자성체에서 잘 맞는다. 그 이유는 희토류 원소의 경우 LS 결합으로 총 각운동량이 좋은 양자수이므로 J가 잘 정의되기 때문이다. 전이금속 화합물의 경우 궤도 담금질에 의해 $L=0$, $J=S$로 전이온도를 계산할 수 있지만 26장에서 다루게 될 금속 자성체인 경우에는 드젠 인자에 의한 강자성 상전이 공식이 맞지 않기 때문에 일부 국소자성에 의할 때만 맞고 금속 자성에 의한 강자성인 경우에는 맞지 않게 된다. 표 25-1에 희토류 원소의 지 인자와 드젠 인자를 정리하였다.

표 25-1 희토류 이온의 지 인자와 드젠 인자

이온	오비탈	S	L	J	g_J	g_J-1	$(g_J-1)^2 J(J+1)$
Ce^{3+}	$4f^1$	1/2	3	5/2	6/7	−1/7	0.18
Pr^{3+}	$4f^2$	1	5	4	4/5	−1/5	0.80
Nd^{3+}	$4f^3$	3/2	6	9/2	72/99	−22/99	1.84
Pm^{3+}	$4f^4$	2	6	4	3/5	−2/5	3.20
Sm^{3+}	$4f^5$	5/2	5	5/2	2/7	−5/7	4.46
Eu^{3+}	$4f^6$	3	3	0	−	−	−
Gd^{3+}	$4f^7$	7/2	0	7/2	2	1	15.75
Tb^{3+}	$4f^8$	3	3	6	3/2	1/2	10.50
Dy^{3+}	$4f^9$	5/2	5	15/2	4/3	1/3	7.08
Ho^{3+}	$4f^{10}$	2	6	8	5/4	1/4	4.50
Er^{3+}	$4f^{11}$	3/2	6	15/2	6/5	1/5	2.55
Tm^{3+}	$4f^{12}$	1	5	6	7/6	1/6	1.17
Yb^{3+}	$4f^{13}$	1/2	3	7/2	8/7	1/7	0.32
Lu^{3+}	$4f^{14}$	0	0	0	−	−	−

25.2 반강자성

강자성은 스핀이 모두 한 방향으로 정렬된 상태라면 반강자성체는 그림 25-7과 같이 스핀의 방향이 '업-다운-업-다운'으로 서로 반대방향의 스핀이 정렬하고 있는 상태이다. 스핀이 서로 반대방향으로 정렬되어 있는 이유는 하이젠베르크 모델에서 교환 상호작용의

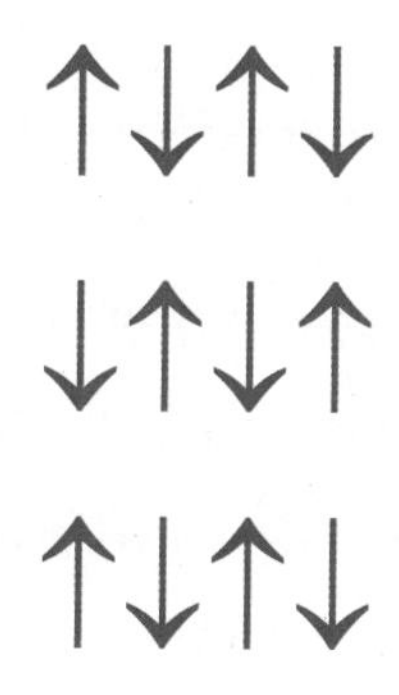

그림 25-7 반강자성체의 스핀 정렬상태

크기 J가 음의 값을 갖기 때문이다. 식 (25.1.30)에서 J가 음의 값을 가지면 이웃한 원자 간 스핀은 서로 반대방향으로 향해 있어야($\vec{S_i} \cdot \vec{S_j} < 0$) 총 해밀토니안의 값이 음의 값을 갖게 된다.

강자성체가 퀴리-바이스 법칙을 따르는 것처럼 반강자성체도 퀴리-바이스 법칙을 따른다. 다만, 다른 점은 바이스 온도가 음의 값을 갖는다는 점이다($\theta < 0$).

$$\chi_{ferro} = \frac{C}{T-\theta} \tag{25.2.1}$$

$$\chi_{antiferro} = \frac{C}{T-\theta} = \frac{C}{T+|\theta|} \tag{25.2.2}$$

25.2.1 반강자성체의 바이스 모델

반강자성체는 스핀 업과 스핀 다운 상태가 교차적으로 되어 있는 상태이므로 스핀 업과 스핀 다운의 영역을 구분하여 바이스 모델(Weiss model)을 적용해보자. 즉, 스핀 업인 부분격자(sublattice)와 스핀 다운인 부분격자를 분리하여 생각하는 것이다. 스핀 업 상태는 이웃한 원자의 다운 스핀에 의해 영향을 받고 스핀 다운 상태는 이웃한 원자의 업 스핀에 의해 영향을 받기 때문에 다음과 같이 음의 분자장 상수 $\lambda < 0$를 고려하면 스핀 업의 부분격자가 받는 분자장 $B_\uparrow$과 스핀 다운의 부분격자가 받는 분자장 $B_\downarrow$은 각각

$$B_\uparrow = -|\lambda| M_\downarrow \tag{25.2.3}$$

$$B_\downarrow = -|\lambda| M_\uparrow \tag{25.2.4}$$

와 같이 된다. 강자성체의 바이스 분자장 모델과 같은 방식으로 적용하면 식 (25.1.5)와 (25.1.7)로부터 외부 자기장 $H=0$일 때, 스핀 업(↑)과 스핀 다운(↓)의 자기화는

$$M_{\uparrow\downarrow} = M_S B_J\left(-\frac{g_J \mu_B J |\lambda| M_{\downarrow\uparrow}}{k_B T}\right) \tag{25.2.5}$$

가 된다. 주의해야 할 점은 업(↑)/다운(↓)의 자기화($M_{\uparrow\downarrow}$)는 이웃한 원자의 스핀 방향이 다르므로 다운(↓)/업(↑)의 자기화($M_{\downarrow\uparrow}$)에 영향을 받는다는 점이다. 여기에서 업 스핀의 자기화와 다운 스핀의 자기화는 크기가 같으므로 편의상 공통적으로 $M \equiv |M_\uparrow| = |M_\downarrow|$과 같이 쓰기로 하자. 이를 다시 쓰면

$$M = M_S B_J\left(\frac{g_J \mu_B J|\lambda| M_S}{3k_B}\right) = \frac{n|\lambda|\mu_{eff}^2}{3k_B} \tag{25.2.6}$$

으로 정리된다. 이는 사실상 강자성의 바이스 모델과 같은 모양이다. 다른 점은 결합상수 λ가 음의 값이라는 사실이다. 따라서 식 (25.1.17)과 마찬가지로 닐(Neel) 온도라 불리는 반강자성 상전이 온도 T_N은

$$T_N = \frac{g_J \mu_B (J+1)|\lambda| M_s}{3k_B} = \frac{n|\lambda|\mu_{eff}^2}{3k_B} \tag{25.2.7}$$

로 쓸 수 있다.

25.2.2 고온($T > T_N$)에서의 자기 감수율

자기 감수율은 보통의 경우 $\chi = M/H$로 정의된다. 일반적으로 시료의 모든 부분이 반강자성체가 되는 것은 아니기 때문에 시료 전체에서 반강자성체 스핀이 시료에서 차지하고 있는 분율(fraction)을 ρ라고 표시하자. 그러면 자기 감수율은 반강자성 스핀의 분율 ρ로 나눠주어서 $\chi = M/\rho H = C/T$가 된다. 여기에서 C는 퀴리 상수이다. 이로부터 $MT = \rho CH$가 되는데, 스핀 업과 스핀 다운의 자기화를 나누어 생각해보면

$$M_\uparrow T = \rho C'(H - \gamma M_\downarrow) \tag{25.2.8}$$

$$M_\downarrow T = \rho C'(H - \gamma M_\uparrow) \tag{25.2.9}$$

가 될 수 있다. 여기에서 C'은 스핀 업, 스핀 다운 각각의 부분격자의 퀴리 상수이며, γ는 반강자성 상호작용 결합 세기를 나타내는 인자 $\gamma = -|\lambda|$로써 양의 값이다. 식 (25.2.8)과 (25.2.9)에서 반대 스핀의 자기화 값을 빼준 이유는 반대 스핀의 자기화가 커질수록 총 자기화의 값은 작아지기 때문이다. 즉, 식 (25.2.8)에서 보면, 업 스핀의 자기화 항 $M_\uparrow T$는 외부 자기장의 세기 H에 비례하고 다운 스핀의 자기화 $M_\downarrow$가 커지게 되면 그 비율만큼 자기화가 감소되는 것을 나타낸다. 반강자성체는 스핀 업과 스핀 다운이 모두 섞여 있으므로

$$(M_\uparrow + M_\downarrow)T = 2\rho C'H - \rho C'\gamma(M_\uparrow + M_\downarrow) \tag{25.2.10}$$

이고, $M_\uparrow + M_\downarrow = M$이므로

$$MT = 2\rho C' H - \rho C' \gamma M \tag{25.2.11}$$

이다. 이를 정리하면 $M(T + \rho C' \gamma) = 2\rho C' H$이며, 자기 감수율은

$$\chi = \frac{M}{\rho H} = \frac{2C'}{T + \rho C' \gamma} = \frac{C}{T + \Theta} \tag{25.2.12}$$

가 된다. 여기에서 $C = 2C'$이고, $\Theta = \rho C' \gamma > 0$이다. 이는 강자성체의 퀴리-바이스 법칙과 같은 모양을 하고 있으나 바이스 온도 Θ의 부호만 다르다. 식 (25.2.22)를 역수로 취해보면

$$\frac{1}{\chi} = \frac{T + \Theta}{C} \tag{25.2.13}$$

이고 온도에 대해 선형적인 관계에 있게 된다.

강자성, 상자성, 반강자성의 온도에 따른 자기 감수율의 역수를 그려보면 그림 25-8과 같다. 일반적으로 퀴리-바이스 법칙은 $\chi = C/(T - \theta)$로 주어지며 강자성일 때는 $\theta = \Theta > 0$, 상자성일 때는 $\theta = 0$, 반강자성일 때는 $\theta = -\Theta < 0$이 된다. 강자성체의 자기 감수율이 전이온도에서 발산하고 전이온도 이상에서는 퀴리-바이스 법칙을 따르는 것처럼 반강자성체의 퀴리-바이스 자기 감수율은 반강자성 자기 상전이를 보이는 닐 온도 이상에서만 의미가 있다.

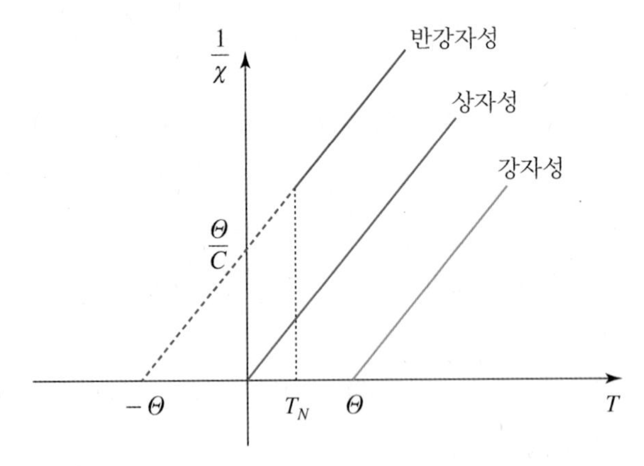

그림 25-8 강자성, 상자성, 반강자성의 온도에 따른 자기 감수율의 역수

25.2.3 반강자성 상전이 온도 이하에서의 자기 감수율($T \leq T_N$): 외부 자기장이 없을 때

반강자성 상전이 온도, 즉 닐 온도 이하에서는 스핀이 업-다운 상태로 그림 25-7과 같이 스핀이 서로 반평행으로 정렬되어 있다. 이렇게 정렬된 상태에서는 업-다운의 스핀으로 인해 자기모멘트가 상쇄되기 때문에 이상적으로는 총 자기모멘트가 영(zero)이 된다. 자기장을 가하지 않을 때($H=0$) 총 자기모멘트가 0이므로 $M = M_\uparrow + M_\downarrow = 0$이 되고, $M_\uparrow = -M_\downarrow$와 같이 스핀 업과 스핀 다운의 자기모멘트는 같은 값을 갖는다. 식 (25.2.8)에서 $M_\uparrow T = \rho C'(H - \gamma M_\downarrow)$이므로 $H=0$이고 닐 온도 $T = T_N$에서는

$$M_\uparrow T_N = -\rho C' \gamma M_\downarrow \tag{25.2.14}$$

이 된다. 따라서

$$\rho C' \gamma = \Theta = -\frac{M_\uparrow}{M_\downarrow} T_N = T_N \tag{25.2.15}$$

이 되어 $\Theta = T_N$이 된다. 이는 식 (25.2.12)에서 바이스 온도 Θ가 사실상 반강자성 전이온도에 해당된다는 것을 보여주고 있다. 완벽한 반강자성체인 경우 바이스 온도와 닐 온도가 비슷하지만 스핀유리나 강자성-반강자성 스핀 구역들이 공존하고 있는 경우 등 완벽한 반강자성체에 해당하지 않는 복잡한 자기상태인 경우는 바이스 온도와 닐 온도가 일치하지 않는다. 특히 스핀유리에서 이 차이가 큰데, 바이스 온도와 닐 온도의 비 Θ / T_N을 스핀 쩔쩔맴(spin frustration) 변수라고 한다. $\Theta = T_N = \rho C' \gamma$이기 때문에 반강자성 전이온도에서 자기 감수율은 식 (25.2.12)에서

$$\chi(T = T_N) = \frac{2C'}{2\theta} = \frac{2C'}{2\rho C' \gamma} = \frac{1}{\rho \gamma} \tag{25.2.16}$$

으로 일정한 값을 갖는다.

닐 온도에서 일정한 값을 갖고 0 K의 온도에서 모든 스핀이 업/다운 상태가 되면 자기화가 0이 되므로 닐 온도 이하에서는 자기 감수율이 감소하는 것을 예상할 수 있다. 어떠한 양상으로 자기 감수율이 온도에 따라 변하는지를 알아보자. 반강자성체는 스핀 업과 스핀 다운의 교차적인 자기적 정렬이므로 스핀 업과 스핀 다운 각각의 스핀 자기화는 강자성체의 그것과 같은 방식으로 정렬한다. 그 이유는 반강성체와 강자성체는 공

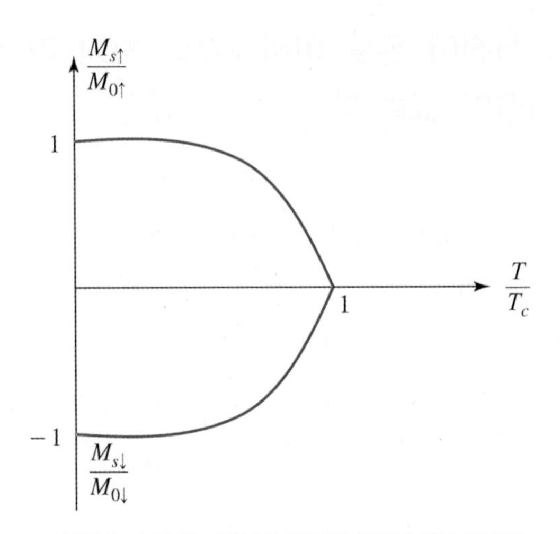

그림 25-9 스핀 업, 다운 부분격자의 온도에 따른 자기화

통적으로 하이젠베르크 모델에 따라 교환 상호작용에 근거하고 있기 때문에 스핀 업과 스핀 다운 부분격자의 온도에 따른 자기화는 브릴루앙 함수를 따르게 된다.

$$\frac{M_{\uparrow}}{M_{0\uparrow}} = B\left(J, \frac{\mu_H B_{mf\uparrow}}{k_B T}\right) \tag{25.2.17}$$

여기에서 $\mu_H = g\mu_B J$이며 M_0는 0 K에서의 자기화, $B_{mf\uparrow} = \gamma M_{\uparrow}$은 스핀 업의 분자장을 나타낸다. 스핀 업과 스핀 다운의 자기화의 관계에 따라 $B_{mf\uparrow} = -\gamma M_{\downarrow} = \gamma M_{\uparrow}$가 된다. 스핀 업과 스핀 다운의 부분격자를 각각 $M_{s\uparrow}$와 $M_{s\downarrow}$라고 하면 온도가 감소함에 따라 $M_{s\uparrow(\downarrow)}$는 브릴루앙 함수에 따라 그림 25-9와 같이 자기화가 증가하게 된다.

25.2.4 $T \leq T_N$에서의 자기 감수율: 자기장이 스핀과 수직일 때($H \perp M_s$)

자기장이 없는 상태에서는 닐 온도 이하에서 스핀 업과 스핀 다운의 자기화가 서로 상쇄되어 0이 되지만 자기 감수율을 측정하기 위해서는 외부에서 자기장을 가해줘야 하는데, 스핀의 정렬방향과 외부 자기장의 방향에 따라 온도에 따른 자기화 경향은 다른 모양을 갖게 된다.

우선 스핀의 방향과 수직인 방향으로 자기장을 걸었을 때를 살펴보자. 그림 25-10을 참조하면 외부 자기장이 없을 때는 반강자성 상태 $M_{s\uparrow}$와 $M_{s\downarrow}$가 가로축으로 서로 반

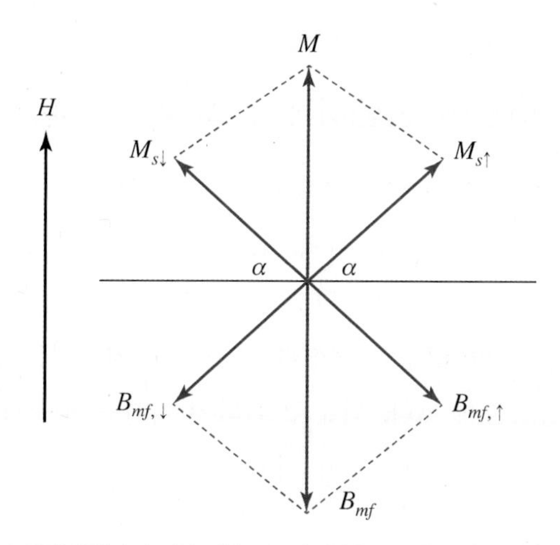

그림 25-10 스핀의 방향과 수직인 방향으로 자기장을 걸었을 때의 스핀과 분자장의 방향

대방향으로 있게 된다. 외부 자기장 H가 가해지면 스핀 업과 스핀 다운의 자기모멘트가 자기장의 방향으로 α만큼의 각도만큼 돌아가게 된다. 이때 분자장 $B_{mf\uparrow}$은 자기화 $M_{s\downarrow}$과 반대방향으로 작용하고 그 반대 스핀의 경우도 마찬가지가 된다. 따라서 총 자기화 M과 분자장 B_{mf}는 서로 반대방향으로 향해 있다. 스핀은 분자장 B_{mf}가 외부 자기장 H와 같아질 때까지 회전하게 된다. 즉, 그림 25-10과 같은 상황에서 분자장의 값이 외부 자기장과 같아지는 조건이 되게 되어

$$2B_{mf\uparrow}\sin\alpha = H \tag{25.2.18}$$

$$M = 2M_{\uparrow}\sin\alpha \tag{25.2.19}$$

$$\chi = \frac{M}{H} = \frac{M_{\uparrow}}{B_{mf\uparrow}} = \frac{1}{\gamma\rho} = \frac{C}{2\Theta} \tag{25.2.20}$$

자기 감수율은 식 (25.2.20)과 같이 일정한 값으로 온도와 무관한 결과를 준다. 이는 물리적으로 스핀 업, 다운 부분격자가 외부 자기장의 방향으로 돌아가게 되지만 온도가 감소함에 따라 자기화가 증가하지만 거기에 비례하여 분자장도 증가하기 때문에 온도에 무관한 값을 주는 것으로 이해할 수 있다.

25.2.5 $T \leq T_N$에서의 자기 감수율: 자기장이 스핀에 평행하게 걸릴 때($H \parallel M_s$)

다음 상황으로 스핀의 방향과 평행, 반평행 방향으로 자기장을 가해준 경우를 살펴보자. 외부 자기장이 없는 경우는 업 스핀과 다운 스핀은 크기는 같고 방향이 반대인 방향으로 정렬되어 있다. 그림 25-11과 같이 외부 자기장을 스핀의 방향과 평행, 반평행 방향으로 가해주게 되면 자기장의 방향과 평행한 업 스핀의 자기화는 증가하고 반평행인 다운 스핀의 자기화는 감소하게 된다. 다운 스핀의 자기화 감소율과 업 스핀의 증가율은 같게 되기 때문에 $|\Delta M_\uparrow| = |\Delta M_\downarrow|$이 되고 총 스핀 자기화는

$$M = M_\uparrow - M_\downarrow = |\Delta M_\uparrow| + |\Delta M_\downarrow| = 2\Delta M_\uparrow \tag{25.2.21}$$

이 된다. 따라서 총 자기화를 계산하려면 업 스핀의 자기화의 변화를 알아야 한다. 온도 및 자기장에 따라 자기화는 브릴루앙 함수를 따르게 되며, 업 스핀의 부분격자 자기화는 그림 25-12와 같이 브릴루앙 함수의 기울기로 계산할 수 있다.

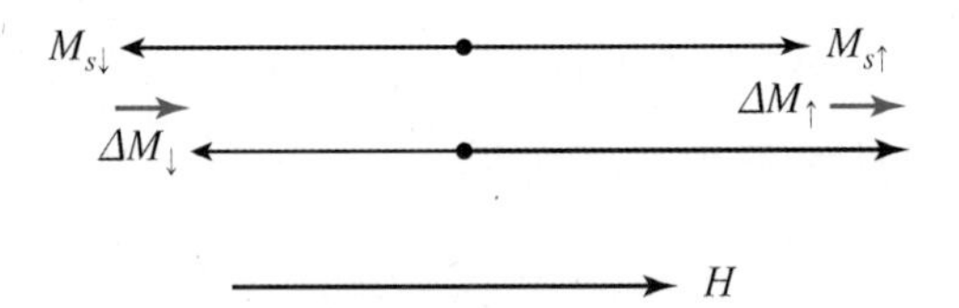

그림 25-11 스핀의 방향과 평행, 반평행한 방향의 외부 자기장을 가해줄 때 스핀의 변화

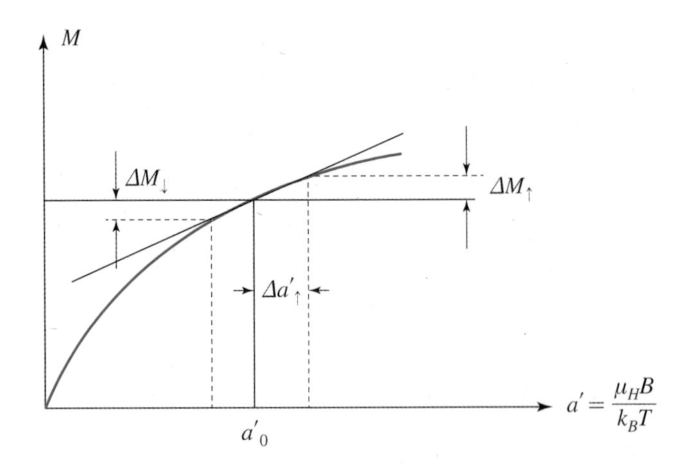

그림 25-12 온도에 따른 스핀 부분격자 자기화의 변화

$$\Delta M_{\uparrow} = \Delta a' \cdot M_{0\uparrow} \frac{dB(J,\ a')}{da'}\bigg|_{a' = a'_0} \tag{25.2.22}$$

여기에서 $a' = \mu_H B / k_B T$이며, a_0'은 어떤 일정한 자기장과 온도에 대한 값이다. 자기장 B는 분자장에 의한 영향을 고려한 자기장이다.

$$B = H - |B_{mf}| = H - \gamma|\Delta M_{\downarrow}| = H - \gamma\Delta M_{\uparrow} \tag{25.2.23}$$

따라서

$$\Delta a' = \frac{\mu_H B}{k_B T} = \frac{\mu_H}{k_B T}(H - \gamma\rho|\Delta M_{\downarrow}|) = \frac{\mu_H}{k_B T}(H - \gamma\rho\Delta M_{\uparrow}) \tag{25.2.24}$$

이고 $M_{0\uparrow}$은 업 스핀의 포화 자기화로써 총 자기화($n_g\mu_H$)의 절반이다. 여기에서 n_g는 그램(g)당 자기모멘트의 개수이다.

$$\Delta M_{\uparrow} = \Delta a' \cdot \frac{n_g \mu_H}{2} B'(J,\ a'_0) = \frac{n_g \mu_H^2}{2k_B T}(H - \gamma\Delta M_{\uparrow})B'(J,\ a'_0) \tag{25.2.25}$$

이것을 정리하면

$$\Delta M_{\uparrow} = \frac{n_g \mu_H^2 B'(J,\ a'_0)}{2k_B T + n_g \mu_H^2 \gamma B'(J,\ a'_0)} \tag{25.2.26}$$

이므로 스핀과 평행, 반평행의 방향으로 자기장을 가해주었을 때 자기 감수율은

$$\chi_{\parallel} = \frac{\sigma}{H_a} = \frac{2\Delta\sigma_A}{H_a} = \frac{2n_g \mu_H^2 B'(J,\ a'_0)}{2k_B T + n_g \mu_H^2 \gamma B'(J,\ a'_0)} \tag{25.2.27}$$

로 주어진다. 식의 결과는 복잡하게 주어지지만 복잡하게 생각할 것 없이 온도에 대한 경향성은 $2\beta/(2k_B T + \gamma\beta)$로 볼 수 있으므로($\beta$, γ는 주어진 상수) 닐 온도에서 일정한 값을 갖고 저온으로 갈수록 감소하는 경향을 기술하고 있다.

25.2.6 $T \le T_N$에서의 자기 감수율: 분말시료 또는 다결정 시료의 경우

지금까지는 자기장의 방향이 스핀의 방향에 수직이거나 수평인 상황을 고려했으나 이는 시료에서 스핀의 방향을 정할 수 있는 단결정 시료에 적용된다. 만약 결정방향이 제멋대로인 다결정 시료이거나 분말시료인 경우는 자기장의 방향에 대한 스핀의 반응은 각도에 의존하지 않고 자기화가 모든 각도에 대해 평균적으로 나타난다. 평균적인 자기 감수율은 자기장이 스핀과 평행일 때와 수직일 때의 값의 평균적인 합으로 주어진다는 의미이다. 분말이나 다결정은 매우 작은 결정질 낱알(grain)들이 제멋대로 뭉쳐있는 것이기 때문에 특정한 낱알은 단결정으로 상정할 수 있다. 어떤 단결정 낱알을 고려하면 외부 자기장이 스핀에 대해 θ의 각도로 가해진다고 생각할 수 있다. 그러면 자기장에 대해 수직과 수평인 방향으로의 자기화는

$$M_{\parallel} = \chi_{\parallel} H \cos\theta \tag{25.2.28}$$

$$M_{\perp} = \chi_{\perp} H \sin\theta \tag{25.2.29}$$

로 표시할 수 있고 총 자기화는

$$M = M_{\parallel}\cos\theta + M_{\perp}\sin\theta = \chi_{\parallel} H\cos^2\theta + \chi_{\perp} H\sin^2\theta \tag{25.2.30}$$

이 된다. 따라서 자기 감수율은

$$\chi = \frac{M}{H} = \chi_{\parallel}\cos^2\theta + \chi_{\perp}\sin^2\theta \tag{25.2.31}$$

로써 이는 어떤 특정 낱알의 자기 감수율을 나타낸 것이다. 벌크 분말시료의 자기 감수율은 많은 낱알들의 평균적인 값을 취하게 되는데, 이는 모든 각도의 평균값을 취해야 함을 의미한다. 그러므로 분말시료의 자기 감수율은

$$\chi_{powder} = \chi_{\parallel}\overline{\cos^2\theta} + \chi_{\perp}\overline{\sin^2\theta} = \frac{1}{3}\chi_{\parallel} + \frac{2}{3}\chi_{\perp} \tag{25.2.32}$$

로 주어지게 된다.

이를 종합하여 자기 감수율의 온도의존성을 그려보면 그림 25-13과 같다. 닐 온도 이상에서 자기 감수율은 퀴리-바이스 법칙을 따르고 닐 온도 이하에서 자기장이 스핀에

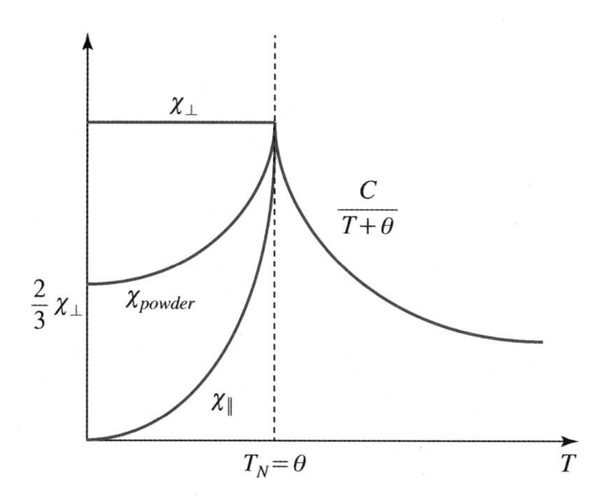

그림 25-13 단결정과 다결정에서의 온도에 따른 자기 감수율

수직으로 걸리면 온도에 무관하게 일정한 값을 갖고, 자기장이 스핀에 수평으로 걸리면 온도에 따라 감소하는 경향을 보인다. 분말시료는 수평과 수직의 평균적인 값으로써 $2\chi_\perp/3$에 수렴하게 된다.

25.2.7 다음 이웃 원자 간 상호작용을 고려할 경우

앞서 식 (25.2.15)에 의하면 반강자성 상호작용에서 바이스 온도 Θ와 닐 온도 T_N는 같다고 하였다. 그런데 실제로 Θ/T_N를 측정해보면 많은 시료에서 $\Theta/T_N=1$이 되지 않고 1에서 크게는 5~6까지 되는 것을 발견할 수 있다. 이것의 원인은 여러 가지가 있을 수 있으나 대표적인 것이 스핀 쩔쩔맴이다. 스핀 쩔쩔맴은 스핀의 자기적 질서가 삼각 격자를 이루고 있을 때 자주 발생한다. 그렇지만 Θ/T_N이 1이 안 된다고 해서 항상 스핀 쩔쩔맴이 있는 것은 아니다. 지금까지 다룬 바이스의 분자장 모델은 이웃한 원자 간 상호작용(nearest neighbor interaction)만 고려한 것이다. 그렇지만 다음 이웃한 원자 간(next nearest neighbor) 상호작용을 무시할 수 없는 경우가 있다. 반강자성은 스핀이 업, 다운으로 교차적으로 있으므로 다음 이웃 원자 간 상호작용으로 반강자성 상태가 안정적으로 있으려면 다음 이웃 원자 간 상호작용은 강자성 상호작용이 되어야 한다. 왜냐하면 안정적인 반강자성에서 어떤 자리의 스핀과 다음 이웃 원자의 스핀의 방향은 같은 방향이 되기 때문이다. 만약 다음 이웃 원자 간 상호작용도 반강자성으로 작용한다면 보다 복잡한 양상이 된다. 여기에서는 반강자성 상호작용에 대해서만 다루고 있으므로 다음 이웃 원자 간 상호작용이 강자성인 것에 한정하기로 하자. 이때 스핀 업과 스핀 다운의 부분

격자의 분자장은

$$B_{mf\uparrow} = -\gamma_{\uparrow\downarrow} M_{\downarrow} + \gamma_{\uparrow\uparrow} M_{\uparrow} \tag{25.2.33}$$

$$B_{mf\downarrow} = -\gamma_{\downarrow\uparrow} M_{\uparrow} + \gamma_{\downarrow\downarrow} M_{\downarrow} \tag{25.2.34}$$

으로 표현된다. 업 스핀에 작용하는 분자장은 이웃한 다운 스핀의 자기화에 의한 반강자성 상호작용과 다음 이웃 원자의 업 스핀이 작용하는 강자성 상호작용의 합으로 주어진다. 반강자성 자기화의 계산결과와 마찬가지로

$$M_{\sigma} T = \rho C' (H + B_{mf,\ \sigma}) \tag{25.2.35}$$

이기 때문에 업 스핀과 다운 스핀의 자기화에 대해서

$$M_{\uparrow} T = \rho C' (H - \gamma_{\uparrow\downarrow} M_{\downarrow} + \gamma_{\uparrow\uparrow} M_{\uparrow}) \tag{25.2.36}$$

$$M_{\downarrow} T = \rho C' (H - \gamma_{\downarrow\uparrow} M_{\uparrow} + \gamma_{\downarrow\downarrow} M_{\downarrow}) \tag{25.2.37}$$

이다. $\gamma_{\uparrow\downarrow} = \gamma_{\downarrow\uparrow}$, $\gamma_{\uparrow\uparrow} = \gamma_{\downarrow\downarrow}$ 이기 때문에 위 두 식을 더하면

$$MT = 2\rho C' (H - \gamma_{\uparrow\downarrow} M + \gamma_{\uparrow\uparrow} M) \tag{25.2.38}$$

이 된다. 이때 바이스 온도는

$$\Theta = \frac{1}{2} C(\gamma_{\uparrow\downarrow} - \gamma_{\uparrow\uparrow}) \tag{25.2.39}$$

로 정리되면 식 (25.2.38)은 퀴리-바이스 법칙을 따르게 된다. 일반적으로 이웃한 원자 간 상호작용 $\gamma_{\uparrow\downarrow}$ 이 다음 이웃한 원자 간 상호작용 $\gamma_{\uparrow\uparrow}$ 에 비해 크기 때문에($\gamma_{\uparrow\downarrow} > \gamma_{\uparrow\uparrow}$) 바이스 온도는 양의 값이 된다($\Theta > 0$). 닐 온도도 마찬가지 방법으로 계산할 수 있다. 자기장이 없고 닐 온도에서 $M_{\uparrow} = M_{\downarrow}$ 이기 때문에 식 (25.2.36)에 적용하면

$$M_{\uparrow} T_N = C' (\gamma_{\uparrow\downarrow} + \gamma_{\uparrow\uparrow}) M_{\uparrow} \tag{25.2.40}$$

이 되어 닐 온도는

$$T_N = \frac{1}{2} C(\gamma_{\uparrow\downarrow} + \gamma_{\uparrow\uparrow}) \tag{25.2.41}$$

로 주어지게 된다. 따라서 Θ / T_N은

$$\frac{\Theta}{T_N} = \frac{\gamma_{\uparrow\downarrow} - \gamma_{\uparrow\uparrow}}{\gamma_{\uparrow\downarrow} + \gamma_{\uparrow\uparrow}} \tag{25.2.42}$$

가 되어 다음 이웃한 원자 간 상호작용을 고려할 때는 바이스 온도와 닐 온도가 같지 않게 된다($\Theta \neq T_N$).

25.2.8 강한 자기장 효과에 의한 스핀 변화와 스핀 뒤집기

반강자성 상태에 있는 스핀들이 외부의 강한 자기장에 노출되면 스핀들의 반강자성 상호작용이 무너지고 외부 자기장이 증가함에 따라 갑작스런 스핀 변화가 생길 수 있다. 외부 자기장에 의해 스핀들이 갑작스럽게 변화되는 것을 스핀 변화(spin flop)라고 하며 외부 자기장이 스핀에 대해 평행, 또는 반평행으로 가해질 때 갑작스럽게 반평행 스핀이 뒤집어져서 평행 방향이 되는 것을 스핀 뒤집기(spin flip)라고 한다.

외부 자기장이 스핀에 대해 수직인 방향으로 걸린 경우를 생각해보자. 그러면 그림 25-14와 같이 스핀이 자기장 방향으로 일정 각도로 회전하게 된다. 반강자성 상태는 $\theta = 0,\ \phi = \pi$인 상태이다. 이때 자기 에너지는

$$E = -MH\cos\theta - MH\cos\phi + AM^2\cos(\theta + \phi) \tag{25.2.43}$$

로 주어지게 된다. 여기에서 셋째 항은 업 스핀과 다운 스핀 간의 교환 상호작용에 해당하며 A는 교환 상호작용을 매개하는 상수이다. 또한 자기 이방성 에너지까지 고려하면

$$E_{anisotropy} = -\frac{1}{2}\Delta(\cos^2\phi + \cos^2\theta) \tag{25.2.44}$$

이다. 반강자성일 때는 $\theta = 0$, $\phi = \pi$이므로 자기 에너지는

$$E = -MH + MH - AM^2 - \Delta = -AM^2 - \Delta \tag{25.2.45}$$

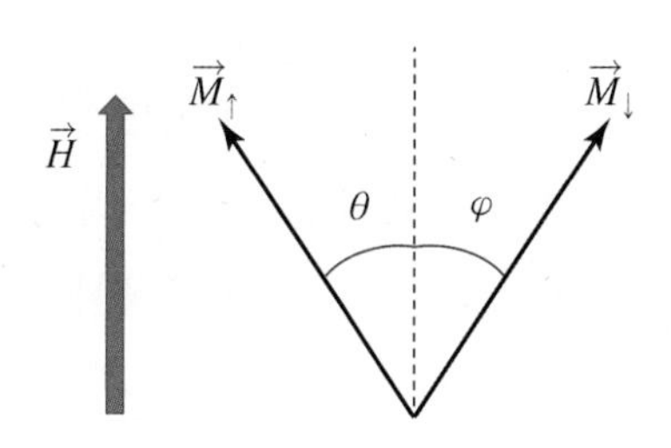

그림 25-14 외부 자기장에 대한 스핀의 회전

가 된다. 스핀 변화가 있게 되면 강한 자기장 하에서 $\theta=\phi$가 되게 되어 이때 자기 에너지는

$$E = -2MH\cos\theta + AM^2\cos^2\theta - \triangle\cos^2\theta \tag{25.2.46}$$

이다. 이 자기 에너지가 최소가 되게 하는 조건을 찾아보자. 이는 에너지를 각도에 대하여 미분해서 찾을 수 있으므로

$$\begin{aligned} \frac{\partial E}{\partial\theta} &= 2MH\sin\theta - 2AM^2\sin2\theta - 2\triangle\cos\theta\sin\theta \\ &= 2MH\sin\theta - (2AM^2 + \triangle)\sin2\theta = 0 \end{aligned} \tag{25.2.47}$$

에서

$$2(2AM^2 + \triangle)\cos\theta = 2MH \tag{25.2.48}$$

이 되고, 이때의 각도는

$$\theta = \cos^{-1}\left(\frac{MH}{2AM^2 + \triangle}\right) \tag{25.2.49}$$

이 된다. 이 각도가 갑작스런 스핀 변화가 일어나는 임계각이다. 만약 이방성 에너지가 크면(Δ가 크면) 어떤 임계 자기장에서 스핀 뒤집기가 발생하게 된다. 이렇게 반강자성 정렬에서 외부 자기장에 대해 스핀 뒤집기가 갑자기 일어나는 상전이를 메타자성 상전이(metamagnetic phase transition)라고 한다.

25.3 페리자성

페리자성(ferrimagnetism)은 거시적으로 보면 강자성과 비슷하고 미시적으로 보면 반강자성과 비슷하다. 거시적으로 강자성과 비슷하다는 것은 측정 자기화의 경향이 강자성과 비슷하다는 뜻이다. 첫째, 어떤 온도에서 자기화가 발생하는 자발 자기화가 있다. 둘째, (뒤에 다루겠지만) 자기 구역이란 것이 존재한다. 셋째, 포화 자기화와 자기 이력곡선이 있다. 거시적으로 강자성과 다른 점은 전이온도 이상에서 퀴리-바이스 법칙을 따르지 않는

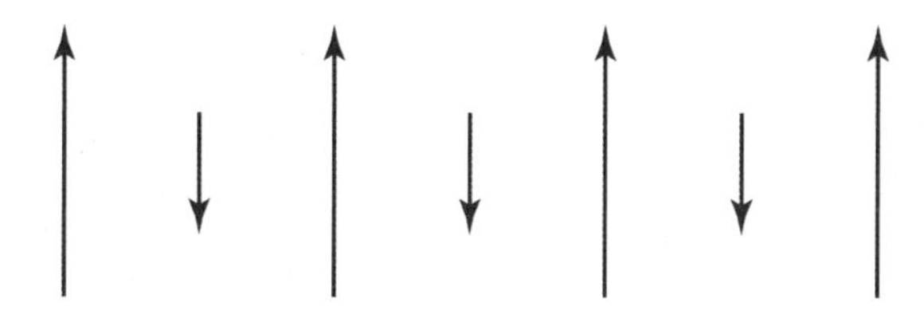

그림 25-15 페리자성의 자기구조

다는 것이다. 미시적으로 반강자성과 비슷한 점은 그림 25-15에서와 같이 스핀의 자기적 질서가 업-다운-업-다운으로 되어 있다는 것이다. 그러나 반강자성 스핀정렬을 보이더라도 업과 다운 스핀 중 하나의 크기가 상대적으로 작아서 전체적으로는 강자성의 특성이 발현된다. 페리자성의 원인은 이웃한 원자 간(nearest neighbor) 상호작용과 함께 다음 이웃한 원자 간(next nearest neighbor) 상호작용이 존재하기 때문이다.

대표적인 페리자성을 보이는 물질로는 정육면체 결정구조를 갖는 $MO \cdot Fe_2O_3$(M=2가 금속이온으로 Ni, Mn, Fe, Co, Mg 등)가 있는데 $CoO \cdot Fe_2O_3$는 강자성이고 나머지는 연자성의 특성을 보인다. 육방 격자(hexagonal lattice) 결정구조를 갖는 페리자성 물질로는 $BaO \cdot 6Fe_2O_3$가 있으며 이 물질은 강자성을 갖는다. 예를 들어 $NiO \cdot Fe_2O_3$가 페리자성을 보이는 증거는 Ni은 2가여서 자기모멘트가 $2\mu_B$이고 철은 3가 이온이어서 $5\mu_B$를 갖기 때문에 $2Fe^{3+}$는 $10\mu_B$이어서 총 자기모멘트는 $12\mu_B$가 되어야 하는데, 실험적으로 0 K에서 포화 자기모멘트를 측정해보면 $2.3\mu_B$에 불과하다. 이렇게 시료가 강자성 특성을 보임에도 불구하고 이론적으로 예상되는 자기모멘트 값이 실험값과 현저하게 차이가 나거나 그림 25-16과 같이 온도에 따른 자기화와 자기 감수율의 경향성이 통상적인 강자성과 다른 모양을 보일 때 페리자성으로 생각할 수 있다.

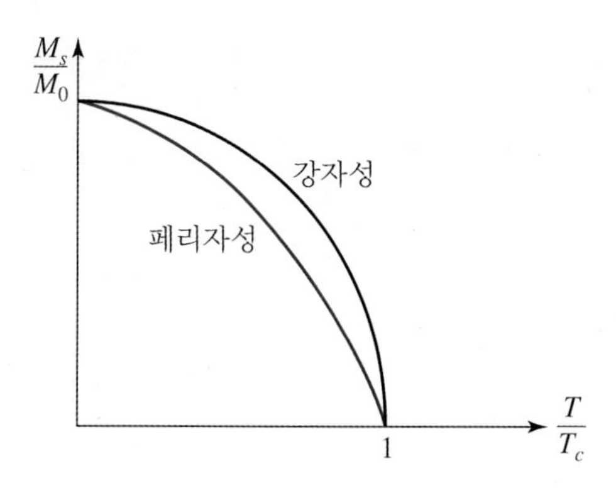

그림 25-16 강자성과 페리자성의 온도에 따른 자기화

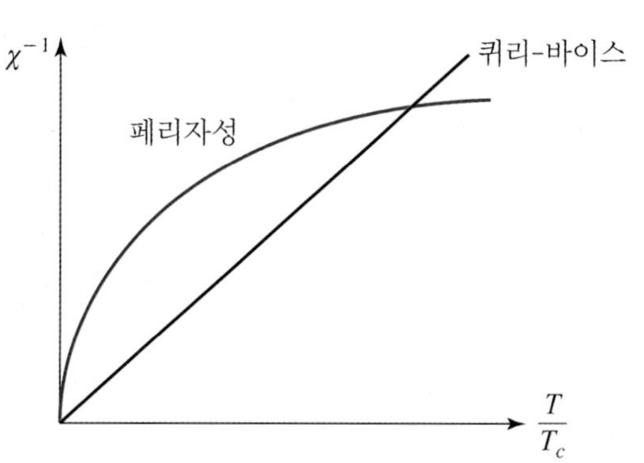

그림 25-17 퀴리-바이스 법칙과 온도에 따른 페리자성의 자기 감수율의 역수

25.3.1 페리자성의 닐-모델

단위부피당 n개의 자성이온들이 존재한다고 할 때 페리자성은 적어도 2개의 스핀 부분격자가 존재해서 이들의 스핀 상호작용을 모두 고려해줘야 한다. 스핀 부분격자 A와 B가 있다고 가정할 때 부분격자 A에 있는 스핀들 간의 상호작용을 γ_{AA}, 부분격자 B에 있는 스핀들 간의 상호작용을 γ_{BB}, 부분격자 A와 부분격자 B에 있는 스핀들 간의 상호작용을 γ_{AB}라고 하자. 부분격자 A자리에 있는 스핀의 분율을 λ_n, 부분격자 B자리에 있는 스핀의 분율을 ν_n이라고 하면 $\lambda_n + \nu_n = 1$이 된다. $\mu_{A(B)}$는 $A(B)$ 부분격자의 이온에 의한 평균 자기모멘트이다. 그러면 부분격자 A에 의한 자기화는 $M_A = \lambda n \mu_A$로 쓸 수 있는데, 이때 $n\mu_A = M_a$라고 하면 $M_A = \lambda M_a$가 된다. 마찬가지로 부분격자 B에 의한 자기화는 $M_B = \nu M_b$로 쓸 수 있다. 총 자기화는 이들의 합이므로 $M = M_A + M_B = \lambda M_a + \nu M_b$이다.

분자장 이론을 사용하여 A 부분격자와 B 부분격자에 작용하는 분자장은 각각

$$B_{mfA} = -\gamma_{AB} M_B + \gamma_{AA} M_A \tag{25.3.1}$$

$$B_{mfB} = -\gamma_{AB} M_A + \gamma_{BB} M_B \tag{25.3.2}$$

로 쓸 수 있다. 같은 부분격자 내에서는 강자성 상호작용을 다른 부분격자 사이에서는 반강자성 상호작용을 하는 것이 고려되었다. 여기에서 각각의 인자를 다음과 같이 정의하면

$$\alpha = \frac{\gamma_{AA}}{\gamma_{AB}} \tag{25.3.3}$$

$$\beta = \frac{\gamma_{BB}}{\gamma_{AB}} \tag{25.3.4}$$

분자장은 다음과 같이 다시 쓸 수 있다.

$$B_{mfA} = \gamma_{AB}(\alpha \lambda M_a - \nu M_b) \tag{25.3.5}$$

$$B_{mfB} = \gamma_{AB}(\beta \nu M_b - \lambda M_a) \tag{25.3.6}$$

이 분자장은 전이온도 이상에서 유효하다.

25.3.2 전이온도 이상($T > T_c$)에서의 페리자성

전이온도 이상의 상자성 영역에서 부분격자 A와 B의 자기화는 분자장을 고려하여

$$M_a T = \rho C(H + B_{mfA}) \tag{25.3.7}$$

$$M_b T = \rho C(H + B_{mfB}) \tag{25.3.8}$$

와 같이 쓸 수 있다. 여기에서 ρ는 자성이온이 시료에서 차지하는 분율이다. 식 (25.3.7), (25.3.8)에 식 (25.3.5)와 (25.3.6)을 넣고 $M = \lambda M_a + \nu M_b$ 자기화를 계산하면 단순하지만 약간 긴 계산과정을 거쳐 다음과 같은 자기 감수율을 얻을 수 있다.

$$\chi = \frac{M}{\rho H} = \frac{CT - \gamma_{AB}\beta C^2 \lambda\nu(2+\alpha+\beta)}{T^2 - \gamma_{AB}\rho CT(\alpha\lambda + \beta\nu) + \gamma_{AB}^2 \rho^2 C^2 \lambda\nu(\alpha\beta - 1)} \tag{25.3.9}$$

자기 감수율의 역수를 취해보면

$$\frac{1}{\chi} = \frac{T}{c} + \frac{1}{\chi_0} - \frac{b}{T-\theta} = \frac{T + c/\chi_0}{c} - \frac{b}{T-\theta} \tag{25.3.10}$$

의 형으로 바꿀 수 있다. 여기에서 각 상수 인자는 다음과 같다.

$$\frac{1}{\chi_0} = \gamma_{AB}^2 \rho(2\lambda\nu - \alpha\lambda^2 - \beta\nu^2) \tag{25.3.11}$$

$$b = \gamma_{AB}^2 \rho^2 C\lambda\nu[\lambda(1+\alpha) - \nu(1+\beta)]^2 \tag{25.3.12}$$

$$\theta = \gamma_{AB}\rho C\lambda\nu(2+\alpha+\beta) \tag{25.3.13}$$

이와 같이 페리자성에서는 퀴리-바이스 법칙에서 식 (25.3.10)과 같이 벗어나는 항이 존

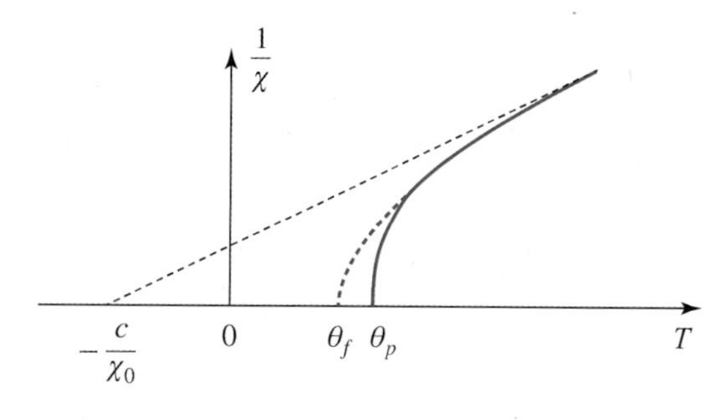

그림 25-18 페리자성의 온도에 따른 자기 감수율의 역수 곡선

재함으로써 퀴리-바이스 법칙과 같이 점선으로 그린 직선형을 따르지 않고 굽어지는 경향을 보이게 된다. 자기 감수율이 발산하는 온도, 즉 자기 감수율의 역수가 0이 되는 지점이 바이스 온도 θ_p에 해당되는데, 실제로는 θ_p보다 약간 앞쪽으로 굽어지게 되며, 이는 짧은 거리 정렬에 의한 효과이다.

25.3.3 전이온도 이하($T < T_c$)에서의 페리자성

전이온도 이하에서 총 자기모멘트는 $|M| = |M_A| - |M_B|$와 같다. 페라자성의 자기화는 반강자성체에서와 같이 스핀 업과 스핀 다운 부분격자에 대한 자기화를 따로 계산하고 총 자기화를 계산하는 방법을 사용한다. 부분격자 A의 자기화는 브릴루앙 함수를 따른다.

$$\frac{M_A}{M_{0A}} = B(J,\ a') = B\left(J,\ \frac{\mu_H B_{mfA}}{k_B T}\right) \tag{25.3.14}$$

이때 분자장은 페리자성의 분자장 $B_{mfA} = \gamma_{AB}\rho(\alpha\lambda M_a - \nu M_b)$을 사용한다. 마찬가지로 부분격자 B의 자기화도 같은 식으로 쓸 수 있어서

$$\frac{M_{SA}}{M_{0A}} = B\left(J,\ \frac{\mu_H \gamma_{AB}\rho(\alpha\lambda M_a - \nu M_b)}{k_B T}\right) \tag{25.3.15}$$

$$\frac{M_{SB}}{M_{0B}} = B\left(J,\ \frac{\mu_H \gamma_{AB}\rho(\beta\nu M_b - \lambda M_a)}{k_B T}\right) \tag{25.3.16}$$

로 정리된다.

이 브릴루앙 함수는 이전에 계산했던 것과는 달리 그래픽의 방법으로 단순히 계산되

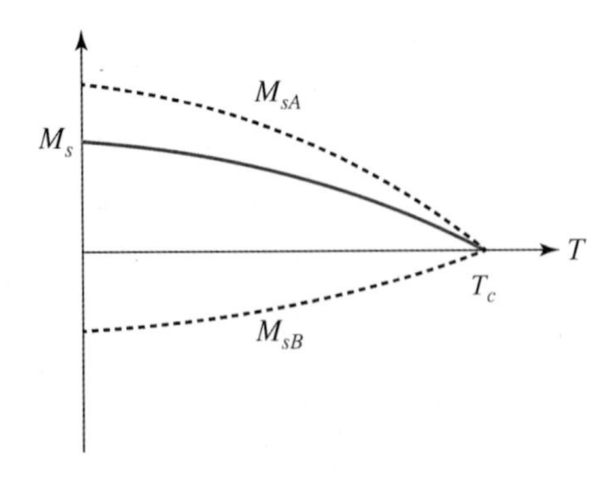

그림 25-19 페리자성의 온도에 따른 부분격자 A와 B의 자기화와 총 자기화

지는 않는다. 일단 결과만 보면 온도에 따른 자기화는 그림 25-19와 같이 부분격자 A의 자기화가 브릴루앙 함수를 따라 온도가 낮아짐에 따라 자기화가 증가하고 B도 마찬가지로 증가한다. 반강자성체에서는 부분격자 A와 B의 자기화의 증가 경향이 거의 같이 총 자기화가 나타나지 않지만 페리자성의 경우는 부분격자 B의 스핀 값이 A보다 작으므로 총 자기화는 실선으로 강자성보다는 작지만 자발 자기화가 발생하게 된다.

지금까지는 주로 국소 스핀(local spin)에 의한 자성 현상을 다루었다. 그러나 많은 경우 자성을 발현시키는 스핀이 국소 스핀에 의한 것이 아니라 전도대에서 돌아다니는 전도 전자의 스핀에 의해 나타날 수 있다. 이를 금속 자성체라 하는데, 예를 들면 철, 코발트, 니켈 같은 자성체가 이에 속한다. 사실 어떤 자성체가 금속 자성체에 속하는지 국소 스핀에 의한 자성체인지를 밝히는 것은 쉽지 않다. 자성을 일으키는 상호작용은 매우 다양하고 어떤 자성체가 발견되었을 때 그 자성체의 근본 원인을 밝히는 작업은 다양한 실험적, 이론적 검토를 거쳐야 한다. 이 장에서 금속 자성체의 원리에 대해 살펴보자.

26.1 파울리 상자성

파울리 상자성은 금속전자가 만들어내는 상자성이다. 금속 내에 돌아다니는 전자도 스핀을 갖고 있는데, 보통 이들은 스핀 업(1/2), 다운(−1/2)의 비율이 정확하게 같아서 총 자기모멘트가 0이 되어 자성을 나타내지 않는다. 그렇지만 외부에서 자기장을 가해주면 자기장의 방향으로 향해 있는 스핀의 개수가 증가하게 되고, 그러면 스핀 업, 다운의 상쇄가 0이 되지 않게 되어 자성을 띠게 된다. 이 경우 자발 자기화는 없기 때문에 상자성에 해당되는데, 이를 파울리 상자성이라고 한다.

26.1.1 파울리 스핀 감수율

금속 내 돌아다니는 전자는 자유 전자기체로 생각할 수 있다. 왜냐하면 돌아다니는 금속 전자는 이온들과 상호작용하지 않는다고 생각해도 무방하기 때문이다. 자유 전자기체의 자기화를 계산해보자. 자기장을 z방향으로 가해주면 그쪽으로 전자스핀들이 정렬하게 되며 z방향으로 전자의 자기모멘트를 σ_{iz}라고 하면 총 자기화는 N개의 전자스핀들의 합으로 표시할 수 있다. 여기에서 자기모멘트 σ_{iz}는 파울리 스핀행렬로 기술된다.

$$M_z = -\mu_B \sum_{i=1}^{n} \sigma_{iz} \tag{26.1.1}$$

또한 가해준 자기장에 대해 제만(Zeeman) 에너지 H'가 발생하게 된다.

$$H' = \mu_B H \sum_{i=1}^{n} \sigma_{iz} \tag{26.1.2}$$

양자역학적으로 자유전자의 운동에너지는

$$H_0 = \sum_{k,\ \sigma} \epsilon_{\vec{k}} a^{\dagger}_{\vec{k}\sigma} a_{\vec{k}\sigma} \tag{26.1.3}$$

로 나타낸다. 여기에서 $a^{\dagger}_{\vec{k},\ \sigma}$는 운동량 $\vec{k}$와 스핀 σ를 갖는 전자 하나를 생성시키는 생성 연산자(creation operator)이고 $a_{\vec{k},\ \sigma}$는 운동량 $\vec{k}$와 스핀 σ를 갖는 전자 하나를 소멸시키는 소멸 연산자(annihilation operator)이다. $a^{\dagger}_{\vec{k},\ \sigma} a_{\vec{k},\ \sigma}$는 수 연산자(number operator)로써 전자의 개수에 해당한다. 여기에서 에너지 $\epsilon_{\vec{k}}$에서 스핀이 표시되지 않은 이유는 에너지는 스핀에 의존하지 않기 때문이다. 즉, 자유전자의 해밀토니안 식 (26.1.3)은 개개의 에너지 $\epsilon_{\vec{k}}$를 갖는 전자에 숫자를 곱한 것이다.

z축 방향의 자기화는 양자역학적으로

$$M_z = -\mu_B \int \Psi^{\dagger}(\vec{r}) \sigma_z \Psi(\vec{r}) d\vec{r} \tag{26.1.4}$$

로 계산할 수 있다. σ_z는 앞서 언급했듯이 파울리 스핀행렬이다. 여기에서 잠시 파울리 스핀행렬의 특성을 다시 정리하고 가자.

$$\sigma_x = \begin{pmatrix} 0 & 1 \\ 1 & 0 \end{pmatrix} \quad \sigma_y = \begin{pmatrix} 0 & -i \\ i & 0 \end{pmatrix} \quad \sigma_z = \begin{pmatrix} 1 & 0 \\ 0 & -1 \end{pmatrix} \tag{26.1.5}$$

전자의 스핀은 1/2이어서 파울리 스핀행렬로 표시하면

$$\vec{S} = \frac{1}{2}\vec{\sigma} \tag{26.1.6}$$

이다. 또한 전자의 파동함수 $\Psi(\vec{r})$는 공간의 파동함수 $\psi(\vec{r})$와 스핀의 파동함수 χ_σ의 곱으로 나타낼 수 있다.

$$\Psi_{k\sigma}(\vec{r}) = \psi_{\vec{k}}(\vec{r})\chi_\sigma \tag{26.1.7}$$

여기에서 스핀 업(↑)과 스핀 다운(↓)의 스핀 파동함수는 행렬로 표현하면

$$\chi_\uparrow = \begin{pmatrix} 1 \\ 0 \end{pmatrix} \quad \chi_\downarrow = \begin{pmatrix} 0 \\ 1 \end{pmatrix} \tag{26.1.8}$$

와 같다. 파울리 스핀행렬이 스핀 파동함수에 작용하면

$$\sigma_\pm \chi_{\uparrow\downarrow} = \pm\chi_{\uparrow\downarrow} \tag{26.1.9}$$

와 같고 스핀 파동함수는 직교성(orthogonality)에 의하여

$$\chi_\sigma^\dagger \chi_{\sigma'} = \delta_{\sigma\sigma'} \tag{26.1.10}$$

이다. 스핀의 올림(S_+, σ_+), 내림(S_-, σ_-) 연산자는 각각 다음과 같다.

$$S_\pm = S_x \pm iS_y \tag{26.1.11}$$

$$\sigma_\pm = \sigma_x \pm i\sigma_y \tag{26.1.12}$$

식 (26.1.7)로 주어진 파동함수는 직교성으로 인해

$$\langle \Psi_{k\sigma} | \Psi_{k'\sigma'} \rangle = \int \psi_k^*(\vec{r})\psi_{k'}(\vec{r})d\vec{r} \cdot \chi_\sigma^\dagger \chi_\sigma = \delta_{kk'}\delta_{\sigma\sigma'} \tag{26.1.13}$$

와 같은 조건이 성립한다.

이러한 특성들을 바탕으로 자기화 식 (26.1.4)를 계산해보자.

$$M_z = -\mu_B \sum_{k'\sigma'} \sum_{k\sigma} a^\dagger_{k\sigma} a_{k'\sigma'} \int d\vec{r}\, \psi^*_k(\vec{r})\, \psi_{k'}(\vec{r}) (\chi_\sigma \sigma_z \chi_{\sigma'})$$
$$= -\mu_B \sum_k \left[a^\dagger_{k\uparrow} a_{k\uparrow} - a^\dagger_{k\downarrow} a_{k\downarrow} \right]$$
$$= -\mu_B (n_\uparrow - n_\downarrow) \qquad (26.1.14)$$

두 번째 식에서 식 (26.1.13) 파동함수의 직교성이 적용되었다.

식 (26.1.2)의 제만 에너지를 양자역학적 제2 양자화 표현으로 다시 쓰면

$$H' = \mu_B H \sum_k \left(a^\dagger_{k\uparrow} a_{k\uparrow} - a^\dagger_{k\downarrow} a_{k\downarrow} \right) = \mu_B H \sum_{k\sigma} \sigma\, a^\dagger_{k\sigma} a_{k\sigma} \qquad (26.1.15)$$

가 된다. 그럼 총 해밀토니안은 자유전자의 운동에너지와 자기장에 의한 제만 에너지의 합이므로

$$H = H_0 + H' = \sum_{k\sigma} (\epsilon_k + \sigma \mu_B H)\, a^\dagger_{k\sigma} a_{k\sigma} = \sum_{k\sigma} \epsilon_{k\sigma}\, a^\dagger_{k\sigma} a_{k\sigma} \qquad (26.1.16)$$

이고 에너지는 스핀의 항을 포함하여 $\epsilon_{k\sigma} = \epsilon_k + \sigma\mu_B H$이다. 해밀토니안이 주어졌으므로 자기화의 기댓값을 계산할 수 있다.

$$\langle M_z \rangle = -\mu_B \sum_k \left[\langle a^\dagger_{k\uparrow} a_{k\uparrow} \rangle - \langle a^\dagger_{k\downarrow} a_{k\downarrow} \rangle \right] = -\mu_B \sum_{k\sigma} \sigma f(\epsilon_{k\sigma}) \qquad (26.1.17)$$

여기에서 $f(\epsilon_{k\sigma})$는 페르미 함수 $f(\epsilon_{k\sigma}) = 1/\{\exp[\beta(\epsilon_{k\sigma} - \mu)] + 1\}$이다.

에너지가 $\epsilon_{k\sigma} = \epsilon_k + \sigma\mu_B H$이므로 $\mu_B H/\epsilon_F \ll 1$일 때 페르미 함수는 $\sigma\mu_B H$에 대해 테일러 전개할 수 있다.

$$f(\epsilon_{k\sigma}) = f(\epsilon_k) + \frac{\partial f(\epsilon_k)}{\partial \epsilon_k} \sigma \mu_B H + \cdots \qquad (26.1.18)$$

이를 이용하여 자기 감수율을 계산하면

$$\chi = \lim_{H\to 0} \frac{\langle M_z \rangle}{H} = -\frac{\mu_B}{H} \sum_k \left[\left\{ f(\epsilon_k) + \frac{\partial f}{\partial \epsilon_k} \mu_B H \right\} - \left\{ f(\epsilon_k) - \frac{\partial f}{\partial \epsilon_k} \mu_B H \right\} \right]$$
$$= -2\mu_B^2 \sum_k \frac{\partial f(\epsilon_k)}{\partial \epsilon_k}$$

$$= 2\mu_B^2 N(0)\left[1 + \frac{\pi^2}{6}(k_B T)^2\left\{\frac{N''(0)}{N(0)} - \left(\frac{N'(0)}{N(0)}\right)^2\right\}\right] + \cdots$$
$$\equiv \chi_P \simeq 2\mu_B^2 N(0) \qquad (26.1.19)$$

와 같은데, 이를 파울리 스핀 감수율이라고 한다. 여기에서 $N(0)$는 페르미 에너지에서의 상태밀도이며

$$N'(0) = \left|\frac{\partial N(\epsilon)}{\partial \epsilon}\right|_{\epsilon=\epsilon_F} \qquad (26.1.20)$$

이다. 또한 온도의 항이 포함되어 있는 항은 $O(k_B T/\epsilon_F)^2$ 정도가 되는데, 실제로 상온에서 페르미 에너지는 매우 크기 때문에 온도의 제곱 항은 매우 작아 무시할 수 있다. 파울리 스핀 감수율은 금속전자에 자기장을 가할 때 생기는 자기 감수율이며 온도에 무관하다. 앞서 밴블렉 자기 감수율도 온도에 무관한 값을 주는데, 어떤 시료의 자기 감수율이 밴블렉인지 파울리 자기 감수율인지는 그 시료의 전기적 특성을 측정하여 금속이면 파울리 자기 감수율일 가능성이 크고 부도체인 경우 밴블렉 자기 감수율일 가능성이 크다.

26.1.2 스핀의 상태밀도

파울리 상자성이 생기는 이유는 외부 자기장을 음의 방향으로 가하면 $H = -|H|$ 업 스핀과 다운 스핀의 상태밀도에 각각의 변화가 생기기 때문이다. 원래 업 스핀과 다운 스핀의 상태밀도가 같아서 총 스핀이 0이 되는데, 외부 자기장에 대해 스핀의 밀도에 차이가 생기기 때문에 자성이 발생하게 된다. 훈트 규칙에서 나오는 궤도 각운동량이 금속 자성에는 영향을 미치지 않는다. 그 이유는 금속 자성은 자성을 일으키는 원인이 돌아다니는 전자에서 나오기 때문에 궤도 각운동량이 정의되지 않기 때문이다. 파울리 스핀의 전자밀도는

$$n_\sigma = \langle n_\sigma \rangle = \sum_k \langle a_{k\sigma}^\dagger a_{k\sigma} \rangle = \int d\epsilon\, N(\epsilon) f(\epsilon - \sigma\mu_B |H|)$$
$$= \int d\epsilon'\, N(\epsilon' + \sigma\mu_B |H|) f(\epsilon') = \int d\epsilon\, N_\sigma(\epsilon) f(\epsilon) \qquad (26.1.21)$$

여기에서 $N_\sigma(\epsilon) = N(\epsilon + \sigma\mu_B |H|)$이며 z축 스핀이 σ인 전자의 상태밀도이다.

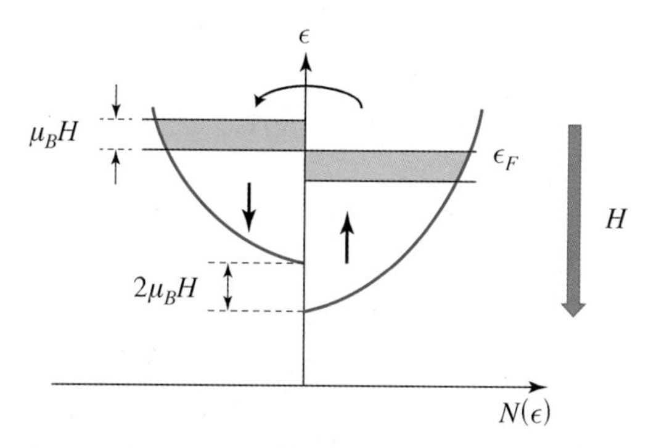

그림 26-1 음의 자기장이 걸렸을 때 스핀 업과 스핀 다운의 상태밀도 함수

자기장에 대해 업 스핀과 다운 스핀의 전자의 상태밀도에 차이가 생기는데, 그 차이는 상태밀도 함수를 테일러 전개해서 스핀 업과 다운을 빼면

$$\Delta n_{\uparrow} = -\Delta n_{\downarrow} \simeq N(0)\mu_B |H| \tag{26.1.22}$$

만큼의 크기로 업 스핀과 다운 스핀의 차이가 생긴다. 스핀 업과 스핀 다운의 차이에 따른 자기화는 $M = -\mu_B(n_{\uparrow} - n_{\downarrow})$이며, 이는 업 스핀과 다운 스핀의 밀도 차이에 의해 생기므로 파울리 자기 감수율은

$$\chi_p = \frac{-\mu_B(n_{\uparrow} - n_{\downarrow})}{H} = \frac{\mu_B(\Delta n_{\uparrow} - \Delta n_{\downarrow})}{H} = 2\mu_B^2 N(0) \tag{26.1.23}$$

로 주어지고, 이는 식 (26.1.19)와 같은 결과이다. 이에 대한 도식을 그림 26-1에 나타냈다. 음의 자기장이 가해지면 스핀 다운의 상태밀도가 $\mu_B H$만큼 증가하며 스핀 업의 상태밀도는 같은 양만큼 감소한다. 그리하여 상태밀도는 $2\mu_B H N(0)$만큼 차이가 생기고 이것의 자기 감수율은 정의에 따라 $2\mu_B^2 N(0)$이 되는 것이다.

전도전자에 의한 파울리 스핀 감수율과 국소전자에 의한 퀴리 스핀 감수율을 비교해 보면 퀴리 스핀 감수율 χ_c은 온도에 반비례하는 경향을 보여주고 파울리 스핀 감수율 χ_p은 온도에 무관한 값을 갖는다.

$$\chi_c = O\left(\frac{\mu_B^2 N}{k_B T}\right) \tag{26.1.24}$$

$$\chi_p = O\left(\frac{\mu_B^2 N}{\epsilon_F}\right) \tag{26.1.25}$$

따라서 파울리 스핀 감수율과 퀴리 스핀 감수율의 비를 보면

$$\frac{\chi_p}{\chi_c} = O\left(\frac{k_B T}{\varepsilon_F}\right) \tag{26.1.26}$$

정도가 되고 페르미 에너지가 대충 $\epsilon_F \simeq 1\ \text{eV} \simeq 10{,}000\ \text{K}$ 정도가 되는 것을 감안하면 위 식의 값은 상온에서 10^{-2} 정도의 값을 갖는다. 즉, 상온에서($k_B T \ll \epsilon_F$) 파울리 스핀 감수율은 매우 작은 값을 갖는다.

금속 자성을 보이는 물질로는 대표적으로 철, 니켈, 코발트 등이 있다. 이들은 모두 상온에서 자발 자기화를 갖는 강자성 물질이다. 그러나 파울리 상자성은 단지 외부 자기장에 대한 금속전자의 반응에 따른 스핀의 상자성이고 파울리 상자성으로는 자발 자기화를 설명할 수 없다. 따라서 금속 자성체의 자발 자기화를 설명하려면 전도전자들 사이의 교환 상호작용을 고려해야 한다.

26.2 금속 자성체의 교환 상호작용

앞서 파울리 상자성은 전도전자의 운동에너지와 외부 자기장에 의한 제만 에너지를 고려하였다. 여기에 교환 상호작용을 고려해야 한다. 사실 교환 상호작용은 쿨롱 상호작용의 일종이므로 해밀토니안은 $H = H_0 + H' + H_c$와 같이 쿨롱 상호작용 해밀토니안 H_c만 고려해주면 된다. 그럼 전자밀도는

$$n = \langle a_{k\sigma}^\dagger a_{k\sigma} \rangle = \frac{1}{Z} tr\left[\exp\{-\beta(H_0 + H' + H_c - \mu N)\} a_{k\sigma}^\dagger a_{k\sigma}\right] \tag{26.2.1}$$

인데, 여기에서 tr은 행렬의 대각선 요소의 합인 ‘trace’를 의미한다. 합을 뜻하는 $\sum$를 쓰지 않고 trace를 쓴 것은 해밀토니안이 행렬요소가 포함되어 있기 때문이다. 또한 전자의 개수가 n개이므로 화학적 퍼텐셜은 μn이 되었다. 분할함수는

$$Z = tr \exp\{-\beta(H_0 + H' + H_c - \mu N)\} \tag{26.2.2}$$

가 된다. 쿨롱 상호작용의 해밀토니안은

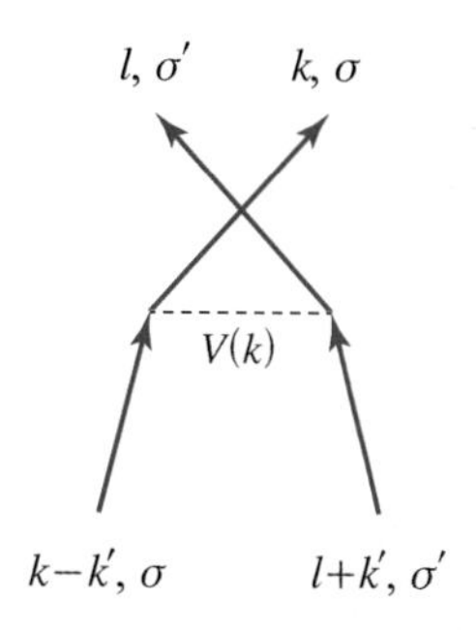

그림 26-2 쿨롱 교환 상호작용의 파인만 다이어그램

$$H_c = \sum_{k,l,k'}\sum_{\sigma,\sigma'} V(k')a_{l\sigma}^{\dagger}a_{l+k',\sigma'}a_{k\sigma}^{\dagger}a_{k-k',\sigma} \tag{26.2.3}$$

으로 표시된다. 이 쿨롱 상호작용 해밀토니안은 그림 26-2와 같이 운동량과 스핀이 각각 $k-k'$, σ를 갖는 전자와 $l+k'$, σ'을 갖는 전자가 쿨롱 상호작용 $V(k)$의 작용으로 운동량과 스핀이 각각 k, σ와 l, σ'이 되는 과정을 기술하고 있다. 고체 안에는 전자가 매우 많고 쿨롱 상호작용 H_c는 $a_{k\sigma}^{\dagger}a_{k\sigma}$ 항이 2개나 포함되어 있으므로 식 (26.2.1)은 비선형 방정식이 되어 정확하게 해석적으로 푸는 것이 불가능하다.

26.2.1 평균장 이론

이런 경우에 일반적으로 다체 이론에서는 평균장 이론을 사용한다. 그러면 비선형 방정식을 선형 방정식으로 다룰 수 있어서 해석적 풀이가 가능해진다. 평균장 근사를 취한다는 것은

$$a^{\dagger}a^{\dagger}aa \rightarrow \langle a^{\dagger}a \rangle a^{\dagger}a \tag{26.2.4}$$

으로 수 연산자의 평균을 취하여 계산하면 수 연산자의 1차 방정식이 될 수 있다. 파울리 상자성에서는 상호작용을 고려하지 않았지만 그것으로는 스핀의 자발 자기화를 설명할 수 없었으므로 교환 상호작용을 고려해야 한다. 가능한 상호작용으로 다음과 같이 3가지가 있다.

① 전자-전자 상호작용

전도전자(conduction electron)끼리의 상호작용은 기본적으로 쿨롱 상호작용이다. 절대영도

에서 전자-전자 상호작용은 전자밀도와 쿨롱 상호작용의 곱으로 표시할 수 있다.

$$\frac{1}{2}\lim_{k\to 0} V(k)n(0)n(0) = \frac{1}{2}\lim_{k\to 0} V(k)n^2 \tag{26.2.5}$$

여기에서 앞의 1/2은 전자들은 서로 구별할 수 없으므로 전자들 간의 상호작용에서 발생하는 이중계산을 제거하기 위한 것이다. 쿨롱 상호작용

$$V(\vec{r}) = \frac{e^2}{\left|\vec{r} - \vec{r'}\right|} \tag{26.2.6}$$

을 푸리에 변환하여 운동량 공간에서 표시하면

$$V(\vec{k}) = \frac{1}{(2\pi)^{3/2}}\int d\vec{r}\, V(\vec{r}) e^{-i\vec{k}\cdot\vec{r}} \tag{26.2.7}$$

이다.

② 이온-이온 상호작용

이온 간에도 쿨롱 상호작용이 있으며 이들은 전하가 양의 전하라는 것과 원자량 Z가 있다는 것만 다를 뿐 전도전자의 상호작용과 기본적으로 같다.

$$\frac{1}{2}\lim_{k\to 0} V(\vec{k}) n^2 \tag{26.2.8}$$

③ 전자-이온 상호작용

전자와 이온 간에는 음의 쿨롱 상호작용이 존재하고 이들은 서로 구별되므로 1/2을 곱하지 않고 다음과 같이 표현한다.

$$-\lim_{k\to 0} V(\vec{k}) n^2 \tag{26.2.9}$$

이 3가지 상호작용을 고려하면 상호작용의 총합은 0이 되는데, 이것이 에너지가 발산하지 않는 결과를 준다. 따라서 이와 같이 쿨롱 상호작용을 고려하고 평균장 근사를 사용하면 쿨롱 상호작용의 영향은 없어져 버린다. 교환 상호작용 해밀토니안은

$$H_{MF} = -\sum_{lk'}\sum_{k\sigma\sigma'}{}' V(\vec{k})\left\langle a_{k\sigma}^{\dagger}\, a_{l+\vec{k}'\sigma'}\right\rangle a_{l\sigma'}^{\dagger}\, a_{k-k'\sigma} \tag{26.2.10}$$

으로 쓸 수 있는데, $\sum'$이 뜻하는 것은 $k \neq 0$인 조건에서의 합을 뜻한다. 여기에서 음의 부호가 나온 것은 식 (26.2.3)에서 $a_{l\sigma'}^{\dagger}$와 $a_{l+k',\sigma'}$의 순서를 바꾸었기 때문이다. 식 (26.2.10)의 해밀토니안을 하트리·폭 근사라고 한다. 하트리·폭 근사는 그림 26-2의 오른쪽 부분을 평균으로 근사하는 것이다. 이때 이 평균값은

$$\left\langle a_{k\sigma}^{\dagger}\, a_{l+\vec{k}',\sigma'}\right\rangle = \left\langle a_{l+k',\sigma'}^{\dagger}\, a_{l+\vec{k}',\sigma}\right\rangle \delta_{\sigma\sigma'}\delta_{l+k',k} \tag{26.2.11}$$

과 같이 스핀이 같은 값에 대해서만 취하게 된다. 따라서 평균장 이론에 따른 교환 상호작용은

$$H_{MF} = -\sum_{lk\sigma}{}' V(\vec{k})\left\langle a_{l+k\sigma}^{\dagger}\, a_{l+k\sigma}\right\rangle a_{l\sigma}^{\dagger}\, a_{l\sigma} \tag{26.2.12}$$

으로 정리되어 운동량과 스핀이 $(l,\ \sigma)$인 전자와 $(l+k,\ \sigma)$인 전자 사이에 인력이 작용하고 있음을 나타내고 있다. 중요한 점은 이들의 스핀인데, 스핀이 같은 방향을 향할 때 인력이 작용하고 있으므로 교환 상호작용 해밀토니안에서는 같은 스핀을 가져 낮은 에너지를 가지려 하는데, 이것이 자발 자기화의 근원이 된다. 식 (26.2.10)에서 음의 값이 나온 것은 생성 연산자와 소멸 연산자의 교환에서부터 나온 것이며, 이는 전자가 스핀 1/2인 페르미온(Fermion)이어서 나오는 성질이기 때문에 인력이 작용하는 근본 원인은 파울리의 배타원리에 의한 것임을 의미한다.

26.3 금속 자성체의 강자성: 스토너 이론

파울리 상자성에서의 파울리 자기 감수율을 계산했듯이 교환 상호작용을 고려한 금속 자성에서의 자기 감수율을 계산해보자. 자기 감수율 계산에는 식 (26.1.21)과 같이 페르미 함수를 포함하고 있다. 식 (26.2.12)의 평균값은 수 연산자의 평균값으로써 사실상 페르미 함수에 해당한다. 이는 평균값에 대한 통계역학적 공식으로부터

$$\begin{aligned}\langle a^{\dagger}_{l+k,\sigma}\, a_{l+k,\sigma}\rangle &= f(\epsilon_{l+k,\ \sigma}) \\ &= \frac{1}{Z} tr\exp\{-\beta(H_0 + H' + H_{MF} - \mu N)\, a^{\dagger}_{l+k,\sigma} a_{l+k,\sigma}\}\end{aligned} \tag{26.3.1}$$

과 같이 나타낼 수 있다. 여기에서 분할함수는 $Z = tr\exp\{-\beta(H_0 + H' + H_{MF} - \mu N)\}$으로 주어진다. 이때 교환 상호작용을 나타내는 평균장 해밀토니안은

$$\begin{aligned}H_{MF} &= -\widetilde{V}(0)\sum_{lk\sigma} f(\epsilon_{l+k,\ \sigma})\, a^{\dagger}_{l\sigma}\, a_{l\sigma} \\ &= \sum_{l\sigma}\{-\widetilde{V}(0) n_{\sigma}\} a^{\dagger}_{l\sigma}\, a_{l\sigma}\end{aligned} \tag{26.3.2}$$

와 같다. 여기에서 $\overline{V}(0)$은 교환 상호작용의 크기를 나타내는 인자이며 페르미 함수의 모든 운동량에 대한 합은 스핀 σ를 갖는 전자의 개수에 해당하므로

$$n_{\sigma} = \sum_{k} f(\epsilon_{k,\sigma}) \tag{26.3.3}$$

이다. 이러한 관계식으로부터 총 해밀토니안은

$$H = H_0 + H' + H_{MF} = \sum_{k,\sigma}\{\epsilon_k - \widetilde{V}(0) n_{\sigma} + \sigma\mu_B H\} a^{\dagger}_{k\sigma}\, a_{k\sigma} \equiv \sum_{k,\sigma} \epsilon_{k,\sigma}\, a^{\dagger}_{k\sigma}\, a_{k\sigma} \tag{26.3.4}$$

으로 나타난다. 여기에서 에너지는 $\epsilon_{k\sigma} = \epsilon_k + \sigma\mu_B H - \widetilde{V}(0) n_{\sigma}$이며 외부 자기장 H의 존재와 교환 상호작용 $\widetilde{V}(0)$을 포함하고 있다. 이것은 다음과 같이 다시 쓸 수 있다.

$$\epsilon_{k,\sigma} = \epsilon_k + \sigma\left[\mu_B H - \frac{\widetilde{V}(0)}{2}(n_{\uparrow} - n_{\downarrow})\right] - \frac{\widetilde{V}(0)}{2}(n_{\uparrow} + n_{\downarrow}) \tag{26.3.5}$$

마지막 항에서 $n_{\uparrow} + n_{\downarrow} = n$이며, 이는 상수에 해당한다. 사실 상수 에너지는 물리적 상황을 변화시키지 않기 때문에 무시할 수 있다. 또한 앞서 $n_{\uparrow} - n_{\downarrow} = 2\mu_B N(0)|H|$라고 알고 있으며 $\chi = 2\mu_B^2 N(0)$ 인데, 이때의 자기 감수율은 교환 상호작용을 고려했을 때의 자기 감수율이므로 이를 χ_s라 하자. 그러면 에너지는

$$\epsilon_{k,\sigma} = \epsilon_k + \sigma\,\mu_B H_{eff} \tag{26.3.6}$$

로 쓸 수 있고 여기에서 유효 해밀토니안은 다음과 같다.

$$H_{eff} = H\left[1 + \frac{1}{2\mu_B^2}\widetilde{V}(0)\chi_s\right] \tag{26.3.7}$$

한편 자기모멘트의 z축 성분의 평균값은 식 (26.1.17)에서 식 (26.1.19)로부터

$$\langle M_z \rangle = -\mu_B \sum_{k\sigma} \sigma f(\epsilon_{k\sigma})$$

$$f(\epsilon_{k\sigma}) = f(\epsilon_k + \sigma\mu_B H_{eff}) = f(\epsilon_k) + \frac{\partial f(\epsilon_k)}{\partial \epsilon_k}\sigma\mu_B H_{eff} + \cdots$$

으로 주어지기 때문에 자기 감수율은

$$\begin{aligned}\chi = \lim_{H\to 0}\frac{\langle M_z \rangle}{H_{eff}} &= -\frac{\mu_B}{H_{eff}}\sum_k\left[f(\epsilon_k) + \frac{\partial f(\epsilon_k)}{\partial \epsilon_k}\mu_B H_{eff} - \left\{f(\epsilon_k) - \frac{\partial f(\epsilon_k)}{\partial \epsilon_k}\mu_B H_{eff}\right\}\right] \\ &= -2\mu_B^2\sum_k \frac{\partial f(\epsilon_k)}{\partial \epsilon_k} = \chi_p \end{aligned} \tag{26.3.8}$$

가 되고, 이때 자기 감수율을 파울리 자기 감수율에 해당한다. 즉, 자기화를 유효 자기장으로 나눠주면 교환 상호작용의 항까지 통째로 나눠주게 되므로 파울리 자기 감수율 χ_p이고 외부 자기장으로 나눠주면 교환 상호작용을 고려하고 있으므로 χ_s가 된다. 그러므로

$$\langle M_z \rangle = \chi_p H_{eff} = \chi_s H \tag{26.3.9}$$

가 되어서

$$\chi_p H_{eff} = \chi_p H\left[1 + \frac{\widetilde{V}(0)\chi_s}{2\mu_B^2}\right] = \chi_s H \tag{26.3.10}$$

이고, χ_s로 묶으면

$$\chi_s\left[1 - \frac{\widetilde{V}(0)\chi_p}{2\mu_B^2}\right] = \chi_p \tag{26.3.11}$$

로써 χ_s와 χ_p는 다음과 같은 관계를 갖는다.

$$\chi_s = \frac{\chi_p}{1 - \dfrac{\widetilde{V}(0)\chi_p}{2\mu_B^2}} \tag{26.3.12}$$

χ_s를 스토너 자기 감수율이라고 한다. $\chi_p = 2\mu_B^2 N(0)$를 대입하면

$$\chi_s = \frac{2\mu_B^2 N(0)}{1 - \dfrac{1}{2\mu_B^2}\widetilde{V}(0)\,2\mu_B^2 N(0)} = \frac{2\mu_B^2 N(0)}{1 - \widetilde{V}(0)\,N(0)} \tag{26.3.13}$$

로 정리된다. 이것으로부터 특정한 조건, 즉 $\widetilde{V}(0)N(0) = 1$에서 스토너 자기 감수율은 무한대로 발산함을 알 수 있다. 자기 감수율이 발산한다는 것은 외부 자기장 없이 자발 자기화가 존재한다는 뜻이므로 강자성 상전이가 있다는 뜻이 된다. 다른 조건으로 $\widetilde{V}(0)N(0)$이 1보다 크거나 작은 경우, 첫 번째로 $\widetilde{V}(0)N(0) > 1$이면 스토너 자기 감수율은 음의 값을 갖게 되는데($\chi_s < 0$), 이는 물리적으로 상자성 상태가 정의되지 않음을 의미하고 다른 말로 강자성 상태가 있는 것을 말한다. $\widetilde{V}(0)N(0) < 1$이 되면 스토너 자기 감수율은 양의 값이 되어서($\chi_s > 0$) 상자성 상태가 된다. 이를 정리하면 식 (26.3.13)에 따라 $\widetilde{V}(0)N(0) \geq 1$이 강자성 상태가 되는 조건이며, 이를 스토너 조건(Stoner's criterion)이라고 한다.

26.3.1 스토너 이론에서의 강자성

스토너 조건은 외부 자기장 없이 자발 자기화에 의하여 그림 26-3에서처럼 스핀 업/다운의 대칭성이 깨지는 것을 말한다. 스핀의 대칭성이 존재할 때의 에너지를 E_a, 대칭성이 깨진 상태의 에너지를 E_b라 할 때 그 에너지 차이는

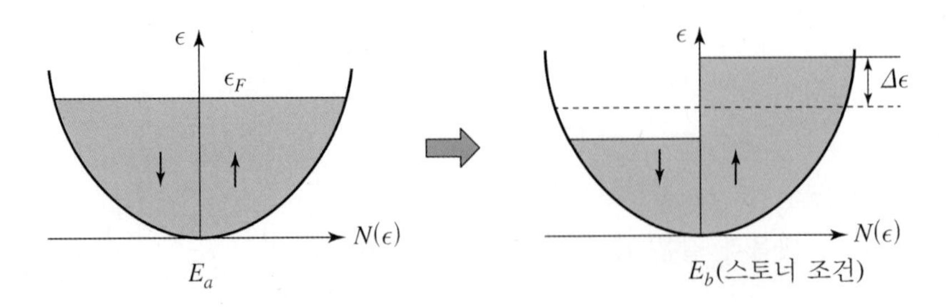

그림 26-3 일반 금속의 스핀에 다른 상태밀도와 스토너 조건에서의 상태밀도 함수와 에너지와의 관계

$$\Delta E = E_b - E_a = \Delta E_{kin} + \Delta E_{ex} \tag{26.3.14}$$

이며, 운동에너지 차이 ΔE_{kin}와 교환 에너지 차이 ΔE_{ex}의 합으로 주어진다. 그림 26-3에서 운동에너지의 변화는 스핀 다운 상태의 수 $N(0)\Delta\epsilon$에 스핀 회전에 의한 에너지 이득 $\Delta\epsilon$의 곱이다.

$$\Delta E_{kin} \simeq (N(0)\Delta\epsilon)\Delta\epsilon > 0 \tag{26.3.15}$$

운동에너지의 변화에 의해서는 양의 에너지 값을 획득하므로 운동에너지는 자발 자기화 발생을 방해하게 된다. 반면 교환 에너지는

$$\begin{aligned}\Delta E_{ex} &= -\frac{\widetilde{V}(0)}{2}(n_\uparrow - n_\downarrow)^2 = -\frac{\widetilde{V}(0)}{2}\left(n_\uparrow^2 - n_\downarrow^2 - 2n_\uparrow n_\downarrow\right)\\ &= -\frac{\widetilde{V}(0)}{2}\left\{2(n_\uparrow^2 + n_\downarrow^2) - \left(n_\uparrow^2 + n_\downarrow^2 + 2n_\uparrow n_\downarrow\right)\right\}\\ &= -\frac{\widetilde{V}(0)}{2}\left\{2(n_\uparrow^2 + n_\downarrow^2) - n^2\right\}\end{aligned} \tag{26.3.16}$$

에 의해서 음의 에너지 값을 주게 되므로 자발 자기화에 기여하게 된다.

업 스핀과 다운 스핀의 개수를 다음과 같이 표현할 수 있는데

$$n_\uparrow = \frac{n}{2} + \Delta n, \quad n_\downarrow = \frac{n}{2} - \Delta n \tag{26.3.17}$$

여기에서 상태밀도의 정의로부터 $\Delta n = N(0)\Delta\epsilon$이다. 이것을 식 (26.3.16)에 대입하여 교환 에너지의 차이를 계산하면

$$\begin{aligned}\Delta E_{ex} &= -\frac{\widetilde{V}(0)}{2}\left\{2\left(\frac{n}{2} + \Delta n\right)^2 + 2\left(\frac{n}{2} - \Delta n\right)^2 - n^2\right\}\\ &= -\widetilde{V}(0)\left(2(\Delta n)^2 + n^2 - n^2\right) = -2\widetilde{V}(0)(N(0)\Delta\epsilon)^2 < 0\end{aligned} \tag{26.3.18}$$

이 된다. 따라서 운동에너지 변화와 교환 에너지 변화의 합인 총에너지의 변화량은

$$\Delta E = N(0)(\Delta\epsilon)^2\{1 - \widetilde{V}(0)N(0)\} \le 0 \tag{26.3.19}$$

이 되어 에너지의 변화량이 음이 되는 조건은 $\widetilde{V}(0)N(0) \ge 1$로써 스토너 조건과 같은 결과를 주게 된다. 스토너 조건이 제시하고 있는 결론은 전자 간 교환 상호작용이 강하

고 페르미 에너지에서 상태밀도가 높은 전자계일수록 금속전자의 강자성 특성이 높게 나타난다는 것을 의미하는 것이다.

26.3.2 스토너 자기 감수율의 온도의존성

앞서 스토너 자기 감수율 χ_s과 파울리 자기 감수율 χ_p은 다음과 같은 관계가 있음을 보였는데

$$\chi_s = \frac{\chi_p}{1 - \dfrac{1}{2\mu_B^2}\overline{V}(0)\chi_p}$$

파울리 자화율은 식 (26.1.19)에 따라

$$\chi_p = 2\mu_B^2 N(0)\left[1 + aT^2\right] \tag{26.3.20}$$

와 같은 약한 온도의존성을 갖는다고 하였다. 여기에서 a는

$$a = \frac{\pi^2}{6}k_B^2\left[\left(\frac{N'(0)}{N(0)}\right)^2 - \frac{N''(0)}{N(0)}\right] \tag{26.3.21}$$

이며 $(k_B T_c/\epsilon_F)^2 \ll 1$인 경우에서 성립한다. 온도의존성을 갖는 파울리 자기 감수율을 대입하면 스토너 자기 감수율의 온도의존성을 알 수 있다.

$$\chi_s = \frac{2\mu_B^2 N(0)(1 + aT^2)}{1 - \overline{V}(0)N(0)(1 + aT^2)} = \frac{2\mu_B^2 N(0)(1 + aT^2)}{(1 - \widetilde{V}) + \widetilde{V}aT^2} \tag{26.3.22}$$

여기에서 $\widetilde{V} = \overline{V}(0)N(0)$으로 표기하였다.

강자성 상전이 온도 $T = T_c$에서 스토너 자기 감수율은 발산하기 때문에 분모가 0이 되는 조건으로부터

$$T_c^2 = \frac{\widetilde{V} - 1}{\widetilde{V}a} \tag{26.3.23}$$

$$T_c = \left(\frac{\overline{V} - 1}{\overline{V}a}\right)^{\frac{1}{2}} \quad (a > 0) \tag{26.3.24}$$

으로 표현된다. 이를 식 (26.3.22)에 대입하면

$$\chi_s = \frac{2\mu_B^2 N(0)(1+aT^2)/\widetilde{V}a}{T^2 - T_c^2} \tag{26.3.25}$$

가 된다. 분자의 aT^2항이 매우 작기 때문에 이를 다시 고쳐 쓰면

$$\chi_s = \frac{2\mu_B^2 N(0)/\widetilde{V}a}{(T+T_c)(T-T_c)} \tag{26.3.26}$$

로도 쓸 수 있는데, 이는 전이온도 근처에서 스토너 자기 감수율은 퀴리-바이스 자기 감수율과 비슷한 경향성을 보인다는 것을 알 수 있다. 그러나 실제로는 전이온도보다 큰 고온에서도 퀴리-바이스 자기 감수율이 관찰되기 때문에 때때로 금속 자성체가 국소자성에 의한 퀴리 자화율과 종종 혼동되기도 한다. 따라서 어떤 자성이 국소자성에 의한 것이냐 금속 자성에 의한 것이냐를 판별하는 것은 단순히 자기 감수율만을 가지고 판단해서는 안 되고 전기적 특성 및 중성자 회절에 의한 자기구조 등 다양한 자성물성의 연구가 병행되어야 판별할 수 있게 된다.

이런 점에서 스토너 이론으로 금속 자성을 논하는 데 있어서 몇 가지 문제가 있다. 첫째로 자화율 측정을 근거로 추정하는 강자성 전이온도는 실제 시료의 전이온도와 비교할 때 너무 높게 예측한다는 점이다. 둘째로는 스토너 자기 감수율은 고온에서 퀴리-바이스 법칙을 따르지 말아야 하는데 실제로는 많은 금속 자성체에서 퀴리-바이스 법칙을 따른다는 데 있다. 이 문제는 그리 단순하지 않아서 몇몇 연구자들은 이 문제를 스핀 밀도파와 전자-포논 상호작용의 고려를 통해 해결하려고 노력하고 있다.

26.4 RKKY 상호작용

금속 자성이 꼭 전자들 간의 교환 상호작용으로 문제가 해결되는 것은 아니다. 이 외에도 다양하고 복잡한 금속 자성의 상호작용들이 존재한다. 그 중 하나가 RKKY(Rudermann-Kittel-Kasuya-Yoshida) 상호작용이다. RKKY 상호작용은 돌아다니는 전자와 국소 스핀 간의 상호작용에 의해 나타나는 자성 현상이다. 국소 스핀 간의 상호작용은 24장에서

다루었지만 만약 국소 스핀 간의 거리가 먼 경우는 교환 상호작용이 너무 작아 상호작용이 나타나지 않을 수 있다. 그렇지만 돌아다니는 전자의 스핀과 국소 스핀과 상호작용을 하면서 간접적으로 멀리 떨어져 있는 국소 스핀과 상호작용이 가능할 수 있다. 이는 마치 멀리 떨어져 있는 연인에게 편지나 전화 등을 이용해 간접적으로 상호작용함으로써 서로 교류할 수 있는 것과 같다. 물론 직접 만나 상호작용하는 것보다는 상호작용의 강도가 적겠지만 그래도 충분히 서로의 정을 전달할 수는 있다. 이 경우에는 전화나 편지 같은 매개체가 존재해야 하며 그것을 전도전자의 스핀이 수행하고 있는 것이다.

26.4.1 프리델 진동

국소 스핀 하나가 외로이 떨어져 있다고 생각해보자. 이 스핀은 일종의 자기장으로써

$$H_z(\vec{r}) = VH_z\delta(\vec{r}) \tag{26.4.1}$$

와 같이 델타(δ-)함수와 같이 z축으로 국지성의 자기장 H_z를 발생하고 있다. V는 부피인데 델타 함수의 차원이 부피의 역수이기 때문에 나왔다.

$$[\delta(\vec{r})] = [V^{-1}] \tag{26.4.2}$$

델타함수를 푸리에 변환(Fourier transformation)하면 평면파의 형식으로 변환되기 때문에 수학적으로 다루기 쉽다.

$$\delta(\vec{r}) = \frac{1}{V}\sum_{\vec{q}} e^{i\vec{q}\cdot\vec{r}} \tag{26.4.3}$$

따라서 국소 스핀은

$$H_z(\vec{r}) = \sum_q H_z e^{i\vec{q}\cdot\vec{r}} \tag{26.4.4}$$

와 같이 쓸 수 있다. 이를 이용하여 국소 스핀의 자기화의 평균값은

$$\langle M_z(\vec{r})\rangle = \frac{1}{V}\sum_q \langle M_z(\vec{q})\rangle e^{i\vec{q}\cdot\vec{r}} \tag{26.4.5}$$

인데, 선형응답 이론에 의하면 위 식은

$$\langle M_z(\vec{r}) \rangle = \frac{2\mu_B^2 H_z}{V} \sum_q F(\vec{q}) e^{i\vec{q} \cdot \vec{r}} = 2\mu_B^2 H_z F(\vec{r}) \tag{26.4.6}$$

로 계산된다. 여기에서 $F(\vec{r})$을 프리델 함수(Friedel function) 또는 린드하드 함수(Lindhard function)라고 하며 다음과 같이 정의된다.

$$\begin{aligned} F(\vec{r}) &= \frac{1}{V} \sum_q F(\vec{q}) e^{i\vec{q} \cdot \vec{r}} \\ &= \frac{6\pi n N(0)}{V} \frac{\sin(2k_F r) - 2k_F r \cos(2k_F r)}{(2k_F r)^4} \end{aligned} \tag{26.4.7}$$

프리델 함수를 그림으로 그려보면 그림 26-4와 같이 진동하는 모양을 보인다. 그래서 이것을 프리델 진동(Friedel oscillation)이라고 한다. 이것은 처음 Rudermann과 Kittel이 델타함수적인 원자핵의 자기장에 의하여 전도전자가 어떻게 자기화되는지 연구하였을 때 밝혀낸 결과이다. 이후 Kasuya와 Yoshida가 이 결과를 희토류 금속과 묽은 자성합금(dilute magnetic alloy)에 적용하여 이를 RKKY 진동이라고 부르기도 한다. 프리델 진동에 따라 국소 스핀이 만들어내는 자기장은 거리가 멀어짐에 따라 급격히 작아지면서 어느 지점에서 음의 자기화를 갖게 되기도 한다. 음의 자기화는 국소 스핀과 전도전자 간의 반강자성 상호작용을 의미한다. 자기화가 이렇게 진동하는 현상은 자기모멘트 주변으로 전하가 모이고 모인 전하는 자기모멘트를 가리게 되어 더 먼 거리에 있는 전자는 자기모멘트를 느끼지 못하여 더 멀어지고 이러한 경향이 반복되어 전하밀도가 진동을 일으키기는 것에 대응된다.

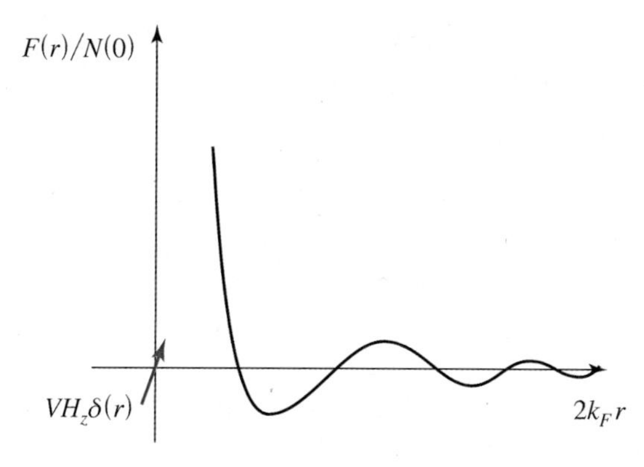

그림 26-4 프리델 함수의 진동

26.4.2 RKKY 상호작용: $s-d/s-f$ 모델

자기모멘트를 갖는 자성이온이 묽게 분포되어 있거나 자성이온 간의 거리가 먼 경우 자성 스핀은 델타함수로 간주될 수 있다. 예를 들어 구리에 망간을 도핑하는 경우 구리는 비자성체이며 망간은 $3d^5 2s^2$ 오비탈을 갖고 있어서 Mn^{2+}는 총 스핀이 $S=5/2$가 되어 델타함수의 자기모멘트가 된다. 이때 국소 스핀 주변에 있는 전도전자의 스핀과 국소 스핀의 상호작용을 고려해보자. 전도전자의 스핀은 주로 s 오비탈에서 오고, 망간의 자성은 d 오비탈에서 나오므로 d 오비탈의 자성이 주변 s 오비탈의 전자에 어떤 영향을 미치는지 계산해보자. 이것을 s-d 혼합(mixing)이라고 하며, 이것을 기술하는 해밀토니안은

$$H_{Sd} = -\int J(\vec{r}-\vec{R})\vec{S}(\vec{R}) \cdot \vec{\sigma}(\vec{r})d\vec{r}d\vec{R} \tag{26.4.8}$$

로 쓸 수 있는데, 여기에서

$$S(\vec{R}) = S_i\delta(\vec{R}-\vec{R_i}) \tag{26.4.9}$$

는 $\vec{R}$자리에 위치한 스핀 S의 스핀 연산자이며 $\vec{\sigma}(\vec{r})$은 전도전자 스핀 연산자이다.

$$J(\vec{r}-\vec{R}) = J\frac{V}{N}\delta(\vec{r}-\vec{R}) \tag{26.4.10}$$

은 국소 스핀과 전도전자 스핀 간의 직접 교환 상호작용으로써 J는 교환 적분이고 V/N은 한 원자의 부피에 해당한다. 이 스핀 연산자와 교환 상호작용을 넣으면 s-d 혼합 해밀토니안은

$$H_{Sd} = -J\frac{V}{N}\vec{S_i} \cdot \vec{\sigma}(\vec{R_i}) = -\int \left\{-\mu_B\sigma(\vec{r})\right\} \cdot \vec{H_d}(\vec{r})d\vec{r} \tag{26.4.11}$$

로 표현되는데, 여기에서 $\vec{H_d}(\vec{r})$은 다음과 같이 주어지는 d 오비탈 국소 스핀을 포함하

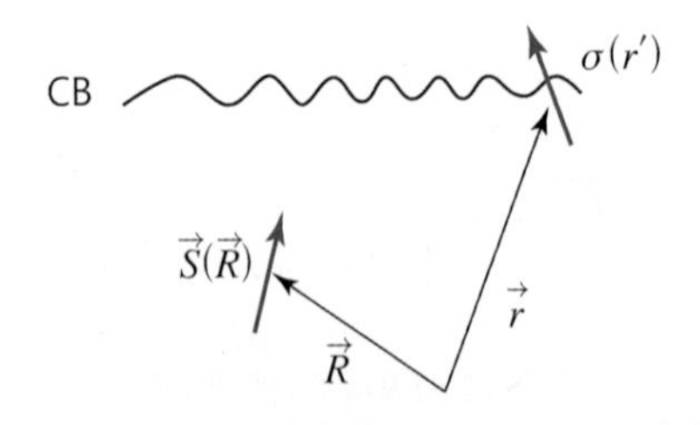

그림 26-5 국소 스핀 $\vec{S}(\vec{R})$과 전도전자 스핀 $\vec{\sigma}(\vec{r})$

는 스핀 벡터이다.

$$\overrightarrow{H_d}(\vec{r}) = -\frac{1}{\mu_B}\frac{V}{N}J\overrightarrow{S_i}\delta(\vec{r}-\overrightarrow{R_i}) \tag{26.4.12}$$

$\overrightarrow{H_d}(\vec{r})$가 의미하는 바는 국소 스핀은 델타함수와 같은 자기장으로 주어지는 것을 보여준다. 국소 스핀이 d 오비탈에서 나오면 s-d 혼합이고 국소 스핀이 f 오비탈에서 나오면 s-f 혼합이 되는데, 물리적으로는 동등하게 기술된다.

만약에 국소 스핀 $\overrightarrow{S_i}$가 델타함수와 같이 작용하면 RKKY 진동에 의해서 주변이 느끼는 자기모멘트는 그림 26-6과 같이 양과 음의 값으로 진동을 일으킨다. 그러면 전도전자의 스핀은 RKKY 진동에 따라 강자성 및 반강자성 상호작용을 하게 된다.

프리델 진동으로 야기되는 국소 스핀 $\overrightarrow{S_i}$에 의한 전도전자의 스핀 편극은

$$\langle\overrightarrow{\sigma_i}(\vec{r})\rangle = 2\frac{J}{N}\overrightarrow{S_i}F(\vec{r}-\overrightarrow{R_i}) \tag{26.4.13}$$

로 나타나고 이 전도전자의 스핀은 더 멀리 떨어진 또 다른 국소 스핀 $\overrightarrow{S_j}$와 또 상호작용함으로써 전도전자를 매개로 $\overrightarrow{S_i}$와 $\overrightarrow{S_j}$가 간접 상호작용하게 된다. 이를 RKKY 상호작용이라고 한다. 수학적으로 RKKY 상호작용 해밀토니안은

$$\begin{aligned} H_{RKKY} &= -\frac{V}{N}J\langle\sigma_i(\overrightarrow{R_j})\rangle\cdot\overrightarrow{S_j} \\ &= -2\left(\frac{J}{N}\right)^2 VF(\overrightarrow{R_j}-\overrightarrow{R_i})\overrightarrow{S_i}\cdot\overrightarrow{S_j} \end{aligned} \tag{26.4.14}$$

로 표현할 수 있으며 상호작용 $(J/N)^2$의 크기로 전도전자에 의해 매개되는 국소전자 $\overrightarrow{S_i}$와 $\overrightarrow{S_j}$의 상호작용을 기술하고 있다.

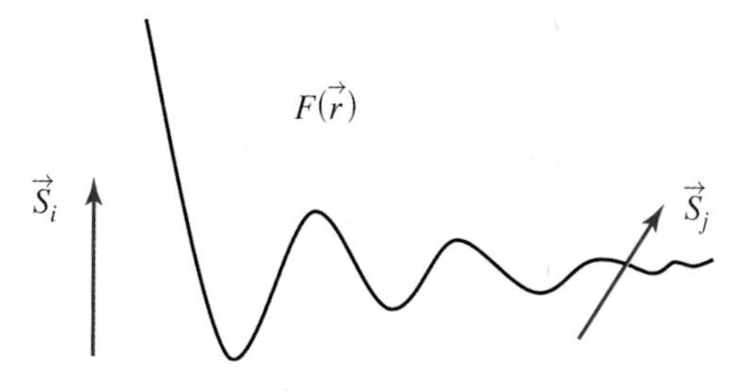

그림 26-6 프리델 진동에 의한 스핀 상호작용

26.5 콘도 효과

RKKY 상호작용과 마찬가지로 콘도 효과도 국소 스핀과 전도전자의 상호작용에 기인한다. 금속 안에 어떤 자성 불순물이 존재하여 자성 불순물의 국소 스핀과 전도전자의 스핀 간의 상호작용이 있을 때 콘도 효과(Kondo effect)라는 것이 발생하게 된다. 콘도 효과가 발생하면 그림 26-7과 같이 고온에서는 온도에 따라 전기저항이 작아지는 금속성 전기저항을 보이다가 어떤 지점에서 전기저항이 증가하는 현상을 보이게 된다. 콘도 효과는 1964년 일본의 물리학자 콘도에 의해 이론적으로 밝혀졌고 이후 앤더슨(P. W. Anderson)에 의해 앤더슨 모델로 발전하게 되었다. RKKY 상호작용과 콘도 효과가 다른 점은 국소 스핀과 전도 스핀 간의 상호작용 세기가 다르다는 것이다. RKKY 상호작용에 의한 자성 상태는 약한 결합(weak coupling) 영역에서 발생하며 콘도 효과는 강한 결합(strong coupling) 영역에서 나타난다. 왜 콘도 효과는 강한 결합 영역에서 발생하는가 하면 RKKY 상호작용의 스핀은 정적으로 고정되어 있지만 콘도 효과는 스핀의 동적 상태까지 고려하기 때문에, 국소 스핀과 전도전자 스핀 간의 보다 강한 결합에서 콘도 효과가 발생한다.

기본적으로 콘도 해밀토니안은 금속 안에 있는 자유전자 스핀이 단일 자성 불순물과 교환 상호작용 퍼텐셜에 의해 상호작용하는 것으로 기술된다.

$$H = \sum_{k,\ \sigma} \epsilon_k n_{k\sigma} + J \sum_{\sigma\sigma'} \vec{S} B \cdot \vec{s}(0) \qquad (26.5.1)$$

여기에서 $\vec{S}$는 단일 자성 불순물에 의한 국소 스핀이며 $\vec{s}(0)$는 $\vec{r}=0$에 있는 불순물 자리의 전도전자 스핀이다. 첫째 항은 운동에너지이며 둘째 항은 국소 스핀과 전도전자 스

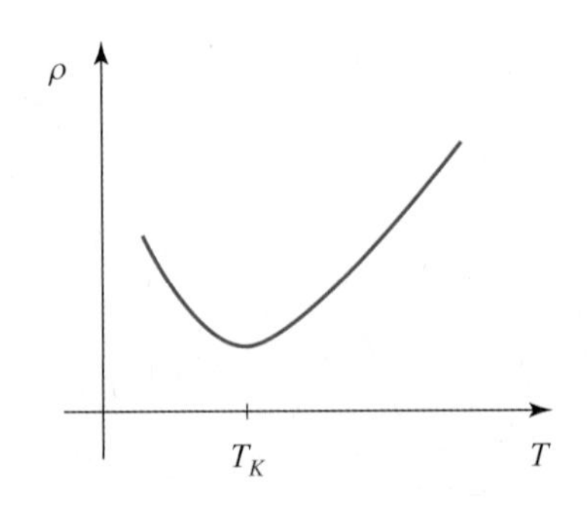

그림 26-7 콘도 효과에 의한 전기저항 곡선

핀 간의 교환 상호작용에 해당한다. 전도전자 스핀은 기본적으로 파울리 스핀행렬 $\vec{\sigma}$로 나타내며, 거기에 수 연산자 $C_{k\sigma}^{\dagger} C_{k'\sigma'}$를 고려하면 전도전자 스핀의 제2 양자화 표현으로 나타낼 수 있다.

$$\vec{s}(0) = \frac{1}{N}\sum_{k,\, k'}\sum_{\sigma\sigma'} C_{k\sigma}^{\dagger} C_{k'\sigma'} \vec{\sigma}_{\sigma\sigma'} = \sum_{\sigma\sigma'} \Psi_{\sigma}^{\dagger}(0)\Psi_{\sigma'}(0)\vec{\sigma}_{\sigma\sigma'} \tag{26.5.2}$$

여기에서 $\Psi_{\sigma}(0) = \frac{1}{\sqrt{N}}\sum_{k} C_{k\sigma}$이며, N으로 나눈 것은 단일전자의 스핀을 고려하기 위한 것이다.

일반적으로 콘도 효과는 d 전자를 갖는 전이금속 또는 f 전자를 갖는 희토류 원소에서 잘 나타난다. 전이금속 화합물에서 d 오비탈을 갖는 국소 스핀과 전도전자 스핀 간의 상호작용은 다음과 같이 앤더슨 해밀토니안(Anderson Hamiltonian)으로 나타낼 수 있다.

$$H_A = \sum_{k\sigma}\epsilon_k n_{k\sigma} + \sum_{k\sigma} V_{kd}(C_{k\sigma}^{+} C_{d\sigma} + C_{d\sigma}^{+} C_{k\sigma}) + U n_{d\uparrow} n_{d\downarrow} - \frac{U}{2}(n_{d\uparrow} + n_{d\downarrow}) \tag{26.5.3}$$

앤더슨 해밀토니안의 첫째 항은 운동에너지이며 k와 σ에 대한 합은 페르미 면에서 모든 에너지 밴드와 스핀의 합을 나타낸다. 둘째 항은 전도전자와 국소 스핀 간의 상호작용 에너지이다. 스핀 간의 상호작용 과정은 그림 26-8과 같이 운동량 k, 스핀 σ를 갖는 전도전자가 스핀 σ를 갖는 d 오비탈의 국소 스핀과 상호작용 에너지 V_{kd}로 상호작용하는 것이다. V_{kd}는 국소 d 오비탈과 전도전자 간의 전이 진폭(transition amplitude)이다. 셋째 항은 d 오비탈을 갖는 국소 스핀의 제자리 쿨롱 상호작용(on-site Coulomb interaction)으로써 d 오비탈 한 자리에 스핀 업/다운이 각각 들어갈 수 있고 그들 간의 상호작용은 쿨롱 상호작용 U가 작용한다. 마지막 항은 d 오비탈에서 스핀 하나를 제거하였을 때 발생하

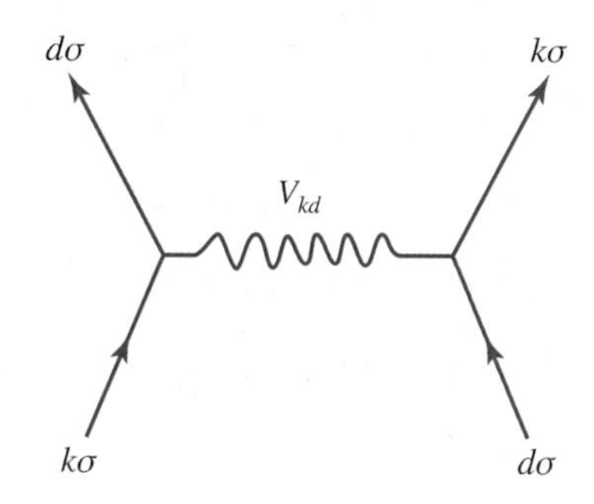

그림 26-8 앤더슨 해밀토니안의 전도전자와 국소 스핀 간의 상호작용

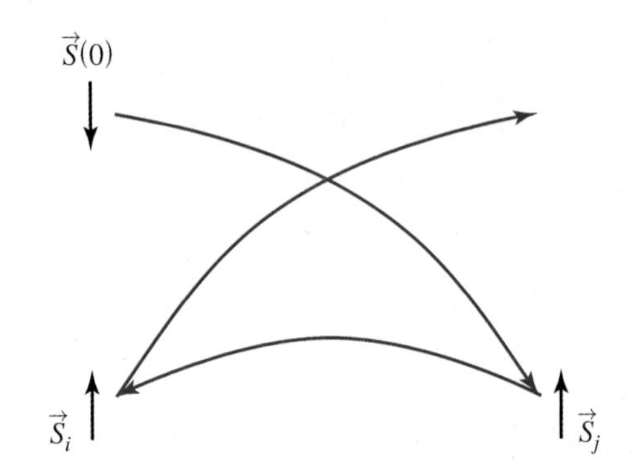

그림 26-9 전도전자와 국소 스핀 간의 다중 스핀 산란 과정

는 쿨롱 에너지의 감소를 나타낸다.

식 (26.5.3)으로 정의되는 앤더슨 해밀토니안을 재규격화 이론에 따라 2차 섭동 항까지 계산하면 결과적으로 콘도 효과를 나타내는 온도(콘도 온도 T_K)를 계산할 수 있다.

$$T_K \simeq \frac{E_c{}^0}{\sqrt{J(\tau)_0}} \exp\left[-\frac{1}{(J\tau)_0}\right] \tag{26.5.4}$$

여기에서 $\tau = 1/E_c$는 차단 에너지 E_c의 역수이며 J는 반강자성 상호작용의 상호작용 세기이다. 여기에서 섭동 이론으로써 2차 섭동 항까지 고려하는 물리적인 이유는 국소 스핀 $\vec{S}$와 전도전자 스핀 $\vec{s}(0)$ 간에 다중 스핀 산란(multiple spin scattering) 과정을 갖기 때문이다. 그림 26-9에서 그 과정을 간략하게 나타냈는데, 전도전자 스핀이 $\overrightarrow{S_j}$ 스핀과 산란 후에 후방 산란되어 또 다른 스핀 $\overrightarrow{S_i}$와 산란하는 과정이 그것이다. 일반적으로 스핀 간의 산란을 단일 산란으로 생각하면 1차 섭동 항까지만 고려하면 되지만 다중 산란을 하는 경우에는 2차 섭동 항까지 고려하는 것이다.

비자성 원소의 배경을 갖고 있는 고체 내에서 희소하게 자성이온이 존재하는 경우를 희박 콘도 효과(dilute Kondo effect)라고 하며 기본적으로 전도전자 스핀과 국소 스핀 간에는 반강자성 상호작용을 하게 된다. 저온에서 일어나는 이러한 반강자성 스핀 편극은 전도전자와 국소 스핀 이온 간에 유사 속박상태를 형성하게 되는데, 이러한 속박상태로 인해 전도전자의 개수가 적어져 전기저항이 증가하게 되는 것이다. 이때 온도가 높아지게 되면 콘도 온도 T_K라 불리는 특정 온도 이상에서($T > T_K$) 반강자성 스핀 편극 상태가 열적 요동에 의해 상자성 상태처럼 스핀 방향이 제멋대로 움직이게 되어 이러한 자기적 속박상태가 깨지게 되고, 따라서 콘도 효과도 사라진다. 금속의 전기저항은 일반적

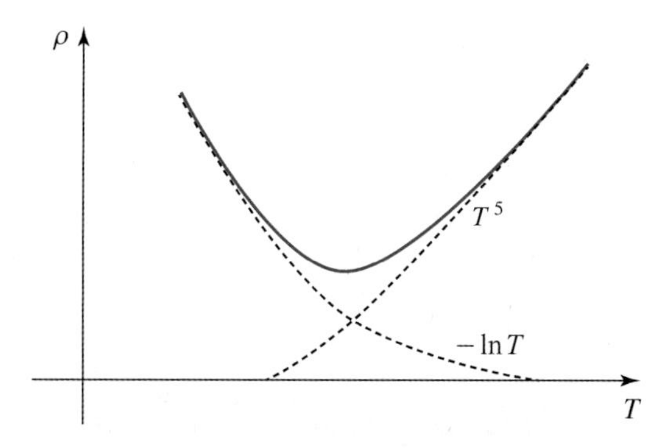

그림 26-10 희박 콘도 효과에 의한 전기저항 증가

으로 불순물 산란으로 인한 잔류저항(residual resistivity) ρ_0, 전하들 간의 상호작용에 의한 영향 AT^2, 전자와 격자진동인 포논 간의 상호작용으로 인한 BT^5 등의 영향을 고려할 수 있는데, 여기에 콘도 효과에 의한 전기저항의 증가 $-\ln T$ 영향까지 고려하면 전기저항은

$$\rho = \rho_0 + AT^2 + BT^5 - CJ\ln T \tag{26.5.5}$$

와 같이 나타낼 수 있다. 여기에서 J는 음의 값이며 국소 스핀과 전도전자 스핀 간의 반강자성 교환 에너지이다.

국소 스핀과 전도전자 스핀 간에는 반강자성 스핀 편극 관계로 속박상태에 있기 때문에 자기모멘트는 서로 상쇄되어 일종의 자기모멘트 가림(magnetic screening) 현상이 발생한다. 따라서 자기모멘트가 감소하게 되는데, 그림 26-11과 같이 고온에서 퀴리-바이스 현상을 보이다가 콘도 온도 이하의 온도에서는 자기모멘트 가림에 의해서 자기 감수율이 감소하게 되는 것이다.

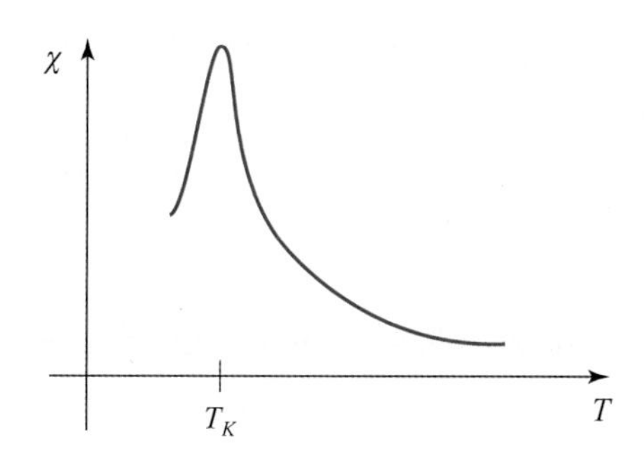

그림 26-11 콘도 효과에 의한 자기 감수율

26.6 란다우 반자성

13.2절에서 13.4절까지에서 강한 자기장이 가하면 구형이었던 페르미 구가 자기장에 수직한 방향으로 양자화되면서 란다우 튜브로 됨을 배웠다. 란다우 반자성(Landau diamagnetism)은 외부 자기장에 대하여 란다우 튜브가 형성됨에 따라, 전자 오비탈의 영향에 의해 나타나는 반자성이다. 자유롭게 움직이는 금속전자에 자기장을 가해주면 전자는 로렌츠 힘을 받아 휘어지게 된다. 만약 자기장 세기가 매우 세다면 로렌츠 힘에 의해 휘는 정도가 심해져서 전도전자는 원운동, 즉 오비탈 운동을 할 수 있다. 이렇게 오비탈 운동을 하는 전도전자는 외부 자기장의 변화에 대해 반자성을 보이게 된다. 이 반자성은 1930년 란다우에 의해 발견되어 이를 란다우 반자성이라 한다.

13.2절에서 란다우 준위의 에너지는 1차원 조화 진동자와 같은 형식이라는 것을 배웠다. 란다우 준위에 대한 해밀토니안의 고윳값은

$$E = \left(l + \frac{1}{2}\right)\hbar w_c + \frac{\hbar^2 k_z^2}{2m_e} \tag{26.6.1}$$

로 쓸 수 있으며 여기에서 l은 정수이다. 이를 란다우 준위라고 한다. 강한 자기장에서 란다우 튜브의 에너지 준위는 다음과 같다.

$$\frac{\hbar^2}{2m_e}\left(k_x^2 + k_y^2\right) = \left(l + \frac{1}{2}\right)\hbar w_c \tag{26.6.2}$$

$$k_x^2 + k_y^2 = \frac{2m_e}{\hbar}\left(l + \frac{1}{2}\right)w_c \tag{26.6.3}$$

이므로 운동량 공간에서 전자의 사이클로트론 회전 반지름은

$$r^2 = \frac{2m_e w_c}{\hbar}\left(l + \frac{1}{2}\right) \tag{26.6.4}$$

로 주어진다.

이제 각 란다우 준위의 에너지 중첩도가 얼마나 되는지 알아보자. 란다우 준위의 중첩도는 란다우 준위의 크기가 커지면 커질수록 커지기 때문에 란다우 준위의 면적에 비례한다고 할 수 있다. 어떤 란다우 준위 l과 바로 위의 $(l+1)$ 준위의 면적 차이는

$$\pi k_{l+1}^2 - \pi k_l^2 = \frac{2m_e\pi}{\hbar^2}\left\{\left(l+1+\frac{1}{2}\right)\hbar w_c - \left(l+\frac{1}{2}\right)\hbar w_c\right\}$$

$$= \frac{2m_e\pi w_c}{\hbar} \tag{26.6.5}$$

인데, 란다우 준위의 중첩도는 이 값에 스핀의 중첩도인 2를 곱하고 $(k_x,\ k_y)$면의 단위 부피인 $(2\pi/L)^2$으로 나누어 주면 된다. 이에 따라 각 란다우 준위별 중첩도는

$$P = \frac{4m_e\pi w_c}{\hbar\left(\dfrac{2\pi}{L}\right)^2} = \frac{m_e L^2 w_c}{\pi\hbar} \tag{26.6.6}$$

로 계산된다.

이제 강한 자기장에서 란다우 준위를 형성한 전도전자가 외부의 자기장에 대해 어떻게 반응하는지 살펴보자. 강한 자기장에서 전도전자가 오비탈 운동을 하게 되는 경우를 생각하자. 이때의 에너지는 식 (26.6.1)과 같이 란다우 준위를 갖는 에너지의 형태로 표시되게 된다. 페르미 에너지 근처에서 살펴본다고 할 때 에너지는

$$E_F = \left(l+\frac{1}{2}\right)\hbar w_c + \frac{\hbar^2 k_z^2}{2m_e} \tag{26.6.7}$$

이며, 첫째 항은 xy평면에서 오비탈 운동을 하는 전자의 란다우 에너지로써 $E_\perp = (l+1/2)\hbar\omega_c$로 표시하자. 그러면

$$E_\perp = E_F - \frac{\hbar^2 k_z^2}{2m_e} \tag{26.6.8}$$

이 된다.

자기장이 가해지지 않았다면 xy평면의 전자의 에너지는 거의 연속적인 값으로 생각할 수 있다. 만약 강한 자기장이 가해진다면 이 에너지는 란다우 에너지를 형성할 것이며 그림 26-12의 오른쪽 그림과 같이 양자화될 것이다. 절대영도(0 K)에서 전자는 E_l 이하의 준위에서 모두 차 있고 E_{l+1}보다 높은 준위에서는 전자가 비어 있게 된다. 즉, E_l이 절대영도에서 전자가 차 있는 가장 높은 에너지이다. E_l과 E_{l+1} 사이의 에너지 차는 이웃하는 각 에너지 준위의 차와 같으며 $\hbar\omega_c$만큼 차이가 난다. 여기에서 $x = E_\perp - E_l$로 정의하면 $0 < x < \hbar w_c/2$일 경우 E_l이 $E_\perp$보다 아래에 위치하게 되므로 E_l 준위 아래

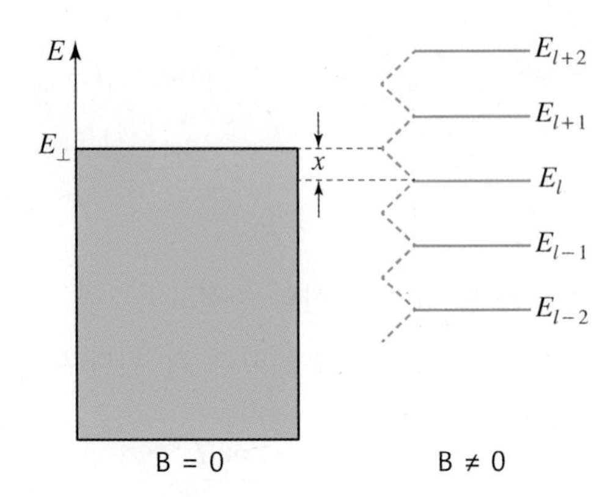

그림 26-12 자기장이 가해지지 않았을 때와 강한 자기장이 가해졌을 때의 에너지 준위 변화

에 있는 준위는 모두 전자가 차 있게 된다. 반면 $-\hbar w_c/2 < x < 0$이라면 E_l이 $E_\perp$보다 위에 위치하게 되므로 E_l 준위 위에 있는 준위는 모두 전자가 비어 있게 된다. 따라서 $x > 0$이면 란다우 준위는 $E_\perp - x$가 되며, 여기에 식 (26.6.6)으로 주어지는 란다우 준위의 중첩도 P를 곱해준 값의 에너지를 갖게 되므로 $E = P(E_\perp - x)$가 된다. 반면 $x < 0$이면 그 준위는 비어 있게 되므로 에너지가 영이다. 즉,

$$E = \begin{cases} P(E_\perp - x) & (x > 0) \\ 0 & (x < 0) \end{cases} \tag{26.6.9}$$

이다.

그러면 자기장이 가해졌을 때 에너지와 가해지지 않았을 때의 에너지 차이 ΔU를 계산해보자. 그림 26-12에서 자기장이 가해지지 않았을 때 전자의 에너지는 자기장이 가해져서 란다우 에너지가 형성되면 $E_\perp$와 $E_l - \hbar\omega_c/2$ 사이에 있는 전자는 가장 높은 오비탈 E_l로 중첩된 준위로 모이게 된다. 이때 중첩된 에너지의 평균값은

$$\frac{1}{2}\left(E_\perp + E_l - \frac{\hbar\omega_c}{2}\right) = E_\perp - \frac{x}{2} - \frac{\hbar\omega_c}{4} \tag{26.6.10}$$

이며, 이때의 점유율은

$$\frac{P}{\hbar\omega_c}\left[E_\perp - \left(E_l - \frac{\hbar\omega_c}{2}\right)\right] = \frac{P}{2}\left(1 + \frac{2x}{\hbar\omega_c}\right) \tag{26.6.11}$$

이다. 따라서 가장 높은 오비탈로 모여든 전자의 평균 에너지는 이 둘의 곱이다.

$$\frac{P}{2}\left(E_{\perp}-\frac{x}{2}-\frac{\hbar\omega_c}{4}\right)\left(1+\frac{2x}{\hbar\omega_c}\right) \tag{26.6.12}$$

여기에서 x와 x^2의 평균값은

$$\langle x \rangle = \frac{1}{\hbar\omega_c}\int_{-\hbar\omega_c}^{\hbar\omega_c} x dx = 0 \tag{26.6.13}$$

$$\langle x^2 \rangle = \frac{1}{\hbar\omega_c}\int_{-\hbar\omega_c}^{\hbar\omega_c} x^2 dx = \frac{(\hbar\omega_c)^2}{12} \tag{26.6.14}$$

이므로 식 (26.6.12)에 평균값을 적용하면 자기장이 가해지지 않았을 때 가장 높은 오비탈 E_l로 중첩되는 전자의 평균 에너지는 다음과 같다.

$$\frac{P}{2}\left(E_F-\frac{\hbar\omega_c}{3}\right) \tag{26.6.15}$$

자기장이 가해졌을 때 란다우 준위 에너지는 식 (26.6.9)와 같이 주어지고, 이때 x의 평균값을 구해보면

$$\langle x \rangle = \frac{2}{\hbar\omega_c}\int_{0}^{\frac{\hbar\omega_c}{2}} x dx = \frac{\hbar\omega_c}{4} \tag{26.6.16}$$

이다. 따라서 가장 높은 준위에 있는 전자의 평균 에너지는

$$\frac{P}{2}\left(E_F-\frac{\hbar\omega_c}{4}\right)$$

로 주어지는데, 여기에서 $P/2$는 이웃한 준위로도 전자가 동일하게 축퇴되므로 2를 나눠주었다.

평면에서의 오비탈 외에 k_z 방향으로의 중첩도 고려해주면 $k_F L/\pi$만큼 축퇴도가 있으므로, 그림 26-12의 오른쪽과 왼쪽 그림에서 에너지 차이는

$$\begin{aligned}\Delta U &= U(B\neq 0)-U(B=0)\\ &= \frac{Pk_F L}{2\pi}\left(E_F-\frac{\hbar w_c}{4}\right)-\frac{Pk_F L}{2\pi}\left(E_F-\frac{\hbar w_c}{3}\right)\\ &= \frac{Pk_F L\hbar w_c}{24\pi}=\frac{Vk_F e^2B^2}{24\pi^2 m}\end{aligned} \tag{26.6.17}$$

로 계산된다. 여기에서 $P = M_e L^2 w_c / \pi\hbar$, $w_c = eB/m$, $L^3 = V$을 사용하였다.

따라서 란다우 자기 감수율 χ_L은 정의에 의하여

$$\chi_L = -\frac{\mu_0}{V}\frac{\partial^2 \Delta U}{\partial B^2} = -\frac{\mu_0 k_F e^2}{12\pi^2 m} = -\frac{1}{3}\mu_0\left(\frac{e\hbar^2}{2m}\right)^2\left(\frac{mk_F}{\pi^2\hbar^2}\right)$$
$$= -\frac{1}{3}\mu_0\mu_B^2 g(\epsilon_F) = -\frac{1}{3}\chi_P \tag{26.6.18}$$

이 되며, 이는 파울리 자기 감수율의 $-1/3$이 된다. 만약 에너지 밴드를 고려하면 란다우 자기 감수율은 유효질량 m^*에 관계되어

$$\chi_L = -\frac{1}{3}\chi_P\left(\frac{m_e}{m^*}\right)^2 \tag{26.6.19}$$

로 표현된다. 자기장이 가해진 상태에서는 전도전자의 상자성 자기 감수율과 란다우 자기 감수율이 동시에 나타나게 되고, 따라서 전체 자기 감수율은

$$\chi = \chi_P\left[1 - \frac{1}{3}\left(\frac{m_e}{m^*}\right)^2\right] \tag{26.6.20}$$

의 모양으로 나타난다.

연습문제

1. 보어 마그네톤은 SI 단위계에서 $\mu_B = \dfrac{e\hbar}{2mc} \approx 9.27 \times 10^{-24}\ \mathrm{J/T}$로 주어진다.

   (a) 자기장 세기가 $H = 5\ \mathrm{T}$일 때 자기장에 의한 에너지 $\mu_B H$의 크기를 구하시오.

   (b) 온도에 의한 에너지 스케일은 $k_B T$로 주어지고, 이때 k_B는 볼츠만 상수로 $k_B = 1.3806488 \times 10^{-23}\ \mathrm{J/K}$로 주어진다. $T = 1\ \mathrm{K}$일 때의 에너지 스케일을 구하시오. 또 이를 eV 단위로 나타내시오.

   (c) (a)의 자기장의 에너지의 크기에 해당하는 온도를 구하시오.

2. 자유전자에 대해서 아래와 같이 스핀 제만 항이 나타나게 된다.

$$g\mu_B \vec{S} \cdot \vec{B}$$

   여기서 μ_B는 보어 마그네톤, $\vec{S}$는 전자의 스핀, $\vec{B}$는 자기장을 타나낸다. 이때 g는 2가 됨을 보이시오.

   [Hint: 자유전자에 대한 해밀토니안은 자기장이 없는 상태에서
   $H = \dfrac{\vec{p}^{\,2}}{2m} + V(\vec{r}) = \dfrac{(\vec{\sigma} \cdot \vec{p})^2}{2m} + V(\vec{r})$임을 이용하라. 여기서 σ는 파울리 행렬이다.]

3. (a) 훈트 규칙을 사용하여 Nd^{3+}, Sm^{3+}, Eu^{3+} 에 대하여 S, L, J를 결정하시오.

   (b) 훈트 규칙이 잘 작용되지 않는 경우에 대하여 논하시오.

4. 랑데 지 인자가 아래와 같이 주어짐을 보이시오.

$$g = \frac{3}{2} + \frac{S(S+1) - L(L+1)}{2J(J+1)}$$

   [Hint: 일반식 $H = \mu_B \vec{B} \cdot (\vec{L} + 2\vec{S})$를 $g\mu_B \vec{B} \cdot \vec{J}$의 형태로 바꾸어 생각하라.]

5. 이웃 원자 스핀 간 상호작용 해밀토니안이

$$H = -2J \sum_{l=1}^{N} \vec{S}_l \cdot \vec{S}_{l+1}$$

으로 주어진다. 여기서 $\vec{S}_l$는 l자리에 있는 스핀을 나타낸다.

(a) $\vec{S}_l$에 대해서 각 성분별로 운동방정식을 구하시오.

(b) 1차원에서 이에 대한 분산관계는 아래와 같이 주어짐을 보이시오.

$$\hbar\omega = 4JS(1-\cos ka)$$

여기서 k는 파수, a는 격자상수이다.

6. S=1인 상자성체에 대해서 자기모멘트가 μ, 농도가 n인 경우에 대해

(a) 자기화를 자기장과 온도에 따라 구하시오.

(b) $\mu|\vec{B}| \ll k_B T$일 때 자기감수율 χ가 T에 반비례함을 보이시오.

7. 다음과 같은 하이젠베르크 모델을 고려하자.

$$H = -J\vec{S}_i \cdot \vec{S}_j$$

(a) 오직 2개의 스핀만을 갖는 경우 계의 에너지 스펙트럼을 계산하시오.

(b) 정삼각형을 구성하는 3개의 스핀에 대하여 에너지 스펙트럼을 구하시오.

8. 다음과 같이 주어진 해밀토니안이 있다.

$$H = -\frac{J}{2}\sum_{\langle i,j\rangle} S_i^z S_j^z + g\mu_B B\sum_i S_i^z$$

여기서 $J>0$으로 주어지면 반강자성의 질서를 갖게 된다. A와 B 부분격자로 이루어져 있다고 가정할 때,

(a) 이 경우 평균장 이론을 이용하여 A 격자와 B 격자의 자기화가 아래와 같이 주어짐 유도하시오.

$$\langle S_A^z \rangle = \frac{1}{2}\tanh\left[\beta\left(Jq\langle S_B^z \rangle - g\mu_B B\right)/2\right]$$

$$\langle S_B^z \rangle = \frac{1}{2}\tanh\left[\beta\left(Jq\langle S_A^z \rangle - g\mu_B B\right)/2\right]$$

여기서 q 최인접 스핀의 개수로 A와 B 부분격자에 대해서 같은 값으로 주어지며 $\beta = 1/k_B T$이다.

(b) 이때 자기 감수율이 아래와 같이 주어짐을 보이시오.

$$\chi = -\frac{n}{2} g\mu_0\mu_B \lim_{B\to 0}\frac{\partial\left(\langle S_A^z \rangle + \langle S_B^z \rangle\right)}{\partial B}$$

여기서 n은 단위부피당 자기모멘트의 개수이다.

9. 스핀 업 전자의 밀도를 $n_{\uparrow}$ 스핀 다운 전자의 밀도를 $n_{\downarrow}$이라고 하자. 이때 각 스핀에 대한 밀도는 다음과 같다.

$$n_{\uparrow} = (n/2)(1+\alpha)$$
$$n_{\downarrow} = (n/2)(1-\alpha)$$

여기서 n은 전자의 밀도이며, 자기화는 $M = -\mu_B n\alpha$이다.

(a) 이때, 단위부피당 계의 총에너지를 α의 함수로 계산하시오.

(b) 이 결과를 α의 4차항까지 전개하시오.

(c) $\alpha = 0$일 때 가장 낮은 에너지가 됨을 보이시오.

(d) α의 모든 차수에 대하여 (c)가 만족됨을 보이시오.

10. 아래와 같이 원자 극한(atomic limit)에서의 허버드 모형을 생각해보자.

$$H_{at} = \sum_j \left[(\epsilon_{at} - \mu) \sum_\sigma \hat{n}_{j\sigma} + U \hat{n}_{j\uparrow} \hat{n}_{j\downarrow} \right]$$

여기서 ϵ_{at}는 j 자리 전자의 에너지 준위, U은 쿨롱 퍼텐셜, $n_{i\sigma}$는 j번째 자리의 전자의 스핀 σ인 수 연산자, 그리고 μ는 화학적 퍼텐셜이다.

(a) 아래의 조건에 대하여 에너지를 최소화시키는 자리당 전자의 개수를 구하시오.

1) $\mu < \epsilon_{at}$

2) $\epsilon_{at} < \mu < \epsilon_{at} + U$

3) $\epsilon_{at} + U < \mu$

(b) 이때 $\mu = \epsilon_{at} + \dfrac{U}{2}$인 경우 또한 전자의 각 에너지 준위가 W의 면적으로 퍼진다고 할 때 절연체와 금속이 될 조건을 구하시오.

SOLID STATE PHYSICS

PART 7

초전도

27.1 간단한 역사

1911년 네덜란드 물리학자 온네스(Heike Kamerlingh Onnes)가 수은에서 초전도를 발견한 이후 초전도는 고체물리학의 주요 연구 분야로써 엄청난 연구가 있었다. 당시 1900년대 초에 저온물리학의 주요 이슈는 극저온에서 금속의 전기저항이 어떻게 될 것인가 하는 것이었다. 그 문제는 그림 27-1(a)와 같이 다음의 3가지 의견으로 논쟁이 있었다. 금속은 온도가 낮아짐에 따라 전기저항이 감소한다. 1864년 매시슨(Matthiessen)은 전기저항이 감소하다가 어느 일정한 값으로 수렴할 것이라고 주장하였다. 반면, 1902년 켈빈(Kelvin) 경은 온도가 낮아지면 전자의 운동에너지도 작아지게 되어 결국 전자가 얼어붙어 전기저항이 커질 것이라고 주장하였다. 반면 1904년 플레밍(Fleming)과 듀어(Dewar)는 온도가 낮아지면 포논 에너지가 낮아지면서 전자-포논 산란이 줄어들 것이기 때문에 전기저항은 0으로 근접할 것이라고 예측하였다.

저온에서 금속의 전기저항을 측정하려면 저온 환경이 필요하였다. 저온 환경을 만드는 데는 가스 압축 방식으로 가스를 액화시키는 방법이 채택되어서 수소의 액화기술을 개발하고자 경쟁적으로 연구하였다. 이를 성공한 사람이 듀어(James Dewar)였는데, 1898년

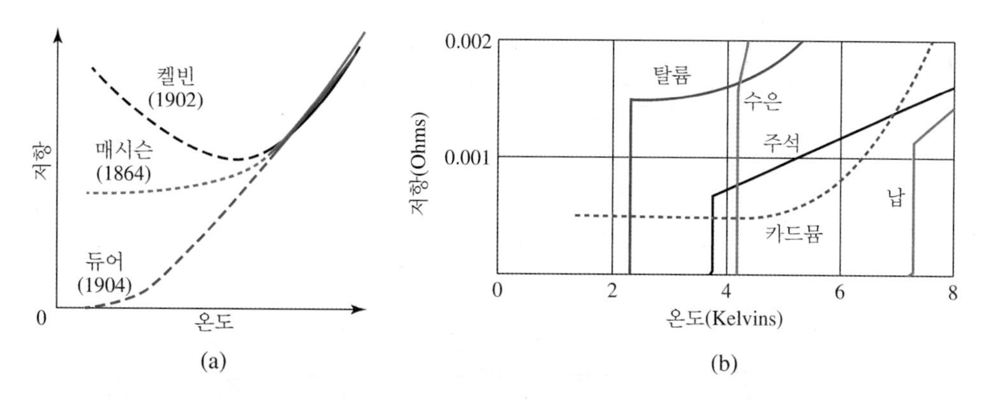

그림 27-1 (a) 온도에 따른 금속의 전기저항 예측과 (b) 초전도를 보이는 금속들의 전기저항 곡선

액화수소를 만들었고, 다음 해에 고체 수소도 만들었다. 액화수소를 만드는 데 선수를 빼앗긴 온네스는 액화헬륨을 만들기로 방향을 바꾸고 온네스그룹의 기술자인 게리트 플림(Gerrit Flim)이 제작한 장치로 1908년 액화헬륨을 만드는 데 성공하여 온도를 0.9 K까지 내리는 데 성공하였다. 온네스는 그가 개발한 액화헬륨을 이용하여 금속의 전기저항을 측정하고 있었는데, 1911년 수은(Hg), 주석(Sn), 납(Pb) 등에서 전기저항이 0이 되는 현상을 발견하였다(그림 27-1(b)). 초전도를 발견하고 불과 2년 후에 온네스는 1913년 노벨상을 수상하였다. 노벨상 수상에 수십 년이 걸리는 것이 일반적인 것에 비하면 매우 이례적으로 빠른 수상이다. 그 정도로 초전도는 물리학사에서 중요한 부분을 차지한다.

이후 1933년 마이스너(Walther Meissner)와 오센펠트(Robert Ochenfeld)가 완전 반자성에 의한 마이스너 효과를 발견했고, 1950년엔 초전도의 현상적인 이론인 긴즈버그-란다우 이론(Ginzburg-Landau theory)이 발표되었다. 란다우(Lev Landau)는 초유체 이론으로 1962년 노벨물리학상을 받았고, 긴즈버그는 그의 제자 아브리코소프(Abrikosov)와 함께 초전도의 소용돌이 이론(vortex dynamics)으로 2003년 노벨상을 받았다. 긴즈버그-란다우 이론은 상전이 현상을 광범위하게 설명하여 초전도뿐만 아니라 자성체, 유전체, 기체-액체-고체 상전이 등을 설명할 수 있으며, 심지어 우주 탄생의 상전이 현상에도 응용되고 있다.

긴즈버그-란다우 이론은 열역학적 자유 에너지를 이용한 현상론적인 이론이고, 양자역학적인 근본적인 원리를 제시하지는 못하였다. 그 후 1957년 바딘(John Bardeen), 쿠퍼(Leon Cooper), 슈리퍼(Robert Schrieffer)에 의해 BCS 이론이 개발됨으로써 초전도의 근본원리가 밝혀지게 되었다. BCS 이론은 1972년 노벨상을 받았는데, 그 이론은 초전도 전이온도가 30 K을 넘지 않을 것이라고 예측하였다. 그러나 그 이론적 한계를 뛰어넘는 초전도가 발견되었으니 1986년에 스위스 물리학자 베드노츠(Johannes Bednorz)와 뮬러

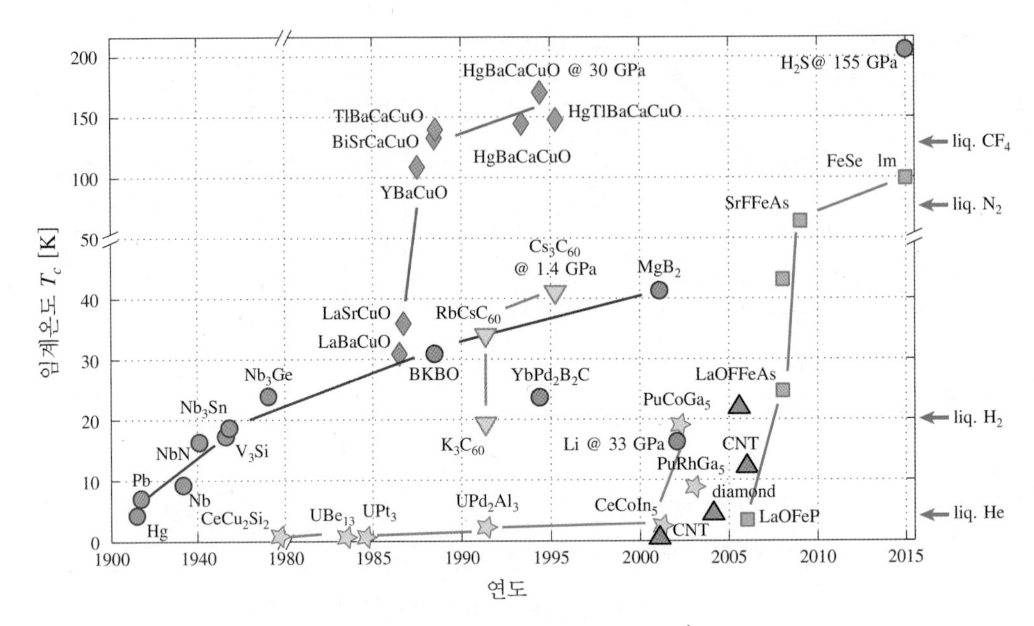

그림 27-2 초전도 전이온도의 증가 역사[1]

(Karl Alexander Muller)가 $La_{5-x}Ba_xCu_5O_{5(3-y)}$에서 35 K의 전이온도를 갖는 초전도를 발견함으로써 고온초전도의 새로운 장을 열었다. 이후 초전도 전이온도는 계속 증가하여 1994년 수은계 초전도에서 133 K, 30 GPa의 고압에서는 160 K의 전이온도를 기록하였다. 최근에는 155 GPa 고압에서 황화수소 가스가 200 K에 가까운 초전도가 발견되었고, 이후 고압 하에서 LaH_{10}과 CHS 화합물에서 상온에 가까운 온도에서 초전도가 발견되었다고 보고되고 있지만, 그것이 실제 초전도인지 아직 논란이 되고 있다. 혹시 독자들이 이 책을 읽을 즈음에는 고압 상온 초전도가 실제인지 아닌지 결론이 나 있을 수도 있다.

그림 27-2에서 원 모양은 금속계 초전도, 다이아몬드 모양은 구리산화물 고온초전도, 별표 모양은 무거운 페르미온계 초전도, 삼각형 모양은 탄소계 초전도, 사각형 모양은 철계 초전도를 나타낸다.

---

1 https://matmatch.com/resources/blog/superconductors-clean-energy/

27.2 초전도의 기본적 특성

초전도의 기본적 특성 2가지는 영(0)의 전기저항과 완전 반자성이다. 영의 전기저항은 초전도 전이온도 T_c라 불리는 어떤 특정한 온도 이하에서 전기저항이 완전히 사라지고 완벽한 도체가 되는 것이다. 전기저항이 완전히 사라지면 한번 전류가 흐르면 전력의 손실 없이 거의 영원히 전류가 흐르게 된다.

마이스너 효과(Meissner effect)라 불리는 완전 반자성은 초전도 내부에 자기장이 0이 되기 때문에 생긴다. 내부 자기장이 0이 되기 위해서는 외부에서 가해준 자기장을 밀어내야만 가능한데, 그것은 초전도 표면에서 렌츠의 법칙(Lenz's law)에 의해 외부 자기장을 밀어내는 방향으로 초전류가 흐르게 된다. 완전 반자성과 영의 전기저항 중에 완전 반자성이 더 근본적인 현상이지만, 어떤 물질이 초전도라고 판정하기 위해서는 영의 전기저항과 완전 반자성이 모두 관찰되어야 한다.

초전도가 발생하는 온도를 초전도 임계온도(critical temperature) 또는 전이온도(transition temperature) T_c라고 하고, 초전도를 깨는 자기장을 임계 자기장(critical magnetic field) H_c 라고 한다. 그림 27-4(a)와 같이 초전도 상태에서 어떤 임계 자기장 B_c보다 커지면 초전도가 사라지고 일반 금속(normal metal)이 되는 것을 제1형 초전도라고 한다. 반면, 그림 27-4(b)에서는 자기장이 가해지면 초전도가 시료 전체적으로 한꺼번에 사라지는 것이 아니라 시료 일부분에서 초전도가 사라지면서 초전도와 일반 금속이 공존하게 된다. 이

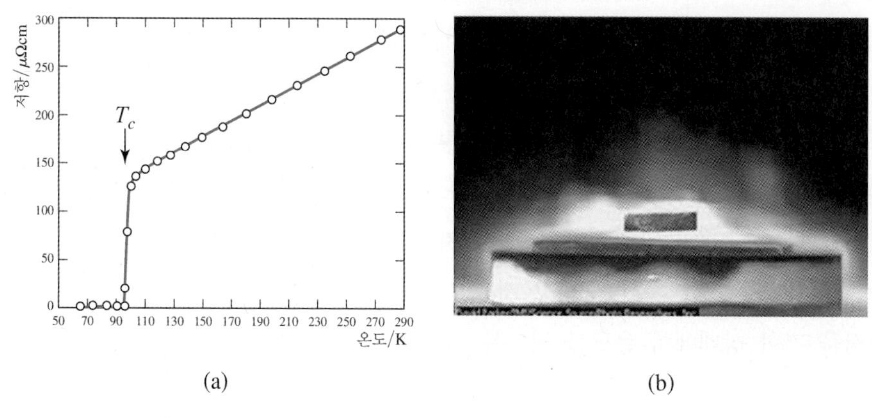

그림 27-3 (a) 영의 전기저항과 (b) 완전 반자성에 의한 마이스너 효과

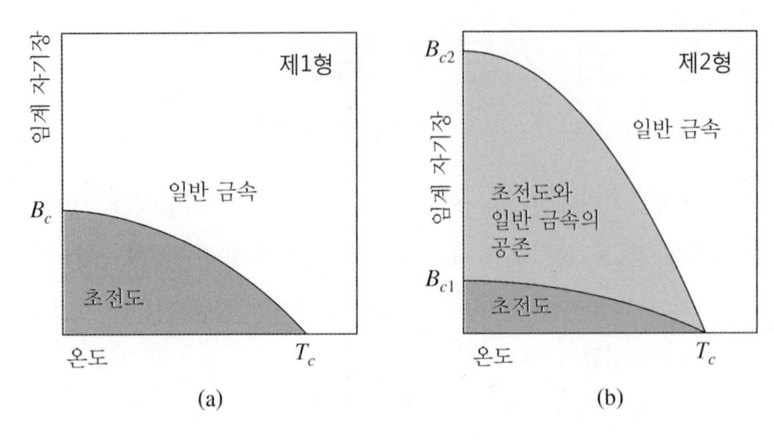

그림 27-4 (a) 제1형 초전도와 (b) 제2형 초전도의 자기장–온도 곡선

때, 초전도를 일부 깨기 시작하는 자기장을 낮은 임계 자기장(lower critical field) B_{c1}, 초전도를 모두 깨는 자기장을 높은 임계 자기장(upper critical field) B_{c2}라고 하며, 이렇게 낮은 임계 자기장과 높은 임계 자기장이 있는 초전도를 제2형 초전도라고 한다.

초전도의 2가지 특징 중 완전 도체와 완전 반자성 중에 완전 반자성이 더 근본적인 특징이라고 하였다. 왜 그런지는 그림 27-5를 이해하면 확연한 차이점을 알 수 있다. 먼저 완전 도체는 전기저항이 0이다. 도체를 냉각하여 어떤 상태에서 완전 도체가 되었다고 가정하자(그림 27-5(a)의 위쪽). 이를 zero field cool(ZFC)이라고 한다. 완전 도체가 된 상태에서 자기장을 가하면 원래 도체 내부에 자기장이 없었기 때문에 자기장이 가해지면 자기장을 배척하는 방향으로 전류가 흐르면서 시료 내부 자기장이 0이 된다. 그래야 시료의 자기 에너지가 보존되기 때문이다. 그럼 도체를 냉각시키기 전에 먼저 자기장을 가해보자(그림 27-5(a)의 아래쪽). 그러면 도체 내부에 자기장이 통과할 것이다. 자기장을 가한 상태에서 시료를 냉각시켜 보자. 이를 field cool(FC)이라고 한다. FC 상태로 완전 도체를 만든다면 원래 시료 내부에 자기장이 있었기 때문에 냉각시킨다고 하더라도 자기장이 그대로 있게 된다. 완전 도체에서는 이렇게 ZFC와 FC 사이에 차이가 발생하게 된다.

반면, 완전 반자성인 경우를 생각해보자. 완전 반자성 특성을 갖는 초전도를 ZFC로 자기장을 가하지 않은 상태로 냉각한 후, 자기장을 가하면 초전도의 완전 반자성 특성으로 자기장을 모두 밖으로 내보내고 시료 내부의 자기장은 0으로 만든다. 또한 초전도에 자기장을 가한 상태에서 온도를 낮추는 FC 상태를 만들어도 초전도의 완전 반자성 특성 때문에 역시 시료 내부 자기장이 0이 된다.

중요한 것은 FC와 ZFC가 일치하는 상태는 제1형 초전도에서만 유효하다는 점이다.

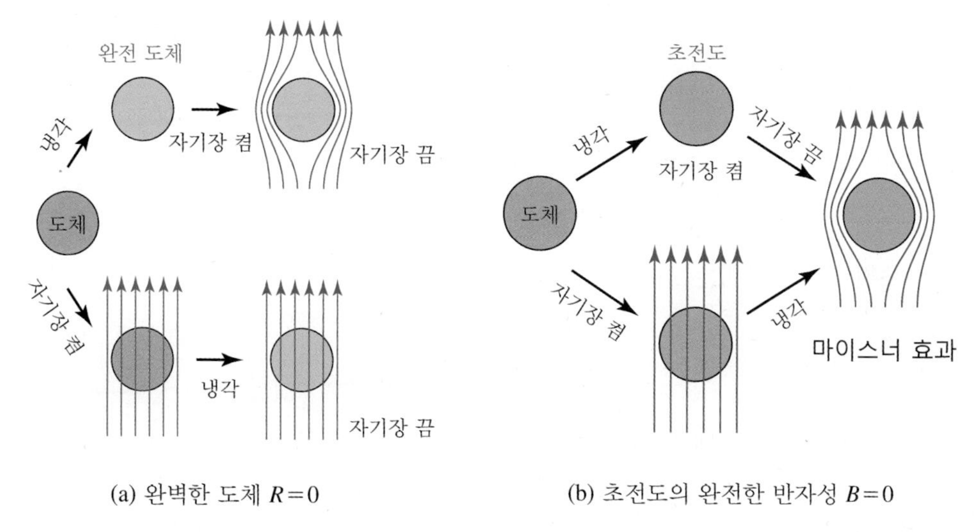

그림 27-5 (a) 전기저항이 0인 완벽한 도체와 (b) 완전 반자성인 초전도의 자기장과 온도에 대한 반응

제2형 초전도는 FC와 ZFC 과정에서 차이가 발생하게 되는데, 그 이유는 제2형 초전도 내부의 초전도 부분에서 완전 반자성을 이룬다고 하더라도 일반 금속 영역에서 자기장을 포획하게 되기 때문이다. 그 특성은 뒤 자기 소용돌이 부분에서 자세히 논할 것이다. 그렇다 하더라도 여전히 제2형 초전도의 초전도 영역에서는 항상 완전 반자성 특성을 갖는다.

27.3 런던 방정식

12.1절에서 드루드 모델을 배웠다. 드루드 모델은 전자가 전기장 하에서 힘을 받아 움직일 때 전자의 움직임을 방해하는 저항력이 있다는 것을 가정한 모형이다. 그를 통해 일정한 전기저항이 형성된다. 1935년 독일의 물리학자 런던 형제(Fritz London과 Heinz London)가 드루드 모델을 기반으로 아주 간단한 모형을 세워 초전도를 설명하였다. 너무 간단해서 어이가 없을 정도이다. 그렇지만 런던 방정식(Londons' equation)은 초전도의 기본적 특성에 대한 핵심을 잘 설명하고 있다. 드루드 모델에서 전자의 운동 방정식은

$$m\frac{d\vec{v}}{dt} = e\vec{E} - G\vec{v}$$

로 주어져서 $-G\vec{v}$ 만큼 저항력이 작용하고 있지만, 런던 방정식은 이 저항력이 없는 것으로부터 출발한다.

$$m\frac{d\vec{v}}{dt} = e\vec{E} \qquad (27.3.1)$$

이때, 초전도를 나타내는 초전류(super-current) $\vec{J_s}$ 는

$$\vec{J_s} = n_s e \vec{v_s}$$

이다. 이 식을 시간에 대해 미분하면

$$\frac{d\vec{J_s}}{dt} = n_s e \frac{d\vec{v_s}}{dt} = \frac{n_s e^2}{m}\vec{E} = \frac{\vec{E}}{\Lambda} \qquad (27.3.2)$$

가 되어, 전기장은 초전류의 시간적 변화를 만든다. 여기에서 $\Lambda = m/n_s e^2$ 이다.

$$\vec{E} = \Lambda \frac{d\vec{J_s}}{dt} \qquad (27.3.3)$$

이를 맥스웰 방정식에 적용하면,

$$\frac{\partial \vec{B}}{\partial t} = -\nabla \times \vec{E} = -\Lambda \nabla \times \vec{J_s} \qquad (27.3.4)$$

가 되고, 이를 다시 쓰면

$$\overleftrightarrow{H} = -\mu_0 \Lambda (\nabla \times \overleftrightarrow{J_s}) \qquad (27.3.5)$$

이다. 위 식에 Curl을 적용하고, $\nabla \times \vec{H} = \vec{J}$ 를 이용하면,

$$\nabla \times (\nabla \times \overleftrightarrow{H}) = \nabla(\nabla \cdot \overleftrightarrow{H}) - \nabla^2 \overleftrightarrow{H} = \nabla \times \overleftrightarrow{J_s} = -\frac{1}{\mu_0 \Lambda}\overleftrightarrow{H} \qquad (27.3.6)$$

이 된다. $\nabla \times \overleftrightarrow{H} = 0$ 이므로, 위 식은

$$\nabla^2 \overleftrightarrow{H} = \frac{1}{\mu_0 \Lambda}\overleftrightarrow{H} = \frac{1}{\alpha}\overleftrightarrow{H} \qquad (27.3.7)$$

또는

$$\nabla^2 \dot{\vec{B}} = \frac{1}{\alpha}\dot{\vec{B}} \tag{27.3.8}$$

을 얻을 수 있다. 여기에서 $\alpha = m/\mu_0 n_s e^2 = \Lambda\mu_0$이다. 이 식의 해는

$$\dot{\vec{B}}(x) = \dot{\vec{B}_a}\exp\left(-\frac{x}{\sqrt{\alpha}}\right) \tag{27.3.9}$$

이다. 물론 $\dot{\vec{B}_a}\exp(x/\sqrt{\alpha})$항이 일반해로 있지만, 이것은 $x \to \infty$의 극한에서 발산하기 때문에 제거한다. 위 결과는 완전 도체의 경우에 자기장의 경향성을 기술한 것이다. 왜냐하면 이 논의에서 0의 저항을 기술한 것이지 초전도 내부 자기장이 0이라는 마이스너 효과를 기술하지는 않았기 때문이다.

런던 형제는 완전 반자성을 기술하려면 위 식에서 $\dot{\vec{B}}$를 $\vec{B}$로 대체해야 한다고 생각하였다. 단지 자기장의 시간 미분을 제거하기만 하면 완전 반자성이 기술된다. 왜냐하면

$$\vec{B}(x) = \vec{B_a}\exp\left(-\frac{x}{\sqrt{\alpha}}\right) \tag{27.3.10}$$

이 자체가 자기장이 초전도 표면에서 지수함수적으로 감소하여 시료 내부에서는 자기장이 0이 되는 것을 의미하기 때문이다. 식 (27.3.4)도 마찬가지로 시간 미분을 제거하면

$$\vec{B} = -\Lambda\nabla\times\vec{J_s} \tag{27.3.11}$$

이고, 식 (27.3.2)는 그대로 써서

$$\frac{d\vec{J_s}}{dt} = \frac{n_s e^2}{m}\vec{E} = \frac{\vec{E}}{\Lambda} \tag{27.3.2}$$

가 된다. 식 (27.3.11)과 (27.3.2) 두 식이 런던 방정식이다. 식 (27.3.11)은 자기장 $\vec{B}$가 가해지면 초전도 표면에서는 자기장이 들어오는 것을 방해하는 음의 방향으로 초전류의 소용돌이가 생긴다는 것을 의미한다. 식 (27.3.2)는 0의 저항을 기술하는 결과라는 것은 이미 위에서 설명했다. 식 (27.3.10)에서 자기장이 침투하는 길이를 침투 길이(penetration depth)라고 하여 λ_L을 정의한다.

$$\overrightarrow{B}(x) = \overrightarrow{B_a}\exp\left(-\frac{x}{\lambda_L}\right)$$

$$\lambda_L = \sqrt{\alpha} = \sqrt{\frac{m}{\mu_0 n_s e^2}} \tag{27.3.12}$$

$$\Lambda = \frac{m}{n_s e^2} = \mu_0 \lambda_L^2 \tag{27.3.13}$$

맥스웰 방정식 $\nabla \times \overrightarrow{B} = \mu_0 \overrightarrow{J}$을 이용하면, z축으로 가해지는 자기장에 대해서

$$\nabla \times \overrightarrow{B} = \begin{vmatrix} \hat{i} & \hat{j} & \hat{k} \\ \frac{\partial}{\partial x} & \frac{\partial}{\partial y} & \frac{\partial}{\partial z} \\ 0 & 0 & B \end{vmatrix} = \hat{i}\frac{\partial B}{\partial y} - \hat{j}\frac{\partial B}{\partial x} = \mu_0 (\hat{i} J_x + \hat{j} J_y) \tag{27.3.14}$$

가 된다. 이때, x축은 초전도 표면으로부터 내부로 들어가는 방향, y방향은 초전도 표면, z축은 초전도 표면으로부터 수직한 방향으로 잡자. y축 방향만 고려하면

$$-\frac{\partial B}{\partial x} = -\frac{\partial}{\partial x}\left[B_a \exp\left(-\frac{x}{\lambda_L}\right)\right] = \frac{B_a}{\lambda_L}\exp\left(-\frac{x}{\lambda_L}\right) = \mu_0 J_y \tag{27.3.15}$$

즉,

$$J_y = J_a \exp\left(-\frac{x}{\lambda_L}\right) \tag{27.3.16}$$

이 된다. 이는 초전도 표면에 흐르는 초전류 밀도는 시료 내부로 들어갈수록 지수함수적으로 감소함을 의미한다.

식 (27.3.12)로부터 초전류 밀도를 대략 $n_s \simeq 4 \times 10^{28}\ \mathrm{m}^{-3}$로 가정하면 침투 깊이는 $\lambda_L \simeq 10^{-6}\ \mathrm{cm} = 10\ \mathrm{nm}$ 정도가 된다. 그러나 이 값은 실험으로 측정된 값보다 100배 정도 더 작게 예측하고 있다. 보다 더 정확한 이론인 긴즈버그-란다우 방정식이나 BCS 이론은 실험값보다 더 가까운 값을 예측한다. 런던 방정식이 침투 깊이를 부정확하게 예측하는 이유는 초전류가 단일입자가 아니라 전자 2개가 멀리 떨어져서 상호작용하기 때문이다. 초전도는 일종의 보스·아인슈타인 응축 현상인데, 전자는 페르미온이므로 보스·아인슈타인 응축이 되기 위해서는 페르미온인 전자가 보존이 되어야 한다. 스핀 1/2인 전자가 보존이 되는 방법은 전자 2개가 짝을 지어 스핀 업(1/2)과 다운(−1/2)이 짝

이 되어서 스핀이 0이 되어야 한다. 이때, 두 전자의 상호작용하는 길이를 간섭 길이(coherence length)라고 하고, ξ로 표시한다. 전자의 짝짓기에 대한 정확한 이해는 이후 BCS 이론을 공부하면 이해할 수 있을 것이다. 침투 길이보다 간섭 길이가 길면($\xi > \lambda$) 깨끗한 초전도(clean superconductor)라고 하고, 침투 길이가 간섭 길이보다 길면($\lambda > \xi$) 지저분한 초전도(dirty superconductor)라고 한다. 침투 깊이의 온도의존성은 실험적으로 다음과 같이 주어진다.

$$\lambda_L \simeq \frac{\lambda_L(0)}{\sqrt{1-t^4}}, \quad t = T/T_c \tag{27.3.17}$$

CHAPTER 28

자기장 하에서 초전도의 혼합상태

초전도에 자기장을 가하면 초전도 내부의 자기장을 0으로 만들고 자기장을 밖으로 밀어내지만, 어느 일정한 값을 넘어서면 초전도 상태가 깨지게 된다. 이를 초전도 임계 자기장이라고 앞서 언급했다. 그러나 초전도에 자기장이 침투할 때 한꺼번에 순간적으로 초전도가 전체적으로 깨지는 것이 아니고 임계 자기장 이하에서는 초전도 내부에 자기장이 통과하는 상태가 생기게 된다. 이때를 초전도의 혼합상태(intermediate state)라고 하는데, 여기에서 혼합상태란 초전도 영역(superconducting region)과 정상 영역(normal region)이 공존하는 것을 의미한다. 초전도가 깨지기 직전을 초전도 임계상태(critical state)라고도 하는데, 제1형 초전도에서는 이 임계상태가 혼합상태이다. 제2형 초전도에서는 임계상태가 혼합상태는 아니다. 왜냐하면 제2형 초전도에서는 초전도 자기 소용돌이(vortex)가 존재하는 혼합상태에서도 여전히 초전도는 안정적으로 유지되기 때문이다. 이 장에서는 먼저 제1형 초전도의 혼합상태를 다루기로 한다. 초전도가 발생하면 임계온도 이하에서 전기저항이 급격히 떨어지는데, 초전도가 깨지기 시작하는 임계상태에서 제1형 초전도는 이 혼합상태로 인해서 초전도가 계단함수처럼 떨어지지 않고 전이폭(transition width)이 발생하게 된다.

28.1 초전도 자기소거 인자

21.3절에서 자성체의 자기소거 인자(demagnetization factor)에 대해 배웠다. 자성체에서 자기소거 인자는 자성체의 모양에 따라 시료 내부에서 느껴지는 자기장이 다르기 때문에 생겨난다. 같은 논리가 초전도에도 적용된다. 초전도도 일종의 반자성체이기 때문에 식 (21.3.9)에서부터 식 (21.3.11)과 같은 초전도 형상인자를 고려하여 자기소거 인자를 고려해줘야 한다.

자기소거 인자를 고려하지 않는 경우에, 전이온도보다 높은 정상상태의 온도에서 H_a 만큼의 자기장을 가해주었을 때 초전도의 헬름홀츠 자유 에너지 F_n는 다음과 같다.

$$F_n = Vf_{n0} + V\frac{H_a^2}{8\pi} + V_{ext}\frac{H_a^2}{8\pi} \quad (T > T_c) \tag{28.1.1}$$

여기에서 f_{n0}는 정상상태에서 자기장이 없을 때의 헬름홀츠 자유 에너지 밀도이고, V는 초전도의 부피, V_{ext}는 자기장이 가해진 초전도 바깥쪽의 부피이며, 8π로 나눠준 것은 C.G.S. 단위에서 자기 에너지이다. 위 식에서 우변의 순서대로 살펴보면, 자기장이 없었을 때 정상상태의 자유 에너지 + 가해준 자기장에 대해 초전도 내부의 자기 에너지 + 초전도 바깥쪽의 자기 에너지가 된다. 온도를 낮춰서 초전도가 되면 초전도 내부의 자기장은 0이므로, 초전도 상태에서 헬름홀츠 자유 에너지 F_s는

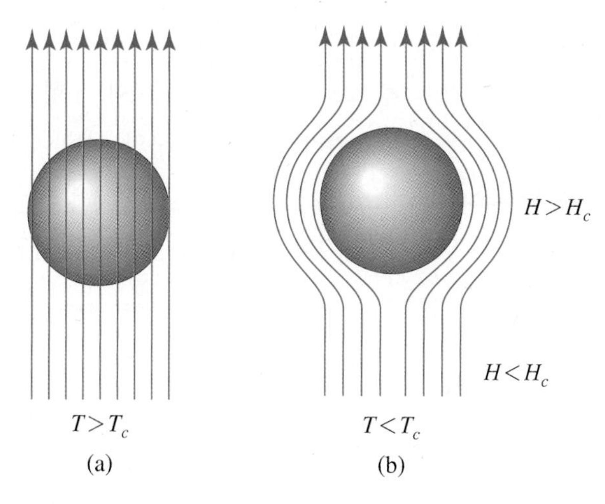

그림 28-1 (a) 정상상태와 (b) 초전도 상태에서의 자기장 선속

$$F_s = Vf_{s0} + V_{ext}\frac{H_a^2}{8\pi} \quad (T < T_c) \tag{28.1.2}$$

가 된다. 여기에서도 f_{n0}는 초전도 상태에서 자유 에너지 밀도이다. 초전도 상태와 정상 상태에서 자유 에너지 차이는

$$F_n - F_s = V(f_{n0} - f_{s0}) + \frac{VH_a^2}{8\pi} = V\frac{H_c^2}{8\pi} + V\frac{H_a^2}{8\pi} > 0 \tag{28.1.3}$$

가 된다. 여기에서 H_c는 초전도 임계 자기장으로써 다음과 같다.

$$\frac{H_c^2}{8\pi} = f_{n0} - f_{s0} \tag{28.1.4}$$

식 (28.1.3)에서 보면 초전도 상태의 자유 에너지가 정상상태의 자유 에너지보다 낮다는 것을 알 수 있다. 즉, 초전도가 되는 이유는 초전도가 되는 것이 에너지적으로 안정하기 때문이다.

자기장이 임계 자기장일 경우에($H_a = H_c$) 식 (28.1.3)은

$$[F_n - F_s]_{H = H_c} = V\frac{H_c^2}{4\pi} \tag{28.1.5}$$

가 된다. 즉, 정상상태의 초전도가 초전도가 될 때 부피당 $H_c^2/4\pi$만큼의 자기 에너지가 증가된다는 것을 알 수 있다.

초전도가 바늘과 같이 길쭉하고, 긴 방향으로 자기장을 가한다면 자기소거 인자는 거의 0이라고 말할 수 있다. 반면, 그림 28-2와 같이 초전도가 구형인 경우에, 외부에서 임계 자기장보다 작은 자기장을 가했을지라도 초전도 구의 적도 부근에서는 자기장이 밖으로 밀리면서 자기 플럭스 밀도가 증가하면서 유효 자기장이 초전도 임계 자기장보다 더 커지는 효과가 생길 수 있다. 전자기학에서 구에 가해진 자기장 $B = \nabla\psi$에 대해 라플라스 방정식

$$\nabla \cdot \vec{B} = \nabla^2\psi = 0$$

을 풀면 다음과 같은 해를 얻을 수 있다. 여기에서 ψ는 자기 스칼라 퍼텐셜이다.

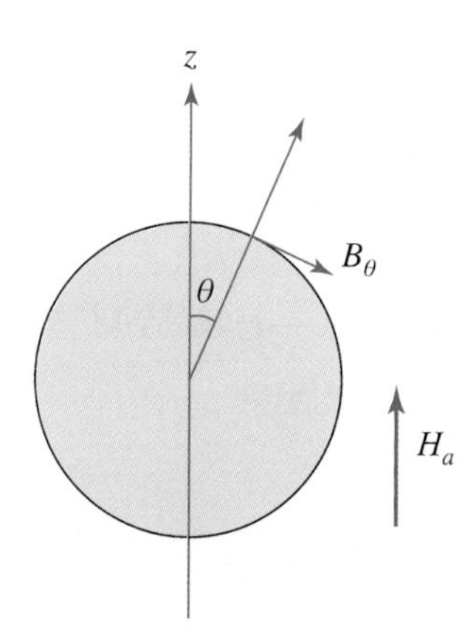

그림 28-2 구형의 초전도에 자기장이 가해진 경우

$$\psi(r,\ \theta,\ \phi) = H_a r\cos\theta\,\hat{r} + \frac{H_a R^3}{2}\frac{\cos\theta}{r^2}\hat{\theta} \tag{28.1.6}$$

이로부터 자기장을 구하면

$$\vec{B} = \nabla\psi = \vec{H_a} + \frac{H_a R^3}{2}\nabla\left(\frac{\cos\theta}{r^2}\right) \tag{28.1.7}$$

와 같다.

그림 28-2와 같이 초전도 표면에서 접선 방향의 자기장 $(B_\theta)_{r=R}$을 구해보자. 식 (28.1.7)의 둘째 항을 먼저 계산해보면,

$$\nabla\left(\frac{\cos\theta}{r^2}\right) = \hat{r}\frac{\partial}{\partial r}\left(\frac{\cos\theta}{r^2}\right) + \hat{\theta}\frac{\partial}{r\partial\theta}\left(\frac{\cos\theta}{r^2}\right) = -2\frac{\cos\theta}{r^3}\hat{r} - \frac{\sin\theta}{r^3}\hat{\theta}$$

이고, 위 식에서 $\hat{\theta}$항만 포함한다. 식 (28.1.7)의 첫째 항인 H_a의 접선 방향 $(H_a)_\theta$은 $H_a\cos(\pi/2+\theta) = -H_a\sin\theta$이므로, 이를 대입하면 다음을 얻는다.

$$(B_\theta)_R = -H_a\sin\theta - \frac{H_a}{2}\sin\theta = -\frac{3}{2}H_a\sin\theta \tag{28.1.8}$$

구형의 적도 $\theta = \pi/2$에서 자기장은 $B_a = -3H_a/2$가 된다. 여기에서 음의 값은 외부 자기장 H_a에 대해 초전도 마이스너 효과에 의한 음의 자기장이 형성되었기 때문이다. 외부 자기장이 $H_a = 2H_c/3$라면, 구형 초전도의 적도 부분에서는 자기장이 $H_a = H_c$가 되

어 임계 자기장이 된다. 즉,

$$\frac{2}{3}H_c < H_a < H_c \tag{28.1.9}$$

에서 구형의 초전도에서는 초전도 적도 부근에서부터 초전도가 깨지면서 정상상태와 초전도 상태가 공존하는 혼합상태가 형성된다.

28.2 초전도 무한 평판

두께가 d인 초전도가 무한 평판으로 되어 있고, 자기장이 초전도 평판에 수직인 방향으로 가해져 있을 때를 생각해보자. 초전도가 약한 어떤 지점에 자기장이 침투해서 정상상태가 된다고 하면 초전도와 정상상태 영역이 공존하는 혼합상태가 될 것이다. 물론 초전도와 정상상태 영역의 크기가 임의적일 것이지만 평균적으로 단순화시켜 생각해보자. 초전도 영역의 평균 길이는 D_s이며, 정상상태 영역의 평균 길이는 D_n이다. 초전도 안에 침투한 자기장의 세기는 h_n이고, 초전도체의 정상상태 영역을 통과한 자기장을 B_a라 하자. 그러면 정상상태 영역의 분율은 $\rho_n = B_a/h_n$으로 나타낼 수 있다. 정상상태와 초전도 상태에서는 일종의 계면이 형성되고 계면 에너지에 의해 초전도 정상상태의 크기와 모양이 결정된다.

초전도와 정상상태의 계면 자유 에너지를 F_1이라고 하고, 시료와 시료 바깥의 공간과의 계면에서 자유 에너지를 F_2라고 하자. 단위면적당 계면 에너지 γ는

$$\gamma = \frac{H_c^2}{8\pi}\delta \quad (\delta \simeq \xi - \lambda) \tag{28.2.1}$$

이다. $\delta > 0$이면 제1형 초전도로써 $\delta \simeq 0.1 \sim 1\ \mu\text{m}$ 정도가 된다. $\delta < 0$이면 계면 에너지가 음수여서 계면을 만드는 것이 에너지적으로 더 안정하다. 그래서 제2형 초전도에서는 자기장이 양자 단위로 들어가서 수많은 자기 소용돌이(vortex)가 발생한다. 자기 소용돌이에 대해서는 뒤에서 자세히 설명하고자 한다.

문제를 간단하게 하기 위해 1차원에서 정상상태와 초전도 상태가 그림 28-3과 같이

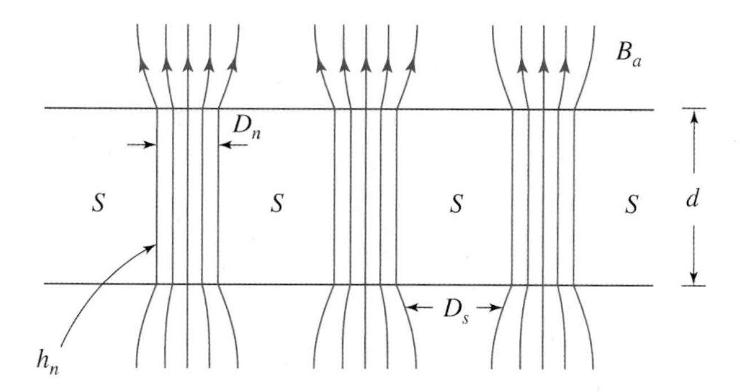

그림 28-3 무한 평판에 가해진 자기장에 대한 초전도의 혼합상태

규칙적으로 배열되어 있다고 가정하자.

$$D = D_n + D_s \tag{28.2.2}$$

이다. 초전도와 정상상태의 계면 에너지 F_1은

$$F_1 = \frac{2d}{D}\gamma = \frac{2d\delta}{D}\frac{H_c^2}{8\pi} \tag{28.2.3}$$

이고, 시료와 바깥 공간 사이의 계면 에너지 F_2는 정상상태의 표면 자기 에너지에서 균일한 자기 에너지를 뺀 값으로써,

$$F_2 = \frac{\rho_n h_n^2}{8\pi} - \frac{B_a^2}{8\pi} \tag{28.2.4}$$

이다. 여기에서 ρ_n은 정상상태 영역의 분율로써 $\rho_n = B_a/h_n$이므로,

$$F_2 = \frac{\rho_n h_n^2}{8\pi} - \frac{\rho_n^2 h_n^2}{8\pi} = \frac{\rho_n h_n^2}{8\pi}(1-\rho_n) = \frac{\rho_s \rho_n h_n^2}{8\pi} \tag{28.2.5}$$

이다. 여기에서 초전도 영역의 분율은 $\rho_s = 1 - \rho_n$을 이용했다.

자기장 입장에서 초전도와 정상상태 영역은 일종의 병렬로 연결된 것으로 생각하여 다음과 같이 치유 길이(healing length) L을 정의한다.

$$\frac{1}{L} \equiv \frac{1}{D_n} + \frac{1}{D_s} = \frac{1}{\rho_n D} + \frac{1}{\rho_s D} = \frac{1}{D}\frac{\rho_n + \rho_s}{\rho_n \rho_s} = \frac{1}{D\rho_n \rho_s} \tag{28.2.6}$$

즉,

$$L = D\rho_n\rho_s \tag{28.2.7}$$

이다. 식 (28.2.5)에서 F_2는 구역(domain) 구조로 나타나는 표면 에너지 밀도이므로, 구역 구조로 인한 치유 길이에 위와 아래 양쪽으로 시료 표면이 있으므로 $2L$을 곱하면 시료 표면 에너지가 된다.

$$F_2 = 2L\frac{\rho_n\rho_s h_n^2}{8\pi} = 2D\frac{\rho_n^2\rho_s^2 h_n^2}{8\pi} \tag{28.2.8}$$

총 계면 에너지는 다음과 같다.

$$F = F_1 + F_2 = \frac{2d\delta}{D}\frac{H_c^2}{8\pi} + 2D\frac{(\rho_n\rho_s h_n)^2}{8\pi} \tag{28.2.9}$$

구역 구조의 주기를 알기 위하여 계면 에너지를 구역 길이 D로 미분하여 최솟값을 구하면,

$$\frac{\partial F}{\partial D} = \frac{(\rho_n\rho_s h_n)^2}{4\pi} - \frac{d\delta}{D^2}\frac{H_c^2}{4\pi} = 0 \tag{28.2.10}$$

$$D = \frac{\sqrt{d\delta}\,H_c}{\rho_n\rho_s h_n} \simeq \frac{\sqrt{d\delta}}{\rho_n\rho_s} \tag{28.2.11}$$

을 얻는다. 제곱근이 허수가 되면 안 되기 때문에 $\delta = \xi - \lambda > 0$으로써, 이 식은 제1형 초전도에서만 성립한다. 실험적 관찰에 의하면 D는 대략 100 μm 정도 된다.

이러한 혼합상태는 초전도 임계 자기장을 원래보다 낮은 값을 갖게 한다. 무한 평판 초전도체에서 혼합상태가 임계 자기장을 어떻게 변화시키는지 알아보자. 식 (28.2.9)를 이용해서 혼합상태에서 헬름홀츠 자유 에너지 밀도 f_I를 계산하면 다음과 같다.

$$f_I = \rho_s f_{s0} + \rho_n\left(f_{s0} + \frac{H_c^2}{8\pi} + \frac{h_n^2}{8\pi}\right) + \frac{F_1 + F_2}{d} \tag{28.2.12}$$

위 식의 첫째 항은 초전도 상에서의 자유 에너지 밀도이고, 둘째 항은 정상상태의 자유 에너지 밀도로써 초전도의 자유 에너지와 자기 에너지의 합이다. 셋째 항은 계면 자유 에너지 밀도이다.

$$f_I = f_{s0} + \rho_n \frac{H_c^2}{8\pi} + \rho_n \frac{h_n^2}{8\pi} + 2\delta \frac{H_c^2}{8\pi} \frac{\rho_n \rho_s}{\sqrt{d\delta}} + \frac{2(\rho_n \rho_s h_n)^2}{8\pi d} \frac{\sqrt{d\delta}}{\rho_n \rho_s}$$
$$= f_{s0} + \rho_n \frac{H_c^2}{8\pi} + \rho_n \frac{h_n^2}{8\pi} + \frac{2}{8\pi} \rho_n \rho_s \left(\sqrt{\frac{\delta}{d}} H_c^2 + \sqrt{\frac{\delta}{d}} h_n^2 \right)$$

자기장이 임계 자기장일 때 $h_n = H_c$, $\rho_n = B_a / H_c$이고 혼합상태 자유 에너지 밀도가 최소가 된다. 이때 위 식을 계속 써보면

$$f_I = f_{s0} + \rho_n \frac{H_c^2}{8\pi} + \rho_n \frac{1}{8\pi} \left(\frac{B_a}{\rho_n} \right)^2 + \frac{4}{8\pi} \left(\frac{B_a}{H_c} \right) (1 - \rho_n) \sqrt{\frac{\delta}{d}} H_c^2$$
$$= f_{s0} + \rho_n \frac{H_c^2}{8\pi} + \frac{B_a^2}{8\pi \rho_n} + 4(1 - \rho_n) \sqrt{\frac{\delta}{d}} \frac{B_a H_c}{8\pi} \tag{28.2.13}$$

혼합상태에서 가장 안정한 정상상태의 비율 ρ_n을 구하려면 위 식을 ρ_n으로 미분해야 한다.

$$\frac{\partial f_I}{\partial \rho_n} = \frac{H_c^2}{8\pi} - \frac{B_a^2}{8\pi \rho_n^2} - 4\sqrt{\frac{\delta}{d}} \frac{H_c B_a}{8\pi} = 0$$
$$\frac{B_a^2}{8\pi \rho_n^2} = \frac{H_c^2}{8\pi} \left(1 - 4\sqrt{\frac{\delta}{d}} \frac{B_a}{H_c} \right)$$
$$\rho_n = \frac{B_a}{H_c} \left[1 - 4\sqrt{\frac{\delta}{d}} \left(\frac{B_a}{H_c} \right) \right]^{-1/2} \tag{28.2.14}$$

를 얻는다. 임계 자기장에서 $\rho_n \to 1$이므로,

$$1 = \frac{B_a}{H_c} \left[1 - 4\sqrt{\frac{\delta}{d}} \left(\frac{B_a}{H_c} \right) \right]^{-1/2}$$
$$\left[1 - 4\sqrt{\frac{\delta}{d}} \left(\frac{B_a}{H_c} \right) \right] H_c^2 = B_a^2$$
$$B_a^2 + 4H_c \sqrt{\frac{\delta}{d}} B_a - H_c^2 = 0$$

위 식은 B_a에 대한 이차방정식이므로, 근의 공식에 의해서 혼합상태의 자기장 $B_a = H_{cI}$은 다음과 같다.

$$B_a = H_{cI} = \frac{1}{2}\left[-4H_c\sqrt{\frac{\delta}{d}} \pm \sqrt{16H_c^2\frac{\delta}{d} + 4H_c^2}\right] = H_c\left\{\sqrt{1+4\frac{\delta}{d}} - 2\sqrt{\frac{\delta}{d}}\right\} \quad (28.2.15)$$

이 결과는 혼합상태에서 임계 자기장은 원래의 임계 자기장 H_c과 달라진다는 것을 보여준다. 일반적으로 $d \gg \delta$이므로, 예를 들어 $\delta/d = 10^{-4}$라고 하면 위 식의 결과는 $0.98H_c$로써 실제 임계 자기장보다 작아진다.

28.3 초전도 도선

반지름이 a인 도선에 전류 I가 흐를 때, 도선에 자기장이 가해져서 발생한 혼합상태에 대해 알아보자. 맥스웰 방정식과 스토크스 정리에 의하면 전류 I에 의해 발생하는 도선 표면에서의 자기장은 다음과 같이 계산된다.

$$\nabla \times \vec{H} = \frac{4\pi}{c}\vec{J} \quad (28.3.1)$$

$$\int (\nabla \times \vec{H}) \cdot d\vec{a} = \oint \vec{H} \cdot d\vec{l} = 2\pi a H = \frac{4\pi}{c} I \quad (28.3.2)$$

$$H = \frac{2I}{ca} \quad (28.3.3)$$

위 식으로부터 실즈비(Silsbee)는 아주 간단한 규칙을 만들었는데, 초전도 도선의 임계 전류는 임계 자기장이 만들어내는 전류와 같다는 것이다. 이를 실즈비의 규칙이라고 한다.

$$I_c = \frac{ca}{2}H_c \quad (28.3.4)$$

전류가 임계 전류보다 크면($I > I_c$), 자기장도 임계 자기장보다 커져서($H > H_c$) 시료 표면은 정상상태가 된다. 그러면 간단히 생각할 수 있는 모형이 그림 28-4(a)와 같이 초전도 도선 표면은 정상상태이고, r_1의 반지름을 갖고 있는 시료 내부는 초전도 상태로 남아 있는 경우이다.

$$H(r) = \frac{2I(r)}{cr} \quad (r < r_1) \quad (28.3.5)$$

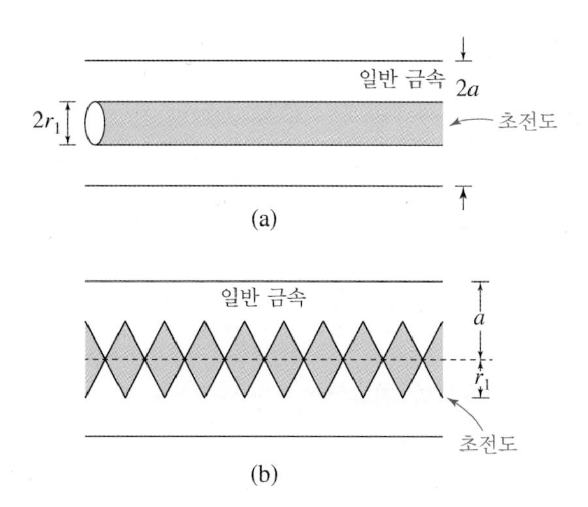

그림 28-4 초전도 도선의 혼합상태. (a) 정적 혼합상태, (b) 동적 혼합상태

$H = H_c$의 임계 자기장을 가해서 표면이 정상상태가 되었다고 하자. 이를 이용해서 전류밀도 $J(r)$를 계산해보면

$$J(r) = \frac{1}{2\pi r}\frac{dI}{dr} = \frac{cH_c}{4\pi r} \quad (r < r_1) \tag{28.3.6}$$

이 된다. 전류밀도가 반지름 r에 반비례하는데, $r \to 0$으로 도선 중심으로 갈수록 전류밀도는 매우 커진다. 전류밀도가 커지면 실즈비의 규칙에 의해 임계 전류밀도를 상회하게 되고, 그러면 그것이 임계 자기장보다 더 큰 자기장을 만들기 때문에 초전도가 깨지게 된다. 초전도라고 가정한 부분이 초전도가 아니게 되는 이러한 순환적 논리모순에 빠지게 되는 이유는 초전도의 내부가 정적 혼합상태를 이루지 못하기 때문이다. 그리하여 이 문제를 피하기 위해 런던 형제는 도선 내부의 혼합상태는 정적으로 안정하지 않고 동적 요동 상태에 있다고 생각하였다. 그러한 동적 요동 상태를 정적으로 표현한 것이 그림 28-4(b)이다. 런던 형제는 도선 중심으로 갈수록 전류밀도가 커지는 것을 다음과 같이 수정하였다.

$$J = \sigma E = \left(\frac{1}{\rho}\frac{r_1}{r}\right)E \tag{28.3.7}$$

여기에서 ρ는 전기저항, σ는 전기전도도이다. 위 식과 식 (28.3.6)을 결합하면

$$r_1 = \frac{\rho c}{4\pi E} H_c \qquad (28.3.8)$$

인데, 이것은 실험적으로 측정할 수 있는 양이 아니다.

도선 중심의 전류 I_1은

$$I_1 = \frac{cr_1}{2} H_c = \frac{c^2 \rho}{8\pi E} H_c^2 \qquad (28.3.9)$$

이고, 도선에서 정상상태 영역의 전류는

$$I_2 = \frac{E}{\rho}\pi(a^2 - r_1^2) = \frac{\pi a^2}{\rho}E - \frac{\rho c^2}{16\pi E}H_c^2 \qquad (28.3.10)$$

이므로, 도선 전체의 전류는

$$I = I_1 + I_2 = \frac{\pi a^2 E}{\rho} + \frac{\rho c^2}{16\pi E}H_c^2 \qquad (28.3.11)$$

이 된다. 이를 전기장에 대해 풀어보면

$$\frac{\pi a^2}{\rho}E^2 - EI + \frac{\rho c^2}{16\pi}H_c^2 = 0 \qquad (28.3.12)$$

이고, 해는 다음과 같다.

$$E = \frac{\rho}{2\pi a^2}\left\{I \pm \sqrt{I^2 - \left(\frac{\pi a^2}{\rho}\right)\left(\frac{\rho c^2}{4\pi}\right)H_c^2}\right\} = \frac{\rho I}{2\pi a^2}\left\{1 + \sqrt{1 - \left(\frac{I_c}{I}\right)^2}\right\} \qquad (28.3.13)$$

여기에서 제곱근 안의 식을 다음과 같이 정리하였고, ± 중 +만 취한 이유는 전류 I가 증가할수록 전기장 E도 증가해야 하기 때문이다.

$$\left(\frac{\pi a^2}{\rho}\right)\left(\frac{\rho c^2}{4\pi}\right)H_c^2 = \frac{(ac)^2}{4}\left(\frac{2}{ca}I_c\right)^2 = I_c^2$$

전기저항

$$R = \frac{E}{J} = \frac{E\pi a^2}{I\rho} \qquad (28.3.14)$$

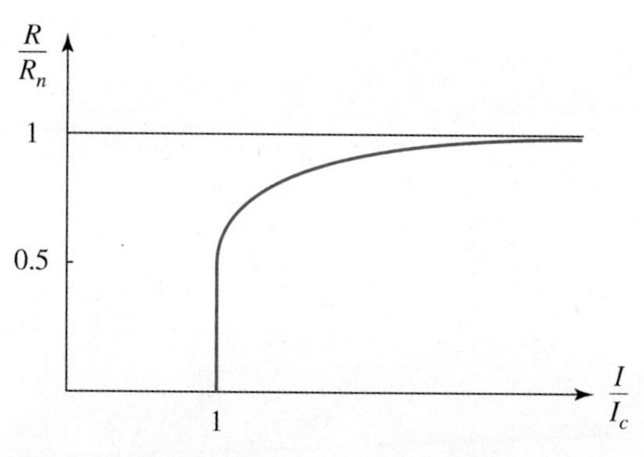

그림 28-5 초전도 도선의 전류에 따른 전기저항

를 이용하면, 전기저항은 다음과 같다.

$$R = \begin{cases} 0 & (I < I_c) \\ \dfrac{1}{2}\left\{1 + \sqrt{1 - \left(\dfrac{I_c}{I}\right)^2}\right\} & (I > I_c) \end{cases} \tag{28.3.15}$$

이를 그래프로 그려보면 그림 28-5와 같이 임계 전류 I_c에서 갑자기 전기저항이 생겨나다가 천천히 정상상태의 전기저항으로 접근하는 것을 알 수 있다.

긴즈버그-란다우 이론(Ginzburg-Landau theory)은 초전도를 설명하기 위한 현상론적인 이론으로 1950년에 러시아의 물리학자 긴즈버그(Vitaly Ginzburg)와 란다우(Lev Landau)에 의해 발표되었다. 런던 방정식이 전자기학을 이용하여 초전도를 현상적으로 설명하고 있다면, 긴즈버그-란다우 이론은 열역학적 자유 에너지를 이용하여 설명하고 있다. 이 현상론적 이해는 미시적인 초전도 메커니즘을 정확하게 이해하는 데는 도움을 주지 못하지만, 낮은 자유 에너지를 찾아가고자 하는 자연의 본성을 수학적으로 기술한 이론이다. 자연은 높은 대칭성을 싫어하여 대칭성 파괴를 선호하며, 낮은 에너지가 안정적인 것은 본질적 원리이므로, 긴즈버그-란다우 이론은 각종 상전이 현상을 설명하는 데 광범위하게 이용되고 있다.

29.1 긴즈버그-란다우 방정식

자연의 질서(order)를 기술하는 데 있어서, 그것을 기술하기에 적합한 함수를 정의할 필요가 있다. 이를 질서변수(order parameter)라고 한다. 초전도나 자성체, 유전체처럼 어떤 상이 변화하는 것은 질서변수가 변화하는 것으로 정의하는 것이 수학적으로 다루기 쉽다. 예를 들면 수증기가 물이 되는 경우 수증기(기체)와 물(액체)의 차이점을 무엇으로 정의할까? 예를 들면 압축률(compressibility) $\beta=-(1/V)(\partial V/\partial p)$를 정의하면 기체는 압력을 가해주었을 때 부피가 크게 변하여 압축률이 높은 반면에, 액체는 압축률이 거의 0이므로 압축률이 기체와 액체의 차이를 구별시켜줄 수 있다. 그러면 압축률 β가 기체와 액체 상전이의 질서변수라고 할 수 있다. 자성체의 경우에 상자성과 강자성을 결정짓는 질서변수는 자기화(magnetization) m이다. 자기 스핀이 제멋대로 있다가 강자성이 되어 스핀이 한 방향으로 서면 자기화가 크게 증가하기 때문이다. 초전도에서는 무엇을 질서변수로 채택해야 할 것인가? 전기저항을 질서변수로 채택한다면 앞서 살펴보았듯이 이상적인 도체와 초전도를 구별할 수 없다. 자기화를 질서변수로 채택한다면 반자성과 초전도를 구별할 수 없다.

긴즈버그와 란다우는 미시적 관점에서 초전류를 질서변수로 채택해야 함을 깨달았다. 초전류는 우리가 측정할 수 있는 양은 아니다. 그러나 초전류가 가져야 하는 특징은 살펴볼 수 있다. 초전도 현상은 모든 전자들이 같은 에너지와 운동량을 갖기 때문에 나타나는 현상이다. 고속도로에서 자동차들이 꽉 들어차 있더라도 같은 방향으로 같은 속도로 간다고 생각해보라. 그러면 저항 없이 모두 미끄러져 갈 것이므로 고속도로 정체가 생기지 않는다. 자동차의 속도가 모두 제각각이기 때문에 고속도로 정체가 생기는 것이다. 운동량과 에너지가 같다고 하면 그것은 양자역학적으로 보손 입자여야만 한다. 왜냐하면 모든 초전류를 구성하는 입자들의 에너지가 같다는 것은 일종의 보스·아인슈타인 응축이기 때문이다. 전자는 스핀이 1/2인 페르미온이기 때문에 보손 입자를 만들기 위해서는 전자 2개가 짝을 이루어야 한다. 따라서 초전류의 질량을 m^*, 전하를 e^*, 전하밀도를 n^*라고 한다면 전자의 질량, 전하에 대해 각각 2배가 되어야 하고, 밀도는 1/2이 되어야 한다.

$$m^*=2m,\ e^*=\pm 2e,\ n_s{}^*=\frac{1}{2}n_s \tag{29.1.1}$$

양자역학적으로 입자를 기술하는 데 중요한 것이 파동함수이다. 물리적 실체는 전하밀도이지만 그것을 기술하는 것은 파동함수여서 파동함수를 제곱하면 전하밀도가 된다 ($|\psi|^2=n$). 이러한 관점으로 초전류를 기술하는 일종의 파동함수를 질서변수로 정의하는 것이 자연스럽다.

$$|\phi|^2 \propto n_s \tag{29.1.2}$$

이때, 질서변수는 양자역학의 파동함수와 마찬가지로 복소함수를 갖는 것이 타당하다.

$$\varphi(\vec{r}) = |\varphi(\vec{r})|e^{i\Theta} \tag{29.1.3}$$

여기에서 Θ는 위상인자이다. 양자역학의 슈뢰딩거 방정식을 만든 과정을 생각해보면, 운동량 연산자를 $\frac{\hbar}{i}\nabla$로 정의했듯이, 초전류를 기술하는 운동량 연산자도 마찬가지로 정의할 수 있다. 만약 자기장이 걸린 상태라면 운동량 연산자는 $\vec{B} = \nabla \times \vec{A}$로 정의되는 벡터 퍼텐셜 $\vec{A}$를 도입하게 된다.

$$\frac{\hbar}{i}\nabla + e^*\vec{A} \tag{29.1.4}$$

여기에서 초전자 e^*를 사용하였다.

긴즈버그-란다우 방정식은 다음과 같이 깁스 자유 에너지를 정의하는 것으로 시작한다.

$$\begin{aligned} G_s(\varphi) &= G_n + \frac{1}{V}\int d^3\vec{r}\Big[\frac{1}{2m^*}\Big(\frac{\hbar}{i}\nabla - e^*\vec{A}\Big)\varphi^*\Big(-\frac{\hbar}{i}\nabla - e^*\vec{A}\Big)\varphi + \Big(\frac{1}{2\mu_0}\Big)B^2(\vec{r}) \\ &\quad - \mu_0\vec{H}(\vec{r})\cdot\vec{M}(\vec{r}) + a\varphi\varphi^* + \frac{1}{2}b\varphi\varphi^*\varphi\varphi^* + \cdots\Big] \\ &= G_n + \frac{\hbar^2}{V}\int d^3\vec{r}\Big[-\frac{1}{2m^*}\Big(\nabla + \frac{ie^*}{\hbar}\vec{A}\Big)\varphi^*\Big(\nabla - \frac{ie^*}{\hbar}\vec{A}\Big)\varphi + \Big(\frac{1}{2\mu_0}\Big)B^2(\vec{r}) \\ &\quad - \mu_0\vec{H}(\vec{r})\cdot\vec{M}(\vec{r}) + a|\phi|^2 + \frac{1}{2}b|\phi|^4 + \cdots\Big] \end{aligned} \tag{29.1.5}$$

겉보기에는 복잡해 보이지만 찬찬히 따져 보면 어려울 것도 없다. G_n은 정상상태의 깁스 자유 에너지이다. 3차원 적분을 한 이유는 적분 안에 들어가 있는 것은 적분인자가 자유 에너지 밀도이기 때문이다. 적분인자의 첫째 항은 운동에너지 항으로써 자기장이 가해진 상태에서 운동량 연산자와 그것의 켤레복소수의 곱이다. 둘째 항 $B^2/2\mu_0$는 자기장에 의한 시료 내부의 자기 에너지이다. 셋째 항 $-\mu_0\vec{H}\cdot\vec{M}$은 마이스너 효과에 의한 외부 자기장을 밀어내는 자기 에너지이다. 그리고 a와 b는 임의로 선택되는 매개변수이며, $\phi\phi^* = n_s$에 대한 테일러 급수 중 둘째 항까지 쓴 것이다. 어떤 자유 에너지 함수도 함수이므로, 그것을 테일러 전개하는 것은 이상할 것이 없다. 자기 에너지 항을 살펴보면 일반 금속인 경우에 $\overrightarrow{B}=\mu_0\overrightarrow{H}$, $\overrightarrow{M}=0$이므로

$$\frac{1}{2\mu_0}B^2-\mu_0\overrightarrow{H}\cdot\overrightarrow{M}=\frac{1}{2}\mu_0H^2$$

이고, 초전도가 되어 완전 반자성이 되면 내부 자기장은 $\overrightarrow{B}=0$이고, 초전도의 자기화는 외부 자기장을 밀어내기 때문에 $\overrightarrow{M}=-\overrightarrow{H}$가 되어 자기 에너지는 μ_0H^2이 된다. 임의의 상수 a와 b는 온도의 함수인데, 일반적으로 초전도 상전이 T_C 근처에서

$$a(T)\simeq a_0\left(\frac{T}{T_C}-1\right),\ b(T)\simeq b_0\quad(a_0>0,\ b_0>0)\tag{29.1.6}$$

로 쓸 수 있다.

이제 초전도 상태는 식 (29.1.5)로 주어지는 깁스 자유 에너지가 최소가 되는 지점에서 발생한다. 깁스 자유 에너지에서 포함하고 있는 내재적 함수는 초전도 질서변수 ϕ와 벡터 퍼텐셜 $\overrightarrow{A}$이므로, 자유 에너지는 이 둘에 대해 각각 미분하여 최솟값을 구할 수 있다. 먼저 $\partial G_s/\partial\varphi^*=0$의 조건을 이용하면, 자기 에너지 항은 ϕ^*에 무관하므로 다음과 같이 제1 긴즈버그-란다우 방정식을 얻을 수 있다.

$$-\frac{\hbar}{2m^*}\left(\nabla+\frac{ie^*}{\hbar}\overrightarrow{A}\right)^2\varphi+a\varphi+\frac{b}{2}|\phi|^2\varphi=0\tag{29.1.7}$$

두 번째 조건으로 벡터 퍼텐셜 $\overrightarrow{A}$에 대해 미분하여 $\partial G_s/\partial\overrightarrow{A}=0$을 구해야 한다.

$$-\frac{\hbar^2}{2m^*}\left(\frac{ie^*}{\hbar}\right)\varphi^*\left(\nabla-\frac{ie^*}{\hbar}\overrightarrow{A}\right)\varphi+\frac{\hbar^2}{2m^*}\left(\nabla+\frac{ie^*}{\hbar}\overrightarrow{A}\right)\varphi^*\left(\frac{ie}{\hbar}\varphi\right)+\frac{1}{2\mu_0}\frac{\partial}{\partial A}(B^2)=0\tag{29.1.8}$$

이를 다시 전개하여 정리하면

$$-\frac{i\hbar e^*}{2m^*}(\varphi^*\nabla\varphi-\varphi\nabla\varphi^*)-\frac{e^{*2}}{2m^*}\overrightarrow{A}|\phi|^2\times2+\frac{1}{2\mu_0}\frac{\partial B^2}{\partial\overrightarrow{A}}=0\tag{29.1.9}$$

마지막 항은 스칼라량 B^2을 벡터 $\overrightarrow{A}$로 미분하기 때문에 텐서를 이용해야 한다.

$$\frac{\partial}{\partial \overrightarrow{A}} B_j B_j = 2B_j \frac{\partial B_j}{\partial A_i} = 2B_j \frac{\partial}{\partial A_i}(\nabla \times \overrightarrow{A})_j = 2B_j \frac{\partial}{\partial A_i} \epsilon_{j\alpha\beta} \frac{\partial}{\partial x_\alpha} A_\beta$$

$$= 2B_j \epsilon_{j\alpha\beta} \frac{\partial}{\partial x_\alpha} \delta_{i\beta} = 2B_j \epsilon_{j\alpha i} \frac{\partial}{\partial x_\alpha} = -2\epsilon_{i\alpha j} \frac{\partial}{\partial x_\alpha} B_j = -2\nabla \times \overrightarrow{B}$$

이로써, 제2 긴즈버그-란다우 방정식을 얻는다.

$$\frac{1}{\mu_0} \nabla \times \overrightarrow{B} = \overrightarrow{J} = \frac{\hbar e^*}{2m^* i}(\phi^* \nabla \phi - \phi \nabla \phi^*) - \frac{e^{*2}}{m^*} \overrightarrow{A} |\phi|^2 \qquad (29.1.10)$$

긴즈버그-란다우 방정식을 2가지 경우에서 풀어보자. 첫 번째는 초전도 내부이고 두 번째는 초전도 표면이다. 먼저 초전도 내부에서는 마이스너 상태에 의해 자기장이 0이고, 이에 따라 벡터 퍼텐셜도 $\overrightarrow{A} = 0$이다. 이것은 초전도 질서변수가 균일해서 위치에 따라 초전자(superelectron)의 전류밀도가 일정하다는 것을 의미하고, 수학적으로는 초전도의 질서변수가 라플라스 방정식을 따르게 된다($\nabla^2 \phi = 0$). 식 (29.1.5)에서 $\overrightarrow{A} = 0$이고, 자기장과 마이스너 상태에 의한 자기모멘트가 서로 상쇄하기 때문에 깁스 자유 에너지는 다음과 같이 간단하게 된다.

$$G_s = G_n + a|\varphi|^2 + \frac{1}{2} b |\varphi|^4 \quad (a < 0,\ b > 0;\ T < T_C) \qquad (29.1.11)$$

이 자유 에너지는

$$G_s = G_n + a\varphi\varphi^* + \frac{1}{2} b |\varphi^* \varphi||\varphi^* \varphi|$$

과 같이 쓸 수 있다. 자유 에너지는 가장 낮은 상태를 유지하려고 하기 때문에, 자유 에너지를 질서변수에 대해 미분하면 $\partial G_s / \partial \varphi^* = 0$

$$a\varphi + b|\varphi|^2 \varphi = 0 \qquad (29.1.12)$$

를 얻게 되고, 일반적으로 상수 a는 실험적으로 전이온도 근처에서 온도에 따라 음의 선형적인 관계를 갖는다.

$$|\varphi|^2 = -\frac{a}{b} = \frac{|a|}{b} = \frac{a_0}{b_0}\left(1 - \frac{T}{T_C}\right) \quad (a < 0;\ T_C \text{ 근처}) \qquad (29.1.13)$$

초전류 밀도 n_s^*는 질서변수를 제곱한 것이므로,

$$n_s{}^* = |\varphi|^2 = \frac{a_0}{b_0}\left(1 - \frac{T}{T_C}\right) \tag{29.1.14}$$

가 되고, 식 (29.1.11)을 다시 쓰면, 초전도의 자유 에너지는 다음과 같다.

$$G_s = G_n + a\left(-\frac{a}{b}\right) + \frac{b}{2}\left(\frac{a}{b}\right)^2 = G_n - \frac{a^2}{2b} = G_n - \frac{1}{2}\left(\frac{a_0^2}{b_0}\right)\left(1 - \frac{T}{T_C}\right)^2 \tag{29.1.15}$$

위에서 초전도는 일반 금속 상태와 비교하여 $a^2/2b$만큼 에너지가 낮아지게 되는데, 이를 응축 에너지(condensation energy)라고 한다.

$$\text{응축 에너지} = \frac{1}{2}\left(\frac{a^2}{b}\right) = \frac{B_C^2}{2\mu_0} \tag{29.1.16}$$

그림 29-1은 식 (29.1.15)로부터, 질서변수에 대한 초전도 응축 에너지($G_s - G_n$)를 도식화한 것이다. 초전도 전이온도 $T = T_c$에서 초전도 자유 에너지의 최저점은 질서변수가 0인 지점이어서 초전류 밀도가 $n_s^* = 0$이다. 온도가 낮아지면 y축 대칭으로 일정한 값의 질서변수($\pm|\phi| \neq 0$)에서 최저점을 형성하기 때문에 초전류가 생성되며, 온도가 낮아질수록 최저점은 질서변수의 절댓값이 증가하는 쪽으로 옮겨간다.

초전도 표면에서는 초전자가 생성되기 시작하기 때문에 질서변수의 변화가 생긴다. 질서변수의 변화는 $\phi^* \nabla \phi = \phi \nabla \phi^*$로 표현될 수 있다. 식 (29.1.7)로 주어지는 제1 긴즈

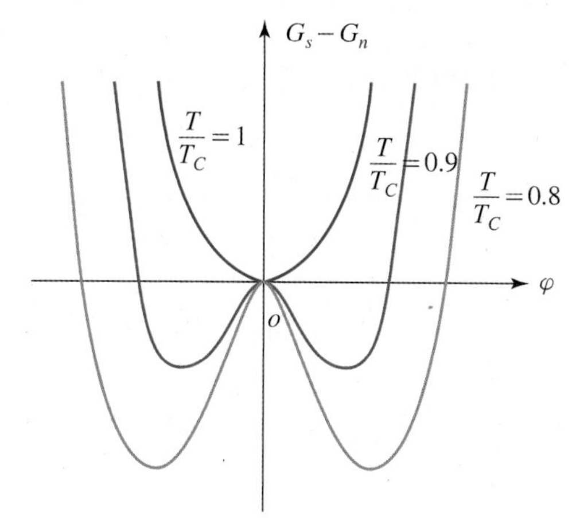

그림 29-1 초전도 전이온도 이하에서 질서변수에 대한 초전도 응축 에너지

버그-란다우 방정식에서 $\overrightarrow{A}=0$이면, 다음과 같이 간략화된다.

$$-\frac{\hbar^2}{2m^*}\nabla^2\varphi+a\varphi+b|\varphi|^2\varphi=0 \tag{29.1.17}$$

문제를 간단하게 하기 위하여, 1차원 문제로 환원하면 위 식은 다음과 같이 된다.

$$-\frac{\hbar^2}{2m^*}\frac{d^2\varphi}{dx^2}+a\varphi+b|\varphi|^2\varphi=0 \quad (a=-|a|,\ T<T_C) \tag{29.1.18}$$

여기에서 질서변수 함수를 다음과 같이 놓으면 제1 긴즈버그-란다우 방정식에서 매개변수 a와 b를 사라지게 할 수 있다.

$$\varphi=\left(\frac{|a|}{b}\right)^{\frac{1}{2}}f \tag{29.1.19}$$

$$-\frac{\hbar^2}{2m^*}\left(\frac{|a|}{b}\right)^{\frac{1}{2}}\frac{d^2f}{dx^2}-\frac{|a|^{3/2}}{b^{1/2}}f+\frac{|a|^{3/2}}{b^{1/2}}f^3=0$$

$$+\frac{\hbar^2}{2m^*|a|}\frac{d^2f}{dx^2}+f(1-f^2)=0 \tag{29.1.20}$$

또한 다음과 같이 변수치환을 하자.

$$\eta=\frac{x}{\xi},\quad \xi^2=\frac{\hbar^2}{2m^*|a|} \tag{29.1.21}$$

$$\frac{d}{dx}=\frac{d}{d\eta}\frac{d\eta}{dx}=\frac{1}{\xi}\frac{d}{d\eta},\quad \frac{d^2}{dx^2}=\frac{1}{\xi^2}\frac{d^2}{d\eta^2}$$

이를 식 (29.1.20)에 넣어 대입하면 제1 긴즈버그-란다우 방정식은 다음과 같이 간단하게 표현된다.

$$\frac{d^2f}{d\eta^2}+f(1-f^2)=0 \tag{29.1.22}$$

이를 변형된 제1 긴즈버그-란다우 방정식이라고 하는데, 이것의 해는

$$f=\tanh\frac{\eta}{\sqrt{2}} \tag{29.1.23}$$

이다. 이 해는 직접 계산하여 방정식에 넣으면 확인할 수 있다.

$$\frac{df}{d\eta} = \frac{1}{\sqrt{2}} \operatorname{sech}^2\left(\frac{\eta}{\sqrt{2}}\right)$$

$$\frac{d^2 f}{d\eta^2} = -\frac{1}{\sqrt{2}} \cdot 2\operatorname{sech}^2\left(\frac{\eta}{\sqrt{2}}\right)\tanh\left(\frac{\eta}{\sqrt{2}}\right)$$

$$1 - f^2 = 1 - \tanh^2\left(\frac{\eta}{\sqrt{2}}\right) = \operatorname{sech}^2\left(\frac{\eta}{\sqrt{2}}\right)$$

$$-\operatorname{sech}^2\left(\frac{\eta}{\sqrt{2}}\right)\tanh\left(\frac{\eta}{\sqrt{2}}\right) + \tanh\left(\frac{\eta}{\sqrt{2}}\right)\operatorname{sech}^2\left(\frac{\eta}{\sqrt{2}}\right) = 0$$

즉, 초전도 표면에서 질서변수 함수는 다음과 같다.

$$\varphi = \varphi_\infty \tanh\left(\frac{x}{\sqrt{2}\,\xi}\right), \text{ 여기에서 } \varphi_\infty = \left(\frac{|a|}{b}\right)^{\frac{1}{2}} \tag{29.1.24}$$

물리적으로 합리적인지는 몇 가지 극한의 경우에 대해 살펴보면 알 수 있다. 초전도 가장 바깥쪽 표면은 초전도가 이제 막 시작되기 때문에 $x \to 0$의 극한에서 $\varphi \to 0$이 된다. 또한 벌크 초전도 가장 깊숙한 곳에서는 초전도가 극대화될 것이므로, $x \to \infty$에 대해서 $\varphi \to \varphi_\infty$이다. 위 식 (29.1.21)에서 정의한 ξ는 초전도의 간섭 길이(coherence length)로써, 초전자가 상용하고 있는 거리이다.

29.2 양자 자속

식 (29.1.10)으로 주어지는 제2 긴즈버그-란다우 방정식

$$\vec{J} = -\frac{i\hbar e^*}{2m^*}(\varphi^* \nabla \varphi - \varphi \nabla \varphi^*) - \frac{e^{*2}}{m^*}\vec{A}|\varphi|^2 = 0 \tag{29.2.1}$$

에서 $\vec{A} = 0$일 때, $\vec{J} = 0$이 된다. 그러나 자기장이 가해져서 $\vec{A} \neq 0$일 때, 제2 긴즈버그-란다우 방정식은 초전자에 의한 전류밀도가 생성됨을 말해주고 있다. 전류가 회전하면 자기장이 발생하는데, 결론부터 말하면 초전도에서 자기장은 양자화된다. 이는 사실 놀라운 결론인데, 왜냐하면 초전도 현상이 거시적인 관점에서 양자역학을 따르고 있기 때문이다. 양자역학에서 어떤 규칙적인 경계조건에서 에너지가 양자화되는 것을 배웠다.

그러나 자기장도 양자화될 수 있으며, 양자역학은 미시 입자의 물리학인데도 불구하고 거시적인 초전도에서 양자역학적인 현상이 발현된다는 것은 매우 흥미로운 결과이다. 초전도는 거시적 양자 현상의 대표적인 경우이다.

제2 긴즈버그-란다우 방정식을 계산하기 위해서 질서변수 함수의 미분을 먼저 계산하자.

$$\varphi(\vec{r}) = |\varphi(\vec{r})|e^{i\Theta}$$
$$\nabla\varphi = i\varphi\nabla\Theta + e^{i\Theta}\nabla|\varphi(\vec{r})|$$
$$\nabla\varphi^* = -i\varphi\nabla\Theta + e^{-i\Theta}\nabla|\varphi^*(\vec{r})|$$

이를 이용하여 식 (29.2.1)의 괄호 안을 계산하면,

$$\begin{aligned}
&\varphi^*\nabla\varphi - \varphi\nabla\varphi^* \\
&= |\varphi^*|e^{-i\Theta}(i\varphi\nabla\Theta + e^{i\Theta}\nabla|\varphi(\vec{r})|) - |\varphi|e^{i\Theta}(-i\varphi^*\nabla\Theta + e^{-i\Theta}\nabla|\varphi^*(\vec{r})|) \\
&= 2i|\varphi|^2\nabla\Theta
\end{aligned}$$

이고, 이를 대입하면

$$\vec{J} = -\frac{i\hbar e^*}{2m^*}(\varphi^*\nabla\varphi - \varphi\nabla\varphi^*) - \frac{e^{*2}}{m^*}\vec{A}|\varphi|^2 = \frac{\hbar e^*}{m^*}|\varphi|^2\nabla\Theta - \frac{e^{*2}}{m^*}\vec{A}|\varphi|^2 \qquad (29.2.2)$$

이다. 위 식에서 벡터 퍼텐셜 항을 정리하고 양변을 선적분하면

$$\frac{m^*}{e^{*2}}\oint\frac{\vec{J}}{|\varphi|^2}\cdot d\vec{l} = \frac{\hbar}{e^*}\oint\nabla\Theta\cdot d\vec{l} - \oint\vec{A}\cdot d\vec{l} \qquad (29.2.3)$$

이 되는데, 선적분에서

$$\oint\nabla\Theta\cdot d\vec{l} = 2\pi n \qquad (29.2.4)$$

이다. 여기에서 n은 양의 정수이다. 따라서 식 (29.2.3)은 다음과 같이 정리되고,

$$\frac{m^*}{e^{*2}}\oint\frac{\vec{J}}{|\varphi|^2}\cdot d\vec{l} + \oint\vec{A}\cdot d\vec{l} = n\Phi_0 \qquad (29.2.5)$$

여기에서 양자 자속(quantum flux)을 다음과 같이 정의할 수 있다.

$$\text{양자 자속 } \Phi_0 = \frac{h}{e^*} \tag{29.2.6}$$

스토크스 정리를 쓰면

$$\oint \vec{A} \cdot d\vec{l} = \int \vec{B} \cdot d\vec{s} = \Phi$$

이므로, 식 (29.2.5)는 다음과 같이 나타난다.

$$\frac{m^*}{e^{*2}} \oint \frac{\vec{J}}{|\varphi|^2} \cdot d\vec{l} + \Phi = n\Phi_0 \tag{29.2.7}$$

이 식은 초전도를 흐르는 전류밀도 $\vec{J}$가 만들어내는 자속과 외부에서 가해진 자속 Φ의 합에서 자속은 Φ_0의 정수배로 양자화된다는 것을 의미한다.

위 식이 의미하는 바를 간단한 예제를 통해 알아보도록 하자. 계산을 간단히 하기 위해서 초전도가 그림 29-2(a)와 같이 사각형 모양을 갖는다고 가정하자. 초전도 계면을 고찰하기 위해서는 위와 같이 사각형 모양으로 닫힌 적분을 하고 $x_1 \to \infty$로 보내면 된다. 이때 벡터 퍼텐셜은 $\nabla \cdot \vec{A} = 0$을 만족하고, 사각형 폐곡선에서

$$\vec{A} = A_y(x)\hat{j}, \quad A_y(x) = xB_0 + A_0 \tag{29.2.8}$$

가 된다고 하자. 식 (29.2.7)에서 폐곡선을 따라서 선적분을 해보자. 그 결과는 다음과 같고,

$$L\left[\frac{m^* J_y(x_0)}{e^{*2}|\varphi(x_0)|^2} + A_y(x_0)\right] = n\Phi_0 \tag{29.2.9}$$

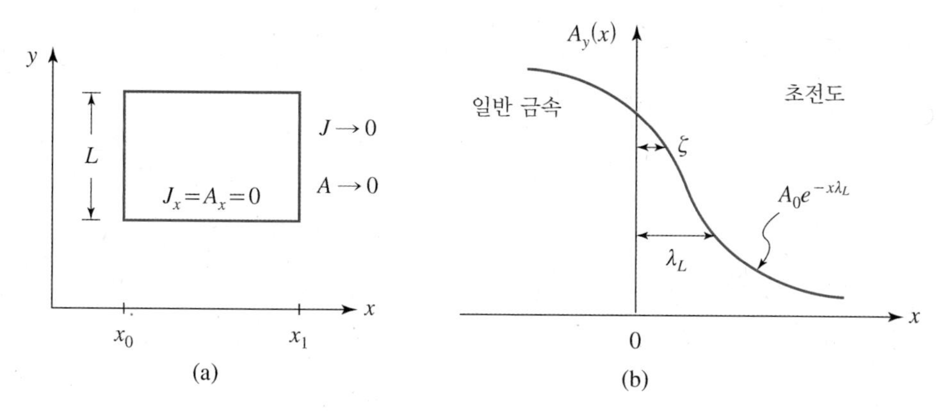

그림 29-2 (a) 사각형 모양의 초전도체와 (b) 그에 가해진 자기장에 대해 초전도 표면에서 전류밀도의 변화

$n=0$일 때는 $\oint \nabla\Theta \cdot d\vec{l}=0$이므로, 위 식은

$$J_y(x)=-\frac{e^{*2}|\varphi(x)|^2}{m^*}A_y(x) \tag{29.2.10}$$

와 같다. $\nabla\times\vec{B}=\mu_0\vec{J}$이므로 위 식은

$$\frac{1}{\mu_0}\nabla\times(\nabla\times\vec{A})+\frac{e^{*2}}{m^*}\vec{A}|\varphi|^2=0 \tag{29.2.11}$$

로 정리된다. $\nabla\cdot\vec{A}=0$의 조건에 의하여 위 식의 좌변 첫째 항은 $(-\nabla^2\vec{A})/\mu_0$이다. 1차원 문제로 전환하여 풀면

$$\frac{d^2}{dx^2}A_y(x)=\frac{\mu_0 e^{*2}|\varphi(x)|^2}{m^*}A_y(x)=\frac{A_y(x)}{\lambda_L^2} \tag{29.2.12}$$

를 얻을 수 있다. 여기에서 λ_L은 침투 깊이(penetration depth)로써 다음과 같이 정의된다.

$$\lambda_L^2=\frac{m^*}{\mu_0 e^{*2}|\varphi_\infty|^2} \tag{29.2.13}$$

식 (29.2.12)의 해는

$$A_y(x)=A_0\exp\left(-\frac{x}{\lambda_L}\right)\ \ (x>0) \tag{29.2.14}$$

이다. 즉, 그림 29-2(b)와 같이 벡터 퍼텐셜이 초전도 안쪽으로 들어가면서 지수함수적으로 감소한다.

이를 이용하여 자기장을 계산하면 $\vec{B}=\nabla\times\vec{A}$이므로,

$$B_z(x)=-\frac{A_0}{\lambda_L}e^{-x/\lambda_L}=B_0 e^{-x/\lambda_L}\quad(\xi<x<\infty) \tag{29.2.15}$$

자기장도 역시 지수함수적으로 감소한다. 이때 자기장의 방향은 z축 방향을 향하고 있다. 식 (29.2.10)으로부터 초전도 안쪽에서($\xi\ll x<\infty$) 전류밀도를 계산해보자.

$$\mu_0\lambda_L^2 J_y(x)=-A_y(x) \tag{29.2.16}$$

양변을 x에 대해 두 번 미분하면

$$\frac{d^2}{dx^2}A_y(x) = -\mu_0\lambda_L^2\frac{d^2}{dx^2}J_y(x) \tag{29.2.17}$$

이고, 식 (29.2.14)와 (29.2.16)에 의해 좌변은

$$\frac{d^2}{dx^2}A_y(x) = \frac{A_y(x)}{\lambda_L^2} = -\mu_0 J_y(x) \tag{29.2.18}$$

이다. 따라서 위 두 식의 우변을 종합하면

$$\frac{d^2}{dx^2}J_y(x) = \frac{J_y(x)}{\lambda_L^2} \tag{29.2.19}$$

이므로 전류밀도는

$$J_y(x) = J_0 e^{-x/\lambda_L} \quad (\xi < x < \infty) \tag{29.2.20}$$

이 된다. 이때 초전도 표면에서 전류의 방향이 y방향으로써 초전류는 초전도체 표면을 따라 회전하는 것을 알 수 있으며, 초전도 내부 x방향으로 갈수록 지수함수적으로 초전류 밀도가 감소한다. 이는 런던 방정식에서 얻은 결과와 동일하다.

29.3 규격화된 긴즈버그-란다우 방정식

많은 경우 차원이 있는 방정식을 무차원 방정식으로 변환시켜 사용하기도 한다. 무차원 방정식을 사용하면 계산할 때 차원을 따지지 않아도 되어서 계산이 보다 편리해진다. 복잡한 파라미터들을 변수 안으로 숨길 수 있어서 방정식도 깔끔해진다. 때때로 긴즈버그-란다우 방정식은 이와 같이 무차원의 규격화된 방정식 형태로 사용되기 때문에 규격화된 긴즈버그-란다우 방정식을 소개하고자 한다. 주어진 긴즈버그-란다우 방정식에서

$$-\frac{\hbar^2}{2m^*}\left(\nabla + \frac{ie^*}{\hbar}\vec{A}\right)^2\varphi + a\varphi + b\,|\,\varphi\,|\,^2\varphi = 0 \tag{29.3.1}$$

$$\frac{1}{\mu_0}\nabla\times(\nabla\times\overrightarrow{A})+\frac{i\hbar e^*}{2m^*}(\varphi^*\nabla\varphi-\varphi\nabla\varphi^*)+\frac{e^{*2}\mid\varphi\mid^2}{m^*}\overrightarrow{A}=0 \tag{29.3.2}$$

변수를 다음과 같이 도입하여 정리할 수 있다.

$$x=\frac{\eta}{\xi},\quad \varphi=\left(\frac{\mid a\mid}{b}\right)^{1/2}f,\quad \xi^2=\frac{\hbar^2}{2m^*|a|},\quad \overrightarrow{A}=\left(\frac{\Phi_0}{2\pi\xi}\right)\mathcal{A} \tag{29.3.3}$$

그러면 미분 연산자도 정의된 변수에 따라 변환해야 한다.

$$\nabla\to\frac{1}{\xi}\nabla_\eta,\quad \nabla^2\to\frac{1}{\xi^2}\nabla_\eta^2,\quad \frac{d}{dx}=\frac{1}{\xi}\frac{d}{d\eta}$$

여기에서 침투 깊이 λ_L를 간섭 길이 ξ로 나눈 것은 긴즈버그-란다우 변수(Ginzburg-Landau parameter)라고 해서 초전도의 중요한 물리량이므로 기억해 두어야 한다.

$$\kappa=\frac{\lambda_L}{\xi} \tag{29.3.4}$$

식 (29.3.3)으로 정의된 변수들을 식 (29.3.1)에 넣어서 정리하면 규격화된 제1 긴즈버그-란다우 방정식이라고 한다(여기서 편의상 ∇_η를 ∇로 그냥 쓰기로 하자).

$$-\frac{\hbar^2}{2m^*}\left(\frac{1}{\xi}\nabla+\frac{ie^*}{\hbar}\frac{\Phi_0}{2\pi\xi}\mathcal{A}\right)^2\sqrt{\frac{|a|}{b}}f-|a|\sqrt{\frac{|a|}{b}}f+|a|\sqrt{\frac{|a|}{b}}f^3=0$$

$$-\xi^2\left(\frac{1}{\xi}\nabla+\frac{i}{\xi}\mathcal{A}\right)^2f-f+f^3=0$$

$$(\nabla+i\mathcal{A})^2f+f(1-f^2)=0 \tag{29.3.5}$$

제2 긴즈버그-란다우 방정식도 정의된 변수를 식 (29.3.2)에 넣어서 변환시킬 수 있다.

$$\frac{\Phi_0}{2\pi\xi}\frac{1}{\mu_0\xi^2}\nabla\times(\nabla\times\mathcal{A})=\frac{\hbar e^*}{2m^*i\xi}\left(\frac{|a|}{b}\right)(f^*\nabla f-f\nabla f^*)-\frac{e^{*2}}{m^*}\left(\frac{|a|}{b}\right)\frac{\Phi_0}{2\pi\xi}\mathcal{A}f^2$$

$$\frac{b}{|a|}\frac{m^*}{e^{*2}\xi^2}\nabla\times(\nabla\times\mathcal{A})=\frac{\hbar}{2ie^*\xi}\frac{2\pi\xi}{\Phi_0}(f^*\nabla f-f\nabla f^*)-\mathcal{A}f^2$$

$$\kappa^2\nabla\times(\nabla\times\mathcal{A})+\frac{i}{2}(f^*\nabla f-f\nabla f^*)+\mathcal{A}f^2=0 \tag{29.3.6}$$

위 식 (29.3.6)은 규격화된 제2 긴즈버그-란다우 방정식이다.

$$\vec{J} = \frac{\Phi_0}{2\pi\lambda_L^2\xi\mu_0}\vec{j} \tag{29.3.7}$$

$$\vec{j} = \kappa^2\nabla\times(\nabla\times\mathcal{A}) \tag{29.3.8}$$

을 이용해서 규격화된 제1과 제2 긴즈버그-란다우 방정식을 다음과 같이 쓰기도 한다.

$$\nabla^2 f - 2i\mathcal{A}\cdot\nabla f - \mathcal{A}^2 f + f(1-f^2) = 0 \tag{29.3.9}$$

$$\vec{j} = -\frac{i}{2}(f^*\nabla f - f\nabla f^*) - \mathcal{A}f^2 \tag{29.3.10}$$

29.4 제1형과 제2형 초전도

앞서 그림 27-4와 같이 초전도는 제1형 초전도와 제2형 초전도가 있음을 언급하였다. 거시적인 특성에서 제1형 초전도와 제2형 초전도의 차이점은 제1형 초전도는 초전도 내부에 자기장이 들어오는 것을 싫어하여 초전도가 임계 자기장을 넘어서면 순간적으로 초전도가 깨진다. 제2형 초전도는 초전도 내부에 불순물이나 결함이 존재하여 불순물이나 결함에 자기장이 침투할 수 있어서 외부 자기장에 대해 초전도와 정상상태가 공존할 수 있다. 현상적으로는 그렇지만 제1형과 제2형 초전도를 구분 짓는 명확한 기준이 필요하다. 긴즈버그-란다우 이론을 통해 그 기준을 알아보도록 하자.

초전도와 정상상태가 공존하면 그 계면에서 표면장력이 발생한다. 긴즈버그-란다우 자유 에너지로 기술해보면 임계 자기장이 가해졌을 때 제1형 초전도는 균일하게 모든 초전도 상이 사라진다. 따라서 균일 상에서의 긴즈버그-란다우 자유 에너지는

$$G(z) = G_{no} + \frac{1}{2}\mu_0 H_c^2 \tag{29.4.1}$$

이다. 초전도가 제2형이어서 혼합상태가 있다면 임계 자기장이 걸려도 초전도와 정상상태가 공존하게 된다. 이때, 초전도 혼합상태에서의 긴즈버그-란다우 자유 에너지는

$$G(z) = G_{no} - \frac{1}{2}b|\varphi|^4 + \frac{1}{2\mu_0}(B^2 - 2\mu_0^2\overrightarrow{H_c}\cdot\overrightarrow{M}) \tag{29.4.2}$$

가 된다. 표면장력 σ_{ns}은 혼합상태의 자유 에너지 G_m와 균일한 상태 자유 에너지 G_h의 차이로 주어진다.

$$\begin{aligned}\sigma_{ns} &= \int dz(G_m - G_h) = \int dz\left[-\frac{1}{2}b|\varphi|^4 + \frac{1}{2\mu_0}(B^2 - 2\mu_0^2\overrightarrow{H_c}\cdot\overrightarrow{M}) - \frac{1}{2}\mu_0 H_c^2\right] \\ &= \int dz\left[-\frac{1}{2}b|\varphi|^4 + \frac{1}{2\mu_0}\{\mu_0^2(\overrightarrow{H}+\overrightarrow{M})^2 - 2\mu_0^2\overrightarrow{H_c}\cdot\overrightarrow{M}\} - \frac{1}{2}\mu_0 H_c^2\right] \\ &= \int dz\left[-\frac{1}{2}b|\varphi|^4 + \frac{1}{2}\mu_0 M^2\right] \qquad (29.4.3)\end{aligned}$$

위 식에서 주어진 자유 에너지의 첫째 항은 초전도 응축 에너지이고, 둘째 항은 외부 자기장에 의한 자기 에너지이다. 초전도 안쪽에서는

$$|\varphi|^2 = \frac{|a|}{b},\quad \frac{1}{2}\left(\frac{a^2}{b}\right) = \frac{B_C^2}{2\mu_0}$$

이므로, 이를 대입하면

$$\sigma_{ns} = \int dz\left[-\frac{a^2}{2b} + \frac{1}{2}\mu_0 H_c^2\right] = \int dz\left[-\frac{B_c^2}{2\mu_0} + \frac{B_c^2}{2\mu_0}\right] = 0$$

이어서, 초전도 깊은 곳에서는 완전한 마이스너 상태가 되어서 표면장력이 없다.

만약 균일 초전도의 에너지가 혼합상태의 에너지보다 더 낮다면($G_m > G_h$, $\sigma_{ns} > 0$) 초전도는 제1형으로써 외부 자기장에 대해 초전도의 균일한 상태를 유지하려고 한다. 반대로, 혼합상태의 에너지가 균일 상태의 에너지보다 낮다면($G_m < G_h$, $\sigma_{ns} < 0$) 초전도는 혼합상태를 만들기를 선호하게 된다. 이때는 초전도와 정상상태의 계면을 최대한 많이 만드는 것이 유리하므로, 초전도에 침투한 자기장은 양자화된 자기장 다발, 즉 양자 단위로 침투된다.

그림 29-3은 초전도체에서 응축 에너지와 자기 에너지의 관계를 나타낸 그림이다. (a)와 같이 제1형 초전도는 초전도 응축 에너지가 자기 에너지보다 낮아서 식 (29.4.3)으로 주어지는 표면장력이 양의 값이 되고, 이때 간섭 길이는 침투 길이보다 커서($\xi > \lambda_L$) 긴즈버그-란다우 매개변수는 1보다 작다($\kappa < 1$). (b)와 같이 제2형 초전도는 자기 에너지가 초전도 응축 에너지보다 작아서 표면장력은 음수가 되고, 간섭 길이보다 침투 길이가 더 크고($\xi < \lambda_L$), 긴즈버그-란다우 매개변수는 1보다 크다($\kappa > 1$). 표면장력이 음수가 된다는

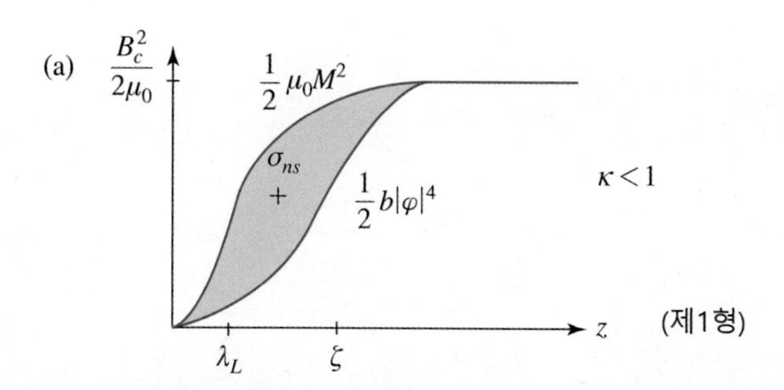

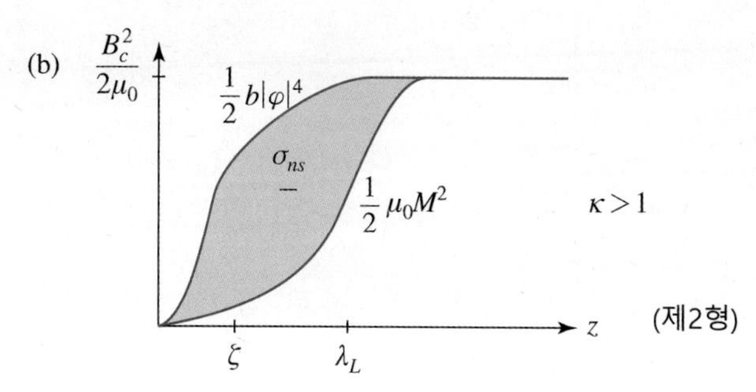

그림 29-3 (a) 제1형 초전도체와 (b) 제2형 초전도체에서 응축 에너지와 자기 에너지의 관계

것은 초전도와 자속이 침투한 정상상태의 계면이 안정화된다는 뜻이므로, 많은 자속이 작은 양자 단위로 침투할수록 안정하게 된다. 이렇게 양자 단위로 침투한 자속을 양자 자속 또는 양자 소용돌이(quantum vortex)라고 한다.

CHAPTER 30

BCS 이론*

BCS 이론은 초전도의 근본 메커니즘을 규명한 양자역학적 이론이다. 이론의 제안자인 John Bardeen, Leon Cooper, Robert Schrieffer의 약자를 따서 이름지었다. 존 바딘은 반도체에서 언급되었는데, 트랜지스터 발명으로 1956년 노벨상을 수상하였다. 이론물리학자인 존 바딘은 1945년 벨 연구소에 들어가서 1948년 쇼클리와 브래튼과 함께 트랜지스터를 연구하였다. 트랜지스터의 성공 이후에 쇼클리와 관계가 좋지 않게 되었는데, 이는 바딘의 문제이기보다는 쇼클리의 문제였다. 쇼클리는 주변 거의 모든 사람들과 관계가 좋지 않았다. 바딘도 그 중 한 사람으로써 1951년 벨 연구소를 그만두고 일리노이 대학교 어바나-샴페인 캠퍼스 교수로 자리를 옮겼다. 대학으로 자리를 옮긴 이후 연구주제를 초전도로 바꾸었는데, 당시 초전도 메커니즘 규명은 아주 중요하고 어려운 난제로 남아 있었다. 당시 바딘의 지도를 받고자 입학한 학생이 있었으니 그가 존 로버트 슈리퍼였다.

슈리퍼는 MIT를 졸업하고 노벨상 수상자인 바딘의 지도를 받고자 일리노이 대학교로 박사과정을 진학하였는데, 당초 반도체 이론을 연구하고 싶어 했던 슈리퍼에게 바딘은 초전도 이론을 연구해보자고 제안하였다. 슈리퍼는 똑똑한 학생이라 초전도 이론을 만드는 것이 얼마나 어려운 일인지 잘 알고 있었다. 그래서 처음에는 초전도 이론을 연구하기 어렵다고 거절했지만 바딘은 1년만 연구해보고 안 되면 그때 반도체를 연구해도 늦지 않다고 설득하였다. 바딘은 그 무렵 레온 쿠퍼를 포스트닥 연구원으로 고용하였다.

쿠퍼는 하버드 대학교에서 1954년 입자물리학으로 막 박사학위를 받은 새내기 연구자였다. 바딘은 쿠퍼의 수학 실력을 잘 알고 있어서 그를 포스트닥 연구원으로 고용하여 초전도 메커니즘 규명 프로젝트를 주었다. 쿠퍼는 바딘의 기대를 저버리지 않고 얼마 후에 쿠퍼 쌍(Cooper pair)이 초전도를 일으키는 초전자의 형성 원리라는 것을 규명하였다.

쿠퍼 쌍이 초전도 형성 원리의 핵심임이 밝혀지자 초전도의 거시적 물리현상을 쿠퍼 쌍으로 설명하기 위한 논의가 필요하였다. 이를 위해서는 쿠퍼 쌍의 슈뢰딩거 방정식을 풀어야 하는데, 수많은 전자들을 어떻게 다루어야 하는지 난감하기 그지 없었다. 슈리퍼가 그 문제에 골몰하면서 뉴욕의 지하철을 타고 집으로 가고 있을 때 갑자기 번뜩이는 아이디어가 생각났다고 한다. 그래서 바로 학교로 되돌아가 슈리퍼 파동함수를 제안하여 바딘에게 아이디어를 설명하였다. 바딘은 이제 모든 문제가 풀렸다고 좋아하면서 며칠 만에 직접 계산을 통해 BCS 이론을 완성하였다고 한다.

쿠퍼 쌍이 형성되는 근본 원리는 전자-포논 상호작용이다. 포논의 격자진동 주기에 따라 스핀이 다른 두 전자가 이끌려오는 것으로 생각할 수 있다. 전자가 포논의 결맞음에 따라 행동함에 따라 BCS 이론에서 주장한 초전도 전이온도의 한계는 30 K이었다. 실제로 당시 많은 초전도체는 전이온도가 30 K을 넘어서지 않았다. 그러나 1986년 스위스의 물리학자 베드노츠(J. G. Bednorz)와 뮬러(K. A. Müller)가 30 K을 넘어서는 전이온도를 갖는 초전도체를 발견하면서 고온초전도의 서막이 밝았다. 이후 고온초전도체 전이온도는 계속 높아져서 1994년도에 138 K에서 전이온도를 갖는 수은계 초전도체가 발견되었고, 압력을 통해 160 K까지 전이온도가 높아졌다. 구리산화물 초전도체는 매우 복잡한 물리현상이 발견되어서 고온초전도를 형성하는 또 다른 근본 메커니즘이 있을 것이라고 생각하여 많은 물리학자들이 연구하고 있지만 고온초전도 메커니즘은 밝혀지지 않고 있다. 최근에는 황화수소 등 기체를 고압으로 가하면 거의 상온에서 초전도가 발현되었다고 보고되고 있지만, 아직 확실히 밝혀지지는 않았다.

30.1 쿠퍼 쌍

초전도의 근본 원리가 되는 쿠퍼 쌍에 대해 알아보자. 기본적으로 초전도는 보스·아인슈타인 응축 현상이므로 페르미온인 전자가 초전자가 될 수 없다. 초전자는 보손 입자여

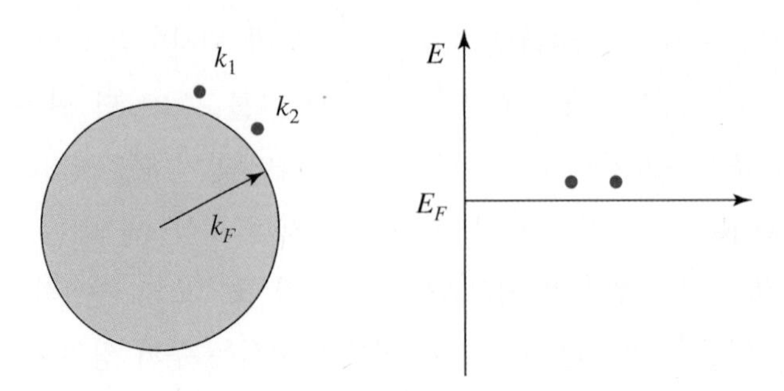

그림 30-1 페르미 면 위에 전자 2개가 있을 때 에너지 다이어그램

야만 하므로, 전자 2개가 결합되어야만 한다. 물론 전자 2개가 모두 스핀 업 또는 스핀 다운으로 같은 방향을 향해도 보손 입자가 되지만, 일반적인 경우는 스핀 업과 스핀 다운 전자가 결합되는 스핀 0 보존이 되는 경우이다.

쿠퍼는 그림 30-1과 같이 페르미 면 바로 위에 있는 두 전자를 가정하였다. 이 두 전자는 서로 인력으로 결합되어야 한다. 쿠퍼는 스핀 업과 스핀 다운으로 0 스핀을 갖는 보손 입자 쌍을 가정하였다. 문제를 간단하게 하기 위해 페르미 면 아래쪽의 페르미 바다(Fermi sea)에 있는 전자들의 상호작용은 모두 무시한다. 즉, 운동량 k_1과 k_2를 갖고 있는 두 전자의 상호작용 $V(\overrightarrow{r_2}-\overrightarrow{r_1})$만 고려한다.

이때 계의 해밀토니안은 두 전자의 운동에너지와 상호작용 퍼텐셜을 고려해줘야 한다.

$$H=\frac{p_1^2}{2m}+\frac{p_2^2}{2m}+V(r_1-r_2) \tag{30.1.1}$$

그리고 이 해밀토니안은 슈뢰딩거 방정식을 만족해야 한다.

$$H\Psi(r_1,\ r_2,\ t)=i\hbar\frac{\partial}{\partial t}\Psi(r_1,\ r_2,\ t) \tag{30.1.2}$$

일반적으로 이체문제에서는 질량중심(center of mass) 좌표를 사용하여 질량중심 벡터 $\overrightarrow{R}$과 유효질량(effective mass) μ를 다음과 같이 정의하여 다루게 된다.

$$\vec{r}=\vec{r}_1-\vec{r}_2,\quad \overrightarrow{R}=\frac{m_1\overrightarrow{r_1}+m_2\overrightarrow{r_2}}{m_1+m_2},\quad \mu=\frac{m_1m_2}{m_1+m_2}=\frac{m}{2} \tag{30.1.3}$$

이때, 운동량 중심 $\vec{q}$와 계의 중심 운동량 $\overrightarrow{P}$, 전체 질량 M은 다음과 같다.

$$\vec{q}=\frac{m_1\overrightarrow{p_1}+m_2\overrightarrow{p_2}}{m_1+m_2},\quad \overrightarrow{P}=\overrightarrow{p_1}+\overrightarrow{p_2},\quad M=2m \tag{30.1.4}$$

이러한 질량중심 좌표계에서 식 (30.1.1)의 해밀토니안은

$$H=\frac{P^2}{2M}+\frac{q^2}{2\mu}+V(r) \tag{30.1.5}$$

으로 변환된다. 슈뢰딩거 방정식을 만족하는 파동함수 Ψ는 질량중심 좌표계에서 질량중심 벡터 함수 $f(\overrightarrow{R},\ t)$와 상대좌표 함수 $\psi(\vec{r},\ t)$로 분해할 수 있다.

$$\Psi(\overrightarrow{r_1},\ \overrightarrow{r_2},\ t)=f(\overrightarrow{R},\ t)\psi(\vec{r},\ t)=\exp\left\{\frac{i}{\hbar}(\overrightarrow{P}\cdot\overrightarrow{R}-\frac{p^2}{2M}t)\right\}e^{-i\frac{\epsilon t}{\hbar}}\psi(\vec{r}) \tag{30.1.6}$$

질량중심에 관한 좌표는 일반적인 평면파 함수로 나타나기 때문에, 실제 중요한 것은 상대좌표 함수의 슈뢰딩거 방정식이다.

$$\left[-\frac{\hbar^2}{2\mu}\nabla_r^2+V(\vec{r})\right]\psi(\vec{r})=E\psi(\vec{r}) \tag{30.1.7}$$

이때, 질량중심 좌표에서 운동량을 0으로 두면,

$$\begin{aligned}\overrightarrow{P}=\overrightarrow{p_1}+\overrightarrow{p_2}=0,\\ \overrightarrow{p_1}=-\overrightarrow{p_2}\end{aligned} \tag{30.1.8}$$

로 두 전자는 서로 크기는 같고 방향은 반대인 운동량을 갖게 되고, 상대좌표 함수는 다음과 같이 표현하도록 하자.

$$\psi(\vec{r})=\sum_k a_k e^{i\vec{k}\cdot\vec{r}},\quad |\psi>\ =\sum_k a_{\vec{k}}\,|\,\vec{k}> \tag{30.1.9}$$

그러면 식 (30.1.7)의 슈뢰딩거 방정식의 행렬요소를 다음과 같이 계산할 수 있다.

$$\sum_k\left\langle\vec{q}\ \middle|\ \left[\frac{\hbar^2k^2}{2\mu}+V(\vec{r})\right]a_{\vec{k}}\ \middle|\ \vec{k}\right\rangle=\langle\vec{q}\ |\ Ea_{\vec{k}}\ |\ \vec{k}\rangle \tag{30.1.10}$$

$$\frac{\hbar^2q^2}{2\mu}a_{\vec{q}}+\sum_k<\vec{q}\ |\ V(\vec{r})\ |\ \vec{k}>a_k=Ea_{\vec{q}} \tag{30.1.11}$$

위 식의 좌변 둘째 항은 퍼텐셜 $V(\vec{r})$로 작용되는 산란 행렬요소(scattering matrix element)이다. 이것을 적분형으로 표현하면 다음과 같다.

$$V_{\vec{k},\vec{q}} = \langle \vec{k} \mid V \mid \vec{q} \rangle = \left\langle \vec{k} \mid \left(\int d^3r \mid \vec{r} \right\rangle \left\langle \vec{r} \mid \right) V \left(\int d^3r' \mid \vec{r'} \right\rangle \langle \vec{r'} \mid \right) \mid \vec{q} \rangle$$

$$= \iint d^3r d^3r' \langle \vec{k} \mid \vec{r} \rangle \langle \vec{r} \mid V \mid \vec{r'} \rangle \langle \vec{r'} \mid \vec{q} \rangle \tag{30.1.12}$$

여기에서 $\langle \vec{k} | \vec{r} \rangle = e^{i\vec{k}\cdot\vec{r}}$이고, $\langle \vec{r'} | \vec{q} \rangle = e^{i\vec{q}\cdot\vec{r'}}$이다. 양자역학에서 이 지수함수는 구면 베셀 함수(spherical Bessel function) j_l과 구면 조화함수 Y_{lm}로 주어진다.

$$Y_{lm}(\theta, \psi) = (-1)^m \sqrt{\frac{(2l+1)(l-m)!}{4\pi(l+m)!}} P_l^m(\cos\theta) e^{im\phi} \tag{30.1.13}$$

여기에서 P_l^m은 르장드르 다항식(Legendre polynomial)이다. 평면파의 함수를 구체적으로 써보면 아래와 같다.

$$e^{i\vec{k}\cdot\vec{r}} = 4\pi \sum_{l=0}^{\infty} \sum_{m=-l}^{l} i^l Y_{lm}^*(\theta_k, \phi_k) j_l(kr) Y_{lm}(\theta, \psi)$$

$$= \sum_{l=0}^{\infty} \sum_{m=-l}^{l} i^l (2l+1) j_l(kr) P_l(\hat{k}, \hat{r}) \tag{30.1.14}$$

여기에서

$$P_l(\hat{k}, \hat{r}) = \frac{4\pi}{2l+1} \sum_m Y_{lm}^*(\hat{k}) Y_{lm}(\hat{r}) \tag{30.1.15}$$

을 이용하였다. 식 (30.1.14)를 이용하여 식 (30.1.12)를 정리하면 다음과 같다.

$$V_{\vec{k},\vec{q}} = \langle \vec{k} \mid V \mid \vec{q} \rangle$$

$$= \int d^3r \sum_{lm} 4\pi i^l j_l(kr) Y_{lm}(\hat{k}) Y_{lm}^*(\hat{r}) V(r) \sum_{l'm'} 4\pi i^{l'} j_{l'}(qr) Y_{l'm'}^*(\hat{q}) Y_{l'm'}(\hat{r})$$

$$= \sum_{lm} \int dr (4\pi r)^2 \sum_{lm} j_l(kr) V(r) j_l(qr) Y_{lm}(\hat{k}) Y_{lm}^*(\hat{q})$$

$$= \sum_{lm} V_l(kq) Y_{lm}(\hat{k}) Y_{lm}^*(\hat{q}) \tag{30.1.16}$$

여기에서

$$V_l(k,\ q) = \int dr(4\pi r)^2 \sum_{lm} j_l(kr)\, V(r) j_l(qr) \tag{30.1.17}$$

로 표현하였다.

이를 바탕으로, 식 (30.1.9)

$$\mid \psi > \ = \sum_k a_{\vec{k}} \mid \vec{k}>$$

을 이용하여 식 (30.1.11)을 다시 정리하면 슈뢰딩거 방정식은 다음과 같다.

$$\frac{\hbar^2 k^2}{2\mu} a_{\vec{k}} + \sum_q \sum_{lm} V_l(k,\ q)\, Y_{lm}(\hat{k})\, Y_{lm}^*(\hat{q}) a_{\vec{q}} = E a_{\vec{k}} \tag{30.1.18}$$

여기에서 퍼텐셜이 어떤 모양인지는 알지 못하지만, 운동량 $\vec{k}$과 $\vec{q}$가 앞서 가정과 마찬가지로 페르미 면 바로 위에 있을 때는 퍼텐셜이 존재하고 아래쪽에 있는 퍼텐셜은 영향이 없다고 가정한다.

$$V_l(k,\ q) = \begin{cases} \neq 0, & k_F < \{\vec{k},\ \vec{q}\} < k_a \\ = 0, & \text{otherwise} \end{cases} \tag{30.1.19}$$

전자들끼리는 쿨롱 상호작용에 의해서 척력이 작용하는데, 두 전자에 인력이 작용하기 위해서는 두 전자 상호작용 사이에 포논이 매개되어야 한다. 이온은 전하가 (+)이기 때문에 이온의 격자진동을 매개로 두 전자가 서로 끌어당겨질 수 있다. 이는 강한 전자-포논 상호작용이 있는 폴라론에서도 흔히 발견되는 현상이다. 다음과 같이 $a_{\vec{k}}$를 구면 조화함수로 표현하고, 퍼텐셜을 상수 λ_l로 다루자.

$$a_{\vec{k}} = a_k Y_{lm}(\hat{k}),\ \ \lambda_l = V_l(\vec{k},\ \vec{q}) \tag{30.1.20}$$

이를 이용해서 식 (30.1.18)의 슈뢰딩거 방정식을 다시 쓰면,

$$\frac{\hbar^2 k^2}{2\mu} a_k + \sum_q \sum_{lm} \lambda_l Y_{lm}^*(\hat{q}) a_q = E a_k \tag{30.1.21}$$

이 되고, 이는 다시

$$2\epsilon_k a_k + \lambda_l \sum_q a_q = E a_k \tag{30.1.22}$$

로 간략히 나타낼 수 있다.

$$C = \sum_q a_q$$

라고 하고,

$$(E - 2\epsilon_k)a_k = \lambda_l C \tag{30.1.23}$$

양변을 k로 합하면

$$\sum_k a_k = \sum_k \frac{\lambda_l C}{E - 2\epsilon_k} \simeq C \tag{30.1.24}$$

이를 정리하면,

$$\sum_k \frac{\lambda_l}{E - 2\epsilon_k} = 1 \tag{30.1.25}$$

가 된다. 이때, 합산 인자 k는 오직 페르미 면 근처($k_F \sim k_a$) 구간에서 고려된다. 실제로 고체의 물리현상은 페르미 면 근처에서 일어나기 때문에 이 가정은 합리적이다. 양자화에 의해서 운동량은 합으로 다루어야 함이 마땅하지만, 실제 전자는 무수히 많고 양자화 에너지는 매우 촘촘해서 연속적인 것으로 다루어도 무방하다. 따라서

$$\sum_k \to \int_{\epsilon_F}^{\epsilon_a} N(\epsilon)d\epsilon \tag{30.1.26}$$

로 합을 적분으로 다룰 수 있다. 식 (30.1.25)에서 $\Phi(E)$를 다음과 같이 정의하면,

$$\Phi(E) \equiv \sum_k \frac{1}{E - 2\epsilon_k} = \int_{\epsilon_F}^{\epsilon_a} N(\epsilon)d\epsilon \frac{1}{E - 2\epsilon_k} \simeq N(\epsilon_F)\int_{\epsilon_F}^{\epsilon_a} d\epsilon \frac{1}{E - 2\epsilon} \tag{30.1.27}$$

로 나타낼 수 있다. 우리가 고려하는 에너지는 페르미 면 근처이기 때문에, 페르미 면 근처에서 ϵ_a는 ϵ_F에 근접하므로, 상태밀도 $N(\epsilon)$이 거의 일정하다고 보아 상수로 취급할 수 있어서 적분 바깥으로 빼냈다.

$$N(\epsilon) \simeq N(\epsilon_F) = \text{const}$$

그러면 $\Phi(E)$는

$$\Phi(E) = N(\epsilon_F)\left[-\frac{1}{2}\ln|E-2\epsilon|\right]_{\epsilon_F}^{\epsilon_a} = -\frac{N(\epsilon_F)}{2}\ln\left|\frac{2\epsilon_a - E}{2\epsilon_F - E}\right| = \frac{1}{\lambda_l} < 0 \qquad (30.1.28)$$

$N(\epsilon_F)$와 로그값은 모두 양이므로 λ_l은 음이다. 다시 말해 퍼텐셜은 음이다. 앞서 퍼텐셜이 음이라고 가정한 것이 아닌데도 결과적으로 음의 퍼텐셜을 가져야 함을 나타내는데, 이것은 전자들이 서로 인력으로 상호작용함을 의미한다.

구속상태의 에너지를

$$E = 2\epsilon_F - 2\Delta \qquad (30.1.29)$$

라 두면, 식 (30.1.28)로부터

$$-\frac{N(\epsilon_F)}{2}\ln\frac{2\epsilon_a - 2\epsilon_F + 2\Delta}{2\Delta} = -\frac{1}{V_l} \quad (V_l > 0)$$

$$\frac{\epsilon_a - \epsilon_F}{\Delta} + 1 = \exp\left\{\frac{2}{N(\epsilon_F)V_l}\right\}$$

$$\Delta = \frac{\epsilon_a - \epsilon_F}{\exp\left\{\frac{2}{N(\epsilon_F)V_l}\right\} - 1} \qquad (30.1.30)$$

을 얻는다. 이는 전자 간 약한 상호작용만 있더라도 초전도 에너지 갭 Δ이 존재함을 보여주고 있다. 앞서 살펴보았듯이, 긴즈버그-란다우 자유 에너지로 계산할 때 초전도의 자유 에너지는 일반 정상상태의 자유 에너지에 비해 낮기 때문에 그 차이만큼 에너지 갭이 생기고, 이를 응축 에너지라고 한다.

예를 들어 초전도 전이온도가 $T_c = 10\,\mathrm{K}$이라고 하자. 그러면 상호작용 퍼텐셜 에너지 V_l는 $k_B T_c$ 정도의 스케일을 갖고, 이는 2 meV 정도의 에너지에 해당된다. 식 (30.1.30)을 근사해서 계산하면,

$$\Delta \simeq (\epsilon_a - \epsilon_F)\exp\left\{-\frac{2}{N(\epsilon_F)V_l}\right\} = \omega_D \exp\left\{\frac{2}{N(\epsilon_F)V_l}\right\} \simeq 0.1\,\mathrm{K}$$

정도의 에너지 갭을 갖는다. 여기에서 ω_D는 300 K 정도의 에너지 스케일을 갖는다고 계산했다. 0.1 K은 0.086 meV 정도의 작은 에너지 갭이다. 정리하면, 페르미 면 위쪽에 있는 두 전자가 아주 작은 상호작용을 갖는다고 하면, 두 전자 사이에서는 인력이 작용

하게 되고, 쿠퍼 쌍이 형성되면서 에너지가 낮아져서 초전도 에너지 갭이 형성된다. 쿨롱 상호작용으로 척력이 작용하는 두 전자를 끌어당기는 근원은 양자화된 격자진동인 포논이다.

30.2 슈리퍼 파동함수와 BCS 해밀토니안

쿠퍼 쌍에 의해 초전도 형성의 근본 원리가 정성적으로 이해되었다면, 이제는 쿠퍼 쌍으로 형성된 초전자를 양자역학적으로 기술해야 한다. 양자역학 문제를 푼다는 것은 주어진 해밀토니안에서 고윳값과 고유벡터를 구하는 것이다. 초전도에서 고유벡터는 쿠퍼 쌍의 파동함수일 텐데, 그 쿠퍼쌍이 엄청나게 많기 때문에 이들의 바닥상태를 나타내는 파동함수를 구하는 것은 거의 불가능에 가깝다고 생각할 수 있다. 이 문제를 풀기 위해 슈리퍼는 파동함수가 다음과 같은 모양이 되어야 함을 알았다.

$$|\psi_0> \;=\sum_{k>k_F} g(\vec{k})c^{\dagger}_{\vec{k}\uparrow}c^{\dagger}_{-\vec{k}\downarrow}|F> \tag{30.2.1}$$

$|F>$는 페르미 면 아래쪽에 모든 양자상태가 차 있는 바닥상태이다. $c^{\dagger}_{\vec{k}\uparrow}$는 운동량 $\vec{k}$를 갖는 스핀 업인 전자 하나를 생성시키는 생성 연산자이고, $c_{\vec{k}\uparrow}$는 운동량 $\vec{k}$를 갖는 스핀 업인 전자 하나를 소멸시키는 소멸 연산자이다. 스핀을 σ라고 하면, 생성 연산자와 소멸 연산자는 다음과 같이 반교환 관계(anti-commute relation)가 있다.

$$\left\{c_{\vec{k}\sigma},\ c^{\dagger}_{\vec{k}'\sigma'}\right\}= c_{\vec{k}\sigma}c^{\dagger}_{\vec{k}'\sigma'}+c^{\dagger}_{\vec{k}'\sigma'}c_{\vec{k}\sigma}=\delta_{\vec{k}\vec{k}'}\delta_{\sigma\sigma'} \tag{30.2.2}$$

$$\left\{c_{\vec{k}\sigma},\ c_{\vec{k}'\sigma'}\right\}=\left\{c^{\dagger}_{\vec{k}\sigma},\ c^{\dagger}_{\vec{k}'\sigma'}\right\}=0 \tag{30.2.3}$$

식 (30.2.1)에서 $c^{\dagger}_{\vec{k}\uparrow}c^{\dagger}_{-\vec{k}\downarrow}$는 운동량이 서로 반대이고, 스핀도 업 스핀과 다운 스핀으로 단일항(singlet)인 전자 2개가 생성됨을 의미한다. $g(\vec{k})$는 일종의 무게 인자이고 페르미 면 k_F 위쪽에 있는 전자들만 고려한다($k>k_F$). 문제는 쿠퍼 쌍을 형성하는 전자들이 매우 많을 것인데, 그들을 다 고려해줘야 한다는 점이다. 단순하게 생각하면 단일전자 근사(single electron approximation)처럼 쿠퍼 쌍을 다룰 수 있다고 생각할 수 있겠지만, 초전도는 보스·아인슈타인 응축 현상이라서 단일 쿠퍼 쌍만 고려하면 보스·아인슈타인 응축을 고려할 수 없기 때문에 올바른 근사가 아니다. 식 (30.2.1)과 같은 형식으로 굳이 쓰면 다음과 같다.

$$|\psi_N> \; = \sum_{k>k_F} g(\overrightarrow{k_i},\cdots,\overrightarrow{k_t}) c^\dagger_{\overrightarrow{k_i}\uparrow} c^\dagger_{-\overrightarrow{k_i}\downarrow} \cdots c^\dagger_{\overrightarrow{k_t}\uparrow} c^\dagger_{-\overrightarrow{k_t}\downarrow} |\phi_0> \tag{30.2.4}$$

$|\phi_0>$는 진공 상태이며, $\cdots$ 안에는 수많은 쿠퍼 쌍들이 들어 있다. 현실적으로 위 파동함수를 이용해서 슈뢰딩거 방정식을 푸는 것은 불가능하다.

이 문제를 어떻게 해결해야 할 것인가를 슈리퍼는 1년 남짓 고민하고 있었다. 그러다 문득 다음과 같이 멋진 아이디어를 생각해냈는데, 이것이 그 유명한 슈리퍼 파동함수이다.

$$|\psi_G> \; = \prod_{\vec{k}=\overrightarrow{k_1}\cdots\overrightarrow{k_N}} \left(u_{\vec{k}} + v_{\vec{k}} c^\dagger_{\vec{k}\uparrow} c^\dagger_{-\vec{k}\downarrow}\right)|\phi_0> \tag{30.2.5}$$

슈리퍼 파동함수는 더하기를 곱하기로 바꾼 것 이상의 의미를 갖는다. 이것의 의미를 살펴보면, 쿠퍼 쌍이 $v_{\vec{k}}$의 비율로 생성되고, 쿠퍼 쌍이 형성되지 않는 비율은 $u_{\vec{k}}$이다. 즉, 쿠퍼 쌍의 점유 확률은 $|v_{\vec{k}}|^2$이고, 쿠퍼 쌍이 형성되지 않는 비점유 확률은 $|u_{\vec{k}}|^2 = 1 - |v_{\vec{k}}|^2$이다. 물론

$$|u_{\vec{k}}|^2 + |v_{\vec{k}}|^2 = 1 \tag{30.2.6}$$

이다.

이제 쿠퍼 쌍을 기술하는 적당한 해밀토니안을 찾아야 한다. 이름하여 BCS 해밀토니안은 고전적으로 운동에너지 항과 퍼텐셜 에너지 항으로 나뉘듯이, 다음과 같이 수 연산자 항과 상호작용 항으로 쓸 수 있다.

$$H = \sum_{\vec{k}\sigma} \xi_{\vec{k}} c^\dagger_{\vec{k}\sigma} c_{\vec{k}\sigma} + \sum_{\vec{k}\vec{l}} V(\vec{k},\vec{l}) c^\dagger_{\vec{k}\uparrow} c^\dagger_{-\vec{k}\downarrow} c_{-\vec{l}\downarrow} c_{\vec{l}\uparrow} \tag{30.2.7}$$

이를 결합 모델 해밀토니안(pairing model Hamiltonian)이라고 한다. 이 식을 다루는 데 문제점은 퍼텐셜 항이 비선형적이라는 데에 있다. 첫째 항은 수 연산자 $c^\dagger_{\vec{k}\sigma} c_{\vec{k}\sigma} = n_{\vec{k}\sigma}$로 구성된 에너지이다. 둘째 항은 수 연산자가 2개 곱해져 있는 것과 같아서 제곱 항을 포함하고 있다. 이런 비선형 항이 포함된 방정식을 다루는 것은 상당히 어렵기 때문에 물리적으로 유효한 근사를 해야 한다. 그중에 대표적인 것이 평균장 근사(mean field approximation)이다. 평균장 근사는 계 전체의 구체적인 것을 일일이 따지기보다는, 계 전체의 평균은 일정하다고 보고 평균에서 벗어난 일종의 요동(fluctuation)에 중점을 준다. 이 요동은 계의 평균에 비하면 매우 작은 것이기 때문에 이를 섭동적으로 다룰 수 있게 된다. 사실 초전도를 형성하는 쿠퍼 쌍들은 서로 결합했다가 깨지기를 쉴 새 없이 반복할 수 있기 때문에 초전자의 숫자는 보존되지 않는다. 이러한 쿠퍼 쌍의 요동은 대략적으로 $\overline{N}$을 쿠퍼 쌍 개수의 평균이라고 할 때,

$$\delta N_{rms} = \sqrt{\overline{N^2} - \overline{N}^2} \simeq \overline{N}^{-1/2} \sim 10^{10}$$

정도가 되는데, 이 요동은 매우 큰 값이지만 전체 숫자에 비하면 매우 작은 값이다.

$$\frac{\delta N_{rms}}{N} \simeq \frac{1}{\sqrt{\overline{N}}} \sim 10^{-10}$$

즉, 평균장 근사를 쓰더라도 전혀 문제가 없다.

쿠퍼 쌍의 생성과 소멸 연산자로써 평균값을 각각 $b^*_{\vec{k}}$, $b_{\vec{k}}$라고 하면,

$$b_{\vec{k}} = \langle c_{-\vec{k}\downarrow} c_{\vec{k}\uparrow} \rangle \tag{30.2.8}$$

$$b^*_{\vec{k}} = \langle c^\dagger_{\vec{k}\uparrow} c^\dagger_{-\vec{k}\downarrow} \rangle \tag{30.2.9}$$

실제 쿠퍼 쌍의 생성과 소멸은 평균값 $b^*_{\vec{k}}$, $b_{\vec{k}}$으로부터 얼마나 요동했는지로 평균장 근사를 하기로 하자.

$$c_{-\vec{k}\downarrow} c_{\vec{k}\uparrow} = b_{\vec{k}} + (c_{-\vec{k}\downarrow} c_{\vec{k}\uparrow} - b_{\vec{k}}) \tag{30.2.10}$$

그러면 $(c_{-\vec{k}\downarrow} c_{\vec{k}\uparrow} - b_{\vec{k}})$ 항은 평균값 $b_{\vec{k}}$에 비해 작은 요동이 된다. 이 식을 이용하여 식 (30.2.7)에 대입하자.

$$\begin{aligned} H &= \sum_{\vec{k}\sigma} \xi_{\vec{k}} c^\dagger_{\vec{k}\sigma} c_{\vec{k}\sigma} + \sum_{\vec{k}\vec{l}} V(\vec{k},\vec{l}) c^\dagger_{\vec{k}\uparrow} c^\dagger_{-\vec{k}\downarrow} c_{-\vec{l}\downarrow} c_{\vec{l}\uparrow} \\ &= \sum_{k\sigma} \xi_k n_{k\sigma} + \sum_{kl} V_{kl} \{ b^*_k + (c^\dagger_{k\uparrow} c^\dagger_{-k\downarrow} - b^*_k) \} \{ b_l + (c_{-l\downarrow} c_{l\uparrow} - b_l) \} \\ &\simeq \sum_{k\sigma} \xi_k n_{k\sigma} + \sum_{kl} V_{kl} (c^\dagger_{k\uparrow} c^\dagger_{-k\downarrow} b_l + b^*_k c_{-l\downarrow} c_{l\uparrow} - b^*_k b_l) \end{aligned} \tag{30.2.11}$$

여기에서 제곱 항들은 작은 값으로 취급하여 없앴다. b_k^*, b_k^-이 평균값이라는 것을 생각하면, 이 식은 1차식으로 변환된 것이다. 위 해밀토니안에서 갖고 있는 변수는 운동량 k, l과 스핀 σ로 3개의 변수를 갖고 있다. 위 해밀토니안은 변수가 3개인 2nd rank 텐서이므로, 계산에 어려움이 있어서 변수를 줄이는 과정을 고려해야 한다. 그리하여, 다음과 같이 정의하여 위 해밀토니안을 다시 쓰자.

$$\Delta_k \equiv -\sum_l V_{kl} b_l = -\sum_l V_{kl} \langle c_{-l\downarrow} c_{l\uparrow} \rangle \tag{30.2.12}$$

첨자 l에 대해 합하여 k 변수에 대한 것만 남는다.

$$H = \sum_{k\sigma} \xi_k n_{k\sigma} - \sum_k (\Delta_k c_{k\uparrow}^\dagger c_{-k\downarrow}^\dagger + \Delta_k^* c_{-k\downarrow} c_{k\uparrow} - \Delta_k b_k^*) \tag{30.2.13}$$

퍼텐셜 항 두 번째에서 첨자 l이 k로 변하였다고 놀랄 것 없다. 이 식은 변수 l이 제거되어서, 변수가 2개인 2nd rank 텐서, 즉 행렬로 환원되었다. 일반적으로 해밀토니안이 행렬, 즉 2계 텐서로 되어 있을 때는 대각화(diagonalization) 과정을 거쳐야 한다. 이 해밀토니안 행렬의 대각화 과정은 다소 복잡한데, 여기에서는 보골리우보프-발라틴(Bogoliubov-Valatin) 변환을 사용하고자 한다.

보골리우보프-발라틴 변환에서 전자의 소멸 연산자와 생성 연산자는 다음과 같이 정의된다.

$$\begin{aligned} c_{k\uparrow} &= u_k^* \gamma_{k\uparrow} + v_k \gamma_{-k\downarrow}^\dagger \\ c_{-k\downarrow}^\dagger &= -v_k^* \gamma_{k\uparrow} + u_k \gamma_{-k\downarrow}^\dagger \end{aligned} \tag{30.2.14}$$

왜 이렇게 썼는지 묻지 마라. 아마도 보골리우보프와 발라틴도 이것을 얻어내기 위해 엄청난 시행착오를 거쳤을 것이다. 새롭게 도입된 생성 연산자 $\gamma_{-k\downarrow}^\dagger$와 소멸 연산자 $\gamma_{k\uparrow}$는 일종의 유사입자의 생성과 소멸을 의미하는데, 위 식으로부터 다음과 같이 나타낼 수 있다.

$$\begin{aligned} \gamma_{-k\downarrow}^\dagger &= v_k^* c_{k\uparrow} + u_k^* c_{-k\downarrow}^\dagger \\ \gamma_{k\uparrow} &= u_k c_{k\uparrow} - v_k c_{-k\downarrow}^\dagger \end{aligned} \tag{30.2.15}$$

이것을 식 (30.2.13)에 넣어서 정리하는 과정은 좀 지루한데, 너무 지루해서 계산과정은 부록으로 남기고 그 결과만 적도록 하자. 보골리우보프와 발라틴의 논문에서도, 어떠한 책에서도 그 계산과정을 다 나열한 것은 본 적이 없다. 저자와 같이 그 중간과정이 궁금한 독자를 위해서 부록으로 남기기로 한다.

$$H=\sum_k \xi_k\{(|u_k|^2-|v_k|^2)(\gamma_{k\uparrow}^\dagger\gamma_{k\uparrow}+\gamma_{-k\downarrow}^\dagger\gamma_{-k\downarrow})+2|v_k|^2\}$$
$$+\sum_k\{(\Delta_k u_k v_k^*+\Delta_k^* u_k^* v_k)(\gamma_{k\uparrow}^\dagger\gamma_{k\uparrow}+\gamma_{-k\downarrow}^\dagger\gamma_{-k\downarrow}-1)+\Delta_k b_k^*\} \quad (30.2.16)$$

스핀 항을 없애고 이제 드디어 대각화된 해밀토니안을 만나게 되었다. 위 대각화된 해밀토니안이 나오는 데에는 다음과 같은 조건이 포함되어 있다.

$$2\xi_k u_k v_k+\Delta_k^* v_k^2-\Delta_k u_k^2=0 \quad (30.2.17)$$

이것은 행렬의 대각화를 위해서 거추장스러운 항을 제거하는 데 필요하다. 이 식으로부터 Δ_k^*를 구하고 싶은데 Δ_k가 있어서 직접적인 계산이 안 된다. 이 식에 Δ_k^*를 곱하면 $\Delta_k^*\Delta_k=|\Delta_k|^2$으로 절댓값이 되기 때문에 Δ_k^*의 이차식으로 정리할 수 있다.

$$v_k^2(\Delta_k^*)^2+2\xi_k u_k v_k\Delta_k^*-u_k^2|\Delta_k|^2=0 \quad (30.2.18)$$

이것의 해는

$$\Delta_k^*=-\frac{\xi_k u_k}{v_k}+\frac{1}{v_k^2}\sqrt{(\xi_k u_k v_k)^2+|\Delta_k|^2 v_k^2 u_k^2}=\frac{u_k}{v_k}(\sqrt{\xi^2+|\Delta_k|^2}-\xi_k) \quad (30.2.19)$$

여기에서

$$E_k=\sqrt{\xi_k^2+|\Delta_k|^2} \quad (30.2.20)$$

이라고 한다면 식 (30.2.19)는 다음과 같다.

$$\Delta_k^*=(E_k-\xi_k)\frac{u_k}{v_k} \quad (30.2.21)$$

ξ_k는 초전도 전자의 에너지이고, Δ_k는 초전도 갭이다. E_k는 일반적인 전자의 에너지이다. 위 식을 절댓값으로 표시하면

$$\left|\frac{v_k}{u_k}\right| = \frac{E_k - \xi_k}{|\Delta_k|} \tag{30.2.22}$$

이고, 이 식과 식 (30.2.6)으로부터 u_k와 v_k를 계산할 수 있다.

$$|v_k|^2 = 1 - |u_k|^2 = 1 - |v_k|^2 \frac{|\Delta_k|^2}{(E_k - \xi_k)^2}$$

$$|v_k|^2 \left(1 + \frac{|\Delta_k|^2}{(E_k - \xi_k)^2}\right) = 1$$

$$|v_k|^2 = \frac{(E_k - \xi_k)^2}{E_k^2 + \xi_k^2 - 2E_k\xi_k + |\Delta_k|^2} = \frac{(E_k - \xi_k)^2}{2E_k^2 - 2E_k\xi_k} = \frac{\left(1 - \frac{\xi_k}{E_k}\right)^2}{2\left(1 - \frac{\xi_k}{E_k}\right)} = \frac{1}{2}\left(1 - \frac{\xi_k}{E_k}\right) \tag{30.2.23}$$

$$|u_k|^2 = 1 - |v_k|^2 = \frac{1}{2}\left(1 + \frac{\xi_k}{E_k}\right) \tag{30.2.24}$$

슈리퍼 파동함수 식 (30.2.5)에서 $|u_k|^2$과 $|v_k|^2$은 각각 정상상태와 초전도 상태의 확률이다.

식 (30.2.21)에서

$$\Delta_k v_k^* = (E_k - \xi_k) u_k^*$$

이고, 양변에 v_k를 곱하고 식 (30.2.23)을 이용하면,

$$\Delta_k |v_k|^2 = (E_k - \xi_k) u_k^* v_k = \frac{1}{2}\Delta_k\left(1 - \frac{\xi_k}{E_k}\right) = \frac{\Delta_k}{2E_k}(E_k - \xi_k)$$

$$u_k^* v_k = \frac{\Delta_k}{2E_k}, \quad \Delta_k = 2E_k u_k^* v_k \tag{30.2.25}$$

를 얻을 수 있다.

이를 식 (30.2.16)에 대입하여 해밀토니안을 다시 정리하면 다음과 같다.

$$\begin{aligned} H = & \sum_k \xi_k \left\{ (2|u_k|^2 - 1)(\gamma_{k\uparrow}^\dagger \gamma_{k\uparrow} + \gamma_{-k\downarrow}^\dagger \gamma_{-k\downarrow}) + 2|v_k|^2 \right\} \\ & + \sum_k \left\{ 2E_k |u_k|^2 |v_k|^2 2(\gamma_{k\uparrow}^\dagger \gamma_{k\uparrow} + \gamma_{-k\downarrow}^\dagger \gamma_{-k\downarrow} - 1) + \Delta_k b_k^* \right\} \end{aligned} \tag{30.2.26}$$

둘째 항에서 식 (30.2.23)을 이용하면,

$$4E_k|u_k|^2|v_k|^2 = 2E_k|u_k|^2\left(1-\frac{\xi_k}{E_k}\right)$$

이므로, 식 (30.2.23)과 (30.2.24)를 이용하여 잘 정리하면 다음과 같다.

$$\begin{aligned}
H &= \sum_k \left\{\xi_k(2|u_k|^2-1)+2(E_k-\xi_k)|u_k|^2\right\}(\gamma_{k\uparrow}^\dagger\gamma_{k\uparrow}+\gamma_{-k\downarrow}^\dagger\gamma_{-k\downarrow}) \\
&\quad + \sum_k \left\{2\xi_k|v_k|^2-2(E_k-\xi_k)|u_k|^2+\Delta_k b_k^*\right\} \\
&= \sum_k \left\{-\xi_k+2E_k\cdot\frac{1}{2}\left(1+\frac{\xi_k}{E_k}\right)\right\}(\gamma_{k\uparrow}^\dagger\gamma_{k\uparrow}+\gamma_{-k\downarrow}^\dagger\gamma_{-k\downarrow}) \\
&\quad + \sum_k \left\{2\xi_k-2E_k\cdot\frac{1}{2}\left(1+\frac{\xi_k}{E_k}\right)+\Delta_k b_k^*\right\} \\
&= \sum_k E_k(\gamma_{k\uparrow}^\dagger\gamma_{k\uparrow}+\gamma_{-k\downarrow}^\dagger\gamma_{-k\downarrow})+\sum_k(\xi_k-E_k+\Delta_k b_k^*)
\end{aligned} \tag{30.2.27}$$

이제 2계 텐서로 있던 해밀토니안이 변수 k에 대해서 대각화되었다. 위 식의 첫째 항은 유사입자의 들뜸 에너지이고, 둘째 항은 초전도 응축 에너지이다. 에너지가 응축 에너지가 되면 $|E_k|=\xi_k$, $\Delta_k=0$이어서 초전도 갭이 없어지는 정상상태를 말하고 있다. 여기에서 식 (30.2.15)로 정의된 $\gamma_{k\sigma}$는 보골리우본(Bogoliubon)이라고 불리는 유사입자인데, 이것은 초전자들이 바닥상태에서 들뜬상태로 옮겨갈 때 발생하는 유사입자이다. 이러한 유사입자 발생은 전자와 정공이 서로 섞여있는 상태가 되고, 이때 에너지는

$$E_k = \sqrt{\xi_k^2+|\Delta_k|^2} \tag{30.2.28}$$

이 된다.

식 (30.2.12)로 정의되는 Δ_k는 초전도 갭 에너지인데, 식 (30.2.14)를 이용하여 보골리우본 유사입자로 기술하면 다음과 같이 된다.

$$\Delta_k = -\sum_l V_{kl}\langle c_{-l\downarrow}c_{l\uparrow}\rangle = -\sum_l V_{kl}\left\langle(-v_l\gamma_{l\uparrow}^\dagger+u_l^*\gamma_{-l\downarrow})(u_l^*\gamma_{l\uparrow}+v_l\gamma_{-l\downarrow}^\dagger)\right\rangle \tag{30.2.29}$$

위 식의 평균값을 전개하였을 때 다음의 평균값은 행렬에서 비대각 성분이므로 평균값에 기여하지 않아서 0이다.

$$\langle\gamma_{-l\downarrow}\gamma_{l\uparrow}\rangle = \langle\gamma_{l\uparrow}^\dagger\gamma_{-l\downarrow}^\dagger\rangle = 0$$

그리고 교환 관계를 이용하여

$$\{\gamma^{\dagger}_{-l\downarrow},\ \gamma_{-l\downarrow}\}=1$$

식 (30.2.29)를 정리하면,

$$\Delta_k = -\sum_l V_{kl} u_l^* v_l \langle -\gamma^{\dagger}_{l\uparrow}\gamma_{l\uparrow} + 1 - \gamma^{\dagger}_{-l\downarrow}\gamma_{-l\downarrow}\rangle \tag{30.2.30}$$

가 된다. 바닥상태에서 보골리우본 유사입자는 존재하지 않기 때문에 $\gamma^{\dagger}_{l\sigma}\gamma_{l\sigma}$는 없다고 볼 수 있다. 따라서 절대영도 $T=0$에서

$$\Delta_k = -\frac{1}{2}\sum_l V_{kl}\left(1-\frac{\xi_l^2}{E_l^2}\right)^{1/2} = -\frac{1}{2}\sum_l V_{kl}\frac{\Delta_l}{E_l} \tag{30.2.31}$$

이 된다. 여기에서 마지막은 식 (30.2.28)을 이용하였다.

이 초전도 에너지 갭이 절대영도에서 어떻게 되는지 알아보자. 초전도 쿠퍼 쌍의 결합 에너지 ξ_l이 포논의 차단 에너지(cutoff energy) $\hbar\omega_c$보다 작을 때 퍼텐셜이 $V_{kl}=-V$로 인력이 작용하고, 나머지 경우에는 인력이 0이라고 가정하자. 그러면 $|\xi_l|<\hbar\omega_c$인 조건에서 초전도 갭은 $\Delta_k=\Delta$로 일정한 갭이 형성되고 나머지는 갭이 없게 된다. 위 식으로부터 $|\xi_l|<\hbar\omega_c$일 때,

$$1=\frac{V}{2}\sum_k\frac{1}{E_k}$$

$$\frac{1}{N(0)V}=\int_0^{\hbar\omega_c}\frac{d\xi}{\sqrt{\Delta^2+\xi^2}}=\sinh^{-1}\left(\frac{\hbar\omega_c}{\Delta}\right)$$

$$\Delta(0)=\frac{\hbar\omega_c}{\sinh\left(\frac{1}{N(0)V}\right)}\simeq 2\hbar\omega_c\exp\left(-\frac{1}{N(0)V}\right) \tag{30.2.32}$$

가 된다. 즉, 초전도 에너지 갭은 포논의 차단 에너지가 클수록, 페르미 준위에서 상태밀도 $N(0)$가 클수록, 쿠퍼 쌍의 퍼텐셜이 클수록 커진다. 초전도 에너지 갭이 그런 것과 마찬가지로 초전도 전이온도도 같은 경향을 따른다.

$$T_c \propto \omega_c \exp\left(-\frac{1}{N(0)V}\right) \tag{30.2.33}$$

30.3 초전도 전이온도 근처에서의 물성

초전도 전이온도에 대해 더 자세하게 알아보고, 초전도 전이온도 근처에서 어떠한 현상이 일어날지를 살펴보자. BCS 이론이 발표되고 얼마 있지 않아서 그것이 노벨상을 수상하게 된 것은 BCS 이론이 실험을 아주 잘 설명했기 때문이다. BCS 이론은 실험에서 발견된 초전도 에너지 갭과 비열 점프 현상 등 초전도 전이현상을 아주 잘 설명하였기 때문에 그 가치성을 높게 평가 받았다.

앞서 전자와 정공이 혼합된 초전류의 유사입자를 보골리우본이라고 하였다. 이러한 유사입자는 보존이 아닌 페르미온 적인 특성을 갖고 있는데, 이는 식 (30.2.15)로 정의된 보골리우본의 생성/소멸 연산자가 쿠퍼 쌍이 아닌 전자의 들뜸을 기술하고 있기 때문이다. 이 페르미온 유사입자의 들뜸 에너지를 E_k라고 하면, 이들은 페르미·디랙 통계를 따른다.

$$f(E_{\vec{k}}) = \frac{1}{\exp(\beta E_{\vec{k}}) - 1}$$

이때, 식 (30.2.30)을 계산하면, $\gamma^\dagger\gamma$는 수 연산자이고, 이는 페르미·디랙 함수와 같기 때문에

$$\langle 1 - \gamma^\dagger_{k\uparrow}\gamma_{k\uparrow} - \gamma^\dagger_{-k\downarrow}\gamma_{-k\downarrow} \rangle = 1 - 2f(E_k) \tag{30.3.1}$$

이다. 식 (30.2.30)에서

$$\begin{aligned} \Delta_k &= -\sum_l V_{kl} u_l^* v_l \langle 1 - \gamma^\dagger_{l\uparrow}\gamma_{l\uparrow} - \gamma^\dagger_{-l\downarrow}\gamma_{-l\downarrow} \rangle \\ &= -\sum_l V_{kl} u_l^* v_l \{1 - 2f(E_l)\} \end{aligned} \tag{30.3.2}$$

여기에서

$$1 - 2f(E_l) = 1 - \frac{2}{e^{\beta E_l} + 1} = \frac{e^{\beta E_l} - 1}{e^{\beta E_l} + 1} = \frac{e^{\beta E_l/2} - e^{-\beta E_l/2}}{e^{\beta E_l/2} + e^{-\beta E_l/2}} = \tanh\left(\frac{\beta E_l}{2}\right)$$

이므로, 식 (30.3.2)는 다음과 같이 얻어진다.

$$\Delta_k = -\sum_l V_{kl} u_l^* v_l \tanh\left(\frac{\beta E_l}{2}\right) = -\sum_l V_{kl} \frac{\Delta_l}{2E_l} \tanh\left(\frac{\beta E_l}{2}\right) \tag{30.3.3}$$

이때, 퍼텐셜은 음수이다($V_{kl} < 0$). $V_{kl} = -V(V > 0)$ 라고 하면, 위 식은

$$\frac{1}{V} = \frac{1}{2} \sum_k \frac{\tanh\left(\frac{\beta E_k}{2}\right)}{E_k} \tag{30.3.4}$$

가 된다. 전이온도 T_c 는 초전도 갭이 0이 되고($\Delta(T) \to 0$), 에너지가 응축 에너지가 되는 ($E_k \to |\xi_k|$) 지점이다. 에너지 상태는 양자화되어 있어서 합으로 나타내지만 실제로 양자화 상태는 무수히 많아서 연속적인 것으로 취급할 수 있기 때문에, 합을 적분으로 다루어도 상관없다.

$$\frac{1}{V} = \frac{1}{2} \sum_k \frac{\tanh\left(\frac{\beta |\xi_k|}{2}\right)}{|\xi_k|} \to \frac{1}{2} \int_{-\hbar\omega_c}^{\hbar\omega_c} d\xi \frac{\tanh(\beta_c \xi / 2)}{\xi} \tag{30.3.5}$$

페르미 에너지에 대해 $|\xi_k|$ 는 대칭적이기 때문에, $\beta_c \xi / 2 = x$ 라고 하면 위 적분은

$$\frac{1}{N(0)V} = \int_0^{\beta_c \hbar\omega_c / 2} dx \frac{\tanh x}{x} = \ln(1.13 \beta_c \hbar\omega_c) \tag{30.3.6}$$

가 된다. 이를 정리하면

$$k_B T_c = 1.13 \hbar\omega_c \exp\left(-\frac{1}{N(0)V}\right) \tag{30.3.7}$$

가 되고, 이를 맥밀런 방정식(McMillan equation)이라고 한다. 0 K에서 초전도 갭은 식 (30.2.32)와 같이 나타나므로,

$$\frac{\Delta(0)}{k_B T_c} = 1.769, \quad \frac{2\Delta(0)}{k_B T_c} = 3.54 \tag{30.3.8}$$

가 된다. 이는 BCS 이론에서 매우 중요한 결론이다. 초전도 에너지 갭과 전이온도의 비가 정확하게 주어지기 때문에 이론적인 결과와 실험적인 결과를 비교할 수 있다. 초전도

에너지 갭은 뒷절에서 다루어질 초전도 접합 터널링 실험으로 노르웨이의 물리학자 이바르 예이버(Ivar Giaever)에 의해 발견되었다. 예이버는 초전도 접합의 터널링 현상으로 일본의 에사키와 조셉슨과 함께 1973년 노벨물리학상을 받았다. 이때, 에사키는 반도체 터널링 현상으로 받았다. 예이버는 초전도와 일반 금속의 접합에서 초전도 에너지 갭이 존재함을 증명하였고, 이것은 조셉슨 접합으로 이어지게 되었다. 이 초전도 에너지 갭 측정은 BCS 이론과 정확하게 일치함으로써, BCS 이론의 정당성이 인정받게 된 것이다.

식 (30.3.4), (30.3.5), (30.2.28)로부터 식 (30.3.6)을 구체적으로 쓰면 다음과 같다.

$$\frac{1}{N(0)V} = \int_0^{\hbar\omega_C} \frac{\tanh[\frac{\beta}{2}\sqrt{\xi^2+\Delta^2}]}{\sqrt{\xi^2+\Delta^2}} d\xi \tag{30.3.9}$$

약한 상호작용 근사에서는 $\hbar\omega_C \gg k_B T_C$이다. 이 계산으로부터 에너지 갭의 온도의존성을 계산할 수 있다. 위 적분을 정확하게 계산하는 것은 다소 복잡하여 극저온과 전이온도 근처에서의 극한을 살펴보자. $T \simeq 0$ 극저온에서 $e^{-\frac{\Delta}{k_B T}} \simeq 0$이기 때문에, 위 적분은 온도에 무관한 값을 갖는다. 전이온도 근처 $T \simeq T_C$에서 위 식의 극한을 계산하여 정리하면 온도에 따른 에너지 갭 $\Delta(T)/\Delta(0)$은 다음과 같이 T/T_C의 함수로 나타난다.

$$\frac{\Delta(T)}{\Delta(0)} \simeq 1.74\left(1-\frac{T}{T_C}\right)^{\frac{1}{2}} \tag{30.3.10}$$

개략적으로 초전도 에너지 갭의 온도의존성은 그림 30-2와 같이 전이온도 근처에서 에너지 갭이 위 식과 같이 온도가 낮아짐에 따라 증가했다가 초전도가 충분히 완성되면 일정한 값으로 수렴된다. 이때, $\Delta(0) = 1.769 k_B T_C$이다.

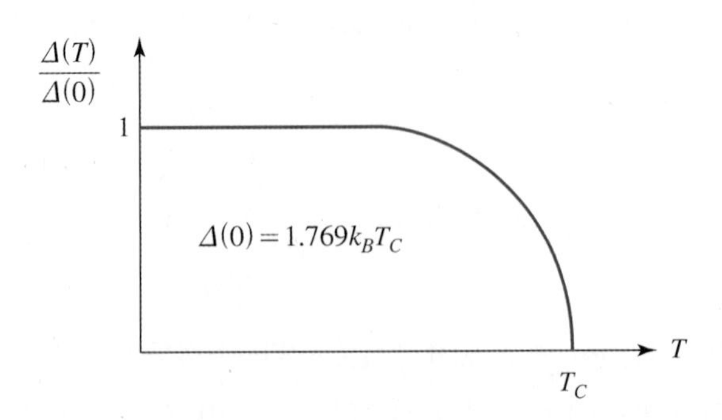

그림 30-2 초전도 에너지 갭의 온도의존성

초전도 에너지 갭이 물성에 어떤 영향을 미치는지 알아보자. 비열은 초전도 에너지 갭을 측정하는 데 좋은 대상이다. 비열을 계산하려면 엔트로피를 먼저 알아야 한다.

$$S_{es} = -2k_B\sum_k[(1-f_k)\ln(1-f_k)+f_k\ln f_k] \tag{30.3.11}$$

엔트로피는 위와 같이 쓸 수 있는데, 초전도에서 f_k는 쿠퍼 쌍의 보손입자를 기술해야 하기 때문에 보스·아인슈타인 함수를 사용해야 한다.

$$f_k = \frac{1}{e^{\beta E_k}+1}$$

$1-f_k$는 쿠퍼 쌍이 존재하지 않는 상태를 의미해서 식 (30.3.11)은 쿠퍼 쌍이 있는 경우와 없는 경우를 포함하는 엔트로피를 계산하고 있다. 앞에 인수 2는 쿠퍼 쌍이 스핀 업과 다운 스핀 전자 2개의 쌍이기 때문에 필요하다. 물리적으로 초전도의 엔트로피는 정상상태의 엔트로피보다는 낮아야 한다. 개략적으로 그리면 엔트로피는 초전도 전이온도에서 감소하고 0 K에서는 0으로 수렴한다.

비열은 엔트로피를 온도로 미분한 것이다.

$$C_{es} = T\frac{dS_{es}}{dT} = -\beta\frac{dS_{es}}{d\beta} = 2\beta k_B\sum_k\left[-\frac{\partial f_k}{\partial\beta}\ln(1-f_k)+\frac{\partial f_k}{\partial\beta}\ln f_k\right]$$

$$= 2\beta k_B\sum_k\frac{\partial f_k}{\partial\beta}\ln\frac{f_k}{1-f_k} \tag{30.3.12}$$

여기에서 계산의 편의를 위해서 온도의 미분을 β의 미분으로 바꾸었다.

$$\beta = \frac{1}{k_BT},\quad \frac{d}{dT} = \frac{d}{d\beta}\frac{d\beta}{dT} = -\frac{1}{k_BT^2}\frac{d}{d\beta} = -\beta\frac{1}{T}\frac{d}{d\beta}$$

$$1-f_k = \frac{e^{\beta E_k}}{e^{\beta E_k}+1},\quad \frac{f_k}{1-f_k} = \frac{1}{e^{\beta E_k}},\quad \ln\left(\frac{f_k}{1-f_k}\right) = -\beta E_k$$

이므로, 이를 식 (30.3.12)에 대입하면

$$C_{es} = -2\beta^2k_B\sum_k E_k\frac{\partial f_k}{\partial\beta} = -2\beta^2k_B\sum_k E_k\frac{df_k}{d(\beta E_k)}\left(E_k+\beta\frac{dE_k}{d\beta}\right)$$

$$= -2\beta k_B\sum_k\frac{\partial f_k}{\partial E_k}\left(E_k^2+\beta E_k\frac{dE_k}{d\beta}\right) \tag{30.3.13}$$

여기에서 다시

$$\frac{d}{d\beta}=\frac{d}{d(\beta E_k)}\frac{d(\beta E_k)}{d\beta}=\frac{d}{d(\beta E_k)}\left(E_k+\beta\frac{dE_k}{d\beta}\right)$$

$$E_k\frac{dE_k}{d\beta}=\frac{1}{2}\frac{\partial}{\partial\beta}E_k^2=\frac{1}{2}\frac{\partial}{\partial\beta}[\xi^2+\Delta^2(T)]=\frac{1}{2}\frac{\partial\Delta^2}{\partial\beta}$$

를 이용하자. 응축 에너지 ξ는 온도의 함수가 아니기 때문에 β의 미분에서는 사라졌다. 이를 식 (30.3.13)에 넣으면

$$C_{es}=-2k_B\beta\sum_k\frac{df_k}{dE_k}\left(E_k^2+\frac{1}{2}\beta\frac{\partial\Delta^2}{\partial\beta}\right) \quad (30.3.14)$$

를 얻게 된다. 이 결과의 첫째 항은 온도가 변할 때 다양한 에너지 상태를 갖는 준입자의 재분포를 의미하고, 둘째 항은 에너지 준위가 변할 때 온도에 의존하는 초전도 갭의 효과를 기술한다.

먼저 정상상태에서의 비열을 계산해보자. 쿠퍼 쌍 보존의 에너지는

$$E=2\sum_k f(\varepsilon_k)\varepsilon_k \quad (30.3.15)$$

이고, 비열은 에너지를 온도로 미분한 것이기 때문에 이를 β의 미분으로 고쳐서 계산하면 다음과 같다.

$$\begin{aligned}C_{en}&=\frac{\partial E}{\partial T}=-k_B\beta^2\frac{\partial E}{\partial\beta}=-k_B\beta^2\frac{\partial}{\partial\beta}\left(2\sum_k f(\varepsilon_k)\varepsilon_k\right)\\&=-2k_B\beta^2\sum_k\frac{\partial f(E_k)}{\partial\beta}E_k=-2k_B\beta^2\sum_k\frac{\partial f(E_k)}{\partial(\beta E_k)}\frac{\partial(\beta E_k)}{\partial\beta}E_k\\&=-2k_B\beta^2\sum_k\frac{\partial f_k}{\partial(\beta E_k)}E_k^2\end{aligned} \quad (30.3.16)$$

이 계산에서 의미하는 바는 정상상태에서 에너지 갭은 없다는 것이다. 저온에서 페르미 함수를 극한하여 계산하면 전자에 의한 비열은 다음과 같이 계산된다.

$$C_{en}=\frac{2\pi^2}{3}N(0)k_B^2T$$

여기에서 $N(0)$는 페르미 준위에서 전자밀도이다. 3부 열적 특성에서 전자의 비열에 대해 이미 계산하여 결과를 알고 있다. 일반적으로 페르미 온도는 $T_F \sim 10^4$ K 정도가 되고, 디바이 온도는 $T_{Debye} \sim 100$ K 정도가 되어서 저온에서는 전자의 비열 효과가 포논의 비열 효과를 압도한다.

초전도 상태가 되면 응축 에너지에 의해 엔트로피가 감소하기 때문에 비열의 급격한 변화가 생긴다. 초전도 전이온도에서 정상상태와 초전도 상태에서 비열의 차이는 다음과 같다.

$$\begin{aligned}\Delta C &= (C_{es} - C_{en})\big|_{T=T_C} \\ &= -2\beta k_B \sum_k \frac{df_k}{dE_k}\left(E_k^2 + \beta E_k \frac{dE_k}{d\beta}\right)_{T=T_C} + 2\beta k_B \sum_k \frac{\partial f_k}{\partial E_k} E_k^2 \Bigg|_{T=T_C} \\ &= k_B \beta^2 \sum_k \left\{ -\frac{\partial f_k}{\partial |\xi_k|} \frac{\partial \Delta^2}{\partial \beta} \right\} \end{aligned} \tag{30.3.17}$$

여기에서 E_k^2을 포함한 항은 앞뒤로 서로 상쇄되고, 전이온도 T_C에서 $\Delta_k = 0$, $E = |\xi_k|$ 이므로,

$$E_k \frac{dE_k}{d\beta} = \frac{1}{2} \frac{\partial \Delta^2}{\partial \beta}$$

를 이용하였다. 따라서 전이온도에서 비열의 차이는

$$\Delta C = -k_B \beta_c^2 \frac{\partial \Delta^2}{\partial \beta} N(0) \int_{-\hbar\omega_C}^{\hbar\omega_C} \frac{\partial f(s)}{\partial |\xi|} d\xi \tag{30.3.18}$$

인데, 여기에서 적분은 차단 에너지가 매우 커서 $\hbar\omega_c \to \infty$ 일 때 디랙 델타 함수와 같다.

$$\Delta C = k_B \beta_C^2 N(0) \left(\frac{\partial \Delta^2}{\partial \beta} \right)_{T_C} = -N(0) \left(\frac{\partial \Delta^2}{\partial T} \right)_{T_C} = 9.4 N(0) k_B^2 T \tag{30.3.19}$$

이다. 여기에서 에너지 갭의 온도의존성은 식 (30.3.10)을 써서 계산하였다.

$$\Delta^2 = 3.028 \left(1 - \frac{T}{T_C}\right) \Delta^2(0) = 9.42 \left(1 - \frac{T}{T_C}\right) (k_B T_C)^2 \tag{30.3.20}$$

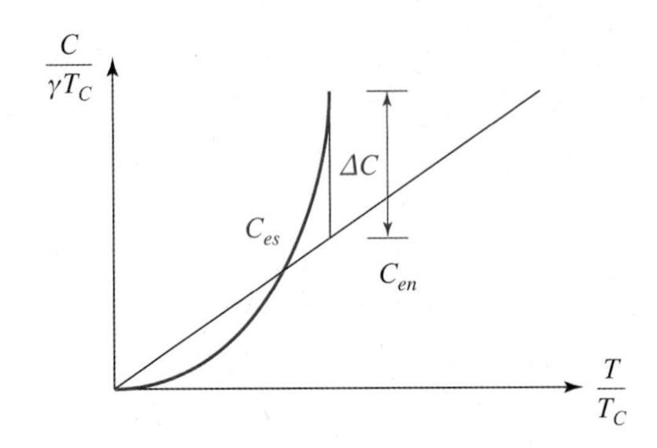

그림 30-3 일반 금속의 비열 대비 초전도의 비열 점프

$$\frac{\partial \Delta^2}{\partial T} = -9.4 k_B^2 T_C$$

그러므로 전이온도 T_C에서 비열의 점프가 발생하는데, 그 값은 다음과 같다.

$$\frac{\Delta C}{C_{en}} = \frac{9.4}{\left(\frac{2\pi^2}{3}\right)} = 1.43 \tag{30.3.21}$$

이는 매우 놀랍고도 아름다운 결과이다. 실험물리학자는 초전도 신물질을 발견했을 때, 그것이 BCS형 초전도인지 아닌지를 확인할 때 제일 먼저 비열을 측정해본다. 비열의 점프 값이 식 (30.3.21)과 비슷하면 BCS형 초전도라고 할 수 있다. 물론 BCS형 초전도는 비열뿐만 아니라 초전도 갭의 대칭성도 측정해야 한다. BCS형 초전도의 갭은 대칭성이 없이 등방적이기 때문에 s-wave 초전도라고 한다. 비열을 포함하여 다양한 측정으로부터 BCS형 초전도인지 이상 초전도인지를 판별하게 된다.

초전도의 자유 에너지를 계산해보자. 자유 에너지를 계산하려면 내부 에너지를 먼저 알아야 한다. 내부 에너지는 비열을 온도에 대해 적분하여 얻을 수 있다. 여기에서 전자의 내부 에너지만 고려하고, 포논은 고려하지 않기로 하자. U_{es}는 초전도의 전자에 의한 내부 에너지이다.

$$U_{es}(T)\big|_{T_C}^{T} = U_{es}(T) - U_{es}(T_C) = \int_{T_C}^{T} C_{es} dT \tag{30.3.22}$$

초전도에서 내부 에너지는 $T \leq T_C$에서 고려해야 하므로,

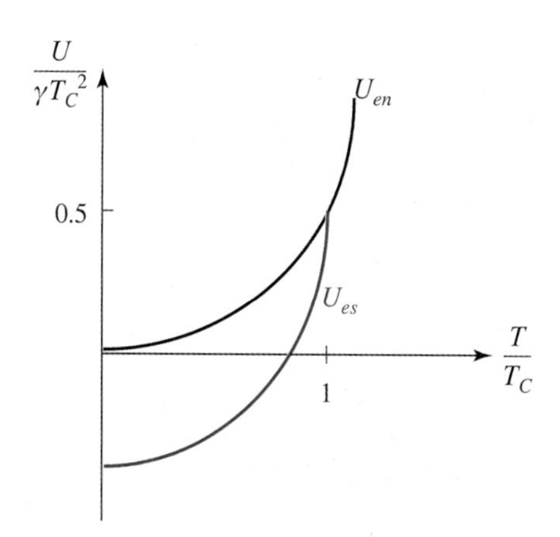

그림 30-4 정상상태 내부 에너지 U_{en}와 초전도 상태의 내부 에너지 U_{es}

$$U_{es}(T) = U_{es}(T_C) - \int_T^{T_C} C_{es} dT = U_{en}(T_C) - \int_T^{T_C} C_{es} dT \qquad (30.3.23)$$

가 된다. 여기에서 정상상태의 전자에 의한 내부 에너지 U_{en}는

$$U_{en}(T) = U_{en}(0) + \int_0^T \gamma T' dT' = U_{en}(0) + \frac{1}{2}\gamma T^2 \qquad (30.3.24)$$

이다. 위 식과 식 (30.3.23)에 의해 초전도의 전자에 의한 내부 에너지는

$$U_{es}(T) = U_{en}(0) + \frac{1}{2}\gamma T^2 - \int_T^{T_C} C_{es} dT \qquad (30.3.25)$$

가 된다. 여기에서 마지막 항은 초전도에 의해 내부 에너지가 감소함을 의미한다. 그림 30-4에서와 같이 초전도 전이온도 이상($T \geq T_C$)에서는 정상상태의 내부 에너지 U_{en}를 갖다가 초전도 전이온도 이하($T \leq T_C$)에서는 초전도 상태의 내부 에너지 U_{es}를 갖는다.

일반적으로 다체계 물성을 기술하는 데 있어서는 내부 에너지보다는 자유 에너지가 중요하다. 내부 에너지는 감소하려고 하는 반면 엔트로피는 증가하려고 하기 때문에 엔트로피 에너지를 고려한 자유 에너지가 최소가 되려고 하는 방향으로 자연은 움직이게 된다. 정상상태에서 전자의 헬름홀츠 자유 에너지 F_{en}는 다음과 같이 계산된다.

$$F_{en}(T) = U_{en}(T) - TS_{en}(T) = U_{en}(0) + \frac{1}{2}\gamma T^2 - T(\gamma T) = U_{en}(0) - \frac{1}{2}\gamma T^2 \quad (30.3.26)$$

여기에서 정상상태의 엔트로피는

$$S_{en}(T) - S_{en}(0) = \int_0^T \frac{C_{en}(T')}{T'} dT' = \gamma T \tag{30.3.27}$$

이기 때문에 이를 식 (30.3.26)에 대입하였다. 0 K에서 엔트로피는 0에 접근한다는 사실을 이용하였다. 초전도의 자유 에너지는 정상상태의 자유 에너지에서 응축 에너지 $H_c^2/8\pi$ 만큼 줄어들게 되므로 다음과 같이 쓸 수 있다.

$$F_{es}(T) = F_{en}(T) - \frac{H_C^2(T)}{8\pi} = U_{en}(0) - \frac{1}{2}\gamma T^2 - \frac{H_C^2(T)}{8\pi} \tag{30.3.28}$$

여기에서 초전도 임계 자기장의 온도의존성은 $T \simeq T_C$ 근처에서 다음과 같다.

$$H_C(T) \simeq H_C(0)\left\{1 - \left(\frac{T}{T_C}\right)^2\right\}$$

30.4 상태함수와 상태밀도

앞서 보골리우보프-발라틴 변환에서 초전도 준입자의 생성 연산자와 소멸 연산자를 정의한 바 있다. 이 준입자를 기술하는 연산자는 때에 따라 적당하게 결정할 수 있는데, 여기에서는 두 준입자의 생성 연산자를 다음과 같이 정의하자.

$$\begin{aligned} \gamma_{ko}^{+} &= u_k^* C_{k\uparrow}^{+} - v_k^* C_{-k\downarrow} \\ \gamma_{k1}^{+} &= u_k^* C_{-k\downarrow}^{+} + v_k^* C_{k\uparrow} \end{aligned} \tag{30.4.1}$$

기본적으로 운동량과 스핀이 서로 반대인 두 전자의 생성과 소멸 연산자의 선형 결합이다. γ_k^+ 연산자는 초전도 바닥상태로부터 두 스핀 방향의 준입자 들뜸을 만들어낸다. $|\psi_G>$를 초전도 바닥상태 또는 γ 입자들의 진공상태라고 하면 여기에 준입자의 소멸 연산자를 적용하면 0이 된다.

$$\gamma_{k0}|\psi_G> = \gamma_{k1}|\psi_G> = 0 \tag{30.4.2}$$

이것은 다음과 같이 증명할 수 있다. BCS 파동함수를 이용하여, 바닥상태 $|\psi_G>$는 다음과 같다.

$$|\psi_G> \ = \prod_{\vec{k}=\vec{k}_1,\ldots,\vec{k}_M}(u_{\vec{k}}+v_{\vec{k}}C^+_{\vec{k}\uparrow}\ C^+_{-\vec{k}\downarrow})\mid\phi_0> \tag{30.4.3}$$

여기에 소멸 연산자 γ_{k0}를 가하면

$$\gamma_{k0}|\psi_G> \ = (u_kC_{k\uparrow}-v_kC^+_{-k\downarrow})\prod_l(u_l+v_lC^+_{l\uparrow}\ C^+_{-l\downarrow})|\phi_0>$$

($\gamma_{k0}|\psi_G>$의 k번째 쌍)

$$=(u_k^2C_{k\uparrow}+u_kv_kC_{k\uparrow}C^+_{k\uparrow}\ C^+_{-k\downarrow}-v_ku_kC^+_{-k\downarrow}-v_k^2C^+_{-k\downarrow}\ C^+_{k\uparrow}\ C^+_{-k\downarrow})|\phi_0> \ =0$$

이다. 왜냐하면 위 식의 첫째 항에서 $C_{k\uparrow}$은 소멸 연산자이기 때문에 $C_{k\uparrow}|\phi_0>=0$이다. 둘째 항과 셋째 항은 서로 상쇄된다. 왜냐하면 둘째 항에서

$$CC^\dagger|\phi_0>=(1-C^\dagger C)|\phi_0>=|\phi_0>$$

가 되어서,

$$C_{k\uparrow}C^\dagger_{k\uparrow}\ C^\dagger_{-k\downarrow}|\phi_0>=C^\dagger_{-k\downarrow}|\phi_0>$$

이기 때문이다. 넷째 항은 같은 생성 연산자가 두 번 나오는데, 이는 파울리 배타원리에 위배되기 때문에 0이 되어야 한다.

그럼 바닥상태로부터 들뜬상태를 살펴보자.

$$\begin{aligned}\gamma^+_{k0}\mid\psi_G> \ &= (u_k^*C^+_{k\uparrow}-v_k^*C_{-k\downarrow})\prod_l(u_l+v_lC^+_{l\uparrow}\ C^+_{-l\downarrow})\mid\phi_0>\\&=(|u_k|^2C^+_{k\uparrow}+u_k^*v_kC^+_{k\uparrow}\ C^+_{k\uparrow}\ C^+_{-k\downarrow}-v_k^*u_kC_{-k\downarrow}\\&\quad-|v_k|^2C_{-k\downarrow}C^+_{k\uparrow}\ C^+_{-k\downarrow})\prod_{l\neq k}(u_l+v_lC^+_{l\uparrow}\ C_{-l\downarrow})\mid\phi_0>\end{aligned}$$

여기에서도 둘째 항에서 같은 스핀과 운동량을 갖는 입자가 두 번 생성되기 때문에 파울리 배타원리에 위배되어 0이 되고, 셋째 항은 바닥상태에 소멸 연산자가 적용되기 때문에 0이다. 넷째 항에서

$$C_{-k\downarrow} C_{k\uparrow}^{\dagger} C_{-k\downarrow}^{\dagger} = -C_{k\uparrow}^{\dagger} C_{-k\downarrow} C_{-k\downarrow}^{\dagger} = -C_{k\uparrow}^{\dagger}$$

가 되고, 첫째 항과 결합하여

$$(|u_k|^2 + |v_k|^2) C_{k\uparrow}^{\dagger} = C_{k\uparrow}^{\dagger}$$

이기 때문에, 최종적으로

$$\gamma_{k0}^{\dagger} |\psi_G> = C_{k\uparrow}^{+} \prod_{l \neq k} (u_l + v_l C_{l\uparrow}^{+} C_{-l\downarrow}^{+}) \mid \phi_0 > \tag{30.4.4}$$

를 얻는다. 마찬가지 방법으로 하면

$$\gamma_{k1}^{+} \mid \psi_G > = C_{-k\downarrow}^{+} \prod_{l \neq k} (u_l + v_l C_{l\uparrow}^{+} C_{-l\downarrow}^{+}) \mid \phi_0 > \tag{30.4.5}$$

가 된다. γ_{k0}^{+}는 바닥상태에서 운동량과 스핀이 각각 $k, \uparrow$ 인 전자 하나를 생성시키고, γ_{k1}^{+}는 운동량과 스핀이 각각 $-k, \downarrow$ 인 전자 하나를 생성시킨다. 즉, $\gamma_k^{\dagger}$는 준입자 들뜸에서 페르미온을 하나 생성시키는 연산자이다.

이제 준입자의 상태밀도에 대해 알아보자. $N_s(E)$를 초전도 준입자의 상태밀도라고 하고, $N_n(\xi)$는 자유전자의 상태밀도라고 하면,

$$N_s(E)dE = N_n(\xi)d\xi = N_n(0)d\xi \tag{30.4.6}$$

이다. 여기에서 ξ는 페르미 준위 E_F로부터 수 meV 정도 에너지 스케일을 갖는다. 위 식과 식 (30.2.28)로부터 초전도의 상태밀도 함수를 구할 수 있다.

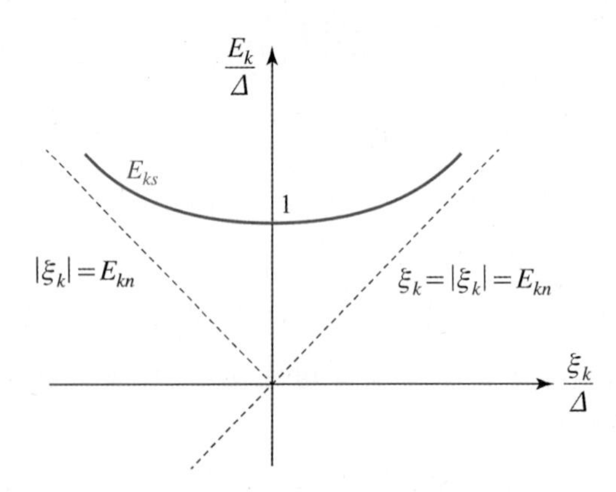

그림 30-5 초전도 전자의 에너지 ξ_k에 대한 초전도 전체의 에너지 E_k

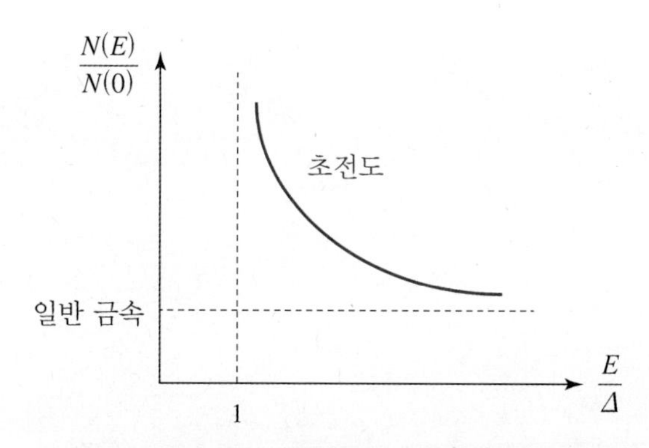

그림 30-6 에너지에 따른 초전도 상태밀도 함수 $N(E)$

$$\frac{N_s(E)}{N_n(0)}=\frac{d\xi}{dE}=\frac{d}{dE}\sqrt{E^2-\Delta^2}=\begin{cases}\dfrac{E}{\sqrt{E^2-\Delta^2}} & E\geq\Delta\\ 0 & E<\Delta\end{cases} \tag{30.4.7}$$

식 (30.2.28)에 의해 에너지 E_k는 초전도 전자의 에너지 ξ_k에 대해 제곱근 함수로 변화한다.

식 (30.4.7)에서 나타난 초전도의 상태밀도 함수를 살펴보면, 초전도 갭 아래쪽에서는 상태밀도가 없다. 그림 30-6에서와 같이 갭 에너지보다 큰 상태에서만($E\geq\Delta$) 상태밀도가 나타나는데, 갭 에너지 근처에서 상태밀도는 매우 크다.

CHAPTER 31

초전도 접합과 터널링*

초전도의 상태밀도는 전자의 터널링 실험으로부터 측정될 수 있다. 터널링(tunneling)은 양자역학에서 기본적인 내용을 배웠을 것인데, 초전도에서의 터널링은 초전도와 금속이나 부도체와의 접합에서 쿠퍼 쌍 전자가 에너지 장벽을 어떻게 뛰어넘을 것인지에 대해 다룬다. 전자의 터널링은 상태밀도에 의존한다. 따라서 터널링 실험은 상태밀도를 측정할 수 있는 좋은 도구가 된다. 계속 보아왔듯이 초전도는 응축 에너지에 의해 초전도 에너지 갭이 있기 때문에, 터널링 실험에서 에너지 갭의 영향을 받을 수밖에 없다. 또한 상태밀도는 에너지 갭 이하의 에너지에서 0이기 때문에 터널링 실험에서 상태밀도와 함께 초전도 에너지 갭도 측정할 수 있다.

그림 31-1은 여러 가지 접합에 대해 에너지 장벽을 도식화한 것이다. 초전도 접합은 초전도 사이에 부도체를 삽입하는 SIS 접합, 초전도와 일반 금속 사이에 부도체를 삽입하는 SIN 접합이 있다. 일반적으로 금속 사이에 부도체를 삽입하는 NIN 접합을 기본으로 초전도 접합과 비교 분석할 수 있다. 초전도 또는 금속에서의 운동량을 $\vec{k}$ 또는 $\vec{q}$로 표시했고, 삽입되는 부도체의 두께는 대략 $d = 10 \sim 30$ Å 정도이다.

터널링을 기술하는 해밀토니안은 아래와 같이 쓸 수 있다.

$$H_T = \sum_{\sigma \vec{k} \vec{q}} T_{\vec{k}\vec{q}} C^{+}_{k\sigma} C_{q\sigma} + (Hermitian\ conjugate) \tag{31.1}$$

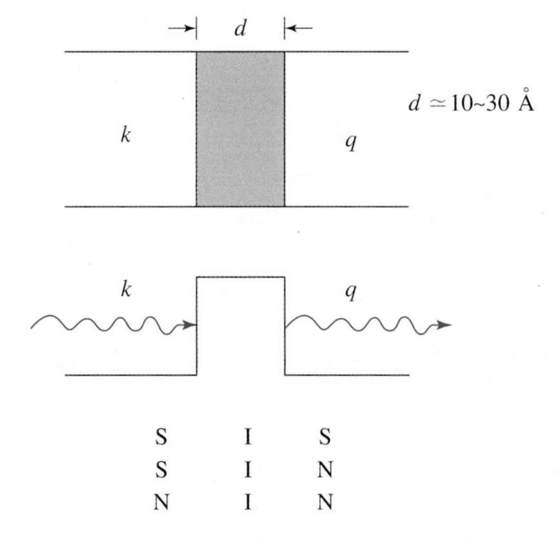

그림 31-1 터널링의 종류와 에너지 장벽

여기에서 T는 터널링 비율을 나타내고, $|T|^2$이 터널링 확률이다. 또한 운동량 $\vec{k}$를 갖는 부분과 $\vec{q}$를 갖는 부분은 그림 31-1과 같이 서로 독립적으로 무관하다. 따라서

$$[C_{k\sigma}^{\dagger},\ C_{k\sigma}] = 0$$

이다.

터널링 접합에서 다음의 3가지를 가정하자.

i) 자기적인 섭동이 없으므로 터널링에서 스핀 뒤집힘(spin flip)은 없다고 가정한다.

ii) (아직 다루지는 않았지만) 조셉슨 터널링은 무시한다.

iii) 전자가 터널링할 때 짧은 시간($\sim 10^{-20}$초) 내에 산란되므로 전자 입사각의 의존성은 무시한다.

반도체 모델에서 물질 1에서 물질 2로의 터널링 전류는 아래와 같이 쓸 수 있다.

$$I_{1\to 2} = A\int |T|^2 N_1(E)f(E)N_2(E+eV)\{1-f(E+eV)\}dE \qquad (31.2)$$

이 식을 자세히 살펴보면 A는 전류의 세기를 나타내는 인자이고, $N_1(E)f(E)$는 물질 1의 상태밀도 함수에 페르미·디랙 함수를 곱한 것이다. 물질 2는 eV만큼 에너지 장벽이 있고, 전자가 터널링하기 전이므로 $1-f(E+eV)$의 분포함수를 갖는다. 같은 이유

로, 물질 2에서 1로 터널링하는 전류는

$$I_{2\to 1} = A\int |T|^2 N_1(E)\{1-f(E)\}N_2(E+eV)f(E+eV)dE \tag{31.3}$$

이다. 알짜 전류는

$$I = I_{1\to 2} - I_{2\to 1} = A\int^{\infty} |T|^2 N_1(E)N_2(E+eV)\{f(E)-f(E+eV)\}dE \tag{31.4}$$

이다.

31.1 NIN 터널링

먼저 NIN(Normal metal/Insulator/Normal metal) 터널링을 생각해보자. 페르미 황금률을 이용하여 $\vec{k}$ 상태로부터 $\vec{q}$로의 전자의 유동률을 계산하자.

(electron flow rate)

$$= \frac{2\pi}{\hbar}2\int_0^{\infty}\int_0^{\infty} d\epsilon_k d\epsilon_q N(\epsilon_k)N(\epsilon_q)\times\Big\{|\langle q \mid H_T \mid k\rangle|^2 f_k(1-f_q)\Big\}\delta(\epsilon_q-\epsilon_k-e|v|)$$
$$-|\langle k \mid H_T \mid q\rangle|^2 f_q(1-f_k)\delta(\epsilon_k-\epsilon_q+e|v|)\} \tag{31.1.1}$$

위 식에서 앞에 2를 곱한 것은 쿠퍼 쌍에 의해 전자 2개를 고려했기 때문이다. $\vec{k}\to\vec{q}$로 가는 과정에서 확률밀도는 해밀토니안의 기댓값인 $|\langle q|H_T|k\rangle|^2$이고, 반대로 $\vec{q}\to\vec{k}$로 가는 과정은 방향이 반대이므로 부호가 음(−)이 되었다.

해밀토니안의 기댓값을 바닥상태에 대해 계산하면

$$|\langle q \mid H_T \mid k\rangle|^2 = \left|\left\langle 0 \mid C_{q\uparrow}\sum_{k'q'\sigma}(T_{k'q'}C^{\dagger}_{k'\sigma}C_{q'\sigma} + T^{*}_{k'q'}C^{\dagger}_{q'\sigma}C_{k'\sigma})C^{\dagger}_{k\uparrow} \mid 0\right\rangle\right|^2 \tag{31.1.2}$$

인데, 첫째 항에서 $\langle 0|C_{q\uparrow}C^{\dagger}_{k'\sigma}C_{q'\sigma}C^{\dagger}_{k\uparrow}|0\rangle$을 포함하고 있는데, 업 스핀을 택하면 파울리의 배타원리에 의해 0이 된다. 따라서 위 기댓값은

$$|\langle q \mid H_T \mid k \rangle|^2 \simeq \left|\langle 0 \mid C_{q\uparrow} C_{q\uparrow}^{\dagger} \; C_{k\uparrow} C_{k\uparrow}^{\dagger} \; \mid 0 \rangle T_{kq}^{*}\right|^2 = |T_{kq}|^2 \tag{31.1.3}$$

가 된다. 같은 방식으로 계산하면,

$$|\langle k \mid H_T \mid q \rangle|^2 = |T_{kq}|^2 \tag{31.1.4}$$

가 된다. 이를 식 (31.1.1)에 넣어 NIN 접합의 터널링 전류를 계산하면 다음과 같다.

$$\begin{aligned} I_{nn} &\simeq \frac{4\pi}{\hbar}|T|^2 N_k(0) N_q(0) \int_0^{\infty}\int_0^{\infty} d\epsilon_k d\epsilon_q (f_k - f_q)\delta(\epsilon_q - \epsilon_k - e|v|) \\ &= \frac{4\pi}{\hbar}|T|^2 N_k(0) N_q(0) \int_0^{\infty} \left\{ f^{(0)}(\epsilon_k) - f^{(0)}(\epsilon_k + e|V|) \right\} d\epsilon_k \\ &= \frac{4\pi}{\hbar}|T|^2 N_k(0) N_q(0) eV = G_{nn} V \end{aligned} \tag{31.1.5}$$

여기에서 $N_{k,q}(0)$는 정상상태의 상태밀도이다. 둘째 식에서

$$\int_0^{\infty} \left\{ f^{(0)}(\epsilon_k) - f^{(0)}(\epsilon_k + e|V|) \right\} d\epsilon_k = eV \tag{31.1.6}$$

인데, 그 이유는 0 K에서 페르미·디랙 함수 $f^{(0)}(\epsilon_k)$에서 eV만큼 에너지가 증가한 페르미·디랙 함수 $f^{(0)}(\epsilon_k + e|V|)$를 빼고 그것을 전 에너지 구간에서 적분하면 그림 31-2와 같이 색칠된 부분만 남기 때문이다. 그때의 면적이 eV이다.

식 (31.1.5)의 결과는 정상 금속 사이에 부도체가 삽입된 NIN 접합의 전류-전압 특성은 옴의 법칙과 같다는 것이다. G_{nn}은 전도도로써, 전압 V와 온도에 무관하다.

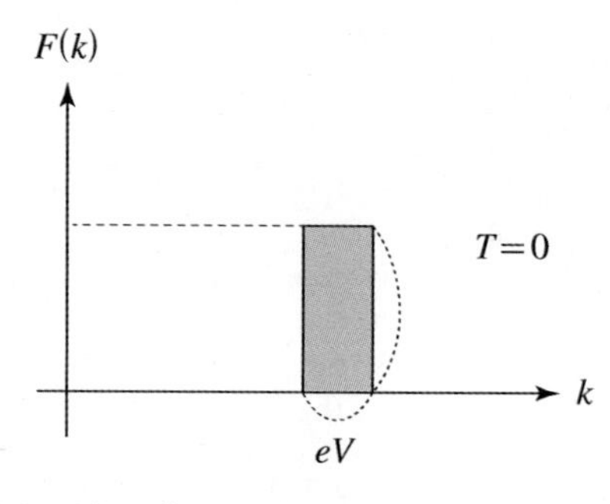

그림 31-2 식 (31.1.6)의 계산을 위한 페르미·디랙 함수의 도식화

31.2 SIN 터널링

NIN 터널링은 특별한 것 없이 옴의 법칙의 결과가 나왔다. 초전도 갭이 없기 때문에 당연한 결과이다. 그럼 초전도/부도체/일반 금속의 SIN(Superconductor/Insulator/Normal metal) 터널링의 경우를 살펴보자. 그림 31-3과 같이 SIN 접합을 한 경우에, 금속은 에너지 밴드 갭이 없어서 페르미 준위 μ_1까지 전자가 다 차고, 부도체는 에너지 갭이 커서 전자가 없다. 초전도는 그림 30-6과 같은 상태밀도 함수를 갖기 때문에 초전도 갭 아래에서만 전자가 차 있고, 아래쪽의 상태밀도 함수는 식 (30.4.7)을 따른다. 일반적으로 금속이 초전도가 되기 때문에 금속의 화학적 퍼텐셜은 초전도체의 화학적 퍼텐셜 μ_2보다는 높고 자연스럽게 금속에서 초전도 쪽으로 터널링 확률이 높다. 물론 외부에서 바이어스를 가해주면 화학적 퍼텐셜이 달라지고 달라진 화학 퍼텐셜에 따라 전하의 이동이 발생한다.

SIN 접합에서 초전도 전류의 이동을 생각하면 $\vec{q}\rightarrow\vec{k}$로 가는 경우와 $\vec{k}\rightarrow\vec{q}$로 가는 확률에 대한 해밀토니안을 쓰면 다음과 같다.

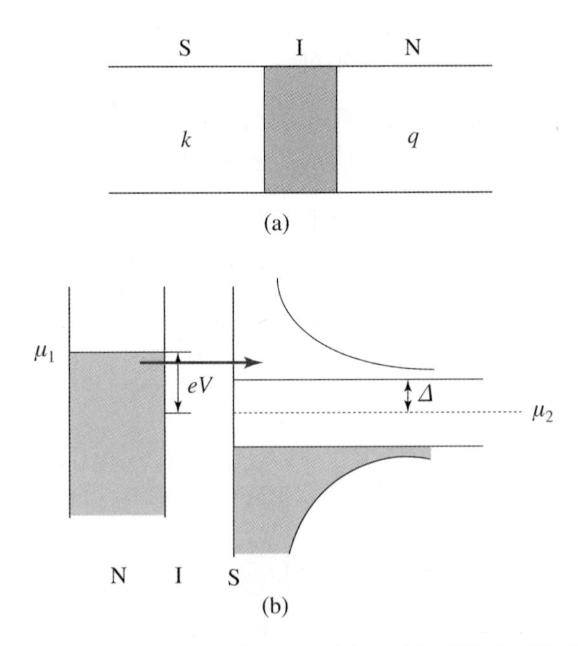

그림 31-3 (a) 초전도/부도체/금속 접합의 도면과 (b) 금속/부도체/초전도체의 상태밀도

$$
\begin{aligned}
H_T &= \sum_{kq\sigma}(T_{kq}C^{\dagger}_{k\sigma}C_{q\sigma} + T^{*}_{kq}C^{\dagger}_{q\sigma}C_{k\sigma}) \\
&= \sum_{kq}T_{kq}(C^{\dagger}_{k\uparrow}C_{q\uparrow} + C^{\dagger}_{k\downarrow}C_{q\downarrow}) + \sum_{kq}T^{*}_{qk}(C^{\dagger}_{q\uparrow}C_{k\uparrow} + C^{\dagger}_{q\downarrow}C_{k\downarrow}) \\
&= \sum_{kq}T_{kq}[(u_k\gamma^{\dagger}_{k\uparrow} + v^{*}_{k}\gamma_{-k\downarrow})C_{q\uparrow} + (-v^{*}_{-k}\gamma_{-k\uparrow} + u_{-k}\gamma^{*}_{k\downarrow})C_{q\downarrow}] \\
&\quad + \sum_{kq}T^{*}_{qk}[C^{\dagger}_{q\uparrow}(u^{*}_{k}\gamma_{k\uparrow} + v_{\dagger}\gamma^{\dagger}_{-k\downarrow}) + C^{\dagger}_{q\downarrow}(-v_{-k}\gamma^{\dagger}_{-k\downarrow} + u^{*}_{-k}\gamma_{k\downarrow})]
\end{aligned} \tag{31.2.1}
$$

여기에서 $C^{\dagger}_{k\uparrow}$ 는 다시 준입자 연산자의 선형 결합으로 환원하여 사용하였다.

$$
\begin{aligned}
C^{\dagger}_{k\uparrow} &= u_k\gamma^{\dagger}_{k\uparrow} + v^{*}_{k}\gamma_{-k\downarrow} \\
C^{\dagger}_{k\downarrow} &= -v^{*}_{-k}\gamma_{-k\uparrow} + u_{-k}\gamma^{*}_{k\downarrow}
\end{aligned} \tag{31.2.2}
$$

k에서 q로의 전자의 유동률은

$$
\begin{aligned}
&= \frac{4\pi}{\hbar}\int_{-\infty}^{\infty}dE_kN_s(E_k)\int_{-\infty}^{\infty}d\xi_qN_q(0)\{\,|\langle q\mid H_T\mid k\rangle|^2f_k(1-f_q)\delta(\xi_q-E_k-e|V|) \\
&\quad -|\langle k\mid H_T\mid q\rangle|^2f_q(1-f_k)\delta(\xi_q-E_k-e|V|)\}
\end{aligned} \tag{31.2.3}
$$

가 된다. 여기에서 핵심인 해밀토니안의 기댓값을 계산하자.

$$
|\langle k\uparrow\mid H_T\mid q\uparrow\rangle|^2 = \left|\left\langle k\uparrow\mid \sum_{k'q'}T_{k'q'}(u_{k'}\gamma^{\dagger}_{k'\uparrow} + v^{*}_{k'}\gamma_{-k'\downarrow})C_{q'\uparrow}\mid q\uparrow\right\rangle\right|^2
$$

에서

$$
\langle k\uparrow|\cdots|q\uparrow\rangle = \langle 0|C_{k\uparrow}\cdots C^{\dagger}_{q\uparrow}|0\rangle
$$

를 쓸 수 있고, 식 (31.2.2)의 연산자를 사용면 해밀토니안의 기댓값은 다음과 같이 계산된다.

$$
\begin{aligned}
&|\langle k\uparrow\mid H_T\mid q\uparrow\rangle|^2 \\
&= \left|\sum_{k'q'}\langle 0\mid(u^{*}_{k}\gamma_{k\uparrow} + v_k\gamma^{\dagger}_{-k\downarrow})(u_{k'}\gamma^{\dagger}_{k'\uparrow} + v^{*}_{k'}\gamma_{-k'\downarrow})C_{q'\uparrow}C^{\dagger}_{q\uparrow}\mid 0\rangle T_{k'q'}\right|^2 \\
&= \left|\langle 0\mid |u_k|^2\gamma_{k\uparrow}\gamma^{\dagger}_{k\uparrow}C_{q\uparrow}C^{\dagger}_{q\uparrow}\mid 0\rangle\right|^2|T_{kq}|^2 = |T_{kq}|^2(|u_k|^2+|v_k|^2)^2
\end{aligned} \tag{31.2.4}
$$

여기에서

$$
\begin{aligned}
&\gamma_{k\uparrow}\gamma^{\dagger}_{k\uparrow}C_{q\uparrow}C^{\dagger}_{q\uparrow}\\
&=(u_k C_{k\uparrow}-v_k C^{\dagger}_{-k\downarrow})(u^{*}_k C^{\dagger}_{k\uparrow}-v^{*}_k C_{-k\downarrow})C_{q\uparrow}C^{\dagger}_{q\uparrow}\\
&=|u_k|^2 C_{k\uparrow}C^{\dagger}_{k\uparrow}+|v_k|^2 C^{\dagger}_{-k\downarrow}C_{-k\downarrow}-u_k v^{*}_k C_{k\uparrow}C_{-k\downarrow}-v_k u^{*}_k C^{\dagger}_{-k\downarrow}C^{\dagger}_{k\uparrow}C_{q\uparrow}C^{\dagger}_{q\uparrow}\\
&=|u_k|^2+|v_k|^2
\end{aligned}
$$

를 이용하였다.

같은 방법으로 $\vec{k}\to\vec{q}$로 가는 확률도 계산할 수 있다.

$$
\begin{aligned}
&|\langle q\uparrow\,|\,H_T\,|\,k\uparrow\,\rangle|^2\\
&=\left|\left\langle q\uparrow\,\left|\,\sum_{k'q'}C^{\dagger}_{q'\uparrow}(u^{*}_{k'}\gamma_{k'\uparrow}+v_{k'}\gamma^{\dagger}_{-k'\downarrow})\,\right|\,k\uparrow\,\right\rangle\right|^2\\
&=\left|\sum_{k'q'}T_{k'q'}\langle 0\,|\,C_{q\uparrow}C^{\dagger}_{q'\uparrow}(u^{*}_{k'}\gamma_{k'\uparrow}+v_{k'}\gamma^{\dagger}_{-k'\downarrow})(u_k\gamma^{\dagger}_{k\uparrow}+v^{*}_k\gamma^{\dagger}_{-k\downarrow})\,|\,0\rangle\right|^2\\
&=|\,T_{k'q'}|^2(|u_k|^2+|v_k|^2)^2 \qquad (31.2.5)
\end{aligned}
$$

이로써, 식 (31.2.4), (31.2.5)를 식 (31.2.3)에 대입함으로써, SIN 접합에서 전류를 계산할 수 있다.

$$
\begin{aligned}
I_{sn}&=\frac{4\pi e}{\hbar}\int_{-\infty}^{\infty}dE_k N_s(E_k)\int_{-\infty}^{\infty}d\xi_q N_q(0)|\,T_{kq}|^2\\
&\quad\{f_k(1-f_q)-f_q(1-f_k)\}\delta(\xi_q-E_k-e|\,V|)\\
&=\frac{4\pi e}{\hbar}|\,T_{kq}|^2 N_q(0)\int_{-\infty}^{\infty}dE_k N_s(E_k)\{f^{(0)}(E_k)-f^{(0)}(E_k+e|\,V|)\} \qquad (31.2.6)
\end{aligned}
$$

이는 식 (31.4)에서 주어지는 접합에 대한 알짜 전류와 같은 모양이다. 일반 금속 $q\to 2$라고 하고, 초전도를 1이라고 하자. 식 (31.1.5)에서

$$G_{nn}=\frac{4\pi}{\hbar}|\,T|^2 N_1(0)N_2(0)$$

이므로,

$$
\begin{aligned}
I_{sn}&=\frac{4\pi e}{\hbar}|\,T|^2 N_2(0)\int_{-\infty}^{\infty}N_{1s}(E)\{f(E)-f(E+e\,V)\}dE\\
&=\frac{G_{nn}}{e}\int_{-\infty}^{\infty}\frac{N_{1s}(E)}{N_1(0)}\{f(E)-f(E+e\,V)\}dE \qquad (31.2.7)
\end{aligned}
$$

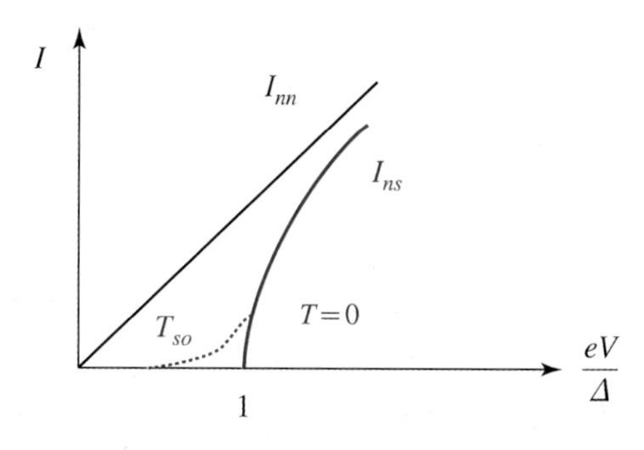

그림 31-4 NIN 접합에서 전류–전압 곡선

가 된다. 식 (30.4.7)에서 상태밀도 함수는 에너지 갭의 함수로 나타난다.

$$I_{sn} = \frac{G_{nn}}{e}\int_{\Delta}^{e|V|}\frac{E}{\sqrt{E^2-\Delta^2}}\{f(E)-f(E+eV)\}dE \tag{31.2.8}$$

여기에서 적분구간은 상태밀도 함수가 $E \leq \Delta$이면 0이고, $E \geq e|V|$에서는 페르미·디랙 함수가 0이기 때문에 적분구간이 0에서부터 $e|V|$로 선택된다. $T \to 0$에서 위 식은

$$I_{ns} = -\frac{G_{nn}}{e}\sqrt{E^2-\Delta^2}\Big|_{\Delta}^{e|V|} = -G_{nn}|V|\sqrt{1-(\frac{\Delta}{e|V|})^2} = I_{nn}\sqrt{1-(\frac{\Delta}{e|V|})^2} \tag{31.2.9}$$

가 된다.

이 식을 이용하여 전류-전압(IV) 특성을 그려보면 그림 31-4와 같다. NIN 접합에서 $I-V$ 특성은 선형적인 옴의 법칙을 따르지만, SIN 접합에서는 $T \to 0$ K에서 초전도 에너지 갭 Δ 이하에서는 전류가 흐르지 않는다. 온도가 높아지면 에너지 갭 근처에서 번짐이 발생한다. 즉, SIN 접합을 하여 극저온에서 전류-전압 특성을 측정하면 초전도의 에너지 밴드 갭을 측정할 수 있다.

사실 $T \to 0$ K에서의 극저온은 도달하기 어려운 온도이고 실험도 어렵기 때문에 저온이라고 하더라도 일정한 온도에서 $I-V$ 측정의 번짐 현상을 피할 수는 없다. 그래서 전류를 전압으로 미분한 미분 전도도를 사용하는 것이 초전도 갭을 더 명확히 볼 수 있다. 미분 전도도는

$$G_{ns} = \frac{dI_{ns}}{dV} = G_{nn}\int_{-\infty}^{\infty}\frac{N_{1s}(E)}{N_1(0)}\left\{-\frac{\partial f(E+eV)}{\partial(eV)}\right\}dE \tag{31.2.10}$$

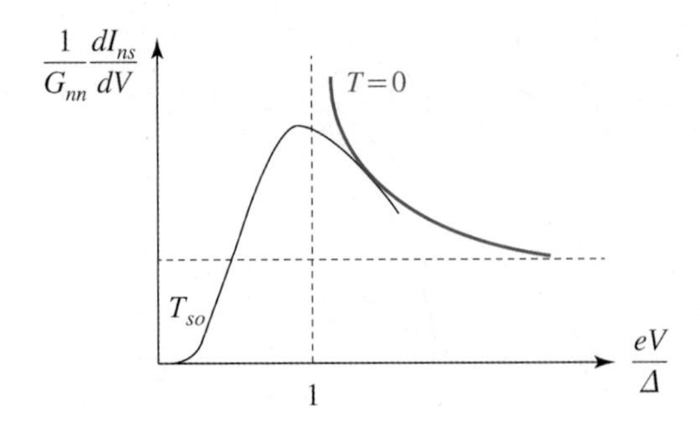

그림 31-5 SIN 접합에서 전압에 따른 미분 전도도

이고, $T \to 0$ K의 극한에서

$$G_{ns} = G_{nn}\frac{N_1(e|V|)}{N_1(0)} \tag{31.2.11}$$

이다. 이를 다시 쓰면

$$\left(\frac{G_{ns}}{G_{nn}}\right)_{V=0} = \left(\frac{2\pi\Delta}{k_B T}\right)^{\frac{1}{2}} e^{-\frac{\Delta}{k_B T}} \tag{31.2.12}$$

가 된다.

31.3 SIS 터널링

초전도 사이에 부도체를 삽입한 SIS(Superconductor/Insulator/Superconductor) 접합은 SIN 접합의 변형된 버전으로 다룰 수 있다. 해밀토니안을 정확하게 계산할 수도 있겠지만, 결과적으로 SIS 접합에서 전류는 식 (31.2.7)에서 2번 초전도의 상대적 상태밀도 함수를 고려한 다음과 같은 결과를 갖는다.

$$\begin{aligned} I_{ss} &= \frac{G_{nn}}{e}\int_{-\infty}^{\infty}\frac{N_{s1}(E)}{N_1(0)}\frac{N_{s2}(E+eV)}{N_2(0)}\{f(E)-f(E+eV)\}dE \\ &= \frac{G_{nn}}{e}\int_{-\infty}^{\infty}\frac{|E|}{\sqrt{E^2-\Delta^2}}\frac{|E+eV|}{\sqrt{(E+eV)^2-\Delta_2^2}}\{f(E)-f(E+eV)\}dE \end{aligned} \tag{31.3.1}$$

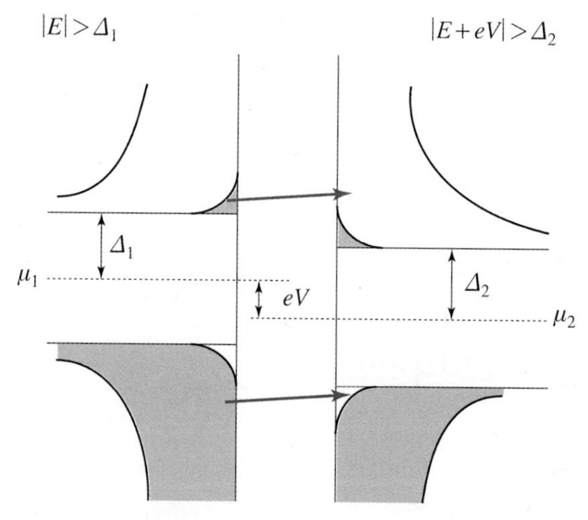

그림 31-6 SIS 접합에서 에너지 밴드 다이어그램

이때, 에너지 밴드 다이어그램은 그림 31-6과 같이 초전도 에너지 갭 Δ_1을 갖는 초전도 1과 에너지 갭 Δ_2를 갖는 초전도 2의 접합으로 형성된다. 이때, 걸어준 바이어스만큼 화학적 퍼텐셜이 이동되고, 그에 따라 전하가 터널링하게 된다.

SIS 접합에서 전류-전압 특성은 초전도 에너지 갭이 2개가 있는 만큼, 2개의 갭 특성을 모두 보여주고 있다. $T \to 0$ K에서 외부 바이어스는 $\Delta_1 + \Delta_2$보다 큰 바이어스 전압에서 전류가 생성된다. 그림 31-6에서 보는 바와 같이 $\Delta_1 + \Delta_2$보다 큰 바이어스 전압에서 페르미 에너지 아래쪽에서 eV만큼 페르미 준위가 상승하여 터널링이 일어나게 된다.

초전도 전이온도 이하에서 온도에 의해 준입자의 들뜸이 발생할 수 있다. 초전도 에너지 갭을 극복할 정도의 온도라면 NIN 접합이나 마찬가지이기 때문에 선형적인 옴의

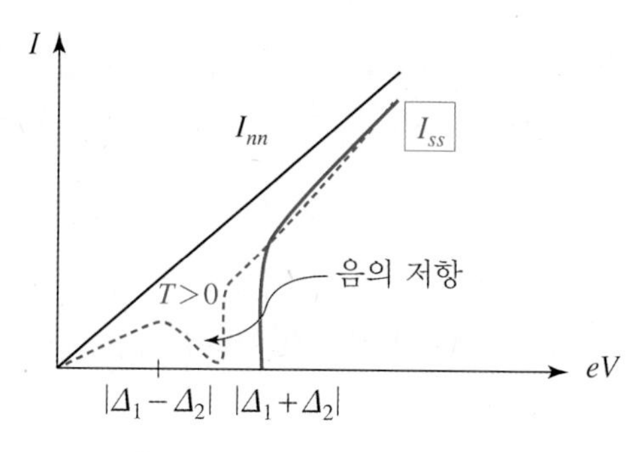

그림 31-7 SIS 접합에서 전류–전압 특성

법칙을 따르는 것처럼 나타난다. 그러다가 바이어스 전압을 더 가하면 화학적 퍼텐셜이 에너지 갭 영역으로 들어가면서 상태밀도가 급격하게 감소하고, 전류가 감소하게 된다. 그래서 그 구간에서는 음의 전기저항이 나타나는 것처럼 나타난다. 그러다가 더 큰 바이어스 전압에서는 번짐 현상이 관찰된다.

31.4 조셉슨 효과

SIS 접합에서 중요한 현상은 조셉슨 효과(Josephson effect)이다. 조셉슨 효과는 SIS 또는 SNS 접합에서 전자기장을 가해주지 않았는데 초전도의 쿠퍼 쌍 전자의 위상차 때문에 전류가 흐르는 현상이다. 초전도를 기술하는 파동함수가

$$\psi(\vec{r},\ t) = \psi(\vec{r})e^{-i(\epsilon_0 t/\hbar)} \tag{31.4.1}$$

로 기술된다고 하자. 이 파동함수는 슈뢰딩거 방정식을 만족한다.

$$i\hbar\frac{\partial}{\partial t}\psi(\vec{r},\ t) = \frac{1}{2m^*}\left(\frac{\hbar}{i}\nabla - q^*\vec{A}(\vec{r},\ t)\right)^2\psi(\vec{r},\ t) + q^*\phi(\vec{r},\ t)\psi(\vec{r},\ t) + V(x)\psi(\vec{r},\ t) \tag{31.4.2}$$

여기에서 $V(x)$는 터널 퍼텐셜 장벽 에너지이다. 여기에서 자기장에 의한 벡터 퍼텐셜 $\vec{A}$와 스칼라 퍼텐셜 ϕ를 고려했다. 긴즈버그-란다우 방정식에서 파동함수는

$$\psi_i = \sqrt{n_i^*}\,e^{i\theta_i} \tag{31.4.3}$$

로 주어지는데, 중요한 점은 초전도의 질서 매개변수인 파동함수는 위상 θ_i를 갖고 있다는 것이다. 2개의 다른 초전도가 부도체를 사이에 두고 접합하게 되면 터널링 시 위상 차이가 생긴다.

그림 31-8(a)와 같이 $x = \pm a$ 지점에 초전도와 부도체 계면이 형성되고 퍼텐셜의 높이는 V_0, 초전류의 에너지는 ϵ_0라고 하여 식 (31.4.3)을 식 (31.4.2)에 따라 슈뢰딩거 방정식을 풀면 그 해는 다음과 같다.

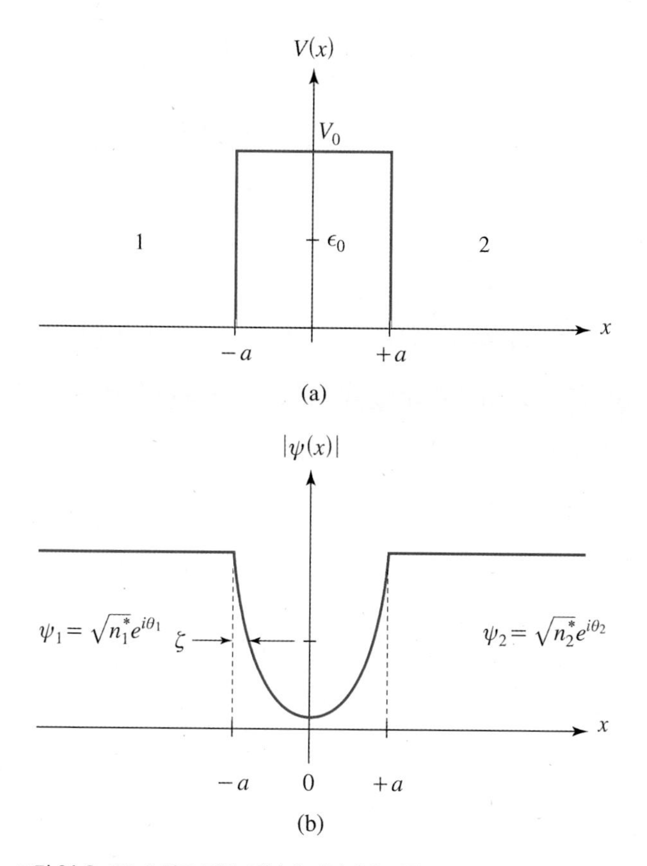

그림 31-8 SIS 초전도 접합 시(a)에 터널링에 의한 초전도 질서 매개변수(b)

$$\psi(x) = C_1 \cosh\frac{x}{\zeta} + C_2 \sinh\frac{x}{\zeta} \tag{31.4.4}$$

여기에서

$$\zeta = \sqrt{\frac{\hbar^2}{2m^*(V_0 - \epsilon_0)}} \tag{31.4.5}$$

이다.

긴즈버그-란다우 방정식에서 초전류는 다음과 같은 방정식을 만족한다.

$$\overrightarrow{J_s}(\vec{r},\ t) = -\frac{1}{\Lambda}\left(\overrightarrow{A}(\vec{r},\ t) + \frac{\phi_0}{2\pi}\nabla\theta(\vec{r},\ t)\right) \tag{31.4.6}$$

$$\frac{\partial}{\partial t}\theta(\vec{r},\ t) = -\frac{1}{\hbar}\left(\frac{\Lambda J_s^2}{2n^*} + q^*\phi(\vec{r},\ t)\right) \tag{31.4.7}$$

식 (31.4.4)로 주어지는 초전류의 파동함수 해에 경계조건을 이용하자.

$$\psi(-a) = \sqrt{n_1^*}e^{i\theta_1}, \quad \psi(+a) = \sqrt{n_2^*}e^{i\theta_2} \tag{31.4.8}$$

그러면 미정 계수 C_1과 C_2는 다음과 같이 얻을 수 있다.

$$C_1 = \frac{\sqrt{n_1^*}e^{i\theta_1} + \sqrt{n_2^*}e^{i\theta_2}}{2\cosh(a/\zeta)}, \quad C_2 = -\frac{\sqrt{n_1^*}e^{i\theta_1} - \sqrt{n_2^*}e^{i\theta_2}}{2\sinh(a/\zeta)} \tag{31.4.9}$$

이로 얻어지는 파동함수를 이용하여 초전류를 계산하면,

$$\overrightarrow{J_s} = \frac{2q^*}{m^*}Re\left\{\psi^*\frac{\hbar}{i}\nabla\psi\right\} = \frac{q^*\hbar}{m^*\zeta}Im\{C_1^* C_2\} = J_c\sin(\theta_1 - \theta_2) \tag{31.4.10}$$

가 된다. 여기에서

$$\overrightarrow{J_c} = \frac{e\hbar\sqrt{n_1 n_2}}{m\zeta\sinh(2a/\zeta)} \tag{31.4.11}$$

이다.

이 결과는 외부에서 전기장 또는 자기장을 가해주지 않아도 두 초전도 사이의 위상차 $\phi = \theta_1 - \theta_2$에 의해 사인 함수로 초전류가 흐르게 된다는 것을 의미한다. 이를 조셉슨 효과라고 한다.

만약 SIS 접합에서 V_0의 dc 전압을 가해준다고 하면 위상차는

$$\phi(t) = \phi(0) + \frac{2\pi}{\Phi_0}V_0 t \tag{31.4.12}$$

와 같이 시간의 함수가 된다. 이것은 식 (31.4.10)에서 전류가

$$i = I_c\sin\left(\frac{2\pi}{\Phi_0}V_0 t + \phi(0)\right) = I_c\sin\{2\pi f_J t + \phi(0)\} \tag{31.4.13}$$

과 같이 ac 전류가 흐른다는 것을 나타낸다. 이때

$$f_J = \frac{V_0}{\Phi_0} = \frac{2e}{h}V_0 = 483.6\times 10^{12}\ V_0\ \text{(Hz)} \tag{31.4.14}$$

로 조셉슨 주파수라고 한다. dc 전압 10 μV에 대해서 전류는 $I_c = 1$ mA 정도로 작지

만, 조셉슨 주파수는 5 GHz나 될 정도로 엄청난 고주파를 발생시킨다. 즉, 조셉슨 접합을 이용하면 고주파 발생기 등에 응용할 수 있다. 고주파 발생기로 응용할 수 있다는 것은 그것을 센서로 쓰면 주파수의 공명을 이용해서 아주 미세한 신호도 측정할 수 있다. 그렇게 미세한 전자기 신호를 측정할 수 있도록 고안된 조셉슨 접합 소자를 SQUID (Superconducting Quantum Interference Device)라고 한다.

외부 바이어스를 dc 전압을 가해줄 수도 있지만 ac 전압을 가해줄 수도 있다. 외부에 가해주는 각 주파수를 ω_s라고 하여 ac 전압을 가해준다고 하자.

$$v(t) = V_0 + V_s \cos\omega_s t \tag{31.4.15}$$

게이지 불변인 위상은 다음과 같이 주어진다.

$$\phi(y, z, t) = \theta_1(y, z, t) - \theta_2(y, z, t) - \frac{2\pi}{\Phi_0}\int_1^2 \vec{A}(\vec{r}, t) \cdot d\vec{l} \tag{31.4.16}$$

이때, 전압은

$$v = \frac{\Phi_0}{2\pi}\frac{d\phi}{dt} \tag{31.4.17}$$

이어서

$$\phi(t) = \frac{2\pi}{\Phi_0}\int v(t)dt = \phi(0) + \frac{2\pi}{\Phi_0}V_0 t + \frac{2\pi V_s}{\Phi_0 \omega_s}\sin\omega_s t \tag{31.4.18}$$

이 된다. 따라서 전류는

$$i = I_c \sin\left\{\phi(0) + \frac{2\pi}{\Phi_0}V_0 t + \frac{2\pi V_s}{\Phi_0\omega_s}\sin\omega_s t\right\} \tag{31.4.19}$$

가 된다.

연습문제

1. 초전도 전이온도 7 K을 갖는 제1형 초전도체에서 전이온도 T_C 근처에서 임계 자기장 B_c의 온도 변화가 $dB_c/dT=25$ mT/K이면 6 K에서 임계 자기장은 얼마인가?

2. 120 K에서 초전도 전이온도를 보이는 초전도체로 1 cm의 반지름을 갖는 도선을 만들었다. 이것은 60 K에서 도선에 평행한 방향으로 40 T의 자기장이 나오고, 10^3 A의 전류를 흘리면 초전도가 사라진다. 이 초전도체의 상부 임계 자기장 H_{c2}, $T \to 0$ K 극한에서와 60 K에서의 임계 전류밀도 J_c는 얼마인가? B_c와 B_{c2}는 같은 온도 경향성을 갖는다고 가정하라.

3. BCS형 초전도의 초전도 전이온도가 $T_c=20$ K, 임계 자기장 $B_c(0)=0.2$ T라고 하자.

   (a) 이 초전도체의 전자에 의한 비열의 조머펠트 계수 γ는 얼마인가?

   (b) 10 K에서 0 T와 0.1 T의 자기장 하에서 각각 비열, 엔트로피, 깁스 자유 에너지, 엔탈피를 구하시오.

4. 초전도 상전이 지점에서 초전도의 깁스 자유 에너지 G_s와 정상 금속 상태의 깁스 자유 에너지 G_n는 같다.

   (a) 자기장이 가해지면 초전도의 깁스 자유 에너지는 다음과 같은 관계를 가짐을 보이시오.

$$G_s(T,B) = G_n(T) - \frac{1}{2\mu_0}[B_c^2(T) - B^2]$$

   (b) 정상상태의 깁스 자유 에너지와 임계 자기장의 온도의존성이 다음과 같을 때,

$$G_n(T) = -\frac{1}{2}\gamma T^2 - \frac{1}{12}AT^4$$

$$B_c(T) = B_c(0)\left[1 - \left(\frac{T}{T_c}\right)^2\right]$$

   임계 온도가 자기장에 의해 다음과 같이 됨을 보이시오.

$$T_c' = T_c\left[1 - \frac{B}{B_c(0)}\right]^{1/2}$$

5. 위 문제에서, 제1형 초전도체에 자기장이 $B_{app} = B_c/2$만큼 가해진다고 할 때, T_C'와 $T = T_C'$에서

비열과 엔트로피, 엔탈피, 깁스 자유 에너지, 헬름홀츠 자유 에너지의 정상상태의 값과 초전도 상에서 값의 차이가 얼마나 되는가?

6. 식 (29.3.9)의 규격화된 제1 긴즈버그-란다우 방정식에서

$$\nabla^2 f - 2i\mathcal{A} \cdot \nabla f - \mathcal{A}^2 f + f(1-f^2) = 0$$

스케일링된 벡터 퍼텐셜 $\mathcal{A} = 0$이면 위 식은

$$\frac{d^2 f}{d\eta^2} + f(1-f^2) = 0$$

이 된다.

(a) 이 식의 해가

$$f = \tanh\frac{\eta}{\sqrt{2}}$$

임을 증명하시오.

(b) 위 미분방정식은 수학적으로

$$f = \coth\frac{\eta}{\sqrt{2}}$$

도 역시 해가 되기도 한다. 그러나 왜 이것이 해가 되지 못하는지 물리적으로 설명하시오.

7. 식 (29.3.9)와 식 (29.3.10)으로 주어지는 규격화된 긴즈버그-란다우 방정식에서 질서 매개 함수와 벡터 퍼텐셜은 다음과 같이 쓸 수 있다고 할 때,

$$f(x, \Theta) = f(x)e^{i\Theta}$$

$$\mathcal{A}(x) = \mathcal{A}\hat{\Theta}$$

$(x, \Theta) = (\rho/\xi, \Theta)$로 규격화된 극좌표로 변환하면 규격화된 긴즈버그-란다우 방정식은 다음과 같이 됨을 증명하시오.

$$\frac{1}{x}\frac{d}{dx}\left(x\frac{df}{dx}\right) - \frac{f}{x^2} + \left(\frac{2\mathcal{A}}{x}\right)f - \mathcal{A}^2 f + f(1-f^2) = 0$$

$$\frac{d}{dx}\left[\frac{1}{x}\frac{d}{dx}(x\mathcal{A})\right] + \frac{1}{\kappa^2}f^2\left(\frac{1}{x} - \mathcal{A}\right) = 0$$

8. 긴즈버그-란다우 인자 $\kappa = 100$이고 전이온도가 $T_c = 100$ K인 제2형 초전도체에서 디바이 온도가 $\Theta_D = 200$ K이라면, 이 초전도체의 상부 임계 자기장, 하부 임계 자기장, 초전도 에너지 갭, 전자 비열과 격자 비열은 얼마인가?

9. SIS 터널링에서 바이어스 $V=2\Delta/e$만큼 가할 때, 전류의 뜀 ΔI_s와 일반 터널링 전류 I_n의 비가 다음과 같이 됨을 보이시오.

$$\frac{\Delta I_s}{I_n}=\frac{\pi}{4}$$

10. 조셉슨 접합에서 전류와 전압은 다음과 같다.

$$I=I_c\sin\phi$$

$$\frac{d\phi}{dt}=\frac{2e}{\hbar}V$$

dc 전압을 조셉슨 접합에 가해주면 등가회로에서 다음과 같이 전류가 흐른다.

$$I=I_c\sin\phi+GV+C\frac{dV}{dt}$$

(a) 이 등가회로에서 V를 ϕ로 변환시켜 ϕ의 시간 미분에 관한 미분방정식으로 만드시오.

(b) 다음과 같이 변수를 치환하여 ϕ의 Θ미분에 관한 미분 방정식으로 만드시오.

$$\omega_c=2eV_c/\hbar,\ \ V_c=I_c/G,\ \ \Theta=\omega_c t,\ \ \beta_c=\omega_c C/G$$

(c) 위 결과에서 $C\simeq 0$일 때,

$$\frac{I}{I_c}=\frac{d\phi}{d\Theta}+\sin\phi$$

가 되는데, 이 미분방정식의 해를 다음의 3가지 경우에 대해 구하시오.

i) $I<I_c$일 때

ii) $I>I_c$일 때

iii) $I\gg I_c$인 경우

부록 A : 식 (30.2.16)의 계산과정

$$
\begin{aligned}
H= & \sum_k\left(\xi_k c_{k\uparrow}^{\dagger} c_{k\uparrow}+\xi_k c_{-k\downarrow}^{\dagger} c_{k\downarrow}\right)-\sum_k\left(\Delta_k c_{k\uparrow}^{\dagger} c_{-k\downarrow}+\Delta_k^* c_{-k\downarrow} c_{k\uparrow}-\Delta_k b_k^*\right) \\
= & \sum_k \xi_k\left\{\left(u_k \gamma_{k\uparrow}^{\dagger}+v_k^* \gamma_{-k\downarrow}\right)\left(u_k^* \gamma_{k\uparrow}+v_k \gamma_{-k\downarrow}^{\dagger}\right)+\left(-v_k^* \gamma_{k\uparrow}+u_k \gamma_{-k\downarrow}^{\dagger}\right)\left(-v_k \gamma_{k\uparrow}^{\dagger}+u_k^* \gamma_{-k\downarrow}\right)\right\} \\
& -\sum_k \Delta_k\left(u_k \gamma_{k\uparrow}^{\dagger}+v_k^* \gamma_{-k\downarrow}\right)\left(-v_k^* \gamma_{k\uparrow}+u_k \gamma_{-k\downarrow}^{\dagger}\right) \\
& -\sum_k \Delta_k^*\left(-v_k \gamma_{k\uparrow}^{\dagger}+u_k^* \gamma_{-k\downarrow}\right)\left(u_k^* \gamma_{k\uparrow}+v_k \gamma_{-k\downarrow}^{\dagger}\right)+\sum_k \Delta_k b_k^* \\
= & \sum_k \xi_k\left(|u_k|^2 \gamma_{k\uparrow}^{\dagger} \gamma_{k\uparrow}+u_k v_k \gamma_{k\uparrow}^{\dagger} \gamma_{-k\downarrow}^{\dagger}+u_k^* v_k^* \gamma_{-k\downarrow} \gamma_{k\uparrow}+|v_k|^2 \gamma_{-k\downarrow} \gamma_{-k\downarrow}^{\dagger}\right) \\
& +\sum_k \xi_k^*\left(|v_k|^2 \gamma_{k\uparrow}^{\dagger} \gamma_{k\uparrow}-u_k^* v_k^* \gamma_{k\uparrow} \gamma_{-k\downarrow}-u_k v_k^* \gamma_{-k\downarrow}^{\dagger} \gamma_{k\uparrow}^{\dagger}+|u_k|^2 \gamma_{-k\downarrow}^{\dagger} \gamma_{-k\downarrow}\right) \\
& -\sum_k \Delta_k\left(-u_k v_k^* \gamma_{k\uparrow}^{\dagger} \gamma_{k\uparrow}+u_k^2 \gamma_{k\uparrow}^{\dagger} \gamma_{-k\downarrow}^{\dagger}-u_k^{*2} \gamma_{-k\downarrow} \gamma_{k\uparrow}+u_k v_k^* \gamma_{-k\downarrow} \gamma_{-k\downarrow}^{\dagger}\right) \\
& -\sum_k \Delta_k^*\left(-u_k^* v_k \gamma_{k\uparrow}^{\dagger} \gamma_{k\uparrow}-v_k^2 \gamma_{k\uparrow}^{\dagger} \gamma_{-k\downarrow}^{\dagger}+u_k^{*2} \gamma_{-k\downarrow} \gamma_{k\uparrow}+u_k^* v_k \gamma_{-k\downarrow} \gamma_{-k\downarrow}^{\dagger}\right) \\
& +\sum_k \Delta_k b_k^* \\
= & \sum_k \xi_k\left\{|v_k|^2+\left(|u_k|^2-|v_k|^2\right) \gamma_{k\uparrow}^{\dagger} \gamma_{k\downarrow}^{\dagger}+|v_k|^2+\left(|u_k|^2-|v_k|^2\right) \gamma_{-k\downarrow}^{\dagger} \gamma_{-k\downarrow}+2 u_k v_k \gamma_{k\uparrow}^{\dagger} \gamma_{-k\downarrow}^{\dagger}+2 u_k^* v_k^* \gamma_{-k\downarrow} \gamma_{k\uparrow}\right\} \\
& -\sum_k\left\{\left(\Delta_k u_k v_k^*+\Delta_k^* u_k^* v_k\right) \gamma_{k\uparrow}^{\dagger} \gamma_{k\uparrow}+\left(-\Delta_k u_k^2+\Delta_k^* v_k^2\right) \gamma_{k\uparrow}^{\dagger} \gamma_{-k\downarrow}^{\dagger}+\left(\Delta_k u_k^{*2}-\Delta_k^* v_k^{*2}\right) \gamma_{-k\downarrow} \gamma_{k\uparrow}\right. \\
& \qquad \left.+\left(-\Delta_k v_k^* u_k-\Delta_k^* v_k u_k^*\right) \gamma_{-k\downarrow} \gamma_{-k\downarrow}^{\dagger}\right\} \\
& +\sum_k \Delta_k b_k^* \\
= & \sum_k \xi_k\left\{\left(|u_k|^2-|v_k|^2\right)\left(\gamma_{k\uparrow}^{\dagger} \gamma_{k\downarrow}^{\dagger}+\gamma_{-k\downarrow}^{\dagger} \gamma_{-k\downarrow}\right)+2|v_k|^2+2 u_k v_k \gamma_{k\uparrow}^{\dagger} \gamma_{-k\downarrow}^{\dagger}+2 u_k^* v_k^* \gamma_{-k\downarrow} \gamma_{k\uparrow}\right\} \\
& -\sum_k\left\{\left(\Delta_k u_k v_k^*+\Delta_k^* u_k^* v_k\right)\left(\gamma_{k\uparrow}^{\dagger} \gamma_{k\uparrow}+\gamma_{-k\downarrow}^{\dagger} \gamma_{-k\downarrow}-1\right)+\left(\Delta_k u_k^{*2}-\Delta_k^* v_k^{*2}\right) \gamma_{-k\downarrow} \gamma_{k\uparrow}\right. \\
& \qquad \left.+\left(\Delta_k^* v_k^2-\Delta_k u_k^{*2}\right) \gamma_{k\uparrow}^{\dagger} \gamma_{-k\downarrow}^{\dagger}+\Delta_k b_k^*\right\}
\end{aligned}
$$

u_k와 v_k를 $\gamma_{-k\downarrow}\gamma_{k\uparrow}$과 $\gamma_{k\downarrow}^{\dagger}\gamma_{-k\uparrow}^{\dagger}$의 계수가 0이 되게 잡으면 이 해밀토니안은 대각화되고, 그 결과는 식 (30.2.16)과 같다.

부록 B : 초전도 물질의 주기율표 (임계온도)

Periodic table of superconductivity

T_c (K) Ambient pressure superconductor

T_c (K) High pressure superconductor

H																	He
Li 0.0004	Be 0.026											B 11	C	N	O 0.6	F	Ne
Na	Mg											Al 1.18	Si 8.2	P 13	S 17.3	Cl	Ar
K	Ca 29	Sc 19.6	Ti 0.5	V 5.4	Cr	Mn	Fe 2.1	Co	Ni	Cu	Zn 0.87	Ga 1.1	Ge 5.35	As 2.4	Se 8	Br 1.4	Kr
Rb	Sr 7	Y 19.5	Zr 0.85	Nb 9.25	Mo 0.92	Tc 8.2	Ru 0.5	Rh 0.0003	Pd	Ag	Cd 0.5	In 3.4	Sn 3.7	Sb 3.9	Te 7.5	I 1.2	Xe
Cs 1.3	Ba 5		Hf 0.38	Ta 4.5	W 0.01	Re 1.7	Os 0.7	Ir 0.1	Pt	Au	Hg 4.15	Tl 2.4	Pb 7.2	Bi 8.5	Po	At	Rn
Fr	Ra		Rf	Db	Sg	Bh	Hs	Mt	Ds	Rg	Cn	Nh	Fl	Mc	Lv	Ts	Og

Lanthanides	La 6	Ce 1.7	Pr	Nd	Pm	Sm	Eu 2.7	Gd	Tb	Dy	Ho	Er	Tm	Yb	Lu 0.1
Actinides	Ac	Th 1.4	Pa 1.4	U 1.3	Np	Pu	Am 1.0	Cm	Bk	Cf	Es	Fm	Md	No	Lr

Periodic table of binary hydride superconductors

T_c (K) Experimentally confirmed

T_c (K) Theoretically predicted

H																	He
LiH_6 82	BeH_2 44											BH 21	C	N	O	F	Ne
Na	MgH_4 30											AlH_5 140	SiH_x ~20	PH_2 90	SH_3 200	Cl	Ar
KH_{10} 140	CaH_6 235	ScH_9 233	TiH_{14} 54	VH_8 72	CrH_3 81	Mn	Fe	Co	Ni	Cu	Zn	GaH_3 123	GeH_4 220	AsH_4 90	SeH_3 120	BrH_2 12	Kr
Rb	SrH_{10} 259	YH_{10} 240	ZrH_{14} 88	NbH_4 47	Mo	TcH_2 11	RuH_3 1.3	RhH 2.5	PdH 5	Ag	Cd	InH_3 41	SnH_{14} 90	SbH_4 95	TeH_4 100	IH_2 30	XeH 29
Cs	BaH_6 38		HfH_2 76	TaH_6 136	WH_5 60	Re	OsH 2	IrH 7	PtH 25	AuH 21	Hg	Tl	PbH_8 107	BiH_5 110	PoH_4 50	At	Rn
FrH_7 63	RaH_{12} 116		Rf	Db	Sg	Bh	Hs	Mt	Ds	Rg	Cn	Nh	Fl	Mc	Lv	Ts	Og

Lanthanides	LaH_{10} 250	CeH_8 117	PrH_8 31	NdH_8 6	Pm	Sm	Eu	Gd	Tb	Dy	HoH_4 37	ErH_{15} 30	TmH_8 21	Yb	LuH_{12} 7
Actinides	AcH_{10} 250	ThH_{10} 170	PaH_9 62	UH_8 35	NpH_7 10	Pu	AmH_8 0.3	CmH_8 0.9	Bk	Cf	Es	Fm	Md	No	Lr

찾아보기

기타

최신 고체물리학

2022년 8월 17일 1판 1쇄 펴냄
지은이 이종수
펴낸이 류원식 | 펴낸곳 **교문사**

편집팀장 김경수 | 책임편집 안영선 | 표지디자인 신나리 | 본문편집 홍익m&b

주소 (10881) 경기도 파주시 문발로 116(문발동 536-2)
전화 031-955-6111~4 | 팩스 031-955-0955
등록 1968. 10. 28. 제406-2006-000035호
홈페이지 www.gyomoon.com | E-mail genie@gyomoon.com
ISBN 978-89-363-2387-5 (93420)
값 34,000원